Produkt- und prozessseitige Auslegung von bauteilintegrierten Vorrichtungsfunktionen

Product and Process Design of Component-integrated Fixture Features

Von der Fakultät für Maschinenwesen
der Rheinisch-Westfälischen Technischen Hochschule Aachen
zur Erlangung des akademischen Grades eines
Doktors der Ingenieurwissenschaften
genehmigte Dissertation

vorgelegt von

Falko Fiedler

Berichter/in:

Univ.-Prof. Dr.-Ing. Dipl.-Wirt. Ing. Günther Schuh
Univ.-Prof. Dr.-Ing. Peter Burggräf, MBA

Tag der mündlichen Prüfung: 08. Dezember 2023

ERGEBNISSE AUS DER PRODUKTIONSTECHNIK

Falko Fiedler

Produkt- und prozessseitige Auslegung von bauteilintegrierten Vorrichtungsfunktionen

Herausgeber:
Prof. Dr.-Ing. T. Bergs
Prof. Dr.-Ing. Dipl.-Wirt. Ing. G. Schuh
Prof. Dr.-Ing. C. Brecher
Prof. Dr.-Ing. R. H. Schmitt

Band 9/2024

WZL | RWTH AACHEN UNIVERSITY

Fraunhofer IPT

Bibliografische Information der Deutschen Nationalbibliothek
Die Deutsche Nationalbibliothek verzeichnet diese Publikation in der Deutschen Nationalbibliografie; detaillierte bibliografische Daten sind im Internet über https://portal.dnb.de abrufbar.

Falko Fiedler:

Produkt- und prozessseitige Auslegung von bauteilintegrierten Vorrichtungsfunktionen

1. Auflage, 2024

Gedruckt auf holz- und säurefreiem Papier, 100% chlorfrei gebleicht.

Wissenschaftsverlag des Instituts für Industriekommunikation und Fachmedien
an der RWTH Aachen
Steinbachstr. 25, 52074 Aachen
Internet: www.apprimus-verlag.de, E-Mail: info@apprimus-verlag.de

Druck: CPI Druckdienstleistungen GmbH, Ferdinand-Jühlke-Straße 7 I 99095 Erfurt

ISBN 978-3-98555-206-1

D 82 (Diss. RWTH Aachen University, 2023)

Vorwort

Die vorliegende Arbeit entstand während meiner Tätigkeit als wissenschaftlicher Angestellter am Lehrstuhl für „Production Engineering of E-Mobility Components“ (PEM) bis Juni 2019 und anschließend am Lehrstuhl für Produktionssystematik des Werkzeugmaschinenlabors WZL der Rheinisch-Westfälischen Technischen Hochschule (RWTH) Aachen. Für die herausfordernde wie auch intensive Zeit, die vielfältigen Entwicklungsmöglichkeiten und die gewonnenen Erfahrungen im einzigartigen Ökosystem des RWTH Aachen Campus Melaten bin ich sehr dankbar.

Vielen Personen möchte ich für die gemeinsame Zeit und deren Unterstützung danken. Dem Inhaber des Lehrstuhls für Produktionssystematik Professor Günther Schuh danke ich für die mir gebotenen Entwicklungsmöglichkeiten am WZL, für das geschenkte Vertrauen in meine Rolle als Gruppenleiter sowie als Leiter der Anlauffabrik und für die Möglichkeit der Promotion. Bedanken möchte ich mich bei Professor Peter Burggräf für die Betreuung während der Zeit und die Übernahme des Korreferats. Mein Dank gilt Professor Verena Nitsch für die Übernahme des Prüfungsvorsitzes und Professor Christian Hopmann für die Übernahme des Prüfungsbeisitzes.

Meine Dankbarkeit gilt darüber hinaus Dr.-Ing. Georg Bergweiler für die tatkräftige Unterstützung als Oberingenieur, für die vielen fruchtbaren Diskussionen während der Promotionszeit und für die ausgesprochen kollegiale Zusammenarbeit im Institutsalltag. Danke vielmals, Georg! Für meinen Start an der RWTH, für die aufregende Zeit beim Aufbau des Lehrstuhls PEM und das entgegengebrachte Vertrauen in meine Rolle als Gruppenleiter danke ich dem Lehrstuhlinhaber Professor Achim Kampker, Professor Heiner Hans Heimes und meinem ehemaligen Oberingenieur Dr.-Ing. Johannes Triebs. Mein Dank gilt weiterhin den Mitarbeitenden aus der Verwaltung, der Werkstatt und den Laboren des WZL wie auch der Anlauffabrik, die geholfen haben, meine Aufgaben am PEM und WZL erfolgreich zu bewältigen. Den Studierenden, die ich in ihren Abschlussarbeiten betreut und die mich als studentische Hilfskräfte bei der Arbeit unterstützt haben, danke ich sehr. Insbesondere sind dies Shu-Ko Wu, Michael Hilberath, Lukas Krüger, Jannik Ehrenstein, Stefan Kehrer, Florian Schmitz, Fabian Höck, Leonhard Dworog, Tom Pützer, Helen Foley, Maximilian Hausmann und Paul Heidenreich.

Hamburg, im Juni 2023
Falko Fiedler

Kurzfassung/Abstract

Bauteilintegrierte Vorrichtungsfunktionen (biV) haben das Potenzial, kosten- und zeitintensive Vorrichtungen im automobilen Karosseriebau durch Bauteilintegration zu reduzieren. Anhand einer systematischen Literatur- und Patentrecherche wurde der Forschungsbedarf zu biV hergeleitet, um daraus den Erkenntnisgewinn dieser Arbeit, ein prozessschrittübergreifendes Systemwissen zur Auslegung von biV, zu erarbeiten. Mittels statistischer Versuchsplanung wurden Laserstrahlschneid-, Zusammensetz- und Remote-Laserstrahlschweißversuche einzeln und entlang ebendieser Prozesskette zur Erzeugung eines Systemwissens durchgeführt und in Gestaltungsregeln synthetisiert. Zur methodischen Anwendung des Systemwissens wurde ein Konstruktionskatalog anhand der VDI 2222 entwickelt und im Rahmen einer Methodiksynthese bestehender Methodiken zu biV integriert. Hierzu komplementär wurde ein Produktionskatalog mit dazugehöriger Methodik entwickelt, der eine Möglichkeit zur Auslegung einer Produktion mit biV darstellt. Abschließend wurde der Erkenntnisgewinn dieser Arbeit an zwei Fallbeispielen evaluiert und die Übertragbarkeit aufzeigt.

Component-integrated Fixture Features (CFF) have the potential to reduce cost and time-intensive fixtures in automotive body shops through component integration. Based on a systematic literature and patent review on CFF, the research gap was derived in order to develop the knowledge gain of this Thesis: a cross-process step system knowledge for the design of CFF. Through the design of experiments, laser beam cutting, assembly, and remote laser beam welding experiments were performed individually and along the process chain to generate a system knowledge and synthesized into design guidelines. For the methodical application of the system knowledge, a design catalog for CFF was developed based on VDI 2222 and integrated into a CFF methodology as part of a synthesis of existing methodologies. Complementary to this, a production catalog with associated methodology was developed, representing the possibility of designing a production with CFF. Finally, the knowledge gained in this Thesis was evaluated using two case studies, and possibilities for transferability are outlined.

Inhaltsverzeichnis

Verzeichnis der Abbildungen und Tabellen VII

Verzeichnis der Abkürzungen und Symbole XXI

1 Einleitung 1

2 Grundlagen des Karosseriebaus 3

2.1 Die Produktentstehung einer automobilen Karosserie 3

2.1.1 Karosserien und der Produktentstehungsprozess 4

2.1.2 Fertigung von Karosseriebauteilen 8

2.1.3 Zusammenbaufertigung von Karosseriebauteilen 10

2.2 Schweißen von Karosseriebauteilen 14

2.2.1 Schweißbarkeit und Auslegung von Schweißnähten 15

2.2.2 Schweißverfahren im Karosseriebau 17

2.2.3 Remote-Laserstrahlschweißen von Strukturbauteilen 18

2.3 Vorrichtungen des Karosseriebaus 22

2.3.1 Einordnung, Funktion und Aufbau von Vorrichtungen 23

2.3.2 Entstehung und Einteilung von Vorrichtungen 28

2.3.3 Alternative Vorrichtungskonzepte 31

2.4 Zwischenfazit zu den Grundlagen des Karosseriebaus 33

3 Stand der Forschung zu bauteilintegrierten Vorrichtungsfunktionen 35

3.1 Einführung und Übersicht 36

3.1.1 Definitorische Einführung aus den Arbeitsgruppen 37

3.1.2 Systematisierungsansätze und Festlegung der Begrifflichkeiten 41

3.1.3 Chancen und Herausforderungen von biV im Karosseriebau 42

3.2 Experimentelle und modellbasierte Untersuchung zum Systemwissen 44

3.2.1 Interdependenzen von Geometriemerkmalen und Prozesskräften 45

3.2.2 Interdependenzen von Geometriemerkmalen und Toleranzen 48

3.2.3 Weitere Interdependenzen von Geometriemerkmalen 50

3.3 Auslegung mittels Methodik, Modell und Hilfsmittel 51

3.3.1 Auslegung mittels Methodik und Modell 51

3.3.2 Hilfsmittel zur Unterstützung bei der methodischen Auslegung 55

3.4 Forschungsbedarf bauteilintegrierter Vorrichtungsfunktionen 57

3.5 Handlungsbedarf, Zielsetzung und Vorgehensweise 59

4 Produkt- und prozessseitige Auslegung von Geometriemerkmalen 63

4.1 Planung der experimentellen Untersuchung zum Systemwissen von biV 64

4.1.1 Synthese der Vorarbeiten und Implikationen auf die Versuchsplanung 64

4.1.2 Experimentelle Versuchsplanung zur Untersuchung der flexiblen Prozesskette für biV 68

4.2 Analyse des Prozessschritts Laserstrahlschneiden 73

4.2.1 Versuchsaufbau und -durchführung zum Laserstrahlschneiden 73

4.2.2 Ergebnisse und Diskussion der Laserstrahlschneidversuche ... 76
4.2.3 Gestaltungsregeln: Laserstrahlschneiden von biV ... 89
4.3 Analyse des Prozessschritts Zusammensetzen ... 90
4.3.1 Definitorische Einführung zum Geometriemerkmal von biV ... 90
4.3.2 Versuchsaufbau und -durchführung zum Zusammensetzen ... 92
4.3.3 Ergebnisse und Diskussion der Zusammensetzversuche ... 94
4.3.4 Gestaltungsregeln: Zusammensetzen von biV ... 96
4.4 Analyse des Prozessschritts Remote-Laserstrahlschweißen ... 97
4.4.1 Versuchsaufbau und -durchführung zum Remote-Laserstrahlschweißen ... 97
4.4.2 Ergebnisse und Diskussion der Remote-Laserstrahlschweißversuche ... 100
4.4.3 Gestaltungsregeln: Remote-Laserstrahlschweißen von biV ... 114
4.5 Analyse der Interdependenzen in der flexiblen Prozesskette ... 115
4.6 Synthese des Systemwissens in einem Konstruktionskatalog ... 118
4.6.1 Analyse und Bewertung von Ansätzen zur Katalogerstellung ... 118
4.6.2 Grobgestaltung mit Festlegung der gliedernden Gesichtspunkte ... 120
4.6.3 Feingestaltung des Konstruktionskatalogs ... 123
4.6.4 Fazit zum Konstruktionskatalog für biV ... 125
4.7 Synthese einer Methodik zur Konstruktionsauslegung ... 126
4.7.1 Anforderungsanalyse und -festlegung ... 126
4.7.2 Analyse bestehender Ansätze und Methodiksynthese ... 127
4.7.3 Gestaltung der Methodik zur Konstruktionsauslegung ... 130
4.7.4 Fazit zur Methodiksynthese ... 133
4.8 Zusammenfassung und Zwischenfazit ... 134

5 Auslegung einer Zusammenbaufertigung mit biV........................ 135

5.1 Entwicklung eines Produktionskatalogs für bauteilintegrierte Vorrichtungsfunktionen........ 135

5.1.1 Anforderungsanalyse und -festlegung........ 137

5.1.2 Analyse und Bewertung bestehender methodischer Ansätze........ 138

5.1.3 Gestaltung des Produktionskatalogs........ 141

5.1.4 Schnittstellen und Produktionsmodul-Steckbrief des Produktionskatalogs........ 146

5.1.5 Fazit zum Produktionskatalog für bauteilintegrierte Vorrichtungsfunktionen........ 148

5.2 Entwicklung einer Methodik zur Auslegung der Zusammenbaufertigung........ 149

5.2.1 Festlegung von Anforderungen an die Methodik........ 149

5.2.2 Bewertung von Produktions- und Fabrikplanungsvorgehen für die Zusammenbaufertigung mit biV........ 151

5.2.3 Gestaltung der Methodik zur Auslegung der Zusammenbaufertigung mit biV........ 154

5.2.4 Fazit zur Methodik zur Auslegung der Zusammenbaufertigung........ 162

5.3 Synthese der Erkenntnisse zur integrierten Methodik für biV........ 163

5.4 Zusammenfassung und Zwischenfazit........ 166

6 Evaluierung von bauteilintegrierten Vorrichtungsfunktionen..... 167

6.1 Erstes Fallbeispiel: Low-Cost-Batteriepackgehäuse........ 167

6.1.1 Ergebnisse der methodischen Auslegung der bauteilintegrierten Vorrichtungsfunktionen und der Zusammenbaufertigung........ 167

6.1.2 Untersuchung der Gestaltungsregeln an einer Kleinserienproduktion........ 171

6.2 Zweites Fallbeispiel: Heckwagen-Baugruppe ... 176

6.3 Zwischenfazit ... 179

6.4 Übertragbarkeit auf andere Baugruppen, Fertigungsverfahren und Branchen ... 181

7 Zusammenfassung und Ausblick ... 185

8 Literaturverzeichnis ... 189

9 Publikationen im Rahmen der Dissertation ... 233

10 Betreute studentische Arbeiten im Rahmen der Dissertation ... 235

11 Anhang ... 237

11.1 Systematische Literaturrecherche (SLR) zu bauteilintegrierten Vorrichtungsfunktionen (biV) ... 238

11.2 Systematische Patentrecherche (SPR) zu bauteilintegrierten Vorrichtungsfunktionen (biV) ... 258

11.3 Synthese alternativer Vorrichtungskonzepte ... 268

11.4 Ergänzende Inhalte zum Kapitel 4 „Produkt- und prozessseitige Auslegung von Geometriemerkmalen“ ... 273

11.5 Ergänzende Inhalte zum Kapitel 5 „Auslegung einer Zusammenbaufertigung mit biV“ ... 328

11.6 Ergänzende Inhalte zum Kapitel 6 „Evaluierung von bauteilintegrierten Vorrichtungsfunktionen“ ... 339

Verzeichnis der Abbildungen und Tabellen

Abb. 2.1: Schematische Darstellung der Aufbaureihenfolge einer Karosserie in Schalenbauweise (links), der Aufbaustufen (Mitte) aus Vorderbau (VB), Boden Mitte (BM), Hinterbau (HB) und einer Baugruppe sowie Bauteil (rechts) in Anlehnung an BIRKERT ET AL.

Abb. 2.2: Beispielhaftes Blocklayout (links, in Anlehnung an KROPIK und KIEFER) und die dort eingesetzte Produktionstechnik eines Karosseriebaus (rechts)

Abb. 2.3: CAD-Darstellung einer beispielhaften Fertigungszelle aus dem Karosseriebau (links) und eine dort eingesetzte Spezialvorrichtung (rechts). Eigene Darstellung

Abb. 2.4: Beispielhafter Aufbau einer Laseranlage (Fertigungszelle) für das Remote-Laserstrahlschweißen (RLS) im Karosseriebau (links; eigene Darstellung) und die dort zwei vorherrschenden Laserschweißprozesse (rechts; in Anlehnung an POPRAWE)

Abb. 2.5: Beispielhafte Sondervorrichtung in Form einer Schweißvorrichtung aus dem Karosseriebau (mittig; in Anlehnung an FRITZSCHE ET AL.) und Vorrichtungselemente zum „Bestimmen" (links) „Spannen" (rechts) in Anlehnung an ABULAWI

Abb. 2.6: Einordnung der alternativen Vorrichtungskonzepte auf Basis der Rechercheergebnisse der SLR und in Anlehnung an FIEDLER ET AL.

Abb. 3.1: Schematische Darstellung der Prozessfolge zu der Anwendung einer bauteilintegrierten Vorrichtungsfunktion (biV) mit einem Geometriemerkmal in Form einer Lasche-Schlitz-Verbindung. In Anlehnung an BERGWEILER

Abb. 3.2: Schematische Darstellung einer Schnapphaken-Verbindung der Bauteilintegrativen Fügetechnik (BiF). In Anlehnung an WURSTER

Abb. 3.3: Beispielhafte Darstellung der bauteilintegrierten Spanntechnik in Form einer Kegel-Loch + Kugel-Kragen-Verbindung (links) und einer Beispielanwendung (rechts)

Abb. 3.4: Aus der Systematischen Literatur- (SLR) und Patentrecherche (SPR) abgeleitete Forschungslandschaft und im Hinblick auf die Zielsetzung dieser Arbeit identifizierte Forschungslücken von biV. In Anlehnung an FIEDLER ET AL.

Abb. 3.5: Übersicht zur Vorgehensweise in dieser Arbeit anhand des Wegs des Erkenntnisgewinns, der flexiblen Prozesskette für bauteilintegrierte Vorrichtungsfunktionen (biV), den Artefakten des Design Science Research (DSR) und der Kapitelstruktur

Abb. 4.1: Übersicht zu Abhängigkeiten zwischen den Prozessschritten der flexiblen Prozesskette für bauteilintegrierte Vorrichtungsfunktionen (biV) im Hinblick auf den Zielkonflikt hinsichtlich Qualität, Kosten und Zeit

Abb. 4.2: Schematische Darstellung des zur experimentellen Untersuchung stehenden Geometriemerkmals in der flexiblen Prozesskette und mögliche Interdependenzen

Abb. 4.3: Versuchsplan zur experimentellen Untersuchung der Interdependenzen in der flexiblen Prozesskette für bauteilintegrierte Vorrichtungsfunktionen (biV). Die Darstellung der wesentlichen Einstell-, Stör- und Zielgrößen erfolgt nach DREYER UND MALIG

Abb. 4.4: Versuchsaufbau und -proben für die Versuchsdurchführung zum Laserstrahlschneiden von Geometriemerkmalen bauteilintegrierter Vorrichtungsfunktionen (biV)

Abb. 4.5: Versuchsdurchführung zum Laserstrahlschneiden von Geometriemerkmalen bauteilintegrierter Vorrichtungsfunktionen (biV)

Abb. 4.6: Einfluss unterschiedlicher Düsendurchmesser Φ auf die mikroskopisch untersuchte Schnittqualität des Geometriemerkmals Schlitz (Material HCT780X+Z100MB in 2 mm)

Abb. 4.7: Ergebnisse zur experimentell ermittelten max. Schneidgeschwindigkeit bei definierter Schnittqualität (Toleranzklassen nach DIN EN ISO 9013, Höhe der Gratbildung) anhand des Geometriemerkmals. Als vergleichende Annäherung jeweils die theoretisch bestimmte Schneidgeschwindigkeit in Anlehnung an PRUSA ET AL. *(vgl. Kap. 11.4.2)*

Abb. 4.8: Versuchsplan für die experimentelle Untersuchung des Prozessschritts „Laserstrahlschneiden von Geometriemerkmalen"

Abb. 4.9: Entwickeltes Prozessfenster der Einstellgrößen Gasdruck und Fokusposition bei einer hinsichtlich der Produktivität vorteilhaft festgelegten max. Schneidgeschwindigkeit v_c = 14,49 m/min unter qualitativer Einteilung der Zielgrößen zur Schnittqualität, Gratbildung und Rauheit für biV

Abb. 4.10: Abhängigkeit der Einstellgröße Schneidgeschwindigkeit v_c (max. Produktivität und max. Qualität) zur jeweiligen Zielgröße Gratbildung anhand der Material-Dickenkombinationen der Stahllegierungen

Abb. 4.11: Versuchsergebnisse zur Übertragbarkeitsanalyse der Erkenntnisse aus Stahl auf das Laserstrahlschneiden von Geometriemerkmalen aus Aluminium (EN AW-6082 T6). Analyse der Gratbildung von drei Studien (I. bis III.) mit unterschiedlichen Einstellgrößen

Abb. 4.12: Einflussanalyse der Schnittfugenbreiten b_s bei der produktseitigen Gestaltung von Geometriemerkmalen anhand der Schnittqualität beim Laserstrahlschneiden

Abb. 4.13: Schematische Darstellung des zur Untersuchung stehenden Geometriemerkmals in der flexiblen Prozesskette unter Angabe des Koordinatensystems für bauteilintegrierte Vorrichtungsfunktionen (biV) und relevanter geometrischer Größen

Abb. 4.14: Versuchsaufbau zur experimentellen Untersuchung des Prozessschritts Zusammensetzen von Geometriemerkmalen für bauteilintegrierte Vorrichtungsfunktionen (biV)

Abb. 4.15: Einflussanalyse zur Untersuchung der Einstellgrößen auf die Vorrichtungsfunktion „Spannen“ des Geometriemerkmals bauteilintegrierter Vorrichtungsfunktionen (biV)

Abb. 4.16: Versuchsaufbau und -proben für die Untersuchung zum Remote-Laserstrahlschweißen von Geometriemerkmalen bauteilintegrierter Vorrichtungsfunktionen (biV)

Abb. 4.17: Versuchsdurchführung zum Remote-Laserstrahlschweißen von Geometriemerkmalen bauteilintegrierter Vorrichtungsfunktionen (biV)

Abb. 4.18: Zentrierte und konturierte (kontrollierte Einstellgröße) Schweißstrategie für die experimentelle Untersuchung im Prozessschritt „Remote-Laserstrahlschweißen (RLS)“

Abb. 4.19: Schematische Darstellung des zu bestimmenden Schweißzusatzwerkstoffes für die Schweißnähte am Geometriemerkmal und die Evaluierung anhand von Stichproben

Abb. 4.20: Festgelegter Bereich von Interesse für die Analyse der zu optimierenden Einstellgrößen des Remote-Laserstrahlschweißens nach dem Central Composite Design (CCD)

Abb. 4.21: Ansicht der Decklage bei der Sichtprüfung des halb- und vollverschweißten Geometriemerkmals von bauteilintegrierten Vorrichtungsfunktionen (biV)

Abb. 4.22: Versuchsergebnisse zur max. Zugkraft des zur Untersuchung stehenden halb- und vollverschweißten Geometriemerkmals in den Material-Dickenkombinationen

Abb. 4.23: Einflussanalyse zur Laserstrahlpositionierung auf dem Geometriemerkmal unter Angabe möglicher Fehlerbilder (rechts) und den Toleranzgrenzen für die Positionierung

Abb. 4.24: Versuchsergebnisse zur Einflussanalyse der Spaltüberbrückbarkeit auf die Zielgröße der max. Zugkraft beim Remote-Laserstrahlschweißen von Geometriemerkmalen

Abb. 4.25: Versuchsergebnisse zur Einflussanalyse von fehlerhaft positionierten Geometriemerkmalen auf die Zielgrößen beim Remote-Laserstrahlschweißen

Abb. 4.26: Versuchsanordnung zur Simulation der Herausforderungen beim „welding on the fly“: Einflussanalyse unterschiedlicher Laserstrahlanstellwinkel auf die Proben

Abb. 4.27: Einflussanalyse von simuliertem „welding on the fly“ auf die Zielgrößen beim Remote-Laserstrahlschweißen anhand von Grenzpositionen zum Geometriemerkmal

Abb. 4.28: Versuchsergebnisse zur Übertragbarkeitsanalyse der Erkenntnisse auf mehrere Geometriemerkmale von bauteilintegrierten Vorrichtungsfunktionen (biV)

Abb. 4.29: Versuchsergebnisse zur Einflussanalyse des Geometriemerkmals „Spannen“ auf das Zusammensetzen mit bauteilintegrierten Vorrichtungsfunktionen (biV)

Abb. 4.30: Grobkonzept zum Aufbau des Konstruktionskatalogs (KK) für bauteilintegrierte Vorrichtungsfunktionen (biV) anhand des Gliederungs-, Haupt- und Zugriffsteils

Abb. 4.31: Festlegung der relevanten Anforderungen (fett formatiert) für die Methodik zur Auslegung der Konstruktion mit bauteilintegrierten Vorrichtungsfunktionen (biV)

Abb. 4.32: Synthese der Methodiken nach SCHLATHER sowie HANSEN zur Methodik zur Konstruktionsauslegung (Mitte) für bauteilintegrierte Vorrichtungsfunktionen (biV)

Abb. 4.33: Grobkonzept der Methodik zur Konstruktionsauslegung mit bauteilintegrierten Vorrichtungsfunktionen (biV)

Abb. 5.1: Erster Gliederungsgesichtspunkt des Produktionskatalogs (PK) für bauteilintegrierte Vorrichtungsfunktionen (biV) anhand von Teilsystemen der flexiblen Prozesskette

Abb. 5.2: Beispielhafte Verkettung von Produktionsmodulen (PM) aus dem Produktionskatalog (PK) für bauteilintegrierte Vorrichtungsfunktionen (biV)

Abb. 5.3: Grobkonzept mit Schnittstellen des Produktionskatalogs (PK) für bauteilintegrierte Vorrichtungsfunktionen (biV)

Abb. 5.4: Festlegung der relevanten Anforderungen (Fettschrift) für die Methodik zur Auslegung der Zusammenbaufertigung mit bauteilintegrierten Vorrichtungsfunktionen (biV)

Abb. 5.5: Grobkonzept der Methodik mit Methoden, Modellen und Hilfsmitteln zur Auslegung der Zusammenbaufertigung mit bauteilintegrierten Vorrichtungsfunktionen (biV)

Abb. 5.6: Übersicht der Methoden, Modelle und Hilfsmittel für die integrierte Methodik zur Auslegung mit bauteilintegrierten Vorrichtungsfunktionen (biV). Darstellung in Anlehnung an HEYN

Abb. 5.7: Grobkonzept der integrierten Methodik zur Auslegung von bauteilintegrierten Vorrichtungsfunktionen (biV). In Anlehnung an FIEDLER ET AL.

Abb. 6.1: Als geeignet durchmusterte Geometriemerkmale aus dem Konstruktionskatalog (KK) für bauteilintegrierte Vorrichtungsfunktionen (biV)

Abb. 6.2: CAD-Modell des anhand der integrierten Methodik ausgelegten Fallbeispiels Low-Cost-Batteriepackgehäuse mit bauteilintegrierten Vorrichtungsfunktionen (biV)

Abb. 6.3: 3D-Layout der mittels der integrierten Methodik für bauteilintegrierte Vorrichtungsfunktionen (biV) ausgelegten Produktion des Low-Cost-Batteriepackgehäuses

Abb. 6.4: Ermittelte Verdrillwinkel mit Sichtprüfung im Prozessschritt „Zusammensetzen" im Rahmen der Evaluierung am ersten Fallbeispiel Low-Cost-Batteriepackgehäuse (LCB)

Abb. 6.5: Taktzeitdiagramm des Prozessschrittes „Zusammensetzen" und „Remote-Laserstrahlschweißen" in der Evaluierung am Fallbeispiel Low-Cost-Batteriepackgehäuse (LCB)

Abb. 6.6: Versuchsergebnisse der optischen Vermessung von Referenzpunkten in der Evaluierung am Fallbeispiel der Kleinserie von sechs Low-Cost-Batteriepackgehäusen (LCB)

Abb. 6.7: Visualisierung der geometrischen Maßhaltigkeit zwischen dem CAD-Modell und der Kleinserie des ersten Fallbeispiels Low-Cost-Batteriepackgehäuse (LCB)

Abb. 6.8: Visualisierung der Veränderung der geometrischen Maßhaltigkeit eines Geometriemerkmals und seiner näheren Umgebung gemessen zwischen den Schritten der Fügeoperation am ersten Fallbeispiel Low-Cost-Batteriepackgehäuse (LCB)

Abb. 6.9: CAD-Modell des zweiten Fallbeispiels „Heckwagen-Baugruppe" in Anlehnung an Küpper et al.[777], das anhand der Integrierten Methodik für bauteilintegrierte Vorrichtungsfunktionen (biV) für eine vorrichtungslose Fertigung ausgelegt wurde

Abb. 6.10: 3D-Layout der anhand der integrierten Methodik für bauteilintegrierte Vorrichtungsfunktionen (biV) ausgelegten Produktion des zweiten Fallbeispiels „Heckwagen-Baugruppe"

Abb. 11.1: Vorgehensweise der in dieser Arbeit durchgeführten Systematischen Literaturrecherche (SLR) unter Nennung der angewandten Rahmenwerke und Methodiken

Abb. 11.2: Ablauf des in dieser Arbeit angewandten PRISMA Statement (Preferred Reporting Items for Systematic Reviews and Meta-Analyses) anhand eines Flussdiagramms. In Anlehnung an MOHER ET AL.

Abb. 11.3: Synthese der Systematischen Literaturrecherche (SLR): Relevante Veröffentlichungen zum Stand der Forschung zu bauteilintegrierten Vorrichtungsfunktionen (biV) hinsichtlich Quantität, historische Entwicklung, Branchen und Art der Forschung

Abb. 11.4: Synthese der Systematischen Literaturrecherche (SLR): Geografische Verteilung der Treffer pro Länder und Arbeitsgruppen für alternative Vorrichtungskonzepte

Abb. 11.5: Vorgehensweise der in dieser Arbeit durchgeführten Systematischen Patentrecherche (SPR) unter Anwendung der hierfür verwendeten Rahmenwerke und Methodiken

Abb. 11.6: Synthese der Systematischen Patentrecherche (SPR): Relevante Patente zum Stand der Forschung zu bauteilintegrierten Vorrichtungsfunktionen (biV) hinsichtlich Quantität, historische Entwicklung, Branchen und Patentinhaber:in

Abb. 11.7: Synthese der Systematischen Patentrecherche (SPR): Geografische Verteilung relevanter Patente zum Stand der Forschung zu bauteilintegrierten Vorrichtungsfunktionen (biV) nach Treffer pro Länder und Arbeitsgruppen

Abb. 11.8: Übersicht der in der Systematischen Literaturrecherche (SLR) identifizierten Vorrichtungskonzepte (25 Stk. grau markiert) mit Einteilung in obere acht Hauptgruppen

Abb. 11.9: Übersicht der Messstellen an den Proben im Rahmen der experimentellen Untersuchung des Prozessschritts Laserstrahlschneiden mit beispielhaften Messergebnissen

Abb. 11.10: Vereinfachung des geometrischen Modells der Schneidfront und des Laserstrahls mit Bezug zur Bestimmung der theoretischen maximalen Schneidgeschwindigkeit

Abb. 11.11: Absorption durch das Material A_{Abs} in Abhängigkeit vom Einstrahlwinkel des Laserstrahls φ (1.030 nm Wellenlänge) für Stahl und Aluminium

Abb. 11.12: Central Composite Design (CCD)-Versuchsmatrix für die experimentelle Untersuchung des Prozessschritts Laserstrahlschneiden am Beispiel der Material-Dickenkombination HX380LAD+Z100MB (2 mm)

Abb. 11.13: Momentenbetrachtung des Laserstrahls auf dem Geometriemerkmal als Grundlage für die Annäherung zur analytischen Berechnung der Positionierung des Laserstrahls

Abb. 11.14: Kennzeichnung der Bereiche der Hohlräume im Geometriemerkmal für die analytische Berechnung des notwendigen Schweißzusatzwerkstoffes

Abb. 11.15: Schematische Darstellung der Querschnittsfläche des Stegs, der Krallen und der Spalte des Geometriemerkmals für die Berechnung des maximalen Schweißnahtvolumens mit der Schweißnahtunregelmäßigkeit „zu große Nahtüberhöhung" $V_{S,502}$

Abb. 11.16: Auswertung der Branchenzugehörigkeit der Teilnehmenden an der Online-Umfrage als Unterstützung zur Feingestaltung des Konstruktionskatalogs

Abb. 11.17: Auswertung des Schwerpunkts der beruflichen Tätigkeit der Teilnehmenden an der Online-Umfrage als Unterstützung zur Feingestaltung des Konstruktionskatalogs

Abb. 11.18: Auswertung der wöchentlichen Stundenanzahl für die Informationsbeschaffung zu bauteilintegrierten Vorrichtungsfunktionen (biV) der Teilnehmenden an der Online-Umfrage als Unterstützung zur Feingestaltung des Konstruktionskatalogs

Abb. 11.19: Auswertung bezüglich der Anforderungen aus VDI 2222 und der Eignung verschiedener Medien zur Informationsbeschaffung auf Basis der Teilnehmenden an der Online-Umfrage als Unterstützung zur Feingestaltung des Konstruktionskatalogs

Abb. 11.20: Schematisches Vorgehen zur schrittweisen Ausdetaillierung der Methodenschritte vom Grob- zum Feinkonzept

Abb. 11.21: I. Methodenschritt der Methodik zur Konstruktionsauslegung mit bauteilintegrierten Vorrichtungsfunktionen (biV): Klären und Präzisieren der Aufgabenstellung

Abb. 11.22: II. Methodenschritt der Methodik zur Konstruktionsauslegung mit bauteilintegrierten Vorrichtungsfunktionen (biV): Identifikation von potenzialträchtigen Baugruppenfamilien (BGF)

Abb. 11.23: III. Methodenschritt der Methodik zur Konstruktionsauslegung mit bauteilintegrierten Vorrichtungsfunktionen (biV): Ableitung von Anforderungen

Abb. 11.24: IV. Methodenschritt der Methodik zur Konstruktionsauslegung mit bauteilintegrierten Vorrichtungsfunktionen (biV): Geometriemerkmalsauswahl und Erstellung der Initialkonfiguration

Abb. 11.25: V. Methodenschritt der Methodik zur Konstruktionsauslegung mit bauteilintegrierten Vorrichtungsfunktionen (biV): Aktualisierte Literatur- und Patentrecherche oder Neuentwicklung eines Geometriemerkmals

Abb. 11.26: Potenzielle Informationsquellen zur Neuentwicklung von bauteilintegrierten Vorrichtungsfunktionen (biV) im Rahmen des V. Methodenschrittes der Methodik zur Konstruktionsauslegung in Abb. 11.25

Abb. 11.27: VI. Methodenschritt der Methodik zur Konstruktionsauslegung mit bauteilintegrierten Vorrichtungsfunktionen (biV): Prüfung und Anpassung der Initialkonfiguration

Abb. 11.28: Schematische Darstellung der Modulstruktur des Modularen Produktions-Baukastens (MPB) in Anlehnung an WALTL ET AL.

Abb. 11.29: Beispielhafte Darstellung eines Modulsteckbriefs des Modularen Produktions-Baukastens (MPB) in Anlehnung an WALTL ET AL.

Abb. 11.30: Entwurf des Produktionskatalogs (PK) für bauteilintegrierter Vorrichtungsfunktionen (biV)

Abb. 11.31: Beispielhafter Modulsteckbrief aus dem Produktionskatalog (PK) für die Fertigung des Fallbeispiels Low-Cost-Batteriepackgehäuse (LCB) mittels bauteilintegrierter Vorrichtungsfunktionen (biV). Aufbau in Anlehnung an WALTL ET AL.

Abb. 11.32: Methodenschritt VII der Methodik zur Auslegung einer Zusammenbaufertigung mit bauteilintegrierten Vorrichtungsfunktionen (biV): Identifikation einer potenzialträchtigen Prozesskette

Abb. 11.33: Methodenschritt VIII der Methodik zur Auslegung einer Zusammenbaufertigung mit bauteilintegrierten Vorrichtungsfunktionen (biV): Materialfluss- und Transportplanung

Abb. 11.34: Methodenschritt IX der Methodik zur Auslegung einer Zusammenbaufertigung mit bauteilintegrierten Vorrichtungsfunktionen (biV): Produktionsstrukturplanung

Abb. 11.35: Methodenschritt X der Methodik zur Auslegung einer Zusammenbaufertigung mit bauteilintegrierten Vorrichtungsfunktionen (biV): Planung der Anlagentechnik, Flächen und Räume

Abb. 11.36: Methodenschritt XI der Methodik zur Auslegung einer Zusammenbaufertigung mit bauteilintegrierten Vorrichtungsfunktionen (biV): Planung des Block-, Detail- und 3D-Layout

Abb. 11.37: Methodenschritt XII der Methodik zur Auslegung einer Zusammenbaufertigung mit bauteilintegrierten Vorrichtungsfunktionen (biV): Finale Kontrolle und Lessons Learned

Abb. 11.38: Gesamtablaufplan der integrierten Methodik für bauteilintegrierte Vorrichtungsfunktionen (biV): Schritt I bis VI

Abb. 11.39: Gesamtablaufplan der integrierten Methodik für bauteilintegrierte Vorrichtungsfunktionen (biV): Schritt VII bis XII

Abb. 11.40: Prototypischer Konstruktionsstand des Fallbeispiels Low-Cost-Batteriepackgehäuse (LCB) ausgelegt für das Laserstrahlschneiden, Gesenkbiegen und manuelles Nieten

Abb. 11.41: Ausgelegte Prozesskette und Fügefolge für das erste Fallbeispiel Low-Cost-Batteriepackgehäuse (LCB) im Rahmen der Evaluierung der Produktionsauslegung

Abb. 11.42: Darstellung der Produktionsbereiche und des Materialflusses in der Produktion für das erste Fallbeispiel Low-Cost-Batteriepackgehäuse (LCB) im Rahmen der Evaluierung der Produktionsauslegung

Abb. 11.43: Versuchsergebnisse der optischen Vermessung der Querträgerhöhe im Rahmen der Evaluierung am Fallbeispiel der Kleinserie von sechs Low-Cost-Batteriepackgehäusen (LCB)

Abb. 11.44: Versuchsergebnisse der optischen Vermessung der Querträgerwinkel im Rahmen der Evaluierung am Fallbeispiel der Kleinserie von sechs Low-Cost-Batteriepackgehäusen (LCB)

Abb. 11.45: Versuchsergebnisse der optischen Vermessung der Batteriefachbreite im Rahmen der Evaluierung am Fallbeispiel der Kleinserie von sechs Low-Cost-Batteriepackgehäusen (LCB)

Abb. 11.46: Versuchsergebnisse der optischen Vermessung der Batteriefachtiefe im Rahmen der Evaluierung am Fallbeispiel der Kleinserie von sechs Low-Cost-Batteriepackgehäusen (LCB)

Abb. 11.47: Versuchsergebnisse der optischen Vermessung der Batteriefachhöhe im Rahmen der Evaluierung am Fallbeispiel der Kleinserie von sechs Low-Cost-Batteriepackgehäusen (LCB)

Abb. 11.48: Ausgelegte Prozesskette und Fügefolge für das zweite Fallbeispiel Heckwagen-Baugruppe im Rahmen der Evaluierung der Produktionsauslegung

Abb. 11.49: Darstellung der Produktionsbereiche und des Materialflusses in der Produktion für das zweite Fallbeispiel Heckwagen-Baugruppe im Rahmen der Evaluierung der Produktionsauslegung

Tab. 2.1: Tendenzielle Herausforderungen bzw. nachteilige Eigenschaften (–) und Chancen bzw. vorteilige Eigenschaften (+) des Remote-Laserstrahlschweißens (RLS)

Tab. 2.2: Übersicht und Beschreibung der für den Karosseriebau relevanten Vorrichtungsfunktionen (VF) mit Unterteilungen nach Grund- (GF), Haupt- (HF), Ergänzungs- (EF) und Nebenfunktion (NF), Fertigungseinrichtung (FE), Bauteil (BT), Bauteillage (BL)

Tab. 3.1: Übersicht der von Arbeitsgruppen unterschiedlich benannten Abkürzungen und Bezeichnungen im Themenfeld der bauteilintegrierten Vorrichtungsfunktionen (biV)

Tab. 3.2: Im Rahmen der systematischen Literaturrecherche (SLR) identifizierte Chancen und Herausforderungen von bauteilintegrierten Vorrichtungsfunktionen (biV)

Tab. 4.1: Versuchsergebnisse der Prozessoptimierung im Prozessschritt „Laserstrahlschneiden von Geometriemerkmalen“ am Beispiel von HX380LAD+Z100MB in 2 mm

Tab. 4.2: Gestaltungsregeln für den Prozessschritt „Laserstrahlschneiden“ von Geometriemerkmalen in der flexiblen Prozesskette von bauteilintegrierten Vorrichtungsfunktionen (biV)

Tab. 4.3: Übersicht der Geometriemerkmalsgrößen für die experimentelle Untersuchung zum Zusammensetzen von bauteilintegrierten Vorrichtungsfunktionen (biV)

Tab. 4.4: Vergleich der min. Schlitzbreiten und Quotienten eines Geometriemerkmals für verschiedene Material- und Dickenkombinationen im Prozessschritt „Zusammensetzen“

Tab. 4.5: Gestaltungsregeln für den Prozessschritt „Zusammensetzen“ von Geometriemerkmalen in der flexiblen Prozesskette von bauteilintegrierten Vorrichtungsfunktionen (biV)

Tab. 4.6: Versuchsergebnisse der Prozessoptimierung im Prozessschritt „Remote-Laserstrahlschweißen“ von Geometriemerkmalen am Beispiel von HX380LAD+Z100MB in 2 mm

Tab. 4.7: Gestaltungsregeln für das Remote-Laserstrahlschweißen von Geometriemerkmalen in der flexiblen Prozesskette von bauteilintegrierten Vorrichtungsfunktionen (biV)

Tab. 4.8: Übersicht zu den Versuchsproben und -ergebnisse zur Untersuchung der Interdependenz des Laserstrahlschneidens von Geometriemerkmalen in der flexiblen Prozesskette

Tab. 4.9: Einflussanalyse unterschiedlicher Trennprozesse auf die Zielgrößen beim Laserstrahlschneiden von Geometriemerkmalen bauteilintegrierter Vorrichtungsfunktionen (biV)

Tab. 4.10: Erfüllungsgrad der Anforderungen an den Konstruktionskatalog für bauteilintegrierte Vorrichtungsfunktionen (biV) für die in Kapitel 3.3.2 identifizierten Ansätzen

Tab. 4.11: Erfüllungsgrad von Anforderungen der Konstruktionsmethodik von bauteilintegrierte Vorrichtungsfunktionen (biV) durch die in Kapitel 3.3.1 identifizierten Ansätze

Tab. 5.1: Abgeleitete Anforderungen aus Vorarbeiten und eigenen Überlegungen an den Produktionskatalog (PK) für bauteilintegrierte Vorrichtungsfunktionen (biV)

Tab. 5.2: Aus den Anforderungen an den Produktionskatalog (PK) für bauteilintegrierte Vorrichtungsfunktionen (biV) abgeleitete Anforderungen an die Methode zur Gestaltung

Tab. 5.3: Bewertung der Anforderungen an die Gestaltung des Produktionskatalogs (PK) für bauteilintegrierte Vorrichtungsfunktionen (biV) mit den als relevant identifizierten methodischen Ansätzen

Tab. 5.4: Übersicht zur Bewertung der im Rahmen der systematischen Literaturrecherche (SLR) identifizierten Produktions- und Fabrikplanungsvorgehen anhand der in Kapitel 5.2.1 als relevant identifizierten Anforderungen an die Methodik zur Auslegung einer Zusammenbaufertigung mit bauteilintegrierten Vorrichtungsfunktionen (biV)

Tab. 11.1: Festlegung der acht Kriterien für die in dieser Arbeit angewandten STARLITE-Methodik (u. a. Standards for Reporting Literature) im Rahmen der Systematischen Literaturrecherche (SLR). In Anlehnung an BOOTH

Tab. 11.2: Aus den a) SLR-Forschungsfragen werden die zu kombinierenden b) Suchbegriffe zu Suchstrings mit einem X gekennzeichnet. In Anlehnung an die STARLITE-Methodik (Standards for Reporting Literature) für die Systematische Literaturrecherche (SLR)

Tab. 11.3: Rechercheübersicht zu der Systematischen Literaturrecherche (SLR) im Rahmen dieser Arbeit. Die aus den b) Suchbegriffen mit c) Booleschen Operatoren kombinierten d) Suchstrings sind anhand der a) SLR-Forschungsfragen (FF) gegliedert unter Angabe der erzielten e) Trefferanzahl je Datenbank und nach den f) Filterungsstufen

Tab. 11.4: Synthese der Systematischen Literaturrecherche (SLR): Teil A der Rechercheübersicht der relevanten Literatur und inhaltliche Auswertung in Bezug auf den Stand der Forschung zu bauteilintegrierten Vorrichtungsfunktionen (biV)

Tab. 11.5: Synthese der Systematischen Literaturrecherche (SLR): Teil B der Rechercheübersicht der relevanten Literatur und inhaltliche Auswertung in Bezug auf den Stand der Forschung zu bauteilintegrierten Vorrichtungsfunktionen (biV)

Tab. 11.6: Synthese der Systematischen Literaturrecherche (SLR): Teil C der Rechercheübersicht der relevanten Literatur und inhaltliche Auswertung in Bezug auf den Stand der Forschung zu bauteilintegrierten Vorrichtungsfunktionen (biV)

Tab. 11.7: Synthese der Systematischen Literaturrecherche (SLR): Übersicht zu den relevanten Autoren, Organisationen und Arbeitsgruppen zum Stand der Forschung zu bauteilintegrierten Vorrichtungsfunktionen (biV)

Tab. 11.8: Synthese der Systematischen Literaturrecherche (SLR): Übersicht zu den spezifischen Begriffen nach Literaturquelle aus den Tab. 11.4 bis 11.6 (#) und Veröffentlichungsjahr zum Stand der Forschung zu bauteilintegrierten Vorrichtungsfunktionen (biV)

Tab. 11.9: Synthese der Systematischen Literaturrecherche (SLR): Auszug einer Übersicht der als relevant identifizierten Geometriemerkmale zum Stand der Forschung zu bauteilintegrierten Vorrichtungsfunktionen (biV)

Tab. 11.10: Synthese der Systematischen Patentrecherche (SPR): Teil A der Übersicht der relevanten Patente und inhaltliche Auswertung in Bezug auf den Stand der Forschung zu bauteilintegrierten Vorrichtungsfunktionen (biV)

Tab. 11.11: Synthese der Systematischen Patentrecherche (SPR): Teil B der Übersicht der relevanten Patente und inhaltliche Auswertung in Bezug auf den Stand der Forschung zu bauteilintegrierten Vorrichtungsfunktionen (biV)

Tab. 11.12: Synthese der Systematischen Patentrecherche (SPR): Teil C der Übersicht der relevanten Patente und inhaltliche Auswertung in Bezug auf den Stand der Forschung zu bauteilintegrierten Vorrichtungsfunktionen (biV)

Tab. 11.13: Synthese der Systematischen Patentrecherche (SPR): Auszug Teil A einer Übersicht der als relevant identifizierten Geometriemerkmale zum Stand der Forschung zu bauteilintegrierten Vorrichtungsfunktionen (biV)

Tab. 11.14: Synthese der Systematischen Patentrecherche (SPR): Auszug Teil B einer Übersicht der als relevant identifizierten Geometriemerkmale zum Stand der Forschung zu bauteilintegrierten Vorrichtungsfunktionen (biV)

Tab. 11.15: Zusammenfassung der Anforderungen und Limitationen an die flexible Prozesskette aus dem Stand der Forschung zu bauteilintegrierten Vorrichtungsfunktionen (biV) des Kapitels 3

Tab. 11.16: Übersicht der Material-Dickenkombinationen zur Untersuchung in der flexiblen Prozesskette unter Angabe der mechanischen Eigenschaften und Toleranzen

Tab. 11.17: Spezifikation der zur Untersuchung in der flexiblen Prozesskette verwendeten Laserstrahlquelle TRUDISK 4001 der Firma TRUMPF (Bildquelle: TRUMPF)

Tab. 11.18: Spezifikation der zur Untersuchung in der flexiblen Prozesskette verwendeten Laserstrahlschneidmaschinen TRULASERCELL 3000 + TRULASER 5030 (Bildquelle TRUMPF)

Tab. 11.19: Spezifikation der zur Untersuchung in der flexiblen Prozesskette verwendeten Biegemaschine TRUBEND 5085 (Bildquelle TRUMPF)

Tab. 11.20: Spezifikation der zur Untersuchung in der flexiblen Prozesskette verwendeten Laserschweißzelle

Tab. 11.21: Spezifikation des zur Untersuchung in der flexiblen Prozesskette verwendeten Digitalmikroskops: KEYENCE VHX-6000 inkl. VH-ZST

Tab. 11.22: Spezifikation des zur Untersuchung in der flexiblen Prozesskette verwendeten optischen 3D Messsystems: ALICONA InfiniteFocus G5Plus

Tab. 11.23: Spezifikation der zur Untersuchung in der flexiblen Prozesskette verwendeten kombinierte Kontur- und Rauheitsmessgeräte: MAHR MarSurf LD 260 und MarSurf XC 20

Tab. 11.24: Spezifikation des zur Untersuchung in der flexiblen Prozesskette verwendeten 6-Achsen Kraft-Momenten Sensors: ME-MEßSYSTEME K6D80

Tab. 11.25: Spezifikation der zur Untersuchung in der flexiblen Prozesskette verwendeten Universal Materialprüfmaschine: ZWICKROELL AllroundLine Z250

Tab. 11.26: Spezifikation des zur Untersuchung in der flexiblen Prozesskette verwendeten 3D Laser Scanners: NIKON ModelMaker H120 mit portablen Gelenkarm MCAx 35

Tab. 11.27: Zuordnung der passenden Messmittel und Messstellen zu den Zielgrößen im Rahmen der experimentellen Untersuchung des Prozessschritts Laserstrahlschneiden in Anlehnung an DIN EN ISO 9013

Tab. 11.28: Toleranzklassen zur Rechtwinkligkeit der Laserschnittfläche zur Laseraustrittsseite im Rahmen der experimentellen Untersuchung des Prozessschritts Laserstrahlschneiden

Tab. 11.29: Auf Basis der Vereinfachung in Abb. 11.10 analytisch bestimmter Einstrahlwinkel des Laserstrahls φ und Absorption durch das Material A_{Abs} für die in dieser Arbeit betrachteten Material-Dickenkombinationen

Tab. 11.30: Materialeigenschaften für die Berechnung des Reflexionsindex *n* und für den Extinktionskoeffizienten *k* für die in dieser Arbeit untersuchten Materialien

Tab. 11.31: Analytisch bestimmter Reflexionsindex *n* und Extinktionskoeffizienten *k* auf Basis der Materialeigenschaften aus Tabelle 11.30 für die in dieser Arbeit untersuchten Materialien und den verwendeten Scheibenlaser (1.030 nm Wellenlänge)

Tab. 11.32: Analytisch bestimmte theoretisch maximale Schneidgeschwindigkeit beim Laserstrahlschneiden für die in dieser Arbeit betrachteten Material-Dickenkombinationen anhand von PRUSA ET AL.

Tab. 11.33: Ergebnisse zur max. Produktivität bei Variation des Düsendurchmessers bei der für biV geeigneten Schnittqualität im Rahmen der experimentellen Untersuchung des Prozessschritts Laserstrahlschneiden

Tab. 11.34: Beispielhafte Darstellung einer ANOVA-Tabelle für die in dieser Arbeit untersuchte Material-Dickenkombination HX380LAD+Z100MB (2 mm) im Rahmen der experimentellen Untersuchung des Prozessschritts Laserstrahlschneiden

Tab. 11.35: Versuchsergebnisse der Prozessoptimierung im Prozessschritt „Laserstrahlschneiden von Geometriemerkmalen" für die Material-Dickenkombinationen HX380LAD+Z100MB und HCT780X+Z100MB jeweils in 1,0 mm

Tab. 11.36: Versuchsergebnisse der Prozessoptimierung im Prozessschritt „Laserstrahlschneiden von Geometriemerkmalen" am Beispiel von HX380LAD+Z100MB in 1,5 mm

Tab. 11.37: Versuchsergebnisse der Prozessoptimierung im Prozessschritt „Laserstrahlschneiden von Geometriemerkmalen" am Beispiel von HX380LAD+Z100MB in 2,5 mm

Tab. 11.38: Versuchsergebnisse der Prozessoptimierung im Prozessschritt „Laserstrahlschneiden von Geometriemerkmalen" am Beispiel von HCT780X+Z100MB in 1,5 mm

Tab. 11.39: Versuchsergebnisse der Prozessoptimierung im Prozessschritt „Laserstrahlschneiden von Geometriemerkmalen" am Beispiel von HCT780X+Z100MB in 2,0 mm

Tab. 11.40: Versuchsergebnisse der Prozessoptimierung im Prozessschritt „Laserstrahlschneiden von Geometriemerkmalen" am Beispiel von HCT780X+Z100MB in 2,5 mm

Tab. 11.41: Relevante Größen für die theoretische Toleranzanalyse der Spielpassung zwischen Schlitz und Lasche des in dieser Arbeit zur Untersuchung stehenden Geometriemerkmals von bauteilintegrierten Vorrichtungsfunktionen (biV)

Tab. 11.42: Makroskopische Analyse des Geometriemerkmals beim „Spannen" in Anlehnung an die Versuchsergebnisse der Einstellgrößenstudie aus Abbildung 4.15

Tab. 11.43: Annähernd analytisch bestimmte Position des Laserstrahls auf dem Steg für das Remote-Laserstrahlschweißen von Geometriemerkmalen

Tab. 11.44: Grenzwerte der Schweißnahtunregelmäßigkeiten der Ordnungsnummern 502 und 504 der Bewertungsgruppe D für das Geometriemerkmal

Tab. 11.45: Größen eines Geometriemerkmals für den Versuchsdurchlauf zur Erprobung der Annährung zum analytischen Bestimmen des Schweißzusatzwerkstoffes

Tab. 11.46: Festlegung der Grenzen von Schweißnahtunregelmäßigkeiten beim Remote-Laserstrahlschweißen von Geometriemerkmalen aus Stahl anhand unterschiedlicher Qualitätsstufen aus der DIN EN ISO 13919-1

Tab. 11.47: Festlegung der Grenzen von Schweißnahtunregelmäßigkeiten beim Remote-Laserstrahlschweißen von Geometriemerkmalen aus Aluminium anhand unterschiedlicher Qualitätsstufen aus der DIN EN ISO 13919-2

Tab. 11.48: Bewertungssystem für halbverschweißte (vgl. Abb. 4.21) Geometriemerkmale von bauteilintegrierten Vorrichtungsfunktionen (biV) aus Stahl anhand der in Tabelle 11.46 festgelegten Bewertungsgruppen

Tab. 11.49: Bewertungssystem für vollverschweißte (vgl. Abb. 4.21) Geometriemerkmale von bauteilintegrierten Vorrichtungsfunktionen (biV) aus Stahl anhand der in Tabelle 11.46 festgelegten Bewertungsgruppen

Tab. 11.50: Überführung von produkt- und produktionsseitigen Anforderungen in Zugriffsmerkmalen des Konstruktionskatalogs (KK) für bauteilintegrierte Vorrichtungsfunktionen (biV)

Tab. 11.51: Vollständiges Feinkonzept des Konstruktionskatalogs (KK) für bauteilintegrierte Vorrichtungsfunktionen (biV)

Tab. 11.52: Paarweiser Vergleich der Anforderungen an eine Methodik im Allgemeinen und für die Konstruktionsauslegung mit biV. Die Anforderungen mit der höchsten Relevanz zur weiteren Betrachtung sind grau hinterlegt

Tab. 11.53: Beschreibung der Erfüllungsgrade von den Anforderungen an die Methodik zur Konstruktionsauslegung mit bauteilintegrierten Vorrichtungsfunktionen (biV)

Tab. 11.54: Beispielhafte produkt- und produktionsseitige Anforderungen für den III. Methodenschritt in der Methodik zur Konstruktionsauslegung mit bauteilintegrierten Vorrichtungsfunktionen (biV)

Tab. 11.55: Beschreibung der Erfüllungsgrade der Anforderungen an die Methode zur Gestaltung des Produktionskatalogs (PK) für bauteilintegrierte Vorrichtungsfunktionen (biV)

Tab. 11.56: Paarweiser Vergleich der Anforderungen an eine Methodik im Allgemeinen und für die Auslegung einer Zusammenbaufertigung mit biV. Die Anforderungen mit der höchsten Relevanz zur weiteren Betrachtung sind grau hinterlegt

Tab. 11.57: Beschreibung der Erfüllungsgrade von den Anforderungen an die Methodik zur Auslegung einer Zusammenbaufertigung mit bauteilintegrierten Vorrichtungsfunktionen (biV)

Tab. 11.58: Ausgefüllte Eingangsgrößen für das erste Fallbeispiel Low-Cost-Batteriepackgehäuse (LCB)

Tab. 11.59: Produkt- und produktionsseitige Anforderungen für das erste Fallbeispiel Low-Cost-Batteriepackgehäuse (LCB)

Tab. 11.60: Übertragung der Festforderungen in Zugriffsmerkmale des Konstruktionskatalogs (KK) für das erste Fallbeispiel Low-Cost-Batteriepackgehäuse (LCB)

Tab. 11.61: Übersicht der ausgewählten Maschinen, Flächen- sowie Personenbedarfe und abgeschätzte Taktzeit für das erste Fallbeispiel Low-Cost-Batteriepackgehäuse (LCB) im Rahmen der Evaluierung der Produktionsauslegung

Tab. 11.62: Produkt- und produktionsseitige Anforderungen für das zweite Fallbeispiel Heckwagen

Tab. 11.63: Übersicht der ausgewählten Maschinen, Flächen- sowie Personenbedarfe und abgeschätzte Taktzeit für das zweite Fallbeispiel Heckwagen-Baugruppe im Rahmen der Evaluierung der Produktionsauslegung

Verzeichnis der Abkürzungen und Symbole

AG	Arbeitsgruppe (engl. working group)
Al	Aluminium
ANOVA	Analysis of Variance
ASF	Audi Space Frame
ASP	Aufnahme- und Spannplan
BBD	Box-Behnken-Design
BGF	Baugruppenfamilie
BiF	Bauteilintegrative Fügetechnik
BiG	Bauteilintegrierte Geometriemerkmale
BILS'M	Bauteilintegrierte lasergerechte Spannmerkmale
BL	Bauteillage
BM	Boden Mitte
BMW	Bayerische Motoren Werke
BT	Bauteil
biV	Bauteilintegrierte Vorrichtungsfunktion
CAD	Computer Aided Design
CAFD	Computer Aided Fixture Design
CAT	Computer Aided Tolerancing
CCD	Central Composite Design
CFF	Component-integrated Fixture Features
CIMO	Context, Interventions, Mechanisms, Outcomes
CJF	Component-integrated Jig Features
COP	Carry Over Parts
CPC	Cooperative Patent Classification
cw	Continuous wave
D	Determinante
DEPATIS	Deutsches Patentinformationssystem
DIN	Deutsche Institut für Normung e. V.

DoE	Design of Experiments
DOF	Degree of freedom
DPMA	Deutsches Patent- und Markenamt
DSR	Design Science Research
DZ	Digitaler Zwilling
EDV	Elektronische Datenverarbeitung
EF	Ergänzungsfunktion
EN	Europäische Norm
EPA	Europäisches Patentamt
FBF	Feature-based Fixturing
FE	Fertigungseinrichtung
FEM	Finite-Elemente-Methode
FF	Forschungsfrage
FI	File Index
FPZ	Flexibilitätspotenzialzahl
F-TERM	File Forming Term
GF	Grundfunktion
GR	Gestaltungsregel
HB	Hinterbau
HF	Hauptfunktion
ID	Identifikationsnummer
IPC	International Patent Classification
ISO	International Organization for Standardization
KK	Konstruktionskatalog
KOS	Koordinatensystem
KTL	Kathodische Tauchlackierung
KZPZ	Kosten- und Zeitpotenzialzahl
kW	Kilowatt
LCB	Low-Cost-Batteriepackgehäuse (engl. low-cost battery pack housing)
LS	Laserstrahl/Laserstrahlschweißen
MIG	Metall-Inertgasschweißen
MPB	Modularer Produktions-Baukasten
MSG	Metall-Schutzgas-Schweißen
mrad	Milliradiant
Nd:YAG	Neodym:Yttrium-Aluminium-Granat
NF	Nebenfunktion

Nm	Newtonmeter
OEM	Original Equipment Manufacturer
OFAT	One Factor At a Time
OT	Obere Toleranzgrenze
PEP	Produktentstehungsprozess
PFE	Panel forming elements
PFO	Programmierbare Fokussieroptik
PK	Produktionskatalog
PKM	Parallelkinematikmaschinen
PKW	Personenkraftwagen
PM	Produktionsmodul
PRISMA	Preferred Reporting Items for Systematic Reviews and Meta-Analyses
piV	Prozessintegrierte Vorrichtungsfunktionen
QUOROM	Quality Of Reporting Of Meta-analyses
RFA	Robotic fixtureless assembly
RLS	Remote-Laserstrahlschweißen
RP	Referenzprobe
RPS	Referenz-Punkt-System
RSM	Response surface methodology
RWTH	Rheinisch-Westfälischen Technischen Hochschule
SFK	Spann-und-Fixierkonzept
SLR	Systematische Literaturrecherche
SLR-FF	Systematische Literaturrecherche-Forschungsfragen
SOP	Start of Production
SPR	Systematische Patentrecherche
STARTLITE	Standards for Reporting Literature
St	Stahl
SUV	Sport Utility Vehicle
SWOT	Strengths, Weaknesses, Opportunities und Threats
TS	Tiefschweißen
UFF	Unter-Forschungsfragen
UT	Untere Toleranzgrenze
VB	Vorderbau
VDI	Verein Deutscher Ingenieure
VE	Vorrichtungselement
VF	Vorrichtungsfunktion

Vö	Veröffentlichung
VT	Visual Testing
WLS	Wärmeleitungsschweißen
WPS	Widerstandspunktschweißen
WZL	Werkzeugmaschinenlabor
ZSB	Zusammenbaugruppe

Verzeichnis der Symbole

A_A	Atommasse
A_{Abs}	Absorption durch das Material
A_w	Querschnittsfläche des Wurzelbereichs einer Schweißnaht am Geometriemerkmal von biV
$A_{w,krallen}$	Fläche im Wurzelbereich (eines Geometriemerkmals von biV)
A_{50}	Bruchdehnung von Flachzugproben mit Ausgangslänge von 50 mm
A_{80}	Bruchdehnung von Flachzugproben mit Ausgangslänge von 80 mm
A_{502}	Gesamtquerschnittsfläche der Decklage einer Schweißnaht „zu große Nahtüberhöhung" am Geometriemerkmal von biV
A_{504}	Gesamtquerschnittsfläche der Wurzellage einer Schweißnaht „zu große Wurzelüberhöhung" am Geometriemerkmal von biV
B_a	Batteriefachtiefe des Low-Cost-Batteriepackgehäuses (LCB)
$B_{a,soll}$	Sollwert der Batteriefachtiefe des Low-Cost-Batteriepackgehäuses (LCB)
$B_{a,ist}$	Istwert der Batteriefachtiefe des Low-Cost-Batteriepackgehäuses (LCB)
B_b	Batteriefachbreite des Low-Cost-Batteriepackgehäuses (LCB)
$B_{b,soll}$	Sollwert der Batteriefachbreite des Low-Cost-Batteriepackgehäuses (LCB)
$B_{b,ist}$	Istwert der Batteriefachbreite des Low-Cost-Batteriepackgehäuses (LCB)
B_c	Batteriefachhöhe des Low-Cost-Batteriepackgehäuses (LCB)
$B_{c,soll}$	Sollwert der Batteriefachhöhe des Low-Cost-Batteriepackgehäuses (LCB)
$B_{c,ist}$	Istwert der Batteriefachhöhe des Low-Cost-Batteriepackgehäuses (LCB)
B_H	Hexagonabstand der Batteriefachbefestigung des Low-Cost-Batteriepackgehäuses (LCB)

$B_{H,soll}$	Sollwert des Hexagonabstands der Batteriefachbefestigung des Low-Cost-Batteriepackgehäuses (LCB)
$B_{H,ist}$	Istwert des Hexagonabstands der Batteriefachbefestigung des Low-Cost-Batteriepackgehäuses (LCB)
b	Breite
b_s	Schnittfugenbreite (beim Laserstrahlschneiden)
b_{sch}	Schlitzbreite (eines Geometriemerkmals von biV)
${b_{sch}}^n$	Nominal notwendige Schlitzbreite (eines Geometriemerkmals von biV)
${b_{sch}}^1$	Schlitzbreite mit Spielpassung (eines Geometriemerkmals von biV)
c	Wärmekapazität des Materials
c_0	Lichtgeschwindigkeit im Vakuum
c_p	Prozessfähigkeitsindizes
e	Elementarladung = $1{,}602 \cdot 10^{-19}\ c$
f	Fokusposition
G_h	Höhe der Gratbildung
${G_h}^n$	Nominale Höhe der Gratbildung
g	Gasdruck (beim Laserstrahlschneiden)
h_s	Steghöhe (eines Geometriemerkmals von biV)
h_f	Latente Schmelzwärme
h_{502}	Grenzwerthöhe der Schweißnaht „zu große Nahtüberhöhung"
h_{504}	Grenzwerthöhe der Schweißnaht „zu große Wurzelüberhöhung"
I	Laserstrahlintensität
$I(r)$	Strahlungsintensität an jeder radialen Position
I_s	Max. Strahlungsintensität in der Fokusposition
k	Wärmeleitfähigkeit
k_b	Krallenbreite (eines Geometriemerkmals von biV)
k_h	Krallenhöhe (eines Geometriemerkmals von biV)
k_o	Krallen-Offset (eines Geometriemerkmals von biV)
l	Länge
l_s	Gesamtlänge des Stegs (eines Geometriemerkmals von biV)
l_w	Länge des Wurzelbereichs (eines Geometriemerkmals von biV)
m_e	Elektronenmasse = $9{,}109 \cdot 10^{-31}\ kg$
$\dot{m}$	Schmelzabtragsrate (beim Laserstrahlschneiden)
N	Gesamtanzahl der Grundgesamtheit
N_A	Avogadro Konstante = $6{,}023 \cdot 10^{23}$
n	Größe der Stichprobe

P_e	Péclet-Zahl
P_L	Laserleistung
$\dot{Q}_{Leitung}$	Wärmeverlust durch Wärmeleitung
Q_n	Querträgerhöhe des Low-Cost-Batteriepackgehäuses (LCB)
$Q_{n,soll}$	Sollwert der Querträgerhöhe des Low-Cost-Batteriepackgehäuses (LCB)
$Q_{n,ist}$	Istwert der Querträgerhöhe des Low-Cost-Batteriepackgehäuses (LCB)
$\dot{Q}_{Oxi}$	Wärmeeintrag durch Oxidation
$\dot{Q}_{Wärme}$	Wärmeeintrag ins Material
R_{Durch}	Durchschnittlicher Reflexionsgrad
R_L	Laserstrahlradius
R_m	Zugfestigkeit
R_p	Reflexion von p polarisiertem Licht
$R_{p0,2}$	Dehngrenze
R_s	Reflexion von s polarisiertem Licht
R_Z	Gemittelte Rautiefe
r	Radius
r_e	Radius des Eckpunktes vom Schlitz (eines Geometriemerkmals von biV)
r_h	Radius des Hügels (eines Geometriemerkmals von biV)
r_x	Radius des Laserstrahls
s_h	Krallenstabhöhe (eines Geometriemerkmals von biV)
s_1	Laserspotdurchmesser Schweißlinie 1
$s_{1,min}$	Min. Laserspotdurchmesser Schweißlinie 1
$s_{1,max}$	Max. Laserspotdurchmesser Schweißlinie 1
s_2	Laserspotdurchmesser Schweißlinie 2
$s_{2,min}$	Min. Laserspotdurchmesser Schweißlinie 2
$s_{2,max}$	Max. Laserspotdurchmesser Schweißlinie 2
$s_{\%}$	Anteil der Schnittfugenbreite an der Blechdicke
T_A	Raumtemperatur
T_B	Siedepunkt
$T_{b,sch}$	Toleranz der Schlitzbreite (eines Geometriemerkmals von biV)
T_t	Toleranz der Blechdicke
T_z	Toleranz beim „Zusammensetzen" von biV
t	Blechdicke
t^n	Nominale Blechdicke

t_w	Einschweißtiefe Remote-Laserstrahlschweißen
V_e	Volumen des Eckpunktes vom Schlitz (eines Geometriemerkmals von biV)
V_h	Volumen der Hügel (eines Geometriemerkmals von biV)
V_k	Max. Schweißzusatzwerkstoff in der konstruktiven Krallengestaltung (eines Geometriemerkmals von biV)
V_s	Umlaufendes Spaltvolumen (eines Geometriemerkmals von biV)
$V_{s,502}$	Max. Schweißnahtvolumen für „zu große Nahtüberhöhung" im Steg (eines Geometriemerkmals von biV)
$V_{s,504}$	Max. Schweißnahtvolumen für „zu große Wurzelüberhöhung" im Steg (eines Geometriemerkmals von biV)
V_w	Schweißzusatzwerkstoff in Form der Wurzeln (eines Geometriemerkmals von biV)
$V_{w,spalt}$	Spaltvolumen im Wurzelbereich (eines Geometriemerkmals von biV)
$V_{w,krallen}$	Volumen im Wurzelbereich unterhalb der Krallen (eines Geometriemerkmals von biV)
$V_{w,502}$	Max. Schweißnahtvolumen im Wurzelbereich hinsichtlich der Schweißnahtunregelmäßigkeiten „zu große Nahtüberhöhung" (eines Geometriemerkmals von biV)
$V_{w,504}$	Max. Schweißnahtvolumen im Wurzelbereich hinsichtlich der Schweißnahtunregelmäßigkeiten „zu große Wurzelüberhöhung" (eines Geometriemerkmals von biV)
v_c	Schneidgeschwindigkeit (beim Laserstrahlschneiden)
$v_{c,max}$	Max. Schneidgeschwindigkeit (beim Laserstrahlschneiden)
v_k	Kollisionsfrequenz
v_w	Schweißgeschwindigkeit beim Remote-Laserstrahlschweißen
$v_{w,min}$	Min. Schweißgeschwindigkeit beim Remote-Laserstrahlschweißen
$v_{w,max}$	Max. Schweißgeschwindigkeit beim Remote-Laserstrahlschweißen
w_b	Wurzelbreite (eines Geometriemerkmals von biV)
w_h	Wurzelhöhe (eines Geometriemerkmals von biV)
Z	Anzahl der Valenzelektronen

Griechische Symbole

α	Temperaturleitfähigkeit
γ_n	Querträgerwinkel des Low-Cost-Batteriepackgehäuses (LCB)
$\gamma_{n,soll}$	Sollwert des Querträgerwinkels des Low-Cost-Batteriepackgehäuses (LCB)
$\gamma_{n,ist}$	Istwert des Querträgerwinkels des Low-Cost-Batteriepackgehäuses (LCB)
ε_0	Dielektrizitätskonstante im Vakuum = $8{,}854 \cdot 10^{-12}\ F/m$
ε_1	Realteil der Dielektrizitätskonstante ε
ε_2	Imaginärteil der Dielektrizitätskonstante ε
n	Reflexionsindex
$n_e(T)$	Elektronendichte im Metall
θ	Verdrillwinkel biV
θ_s	Idealer Verdrillwinkel beim Erreichen der Sollbruchstelle im Geometriemerkmal eines biV
k	Extinktionskoeffizienten
λ	Wellenlänge des Laserstrahls
ρ	Materialdichte
ρ(T)	Dichte von flüssigem Metall in unterschiedlichen Temperaturen
ρ_e(T)	Spezifischer elektrischer Widerstand in untersch. Temperaturen
σ_{Gh}	Standardabweichung der Grathöhe
Φ	Düsendurchmesser (beim Laserstrahlschneiden)
φ	Einstrahlwinkel des Laserstrahls
ω	Strahlradius (des Laserstrahls)
ω_L	Laserstrahlfrequenz
ω_P	Plasmafrequenz

1 Einleitung

HENRY FORD hat 1913 mit der Erfindung der Fließbandfertigung und der geringen Varianz des Model-T in Form einer Karosserie- und Lackierungsvariante[1] den Erfolg der automobilen Serienfertigung eingeläutet.

„Any customer can have a car painted any colour that he wants so long as it is black."[2]

In der über 100-jährigen Automobilgeschichte hat der stetige Wandel zu einer Steigerung der Variantenvielfalt geführt[3], die sich am Beispiel der BAYERISCHEN MOTOREN WERKE AG (BMW) von sechs Modellen in den 1970er-Jahren auf aktuell über 40 Modelle gesteigert hat[4]. Mitunter haben der Kundenwunsch nach Individualisierung[5] und die durch Politik und aus Nachhaltigkeitsgründen geförderten alternativen Antriebskonzepte ebendiese Vielfalt hervorgerufen[6]. Alternative Antriebskonzepte im Zuge der Elektromobilität machten 2021 in Deutschland bereits 42,90 % der Pkw-Neuzulassungen aus[7,8]. Zusätzlich wird die Markteintrittsbarriere gesenkt[9], sodass neue Marktbegleiter wie bspw. Tesla den Wettbewerb weiter verschärfen[10]. Hinzukommt eine Verkürzung des Produktentstehungsprozesses (PEP)[11] bei ohnehin volatilen Absatzzahlen[12,13]. Die OPEL Corsa-Produktion hat sich bspw. um 55 % auf 5 Jahre verkürzt bei gleichzeitigem Rückgang der Absatzzahlen um 61 % auf 1,2 Millionen Stück[14], wodurch die Stückzahl pro Fahrzeug sinkt. Globale Krisen wirken sich besonders auf

[1] FORD ET AL., „My life and work", 1923, S. 80 – 81.
[2] FORD ET AL., „My life and work", 1923, S. 72.
[3] BAUERNHANSL ET AL., „Entwicklung, Aufbau und Demonstration einer wandlungsfähigen ...", 2020, S. 8.
[4] LOHSE, „Numerische Schwingfestigkeitsanalyse von Widerstandspunktschweißungen", 2018, S. 1.
[5] BAUERNHANSL ET AL., „Entwicklung, Aufbau und Demonstration einer wandlungsfähigen ...", 2020, S. 8.
[6] KAMPKER ET AL., „Elektromobilität", 2018, S. 15; 45.
[7] STATISTA, „Elektromobilität in Deutschland – Fokus Pkw", 2022, S. 19.
[8] KRAFTFAHRT-BUNDESAMT PRESSESTELLE, „Neuzulassungen von Personenkraftwagen (Pkw) ...", 2021, S. 1.
[9] LESCHUS ET AL., „Berenberg Bank HWWI: Strategie 2030 – Vermögen und Leben ...", 2009, S. 59.
[10] GÄRTNER ET AL., „Fallstudien zur Digitalen Transformation", 2018, S. 19.
[11] SPIECKERMANN ET AL., „Simulation-based Optimization in the Automotive Industry – A ...", 2000, S. 276.
[12] KAAS ET AL., „Automotive revolution – perspective towards 2030", 2016, S. 15 – 16.
[13] CLAUSEN ET AL., „Die erfolgreiche Transformation der Automobilbranche", 2022, S. 5 – 7.
[14] HASSELBERG, „Neuer Opel Corsa: Die Erfolgsstory geht in den sechsten Akt", 2019, S. 1.

die für Deutschland wichtige Automobilindustrie aus (23,0 % des Umsatz- und 14,5 % des Beschäftigtenanteils der Industriebetriebe (> 50 Mitarbeitenden) im Jahr 2020)[15].

Der automobile Karosseriebau ist Kernkompetenz eines Original Equipment Manufacturers (OEM)[16] und wird als unflexibelstes Gewerk[17] besonders stark herausgefordert. Vorrichtungen, die u. a. Bauteile bis zum Abschluss der Fügeoperation in der gewünschten Lage halten, sind aufgrund ihrer bauteilspezifischen Bauweise typgebunden[18] und tragen als variantenspezifische Investition mit ca. 29 % zu den Fertigungszellenkosten bei[19]. Eine Möglichkeit, die flexibilitätshemmenden Vorrichtungen zu reduzieren, dadurch Kosten zu senken und die Flexibilität zu steigern, ist die Integration von deren Funktionen in die zu fügenden Bauteile, indem bei der Bauteilherstellung bestimmte Geometriemerkmale eingebracht werden[20,21]. Im Rahmen dieser Arbeit wird dieses alternative Vorrichtungskonzept als „bauteilintegrierte Vorrichtungsfunktion" (biV) bezeichnet[22]. Aktuelle Forschungsarbeiten in diesem Themenfeld – mit teilweise anderen Bezeichnungen – zeigen zum einen, dass noch keine Serienanwendung umgesetzt wurde[23] und zum anderen, dass noch Forschungsbedarf in der produkt- und prozessseitigen Auslegung von biV ist[24].

Das Ziel dieser Arbeit besteht darin, ein Systemwissen für die produkt- und produktionsseitige Auslegung einer flexiblen Prozesskette für biV zu schaffen und daraus Methodiken wie auch Hilfsmittel für die Umsetzung im Karosseriebau abzuleiten. Die Untersuchungen erfolgen unter ganzheitlicher Berücksichtigung der in dieser Arbeit betrachteten Prozesskette zur Integration von Vorrichtungsfunktionen, des Laserstrahlschneidens zur Bauteilherstellung, dem Zusammensetzen einzelner Bauteile sowie dem Remote-Laserstrahlschweißen für das Fügen der Bauteile mit anschließender Synthese in einen Konstruktionskatalog und Konstruktionsmethodik. Die produktionsseitige Gestaltung erfolgt unter Berücksichtigung des geschaffenen Systemwissens von biV, einer Systematisierung in einem Produktionskatalog und der Einbettung in eine Methodik. Durch den seitherigen intuitiven Einsatz von biV könnten zukünftig bauteilspezifische Vorrichtungen reduziert werden, wodurch Potenziale zur Flexibilitätssteigerung und zur Kostenreduzierung gehoben werden können.

---

[15] STATISTISCHES BUNDESAMT (DESTATIS), „Industrieproduktion im Jahr 2020 um mehr als 10 % …", 2022, S. 1.
[16] KELLER ET AL., „Force-controlled Adjustment of Car Body Fixtures – Verification and …", 2016, S. 359.
[17] MCKINSEY & COMPANY, „Tomorrow's Automotive Production", 2006, S. 6.
[18] MEICHSNER, „Migrationskonzept für einen modell- und variantenflexiblen Automobil…", 2007, S. 41.
[19] HANSEN ET AL., „Approaches for flexibility in the future automobile body …", 2018, S. 998.
[20] KAMPKER ET AL., „Vorrichtungsloses Laserschweißen im Karosseriebau", 2017, S. 77.
[21] HANSEN ET AL., „Approaches for flexibility in the future automobile body …", 2018, S. 1000.
[22] BERGWEILER, „Verfahren zum Verbinden von Blechteilen und Blechanordnung", 2016, S. 1 – 2.
[23] SCHLATHER, „Methodische Auslegung bauteilintegrierter Spanntechnik …", 2020, S. 1 – 2.
[24] FIEDLER ET AL., „Towards a Method to Design Production Systems for …", 2021, S. 723 – 25.

2 Grundlagen des Karosseriebaus

Ziel des zweiten Kapitels ist die Vermittlung von Grundlagen für das Themenfeld der biV. Die Kapitelstruktur ist so gewählt, dass vom Produkt ausgehend die Produktentstehung einer Karosserie beschrieben und über die Gewerkestruktur bis in die Produktion im Karosseriebau übergeleitet wird *(vgl. Kap. 2.1)*. Anschließend wird vom vornehmlichen Fertigungsprozess im Karosseriebau, dem Schweißen von Karosseriebauteilen *(vgl. Kap. 2.2)*, auf die dafür notwendigen und im Kontext dieser Arbeit relevanten Vorrichtungen des Karosseriebaus *(vgl. Kap. 2.3)* geschlossen.

Die Methodik zur Erarbeitung dieser Grundlagen ist die systematische Literaturrecherche (SLR)[25] unter Anwendung der CIMO-Logik (Context, Interventions, Mechanisms, Outcomes)[26], der STARLITE-Methodik (Standards for Reporting Literature)[27] und des PRISMA Statement (Preferred Reporting Items for Systematic Reviews and Meta-Analyses)[28]. Aufbauend zur SLR wurde die Schneeball-Methodik[29] zur Erweiterung der Ergebnisräume angewandt.

Eine detaillierte Beschreibung und Synthese der SLR findet sich in **Kapitel 11.1**.

2.1 Die Produktentstehung einer automobilen Karosserie

Ziel dieses Kapitels ist die gewerkeübergreifende Beschreibung der Produktentstehung einer Karosserie in der Automobilindustrie. Ein Produkt ist gemäß DIN EN ISO 10209 eine „Sache, produziert von einem natürlichen Prozess oder einem Herstellungsprozess [...]“[30] und bezieht sich im Betrachtungsbereich dieser Arbeit auf die Karosserie. Der Herstellungsprozess einer Karosserie beginnt mit dem PEP und reicht von virtuell vorbereitenden Prozessen bis zum körperlichen Herstellungsprozess einer

[25] VOM BROCKE ET AL., „Reconstructing the Giant – On the Importance of Rigour ...“, 2009, S. 7; 10.

[26] DENYER ET AL., „Producing a systematic review“, 2009, S. 681 – 83.

[27] BOOTH, „“Brimful of STARLITE”: toward standards for reporting literature searches“, 2006, S. 424 – 426.

[28] MOHER ET AL., „Preferred reporting items for systematic reviews and meta-analyses ...“, 2009, S. 1 – 2.

[29] WOHLIN, „Guidelines for snowballing in systematic literature studies and ...“, 2014, S. 9.

[30] DIN EN ISO 10209:2012-11, „Technische Produktdokumentation - Vokabular - Begriffe ...“, 2012, S. 20.

Karosserie[31] *(vgl. Kap. 2.1.1)*. Letzterer beschreibt die eigentliche Karosseriefertigung anhand einer gewerkeübergreifenden Prozesskette, die von der Halbzeugfertigung (bspw. Bleche) über die Fertigung von Karosseriebauteilen im Gewerk Presswerk *(vgl. Kap. 2.1.2)* bis hin zur Zusammenbaufertigung der Karosseriebauteile im Gewerk Karosseriebau *(vgl. Kap. 2.1.3)* verläuft. Das letzte Gewerk der Karosseriefertigung Oberfläche/Lack, das letzte Gewerk der Fahrzeugproduktion Montage[32] und die externen Zulieferer der Gewerke[33] liegen außerhalb des Betrachtungsbereichs dieser Arbeit und werden daher nicht weiter beschrieben.

2.1.1 Karosserien und der Produktentstehungsprozess

Die Karosserie ist als u. a. zentraler Aggregateträger sowie aufgrund ihrer kaufentscheidenden Merkmale wie u. a. dem Fahrzeugdesign (Formensprache Karosserie) ein wichtiger Bestandteil im Fahrzeug[34] und steigert durch Kundenbedürfnisse die Produktvarianz[35,36]. Karosserievarianten werden hauptsächlich durch die Aufbauausprägungen (Fließheck, Stufenheck, Sport Utility Vehicle (SUV) etc.)[37] und durch die Koexistenz mehrerer Antriebsarten hervorgerufen. Das führt einer Studie nach zu fünf und prognostiziert zu acht Karosserievarianten pro Karosseriebaulinie[38]. Die Karosserien von Nachfolgemodellen unterscheiden sich meist von dem Vorgänger, sodass kontinuierlich neue Karosserien entwickelt und ein neuer Karosseriebau benötigt wird[39].

Die Karosseriebauweisen können generell u. a. in die Rahmenstruktur- und in die selbsttragende Schalenbauweise unterteilt werden. Erstere hat ihren Ursprung im Kutschenbau und findet heutzutage als Rohr- oder Leiterrahmen aus Aluminium in geringen Stückzahlen Anwendung[40], wie bspw. der AUDI Space Frame (ASF), der aus Aluminium-Strangpressprofilen in 75 % Handarbeit zusammengebaut wird[41]. Die Schalenbauweise hingegen ist am meisten etabliert[42] und beschreibt die Verschachtelung von mehreren zu einer tragenden Gesamtstruktur gefügten Blechbauteilen[43].

---

[31] PAHL ET AL., „Pahl/Beitz Konstruktionslehre", 2007, S. 22 – 23.
[32] BIRKERT ET AL., „Umformtechnische Herstellung komplexer Karosserieteile", 2013, S. 42 – 43.
[33] ABULAWI, „Ansatz zur Beherrschung der Komplexität von vernetzten 3D-CAD-Modellen", 2012, S. 8.
[34] PISCHINGER ET AL., „Vieweg Handbuch Kraftfahrzeugtechnik", 2016, S. 576.
[35] SCHUH ET AL., „Produktionsmanagement", 2014, S. 13.
[36] HANSEN ET AL., „Approaches for flexibility in the future automobile body …", 2018, S. 998.
[37] PISCHINGER ET AL., „Vieweg Handbuch Kraftfahrzeugtechnik", 2016, S. 142 – 143; 146.
[38] HANSEN ET AL., „Approaches for flexibility in the future automobile body …", 2018, S. 998.
[39] SPIECKERMANN ET AL., „Simulation-based Optimization in the Automotive Industry – A …", 2000, S. 276.
[40] BIRKERT ET AL., „Umformtechnische Herstellung komplexer Karosserieteile", 2013, S. 8 – 9.
[41] PUDENZ, „Inspiriert von der Natur: 20 Jahre Audi Space Frame", 2013, S. 1 – 2.
[42] PISCHINGER ET AL., „Vieweg Handbuch Kraftfahrzeugtechnik", 2016, S. 602.
[43] BIRKERT ET AL., „Umformtechnische Herstellung komplexer Karosserieteile", 2013, S. 12 – 13.

Im Zuge der Elektromobilität und den damit verbundenen, anfänglich schwer prognostizierbaren Absatzzahlen sowie zunächst kleineren Stückzahlen sind neue Trends für Karosseriebauweisen aufgekommen, wie bspw. der Einsatz von Rollprofilen und Kantbauteilen im Stahl-Space-Frame der StreetScooter-Karosserie[44] oder Think City[45].

Ein Produkt, wie bspw. eine Karosserie, kann analog zu seiner Funktionsstruktur in eine physische Produktstruktur transformiert werden und beschreibt „[...] durch welchen technisch-physischen Zusammenbau diese Funktionen erfüllt werden“[46]. Produktfamilien beschreiben wiederum die in einer Fabrik ähnlich produzierten Produkte nach Ähnlichkeitskriterien[47]. Nach EVERSHEIM werden Produkte in der Produktstruktur kleinteiliger werdend in Hauptbaugruppen, Baugruppen und Einzelteile kategorisiert[48]. In der Karosserie hat sich hierfür die Aufbaureihenfolge etabliert, bestehend aus dem Aufbau (u. a. Säulen, Seitenrahmen, Dach), dem Zusammenbau der Bodengruppe und der Baugruppenfertigung des Unterbaus (dessen einzelne Baugruppen wiederum aus 200 bis 500[49] Bauteilen bestehen)[50].

Mittig in der **Abbildung 2.1** sind die drei Bestandteile des Unterbodens Vorderbau (VB), Boden Mitte (BM) und Hinterbau (HB) einer in Schalenbauweise gefertigten Karosserie (ohne Anbauteile) zu sehen. Der Hochvoltspeicher eines Elektrofahrzeuges ist häufig im Boden Mitte einer Karosserie verbaut[51].

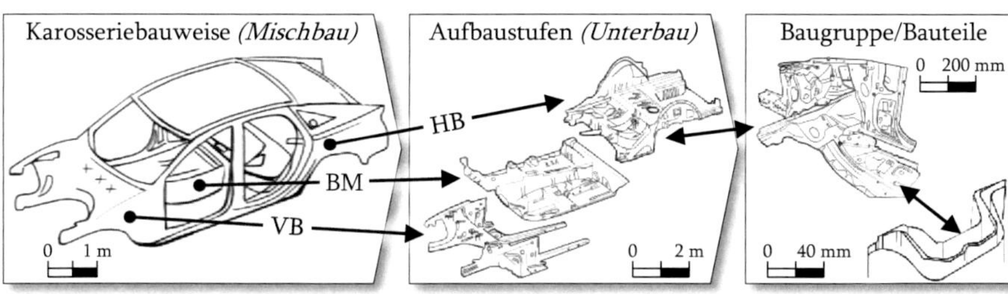

Abb. 2.1: Schematische Darstellung der Aufbaureihenfolge einer Karosserie in Schalenbauweise (links), der Aufbaustufen (Mitte) aus Vorderbau (VB), Boden Mitte (BM), Hinterbau (HB) und einer Baugruppe sowie Bauteil (rechts) in Anlehnung an BIRKERT ET AL.[52]

[44] KAMPKER ET AL., „Elektromobilität“, 2013, S. 238 – 239; 243 – 245.
[45] MOLLESTAD, „Think City – an innovative combination of high strength ...“, 2010, S. 1 – 4.
[46] FELDHUSEN ET AL., „Pahl/Beitz Konstruktionslehre“, 2013, S. 255.
[47] ERLACH, „Wertstromdesign“, 2020, S. 38.
[48] EVERSHEIM, „Organisation in der Produktionstechnik“, 1998, S. 17 – 18.
[49] BIRKERT ET AL., „Umformtechnische Herstellung komplexer Karosserieteile“, 2013, S. 6.
[50] BIRKERT ET AL., „Umformtechnische Herstellung komplexer Karosserieteile“, 2013, S. 45 – 47.
[51] ARORA ET AL., „Review of mechanical design and strategic placement technique ...“, 2016, S. 1328 – 29.
[52] BIRKERT ET AL., „Umformtechnische Herstellung komplexer Karosserieteile“, 2013, S. 13 – 14; 46.

In der Schalenbauweise haben die Karosseriebauteile aufgrund des Fertigungsverfahrens Tiefziehen eine schalenförmige Form mit Flanschen[53]. Bauteilflansche dienen zum einen als Kontaktfläche zwischen Bauteilen[54] und zum anderen können an ihnen Bauteile mit einer Vorrichtung ausgerichtet und gefügt werden[55,56]. Die Blechdicken der Karosseriebauteile liegen größtenteils unter 3 mm bei Leichtmetallen und unter 6 mm bei Stahl[57], wobei hauptsächlich kaltgewalzte Stahllegierungen zwischen 0,6 mm bis 2,5 mm in der Karosserie verwendet werden. Hauptsächlich aus Gründen des langfristigen Korrosionsschutzes finden in der Karosserie elektrolytisch und feuerverzinkte Stahlfeinbleche mit einer typischen Schichtdicke pro Blechseite von ca. 7,5 µm Anwendung[58]. Die Masse einer Karosserie kann mit bis zu 40 % des Fahrzeuggesamtgewichts eine entscheidende Rolle spielen, weshalb bei den Karosseriewerkstoffen Aluminium für den Fahrzeugleichtbau, neben dem am meist verwendeten Werkstoff Stahl, Einzug erhält[59]. Im aktuellen BMW X7 werden bspw. 13 % Aluminium und 82 % Stahl (größtenteils hoch- und höherfeste Stahllegierungen) in der Karosserie verbaut[60]. Generell lassen sich Karosseriebauteile hinsichtlich ihrer Anforderungen nach Außenhaut- und Strukturbauteilen gliedern. Erstere tragen zum äußeren Erscheinungsbild bei und unterliegen hohen optischen Anforderungen. Letztere hingegen werden von außen optisch nicht wahrgenommen, sind in der Karosserie eher verdeckt und tragen zu deren strukturellen Eigenschaften bei[61].

In der frühen Phase des PEP besteht die größte Möglichkeit der Kostenbeeinflussung im Produktlebenslauf[62], weshalb gerade der PEP für die termin- sowie kostenseitige Zielerreichung komplexer Produkte, wie einem Fahrzeug, herausfordernd und relevant zugleich ist. Wesentliche Merkmale hierfür sind eine Vielzahl an OEM-internen und externen Mitarbeitenden, eine saubere Organisation mit Meilensteinen, transparente Prozesse, Regelwerke und Werkzeuge sowie Methoden[63]. Methoden ergeben zusammen mit Strategien, Werkzeugen und Hilfsmitteln eine Methodik, die ein planmäßiges Vorgehen zur Zielerreichung beschreibt[64]. Die VDI-Richtlinie 2221 des

[53] BIRKERT ET AL., „Umformtechnische Herstellung komplexer Karosserieteile", 2013, S. 13.
[54] TESCH, „Bewertung der Strukturvariabilität von Pkw-Karosseriederivaten", 2010, S. 67.
[55] PRAUN, „Toleranzanalyse nachgiebiger Baugruppen im Produktentstehungsprozess", 2003, S. 129 – 30.
[56] BIRKERT ET AL., „Umformtechnische Herstellung komplexer Karosserieteile", 2013, S. 10.
[57] PRAUN, „Toleranzanalyse nachgiebiger Baugruppen im Produktentstehungsprozess", 2003, S. 46.
[58] BIRKERT ET AL., „Umformtechnische Herstellung komplexer Karosserieteile", 2013, S. 29 – 31.
[59] FRIEDRICH, „Leichtbau in der Fahrzeugtechnik", 2013, S. 14 – 18.
[60] FRODL, „Der neue BMW X7 als Erweiterung der BMW X-Familie im GKL Segment", 2019, S. 31.
[61] BIRKERT ET AL., „Umformtechnische Herstellung komplexer Karosserieteile", 2013, S. 15.
[62] EHRLENSPIEL ET AL., „Kostengünstig Entwickeln und Konstruieren", 2014, S. 13 – 14.
[63] PISCHINGER ET AL., „Vieweg Handbuch Kraftfahrzeugtechnik", 2016, S. 1258; 1276.
[64] EHRLENSPIEL ET AL., „Integrierte Produktentwicklung", 2013, S. 146.

VEREINS DEUTSCHER INGENIEURE (VDI) „Entwicklung technischer Produkte und Systeme – Modell der Produktentwicklung“[65] kann beispielsweise von Automobilherstellern sowie -zulieferern für die methodengestützte Produktentwicklung verwendet werden[66]. Nach EVERSHEIM wurde Anfang der 1980er-Jahre erstmalig in der Automobilindustrie interdisziplinär in der Produktentwicklung zusammengearbeitet, um die Qualität sowie die Produktivität zu steigern und den PEP zu verkürzen. Die integrierte Produkt- und Prozessentwicklung verstärkt die übergreifende Zusammenarbeit in der frühen Phase des PEP unter Berücksichtigung der Kundenanforderungen, Produktkonzepte sowie der Produktionsprozesse und -mittel[67]. Ein aktuelles Beispiel hierfür können modulare Produktionsarchitekturen sein, bei denen zwischen den bekannten Best Practices der am besten passende Produktionsprozess identifiziert und als Anforderung mit in die Produktentwicklung aufgenommen wird[68].

In der Konstruktionsphase kann die Zeit zur Informationsbeschaffung für die Produktgestaltung bis zu 70 % betragen[69]. Spezifische, für die Konstruktion relevante Informationen liegen häufig extern vor und können durch den allgemeinen Aufbau in geringerem Umfang bei der systematischen und methodischen Lösungsfindung unterstützen[70]. Kataloge können als Hilfsmittel und eingebettet in einer Methodik ebendiese Defizite lösen[71]. Die Gestaltung von Katalogen (i. A. Informationsspeicher) wird u. a. in der VDI 2222 „Erstellung und Anwendung von Konstruktionskatalogen“[72] beschrieben und ist u. a. abhängig von dem Kenntnisstand der Konstrukteure sowie dem Informationsaustausch beteiligter Bereiche (bspw. Konstruktion und Fertigung)[73]. Neben einer systematisierten Gesamtübersicht sind unter bestimmten Bedingungen Gestaltungsrichtlinien für die Funktion und die kostengünstige Fertigung von Bauteilen anzuwenden[74].

Im PEP werden auf Basis der Karosseriebauweise einzelne Karosseriebauteile unter Anwendung von Methodiken und Hilfsmitteln u. a. hinsichtlich der Bauteilfertigung konstruiert. Als ersten Schritt in der Prozesskette und der Gewerkestruktur wird daher im nachfolgenden Kapitel die Fertigung von Karosseriebauteilen näher beschrieben.

---

[65] VDI 2221 BLATT 1:2019-11, „Entwicklung technischer Produkte und Systeme - …“, 2019, S. 1 – 3.

[66] VDI 2221 BLATT 2:2019-11, „Entwicklung technischer Produkte und Systeme - Ge…“, 2019, S. 11 – 13.

[67] EVERSHEIM ET AL., „Integrierte Produkt- und Prozessgestaltung“, 2005, S. 8.

[68] KAMPKER ET AL., „Integrated Product and Process Development: Modular Production …“, 2014, S. 112 – 13.

[69] FELDHUSEN ET AL., „Pahl/Beitz Konstruktionslehre“, 2013, S. 463.

[70] DIEKHÖNER, „Erstellen und Anwenden von Konstruktionskatalogen …“, 1981, S. 10.

[71] DERHAKE, „Methodik für das rechnerunterstützte Erstellen und Anwenden flexibler …“, 1990, S. 3 – 5.

[72] VDI 2222 BLATT 2:1982-02, „Konstruktionsmethodik; Erstellung und Anwendung …“, 1982, S. 1 – 4.

[73] VDI 2222 BLATT 2:1982-02, „Konstruktionsmethodik; Erstellung und Anwendung …“, 1982, S. 8.

[74] FELDHUSEN ET AL., „Pahl/Beitz Konstruktionslehre“, 2013, S. 493 – 94.

2.1.2 Fertigung von Karosseriebauteilen

Die Fertigung von in der Abbildung 2.1 dargestellten Karosseriebauteilen in Schalenbauweise kann prinzipiell extern von einem Lieferanten oder intern im Presswerk des OEM durchgeführt werden[75]. Letzterer hat seine Kernkompetenz bei besonders qualitätsrelevanten und Außenhaut-Bauteilen, die mit einem Automatisierungsgrad von ca. 80 % in einzelnen Fertigungslosen im 3- oder 4-Schichtbetrieb gefertigt werden. Hohe Investitionskosten in Maschinen und Werkzeuge werden durch eine hohe Produktivität und zentrale Großserienfertigung auch für mehrere Standorte relativiert[76]. Ebendiese werkzeuggebundene Fertigung kann einen entsprechenden Anteil an den häufigen Änderungsanforderungen im PEP und den damit verbundenen Kosten darstellen[77]. Extern in Form von Coils angelieferte Stahl- und Aluminiumblechbänder werden in einzelne Platinen geschnitten, bevor diese stapelweise einer häufig mehrstufigen Pressenstraße zugeführt werden[78]. In der Bauteilfertigung wird das nach DIN 8588[79] definierte Scherschneiden als werkzeuggebundenes Trennen von bspw. Coils, Ausschneiden von Platinen bis zum Beschneiden sowie Lochen von Ziehteilen verwendet[80]. Die Platine wird anschließend in einer mehrstufigen Operationsfolge mit einem mehrteiligem Umformwerkzeug (u. a. Matrize, Blechhalter und Ziehstempel) mittels Tiefziehen (definiert unter Zugdruckumformen nach DIN 8584[81]) in eine Ziehschale mit Ziehteilflansch umgeformt[82]. Die am Ende dieser Prozesskette entstehenden geometrischen Bauteilstreuungen wirken sich auf die Zusammenbaufertigung aus und werden maßgeblich durch die Materialeigenschaften, den Fertigungsprozess (u. a. Ausrichten, Umformprozess, Umformstufen) und die Geometrie bestimmt[83].

Alternativen zu der im vorherigen Absatz beschriebenen Fertigung von Karosseriebauteilen bieten bspw. losgrößenangepasste Fertigungsverfahren, die durch geringe Investitionskosten und eine hohe Produktionsskalierbarkeit charakterisiert sind. Besonders für Kleinserien kommen u. a. mittels Gesenkbiegen hergestellte Kant- und Biegebauteile zum Einsatz[84], die in der Regel aus lasergeschnittenen Platinen umgeformt werden[85]. Die Vorteile des Laserstrahlschneidens gegenüber der konventionellen Bau-

[75] KLUG, „Logistikmanagement in der Automobilindustrie“, 2018, S. 110.
[76] KLUG, „Logistikmanagement in der Automobilindustrie“, 2018, S. 451; 453; 455.
[77] ULLAH ET AL., „Engineering Product and Process Design Changes: A Literature Overview“, 2016, S. 27.
[78] KLUG, „Logistikmanagement in der Automobilindustrie“, 2018, S. 450 – 51.
[79] DIN 8588:2013-08, „Fertigungsverfahren Zerteilen - Einordnung, Unterteilung, Begriffe ...“, 2013, S. 5.
[80] BIRKERT ET AL., „Umformtechnische Herstellung komplexer Karosserieteile“, 2013, S. 287 – 88.
[81] DIN 8584-1:2003-09, „Fertigungsverfahren Zugdruckumformen - Teil 1: Allgemeines; Ein...“, 2003, S. 3 – 4.
[82] BIRKERT ET AL., „Umformtechnische Herstellung komplexer Karosserieteile“, 2013, S. 43 – 44.
[83] BOHN, „Toleranzmanagement im Entwicklungsprozess: Reduzierung der Auswirk...“, 1998, S. 62 – 64.
[84] KAMPKER ET AL., „Elektromobilität“, 2013, S. 243 – 244; 252.
[85] LAMIKIZ ET AL., „CO2 laser cutting of advanced high strength steels (AHSS)“, 2005, S. 362.

teilfertigung sind die Flexibilität aufgrund des werkzeugungebundenen Trennprozesses, die wirtschaftliche Anwendung in kleinen Stückzahlen[86], das Trennen von hochfesten Stählen und die Abbildung komplexer Geometrien[87]. Eine Vielzahl an Parametern haben Einfluss auf die Werkstoffbearbeitung mit Laserstrahlung und gehen vom Laserstrahl (u. a. Leistung, Wellenlänge, Strahlqualität) über die Strahlformung (u. a. Brennweite) und Materialeigenschaften (u. a. Absorption, Wärmeleitfähigkeit, Werkstückgeometrie) bis zu dynamischen Prozessen (u. a. Viskosität, Temperatur)[88]. Die DIN 8590 unterteilt das Laserstrahlschneiden u. a. in das Laserstrahlbrennschneiden und das Laserstrahlschmelzschneiden[89]. Bei Ersterem wird Sauerstoff als Schneidgas zum Austreiben und Verbrennen der Schmelze verwendet, was wiederum eine für das Lackieren oder Schweißen nachteilig oxidierte Schnittfläche erzeugt. Die Unterschiede beim Laserstrahlschmelzschneiden liegen u. a. bei der Verwendung eines inerten Schneidgases (z. B. Stickstoff) zum Materialaustrieb, einem deutlich höheren Schneiddruck und der oxidfreien sowie hochgenauen Bauteilkontur. Zum 2D-Schneiden werden hauptsächlich CO_2- und Festkörperlaser eingesetzt, wohingegen Letztere auch beim 3D-Laserschneiden eingesetzt werden[90].

Gemäß DIN 8586 wird beim Biegeumformen ein fester Körper durch eine Biegebeanspruchung plastisch verformt[91], was u. a. im Kraftfahrzeugbau Anwendung findet. Frei- und Gesenkbiegen sind dabei am meisten vertreten und unterscheiden sich u. a. bei der Genauigkeit und Flexibilität in der Anwendung[92].

Je nach Prozess steigen die Fertigungskosten linear bzw. exponentiell mit der zu erreichenden Genauigkeit[93], weshalb bei der Toleranzplanung u. a. die Auswirkungen der Bauteilabweichungen, die Wiederholgenauigkeit der Fügeprozesse und der Zusammenbau Einfluss auf die Bewertung haben[94]. Beispielsweise wird der Bauteilrückfederung zum einen durch eine möglichst genaue Bauteilherstellung und zum anderen durch kompensierende Vorrichtungs- und Fügetechnik entgegengewirkt[95]. Die durch Trennen und Umformen intern oder extern hergestellten einzelnen Karosseriebauteile werden anschließend in das Gewerk Karosseriebau für die Zusammenbaufertigung transportiert.

---

[86] KANNATEY-ASIBU, „Principles of Laser Materials Processing", 2009, S. 466.

[87] WETZIG ET AL., „Fast Laser Cutting of Thin Metal", 2019, S. 374.

[88] POPRAWE, „Lasertechnik für die Fertigung", 2005, S. 1 – 2.

[89] DIN 8590:2003-09, „Fertigungsverfahren Abtragen - Einordnung, Unterteilung, Begriffe ...", 2003, S. 14; 23.

[90] POPRAWE, „Tailored Light 2", 2011, S. 395; 403 – 404.

[91] DIN 8586:2003-09, „Fertigungsverfahren Biegeumformen - Einordnung, Unterteil...", 2003, S. 3 – 5; 11.

[92] HOFFMANN, „Handbuch Umformen", 2012, S. 573; 584 – 585.

[93] KLEIN, „Toleranzdesign im Maschinen- und Fahrzeugbau", 2015, S. 191 – 92.

[94] BIRKERT ET AL., „Umformtechnische Herstellung komplexer Karosserieteile", 2013, S. 65 – 66.

[95] BIRKERT ET AL., „Umformtechnische Herstellung komplexer Karosserieteile", 2013, S. 44.

2.1.3 Zusammenbaufertigung von Karosseriebauteilen

Die Zusammenbaufertigung von im Presswerk gefertigten Karosseriebauteilen erfolgt unter Einsatz von Handhabungs- sowie Fügetechnik und gemäß einer Aufbaureihenfolge von Bauteilen über Baugruppen bis zur gesamten Karosserie im Gewerk Karosseriebau[96,97]. Der Karosseriebau trägt u. a. zum äußeren Erscheinungsbild und den Crash- sowie Steifigkeitseigenschaften eines Fahrzeugs bei[98,99] und ist mit einer um ca. Faktor drei höheren Fertigungstiefen von bspw. 72 %[100] im Vergleich zu anderen Gewerken Kernkompetenz eines jeden OEM[101,102]. Verdeutlicht wird das am 58.768 m² großen Karosseriebau des AUDI A3 in Győr, in dem täglich 480 Karosserien im Zweischichtbetrieb von 600 Beschäftigten gefertigt werden[103], wohingegen vom Modell BMW X7 bis zu 1.400 Fahrzeuge in vier Modellen und sieben Varianten pro Tag bei einer Taktzeit von 63 s gefertigt werden[104]. Die Variantenvielfalt deckt sich mit der Meinung von Expert:innen, die eine Entwicklung von durchschnittlich fünf auf acht Varianten pro Karosseriebaulinie hauptsächlich durch eine Produktindividualisierung und durch die Koexistenz verschiedener Antriebsarten begründet sehen[105].

Die Großserienfertigung im Karosseriebau ist durch einen hohen Automatisierungsgrad[106] von bspw. 85 % (AUDI A3)[107] bis zu 96 % (BMW X7)[108] charakterisiert und gilt daher als starres Produktionssystem[109]. Der Karosseriebau hat die geringste Flexibilität[110] und ist das kostenintensivste Gewerk[111], bei dem die Investitionskosten 100 Millionen Euro übersteigen können[112,113]. Die Personalkosten können 49 bis 61 % der Gesamtkosten je nach OEM betragen, u. a. aufgrund manueller Rüstvorgänge von Karosseriebauteilen in Vorrichtungen[114]. Die u. a. durch Karosserievarianten initiierten

---

96 KLUG, „Logistikmanagement in der Automobilindustrie“, 2018, S. 455 – 56.

97 BIRKERT ET AL., „Umformtechnische Herstellung komplexer Karosserieteile“, 2013, S. 45.

98 BICHLER ET AL., „Challenges for car body shops of electric sports cars“, 2018, S. 508.

99 LEUSCHEL, „Toleranzmanagement in der Produktentwicklung am Beispiel der Karosserie …“, 2010, S. 37.

100 RADTKE ET AL., „Die smarte Revolution in der Automobilindustrie“, 2004, S. 129.

101 KELLER ET AL., „Force-controlled Adjustment of Car Body Fixtures – Verification and …“, 2016, S. 359.

102 WEMHÖNER, „Flexibilitätsoptimierung zur Auslastungssteigerung im Automobilrohbau“, 2006, S. 24.

103 AUDI AG, „Der Karosseriebau – Audi erweitert den ungarischen Standort Győr …“, 2013, S. 1.

104 FRODL, „Der neue BMW X7 als Erweiterung der BMW X-Familie im GKL Segment“, 2019, S. 42 – 43.

105 HANSEN ET AL., „Approaches for flexibility in the future automobile body …“, 2018, S. 998.

106 KELLER ET AL., „Force-controlled Adjustment of Car Body Fixtures – Verification and …“, 2016, S. 359.

107 AUDI AG, „Der Karosseriebau – Audi erweitert den ungarischen Standort Győr …“, 2013, S. 1.

108 FRODL, „Der neue BMW X7 als Erweiterung der BMW X-Familie im GKL Segment“, 2019, S. 43.

109 WEMHÖNER, „Flexibilitätsoptimierung zur Auslastungssteigerung im Automobilrohbau“, 2006, S. 41; 122.

110 MCKINSEY & COMPANY, „Tomorrow's Automotive Production“, 2006, S. 6.

111 WEMHÖNER, „Flexibilitätsoptimierung zur Auslastungssteigerung im Automobilrohbau“, 2006, S. 24.

112 SPIECKERMANN ET AL., „Simulation-based Optimization in the Automotive Industry – A …“, 2000, S. 276.

113 MCKINSEY & COMPANY, „Tomorrow's Automotive Production“, 2006, S. 7.

114 RICHTER, „Entwicklung und Umsetzung eines Kennzahlensystems zur Leistungs…“, 2009, S. 5.

und durch Typ-gebundene Komponenten einer Karosseriebauanlage (Vorrichtungen und Greifer) erzeugten Kosten können bei ca. 60 % der Anfangsinvestitionen liegen[115]. Einer Studie nach verteilen sich die Kosten einer Karosseriebaustation zu 44 % auf Roboter- und Fügetechnik, zu 29 % auf Vorrichtungen, zu 17 % auf Elektronik und zu 10 % auf die Einhausung und Behälter[116]. Energieseitig folgt der Karosseriebau an zweiter Stelle nach der Lackiererei mit einem Kostenanteil von ca. 32 %[117] und CO_2-Emissionen von ca. 22 % (Bsp. AUDI) unter den Gewerken[118].

Durch die Herausforderungen der Variantenvielfalt und der reduzierten Produktionsstückzahl pro Fahrzeugvariante *(vgl. Kap. 1)* reduzieren sich unternehmensseitig Skaleneffekte und der Kostendruck steigt[119]. Häufig müssen Produktionsanlagen bei Änderungsanforderungen getauscht werden[120] und bspw. unterscheiden sich die Nachfolgemodelle in der Karosserie oftmals so stark, dass ein neuer Karosseriebau[121] und u. a. neue bauteilspezifische Vorrichtungen benötigt werden[122,123]. Aufgrund der genannten Herausforderungen im Karosseriebau werden verschiedene Ansätze zur Reduzierung von produktspezifischen Investitionskosten durch Wiederverwendung[124] oder Verteilung auf möglichst viele Bauteile mit einer flexiblen[125] oder wandlungsfähigen Fertigung verfolgt[126]. Die Begriffe Wandlungsfähigkeit und Flexibilität werden in der einschlägigen Literatur diskutiert und divers definiert. Nach REINHART ist der Unterschied, dass die Flexibilität sich in vorab vorgehaltenen Dimensionen und Szenarien verändern kann und die Wandlungsfähigkeit darüber hinaus geht[127]. In der praxisnahen Anwendung ist daher der Wunsch zur Steigerung der Wandlungsfähigkeit abzuwägen, da mit ihr die Kosten steigen[128,129]. Ein flexibler Karosseriebau hat laut 94 % der Studienteilnehmenden Wettbewerbsvorteile gegenüber einem Karosseriebau für nur eine Variante[130]. Bei der Auslegung eines flexiblen Karosseriebaus und insbesondere

---

[115] MEICHSNER, „Migrationskonzept für einen modell- und variantenflexiblen Automobil…“, 2007, S. 40 – 41.
[116] HANSEN ET AL., „Approaches for flexibility in the future automobile body …“, 2018, S. 998.
[117] ENGELMANN, „Methoden und Werkzeuge zur Gestaltung energieeffizienter Fabriken“, 2009, S. 68.
[118] HEIL ET AL., „Ganzheitliche Betrachtung – Energie- und CO2-Reduzierung in der …“, 2014, S. 6.
[119] SCHUH ET AL., „Produktkomplexität managen“, 2017, S. 30.
[120] KARL ET AL., „Strategic Planning of Reconfigurations on Manufacturing Resources“, 2012, S. 612 – 13.
[121] SPIECKERMANN ET AL., „Simulation-based Optimization in the Automotive Industry – A …“, 2000, S. 276.
[122] KAMPKER ET AL., „Approach to increase flexibility in automobile body shops …“, 2020, S. 1.
[123] BONE ET AL., „Vision-guided fixtureless assembly of automotive components“, 2003, S. 79.
[124] KLUG, „Logistikmanagement in der Automobilindustrie“, 2018, S. 461.
[125] MCKINSEY & COMPANY, „Tomorrow's Automotive Production“, 2006, S. 5 – 6.
[126] ZÜRN ET AL., „Smarte Produktionsassistenten für die wandlungsfähige Produktion – …“, 2017, S. 44 – 45.
[127] REINHART ET AL., „Reaktionsfähigkeit für Unternehmen. Eine Antwort auf turbulente …“, 1999, S. 21 – 22.
[128] SCHUH ET AL., „Design for Changeability (DFC) – das richtige Maß an …“, 2004, S. 100 – 101.
[129] SCHUH ET AL., „Lebenszyklusbewertung flexibler Produktionssysteme: Kennzahlen …“, 2004, S. 116 – 17.
[130] HANSEN ET AL., „Approaches for flexibility in the future automobile body …“, 2018, S. 998.

des Vorrichtungssystems kommt es auf eine ganzheitliche Betrachtung des Produkts, des Produktionsprozesses und der Handhabungs- sowie der Fügeprozesse an[131].

Der strukturelle Aufbau eines Karosseriebaus kann in Analogie zur Aufbaureihenfolge einer Karosserie, wie in Abbildung 2.1 dargestellt, von einzelnen Bauteilen (Unterbau), über die Aufbaustufen mit u. a. der Seitenwand (Aufbau) bis zu den Anbauteilen mit u. a. den Türen (Anbau) beschrieben werden[132]. Die **Abbildung 2.2** zeigt ein beispielhaftes Karosseriebau-Blocklayout mit den genannten Aufbaustufen und den charakteristisch verketteten Fertigungszellen, die als Nebenlinien Baugruppen in die Hauptlinien (Unterbau und Aufbau) fördern[133]. Die dort beispielhaft zum Einsatz kommende Produktionstechnik ist im rechten Teil der Abbildung 2.2 dargestellt.

In dem hierarchischen System der verketteten Fertigungszellen werden Bauteile zunächst in Geometriestationen unter Einsatz von Vorrichtungen geometrisch zueinander bestimmt und durch (meist robotergeführte) Fügeprozesse verbunden. Anschließend werden die restlichen Fügeumfänge in nachfolgenden Ausschweißstationen durchgeführt, um eine entsprechend geringe Taktzeit zu erzielen[134,135,136]. Dieser Ablauf wird als Fügeoperation anhand der Prozessschritte Positionieren, Einspannen,

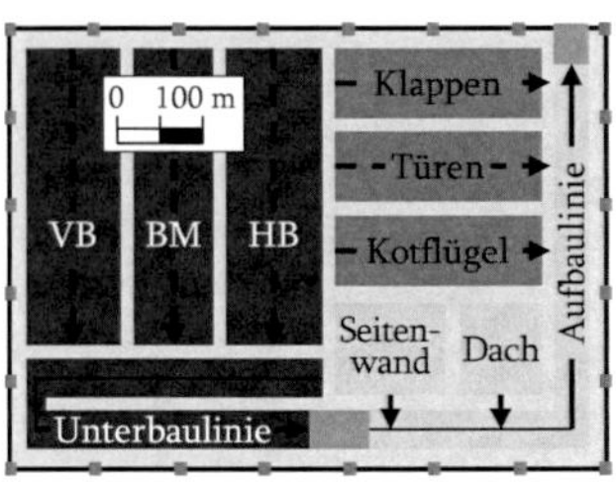

Beispielhaft eingesetzte Produktionstechnik	
• **Industrieroboter**	600[139] bis 1.075[140]
• **Vorrichtungen**	150 bis 250[141] und 345[140]
• **Fügen**	bis zu 12[142] bis 16 Fügeprozesse[139]
	400[139] bis 691[140] WPS-Zangen
	61[140] Mechanische Fügezangen

* *= Unterbau* *= Aufbau* *= Anbau* *vgl. Abb. 2.1*
VB = Vorderbau *BM = Boden Mitte* *HB = Hinterbau*
WPS = Widerstandspunktschweißen

Abb. 2.2: Beispielhaftes Blocklayout (links, in Anlehnung an KROPIK[137] und KIEFER[138]) und die dort eingesetzte Produktionstechnik eines Karosseriebaus (rechts[139,140,141,142])[143]

---

131 SCHLATHER ET AL., „Forschung für eine flexiblere Automobilproduktion: Innovative ...", 2016, S. 48; 50.
132 ABULAWI, „Ansatz zur Beherrschung der Komplexität von vernetzten 3D-CAD-Modellen", 2012, S. 8.
133 KIEFER, „Mechatronikorientierte Planung automatisierter Fertigungszellen im ...", 2007, S. 8 – 9.
134 KLUG, „Logistikmanagement in der Automobilindustrie", 2018, S. 455 – 56.
135 NAITOH ET AL., „The Development of an Intelligent Body Assembly System", 1997, S. 121 – 22.
136 BIRKERT ET AL., „Umformtechnische Herstellung komplexer Karosserieteile", 2013, S. 46 – 47.
137 KROPIK, „Produktionsleitsysteme für die Automobilindustrie", 2021, S. 20.
138 KIEFER, „Mechatronikorientierte Planung automatisierter Fertigungszellen im ...", 2007, S. 9.
139 AUDI AG, „Der Karosseriebau – Audi erweitert den ungarischen Standort Győr ...", 2013, S. 1.
140 FRODL, „Der neue BMW X7 als Erweiterung der BMW X-Familie im GKL Segment", 2019, S. 49 – 50.
141 KHAN ET AL., „Sensor Location Optimization for Fault Diagnosis in Multi-Fixture ...", 1998, S. 781.
142 EROĞLU ET AL., „Automatisierte flexible Verbindungstechnik für thermoplastische und ...", 2019, S. 4.
143 Die in der Abbildung angegebenen Verweise beziehen sich auf die Fußnoten 139 bis 142.

Fügen und Ausspannen definiert[144,145] und soll im weiteren Verlauf der Arbeit fokussiert werden. Die Bauteile hierfür werden manuell aus den an die Fertigungszellen angestellten Ladungsträgern von Mitarbeitenden entnommen und manuell in die Vorrichtung eingelegt[146]. Hierbei findet hauptsächlich das Zwei-Behälter-Prinzip unter der favorisierten Verwendung von standardisierten Ladungsträgern Anwendung[147], was beides exemplarisch mit (a) an einer Fertigungszelle in der **Abbildung 2.3** zu sehen ist. Weiterhin lassen sich in dieser Abbildung die nach MEICHSNER eingeteilten Typ-abhängigen Elemente wie Geogreifer, Schweißzangen-Grundkörper (b), Vorrichtungen (c) und die Typ-unabhängigen Elemente wie Drehtisch/Trommel/Magazin (d), Industrieroboter (e), umgebender Schutzzaun[148](f), Controller/Netzwerk (g) als Bestandteile einer Fertigungszelle einordnen[149]. Zusammenfassend kann eine Fertigungszelle in folgende Teilsysteme mit Funktionen eingeteilt werden: Bearbeitungssystem mit Spannen und Fügen (b bis d und f), Materialflusssystem mit Transportieren und Speichern (a und e) und Informationsflusssystem mit Steuern und Überwachen (g)[150].

Die Vorrichtungstechnik in einer Karosseriebaustation ist hauptsächlich für deren Inflexibilität verantwortlich[151,152], was 86 % der Studienteilnehmenden als Grund für die Limitation zur Integration weiterer Karosserievarianten bestätigten[153]. In den Vorrichtungen werden die Bauteile zueinander mit Aufnahme- und Spannelementen prozessstabil hinsichtlich ihrer Maßgenauigkeit fixiert, um anschließend diesen Zustand

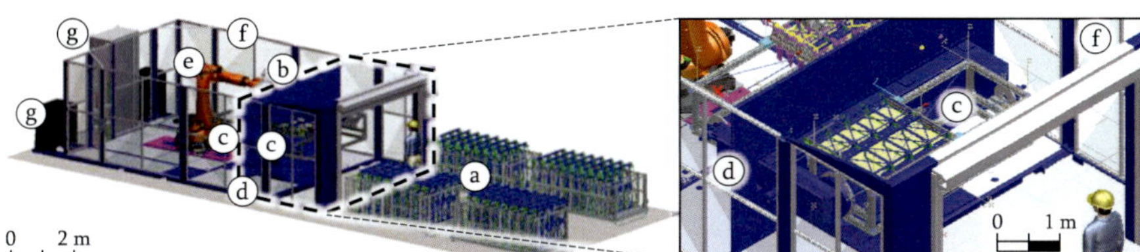

Abb. 2.3: CAD-Darstellung einer beispielhaften Fertigungszelle aus dem Karosseriebau (links) und eine dort eingesetzte Spezialvorrichtung (rechts). Eigene Darstellung

[144] HU ET AL., „Simulation and analysis of assembly processes considering compliant ...“, 2001, S. 2235 – 36.

[145] PRAUN, „Toleranzanalyse nachgiebiger Baugruppen im Produktentstehungsprozess“, 2003, S. 72 – 73.

[146] HANSEN ET AL., „Approaches for flexibility in the future automobile body ...“, 2018, S. 999 – 1000.

[147] KLUG, „Logistikmanagement in der Automobilindustrie“, 2018, S. 196 – 98.

[148] MAYER ET AL., „Ablaufsimulation in der Automobilindustrie“, 2020, S. 36.

[149] MEICHSNER, „Migrationskonzept für einen modell- und variantenflexiblen Automobil...“, 2007, S. 40 – 41.

[150] GIENKE ET AL., „Handbuch Produktion“, 2007, S. 70 – 71.

[151] MILLS ET AL., „Dynamic modeling and control of a multi-robot system ...“, 1996, S. 819.

[152] BI ET AL., „Flexible fixture design and automation: Review, issues and future directions“, 2001, S. 2868.

[153] HANSEN ET AL., „Approaches for flexibility in the future automobile body ...“, 2018, S. 998.

durch Fügen einzustellen[154]. Nach MATUSZEWSKI lassen sich die Fügevorrichtungen unter den Sondervorrichtungen einordnen und sind damit auf spezifische Aufgaben sowie Werkstücke ausgelegt[155]. Bei der Zusammenbaufertigung sind bauteil- sowie werkzeugbedingte Abweichungen herausfordernd[156] und „[die] Toleranz eines Gewerkes ist immer so gewählt, dass der nachfolgende Prozessschritt noch funktioniert“[157].

Die in einer Vorrichtung gemäß der ersten beiden Schritte der Fügeoperation positionierten und gespannten Bauteile werden im dritten, für den Karosseriebau charakteristischen Schritt Fügen verbunden. Das Widerstands-Punktschweißen (WPS) findet am häufigsten Anwendung[158], wohingegen Mechanisches Fügen und Fügen durch Kleben in der Mischbauweise eingesetzt werden[159]. Das Remote-Laserstrahlschweißen findet aufgrund einiger Vorteile (u. a. der Flexibilität aufgrund des werkzeug- und berührungslosen Fügens) immer mehr Anwendung im Karosseriebau[160,161], wie bspw. mit einer Scanner-Optik bei der Produktion des AUDI A3[162].

Der dominierende Prozess bei der Zusammenbaufertigung von einzelnen in Vorrichtungen bestimmten Karosseriebauteilen zu Baugruppen und dann zu einer kompletten Karosserie ist das Schweißen. Vorrichtungen haben in Fertigungszellen durch ihre bauteilspezifische Bauweise einen relevanten Beitrag zu den hohen Investitionskosten und der Inflexibilität. Aufgrund der Relevanz der Vorrichtung und des Schweißens in der Fügeoperation wird in den nachfolgenden Kapiteln näher auf das Schweißen von Karosseriebauteilen *(vgl. Kap. 2.2)* und die dafür notwendigen Vorrichtungen des Karosseriebaus *(vgl. Kap. 2.3)* eingegangen.

2.2 Schweißen von Karosseriebauteilen

Ziel dieses Kapitels ist es, den dominierenden Fertigungsprozess im Karosseriebau und damit das Schweißen von Karosseriebauteilen in der Fügeoperation zu beschreiben. In der DIN 8593 wird das Fügen definiert und beschreibt im Kern die dauerhafte Verbindung mit formlosem Stoff von geometrisch bestimmten Werkstücken. Das Montieren differenziert sich durch ergänzende Handhabungs- und Hilfsvorgänge (inkl. Messen

---

[154] BIRKERT ET AL., „Umformtechnische Herstellung komplexer Karosserieteile“, 2013, S. 47.

[155] MATUSZEWSKI, „Handbuch Vorrichtungen“, 1986, S. 3 – 4.

[156] HU ET AL., „Simulation and analysis of assembly processes considering compliant …“, 2001, S. 2233.

[157] NÖRDINGER, „BMW: So erhöht automatisierte Messtechnik die Qualität“, 2018, S. 1.

[158] BIRKERT ET AL., „Umformtechnische Herstellung komplexer Karosserieteile“, 2013, S. 45; 49.

[159] LAMBERTZ, „Technisch-wirtschaftliche Bewertung von Flexibilität in Rohbauebenlinien“, 2010, S. 7 – 8.

[160] FYSIKOPOULOS ET AL., „On the Performance Evaluation of Remote Laser Welding …“, 2016, S. 973.

[161] OEFELE, „Remote-Laserstrahlschweißen mit brillanten Laserstrahlquellen“, 2012, S. 1; 149 – 150.

[162] AUDI AG, „Der Karosseriebau – Audi erweitert den ungarischen Standort Győr …“, 2013, S. 1.

und Prüfen)[163] und das unmittelbare Fügen besticht durch seine Vorteilhaftigkeit, ohne zusätzliches Verbindungselement auskommen zu können[164]. Das „Fügen durch Schweißen“ ist als stoffschlüssige Verbindung in die DIN 8593-6 eingeordnet[165] und nach DIN 1910-100 als ein „Fügeprozess, bei dem zwei oder mehr Teile verbunden werden, wobei eine Kontinuität der Werkstoffe der zu verbindenden Teile hergestellt wird, unter Anwendung von Wärme oder Kraft oder beiden und mit oder ohne Schweißzusatzwerkstoff“[166] definiert.

Für die Herstellbarkeit einer Schweißverbindung wird die Schweißbarkeit analysiert[167]. Für einen stabilen Schweißprozess muss die Prozessführung mit dem Produkt (Karosseriebauteil) integriert untersucht sowie ausgelegt werden *(vgl. Kap. 2.2.1)*. Anschließend wird ein Überblick über die verschiedenen im Karosseriebau vertretenen Schweißprozesse gegeben *(vgl. Kap. 2.2.2)*, bevor der Fokus auf das hinsichtlich der Motivation dieser Arbeit vorteilhaft erscheinende Remote-Laserstrahlschweißen von Strukturbauteilen gelegt wird *(vgl. Kap. 2.2.3)*.

2.2.1 Schweißbarkeit und Auslegung von Schweißnähten

Die (mechanische) Fügbarkeit beschreibt im Allgemeinen, wie eine kraft- und/oder formschlüssige Fügeverbindung die Gebrauchseigenschaften hinsichtlich ihrer konstruktiven, stofflichen und fertigungsbedingten Eigenschaften erfüllen muss[168,169].

Die Schweißbarkeit eines Metallbauteils wird in der ISO/TR 581 im Kern als eine stoffschlüssige Schweißverbindung beschrieben, die gleichermaßen und wechselseitig von drei Einflussgrößen abhängig ist: Die Schweißeignung ist gegeben, wenn Anforderungen hinsichtlich der chemischen Zusammensetzung (u. a. Härtungsneigung, Schmelzbadverhalten), metallurgischen Eigenschaften (u. a. Korngröße, Gefügeausbildung) und physikalischen Eigenschaften (u. a. Ausdehnungsverhalten, Festigkeit und Zähigkeit) unter Berücksichtigung des Werkstoffes und des Schweißverfahrens erfüllt werden. Bei der Schweißsicherheit wird die Konstruktion unter Berücksichtigung des Werkstoffs hinsichtlich der konstruktiven Gestaltung (u. a. Kraftfluss, Werkstückdicke) und Beanspruchungsgrad (u. a. Räumlichkeitsgrad der Spannungen, Korrosion) bewertet. Die letzte Einflussgröße „Schweißmöglichkeit“ bewertet die Fertigungsbe-

[163] DIN 8593-0:2003-09, „Fertigungsverfahren Fügen - Teil 0: Allgemeines; Einordnung, ...“, 2003, S. 2 – 3.
[164] KLOCKE, „Fertigungsverfahren 4“, 2017, S. 553.
[165] DIN 8593-0:2003-09, „Fertigungsverfahren Fügen - Teil 0: Allgemeines; Einordnung, ...“, 2003, S. 4 – 5.
[166] DIN 1910-100:2008-02, „Schweißen und verwandte Prozesse - Begriffe - Teil 100: Metall...“, 2008, S. 4.
[167] FELDMANN, „Handbuch Fügen, Handhaben, Montieren“, 2014, S. 35 – 36.
[168] MATTHES ET AL., „Fügetechnik“, 2003, S. 61 – 62.
[169] DVS-EFB 3470:2017-02, „Mechanisches Fügen - Konstruktion und Auslegung - Grundlagen/...“, 2017, S. 3.

dingung nach den Faktoren der Vorbereitung (u. a. Stoßarten, Schweißnahtvorbereitung), der Ausführung (u. a. Wärmeführung, Fertigungsablauf, Schweißfolge) und der Nachbereitung (u. a. Wärmebehandlung, Schweißen)[170]. Sowohl die Füg-[171] als auch Schweißbarkeit kann stufenweise in „gut-", „bedingt-" und „ungeeignet" abgeschätzt werden, wobei bspw. bei „bedingt geeignet" noch Maßnahmen zur Verbesserung unternommen werden können[172]. Beispielanwendungen sind im Kontext dieser Arbeit die Auslegung des vorrichtungslosen Schweißens[173] und die Einführung der „Schnappbarkeit" für den vorrichtungslosen Ansatz der bauteilintegrativen Fügetechnik[174].

In Ergänzung zur Schweißbarkeit gibt es zur schweißtechnischen Gestaltung etablierte Hilfestellungen in Form von Gestaltungsgrundsätzen, Vorschriften, Normen und Regelwerken[175]. Letztere sind nach den jeweiligen Anwendungsbereichen ausgelegt, aber es existieren auch interne Werksnormen bei großen Unternehmen (Bsp. Kraftfahrzeugbau)[176]. Ein Beispiel ist die DIN EN ISO 9692-1, die durch Erfahrungswissen Hilfestellung zur Schweißnahtvorbereitung bietet[177], oder die DIN EN ISO 15607 zur Qualifizierung von Schweißverfahren[178]. Die Untersuchung und Auslegung von Schweißverbindungen kann durch den Einsatz von Methodiken, Modellen und Hilfsmitteln erfolgen[179,180]. Beispielsweise können zur Untersuchung des Laserschweißens Experimente wie auch Simulationen verglichen[181] oder ein empirisches Prozessmodell (Versuchsdurchführung mit anschließender Modellbildung) für ein Systemwissen entwickelt werden[182].

Die beschriebenen Ansätze bieten die Möglichkeit, eine Fügeoperation unter Berücksichtigung der relevanten Einflussgrößen systematisch zu untersuchen und auszulegen. Dazu können Methodiken, Modelle und Hilfsmittel für Schweißprozesse nützlich sein. Die Vielfalt der Fügeprozesse im Karosseriebau wird u. a. anhand des Werkstoffes, des Wärmeinflusses, der Automatisierbarkeit, der Prozesszeit sowie der Wirtschaftlichkeit unterschieden[183] und entsprechend nachfolgend beschrieben.

---

170 ISO/TR 581:2007-04, „Schweißbarkeit - Metallische Werkstoffe - Allgemeine Grund…", 2007, S. 4 – 7.

171 FELDMANN, „Handbuch Fügen, Handhaben, Montieren", 2014, S. 36.

172 MATTHES ET AL., „Schweißtechnik", 2012, S. 30 – 31.

173 KAMPKER ET AL., „ProAktiW - Produktionssysteme aktiv wandeln", 2013, S. 129 – 32.

174 WURSTER ET AL., „Funktionsintegration beim Fügen von Karosserieblechen durch den …", 2018, S. 125 – 26.

175 DILTHEY ET AL., „Schweißtechnische Fertigungsverfahren", 2002, S. 1; 5; 13; 58.

176 MATTHES ET AL., „Schweißtechnik", 2012, S. 40 – 42.

177 DIN EN ISO 9692-1:2013-12, „Schweißen und verwandte Prozesse - Arten der …", 2013, S. 4 – 7.

178 DIN EN ISO 15607:2020-02, „Anforderung und Qualifizierung von Schweißverfahren für …", 2020, S. 3; 5.

179 LINDEMANN, „Methodische Entwicklung technischer Produkte", 2009, S. 159 – 68.

180 FELDMANN, „Handbuch Fügen, Handhaben, Montieren", 2014, S. 56 – 57.

181 AHMED, „Laser Welding of Advanced High Strength Steels", 2011, S. 116 – 18.

182 OEFELE, „Remote-Laserstrahlschweißen mit brillanten Laserstrahlquellen", 2012, S. 71 – 72.

183 RICHTER, „Entwicklung und Umsetzung eines Kennzahlensystems zur Leistungs…", 2009, S. 3.

2.2.2 Schweißverfahren im Karosseriebau

Im Karosseriebau finden hauptsächlich Schweißprozesse mit punktförmiger (WPS)[184] oder linien- bzw. flächenförmiger Anbindungsfläche (u. a. Metall-Schutzgas-Schweißen (MSG) und Laserschweißen) Anwendung[185,186,187]. Das deckt sich mit der in Abbildung 2.2 beispielhaft aufgelisteten Fügetechnik und der BMW X7-Produktion, bei der ca. 6.200 WPS-Schweißpunkte, ca. 1,5 m MSG-Schweißnähte und ca. 1,3 m Laserschweißnähte verwendet werden[188]. Für die Probleme beim Schweißen verzinkter Karosseriebauteile bestehen für die gängigen Fügeprozesse etablierte Lösungen[189], wohingegen es beim Laserschweißen aktuelle Forschungsarbeiten gibt[190].

Das WPS hat eine lange Historie[191] und ist nach DIN 1919-100 unter den Widerstandsschweißprozessen eingeordnet[192]. Die hierbei hergestellte Schweißverbindung „Schweißlinse" entsteht durch die in beiden Fügepartnern erzeugte Widerstandserwärmung[193]. Die Fügepartner werden von Elektroden unter Krafteinwirkung, z. B. über Flansche, zusammengedrückt. Die anschließende Schweißzeit, die durch den Fluss elektrischen Stroms definiert wird, liegt in der Größenordnung von Millisekunden bis Sekunden[194]. Das Lichtbogenschweißen hat eine ähnlich lange Historie[195] und wird bei Aluminiumbauteilen als Metall-Inertgasschweißen (MIG) angewandt[196].

Hinsichtlich der genannten Herausforderungen im Karosseriebau bietet das Remote-Laserstrahlschweißen (RLS) eine vorteilhaft erscheinende Alternative im Vergleich zum WPS und MSG. Das RLS findet in der Automobilindustrie immer mehr Anwendung und kann aussichtsreich hinsichtlich der flexiblen Anwendung, reduzierter Prozesszeiten und der Fertigungskosten sein[197,198,199]. Besonders im Unterbau finden viele Fügeoperationen an Strukturbauteilen in flexibilitätshemmenden Vorrichtungen statt, weshalb nachfolgend auf das RLS eingegangen wird.

---

[184] TIKHOMIROV ET AL., „Computing Welding Distortion: Comparison of Different Industrially ...", 2005, S. 195.
[185] BIRKERT ET AL., „Umformtechnische Herstellung komplexer Karosserieteile", 2013, S. 49; 52.
[186] FAHRENWALDT ET AL., „Praxiswissen Schweißtechnik", 2014, S. 471.
[187] SAFRONOV ET AL., „Fixture free laser beam welding for the automotive body shop", 2021, S. 2.
[188] FRODL, „Der neue BMW X7 als Erweiterung der BMW X-Familie im GKL Segment", 2019, S. 49 – 50.
[189] BIRKERT ET AL., „Umformtechnische Herstellung komplexer Karosserieteile", 2013, S. 32.
[190] SAFRONOV ET AL., „Fixture free laser beam welding for the automotive body shop", 2021, S. 7 – 8.
[191] HAAKE ET AL., „Widerstandsschweißen", 1949, S. 3; 10.
[192] DIN 1910-100:2008-02, „Schweißen und verwandte Prozesse - Begriffe - Teil 100: Metall...", 2008, S. 26.
[193] FAHRENWALDT ET AL., „Praxiswissen Schweißtechnik", 2014, S. 100 – 101.
[194] FELDMANN, „Handbuch Fügen, Handhaben, Montieren", 2014, S. 74 – 75.
[195] KLOSSE, „Das Lichtbogenschweißen", 1937, S. 3; 6.
[196] BIRKERT ET AL., „Umformtechnische Herstellung komplexer Karosserieteile", 2013, S. 52.
[197] OEFELE, „Remote-Laserstrahlschweißen mit brillanten Laserstrahlquellen", 2012, S. 2 – 3.
[198] SCHLATHER ET AL., „Forschung für eine flexiblere Automobilproduktion: Innovative ...", 2016, S. 50.
[199] FYSIKOPOULOS ET AL., „On the Performance Evaluation of Remote Laser Welding ...", 2016, S. 973.

2.2.3 Remote-Laserstrahlschweißen von Strukturbauteilen

Das RLS lässt sich gemäß DIN 8593-6 in der Untergruppe als „Schmelzschweißen durch Strahlung“[200] und nach DIN 1910 weiter in das „Festkörper-Laserstrahlschweißen“ und das „Gas-Laserstrahlschweißen“[201] einteilen. Die DIN EN ISO 4063 ergänzt diese Einteilung um das „Dioden-Laserstrahlschweißen, Halbleiter-Laserschweißen“ und „Laser beam welding“[202]. In der DIN EN ISO 11145 werden mit der Lasertechnik in Zusammenhang stehende relevante Begriffe beschrieben und Laser als ein „Gerät, mit einem verstärkenden Medium innerhalb eines optischen Resonators, das unter Ausnutzung des Effektes der stimulierten Emission kohärente elektromagnetische Strahlung mit Wellenlängen bis zu 1 mm emittiert“ definiert. Der Laserstrahl ist eine „räumlich gerichtete Laserstrahlung“[203] und kann als Universalwerkzeug durch Anpassungen der Bearbeitungsparameter u. a. für das Schweißen verwendet werden[204].

Beim Laserstrahlschweißen werden die Werkstücke durch Absorption des Laserstrahles bis zu einer schmelzflüssigen Fügeverbindung erwärmt. Wenn hierbei der Laserstrahl auf der Rückseite durchtritt und bspw. eine Schweißnaht erkennbar ist, spricht man von einer Durch- anstelle einer Einschweißung. Der Laserstrahl kann dabei entweder kontinuierlich *(engl. cw = continuous wave)* oder gepulst über die Zeit auf dem Werkstück auftreffen[205]. Das RLS findet vor allem bei Karosseriebauteilen Anwendung und hebt durch eine lange Brennweite/einem hohen Arbeitsabstand zur Fügestelle (von bspw. bis zu 500 – 1.000 mm) und eine am Endeffektor eines Industrieroboters geführte Scanneroptik fertigungstechnische und wirtschaftliche Potenziale. Der Laserstrahl wird in der Scanneroptik über mehrere bewegliche Spiegel umgelenkt und auf dem Scannerfeld (bspw. 800 x 800 mm) unter signifikanter Reduktion der Positionierzeiten (bspw. 700 m/min) bewegt[206,207,208,209,210,211]. Eine erhöhte Strahlqualität ermöglicht nicht nur die Remote-Bearbeitung mit bis zu 100 m langen flexiblen Lichtleiterkabeln von der Laserstrahlquelle zur Scanneroptik, sondern bietet Vorteile hinsichtlich kleinerem Fokusradius (bspw. < 0,3 mm, Tiefschweißen), großem Arbeits-

[200] DIN 8593-6:2003-09, „Fertigungsverfahren Fügen - Teil 6: Fügen durch Schweißen; …“, 2003, S. 4.

[201] DIN 1910-100:2008-02, „Schweißen und verwandte Prozesse - Begriffe - Teil 100: Metall…“, 2008, S. 22.

[202] DIN EN ISO 4063:2023-07, „Schweißen, Hartlöten, Weichlöten und Schneiden - Liste …“, 2023, S. 5 – 6; 8.

[203] DIN EN ISO 11145:2019-06, „Optik und Photonik - Laser und Laseranlagen - …“, 2019, S. 6; 19 – 20.

[204] HÜGEL ET AL., „Materialbearbeitung mit Laser“, 2022, S. 4 – 5.

[205] HÜGEL ET AL., „Materialbearbeitung mit Laser“, 2022, S. 297 – 98.

[206] RIPPL, „RoboScan - die Kombination von Industrieroboter und Hochleistungslaser …“, 2005, S. 19 – 20; 22.

[207] KRASTEL ET AL., „Remote Laser Welding in Industriel Applications“, 2006, S. 3.

[208] OTTO ET AL., „Laserstrahlschweißen – Trends und aktuelle Entwicklungen“, 2007, S. 29.

[209] BEA ET AL., „Das Laser-Remoteschweissen geht in die zweite Generation“, 2010, S. 7 – 8.

[210] ALBERT ET AL., „Laserstrahl-Remoteschweißen“, 2013, S. 28.

[211] HÜGEL ET AL., „Materialbearbeitung mit Laser“, 2022, S. 118.

abstand und kompakter Laseroptik[212,213]. Zusammenfassend sind in **Tabelle 2.1** die tendenziellen Herausforderungen bzw. nachteiligen Eigenschaften (–) wie auch die Chancen bzw. vorteiligen Eigenschaften (+) des RLS beschrieben.

Tab. 2.1: Tendenzielle Herausforderungen bzw. nachteilige Eigenschaften (–) und Chancen bzw. vorteilige Eigenschaften (+) des Remote-Laserstrahlschweißens (RLS)[214]

–	Hohe Anforderungen an die Schweißnahtvorbereitung und Bauteilpositionierung[215]
–	Schweißnahtunregelmäßigkeiten und Spritzerbildung durch mangelhafte Zinkentgasung[216,228,217,218]
–	Geringe Spaltüberbrückbarkeit (besonders ohne Schweißzusatzwerkstoff oder Zusatzmaterial von einem der Fügepartner eben hierfür)[216,218,219], optimierbar mit angepasster Strahlführung[220]
–	Schutzgaszufuhr an der Fügestelle (entkoppelt von der Laserstrahlführung)[215,227]
–	Hohe Investitionskosten für ein RLS-System[221] (i. V. zu WPS bspw. bis zu Faktor 10)[228]
+	Reduzierung von Fertigungstoleranzen möglich (geringere Therm./Mech. Belastung als WPS)[229,230]
+	Fügestoß ohne/kleinen Flansch[222] (reduziert Masse/Bauraum i. V. zum WPS + Schalenbauteil)[216,223,224,229]
+	Unterschiedliche Werkstoffe schweißbar (generell[228] und untereinander[224])
+	Erhöhung der Strukturfestigkeit (linienförmige anstelle runder Schweißquerschnitte mit WPS)[223,224,225]
+	Kontaktlos, werkzeugungebunden und dadurch flexibel[216,228] (geringe Einschränkung bei der Werkstückgröße[216], Produktvariantenbildung und Laserprozessvarianten[229])
+	Geringe Störkontur, gute/einseitige Zugänglichkeit auch an schwer erreichbaren Bauteilen[216,226,228,229]
+	Schnelle Positionierung des Laserstrahls (geringe Taktzeit, hohe Ausbringung)[215,226,227,228], dadurch reduzierte Prozesszeiten (bspw. Fertigungszeit bis zu -80 %, Schweißzeit 0,4 s statt 2,0 s mit WPS)[229]
+	Komplexe/filigrane frei programmierbare Schweißnahtgeometrien mit kleinen Radien abbildbar[227,229]
+	Geringe Verschmutzung/Wartung der Scanneroptik, der Schutzgläser[229], Vorrichtung und Bauteile[216]
+	Erhöhung der Produktivität pro Fertigungszelle[220] (Reduktion Produktions-/Spanntechnik[230], höhere Nutzung der Laserstrahlquelle[226,229]; bspw. kann eine RLS-Station fünf WPS-Stationen ersetzen[229])

[212] OTTO ET AL., „Laserstrahlschweißen – Trends und aktuelle Entwicklungen“, 2007, S. 28 – 29.
[213] BEA ET AL., „Das Laser-Remoteschweissen geht in die zweite Generation“, 2010, S. 7 – 8.
[214] Die in der Tabelle angegebenen Verweise beziehen sich auf die Fußnoten 215 bis 230.
[215] OTTO ET AL., „Laserstrahlschweißen – Trends und aktuelle Entwicklungen“, 2007, S. 29.
[216] ALBERT ET AL., „Laserstrahl-Remoteschweißen“, 2013, S. 28; 30 – 32.
[217] AKHTER ET AL., „Welding Zinc-Coated Steel with a Laser and the Properties …“, 1991, S. 11 – 13.
[218] MA ET AL., „Mitigating Zinc Vapor Induced Weld Defects in Laser …“, 2012, S. 118 – 20.
[219] REEK, „Strategien zur Fokuspositionierung beim Laserstrahlschweißen“, 2000, S. 82.
[220] MÜLLER ET AL., „Laser Beam Oscillation Strategies for Fillet Welds in Lap Joints“, 2014, S. 464 – 65.
[221] MUELLER, „Getting close to remote laser welding - Research reveals that the …“, 2009, S. 1.
[222] SCHEDEWY ET AL., „LBW of high stiffness light weight structures generated …“, 2008, S. 332 – 33.
[223] OTTO ET AL., „Laserstrahlschweißen – Trends und aktuelle Entwicklungen“, 2007, S. 27.
[224] JAHN, „Lasergeschweißte Leichtbauprofile in Integral-Mischbauweise“, 2012, S. 82.
[225] MEI ET AL., „Comparative study on CO2 laser overlap welding and resistance spot …“, 2015, S. 115.
[226] RIPPL, „RoboScan - die Kombination von Industrieroboter und Hochleistungslaser …“, 2005, S. 21 – 22.
[227] KRASTEL ET AL., „Remote Laser Welding in Industriel Applications“, 2006, S. 3.
[228] SAFRONOV ET AL., „Fixture free laser beam welding for the automotive body shop“, 2021, S. 2 – 4.
[229] BEA ET AL., „Das Laser-Remoteschweissen geht in die zweite Generation“, 2010, S. 8 – 10.
[230] SCHLATHER ET AL., „Process forces during remote laser beam welding and …“, 2018, S. 672 – 73.

Systemseitig bestanden frühere Anlagen bspw. aus einer stationären Scanneroptik, robotergeführtem Werkstück und einer CO_2-Laserstrahlquelle[231], wohingegen heutzutage vornehmlich Festkörper- (bspw. Scheibenlaser mit Neodym-dotiertem Yttrium-Aluminium-Granat-Laser (Nd:YAG)) sowie Diodenlaser aufgrund der nahezu verlustfreien Laserleitung durch Glasfasern an die Laseroptik verwendet werden[232,233]. Eine vorteilhafte Systemkonfiguration stellt bspw. die zeitweilige Teilung einer einzigen Festkörper-Laserstrahlquelle (Scheibenlaser) durch mehrere Fertigungszellen mittels einer integrierten Strahlteilung dar, um so den Anteil der hohen Investitionskosten der Laserstrahlquelle von ca. 25 – 30 % der Systemkosten auf mehrere Anwendungen umzulegen[234]. Im Karosseriebau sind Laserstrahlquellen mit Laserleistungen von 4 bis 6 kW und einer Strahlqualität von 4 bis 8 mm*mrad für RLS üblich, wie sie bspw. in Form von 70 „Robscan"-Anlagen seit 2007 bei der Serienproduktion der MERCEDES-BENZ C-Klasse eingesetzt werden[235]. BMW setzt im Karosseriebau des X7 wiederum flexible Laserschweißzellen mit einer Taktzeit von 63 s bzw. 48 Einheiten/Std. ein[236].

Aufbauend auf der Karosseriebau-Fertigungszelle *(vgl. Abb. 2.3)* ist in der linken Hälfte der **Abbildung 2.4** eine beispielhafte Laseranlage dargestellt, bestehend nach DIN EN ISO 11145 aus Laseranordnungen, welche sich wiederum aus einem Laser, aus speziellen optischen/elektronischen Bauteilen und aus weiteren Komponenten „[...] in Verbindung mit Handhabungs-, Mess- und Regelsystemen"[237] zusammensetzen.

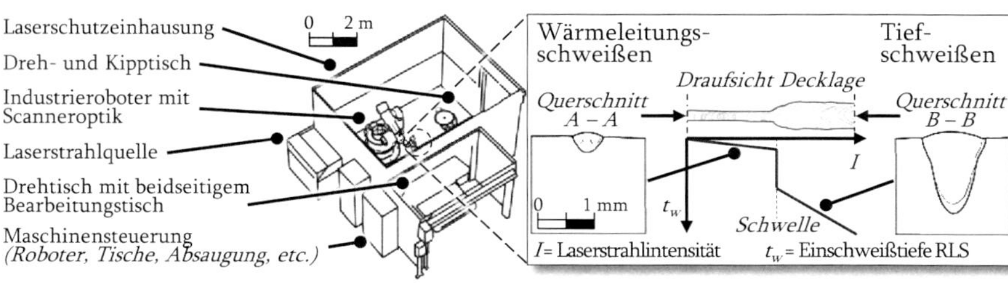

Abb. 2.4: Beispielhafter Aufbau einer Laseranlage (Fertigungszelle) für das Remote-Laserstrahlschweißen (RLS) im Karosseriebau (links; eigene Darstellung) und die dort zwei vorherrschenden Laserschweißprozesse (rechts; in Anlehnung an POPRAWE[238])

[231] KRASTEL ET AL., „Remote Laser Welding in Industriel Applications", 2006, S. 3.
[232] OTTO ET AL., „Laserstrahlschweißen – Trends und aktuelle Entwicklungen", 2007, S. 28.
[233] KAIERLE ET AL., „Anwendung brillanter Diodenlaser beim Schweißen von Aluminium-...", 2007, S. 35.
[234] KRASTEL ET AL., „Remote Laser Welding in Industriel Applications", 2006, S. 4 – 6.
[235] BEA ET AL., „Das Laser-Remoteschweissen geht in die zweite Generation", 2010, S. 6; 8 – 9.
[236] FRODL, „Der neue BMW X7 als Erweiterung der BMW X-Familie im GKL Segment", 2019, S. 52.
[237] DIN EN ISO 11145:2019-06, „Optik und Photonik - Laser und Laseranlagen - ...", 2019, S. 20 – 21.
[238] POPRAWE, „Lasertechnik für die Fertigung", 2005, S. 251; 257 – 58.

Prozessseitig wird beim LS zwischen Wärmeleitungsschweißen (WLS) und Tiefschweißen (TS) unterschieden *(vgl. rechte Hälfte der Abb. 2.4)*. Der Übergangsbereich kann durch die Laserstrahlintensität I (bspw. 1 bis 2 x 10^6 W/cm^2 bei Stahl), der auftretenden Dampfkapillare (Öffnung des Schweißbades in Richtung des Laserstrahls) und einem sprunghaften Anstieg der Einschweißtiefe t_{rls} charakterisiert werden. Die hierfür relevanten Parameter sind produktseitig die Materialeigenschaften (u. a. Absorptionsgrad der Laserstrahlung am oder die Wärmeleitfähigkeit im Werkstück) sowie die Fügegeometrie und prozessseitig u. a. Auftreffwinkel, Spotgeometrie, Fokuslage, Wellenlänge des Laserstrahls auf dem Werkstück und Prozessgase sowie die Laserleistung[239,240].

Zusammenfassend haben HATWIG ET AL. aus Forschungsarbeiten zum RLS die relevanten Parameter Laserleistung, Vorschubgeschwindigkeit, Einstrahlwinkel und eine präzise Gestaltung sowie Positionierung des Laserstrahls auf dem Werkstück identifiziert[241], die durch weitere Arbeiten[242,243] und eine Literaturübersicht[244] größtenteils bestätigt wurden. Die methodisch experimentelle Untersuchung plante OEFELE mit dem Ursache-Wirkungs-Modell hinsichtlich der Einstell-, Stör- und Zielgrößen nach DREYER UND MALIG[245], um ein Prozessverständnis vom RLS zu erlangen[246]. Für die Überführung in die Anwendung und um Schwachstellen zu bestimmen, ist neben dem Prozessverständnis das Systemwissen relevant[247]. Das von CEGLAREK ET AL. vorgestellte Rahmenwerk für eine schnelle Umsetzung von RLS im Karosseriebau kann mit der prozess-, produktions- und produktseitigen Betrachtung das Systemwissen von RLS in der Anwendung beschreiben. Die Untersuchung am Fallbeispiel einer Türfertigung zeigte, dass mit RLS ggü. den zwei konventionellen Konzepten (WPS und Nieten) u. a. eine Reduktion der Industrieroboteranzahl von 14 auf fünf, der Produktionsfläche um 50 %, des Energiebedarfs pro Tür um ca. 57 % und der Kosten pro Fügepunkt um 34 % bzw. 78 % erreicht werden kann. Im Vergleich zur industriellen Praxis reduziert sich darüber hinaus die Taktzeit um 50 %[248]. Weiterführende Untersuchungen hierzu von FYSIKOPOULOS ET AL. bestätigten größtenteils diese Potenziale[249].

---

[239] POPRAWE, „Lasertechnik für die Fertigung", 2005, S. 251 – 52; 257 – 60.

[240] HÜGEL ET AL., „Materialbearbeitung mit Laser", 2022, S. 297 – 301; 351 – 52.

[241] HATWIG ET AL., „Automated task planning for industrial robots and laser ...", 2010, S. 327.

[242] OEFELE, „Remote-Laserstrahlschweißen mit brillanten Laserstrahlquellen", 2012, S. 87.

[243] MÜLLER ET AL., „Laser Beam Oscillation Strategies for Fillet Welds in Lap Joints", 2014, S. 461 – 65.

[244] KAH ET AL., „Remote Laser Welding with High Power Fiber Lasers", 2013, S. 703 – 4.

[245] DREYER ET AL., „Statistische Versuchsmethodik", 1993, S. 80 – 82.

[246] OEFELE, „Remote-Laserstrahlschweißen mit brillanten Laserstrahlquellen", 2012, S. 86 – 88.

[247] LINDEMANN, „Methodische Entwicklung technischer Produkte", 2009, S. 157 – 58.

[248] CEGLAREK ET AL., „Rapid deployment of remote laser welding processes in ...", 2015, S. 390; 393 – 94.

[249] FYSIKOPOULOS ET AL., „On the Performance Evaluation of Remote Laser Welding ...", 2016, S. 972 – 73.

Im Hinblick auf die in Tabelle 2.1 zusammengefassten Vor- und Nachteile des RLS im Karosseriebau und der Hebung der beispielhaft zusammengefassten Potenziale[250,251] bedarf es nach Ansicht von Expert:innen einer ganzheitlichen Betrachtung und Systemgestaltung von u. a. dem Produkt, Produktionsprozess/-system, dem Fügen und der Vorrichtung[252,253,254,255]. Letztere findet konventionell u. a. als bauteilspezifische Spezialvorrichtung beim Schweißen von Karosseriebauteilen Anwendung und sorgt für eine reproduzier- sowie automatisierbare Zusammenbaufertigung im Gewerk Karosseriebau. Auf der anderen Seite stellen Vorrichtungen einen hohen Kostentreiber dar und sind aufgrund ihrer Bauweise unflexibel, weshalb im nachfolgenden Kapitel näher auf Vorrichtungen des Karosseriebaus eingegangen wird.

2.3 Vorrichtungen des Karosseriebaus

Ziel des Kapitels ist es, das für diese Arbeit relevante Wissen zu Vorrichtungen in der Produktion und in Bezug auf die Anwendung in der bereits beschriebenen Fügeoperation im Gewerk Karosseriebau zu vermitteln.

Vorrichtungen wurden bereits früh in der einschlägigen Literatur als Fertigungsmittel mit wesentlichem Beitrag für eine bestmögliche und wirtschaftliche Fertigung unter möglichst geringem Arbeitseinsatz beschrieben[256,257]. Fertigungsmittel beinhalten die für die Fertigung benötigte Produktionstechnik und lassen sich in Werkzeugmaschinen und Betriebsmittel (oder Fertigungshilfsmittel[258]) gliedern[259]. Letztere beinhalten Mess- sowie Prüfmittel, Werkzeuge und Vorrichtungen[260,261]. Vorrichtungen dienen der Durchführung sowie der Erleichterung von Arbeitsvorgängen in der Fertigung[262] und sind nach HESSE definiert als „technisches Hilfsmittel für die Serienfertigung, das an Werkstücke gebunden ist und unmittelbar in Beziehung zu einem ferti-

[250] MCKINSEY & COMPANY, „Tomorrow's Automotive Production", 2006, S. 14 – 15.
[251] SAFRONOV ET AL., „Fixture free laser beam welding for the automotive body shop", 2021, S. 2.
[252] SCHLATHER ET AL., „Forschung für eine flexiblere Automobilproduktion: Innovative …", 2016, S. 48; 50.
[253] CEGLAREK ET AL., „Rapid deployment of remote laser welding processes in …", 2015, S. 390; 394.
[254] BEA ET AL., „Das Laser-Remoteschweissen geht in die zweite Generation", 2010, S. 10.
[255] SAFRONOV ET AL., „Fixture free laser beam welding for the automotive body shop", 2021, S. 2.
[256] SIMON ET AL., „Der Vorrichtungsbau", 1930, S. 1 – 4.
[257] HAAKE ET AL., „Der Vorrichtungsbau", 1961, S. 1; 3 – 5.
[258] WESTKÄMPER, „Einführung in die Organisation der Produktion", 2006, S. 228 – 29.
[259] TRUMMER ET AL., „Vorrichtungen der Produktionstechnik", 1994, S. 1 – 3.
[260] WECK, „Werkzeugmaschinen Fertigungssysteme", 1991, S. 414.
[261] HESSE ET AL., „Betriebsmittel Vorrichtung", 2012, S. 1 – 2.
[262] HAAKE ET AL., „Der Vorrichtungsbau", 1961, S. 4.

gungstechnisch notwendigen Bearbeitungs-, Montage-, Verarbeitungs- oder Hilfsvorgang steht“[263]. Nach VON BARDELEBEN haben Vorrichtungen zum Ziel, eine bestimmte Fertigungsaufgabe zu ermöglichen, den dazugehörigen Fertigungsablauf zu optimieren und zu verallgemeinern[264]. Darüber hinaus werden die englischsprachigen Vorrichtungsbegriffe „Jig“ (Fokus: Bauteilpositionierung zu einem Schneidwerkzeug) und „Fixture“ (Fokus: Bauteilpositionierung im Rahmen eines Fertigungs- oder Montageprozesses) differenziert[265,266]. Nach DIN 6300 können Vorrichtungen auch nach den Fertigungsverfahren der DIN 8580 (bspw. Schweißen oder Montage) eingeordnet werden und sind definiert als ein „Fertigungsmittel, das Werkstücke während des formändernden Fertigungsverfahrens in einer bestimmten Lage, zum Werkzeug gerichtet, fixiert“[267] (ergänzt um die Anmerkung, dass Werkstücke darin wiederholgenau positioniert und gespannt werden). Anders als Universalvorrichtungen sind Vorrichtungen prinzipiell auf festgelegte Werkstücke und Arbeitsabläufe ausgelegt[268,269]. Darüber hinaus werden bspw. standardisierte Vorrichtungselemente in Normen definiert[270].

Neben dem im Karosseriebau dominierenden Fügeprozess spielt die Vorrichtung in der Fügeoperation eine entscheidende Rolle und bietet zugleich Optimierungspotenzial hinsichtlich der beschriebenen Herausforderungen. Zunächst wird für ein Grundwissen auf die Aufgabe, die Funktion, den Aufbau *(vgl. Kap. 2.3.1)* und auf die Entstehung sowie auf die Arten von Vorrichtungen *(vgl. Kap. 2.3.2)* eingegangen. Anschließend wird eine Übersicht über den Stand der Technik von alternativen Vorrichtungskonzepten gegeben *(vgl. Kap. 2.3.3)*, die zum Ziel haben, auf unterschiedliche Weise den Herausforderungen von Vorrichtungen zu entgegnen.

2.3.1 Einordnung, Funktion und Aufbau von Vorrichtungen

In Anlehnung an die in Kapitel 2.1.3 dargestellte Produktionshierarchie im Karosseriebau können Vorrichtungen anhand eines Wirksystems „Fertigungsprozess“ als Bindeglied zwischen den Systemkomponenten Werkstück(e)/Bauteil(e), Werkzeug/Schweißprozess, Werkzeugmaschine/Fertigungseinrichtung und Menschen im Mittelpunkt stehen[271,272]. Die zwischen diesen Komponenten bestehenden Interdepen-

---

[263] HESSE ET AL., „Betriebsmittel Vorrichtung“, 2012, S. 1.

[264] BARDELEBEN, „Systematische Betriebsmittelplanung, Methodik und Hilfsmittel, gezeigt …“, 1972, S. 18 – 19.

[265] HOFFMAN, „Jig and fixture design“, 1991, S. 8; 257.

[266] NAING, „Feature Based Design for Jigless Assembly“, 2004, S. 18.

[267] DIN 6300:2009-04, „Vorrichtungen für die Fixierung der Lage von Werkstücken …“, 2009, S. 6.

[268] DIN 6300:2009-04, „Vorrichtungen für die Fixierung der Lage von Werkstücken …“, 2009, S. 5 – 6; 8.

[269] ABULAWI, „Ansatz zur Beherrschung der Komplexität von vernetzten 3D-CAD-Modellen“, 2012, S. 9.

[270] MATUSZEWSKI, „Handbuch Vorrichtungen“, 1986, S. 185.

[271] MATUSZEWSKI, „Handbuch Vorrichtungen“, 1986, S. 16 – 17.

[272] TRUMMER ET AL., „Vorrichtungen der Produktionstechnik“, 1994, S. 12 – 14.

denzen können dabei kompatibel oder unvereinbar sein und sollten für eine optimale Vorrichtungsauslegung berücksichtigt werden[273]. Im vorrichtungstechnischen Kontext können in Erweiterung zu den bereits beschriebenen Prozessschritten der Fügeoperation in Kapitel 2.1.3 die einmaligen Teilfunktionen ergänzt werden, wie bspw. das Positionieren, Sichern und Einrichten der Vorrichtung zu seiner Umgebung und zu den Werkzeugen. Während der Fügeoperation kann zum Ein- und Ausspannen noch jeweils das Einlegen und das Herausnehmen von Bauteilen sowie die situative Reinigung der Vorrichtung ergänzt werden[274]. Die Vorrichtung hat hierbei insbesondere die Aufgabe, die Bauteile für die Arbeitsverrichtung zueinander reproduzierbar und zuverlässig[275] unter den geforderten Maß-, Form- und Lageabweichungen zu bestimmen. Dabei müssen einerseits die mechanischen Eigenschaften (Steifigkeit und Festigkeit) der Bauteile sowie der Vorrichtung für ein sicheres sowie verzugsfreies „Spannen"[276,277] und auf der anderen Seite das durch den Schweißprozess thermisch hervorgerufene Verziehen oder Schrumpfen der Bauteile berücksichtigt werden[278,279,280]. Neben dem Schweißen haben das „Handhaben" während der Fügeoperation und das „Bestimmen" von Bauteilen in der Vorrichtung maßgeblichen Einfluss auf die Zusammenbautoleranz[281,282]. Die geforderte Bauteilgenauigkeit kann somit u. a. zu einer gesteigerten Vorrichtungskomplexität führen[283], die sich wiederum auf einen hohen Kosten- und Zeitaufwand auswirken kann[284] (insbesondere für kleinere Stückzahlen[285,286]). Weitere Anforderungen sowie Einflussfaktoren im Kontext von Vorrichtungen wurden von MATUSZEWSKI zusammengefasst[287].

Die Erfüllung der zuvor beschriebenen Anforderungen und Aufgaben einer Vorrichtung wird über Funktionen[288,289,290] (in der frühen Literatur finden sich hierfür

---

273 TRUMMER ET AL., „Vorrichtungen der Produktionstechnik", 1994, S. 12 – 14.

274 HESSE ET AL., „Betriebsmittel Vorrichtung", 2012, S. 17.

275 ABULAWI, „Ansatz zur Beherrschung der Komplexität von vernetzten 3D-CAD-Modellen", 2012, S. 21.

276 HESSE ET AL., „Betriebsmittel Vorrichtung", 2012, S. 22; 49.

277 BI ET AL., „Flexible fixture design and automation: Review, issues and future directions", 2001, S. 2867 – 68.

278 HOFFMAN, „Jig and fixture design", 1991, S. 260.

279 TRUMMER ET AL., „Vorrichtungen der Produktionstechnik", 1994, S. 14 – 15.

280 KRAHN ET AL., „Konstruktionsleitfaden Fertigungstechnik", 2018, S. 65.

281 BOHN, „Toleranzmanagement im Entwicklungsprozess: Reduzierung der Auswirk…", 1998, S. 73.

282 BIRKERT ET AL., „Umformtechnische Herstellung komplexer Karosserieteile", 2013, S. 47.

283 ABULAWI, „Ansatz zur Beherrschung der Komplexität von vernetzten 3D-CAD-Modellen", 2012, S. 9.

284 ARZANPOUR ET AL., „Flexible fixture design with applications to assembly of sheet metal …", 2006, S. 144.

285 MATUSZEWSKI, „Handbuch Vorrichtungen", 1986, S. 9.

286 AHMAD ET AL., „Fixture layout optimization for multi point respot welding …", 2018, S. 1749.

287 MATUSZEWSKI, „Handbuch Vorrichtungen", 1986, S. 371 – 72; 401.

288 MATUSZEWSKI, „Handbuch Vorrichtungen", 1986, S. 1; 16 – 18.

289 TRUMMER ET AL., „Vorrichtungen der Produktionstechnik", 1994, S. 17 – 18.

290 HESSE ET AL., „Betriebsmittel Vorrichtung", 2012, S. 9 – 11.

auch die Begriffe Aufgaben[291] oder Prinzipien[292]), oder auch Vorrichtungsfunktionen genannt[293,294,295], abgebildet. Diese Vorrichtungsfunktionen können feiner nach Grund-/Ergänzungsfunktionen[296], Haupt-/Nebenfunktionen[297] oder nach ihren Funktionsobjekten der Produktionsumgebung (Werkstück, Fertigungsprozess, Werkzeug oder Maschine)[298] unterteilt werden. Im weiteren Verlauf dieser Arbeit werden der Begriff Vorrichtungsfunktion (VF) und die im Karosseriebau relevanten Definitionen der VF[299,300,301] aus der zusammenfassenden Auflistung in der **Tabelle 2.2** verwendet.

In der Literatur sind viele Ansätze zur Beschreibung eines prinzipiellen Aufbaus von Vorrichtungen beschrieben. Eine Möglichkeit besteht in der Beschreibung anhand

Tab. 2.2: Übersicht und Beschreibung der für den Karosseriebau relevanten Vorrichtungsfunktionen (VF) mit Unterteilungen nach Grund- (GF), Haupt- (HF), Ergänzungs- (EF) und Nebenfunktion (NF), Fertigungseinrichtung (FE), Bauteil (BT), Bauteillage (BL)[302]

VF	**Zusammenfassende Beschreibung** *(auf Basis unterschiedlicher Quellen)*	
Positionieren	Translatorische Festlegung der BL relativ zu FE/Bezugselement/Punkt[303,304,305,306]	GF, HF
Orientieren	Ergänzend zum Positionieren um Winkelbeziehungen zwischen den Achsen[304,306]	
Bestimmen	Definierte/reproduzierbare BT-Fixierung zur Vorrichtung[305,306,307]	
Spannen	Bestimmte BL in Vorrichtung, sicher/schnell für Bearbeitung festhalten[303,304,305,306,307]	
Stützen	Kräfte am BT abfangen (ggü. Spannen), BT-Deformation vermeiden[303,304,305,306,307]	
Definierte Führung vom BT relativ zur Vorrichtung/FE/Umgebung[303,305,307,308]		EF, NF
Schützen[309], Mess- und Überwachung der Vorrichtung/FE/BT/Fertigungsprozesse[308,309]		
An-/Verbindung der Vorrichtungen und -elemente untereinander/mit Umgebung[303,305,306,307]		

[291] HAAKE ET AL., „Der Vorrichtungsbau“, 1961, S. 7 – 8; 26; 44; 47; 49; 53; 55 – 56; 60; 67.
[292] HOFFMAN, „Jig and fixture design“, 1991, S. 258.
[293] TRUMMER ET AL., „Vorrichtungen der Produktionstechnik“, 1994, S. 34; 54; 157.
[294] HESSE ET AL., „Betriebsmittel Vorrichtung“, 2012, S. 93.
[295] FRANZKOWIAK, „Methodik zur Strukturierung von Vorrichtungssystemen in der …“, 2014, S. 6; 10 – 11.
[296] TRUMMER ET AL., „Vorrichtungen der Produktionstechnik“, 1994, S. 17 – 18.
[297] ABULAWI, „Ansatz zur Beherrschung der Komplexität von vernetzten 3D-CAD-Modellen“, 2012, S. 15 – 16.
[298] FRANZKOWIAK, „Methodik zur Strukturierung von Vorrichtungssystemen in der …“, 2014, S. 10 – 11.
[299] ABULAWI, „Ansatz zur Beherrschung der Komplexität von vernetzten 3D-CAD-Modellen“, 2012, S. 15 – 16.
[300] HANSEN, „Methodik zur Bauteilintegration von Vorrichtungsfunkt…“, 2020, S. 20 – 21.
[301] SCHLATHER, „Methodische Auslegung bauteilintegrierter Spanntechnik …“, 2020, S. 7.
[302] Die in der Tabelle angegebenen Verweise beziehen sich auf die Fußnoten 303 bis 309.
[303] MATUSZEWSKI, „Handbuch Vorrichtungen“, 1986, S. 16 – 17.
[304] HOFFMAN, „Jig and fixture design“, 1991, S. 257 – 258; 348; 351 – 352; 354.
[305] TRUMMER ET AL., „Vorrichtungen der Produktionstechnik“, 1994, S. 17 – 20.
[306] HESSE ET AL., „Betriebsmittel Vorrichtung“, 2012, S. 9 – 11.
[307] HAAKE ET AL., „Der Vorrichtungsbau“, 1961, S. 8; 26–27; 44; 60; 67.
[308] ABULAWI, „Ansatz zur Beherrschung der Komplexität von vernetzten 3D-CAD-Modellen“, 2012, S. 15 – 16.
[309] FRANZKOWIAK, „Methodik zur Strukturierung von Vorrichtungssystemen in der …“, 2014, S. 10 – 12.

der VF und den dazu passenden Bauelementen[310], Baugruppen + Elementen[311] oder auch Vorrichtungselementen genannt[312]. Im weiteren Verlauf dieser Arbeit wird der Begriff Vorrichtungselement (VE) verwendet und anhand einer exemplarischen Vorrichtung aus dem Karosseriebau in der **Abbildung 2.5** beschrieben. Die Umsetzung der VF mittels VE kann anhand der drei Schnittstellen im Wirksystem Vorrichtung (1.Werkstück, 2.Werkzeug und 3.Werkzeugmaschine) strukturiert werden[313].

Die Bauteilpositionierung und -bestimmung erfolgt an der Schnittstelle Werkstück/Bauteil mit Auflage-, Aufnahme-, Positionier- oder Zentrierbolzen (teilweise auch Stifte genannt und beispielhaft in der Abbildung 2.5 als Rundstift dargestellt)[314,315], die bis zu 2.100-mal im Karosseriebau eingesetzt werden können[316]. In Kombination mit den bis zu 800 bauteilseitigen Bestimmflächen einer Karosserie[317,318] ergeben sich Verbindungen in den Paarungen Ebene + (Kante oder Ebene) oder durch Stift + (Loch oder Langloch)[319]. Die Loch + Stift-Paarung hat insbesondere für die Sicherstellung der Einlegbarkeit von Karosseriebauteilen, dem damit verbundenen zeitlichen Aufwand[320] als Bestandteil der Fertigungszeit und für die Gesamttoleranz der Zusammenbaugruppe Relevanz[321]. Folglich ist diese Paarung eng toleriert und gemäß

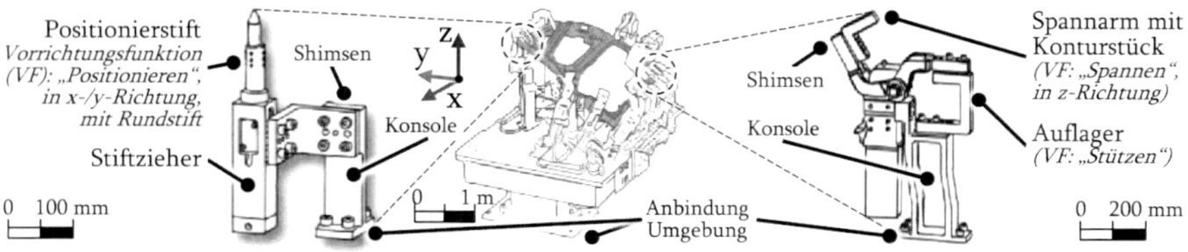

Abb. 2.5: Beispielhafte Sondervorrichtung in Form einer Schweißvorrichtung aus dem Karosseriebau (mittig; in Anlehnung an FRITZSCHE ET AL.[322]) und Vorrichtungselemente zum „Bestimmen“ (links) „Spannen“ (rechts) in Anlehnung an ABULAWI[323]

[310] MATUSZEWSKI, „Handbuch Vorrichtungen“, 1986, S. 16 – 17; 35.

[311] TRUMMER ET AL., „Vorrichtungen der Produktionstechnik“, 1994, S. 19 – 20.

[312] HESSE ET AL., „Betriebsmittel Vorrichtung“, 2012, S. 103 – 4.

[313] MATUSZEWSKI, „Handbuch Vorrichtungen“, 1986, S. 16 – 17.

[314] HESSE ET AL., „Betriebsmittel Vorrichtung“, 2012, S. 105 – 9.

[315] KELLER, „Qualifizierung von Spannvorrichtungen zur gezielten Qualitätssteigerung …“, 2018, S. 18.

[316] SHIU ET AL., „Multi-stations sheet metal assembly modeling and diagnostics“, 1996, S. 200.

[317] TRUMMER ET AL., „Vorrichtungen der Produktionstechnik“, 1994, S. 54 – 56.

[318] KHAN ET AL., „Sensor Location Optimization for Fault Diagnosis in Multi-Fixture …“, 1998, S. 781.

[319] PRAUN, „Toleranzanalyse nachgiebiger Baugruppen im Produktentstehungsprozess“, 2003, S. 70 – 72.

[320] MATUSZEWSKI, „Handbuch Vorrichtungen“, 1986, S. 39 – 40; 371.

[321] BOHN, „Toleranzmanagement im Entwicklungsprozess: Reduzierung der Auswirk…“, 1998, S. 73 – 75.

[322] FRITZSCHE ET AL., „Intelligenter Karosseriebau“, 2012, S. 711.

[323] ABULAWI, „Ansatz zur Beherrschung der Komplexität von vernetzten 3D-CAD-Modellen“, 2012, S. 20.

der Literatur haben die Referenz-Punkt-System (RPS)-Aufnahmelöcher eine Toleranz von ±0,1 mm[324]. Runde Aufnahmestifte haben eine Durchmessertoleranz von 0,05 mm sowie eine Positionierungstoleranz in der FE von ±0,1 mm (starr) oder ±0,2 mm (herausfahrbar). Der Abstand zwischen Loch und Stift kann zwischen ±0,1 bis 0,2 mm betragen[325,326]. Weitere Toleranzangaben von Stiftvarianten sind aus BOHN und ergänzend um Flächen und Löcher aus BIRKERT ET AL.[327] zu entnehmen. Die Schnittflächen von tiefgezogenen Bauteilen werden dahingehend weniger für das „Bestimmen" verwendet[328]. Für eine Toleranzsimulation am Fallbeispiel eines Karosserie-Unterbodens wurden Abweichungen von ±0,30 mm für den Stift und ±0,50 mm für eine lineare sowie ±0,25° für eine rotatorische Bauteilverbindung angenommen[329].

Die Auslegung von Anzahl und Lage der VE des „Spannens" ist wie beim Positionieren relevant für das Bearbeitungsergebnis[330] und erfolgt im Karosseriebau durch Spanner sowie Spannelemente[331]. Die Spanner bringen die Spannkraft von teilweise bauteilspezifischen Konturstücken über vornehmlich plane Bestimmflächen der Bauteile auf die darunterliegenden Auflager (Auflagerstellen und -flächen) auf[332] und sind im linken Teil der Abbildung 2.5 beispielhaft dargestellt. Die Spannkraft wird nach DIN 6300 eingeteilt und kann u. a. durch eine Hand- oder zentrische Bewegung erzeugt werden[333]. Für eine umfangreiche Übersicht zu Elementen, Prinzip- sowie Funktionsbeschreibungen und Einteilungen zum „Spannen" sei an dieser Stelle auf TRUMMER UND WIEBACH[334] oder HESSE[335] verwiesen. Um die geforderten geometrischen Wiederholgenauigkeiten von 0,1 mm in der Fügefolge der Karosserie zu erfüllen[336], müssen u. a. Vorrichtungen im Serienanlauf iterativ anhand der Schritte Fertigung, Bauteilvermessung und Vorrichtungsjustage aufwendig angepasst werden. Die Justage wird durch sogenannte „Shims" (Distanzbleche mit unterschiedlicher Dicke an den Schnittstellen zwischen den VE) im Zehntelmillimeterbereich vorgenommen[337,338].

---

[324] KÄSTLE, „Simulationsmethode zur Beurteilung der Maßhaltigkeit von rollgefalzten …", 2016, S. 35 – 36.
[325] SCHLATHER ET AL., „Tolerance analysis of compliant, feature-based sheet metal …", 2018, S. 33.
[326] BOHN, „Toleranzmanagement im Entwicklungsprozess: Reduzierung der Auswirk…", 1998, S. 73 – 74.
[327] BIRKERT ET AL., „Umformtechnische Herstellung komplexer Karosserieteile", 2013, S. 60 – 61.
[328] ABULAWI, „Ansatz zur Beherrschung der Komplexität von vernetzten 3D-CAD-Modellen", 2012, S. 17.
[329] PHOOMBOPLAB ET AL., „Process Yield Improvement Through Optimum Design of Fixture …", 2008, S. 10.
[330] MATUSZEWSKI, „Handbuch Vorrichtungen", 1986, S. 125 – 26.
[331] PRAUN, „Toleranzanalyse nachgiebiger Baugruppen im Produktentstehungsprozess", 2003, S. 72 – 73.
[332] ABULAWI, „Ansatz zur Beherrschung der Komplexität von vernetzten 3D-CAD-Modellen", 2012, S. 18.
[333] DIN 6300:2009-04, „Vorrichtungen für die Fixierung der Lage von Werkstücken …", 2009, S. 5.
[334] TRUMMER ET AL., „Vorrichtungen der Produktionstechnik", 1994, S. 79 – 126.
[335] HESSE ET AL., „Betriebsmittel Vorrichtung", 2012, S. 114 – 34.
[336] BOHN ET AL., „Toleranzmanagement im Automobilbau", 2013, S. 70 – 71.
[337] STOCKINGER, „Computer Aided Robust Design - Verknüpfung rechnerunterstützter …", 2011, S. 9.
[338] FRITZSCHE ET AL., „Intelligenter Karosseriebau", 2012, S. 711.

Bei der zweiten Vorrichtungsschnittstelle Werkzeug können u. a. bei Schweißvorrichtungen die Zugänglichkeit mit der Schweißtechnik (bspw. Schweißbrenner oder Laserstrahl), die thermische Belastung und die Schweißnahtlage berücksichtigt werden[339]. Die dritte Vorrichtungsschnittstelle befindet sich gegenüber der Werkzeugmaschine (FE) und kann mittels Verbindungselementen verbunden werden[340].

Vorrichtungen erfüllen die Produktionsaufgaben durch die in einem Spann- und Fixierkonzept festgelegten Vorrichtungsfunktionen mittels physischer Vorrichtungselemente. Im Vorrichtungsentstehungsprozess müssen dieser Zusammenhang und die Unterschiedlichkeiten der Vorrichtungsarten systematisch berücksichtigt werden.

2.3.2 Entstehung und Einteilung von Vorrichtungen

Die im vorherigen Kapitel beschriebenen VF dienen zur Sicherstellung einer definierten sowie reproduzierbaren Bauteillage in der Vorrichtung. Alle Körper, und damit auch Karosseriebauteile, können anhand von sechs Freiheitsgraden (im Englischen: Degree of freedom (DOF)) im Raum (drei translatorisch x, y, z; sowie drei rotatorisch um ebendiese Achsen) durch Entziehung der DOF an ihren Bestimmflächen eindeutig im Koordinatensystem (KOS) bestimmt werden[341,342]. Je nach Anzahl der entzogenen DOF kann zwischen Voll- (alle sechs), Haupt- (drei oder vier) und Nebenbestimmen (ergänzende DOF) unterschieden werden[343]. Abgeleitet vom globalen Fahrzeug-KOS nach DIN EN ISO 8855 mit der x-Achse in Fahrtrichtung, y-Achse vom Fahrersitz nach links und z-Achse in Fahrzeughöhenrichtung[344] hat VW das RPS u. a. zur eindeutigen Bestimmung von Karosseriebauteilen in der Karosserie entwickelt[345,346].

Im Rahmen der Konzipierungsphase werden die Bestimmelemente anhand der an einem Karosseriebauteil zu entziehenden DOF und die notwendigen Spannelemente anhand der auftretenden Bearbeitungskräfte ausgewählt[347]. In der Karosseriebauplanung hat sich als Vorgehen die 3-2-1-Regel (oder auch 3-2-1-Prinzip genannt) etabliert, bei der ein Bauteil zunächst in der Primärebene über drei Punkte (DOF: 1 translatorisch, 2 rotatorisch), in der Sekundärebene über zwei Punkte (DOF: 1 translatorisch, 1 rotatorisch) und in der Tertiärebene über einen Punkt (DOF: 1 translatorisch)

339 TRUMMER ET AL., „Vorrichtungen der Produktionstechnik“, 1994, S. 169 – 70.
340 MATUSZEWSKI, „Handbuch Vorrichtungen“, 1986, S. 35.
341 MATUSZEWSKI, „Handbuch Vorrichtungen“, 1986, S. 46 – 47.
342 TRUMMER ET AL., „Vorrichtungen der Produktionstechnik“, 1994, S. 43 – 44.
343 HESSE ET AL., „Betriebsmittel Vorrichtung“, 2012, S. 22 – 23.
344 DIN ISO 8855:2013-11, „Straßenfahrzeuge - Fahrzeugdynamik und Fahrverhalten - Be...“, 2013, S. 6 – 7.
345 BIRKERT ET AL., „Umformtechnische Herstellung komplexer Karosserieteile“, 2013, S. 54.
346 JORDEN, „Form- und Lagetoleranzen“, 2014, S. 117.
347 TRUMMER ET AL., „Vorrichtungen der Produktionstechnik“, 1994, S. 34 – 35.

vollständig bestimmt werden kann[348,349]. Aufgrund der aus dünnen Metallblechen gefertigten und dadurch nachgiebigen sowie toleranzbehafteten Karosseriebauteile[350] wurde die für steife Körper ausgelegte 3-2-1-Regel weiterentwickelt und findet als N-2-1-Regel Anwendung[351,352]. Der Unterschied liegt hierbei in den zusätzlich zu der Vorausrichtung (N > 3) eingebrachten Spann- und Stützstellen in der Primärebene, um so mit einer statischen Überbestimmung Abweichungen von bspw. 1 bis 3 mm (bei einem 400 x 400 x 1 mm Blech) bei herkömmlicher 3-2-1-Regel zu vermeiden[353]. Diese Informationen werden im Spann- und Fixierkonzept (SFK)[354], auch Spann- und Aufnahmekonzept[355] oder Aufnahme- und Spannplan (ASP)[356] genannt, zusammengefasst und bilden im Karosseriebau die Schnittstelle zwischen der physischen Vorrichtung und deren Entstehungsprozess[357]. Letzterer ist ein wesentlicher Bestandteil des in Kapitel 2.1.1. beschriebenen PEP aus dem Kraftfahrzeugbau bzw. dem Karosseriebau[358] und ist mit dem Produktlebenszyklus des Fahrzeugs, beginnend bei den Phasen Fahrzeugproduktions- und Vorrichtungsplanung bis zur Vorrichtungsbenutzung und Fahrzeugproduktion, eng verbunden[359]. Während dieser Phasen hilft insbesondere das mit der Produktentwicklung abgestimmte SFK, die Anforderungen hinsichtlich Maßgenauigkeit zu erreichen und eine möglichst hohe Prozesssicherheit zu erzielen[360]. Im Rahmen der zeitintensiven Vorrichtungskonstruktion wird zunächst das prinzipielle Vorrichtungskonzept bestimmt, um anschließend die mechanischen, elektronischen und aktorischen Komponenten unter Berücksichtigung der Spannstellen auszulegen[361]. Für eine erfolgreiche Zielerreichung dieser Konstruktionsaufgaben sind besonders die Interdependenzen der beteiligten Bereiche und Akteure zu berücksichtigen, wie u. a. zwischen der Produktentwicklung, der Prozessplanung und der Betriebsmittelkonstruktion[362,363]. Unterstützen können hierbei erfahrungsbasierte Empfehlungen in

---

[348] BIRKERT ET AL., „Umformtechnische Herstellung komplexer Karosserieteile“, 2013, S. 56.
[349] BOHN ET AL., „Toleranzmanagement im Automobilbau“, 2013, S. 17.
[350] ZÄH ET AL., „Automatisierte Qualitätsregelkreise im Karosseriebau - Tiefer greifende ...“, 2006, S. 599 – 600.
[351] CAI ET AL., „Deformable Sheet Metal Fixturing: Principles, Algorithms, and Simulations“, 1996, S. 318 – 19.
[352] PRAUN, „Toleranzanalyse nachgiebiger Baugruppen im Produktentstehungsprozess“, 2003, S. 38; 41; 57.
[353] PRAUN, „Toleranzanalyse nachgiebiger Baugruppen im Produktentstehungsprozess“, 2003, S. 58 – 59.
[354] ABULAWI, „Ansatz zur Beherrschung der Komplexität von vernetzten 3D-CAD-Modellen“, 2012, S. 32.
[355] BIRKERT ET AL., „Umformtechnische Herstellung komplexer Karosserieteile“, 2013, S. 47.
[356] GRASSE, „Beitrag zur Gestaltung eines Qualitätsmethodenverbundes in der Karosserie...“, 2002, S. 102.
[357] BURR, „Informationsmanagement an der Schnittstelle zwischen Entwicklung ...“, 2008, S. 209 – 10.
[358] BIRKERT ET AL., „Umformtechnische Herstellung komplexer Karosserieteile“, 2013, S. 527 – 28.
[359] ABULAWI, „Ansatz zur Beherrschung der Komplexität von vernetzten 3D-CAD-Modellen“, 2012, S. 27.
[360] BIRKERT ET AL., „Umformtechnische Herstellung komplexer Karosserieteile“, 2013, S. 47.
[361] KIEFER, „Mechatronikorientierte Planung automatisierter Fertigungszellen im ...“, 2007, S. 58 – 59.
[362] MATUSZEWSKI, „Handbuch Vorrichtungen“, 1986, S. 368 – 69.
[363] FELDHUSEN ET AL., „Pahl/Beitz Konstruktionslehre“, 2013, S. 712 – 13.

Form von Gestaltungsregeln für die Vorrichtungskonstruktion, die bspw. nach Vorrichtungselementen oder -arten und dem Grad der Hilfestellung (Beispiele falsch/richtig, qualitative Hinweise) gegliedert werden können[364]. Weitere Empfehlungen sowie die Anwendung von Katalogen finden sich unter MATUSZEWSKI[365], HOFFMAN[366] oder TRUMMER[367]. Die Entwicklung und Inbetriebnahme von Vorrichtungen kann hohe monetäre sowie zeitliche Aufwände im PEP hervorrufen[368] und bspw. durchschnittlich vier bis zwölf Stunden Konstruktionszeit für eine Spannstelle umfassen[369].

Vorrichtungen können nach unterschiedlichen Gesichtspunkten eingeteilt werden und abhängig von der Literaturquelle kann wie folgt unterschieden werden:

- Einsatzzweck/Funktion: bspw. Mess- oder Fertigungsvorrichtung
- Stückzahl und Fertigungsweise der Vorrichtung: bspw. Kleinserie/Gießen
- Art der Kraftbetätigung: bspw. durch Muskeln oder Pneumatik
- Anzahl gespannter Bauteile: bspw. einzelne und mehrere
- Wirtschaftlichkeit: bspw. Beeinflussung der Fertigungskosten
- Aufbau/Bauart von Vorrichtungen: bspw. Sondervorrichtung[370,371,372,373]

Hinsichtlich der hohen Relevanz in Bezug auf die Motivation und Zielsetzung dieser Arbeit werden im folgenden Verlauf die Geometrie- und Schweißvorrichtungen fokussiert und das Wort Vorrichtung als Synonym für beide Begriffe verwendet. Aufgrund der für den Karosseriebau beschriebenen Nachteile von konventionellen Vorrichtungen (i. d. R. Sondervorrichtungen) befinden sich Ansätze zu alternativen Vorrichtungskonzepten durch verschiedenste Autoren mit u. a. langer historischer Entwicklung in der Praxisanwendung, in der Entwicklung oder sind Stand der Forschung. Auf diese Lösungsansätze zu unterschiedlichem Aufbau sowie zu Bauarten von Vorrichtungen soll im Folgenden wegen der Relevanz für die Motivation und Lösungsfindung dieser Arbeit eingegangen werden.

---

364 HESSE ET AL., „Betriebsmittel Vorrichtung", 2012, S. 85; 86 – 99.

365 MATUSZEWSKI, „Handbuch Vorrichtungen", 1986, S. 17; 366; 375 – 377; 386 – 393; 397 – 398.

366 HOFFMAN, „Jig and fixture design", 1991, S. 2; 257 – 260; 321 – 325.

367 TRUMMER ET AL., „Vorrichtungen der Produktionstechnik", 1994, S. 148; 164; 169 – 171.

368 ARZANPOUR ET AL., „Flexible fixture design with applications to assembly of sheet metal …", 2006, S. 144.

369 ABULAWI, „Ansatz zur Beherrschung der Komplexität von vernetzten 3D-CAD-Modellen", 2012, S. 38.

370 HAAKE ET AL., „Der Vorrichtungsbau", 1961, S. 5 – 7.

371 MATUSZEWSKI, „Handbuch Vorrichtungen", 1986, S. 3 – 7.

372 TRUMMER ET AL., „Vorrichtungen der Produktionstechnik", 1994, S. 4 – 11 (zitiert nach Trummer, A.: Vorrichtungskonstruktion. Skripten zur Vorlesung, TU Chemnitz, Institut für Werkzeugmaschinen, 1993).

373 HESSE ET AL., „Betriebsmittel Vorrichtung", 2012, S. 4 – 5.

2.3.3 Alternative Vorrichtungskonzepte

In den vorherigen Unterkapiteln wurden u. a. Vorrichtungen für die Zusammenbaufertigung im Karosseriebau beschrieben. Die dortigen Herausforderungen deuten darauf hin, dass konventionelle Produktionstechnik und -systeme den Anforderungen eines zukünftigen Karosseriebaus nicht gerecht werden[374]. In den Kapiteln 2.2 bis 2.3.2 wurden Vorrichtungen als ein wesentlicher Beitragsleister hierzu aufgrund ihrer Typabhängigen Bauart und ihrer daher unflexiblen Anwendung identifiziert[375,376]. Zwar gibt es vielversprechende Ansätze zu alternativen Vorrichtungskonzepten[377], wie bspw. bewegliche Vorrichtungselemente und kooperierende Roboter mit Anwendung im Karosseriebau[378,379,380], jedoch zeigen die im Karosseriebau bereits bekannten und teilweise in der Praxisanwendung befindlichen Lösungsansätze Defizite auf[381,382].

Ein Teil der systematischen Übersichtsarbeit (im englischen Review-Paper genannt) zu alternativen Vorrichtungskonzepten wurde von FIEDLER ET AL.[383], veröffentlicht und ist in die Ausarbeitung dieser Arbeit eingeflossen. Weitere relevante Übersichtsarbeiten in diesem Themenfeld sind bspw. von BI UND ZHANG[384], BAKKER ET AL.[385,386] und GAMEROS ET AL.[387]. Eine Analyse und Synthese der Übersichtsarbeiten als auch der seitdem zusätzlich veröffentlichten alternativen Vorrichtungskonzepte ist **Kapitel 11.3** zu entnehmen und nachfolgend zusammengefasst. Insgesamt wurden 19 Ansätze zur Systematisierung und 25 alternative Vorrichtungskonzepte identifiziert. Die 19 Systematisierungen unterschieden sich bspw. nach der Rationalisierung (Vermeiden, Reduzieren und Optimieren)[388], nach Funktionsweise der Vorrichtungsreduktion[389], nach der Flexibilitätsart der Vorrichtung[390], nach der Stückzahl,

374 KAMPKER ET AL., „Development of a framework for the flexibility assessment …", 2019, S. 38.
375 MEICHSNER, „Migrationskonzept für einen modell- und variantenflexiblen Automobil…", 2007, S. 40 – 41.
376 HANSEN ET AL., „Approaches for flexibility in the future automobile body …", 2018, S. 998 – 99.
377 GAMEROS ET AL., „State-of-the-art in fixture systems for the manufacture and …", 2017, S. 1.
378 MCKINSEY & COMPANY, „Tomorrow's Automotive Production", 2006, S. 6 – 7.
379 TODTERMUSCHKE ET AL., „The Fully Flexible Body Shop – A Holistic Approach …", 2021, S. 481 – 83.
380 KUPZIK ET AL., „Development of a manufacturing cell for fixtureless joining …", 2018, S. 25 – 27.
381 SCHLATHER ET AL., „Forschung für eine flexiblere Automobilproduktion: Innovative …", 2016, S. 49 – 50.
382 HANSEN ET AL., „Approaches for flexibility in the future automobile body …", 2018, S. 995; 998 – 999.
383 FIEDLER ET AL., „Towards a Method to Design Production Systems for …", 2021, S. 722 – 23.
384 BI ET AL., „Flexible fixture design and automation: Review, issues and future directions", 2001, S. 2867.
385 BAKKER ET AL., „Recent Research on Flexible Fixtures for Manufacturing Processes", 2013, S. 107.
386 BAKKER ET AL., „Active fixturing: literature review and future research directions …", 2013, S. 3171.
387 GAMEROS ET AL., „State-of-the-art in fixture systems for the manufacture and …", 2017, S. 3 – 19.
388 SCHLATHER ET AL., „Forschung für eine flexiblere Automobilproduktion: Innovative …", 2016, S. 49 – 50.
389 SCHLATHER ET AL., „Toward a feature-based approach for fixtureless build-up of …", 2016, S. 97.
390 CLAUSSEN, „Heftschweißverfahren für das Lagerfixieren von Werkstücken beim …", 1991, S. 34 – 36.

Werkstückgröße und Komplexität[391,392]. Konkrete Konzepte waren u. a. Vorrichtungswechselsysteme, flexible Vorrichtungen, robotergestützte Vorrichtungen und biV[393].

Die Synthese der unterschiedlichen Systematisierungsansätze orientiert sich an der Zielsetzung dieser Arbeit und hat zum Zweck, eine Übersicht zur Reduzierung von Vorrichtungsaufwänden über alle Lebenszyklen zu schaffen. Die hieraus abgeleiteten alternativen Vorrichtungskonzepte sind in der **Abbildung 2.6** in acht Kategorien nach der Optimierung der Vorrichtungsstruktur (oder -aufbau), der Prozessoptimierung (PEP, Fertigung und Zusammenbau von Vorrichtungen) und der Reduzierung von in der Produktion notwendigen Vorrichtungen zusammengefasst. Letztere versprechen ein hohes Potenzial, da durch jede reduzierte Vorrichtung die damit verbundenen negativen Eigenschaften ebenfalls reduziert und in Vorteile wie einem hohen Grad an Flexibilität, verringerten Kosten und kürzerer Taktzeit umgekehrt werden[394,395,396].

Die Reduzierung von Vorrichtungen im automobilen Karosseriebau wurde durch verschiedene Arbeitsgruppen (en: sub-scientific communities/working group) u. a. anhand des Vorrichtungskonzepts biV in jüngster Zeit untersucht[397,398,399,400]. Im Vergleich zu den weiteren alternativen Vorrichtungskonzepten *(vgl. Abb. 2.6)* scheinen

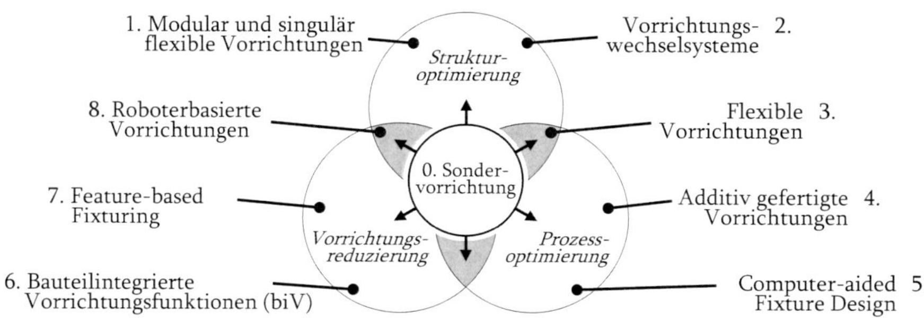

Abb. 2.6: Einordnung der alternativen Vorrichtungskonzepte auf Basis der Rechercheergebnisse der SLR und in Anlehnung an FIEDLER ET AL.[401]

---

391 SCHLATHER ET AL., „Forschung für eine flexiblere Automobilproduktion: Innovative ...", 2016, S. 49.

392 FRANZKOWIAK, „Methodik zur Strukturierung von Vorrichtungssystemen in der ...", 2014, S. 14.

393 FIEDLER ET AL., „Towards a Method to Design Production Systems for ...", 2021, S. 722 – 23.

394 PARRIS, „Precision Stretch Forming of Metal for Precision Assembly", 1996, S. 356 – 57.

395 WALCZYK ET AL., „Fixtureless assembly of sheet metal parts for the aircraft industry", 2000, S. 175.

396 WURSTER, „Bauteilintegrative Fügetechnik", 2019, S. 31 – 32.

397 BERGWEILER, „Verfahren zum Verbinden von Blechteilen und Blechanordnung", 2016, S. 1 – 3.

398 SCHLATHER ET AL., „Forschung für eine flexiblere Automobilproduktion: Innovative ...", 2016, S. 48.

399 KAMPKER ET AL., „Vorrichtungsloses Laserschweißen im Karosseriebau", 2017, S. 75 – 76.

400 WURSTER ET AL., „Use of panel forming elements in car body engineering", 2017, S. 5; 12 – 14.

401 FIEDLER ET AL., „Towards a Method to Design Production Systems for ...", 2021, S. 722.

biV für eine ökonomisch nachhaltige Flexibilitätssteigerung im Karosseriebau vorteilhaft zu sein, worauf u. a. 71 % der Teilnehmenden einer Studie aus der Branche Kraftfahrzeugbau[402], aktuelle Artikel[403,404] sowie Dissertationen von WURSTER[396], SCHLATHER[405] und HANSEN[406] hindeuten. Folglich wird das Vorrichtungskonzept biV anstelle eines der anderen alternativen Vorrichtungskonzepte aufgrund der potenzialträchtigen Anwendung im Karosseriebau im weiteren Verlauf der Arbeit betrachtet.

Hinsichtlich der diversen Lösungsansätze zu alternativen Vorrichtungskonzepten und der Relevanz von Vorrichtungen im Karosseriebau wird im nachfolgenden Kapitel ein Zwischenfazit zu den Grundlagen des Karosseriebaus und zum Praxisdefizit einer flexiblen Produktion von Karosserien gezogen.

2.4 Zwischenfazit zu den Grundlagen des Karosseriebaus

Aufbauend auf der Motivation aus Kapitel 1, auch kleinere Karosseriestückzahlen kostengünstiger und flexibler fertigen zu können, ist die produkt- und produktionsseitige Auslegung der Karosserie anhand der einschlägigen Literatur dargestellt. Der kleinteilige Aufbau der vornehmlich in Schalenbauweise gefertigten Karosseriestruktur kann aufgrund des starken Bezugs zu den sich immer wieder ändernden Fahrzeugmodellen, der vielen Schnittstellen zwischen den einzelnen Strukturbauteilen und der hierfür konventionell eingesetzten Produktion u. a. ein Flaschenhals für die genannte Motivation darstellen. Hieraus lässt sich schlussfolgern, dass insbesondere Ansätze zur Flexibilisierung der Karosseriebau-Prozesskette von der Produktentstehung bis zur Produktion im Karosseriebau potenzialträchtig sein können. Aufgrund der Interdependenzen zwischen der produkt- sowie produktionsseitigen Auslegung und insbesondere zwischen den einzelnen Fertigungsprozessschritten in der Produktentstehung einer Karosserie ist folglich eine integrierte Betrachtung der Prozesskette notwendig.

Im **PEP** finden für etablierte Karosseriebauweisen und für die dazugehörige Prozesskette passende Methodiken, Modelle und Hilfsmittel – wie bspw. Gestaltungsregeln oder Konstruktionskataloge Anwendung – um eine praxistaugliche Vorgehensweise und einen effizienten Ablauf sicherzustellen. Folglich sind diese Elemente ebenso für eine erfolgreiche Umsetzung alternativer Lösungsansätze zu bedenken, weshalb diese im weiteren Verlauf dieser Arbeit berücksichtigt werden.

[402] HANSEN ET AL., „Approaches for flexibility in the future automobile body …“, 2018, S. 999.
[403] KAMPKER ET AL., „Bauteilintegrierte Vorrichtungsfunktionen im Karosseriebau“, 2018, S. 769.
[404] SCHUH ET AL., „Effects of Digital Twin Simulation Modelling on a Flexible …“, 2021, S. 773.
[405] SCHLATHER, „Methodische Auslegung bauteilintegrierter Spanntechnik …“, 2020, S. 39; 150 – 52.
[406] HANSEN, „Methodik zur Bauteilintegration von Vorrichtungsfunkt…“, 2020, S. 29 – 30.

Die konventionelle **Bauteilherstellung** von Karosserien ist geprägt durch eine auf hohe Stückzahlen ausgelegte Prozesskette mit werkzeuggebundenen Fertigungstechnologien. Diese zeigen hinsichtlich der Motivation dieser Arbeit Nachteile auf, sodass alternative, an die Losgrößen angepasste Ansätze wie das Laserstrahlschneiden vorteilhafter sind. Folglich werden im weiteren Verlauf dieser Arbeit für die Bauteilherstellung von vornehmlich kleinen verzinkten Strukturbauteilen im Karosserieunterbau das Laserstrahlschneiden und das Gesenkbiegen aufgrund der Flexibilität hinsichtlich der Produktgestaltung und der Produktionsstückzahl betrachtet.

Für die **Zusammenbaufertigung** von Karosseriebauteilen wurde der konventionelle Karosseriebau charakterisiert und die dort hauptsächlich vorherrschende Fügeoperation beschrieben. Letztere ist vornehmlich für die Serienfertigung mit hoher Stückzahl ausgelegt und ist geprägt durch eine hohe Automatisierung und geringe Flexibilität, weshalb im Nachfolgenden der im Hinblick auf die Motivation dieser Arbeit notwendige Betrachtungsbereich der einzelnen Prozessschritte beschrieben wird. Nach dem häufig manuellen Einlegen der Karosseriebauteile ist im weiteren Verlauf des Prozessschritts „Zusammensetzen" die Automatisierung herausfordernd und sollte folglich manuell durch einen Werker:in betrachtet werden. Im anschließenden Prozessschritt stellen Sondervorrichtungen zum „Bestimmen" von Karosseriebauteilen zueinander eines der größten Hemmnisse in der Fügeoperation dar, weshalb unter den alternativen Vorrichtungskonzepten der Ansatz biV zur Reduzierung der Gesamtheit an Vorrichtungen als vielversprechender Ansatz weitergehend betrachtet wird. In starker Wechselwirkung hierzu steht der nachgelagerte Prozessschritt des „Fügens von Karosseriebauteilen", weshalb das werkzeugungebundene und dadurch berührungslose sowie flexibel einsetzbare RLS betrachtet wird.

Schlussendlich stellt das Ausrichten und anschließende Fügen von Karosseriebauteilen in Vorrichtungen den Kern der Fügeoperation im Karosseriebau dar, weswegen das alternative Vorrichtungskonzept biV eine entscheidende Rolle für die Motivation dieser Arbeit einnimmt. Folglich wird im anschließenden Kapitel der Stand der Forschung zu biV analysiert, synthetisiert und der Forschungsbedarf im Rahmen einer Übersichtsarbeit in dem Themengebiet hergeleitet.

3 Stand der Forschung zu bauteilintegrierten Vorrichtungsfunktionen

Ziel des dritten Kapitels ist es, den Stand der Forschung zu biV hinsichtlich der Motivation dieser Arbeit zu analysieren, eine Forschungslandschaft zu biV in der anschließenden Synthese herauszuarbeiten und die zu untersuchende Forschungslücke zu identifizieren. Insbesondere liegt der Fokus in dem Zusammenhang auf der in Kapitel 2 vorgestellten automobilen Prozesskette, der im Karosseriebau vorherrschenden Fügeoperation und den Technologien für eine flexible Fertigung. Das mit Anwendung im Luft- und Raumfahrzeugbau untersuchte vorrichtungslose Feature-based fixturing (FBF) ist nur bedingt auf den Karosseriebau übertragbar[407,408], was sich u. a. mit einem fehlenden systematischen Vorgehen zur Geometriemerkmalauswahl unter Berücksichtigung der im Karosseriebau geltenden Anforderungen an die Bauteileigenschaften, der Vorrichtungsfunktionen (u. a. „Spannen") und des Fügens begründen lässt[409,410]. Folglich wird in dieser Arbeit der für den Betrachtungsbereich der Domäne Karosseriebau entwickelte Lösungsansatz biV tiefer gehend betrachtet.

Die Gliederung des dritten Kapitels erfolgt themenzentriert[411] und darin chronologisch nach Autoren- und Arbeitsgruppenbeiträgen, um somit den Forschungsbedarf für biV *(vgl. Kap. 3.4)* und den Handlungsbedarf, die Zielsetzung sowie die Vorgehensweise *(vgl. Kap. 3.5)* dieser Arbeit herzuleiten. Inhaltlich wird nach der definitorischen Einführung eine Übersicht zu Systematisierungsansätzen sowie Begrifflichkeiten von Geometriemerkmalen gegeben und die Chancen wie auch Herausforderungen von biV skizziert *(vgl. Kap. 3.1)*. Im Anschluss wird auf das für die produkt- und produktionsseitige Auslegung von biV notwendige Systemwissen *(vgl. Kap. 3.2)* als Grundlage für eine erfolgreiche Umsetzung neuer Lösungsansätze im Karosseriebau

[407] SCHLATHER ET AL., „Toward a feature-based approach for fixtureless build-up of ...", 2016, S. 98 – 99.
[408] HANSEN, „Methodik zur Bauteilintegration von Vorrichtungsfunkt...", 2020, S. 54 – 55.
[409] HANSEN ET AL., „Approaches for flexibility in the future automobile body ...", 2018, S. 997.
[410] SCHLATHER, „Methodische Auslegung bauteilintegrierter Spanntechnik ...", 2020, S. 1 – 2; 39.
[411] WEBSTER ET AL., „Analyzing the Past to Prepare for the Future ...", 2002, S. xvi – xvii.

eingegangen. Die für diese Umsetzung der Produktentwicklung und der Produktionsplanung zu verwendende systematische Vorgehensweise wird in Kapitel 3.3 anhand von Methodiken, Modellen und Hilfsmitteln beschrieben. Zusammenfassend wird in Kapitel 3.4 eine hieraus abgeleitete Forschungslandschaft vorgestellt und die im Hinblick der Motivation dieser Arbeit identifizierten Forschungslücken beschrieben. Der daraus abgeleitete konkrete Handlungsbedarf und die Zielsetzung dieser Arbeit wird mit einer dafür entwickelten Vorgehensweise in Kapitel 3.5 zusammengefasst.

Das methodische Vorgehen zur Erarbeitung dieses Kapitels entspricht der in dieser Arbeit durchgeführten SLR *(vgl. Kap. 11.1)* und einer ergänzenden systematischen Patentrecherche (SPR) zu biV *(vgl. Kap. 11.2)*. Die SPR wurde ergänzt, da ein hohes Interesse an der Überführung in die Praxisanwendung festgestellt wurde und diese Erkenntnisse ebenfalls berücksichtigt werden sollten. Aufgrund der in Kapitel 2.3.3 beschriebenen Aktivitäten unterschiedlicher Autoren zum Thema biV aus jüngster Zeit wurden diese beiden Methodiken für eine systematische Übersichtsarbeit zu biV angewandt. Die Ergebnisse der Übersichtsarbeit flossen vornehmlich in die inhaltliche Gestaltung der nachfolgenden Unterkapitel ein, wohingegen die ergänzenden Inhalte aus der SLR dem Kapitel 11.1.3 und der SPR dem Kapitel 11.2.2 zu entnehmen sind.

Die während der Erarbeitung dieser Arbeit auszugsweise veröffentlichten Vorarbeiten *(vgl. Kap. 9)* sind in diesem Kapitel nicht aufgeführt, da sie Bestandteil der Eigenleistung und des Erkenntnisgewinns sind. Auf die jeweilige Verortung wird in den Kapiteln vier bis sieben entsprechend hingewiesen.

3.1 Einführung und Übersicht

Historisch gesehen kann die Grundidee des vorrichtungslosen Fügens mit biV u. a. auf Spielzeuge zurückgeführt werden, mit denen im Grunde gesehen vorrichtungslose Strukturen aufgebaut werden können. Bereits 1934 wurde erstmalig mit dem Klemmbaustein „BILD-O-BRIK“ des Unternehmens RUBBER SPECIALTIES COMPANY OF PENNSYLVANIA ein solches Spielzeug vertrieben[412]. Das wohl bekannteste dieser Art war der von der Firma LEGO am 28.01.1958 zum Patent angemeldete Lego-Stein, bei dem geometrische Merkmale ein reib- und formschlüssiges „Bestimmen“ und „Spannen“ zwischen den Steinen ermöglichen[413]. Diese Idee wurde für den Karosseriebau als so genanntes „L3go“ aufgegriffen[414,415] und auf verschiedenen Wegen weiterentwickelt.

---

[412] LAUWAERT, „The Place of Play“, 2009, S. 52.

[413] BUNDESVERBAND DEUTSCHER PATENTANWÄLTE E. V., „60 Jahre Lego – vom bunten Steck…“, 2022, S. 1.

[414] KÖNIGSREUTHER, „Smartes Fügen und Messen ermöglichen den Leichtbau-Materialmix bei …“, 2018, S. 1.

[415] VAN NIEKERK ET AL., „Karosseriebauverfahren“, 2009, S. 1.

3.1.1 Definitorische Einführung aus den Arbeitsgruppen

Aus der Synthese zu biV *(vgl. Kap. 11.1.3 für die SLR und 11.2.2 für die SPR)* hat sich herausgestellt, dass keine einheitliche Bezeichnung für biV verwendet wird. Der **Tabelle 3.1** ist zu entnehmen, dass verschiedene Arbeitsgruppen teilweise unterschiedliche Bezeichnungen sowie Abkürzungen für biV verwendet haben, weshalb nachfolgend auf die jeweiligen Beschreibungen eingegangen wird.

Die Arbeitsgruppe an der RWTH beschreibt biV u. a. als eine „[...] Verlagerung der geometrischen Intelligenz aus den Vorrichtungen durch die Integration geeigneter Geometriemerkmale in die zu fügendende Karosseriebauteile“[416], was sich auf ein im Jahr 2016 zum Patent angemeldetes biV mit einem Geometriemerkmal in Form einer lasergeschnittenen und anschließend mit RLS geschweißten Lasche-Schlitz-Verbindung zurückzuführen lässt[417,418]. Der Arbeitsgruppe nach, können durch biV komplette Vorrichtungen in der Fügeoperation reduziert werden, indem durch vorausgegangene Fertigungsprozesse eingebrachte Geometriemerkmale in Karosseriebauteilen die Vorrichtungsfunktionen (bspw. „Bestimmen“ und „Spannen“) übernehmen und somit ein vorrichtungsloses Fügen ermöglichen[419,420]. Verdeutlichen lässt sich die Funktionsweise des beschriebenen Ansatzes am konkreten Beispiel der Patentanmeldung aus 2016 in **Abbildung 3.1**, bei der in Anlehnung an die Fügeoperation in Schritt I zwei

Tab. 3.1: Übersicht der von Arbeitsgruppen unterschiedlich benannten Abkürzungen und Bezeichnungen im Themenfeld der bauteilintegrierten Vorrichtungsfunktionen (biV)

Abk.	Bezeichnung von biV	Arbeitsgruppe (Top 3-Autoren)
BiV CFF	Bauteilintegrierte Vorrichtungsfunktionen[420] Component-integrated Fixture Features (Englisch)[421]	RWTH AACHEN UNIVERSITY | - (SCHUH, KAMPKER, BERGWEILER, FIEDLER, ...)
BiF PFE	Bauteilintegrative Fügetechnik[422]; panel forming elements (PFE) with „self-tightening behavior“[423]	TU DRESDEN | AUDI (WURSTER, BÄR, DONHAUSER, ...)
-	Bauteilintegrierte Spanntechnik[424] Part-inherent fastening features[425]	TU MÜNCHEN | BMW (SCHLATHER, OEFELE, ZÄH, ...)
BILS'M	Bauteilintegrierte lasergerechte Spannmerkmale[426] Part-integrated laser-suitable clamping features[426]	

[416] BERGWEILER ET AL., „Beitrag zur Reduzierung der Vorrichtungskosten im Karosseriebau“, 2019, S. 461.
[417] BERGWEILER, „Verfahren zum Verbinden von Blechteilen und Blechanordnung“, 2016, S. 1 – 3; 11 – 13.
[418] KAMPKER ET AL., „Vorrichtungsloses Laserschweißen im Karosseriebau“, 2017, S. 75 – 76.
[419] HANSEN ET AL., „Approaches for flexibility in the future automobile body …“, 2018, S. 999 – 1000.
[420] HANSEN, „Methodik zur Bauteilintegration von Vorrichtungsfunkt…“, 2020, S. 28 – 30.
[421] FIEDLER ET AL., „Towards a Method to Design Production Systems for …“, 2021, S. 721.
[422] WURSTER, „Bauteilintegrative Fügetechnik“, 2019, S. 2.
[423] WURSTER ET AL., „Use of panel forming elements in car body engineering“, 2017, S. 5.
[424] SCHLATHER, „Methodische Auslegung bauteilintegrierter Spanntechnik …“, 2020, S. 1.
[425] SCHLATHER ET AL., „Determination of process forces during remote laser beam …“, 2019, S. 1.
[426] SAFRONOV ET AL., „Fixture free laser beam welding for the automotive body shop“, 2021, S. 2.

lasergeschnittene Karosseriebauteile über die Geometriemerkmale Lasche/Schlitz vorrichtungslos zusammengesetzt werden. Die beiden Bauteile werden im II. Schritt unter Entziehung der DOF x, y und z zueinander positioniert. Die Vorrichtungsfunktion „Spannen" wird durch manuelles Verdrehen einer T-förmigen lasergeschnittenen Kontur im Geometriemerkmal des biV initiiert (III.). Die Verdrehung erzeugt eine reibschlüssige Verbindung und eine zusätzliche Verformung zur Verspannung beider Fügepartner für den anschließenden Fügeprozess. Im Schritt IV werden beide Bauteile mittels RLS ohne Zusatzwerkstoff stoffschlüssig verschweißt[427,428].

Ähnlich zu biV wurden die prozessintegrierten Vorrichtungsfunktionen (piV) (englisch „Process-integrated Jig Features") vorgestellt, bei der die Verlagerung von Vorrichtungsfunktion in eine intelligente Prozessführung stattfindet. Beispielsweise kann die Vorrichtungsfunktion „Spannen" während eines ohnehin notwendigen Prozessschritts integriert werden, wie es beim WPS durch Zusammendrücken der Bauteile mittels der Elektroden der Fall ist[429,430,431]. Aufgrund der aus der Literatur abzuleitenden höheren Relevanz für biV werden piV in dieser Arbeit nicht berücksichtigt.

Die Arbeitsgruppe um die TU DRESDEN | AUDI beschreibt biV erstmals im Jahr 2017[432] und definiert die sogenannte Bauteilintegrative Fügetechnik (BiF) als „eine Fügetechnik, bei der das Fügeelement in das Bauteil integriert ist. Die Fügepartner können ohne den Einsatz weiterer Fügeelemente und -verfahren gefügt werden. Charakteristisch für entsprechende Fügeteile ist deren Multifunktionalität: Zum einen erfüllen sie Funktionsanforderungen, zum anderen agieren sie als Fügeelemente"[433].

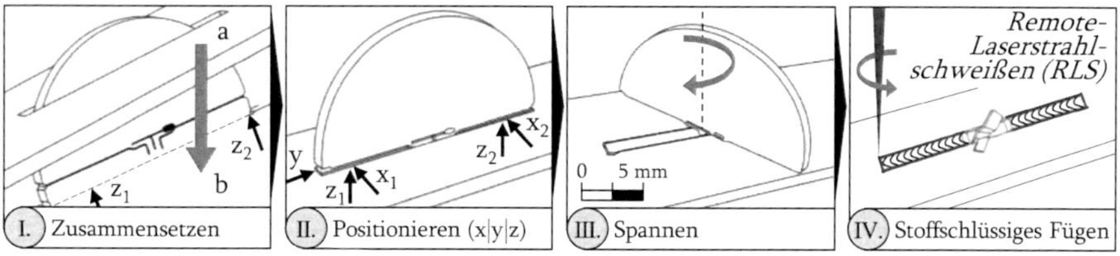

Abb. 3.1: Schematische Darstellung der Prozessfolge zu der Anwendung einer bauteilintegrierten Vorrichtungsfunktion (biV) mit einem Geometriemerkmal in Form einer Lasche-Schlitz-Verbindung. In Anlehnung an BERGWEILER[428]

[427] BERGWEILER ET AL., „Beitrag zur Reduzierung der Vorrichtungskosten im Karosseriebau", 2019, S. 461.
[428] BERGWEILER, „Verfahren zum Verbinden von Blechteilen und Blechanordnung", 2016, S. 1; 8; 11 – 12.
[429] KAMPKER ET AL., „Produktionseffizienz in der Kleinserie (ProeK)", 2017, S. 578.
[430] KAMPKER ET AL., „Modularer Karosseriebau durch prozess- und bauteilintegrierte Vor…", 2019, S. 13 – 14.
[431] KAMPKER ET AL., „Modular Body Shop with Process- and Component-integrated Jig …", 2019, S. 12 – 13.
[432] WURSTER ET AL., „Use of panel forming elements in car body engineering", 2017, S. 4 – 5; 10 – 14.
[433] WURSTER, „Bauteilintegrative Fügetechnik", 2019, S. 7.

„Hierzu werden die Fügeteile noch vor ihrer vollständigen Positionierung ganz oder teilweise mindestens elastisch verformt, um nach oder bei der vollständigen Positionierung durch die naturgemäß auftretende Rückfederung mit dem Fügepartner eine form- bzw. kraftschlüssige Fügeverbindung zu erzeugen. Demnach wird die Handhabungs- in die Fügevorrichtung integriert“[434]. In der Dissertation von WURSTER wird BiF als eine ganzheitliche Fügetechnik beschrieben, die aus teilweise bereits bekannten Technologien besteht, welche in Form von Fügelementen ins Bauteil integriert werden. Für die Funktion benötigt man mindestens einen aktiven Fügepartner, der die Eigenschaft hat, Energie für den dynamischen Effekt des Durchschlagens oder Hinterrastens beim Fügeprozess aufzunehmen, und weitere passive Fügepartner. Das Vorhandensein dieser Fügepartner und die ausreichende Erfüllung der Eigenschaften stellen Grenzen der Anwendbarkeit von BiF dar[435]. Mit dieser Arbeitsgruppe könnte sich auch eine erstmalige Patentanmeldung aus dem Jahr 2016 in Verbindung bringen lassen, auf die viele Patentanmeldungen des Patentinhabers AUDI AG folgten[436]. In der **Abbildung 3.2** ist auf der linken Seite eine beispielhafte Anwendung von BiF in Form eines Schnapphakens und auf der rechten Seite eine Querschnittansicht aus einem Patent zu sehen. Der Ansatz dieser Arbeitsgruppe wird nicht in dieser Arbeit betrachtet, da keine flexible Bauteilherstellung und keine Fügeprozesse mit einbezogen wurden.

Die Arbeitsgruppe um die TU MÜNCHEN | BMW beschreibt biV in Ergänzung zu den vorherigen Beschreibungen als „bauteilintegrierte Spanntechnik“, mit der eine komplette oder Teile einer Fügevorrichtung reduziert werden können, indem deren Funktionen mittels „[...] inhärenter, geometrischer Merkmale, sogenannter Spannmerkmale“[437] in die Karosseriebauteile verlagert werden.

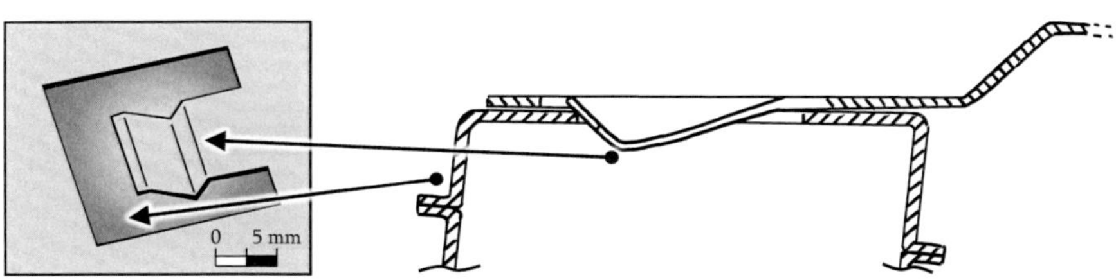

Abb. 3.2: Schematische Darstellung einer Schnapphaken-Verbindung der Bauteilintegrativen Fügetechnik (BiF). In Anlehnung an WURSTER[435,438]

[434] WURSTER ET AL., „Entwicklung der Bauteilintegrativen Fügetechnik“, 2017, S. 7.

[435] WURSTER, „Bauteilintegrative Fügetechnik“, 2019, S. 4; 33; 72.

[436] WURSTER ET AL., „Verfahren zum Verbinden von mindestens zwei Bauteilen“, 2016, S. 1.

[437] SCHLATHER, „Methodische Auslegung bauteilintegrierter Spanntechnik ...“, 2020, S. 1.

[438] WURSTER, „Bauteilverbund“, 2018, S. 1 – 2; 10.

Durch weniger spezifische Vorrichtungen und einen flexiblen RLS sollen somit Kosten reduziert und die Flexibilität gesteigert werden können[439,440]. Dieser Ansatz lässt einen Zusammenhang zu einer Patentanmeldung aus dem Jahr 2009 des Patentinhabers BMW AG und daher zu einer zusammenhängenden Arbeitsgruppe vermuten, in der mindestens zwei Karosseriebauteile mittels Formschlusselement vorfixiert werden[441]. Zwei beispielhafte Geometriemerkmale dieses Ansatzes sind in der **Abbildung 3.3** dargestellt, mit denen zwei Blechbauteile vorrichtungslos bestimmt und mit RLS stoffschlüssig gefügt (rechts) werden können. Aufgrund der thematischen Überdeckung hinsichtlich der Übertragung von Vorrichtungsfunktionen und der Anwendung von RLS findet dieser Ansatz Berücksichtigung in dieser Arbeit.

Der Ansatz „Bauteilintegrierte lasergerechte Spannmerkmale" (BILS'M) hat zum Ziel, die jeweiligen Vorteile von WPS und RLS in der Fügestellengestaltung zu kombinieren, um so die restriktiven Potenziale durch singuläre Verwendung ebendieser Prozesse zu heben[442]. Die Fügestelle ist dahin gehend gestaltet, dass eine vorteilhafte Zinkentgasung beim RLS sowie ein Ablaufen der Beschichtung der kathodischen Tauchlackierung (KTL) zwischen den verzinkten Stahlblechen ermöglicht wird und durch die Vorfixierung mittels WPS eine zusätzliche Laserschweißvorrichtung reduziert werden kann[443]. BILS'M lässt sich auf eine Patentanmeldung aus dem Jahr 2019 des Patentinhabers BMW AG zurückführen[444]. Bei diesem Ansatz liegt der Fokus auf der Fügestellengestaltung u. a. für WPS und nicht auf der Umsetzung von Vorrichtungsfunktionen, daher fließt der Ansatz in die Ausarbeitung dieser Arbeit nicht ein.

Für weitere Informationen sei an dieser Stelle auf die Synthese aus den Veröffentlichungen und Patenten in den Kapiteln 11.1.3 und 11.2.2 verwiesen.

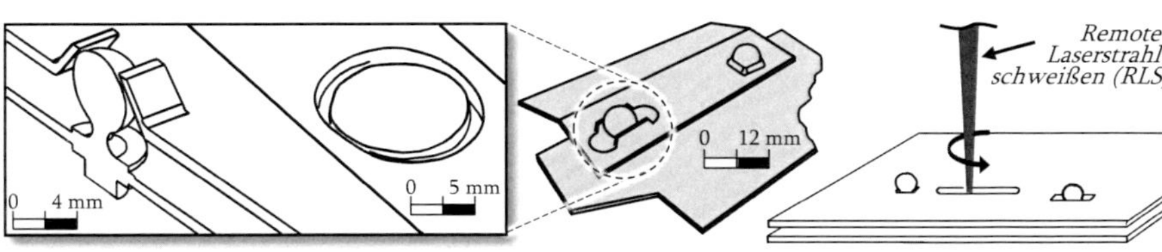

Abb. 3.3: Beispielhafte Darstellung der bauteilintegrierten Spanntechnik in Form einer Kegel-Loch + Kugel-Kragen-Verbindung (links)[440] und einer Beispielanwendung (rechts)[445]

[439] SCHLATHER ET AL., „Toward a feature-based approach for fixtureless build-up of …", 2016, S. 97; 99.

[440] SCHLATHER, „Methodische Auslegung bauteilintegrierter Spanntechnik …", 2020, S. 1; 59 – 60.

[441] VAN NIEKERK ET AL., „Karosseriebauverfahren", 2009, S. 1 – 2; 5.

[442] SAFRONOV ET AL., „Fixture free laser beam welding for the automotive body shop", 2021, S. 2.

[443] SAFRONOV ET AL., „Fixture free laser beam welding for the automotive body shop", 2021, S. 6 – 7.

[444] SAFRONOV ET AL., „Bauteilanordnung", 2019, S. 1 – 3; 6 – 8.

[445] HAMMER ET AL., „Method for connecting automotive components e.g. metal …", 2010, S. 1 – 2; 10 – 11.

3.1.2 Systematisierungsansätze und Festlegung der Begrifflichkeiten

Zusätzlich wurden im Rahmen der SLR und SPR noch weitere, in Bezug auf biV als relevant eingestufte Geometriemerkmale und teilweise darauf ausgerichtete Systematisierungsansätze gefunden. WURSTER ET AL. klassifizierten bspw. BiF nach Arten der Energieeinbringung, d. h. mechanisch sowie thermisch, und nach dem Zeitpunkt innerhalb der Prozesskette von der Halbzeugfertigung bis zur Lackierung[446]. Die Kombination dieser beiden Klassifizierungen ergibt 56 mögliche Fügeverfahren für BiF, wovon einige bereits als Patente aus der Arbeitsgruppe der TU DRESDEN | AUDI angemeldet wurden[447] und in der Auflistung der relevanten Patente für biV in den **Tabellen 11.10 bis 11.12** aufgeführt sind. SCHLATHER veröffentlichte einerseits eine Auflistung von Merkmalskombinationen, die für die weitere Untersuchung anhand u. a. der Vorrichtungsfunktionen charakterisiert wurden[448] und andererseits eine strukturierte Sammlung mit aus der Literatur identifizierten generischen Merkmalen[449]. Im weiteren Verlauf dieser Arbeit werden die in der SLR sowie SPR identifizierten Geometriemerkmale aus den Tabellen 11.9 sowie 11.13 bis 11.14 an entsprechenden Stellen aufgegriffen und berücksichtigt. Die Systematisierungsansätze mit einem hohen Bezug zu biV oder mit einer weiterführenden Hilfestellung für eine praxisnahe Anwendung in der methodischen Auslegung mit biV werden in Kapitel 3.3 hinsichtlich ihrer Eignung als Hilfsmittel (bspw. als Konstruktionskatalog) beschrieben.

Weiterhin wurden in der Literatur und durch die Arbeitsgruppen unterschiedliche Nomenklaturen für biV beschrieben. Eine Analyse der verwendeten relevanten Begriffe im Kontext von biV ist der **Tabelle 11.8** in Kapitel 11.1.3 zu entnehmen. Die Synthese hieraus ergab die Festlegung auf nachfolgende Definitionen für biV:

- Bezeichnung des Ansatzes: bauteilintegrierte Vorrichtungsfunktion (biV)[450]
- Merkmale für die Bauteilverbindung: Geometriemerkmal/,-spaar, -sgruppe[450]
- Fügepartner (Schnittstelle): 1. Grades (mit Umgebung), 2. Grades (mit 1. Grades)[450]
- Vorrichtungsfunktionen: „Positionieren", „Bestimmen", „Stützen" und „Spannen"[450,451]
- Prozesskette: PEP, Fertigung, Zusammensetzen, Zusammenbaufertigung[450,452,453]

Die Betrachtung der Prozesskette zur Fertigung mit biV wurde in der Literatur häufig an verschiedenen Stellen mit unterschiedlicher Tiefe als Rahmenwerk für die

446 WURSTER ET AL., „Entwicklung der Bauteilintegrativen Fügetechnik", 2017, S. 8 – 10.
447 WURSTER, „Bauteilintegrative Fügetechnik", 2019, S. 24 – 28.
448 SCHLATHER, „Methodische Auslegung bauteilintegrierter Spanntechnik …", 2020, S. 59 – 60.
449 SCHLATHER, „Methodische Auslegung bauteilintegrierter Spanntechnik …", 2020, S. 181 – 83.
450 HANSEN, „Methodik zur Bauteilintegration von Vorrichtungsfunkt…", 2020, S. 28 – 30; 85 – 86.
451 SCHLATHER, „Methodische Auslegung bauteilintegrierter Spanntechnik …", 2020, S. 39; 55; 59.
452 WURSTER, „Bauteilintegrative Fügetechnik", 2019, S. 3 – 4.
453 SCHLATHER ET AL., „Toward a feature-based approach for fixtureless build-up of …", 2016, S. 99.

zu untersuchenden Schritte aufgegriffen[452,454,455]. Im Prozessschritt der „Bauteilfertigung“ werden vornehmlich die Geometriemerkmale mit u. a. den Vorrichtungsfunktionen in die Bauteile eingebracht[450], weshalb insbesondere die produkt- und produktionsseitige Betrachtung der Prozesskette relevant ist[450,456]. WURSTER und SCHLATHER betrachteten bspw. bei der Bauteilfertigung die aus dem Kapitel 2.1.2 bekannten und konventionellen Fertigungsprozesse Scherschneiden (Trennen) und Tiefziehen (Umformen). SCHLATHER untersuchte die Grenzen der Herstellbarkeit von kleinen Geometriemerkmalen hinsichtlich Scherschneiden (max. das ca. Ein- bis Zweifache der Blechdicke)[457,458] und Tiefziehen (das Vier- bis Sechsfache der Blechdicke)[459]. Zusammenfassend wurde festgehalten, dass fertigungstechnisch bedingt Geometriemerkmale $< 6 \times 6 \times 6\ mm^3$ sowie Toleranz-bedingt die Verwendung der außenliegenden Bauteilschnittflächen (u. a. Maßabweichung) und Presspassungen nachteilig sein können und daher bei diesem Fertigungsprozess mit biV vermieden werden[460]. Im Hinblick auf die Motivation dieser Arbeit zur flexiblen Fertigung wurde in der SLR nur wenig zu alternativen Bauteilherstellungsprozessen von biV gefunden, wie bspw. das in Kapitel 2.1.2 vorgestellte flexiblere und für Losgrößen angepasste Laserstrahlschneiden. Beispielsweise erfüllten BERGWEILER ET AL. bei einem Fallbeispiel die Anforderungen an eine $\pm 0{,}2$ mm genaue Maßhaltigkeit mit lasergeschnittenen Geometriemerkmalen[461].

In den weiteren Prozessschritten wurde vergleichsweise umfangreicher geforscht, weshalb auf die dafür durchgeführten Experimente und die entwickelten Methodiken, Modelle sowie Hilfsmittel in den Kapiteln 3.2 bis 3.3 gesondert eingegangen wird.

3.1.3 Chancen und Herausforderungen von biV im Karosseriebau

Tabelle 3.2 gibt in Anlehnung an eine Strengths, Weaknesses, Opportunities und Threats (SWOT)-Analyse[462] einen Überblick über die in der SLR identifizierten produkt- und produktionsbezogenen Chancen und Herausforderungen von biV. Die Studie von HANSEN ET AL. zum Einsatz von biV im Karosseriebau bestätigt größtenteils die in der Literatur identifizierten Potenziale zur Reduzierung der Anlaufzeit (85 %), zu 83 % im Flächenbedarf, zu 68 % bei den Investitionskosten, zu 62 % bei den Betriebskosten und

[454] WURSTER ET AL., „Entwicklung der Bauteilintegrativen Fügetechnik“, 2017, S. 8 – 9.
[455] KAMPKER ET AL., „Vorrichtungsloses Laserschweißen im Karosseriebau“, 2017, S. 75 – 76.
[456] HANSEN ET AL., „Approaches for flexibility in the future automobile body …“, 2018, S. 999 – 1000.
[457] HELLWIG ET AL., „Spanlose Fertigung: Stanzen“, 1994, S. 25 – 27.
[458] HELLWIG ET AL., „Spanlose Fertigung Stanzen“, 2012, S. 37 – 38.
[459] COLGAN ET AL., „Deep drawing process: analysis and experiment“, 2003, S. 38 – 41.
[460] SCHLATHER, „Methodische Auslegung bauteilintegrierter Spanntechnik …“, 2020, S. 57 – 59.
[461] BERGWEILER ET AL., „Beitrag zur Reduzierung der Vorrichtungskosten im Karosseriebau“, 2019, S. 463.
[462] PAUL, „Strategic Management Tools“, 2014, S. 79 – 87.

einer Steigerung der Flexibilität (71 %). Herausforderungen wurden zu 73 % in der Planungskomplexität, zu 72 % in der Prozessstabilität und zu 60 % in der Karosseriebauteilqualität gesehen, weshalb 95 % der Befragten die Notwendigkeit einer Produkt- sowie Prozessanpassungen für biV konstatierten[463].

Die Sichtweisen der Arbeitsgruppen und die Potenziale für die Anwendung von biV im Karosseriebau wurden vielfach in der Literatur belegt. Die Herausforderungen für eine erfolgreich praxisnahe Umsetzung lassen sich sowohl produkt- als produktionsseitig finden, was sich schlussendlich auf ein unzureichendes Wissen zu biV zurückführen lassen kann. Folglich wird im nächsten Kapitel auf den Kenntnisstand und das methodische Vorgehen zur experimentellen Untersuchung zum Systemwissen von biV als einer Möglichkeit zur Wissensgenerierung eingegangen.

Tab. 3.2: Im Rahmen der systematischen Literaturrecherche (SLR) identifizierte Chancen und Herausforderungen von bauteilintegrierten Vorrichtungsfunktionen (biV)[464]

Chancen (Vorteilhaftigkeit)	**Herausforderungen** (Nachteilhaftigkeit)
Produktseitig (bspw. am Karosseriebauteil oder am Fahrzeug)	
Entfall von Löchern zur Bauteilbestimmung (Notwendigkeit zur Abdichtung/Zugänglichkeit)[471] *(vgl. Kap. 2.3.1)*	Ungewisser Einfluss von Toleranzen, Spann- und Fügekräften auf Geometriemerkmale[465]
Insbesondere Kleinbauteile (bspw. Schottblech), a. G. v. Zugänglichkeit/hohe Vielzahl[466,471]	Bisher intuitive anstelle einer systematischen Auslegung von Geometriemerkmalen[469]
Leichtbaupotenzial durch artfremde Verbindungen[467,471] und Reduzierung von Bauteilflanschen[467]	Berücksichtigung im frühen PEP mit Fokus auf Vorrichtungsfunktionen[469]
Verbesserte Möglichkeit der Variantenbildung[468]	
Reparatur/Wiederverwertung durch lösbare Verbindung[471]	
Produktionsseitig (bspw. in der Bauteil- oder Zusammenbaufertigung)	
Toleranzausgleich im Fügeprozess (Energiespeicher Schnapphaken)[471]	Ungewisser Einfluss der Fügeprozesse WPS/RLS auf biV/Geometriemerkmale[465,469]
Reduzierung von Produktionsfläche und Produktentwicklungs- und Produktionszeit[463,468,469,470,471]	Manuelles Zusammensetzen von Bauteilen mit biV durch Werker:in[463]
Reduzierung von direkten/indirekten Kosten (Investition, Fertigung, Rüsten, Lager, Instandsetzung)[463,469,472]	Fehlende Gestaltungsrichtlinien für produkt- und produktionsseitige Auslegung von biV[465]
Prüfbarkeit des Fügens (haptisch/akustisch)[471]	Fehlender Prozess zur Produktionsplanung[469]
Reduzierung konventioneller Vorrichtungen[463,468,469,471,472]	
Steigerung: Flexibilität[463,472], Auslastung/Liefertermintreue[469]	

[463] HANSEN ET AL., „Approaches for flexibility in the future automobile body …“, 2018, S. 999 – 1000.

[464] Die in der Tabelle angegebenen Verweise beziehen sich auf die Fußnoten 463 bis 472.

[465] SCHLATHER ET AL., „Toward a feature-based approach for fixtureless build-up of …“, 2016, S. 98 – 99; 101.

[466] WURSTER ET AL., „Erzeugung form- bzw. kraftschlüssiger Fügeverbindungen …“, 2017, S. 4 – 8.

[467] JAHN, „Lasergeschweißte Leichtbauprofile in Integral-Mischbauweise“, 2012, S. 82 – 83.

[468] WURSTER ET AL., „Funktionsintegration beim Fügen von Karosserieblechen durch den …“, 2018, S. 124 – 25.

[469] HANSEN, „Methodik zur Bauteilintegration von Vorrichtungsfunkt…“, 2020, S. 28 – 34.

[470] KAMPKER ET AL., „Bauteilintegrierte Vorrichtungsfunktionen im Karosseriebau“, 2018, S. 767.

[471] WURSTER, „Bauteilintegrative Fügetechnik“, 2019, S. 31 – 32; 75.

[472] SCHLATHER, „Methodische Auslegung bauteilintegrierter Spanntechnik …“, 2020, S. 1 – 2.

3.2 Experimentelle und modellbasierte Untersuchung zum Systemwissen

In den vorherigen Kapiteln wurde u. a. beschrieben, dass an unterschiedlichen Stellen an einer Umsetzung von biV im Karosseriebau geforscht wird, das vorhandene Wissen zu biV begrenzt ist und die Wechselwirkungen entlang der Prozesskette relevant sind. Dies trifft im besonderen Maße bei biV zu, da hier mehrere Funktionen (u. a. Vorrichtungsfunktion, Schweißnahtvorbereitung) und Fertigungsprozesse (u. a. Trennen von Bauteilen und Fügen zu Baugruppen) in einem Geometriemerkmal Interdependenzen aufweisen und daher ganzheitlich betrachtet und ausgelegt werden müssen. In der einschlägigen Literatur wurden vermehrt experimentelle und modellbasierte Untersuchungen zu biV identifiziert *(vgl. Untersuchung zum Systemwissen von BiF[473])*, auf die im Nachfolgenden entlang der als relevant identifizierte Prozesskette von biV eingegangen wird. Die inhaltliche Beschreibung orientiert sich dabei am grundlegenden experimentellen Vorgehen (Material, Aufbau, Vorgehen und Ergebnis), wie in Kapitel 2.2.1 zum RLS eingeführt wurde.

Im Prozessschritt der „Bauteilfertigung" wurden in der Literatur keine nennenswerten Vorarbeiten in Ergänzung zu der im vorherigen Kapitel theoretisch betrachteten Herstellbarkeit von Geometriemerkmalen identifiziert. Vornehmlich wurden die Fertigungstechnologien Scherschneiden sowie Tiefziehen in der Bauteil- und Geometriemerkmalsfertigung von Biege- und Schnappelementen in Blechhalbzeugen betrachtet. Lediglich führte SCHLATHER weitere Untersuchungen zur Fertigung von Geometriemerkmalen mit einer Servopresse auf 110 x 48 x 1 mm^3 großen Stahlprobenblechen (HX260LAD nach DIN EN 10346[474]) durch. Auf den Probenblechen wurden unterschiedliche Geometriemerkmalspaar-Variationen eingebracht und anschließend geometrisch vermessen. Die Auswertung ergab, dass zum einen ein Zusammenhang zwischen der Gestaltung der Geometriemerkmale und der Spannkraft bei der Vorrichtungsfunktion „Spannen" von biv identifiziert wurde. Zum anderen war die Bauteilfertigung mit Geometriemerkmalen unter Einhaltung industrieüblicher Toleranzwerte[475] möglich[476].

Aufgrund der besonderen Relevanz der Prozesskräfte (bspw. Spannkräfte durch Geometriemerkmale und Fügeprozesskräfte beim RLS) wird hierauf im Rahmen des Prozessschrittes der „Zusammenbaufertigung" explizit eingegangen.

473 WURSTER, „Bauteilintegrative Fügetechnik", 2019, S. 3 – 5.
474 DIN EN 10346:2015-10, „Kontinuierlich schmelztauchveredelte ...", 2015, S. 14.
475 BIRKERT ET AL., „Umformtechnische Herstellung komplexer Karosserieteile", 2013, S. 61.
476 SCHLATHER, „Methodische Auslegung bauteilintegrierter Spanntechnik ...", 2020, S. 61 – 68.

3.2.1 Interdependenzen von Geometriemerkmalen und Prozesskräften

WURSTER ET AL. haben im Jahr 2017 erstmalig experimentelle Untersuchungen zu BiF vorgestellt, in denen der Effekt des Springbeulens zum vorrichtungslosen Fügen im Karosseriebau analysiert wurde[477,478]. In seiner Dissertation hat WURSTER diese Arbeiten fortgesetzt und zunächst theoretisch eine Berechnungsvorschrift für Schnapphaken aus Blech entwickelt *(vgl. Hilfsmittel unter Kap. 3.3.2)*. Um eine hohe Modellqualität aus den anschließenden Experimenten zu erreichen, wurde die Rastgeometrie als entscheidend einzustellender Faktor an den Schnapphaken-Proben identifiziert. Entgegen der aus der Serienanwendung bekannten umformenden Fertigungsverfahren mit Gesenk wurden die Probenkörper alternativ mittels Fräsen und Fügen hergestellt, um Aufwände in der Versuchsdurchführung zu reduzieren und die Faktoreneinstellung zu optimieren. Die damit einhergehenden Verfälschungen wurden anhand von Stichversuchen an mittels Gesenk hergestellten Proben als gering verifiziert[479].

Zur Bestimmung des Kraft-Weg-Verlaufs des Biegeschnapphakens wurde das betrachtete System in die zu untersuchenden Faktoren, zu berücksichtigenden Störgrößen und zu erfassenden Qualitätsmerkmale im Versuchsplan unterteilt. Erstere umfassen die geometrischen Parameter Blechdicke der Legierung HX340LAD+Z100MB (0,8 mm; 1,0 mm; 1,2 mm und 1,5 mm) und weitere gestufte Fügeparameter. Es wurde versucht, die Störgrößen konstant zu halten. Die Messgrößen der Qualitätsmerkmale waren die Maximalkraft beim Fügen, Lösen und Selbstfügen, die aus einem aufgezeichneten Kraft-Weg-Verlauf beim Füge- und Lösevorgangs bestimmt werden. Der Versuchsaufbau ermöglichte ein Messen der Position in Relation zum Rastelement und die darauf wirkende Kraft mittels einer Kraftmessdose. Die plastifizierungsbedingte Auslenkung wurde mittels eines Messtasters gemessen[480].

Die Versuchsdurchführung umfasst die Beschreibung der zu durchlaufenden Schritte von der Probenherstellung, der Probeneinspannung und der Referenzierung über die eigentliche Versuchsdurchführung zur Kraft-Weg-Verlauf-Messung beim Füge- und Lösevorgang bis hin zur Messung der plastifizierungsbedingten Auslenkung. Die Blechdicke jeder Probe wurde zwecks Ausgleich von Chargenschwankungen gemessen. Die eingestellten Faktoren wurden in einem Versuchsplan und die aufgenommenen Messwerte in einer Tabelle zusammengefasst[481]. Im Rahmen der statistischen

[477] WURSTER ET AL., „Use of panel forming elements in car body engineering", 2017, S. 16 – 18.
[478] WURSTER ET AL., „Erzeugung form- bzw. kraftschlüssiger Fügeverbindungen …", 2017, S. 3 – 4; 13 – 17.
[479] WURSTER, „Bauteilintegrative Fügetechnik", 2019, S. 52 – 54.
[480] WURSTER, „Bauteilintegrative Fügetechnik", 2019, S. 54 – 58; 60.
[481] WURSTER, „Bauteilintegrative Fügetechnik", 2019, S. 61 – 62.

Versuchsplanung wurde ein sogenannter D-optimaler Versuchsplan (D = Determinante) gewählt, der vorteilhaft hinsichtlich der nachträglichen Anpassbarkeit und höherer Effizienz bei der Informationsgewinnung ist[482]. Jeder Versuch wurde nur mit einem Biegeschnapphaken durchgeführt, sodass bei der Untersuchung von sechs Faktoren und vier Stufen insgesamt 70 Versuchsdurchläufe durchgeführt wurden[483].

Mit den experimentellen Versuchsergebnissen wurden anschließend die Beschreibungsmodelle, ein Pareto-Diagramm und ein Polynom für die Füge-, Selbstfüge- und Lösekraft des Biegeschnapphakens entwickelt. Hierdurch war es möglich, dass die wahren Effekte bestimmt, der Einfluss von Wechselwirkungseffekte analysiert und die Effekte mit dem größten Einfluss auf das jeweilige Modell ermittelt werden konnten[484]. Zuletzt wurden die Modellqualitäten des Biegeschnapphakens verglichen, in dem die Maximalkräfte mittels der analytischen Berechnung, der Berechnung mit Polynom und der experimentellen Validierung der Versuchspunkte gegenübergestellt wurden. Bezogen auf die Fügekraft wurde eine sehr gute Näherung der drei Ansätze festgestellt und nur bei hohen Kräften (ca. 15 – 25 N) traten Abweichungen um ca. 20 % auf. Größere Abweichungen traten bei der analytischen Berechnung der Selbstfüge- und Lösekraft auf, was ggf. mit einer plastischen Deformation zusammenhängen kann[485].

In Ergänzung zur Berechnungsvorschrift und zur experimentellen Untersuchung der Biegeschnapphaken untersuchte WURSTER den dynamischen Effekt des Durschlagens bei dem Verfahren „Fügen durch Springbeulen" zunächst theoretisch und anschließend experimentell am Beispiel eines Schottbleches[486,487]. Durch die Krafteinwirkung mittig des Schottbleches wird das Springbeulen ausgelöst und die Winkellage der Klebelaschen ändert sich, sodass ein fügegerechtes Kleben mit einem Außenblech ermöglicht wird. Vorteilhaft erscheint hierbei die Verbesserung der Prozesssicherheit, des Toleranzausgleichs und der Prüfbarkeit[488]. Im Rahmen der experimentellen Untersuchung der Biegeschnapphaken wurden neue physikalische Größen als Qualitätsmerkmale für das Springbeulen entwickelt, wie bspw. die Klassifizierung bestimmter Fälle zur Beschreibung der Springbeulstabilität[489]. Unter Berücksichtigung der statistischen Versuchsplanung wurden ein passender Versuchsplan, der Versuchsaufbau,

---

[482] WURSTER, „Bauteilintegrative Fügetechnik", 2019, S. 141 – 42.
[483] WURSTER, „Bauteilintegrative Fügetechnik", 2019, S. 66.
[484] WURSTER, „Bauteilintegrative Fügetechnik", 2019, S. 63 – 66.
[485] WURSTER, „Bauteilintegrative Fügetechnik", 2019, S. 69 – 71.
[486] WURSTER ET AL., „Erzeugung form- bzw. kraftschlüssiger Fügeverbindungen ...", 2017, S. 3 – 4; 8.
[487] WURSTER, „Bauteilintegrative Fügetechnik", 2019, S. 75.
[488] WURSTER, „Bauteilintegrative Fügetechnik", 2019, S. 77 – 80.
[489] WURSTER, „Bauteilintegrative Fügetechnik", 2019, S. 81 – 86.

Versuchsdurchführung, Datenanalyse, Modellbildung und Beurteilung der Modellqualität für das Springbeulen beschrieben[490]. Alle Qualitätsmerkmale erreichten die aufgestellten Anforderungen des Bestimmtheitsmaßes R^2 von 0,9 und der Großteil erreichte eine hohe Modellqualität mit > 0,95. Mittels des D-optimierten Versuchsplans konnte die Versuchsanzahl um 99,41 % auf lediglich 55 Versuche reduziert werden[491]. Die gemessene Auspresskraft beim Stichversuch variierte je nach Krafteinwirkung entgegen (22,69 ± 0,90 N) oder in (162,84 ± 11,50 N) Ausformrichtung der Beule und erfüllt damit auch im ungünstigen Belastungsszenario die Anforderungen der Fügeverbindung[492].

Zur Auslegung von Positionier- und Spannmerkmalen von bauteilintegrierten Vorrichtungsfunktionen müssen die auftretenden Prozesskräfte berücksichtigt werden, um Anforderungen an einen reproduzierbaren Fügeprozess und an die Bauteile zu erfüllen[493]. SCHLATHER ET AL. untersuchten durch Remote-Laserstrahlschweißen verursachte Prozesskräfte in Bauteilen mit dem Ziel, Spannstellen hinsichtlich ihrer Größe, Anzahl und Position auf Bauteilen während der Produktentwicklung ohne physische Versuche auszulegen. Zur Struktursimulation wurde ein numerischer Ansatz eines reduzierten thermomechanischen Modells gewählt und für die Validierung wurden Laserschweißversuche im Querschliff, durch Wärmebildaufnahmen und durch Dehnungs- sowie Kraftmessungen untersucht[494,495]. An den Spannstellen lag die maximale Kraft in der Simulation bei 50,9 N (im rechten Winkel zur Spannstellenachse) sowie 9,8 N (Spannstellenachse) und der Durchschnitt bei zehn Experimenten bei 72,2 ± 2,0 N (im rechten Winkel zur Spannstellenachse) sowie 7,6 ± 2,3 N (Spannstellenachse). Die Ergebnisse sind für die Auslegung von Geometriemerkmalen hinreichend, da sie zum einen in einem ähnlichen Bereich liegen wie vergleichbare Arbeiten und sie zum anderen sich im Bereich möglicher Haltekräfte bauteilintegrierter Vorrichtungsfunktionen befinden. Anschließend wurde das entwickelte Modell noch an einer Zusammenbaugruppe aus dem Karosseriebau validiert, indem verschiedene Spann- und Schweißstrategien simuliert wurden[496].

Ergänzend hierzu haben SCHLATHER ET AL. die resultierenden Prozesskräfte beim WPS mittels Schweißversuchen und einem thermomechanischen Modell untersucht

490 WURSTER, „Bauteilintegrative Fügetechnik“, 2019, S. 87 – 111.

491 WURSTER, „Bauteilintegrative Fügetechnik“, 2019, S. 110 – 12.

492 WURSTER, „Bauteilintegrative Fügetechnik“, 2019, S. 113 – 18.

493 SCHLATHER ET AL., „Determination of process forces during remote laser beam ...“, 2019, S. 1 – 2.

494 SCHLATHER, „Methodische Auslegung bauteilintegrierter Spanntechnik ...“, 2020, S. 83 – 85.

495 SCHLATHER ET AL., „Determination of process forces during remote laser beam ...“, 2019, S. 2 – 3.

496 SCHLATHER ET AL., „Determination of process forces during remote laser beam ...“, 2019, S. 7 – 10.

und mit dem RLS verglichen[497]. Dazu wurden in der ersten Versuchsreihe 19 Versuche ohne Schweißstrom sowie in der zweiten Versuchsreihe sechs Versuche mit Schweißstrom durchgeführt. Die maximalen Prozesskräfte in der Probeneinspannung betrugen in den drei Raumrichtungen 139,4 N (x), 101,5 N (y) und 182,3 N (z). Anschließend wurden die Prozesskräfte auf Spannstellen einer Referenzbaugruppe für das RLS und WPS mit einer Simulation untersucht. Die Prozesskräfte beim WPS waren größtenteils höher als beim RLS, was u. a. durch die gebrauchten Elektroden, den mechanischen Kontakt und der höheren Energieeinbringung zu begründen ist[498,499].

BERGWEILER ET AL. unterscheiden bei auftretenden Prozesskräften mit biV zwischen lösbaren und nicht lösbaren Verbindungen. Erstere wirken durch elastische Verformung und können durch eine Überbeanspruchung das Geometriemerkmal ungewollt plastisch deformieren. Nicht lösbare Verbindungen wiederum basieren auf plastischen Verformungen des Geometriemerkmals und können annäherungsweise anhand der Zug- und Scherfestigkeiten untersucht werden. Die Lösekräfte des verformten T-förmigen Merkmals des biV konnten durch die Berechnung der Biegekraft auf ca. 410 N grob bestimmt und durch Zugversuche auf ca. 610 N im Mittelwert bestätigt werden. Im Rahmen einer praxisnahen Anwendung wurde die auf ein Spannelement einwirkende Prozesskraft durch WPS auf ca. 60 N bestimmt[500].

3.2.2 Interdependenzen von Geometriemerkmalen und Toleranzen

In Ergänzung zur Bestimmung der auftretenden Prozesskräfte mit biV sind die zu erreichenden Toleranzen eine weitere relevante Größe. SCHLATHER ET AL. untersuchten die auftretenden Toleranzen einer mit biv zusammengesetzten sowie mit RLS verschweißten Baugruppe i. V. zum konventionellen Stand und entwickelten dafür ein nummerisches Modell zur Bestimmung der geometrischen Genauigkeit[501]. Als Grundlage für die Modellierung wurden die bereits beschriebene vierstufige Fügeoperation – „Positionieren", „Spannen", „Fügen" und „Entspannen" mit Rückfederung – wie auch Geometriemerkmale in Form von Kalotte/Loch/Langloch sowie Kugel/Rundkragen/Schlitzkragen betrachtet. Die theoretische Toleranzanalyse der beiden Geometriemerkmalspaare zeigte, dass Formtoleranzen der Geometriemerkmale i. V. zu Lage- und Maßtoleranzen klein sind und vernachlässigt werden können. Ein Vergleich der Tole-

---

[497] SCHLATHER ET AL., „Process forces during remote laser beam welding and …", 2018, S. 669.

[498] SCHLATHER ET AL., „Process forces during remote laser beam welding and …", 2018, S. 671 – 73.

[499] SCHLATHER, „Methodische Auslegung bauteilintegrierter Spanntechnik …", 2020, S. 98 – 104.

[500] BERGWEILER ET AL., „Beitrag zur Reduzierung der Vorrichtungskosten im Karosseriebau", 2019, S. 462 – 63.

[501] SCHLATHER ET AL., „Tolerance analysis of compliant, feature-based sheet metal …", 2018, S. 25.

ranzketten im ungünstigsten Fall zeigte, dass die Positioniertoleranz in eine Raumrichtung von zwei Bauteilen nach konventionellem Stift-Loch-Prinzip aufgrund von zwei toleranzbehafteten Löchern anstatt einem größer ist. Das „Spannen" der Bauteile gegenüber der Umgebung erfolgt ohne zusätzlichen Einfluss mit Magnetkugeln anstelle von spezifischen Spannelementen. Beim Fügen mit RLS beeinflusst lediglich die Spaltgröße zwischen den zu fügenden Bauteilen durch ihre geometrischen und mechanischen Eigenschaften die Toleranz, da von dem RLS keine mechanischen Kräfte einwirken. Das „Entspannen" und Rückfedern gleicht einer konventionellen Vorrichtung[502].

Das Modell zur Toleranzanalyse wurde an einer Referenzbaugruppe mit drei Bauteilen, den Geometriemerkmalen Kalotte/Loch sowie Kalotte/Langloch und einer kombinierten Finiten-Elemente-Methode (FEM) mit einer Monte-Carlo-Simulation entwickelt. Die Simulation wurde durch eine experimentelle Versuchsreihe von 48 remote laserstrahlgeschweißten Baugruppen mit anschließender optischer Vermessung validiert[503]. Die Ergebnisse zeigten eine ausreichende Modellqualität zur Vorhersage der Toleranzen und die Abweichungen entsprechen anderen Ergebnissen aus dem Computer Aided Tolerancing (CAT). Eine Vergleichssimulation der gleichen Baugruppe mit konventioneller Vorrichtungstechnik zeigte ähnliche Genauigkeiten und erfüllt industrielle Anforderungen. Da bei diesem Ansatz keine Vorrichtungselemente die Bauteile in die Soll-Position „drücken", muss entsprechend auf die Bauteil- und Geometriemerkmalsqualität geachtet werden[504,505]. Mit dem Modell wurden die Toleranzen einer Vorderwagenbaugruppe simuliert und durch ein Experiment validiert. Die Toleranzvorgaben wurden entsprechend eingehalten[506]. Für weitere Informationen sei hier auf die Arbeiten von SCHLATHER ET AL.[507] und SCHLATHER[508] verwiesen.

BERGWEILER ET AL. verwenden für die Toleranzbetrachtung die Prozesskette zur Fertigung mit biv. Für eine ganzheitliche Betrachtung wurde festgehalten, dass die Toleranzen der einzelnen biV und deren Fertigungsprozesse berücksichtigt werden müssen. Das Laserstrahlschneiden von Geometriemerkmalen von biv erfüllte bei einer praxisnahen Anwendung die Anforderungen an eine ±0,2 mm genaue Maßhaltigkeit[509].

---

502 SCHLATHER ET AL., „Tolerance analysis of compliant, feature-based sheet metal ...", 2018, S. 26 – 29.
503 SCHLATHER ET AL., „Tolerance analysis of compliant, feature-based sheet metal ...", 2018, S. 29 – 32.
504 SCHLATHER ET AL., „Tolerance analysis of compliant, feature-based sheet metal ...", 2018, S. 31 – 34.
505 SCHLATHER, „Methodische Auslegung bauteilintegrierter Spanntechnik ...", 2020, S. 118 – 25.
506 SCHLATHER, „Methodische Auslegung bauteilintegrierter Spanntechnik ...", 2020, S. 137 – 50.
507 SCHLATHER ET AL., „Tolerance analysis of compliant, feature-based sheet metal ...", 2018.
508 SCHLATHER, „Methodische Auslegung bauteilintegrierter Spanntechnik ...", 2020.
509 BERGWEILER ET AL., „Beitrag zur Reduzierung der Vorrichtungskosten im Karosseriebau", 2019, S. 461 – 63.

3.2.3 Weitere Interdependenzen von Geometriemerkmalen

In den beiden vorangegangenen Kapiteln wurden die Wechselwirkungen zwischen den Geometriemerkmalen und u. a. dem RLS beschrieben. In Ergänzung hierzu werden anschließend weitere Untersuchungen zu produkt- und produktionsrelevanten Größen mit Geometriemerkmalen dargelegt.

KAMPKER ET AL. stellten 2017 eine flexible Prozesskette für biV mittels Laserstrahlschneiden, Biegen und RLS vor[510,511]. Beim Laserstrahlschneiden werden Steckverbindungen in Form von den Geometriemerkmalen Lasche und Schlitz zur Geometrieeinstellung in die Bauteile eingebracht, wodurch sich die Bauteile im Zusammenbau vorrichtungslos positionieren und durch Abdrehen der vorperforierten Lasche spannen lassen. Vor dem RLS können die Bauteile noch durch Biegen in 3D-Kantbauteile umgeformt werden. Das RLS muss auf die Toleranzen der verzinkten Lasche-Schlitz-Bleche robust ausgelegt sein, um Qualitätsanforderungen zu erfüllen. Dazu wurden mit einem 4 kW-Scheibenlaser mit Scanner-Optik verschiedene Schweißstrategien (Bahngeometrie, geometrische Varianz Lasche-Schlitz, Vorschubgeschwindigkeit) an 2 mm dickem HDT780C+Z untersucht und dabei die Schweißdauer, erforderliche Positioniergenauigkeit, Spaltüberbrückbarkeit und die max. Zugkraft bestimmt[512].

Weitere Anforderungen bestehen im Bereich des Fügestoßes an die Spaltgeometrie und die Zinkentgasung während des RLS[513]. Die experimentelle Untersuchung zu BILS'M an Bauteilen aus CR380LA in den Blechdicken 1,2 mm, 2,0 mm und 2,5 mm ergab, dass die zusätzliche Geometrie keinen negativen Einfluss auf die Bauteilfestigkeit hat und die Zinkentgasung funktionierte. Aus den Simulations- und Experimentergebnissen wurden anschließend Gestaltungsregeln und Hilfsmittel abgeleitet[514]. Weitere Details sind in der dazugehörigen Offenlegungsschrift zu finden[515].

Zusammenfassend lässt sich festhalten, dass die ganzheitliche Betrachtung von möglichen Interdependenzen und eine produkt- sowie produktionsseitigen Gestaltung von biV für den wirtschaftlichen Erfolg relevant ist. Das wird u. a. auch in aktuellen Untersuchungen in diesem Themenfeld bestätigt[516]. Für eine systematische und praxistaugliche Anwendung des durch experimentell und modellbasierte Ansätze erzeugten Systemwissen von biv können Methodiken, Modelle und Hilfsmittel ein geeigneter Ansatz sein. Auf diese wird nun im Nachfolgenden eingegangen.

---

[510] KAMPKER ET AL., „Vorrichtungsloses Laserschweißen im Karosseriebau", 2017, S. 75.
[511] KAMPKER ET AL., „Jigless Laser Welding in the Car Body Production ...", 2017, S. 77.
[512] KAMPKER ET AL., „Vorrichtungsloses Laserschweißen im Karosseriebau", 2017, S. 75 – 77.
[513] SAFRONOV ET AL., „Fixture free laser beam welding for the automotive body shop", 2021, S. 2.
[514] SAFRONOV ET AL., „Fixture free laser beam welding for the automotive body shop", 2021, S. 6 – 8.
[515] SAFRONOV ET AL., „Bauteilanordnung", 2019.
[516] SAFRONOV ET AL., „Fixture free laser beam welding for the automotive body shop", 2021, S. 2.

3.3 Auslegung mittels Methodik, Modell und Hilfsmittel

Für eine erfolgreiche Umsetzung von neuen Ansätzen für eine flexible Produktion ist die Untersuchung von Lösungsmöglichkeiten von der Fertigung bis zur kompletten Fabrik zu berücksichtigen[517]. Aufbauend auf dem Kapitel 2.1.1 und aus der Literatur bekannt, kann unter einer Methodik u. a. eine Zusammenfassung von zusammengehörigen Methoden, Modellen und Hilfsmitteln verstanden werden[518]. Eine Methode definiert LINDEMANN als eine „[...] Beschreibung eines regelbasierten und planmäßigen Vorgehens, nach dessen Vorgabe bestimmte Tätigkeiten auszuführen sind, um ein gewisses Ziel zu erreichen“[519]. Hierdurch lassen sich Erkenntnisse systematisch erzeugen und darstellen[520]. Ein Modell ist nach VDI 3633 BLATT 1 definiert als „Vereinfachte Nachbildung eines geplanten oder existierenden Systems mit seinen Prozessen in einem anderen begrifflichen oder gegenständlichen System“[521]. Konkret lassen sich durch bspw. symbolische oder mathematische Modelle komplexe Zusammenhänge einfacher beschreiben und Lösungen finden[522]. Hilfsmittel stellen ein Bindeglied zwischen Methoden und Modellen dar, denn ohne sie kann eine Umsetzung bzw. Manipulation nicht erfolgen[523]. Diese Hilfsmittel können physisch oder digital in verschiedenen Formen, wie bspw. in der eines Prototypens, eines elektronischen Datenverarbeitungs (EDV)-Tools, einer Berechnungsformel oder einer Matrize vorkommen[520].

Inhaltlich sind die Unterkapitel anhand des PEP strukturiert und sollen aufzeigen, welche Lösungen für die produkt- und produktionsseitige Auslegung mit biV in welcher Phase und welcher Betrachtungsebene des Karosseriebaus bestehen. Im Rahmen der SLR wurden maßgeblich Methodiken und Modelle *(vgl. Kap. 3.3.1)* und vereinzelnd Hilfsmittel *(vgl. Kap. 3.3.2)* für den Einsatz in der frühen Konzept- und Vorentwicklungsphase des PEP identifiziert, auf die im Nachfolgenden eingegangen wird.

3.3.1 Auslegung mittels Methodik und Modell

Nach SCHLATHER ET AL. aus der Arbeitsgruppe der TU MÜNCHEN | BMW beeinflussen bestimmte Faktoren die Qualität der Zusammenbaugruppe und die Spannkraft beim FBF. Diese Faktoren lassen sich in Merkmal und Merkmalspaar, Bauteil, Fügeprozess, Zusammenbau und Umwelteinflüsse kategorisieren und dienen als Randbedingung für

[517] SCHLATHER ET AL., „Forschung für eine flexiblere Automobilproduktion: Innovative ...“, 2016, S. 48.
[518] LAUFENBERG, „Methodik zur integrierten Projektgestaltung für die situative Umsetzung ...“, 1995, S. 6 – 7.
[519] LINDEMANN, „Methodische Entwicklung technischer Produkte“, 2009, S. 57.
[520] NEUHAUSEN, „Methodik zur Gestaltung modularer Produktionssysteme für Unternehm...“, 2002, S. 7.
[521] VDI 3633 BLATT 1:2014-12, „Simulation von Logistik-, Materialfluss- und Produktionssys...“, 2014, S. 3.
[522] SCHOLZ ET AL., „Praxishandbuch Nachhaltige Produktentwicklung“, 2018, S. 171 – 72.
[523] LAUFENBERG, „Methodik zur integrierten Projektgestaltung für die situative Umsetzung ...“, 1995, S. 6 – 7.

eine vierstufige Methodik zur Untersuchung und Auslegung der merkmalbasierten Ausrichtung (Feature-based Fixturing) im Karosseriebau[524].

Die erste Methodenstufe beinhaltet Voruntersuchungen zur Identifikation von passenden Merkmalspaaren anhand vorab festgelegter Kriterien. In der zweiten Stufe werden diese Merkmalspaare mit verschiedenen Parametern hinsichtlich der zu erreichenden Toleranzen numerisch und der notwendigen Haltekräfte analytisch beim Zusammensetzen modelliert. Anschließend wird das „Zusammensetzen" und „Fügen" in der dritten Stufe nacheinander mit Hilfe der vorher aufgestellten Faktoren, Modelle und Experimente mit RLS analysiert und die abhängigen Variablen gemessen. Im vierten und letzten Schritt werden Gestaltungsrichtlinien für Produktentwickler mit Informationen zu bspw. Typ, Maßen und Anzahl sowie zu bspw. Prozessparametern für Produktionsplaner abgeleitet[525].

HANSEN ET AL. aus der Arbeitsgruppe der RWTH AACHEN UNIVERSITY präsentierten erstmalig 2018 eine vierstufige Methodik zur Beschreibung und Auswahl von biV mit dem Ziel, Konstrukteure und Prozessplaner für eine praxistaugliche Anwendbarkeit zu befähigen. Basierend auf den Arbeiten von PAHL UND BEITZ[526] zum PEP[527] umfasst der erste Methodenschritt die Abstraktion der Fügestelle und legt den Fügestoß (T- oder Stumpfstoß) und die Geometriemerkmalanzahl fest (Füge- und Spannpunkte). Im nächsten Schritt werden die geometrischen (bspw. Toleranzen) und funktionalen (bspw. Kräfte) Anforderungen für den Montage- und Fügeprozess mit biV aus den Vorrichtungsfunktionen abgeleitet und festgelegt. In einem morphologischen Kasten werden diese Kombinationen inkl. einer Beschreibung und Darstellung zusammengefasst. Der dritte Schritt „Merkmalszuordnung" beinhaltet eine funktionale, geometrische und prozessuale Merkmalsbeschreibung, mit welcher Korrelationen zu Geometriemerkmalen hergestellt werden. Im vierten und letzten Schritt werden unter Berücksichtigung der Fügetechnologien und gegebener geometrischer, funktionaler und unternehmensbezogener Einschränkungen die Merkmale und deren Anzahl ausgewählt[528]. In Ergänzung zu dieser Arbeit stellten KAMPKER ET AL. eine angepasste Methodik für biV Ende 2018 vor, die als neuen fünften Schritt eine Potenzialbewertung der Geometriemerkmale beinhaltet[529,530]. Die Erprobung an einer Referenz-Karosseriebaustation ergab eine Reduzierung der Fertigungskosten um 18 bis 31 % (WPS – RLS)

[524] SCHLATHER ET AL., „Toward a feature-based approach for fixtureless build-up of …", 2016, S. 99 – 100.
[525] SCHLATHER ET AL., „Toward a feature-based approach for fixtureless build-up of …", 2016, S. 100 – 101.
[526] FELDHUSEN ET AL., „Pahl/Beitz Konstruktionslehre", 2013.
[527] KAMPKER ET AL., „Approach to increase flexibility in automobile body shops …", 2020, S. 6.
[528] HANSEN ET AL., „Approaches for flexibility in the future automobile body …", 2018, S. 1000 – 1001.
[529] KAMPKER ET AL., „Bauteilintegrierte Vorrichtungsfunktionen im Karosseriebau", 2018, S. 767 – 68.
[530] KAMPKER ET AL., „Approach to increase flexibility in automobile body shops …", 2020, S. 6 – 8.

und der Taktzeit um 30 %[531]. Abschließend fasst HANSEN die vorangegangenen Arbeiten in seiner Dissertation zusammen mit dem Ziel, eine „[...] Methodik zur Ermittlung von bauteilintegrierten Geometriemerkmalen zur Übernahme von Vorrichtungsfunktionen, sogenannter bauteilintegrierter Vorrichtungsfunktionen“[532] zu entwickeln. Die Methodik besteht aus den drei Methoden Identifikation potenzialträchtiger Baugruppenfamilien, Formalisierung der Interdependenzen zwischen Vorrichtungsfunktionen sowie Geometriemerkmalen und Ermittlung von bauteilintegrierten Vorrichtungsfunktionen[533].

In der Dissertation von WURSTER aus der Arbeitsgruppe der TU DRESDEN | AUDI wird eine „Methodik zur Anwendung der Bauteilintegrierten Fügetechnik“[534] vorgestellt, die in sieben Schritten die Phasen der Vorbereitung und Entwicklung von BiF beschreibt. Dabei wird zunächst eine Anforderungsliste an die zu betrachtende Verbindung erstellt und ausgewählt, welcher der Fügepartner dieser Verbindung aktiv oder passiv ist. Darauf basierend werden die konstruktiven Freiheitsgrade der Fügepartner hinsichtlich Geometrie (Integration Energiespeicher und Fügeelement für den aktiven Fügepartner und Aussparung für den passiven Fügepartner) und Werkstoff (Elastizität des aktiven Fügepartners) geprüft. Auf Basis der ermittelten Anforderungen und Freiheitsgrade wird im vierten Schritt der Verbindung der dynamische Effekt „Hinterrasten“ oder „Durchschlagen“ zugeordnet. Anschließend wird die Fügeverbindung hinsichtlich der ermittelten Anforderungen und des ausgewählten dynamischen Effekts entwickelt. Im sechsten Schritt erfolgt auf Basis des ausgewählten dynamischen Effekts die Entwicklung eines passenden Fügeverfahrens. Optional kann in einem siebten Schritt ein für das Fügeverfahren notwendiges Fügewerkzeug entwickelt werden[535].

Ähnlich zur Methodik von HANSEN[536] und WURSTER[535] entwickelte SCHLATHER[537] eine dreistufige technische Methode zur konstruktiven Auslegung bauteilintegrierter Spanntechnik unter Einbeziehung wesentlicher Berechnungswerkzeuge. Die Anforderungen an die Methode liegen zum einen in der Gewährleistung ausreichender Haltekräfte der Geometriemerkmale sowie in einer definierten Maßhaltigkeit der Zusammenbaugruppe. Zum anderen soll die Methode eine allgemeingültige Anwendbarkeit

531 KAMPKER ET AL., „Approach to increase flexibility in automobile body shops ...“, 2020, S. 9.
532 HANSEN, „Methodik zur Bauteilintegration von Vorrichtungsfunkt...“, 2020, S. 3.
533 HANSEN, „Methodik zur Bauteilintegration von Vorrichtungsfunkt...“, 2020, S. 62.
534 WURSTER, „Bauteilintegrative Fügetechnik“, 2019, S. 28.
535 WURSTER, „Bauteilintegrative Fügetechnik“, 2019, S. 28 – 30.
536 HANSEN, „Methodik zur Bauteilintegration von Vorrichtungsfunkt...“, 2020.
537 SCHLATHER, „Methodische Auslegung bauteilintegrierter Spanntechnik ...“, 2020, S. 127 – 35.

besitzen und in der Vorgehensweise so gestaltet sein, dass sie transparent sowie widerspruchsfrei für den Anwender ist. Implikationen aus bestehenden Auslegungsmethoden wie bspw. aus der Konstruktions- oder Vorrichtungstechnik wurden in der Methodenentwicklung berücksichtigt[538]. Der erste Methodenschritt „Ableiten von Anforderungen" beinhaltet die räumliche Zugänglichkeit der Fügeoperation, die Fertigungstoleranzen des Zusammenbaus und die Restriktionen aus den Bauteilen sowie deren Fertigung. Im zweiten Schritt wird die Initialkonfiguration in Form eines ASP erstellt und darin ausgewählte Geometriemerkmale an den Stellen zur Positionierung, Stützung und Spannung beinhaltet. Im dritten und letzten Methodenschritt wird die Initialkonfiguration mit Hilfe der Berechnungswerkzeuge zur Bestimmung der maximalen Prozesskräfte und der zu erreichenden Toleranzen überprüft und bei nicht Erfüllung durch Ergänzungen oder Modifikation der Geometriemerkmale angepasst. Am Ende liegt als Ergebnis eine virtuelle Konfiguration vor, die in den nächsten Schritten des PEP verwendet werden kann[539].

Die entwickelten Modelle zur Ermittlung der Prozesskräfte sowie zur Toleranzanalyse beim Fügen aus den Kapiteln 3.2.1 und 3.2.2 wurden im Zusammenhang mit der zuvor beschriebenen Methodik an einem produktionsnahen Anwendungsfall validiert und hinsichtlich der Wirtschaftlichkeit bewertet. Der Anwendungsfall bestand aus einer Zusammenbaugruppe aus zwei Einzelteilen eines Vorderwagens, die vorrichtungslos mit RLS gefügt werden sollte[540]. Die experimentelle Validierung ergab eine korrekte Auslegung der bauteilintegrierten Spanntechnik, indem die max. Abweichungen unterschritten wurden und die Haltekräfte höher als die Prozesskräfte waren[541]. Eine Übertragbarkeit der Ergebnisse auf weitere Fügeverfahren, Werkstoffe und Anwendungen in anderen Branchen wurde als positiv bewertet[542]. Die Wirtschaftlichkeit wurde anhand zweier Produktionsszenarien, zum einen mit konventioneller Vorrichtungstechnik und WPS und zum anderen mit bauteilintegrierter Spanntechnik und RLS, analysiert[543]. Durch den Einsatz bauteilintegrierter Spanntechnik konnten die Fügekosten je Zusammenbau (zwei Bauteile in diesem Produktionsszenario) um ca. 3,3 % auf 1,20 € reduziert werden. Eine Ausweitung auf weitere Baugruppen einer Karosserie bietet entsprechendes Skalierungspotenzial[544].

---

538 SCHLATHER, „Methodische Auslegung bauteilintegrierter Spanntechnik …", 2020, S. 127 – 30.

539 SCHLATHER, „Methodische Auslegung bauteilintegrierter Spanntechnik …", 2020, S. 130 – 35.

540 SCHLATHER, „Methodische Auslegung bauteilintegrierter Spanntechnik …", 2020, S. 137.

541 SCHLATHER, „Methodische Auslegung bauteilintegrierter Spanntechnik …", 2020, S. 143.

542 SCHLATHER, „Methodische Auslegung bauteilintegrierter Spanntechnik …", 2020, S. 144 – 45.

543 SCHLATHER, „Methodische Auslegung bauteilintegrierter Spanntechnik …", 2020, S. 145.

544 SCHLATHER, „Methodische Auslegung bauteilintegrierter Spanntechnik …", 2020, S. 148 – 49.

3.3.2 Hilfsmittel zur Unterstützung bei der methodischen Auslegung

Im Rahmen der SLR wurden lediglich Vorarbeiten zur Unterstützung bei der produktseitigen Auslegung von Geometriemerkmalen von biV in der frühen Phase des PEP identifiziert, auf die nachfolgend eingegangen wird.

WURSTER entwickelte eine praxistaugliche Berechnungsvorschrift für BiF, mit der elastisch beanspruchte Biegeschnapphaken aus Blech ausgelegt werden können. Empfohlene Fertigungsverfahren sind Streckziehen (Tiefen nach DIN 8585-4[545]) und Biegen (Biegeumformen nach DIN 8586[546])[547]. Für die Entwicklung wurde zunächst ein beispielhafter Schnapphaken charakterisiert, indem relevante Bereiche davon beschrieben, eine Nomenklatur hinzugefügt und Zustände sowie Größen des Durchbiegens beim Fügevorgang mit biF definiert wurden[548]. Drei Ansätze zur Krafteinleitung über die Rastvorrichtung wurden diskutiert. Für den zur weiteren Untersuchung festgelegten Ansatz wurden die Formelbeziehungen am Blechbiegeschnapphaken beschrieben[549]. Hierauf und auf dem Stand der Technik basierend wurde das Kräftemodell zur Beschreibung des Füge- sowie Lösevorgangs hergeleitet wie auch die damit verbundene selbstfügende Wirkung der Fügepartner[550]. Durch die beispielhafte Anwendung der Berechnungsvorschrift wurde im Kraftverlauf die max. Füge- und Lösekraft an den Übergängen des Rastradius ermittelt[551]. Zusammenfassend wurden für die Berechnungsvorschrift von Schnappverbindungen aus Blech Formeln zur Prüfung auf Plastifizierung, auf Selbsthemmung während des Fügevorgangs, auf Lösbarkeit und zur Berechnung der Maximalkräfte entwickelt[552]. Die entwickelte Berechnungsvorschrift von WURSTER[553] wurde anschließend durch eine experimentelle Untersuchung mittels statistischer Versuchsplanung überprüft. Aus dem daraus entstandenen Systemwissen und Eigenschaftsprofil für Biegeschnapphaken aus Blech wurde eine Methodik zur experimentellen Auslegung ebendieser entwickelt[554].

Als weitere Hilfsmittel für die Unterstützung bei der methodischen Auslegung von Geometriemerkmalen von biV können die nachfolgenden Ansätze zur Systematisierung bzw. Katalogisierung von Geometriemerkmalen betrachtet werden.

---

[545] DIN 8585-4:2003-09, „Fertigungsverfahren Zugumformen - Teil 4: Tiefen; Einordnung, ...", 2003, S. 4 – 7.
[546] DIN 8580:2020-01, „Fertigungsverfahren - Begriffe, Einteilung ...", 2020, S. 9.
[547] WURSTER, „Bauteilintegrative Fügetechnik", 2019, S. 34 – 35.
[548] WURSTER, „Bauteilintegrative Fügetechnik", 2019, S. 35 – 39.
[549] WURSTER, „Bauteilintegrative Fügetechnik", 2019, S. 39 – 41.
[550] WURSTER, „Bauteilintegrative Fügetechnik", 2019, S. 41 – 44.
[551] WURSTER, „Bauteilintegrative Fügetechnik", 2019, S. 45 – 46.
[552] WURSTER, „Bauteilintegrative Fügetechnik", 2019, S. 49 – 51.
[553] WURSTER, „Bauteilintegrative Fügetechnik", 2019, S. 34 – 51.
[554] WURSTER, „Bauteilintegrative Fügetechnik", 2019, S. 52.

Auch wenn der im Luft- und Raumfahrzeugbau betrachtete Ansatz FBF zum vorrichtungslosen Fügen nicht auf den Karosseriebau anzuwenden ist *(vgl. Kap. 3)*, können die Vorarbeiten von NAING zu einer Sammlung von Geometriemerkmalen in Form von Steckbriefen genannt werden. Diese Steckbriefe sind in einer Methodik zur Auswahl von Geometriemerkmalen integriert und stellen damit eine Verbindung zwischen Hilfsmittel und Methodik dar. Die Steckbriefe sind erweiterbar und beinhalten charakteristische vordefinierte Merkmale mit Ausprägungen, die bei der produktseitigen Auslegung berücksichtigt werden können. Der Aufbau der Steckbriefe in der Arbeit ähnelt Datenblättern, weshalb als Ausblick eine Optimierung hinsichtlich der Aufnahme in einer Datenbank oder die direkte Integration in ein CAD-Programm vorgeschlagen wird[555].

In seiner Dissertation hat HANSEN zwei Konzepte von übersichtlichen Konstruktionskatalogen vorgestellt: für das „Bestimmen“ und für das „Spannen“. Diese gliedert eine systematisierte Sammlung von Geometriemerkmalspaaren in der erste Ebene je nach Protrusion und Retrusion. In der zweiten Ebene werden die Lösungen bspw. nach der Form oder Fertigungsweise der Geometriemerkmale unterteilt (Bsp. Merkmal mit Materialaussparung oder umgeformtes Merkmal). Zusätzlich kann zu jeder Lösungsmöglichkeit mit einem Zusatzbuchstaben vermerkt werden, ob bspw. Dichtheit erreicht werden kann oder wie der physikalische Effekt der biV-Verbindung ist[556].

SCHLATHER hat in seiner Dissertation das Konzept eines sogenannten „Spannmerkmalskatalog“ vorgestellt, der sich in der Darstellungsform zu HANSENS Konzept unterscheidet und den Steckbriefen von NAING ähnelt. Auf jedem Steckbrief wird ein Geometriemerkmalspaar unter Angabe u. a. der Merkmals-Identifikationsnummer (ID), der Geometrie- sowie der Toleranzwerte, einer Abbildung des Geometriemerkmals sowie seiner Herstelldaten und der zu erreichenden Spannkraft bei der Vorrichtungsfunktion „Spannen“. Angaben zu weiteren Vorrichtungsfunktionen, zum nachfolgenden Fügeprozess oder zu einer übergeordnete Systematisierung der jeweiligen Steckbriefe sind nicht zu entnehmen[557].

---

555 NAING, „Feature Based Design for Jigless Assembly“, 2004, S. 147 – 148; 231 – 232; 343 – 344.

556 HANSEN, „Methodik zur Bauteilintegration von Vorrichtungsfunkt…“, 2020, S. 143 – 44.

557 SCHLATHER, „Methodische Auslegung bauteilintegrierter Spanntechnik …“, 2020, S. 80 – 81.

3.4 Forschungsbedarf bauteilintegrierter Vorrichtungsfunktionen

In Kapitel 3.1 ist einführend ein Überblick zu biV aus Sicht der in dem Themenfeld relevanten Arbeitsgruppen aus der einschlägigen Literatur beschrieben, woraus sich nachfolgende Schlussfolgerungen für den Forschungsbedarf ziehen lassen. Für einzelne Prozessschritte und konventionelle Technologien besteht ein tiefgreifendes Verständnis, jedoch fehlt aufgrund des produkt- und produktionsseitigen Integrationsansatzes von biV eine ganzheitliche Betrachtung der biV-Prozesskette, um die dort auftretenden Interdependenzen zu verstehen und ein Systemwissen zu erzeugen. Darüber hinaus werden in der Literatur fast ausschließlich konventionelle Fertigungstechnologien in der Bauteilfertigung (bspw. Scherschneiden und Tiefziehen) mit biV berücksichtigt, die im Sinne einer flexiblen Fertigung nur bedingt geeignet sind.

Eine Übersicht über die in den Kapiteln 3.1 bis 3.3 vorgestellten Inhalte ist in der **Abbildung 3.4** anhand des Produktlebenszyklus (Abszisse) zusammenfassend dargestellt. Die dunkelgraue Farbgebung indiziert veröffentlichte, die gestreifte eine teilweise bzw. ungenügende und die farblose eine identifizierte Lücke in der Forschung.

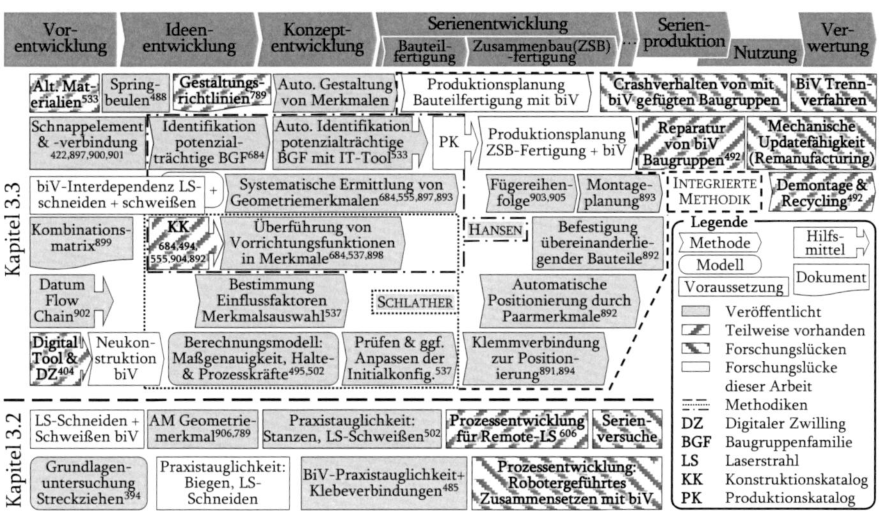

Abb. 3.4: Aus der Systematischen Literatur- (SLR) und Patentrecherche (SPR) abgeleitete Forschungslandschaft und im Hinblick auf die Zielsetzung dieser Arbeit identifizierte Forschungslücken von biV. In Anlehnung an FIEDLER ET AL.[558,559]

---

[558] FIEDLER ET AL., „Towards a Method to Design Production Systems for …“, 2021, S. 722 – 23.

[559] Die in der Abbildung angegebenen Verweise beziehen sich auf die Fußnoten 393 bis 558.

Der Stand der Forschung zu experimentellen und modellbasierten Untersuchungen zum Systemwissen von biV ist in Kapitel 3.2 beschrieben und offenbart, dass unterschiedliche Autor:innen ausführliche Arbeiten von der konzeptionellen Ebene bis zur Modellentwicklung sowie -validierung veröffentlicht haben. Insbesondere das Systemwissen von konventionell gefertigten Schnappverbindungen wurde experimentell tiefgreifend untersucht und die Modelle zur Bestimmung der auftretenden Toleranzen sowie der Fügekräfte mit biV werden als ausreichend eingeschätzt. Es ist festzustellen, dass die Interdependenzen in der biV-Prozesskette experimentell unzureichend analysiert wurden und im Hinblick auf die Bauteilherstellung mittels Laserstrahlschneiden und dessen Auswirkungen auf die nachfolgenden Prozessschritte keine experimentellen Untersuchungen, Modelle oder Gestaltungsregeln zum Systemwissen von biV bestehen.

In Kapitel 3.3 ist der Stand der Forschung zu Methodiken, Modellen und Hilfsmitteln zur Auslegung von biV und dessen Geometriemerkmalen aus der einschlägigen Literatur beschrieben, woraus sich nachfolgende Schlussfolgerungen für den Forschungsbedarf ziehen lassen. Die konstruktionsseitige und methoden- sowie modellgestützte Auslegung von biV bzw. Geometriemerkmalen ist tiefgehend in der Literatur mit teilweise überschneidenden Inhalten dargestellt *(vgl. u. a. die dargestellten Methodiken mit gestrichelten Linien in Abb. 3.4)*. Die vereinzelten Ansätze zur Systematisierung von Lösungsmöglichkeiten zu biV in Form von Hilfsmitteln (z. B. Konstruktionskataloge) unterscheiden sich und werden durch die teilweise oberflächliche Analyse als nicht ausreichend detailliert bewertet. Diese Inhalte sind der Ideen- und Konzeptentwicklungsphase des PEP zuzuordnen. Darüber hinaus sind aus der Literatur keine Methodiken für die Auslegung einer Zusammenbaufertigung mit biV aus dem Themenfeld der Produktions- und Fabrikplanung bekannt. Ebenso sind Hilfsmittel, wie bspw. ein Konstruktionskatalog in der Produktauslegung, als Ergänzung und Unterstützung in der Produktionsplanung mit biV in der einschlägigen Literatur nicht zu finden.

In diesem Kapitel wurde der Stand der Forschung zu biV auf Basis der SLR und SPR zusammengefasst und im Rahmen einer Forschungslandschaft *(vgl. Abb. 3.4)* gegenübergestellt. Der daraus visuell sichtbare Forschungsbedarf wird im nachfolgenden Kapitel zunächst im Kontext der Motivation dieser Arbeit widergespiegelt und anschließend daraus der Handlungsbedarf abgeleitet.

3.5 Handlungsbedarf, Zielsetzung und Vorgehensweise

Das Ziel dieses Kapitels ist es, den identifizierten Forschungsbedarf zu biV aus dem vorherigen Kapitel im Hinblick auf die Motivation dieser Arbeit in einen Handlungsbedarf zu überführen. Basierend auf diesem Handlungsbedarf wird die Zielsetzung mit Forschungsfragen hergeleitet. Die methodische Vorgehensweise zur Erarbeitung des Erkenntnisgewinns erfolgt anhand des Design Science Research (DSR)-Ansatzes.

Der Ansatz biV ist ein Paradebeispiel für die Notwendigkeit einer integrierten Produkt- und Prozessentwicklung, da durch das Geometriemerkmal im Bauteil nicht nur das Produkt ausgelegt wird, sondern ebenfalls die für die anschließende Produktion relevanten Merkmale berücksichtigt werden müssen. Hieraus lässt sich schlussfolgern, dass die Auslegung von biV prozessschrittübergreifend und produkt- sowie produktionsseitig anhand der Prozesskette erfolgen sollte, um trotz der komplexen Aufgabenstellung die in Kapitel 3.1 beschriebenen Vorteile heben zu können. Um – wie in der Motivation dieser Arbeit dargelegt – eine flexible Produktion für die Herausforderungen im Karosseriebau zu fördern, wird im Kontext des identifizierten Forschungsbedarfs zu biV *(vgl. Abb. 3.4)* die laserbasierte Fertigung anstelle konventioneller Fertigungstechnologien zur Flexibilisierung der Prozesskette mit biV fokussiert. Das hierfür notwendige und nicht vorhandene Systemwissen einer laserbasierten Prozesskette für biV stellt den Untersuchungsschwerpunkt dieser Arbeit dar. Damit das gewonnene Systemwissen auch in der Praxis und nicht nur intuitiv durch Expert:innen angewandt werden kann, liegt der methodische Teil dieser Arbeit darin, den Erkenntnisgewinn in passende Methodiken und Hilfsmittel zu überführen. Auf Basis der Motivation und des abgeleiteten Handlungsbedarfs lässt sich die Zielsetzung der Arbeit bestimmen, die nach TURABIAN die Beschreibung des Themas – bspw. den Hintergrund oder die Herangehensweise – und die Relevanz der Fragestellung beinhalten sollte[560].

Folglich ist das Ziel dieser Arbeit der Erkenntnisgewinn zum Systemwissen einer flexiblen laserbasierten Prozesskette für biV, damit das dadurch erzeugte Wissen in Methodiken und Hilfsmittel überführt werden kann, um eine praxisnahe Anwendung in der integrierten Produkt- und Produktionsentwicklung im PEP des Karosseriebaus zu ermöglichen.

Zur wissenschaftlichen Untersuchung empfiehlt KUBICEK die Formulierung von Forschungsfragen, mit denen die zu untersuchende Problemstellung präzisiert wird und somit Erfahrungswissen gewonnen werden soll[561]. In Bezug auf diese Arbeit und auf Basis des Stands der Forschung zu biV lässt sich feststellen, dass die nachfolgende Forschungsfrage nur unzureichend beantwortet werden kann.

---

[560] TURABIAN, „A manual for writers of research papers, theses, and dissertation", 2011, S. 16 – 20.

[561] KUBICEK, „Heuristische Bezugsrahmen und heuristisch angelegte Forschungsdesign ...", 1977, S. 14 – 15.

Wie müssen bauteilintegrierte Vorrichtungsfunktionen (biV) für Blechbauteile produkt- und produktionsseitig gestaltet sein, um eine Zusammenbaugruppe im Karosseriebau mit einer flexiblen laserbasierten Prozesskette vorrichtungslos zu fertigen?

Für eine adäquate Auseinandersetzung mit der Forschungsfrage in dieser Arbeit wird diese in nachfolgende drei Unter-Forschungsfragen (UFF) gegliedert. Dieser Vorgang ermöglicht zum einen eine spezifischere Formulierung der Fragestellung und zum anderen eine dedizierte inhaltliche Zuordnung zwecks Untersuchung in den jeweiligen nachfolgenden Kapiteln dieser Arbeit.

1. UFF: *Welche Interdependenzen bestehen in der laserbasierten flexiblen Prozesskette von der Bauteilherstellung bis zum Zusammenbau und wie wirken sich diese auf die produkt- und produktionsseitige Gestaltung von Geometriemerkmalen bauteilintegrierter Vorrichtungsfunktionen (biV) aus?*
2. UFF: *Wie lässt sich das erlangte Systemwissen zur laserbasierten flexiblen Prozesskette für biV synthetisieren und wie kann ein mögliches Hilfsmittel gestaltet und methodisch anwendbar eingebettet werden?*
3. UFF: *Wie muss eine Methodik mit Hilfsmitteln gestaltet sein, um eine vorrichtungslose Zusammenbaufertigung mittels bauteilintegrierter Vorrichtungsfunktionen zu ermöglichen?*

Die Vorgehensweise zur Erarbeitung dieser Arbeit orientiert sich an dem zu erzielenden Erkenntnisgewinn durch Beantwortung der zuvor aufgeführten Forschungsfrage und der Unterforschungsfragen. Der Zuwachs an gesichertem Wissen kann ein entscheidender unternehmerischer Wettbewerbsvorteil sein[562], weshalb der damit verbundene wissenschaftliche Erkenntnisgewinn einen wesentlichen Beitrag dazu leisten kann. Häufig wird der wissenschaftliche Erkenntnisgewinn durch eine praxisrelevante Problemstellung initiiert[563,564] und ist u. a. charakterisiert durch die Anwendung von wissenschaftlichen Methoden, durch eine nachvollziehbare Dokumentation und einen wissenschaftlichen Diskurs in der Wissenschaftsgemeinde[565]. Die in dieser Arbeit verwendete übergeordnete Forschungsmethodik ist der Ansatz des Design Science Research (DSR), der generell der iterativen Entwicklung von Lösungsansätzen in Form von innovativen Artefakten im Kontext einer Umgebung mit praxisorientierter Problemstellung und einer passenden Wissensbasis zur Lösung ebendieser dient[566,567].

---

[562] PAWLOWSKY, „Wissensmanagement", 1998, S. 10 – 13.
[563] DÖRING ET AL., „Forschungsmethoden und Evaluation in den Sozial- …", 2016, S. 5.
[564] POPPER, „Die Logik der Sozialwissenschaften", 2017, S. 216.
[565] DÖRING ET AL., „Forschungsmethoden und Evaluation in den Sozial- …", 2016, S. 7 – 8.
[566] VOM BROCKE ET AL., „Introduction to Design Science Research", 2020, S. 1 – 3; 5.
[567] VOM BROCKE ET AL., „Special Issue Editorial –Accumulation and Evolution of Design …", 2020, S. 521 – 23.

Im Zentrum des DSR steht der „Design Cycle", mit dem die Artefakte als Lösungsansätze iterativ entwickelt werden. Dessen Problemstellung und Relevanz wird über einen iterativen Austausch („Relevance Cycle") mit den Rahmenbedingungen aus der Umgebung abgesichert und evaluiert. Der iterative Austausch mit der Wissensbasis („Rigor Cycle") stellt zum einen die für den „Design Cycle" notwendigen Grundlagen und Methoden zur Entwicklung von Artefakten bereit und zum anderen wird der Erkenntnisgewinn in Form der Artefakte anschließend der Wissensbasis ergänzt[568,569].

In der **Abbildung 3.5** sind der inhaltliche Aufbau, die angestrebten Artefakte und die Vorgehensweise dieser Arbeit anhand des Wegs des Erkenntnisgewinns entlang der Prozesskette für biV veranschaulicht. Abgeleitet aus dem Forschungsbedarf zu biV wird die Prozesskette für biV experimentell untersucht, um aus der Analyse der Interdependenzen ein Systemwissen für biV zu erzeugen, welches anschließend in Gestaltungsregeln überführt wird *(vgl. Kap. 4.1 – 4.5)*. Anschließend werden das Systemwissen und die Gestaltungsregeln zu biV in die komplementären Hilfsmittel Konstruktions- sowie Produktionskatalog synthetisiert *(vgl. Kap. 4.6 und 5.1)* und für die Anwendung im PEP in eine Methodik für den Konstruktions- und Produktionsprozess integriert *(vgl. Kap. 4.7 – 5.3)*. Das Systemwissen und die Hilfsmittel werden anschließend durch Anwendung der Methodik an zwei Fallbeispielen evaluiert *(vgl. Kap. 6)*.

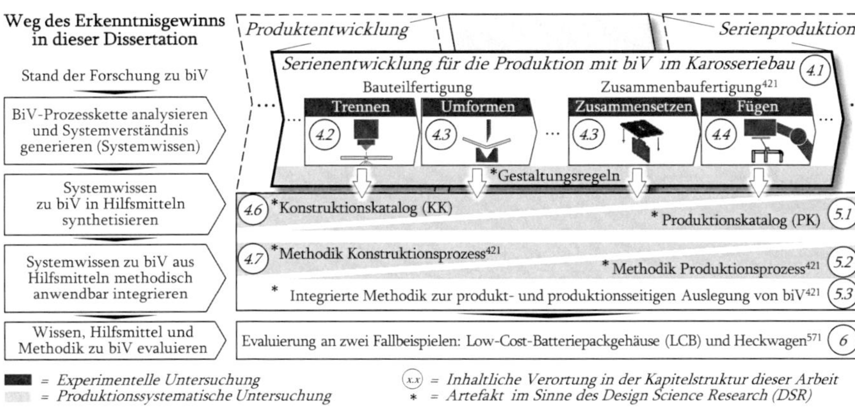

Abb. 3.5: Übersicht zur Vorgehensweise in dieser Arbeit anhand des Wegs des Erkenntnisgewinns, der flexiblen Prozesskette für bauteilintegrierte Vorrichtungsfunktionen (biV), den Artefakten des Design Science Research (DSR) und der Kapitelstruktur[570]

[568] HEVNER ET AL., „Design Science in Information Systems Research", 2004, S. 79 – 81.

[569] HEVNER, „A Three Cycle View of Design Science Research", 2007, S. 1 – 5.

[570] Die in der Abbildung angegebenen Verweise beziehen sich auf die Fußnoten 421 und 571.

Im Sinne des DSR dient als Umgebung in dieser Arbeit die Domäne des automobilen Karosseriebaus, die in Kapitel 1 beschriebene Problemstellung mit dem Ziel einer flexiblen Produktion und der Anwenderkreis im PEP für die zu entwickelnden Artefakte. Als Wissensbasis dienen die Anlagen- und Vorrichtungstechnik, die im Karosseriebau anzuwendende Fertigungstechnik mit Fokus auf Laserstrahlschneiden und RLS, Methodiken sowie Hilfsmittel und biV. Zur Sicherstellung der Relevanz und einer anwendungsorientierten und iterativen Entwicklung von Artefakten wird begleitend zum Weg des Erkenntnisgewinns dieser Arbeit eine repräsentative Karosseriebaugruppe in Form eines Batteriepackgehäuses für kleine Stückzahlen verwendet. Dies ist das bereits in Veröffentlichungen als Fallbeispiel zur Untersuchung von biV verwendete und sogenannte Low-Cost-Batteriepackgehäuse (LCB)[571,572,573].

Das LCB eignet sich insbesondere aus nachfolgenden Gründen als begleitendes Fallbeispiel für den Weg des Erkenntnisgewinns in dieser Arbeit. Zum einen gab es von der Anwenderseite aus die Problemstellung, aus der Prototypenphase mit einem möglichst flexiblen Produktionsprozess in die Produktionsanlaufphase überzugehen, um damit die Möglichkeit zu haben, Änderungsanforderungen und volatile Stückzahlen effizient bedienen zu können. Zum anderen bietet die Produkt- und Produktionsstruktur mit laserstrahlgeschnittenen und mittels Gesenkbiegen umgeformten Bauteilen aus 1,5 mm bis 2,5 mm dicken Aluminium- oder Stahlblechen eine passende Voraussetzung für die Untersuchung der laserbasierten flexiblen Prozesskette für biV. Im weiteren Verlauf der Arbeit wird auf das LCB als Fallbeispiel an geeigneten Stellen Bezug genommen. Weitere Informationen sind dem **Kapitel 11.6** zu entnehmen.

Im nachfolgenden Kapitel wird die Prozesskette für biV hinsichtlich der produkt- und produktionsseitigen Auslegung theoretisch und experimentell untersucht, um ein Systemwissen für biV zu erzeugen.

---

571 KAMPKER ET AL., „Laserstrahlgeschweißtes Batteriepackgehäuse für Elektrofahrzeuge“, 2019, S. 76 – 77.

572 FIEDLER ET AL., „Laser Welding Process Development for Jigless Joining of …“, 2019, S. 2.

573 SCHUH ET AL., „Flexible Production Concept of a Low-Cost Battery Pack …“, 2020, S. 138 – 39.

4 Produkt- und prozessseitige Auslegung von Geometriemerkmalen

Das vierte Kapitel hat zum Ziel, ein Systemwissen für biV durch experimentelle Untersuchungen an der flexiblen Prozesskette zu erzeugen, um daraus Gestaltungsregeln abzuleiten, die für eine praxisnahe Anwendung durch Produktentwickler in einen Konstruktionskatalog (KK) für biV synthetisiert und in eine Methodik zur Konstruktionsauslegung integriert werden. Zur Erreichung dieses Ziels werden die Artefakte im Sinne des DSR anhand des praxisnahen Fallbeispiels LCB sowie den dort anzutreffenden Fügestößen und eingesetzten biV entwickelt *(vgl. Kap. 11.6)*. Die Vorgehensweise wird anhand der ersten beiden UFF nachfolgend beschrieben.

Der erste Teil des Erkenntnisgewinns dieses Kapitels versteht sich als Antwort auf die 1. UFF dieser Arbeit *„Welche Interdependenzen bestehen in der laserbasierten flexiblen Prozesskette von der Bauteilherstellung bis zum Zusammenbau und wie wirken sich diese auf die produkt- und produktionsseitige Gestaltung von Geometriemerkmalen bauteilintegrierter Vorrichtungsfunktionen (biV) aus?"* und wird anhand nachfolgender Vorgehensweise erarbeitet. Auf Basis der in der SLR identifizierten Literatur und eigener Vorarbeiten werden Implikationen für die experimentelle Versuchsplanung zur Untersuchung der flexiblen Prozesskette und das zur Untersuchung stehende Geometriemerkmal zur Sicherstellung der Praxisnähe beschrieben *(vgl. Kap. 4.1)*. Anschließend erfolgt die schrittweise experimentelle Untersuchung zum Systemwissen und zu den Interdependenzen der flexiblen Prozesskette *(vgl. Kap. 4.2 bis 4.5)*.

Der zweite Teil des Erkenntnisgewinns des Kapitels 4 beantwortet die 2. UFF dieser Arbeit *„Wie lässt sich das erlangte Systemwissen zur laserbasierten flexiblen Prozesskette für biV synthetisieren und wie kann ein mögliches Hilfsmittel gestaltet und methodisch eingebettet werden?"* anhand der nachfolgenden Vorgehensweise. Basierend auf dem generierten Systemwissen zu biV und den abgeleiteten Gestaltungsregeln *(vgl. Kap. 4.2 bis 4.5)* erfolgt in Kapitel 4.6 die Synthese in einen eigens dafür entwickelten KK als Hilfsmittel in der methodischen Anwendung. Aus bestehenden Methodiken zur Konstruktionsauslegung mit biV wird in Kapitel 4.7 eine Synthese erzeugt und im Kontext des KK sowie der flexiblen Prozesskette weiterentwickelt, bevor mit einem Zwischenfazit abgeschlossen wird.

4.1 Planung der experimentellen Untersuchung zum Systemwissen von biV

Dieses Kapitel führt in die experimentelle Untersuchung der flexiblen Prozesskette für biV ein und beginnt in Kapitel 4.1.1 mit einer Synthese der im Rahmen der SLR als hierfür relevant identifizierten Literatur und der eigenen Vorarbeiten. Auf Basis einer daraus abgeleiteten Liste wird anschließend die experimentelle Untersuchung auf der Ebene der flexiblen Prozesskette für biV geplant *(vgl. Kap. 4.1.2)* und beinhaltet die Prozessschritte „Laserstrahlschneiden", „Zusammensetzen" und „RLS".

4.1.1 Synthese der Vorarbeiten und Implikationen auf die Versuchsplanung

Anhand der Prozessschritte der flexiblen Prozesskette für biV werden nachfolgend die Implikationen anhand der „Bauteilfertigung", des „Zusammensetzens" und des „Fügens" beschrieben. Die Beschreibung baut auf die in Kapitel 3 vorgestellten Arbeiten im Themenfeld biV auf.

Prozessschritt „Trennen" und „Biegen" (Bauteilfertigung mit biV)

Aus dem Kapitel 3 geht hervor, dass WURSTER ET AL. und SCHLATHER ET AL. in ihren Arbeiten die konventionellen Fertigungstechnologien Scherschneiden und Tiefziehen im Kontext der Bauteilherstellung von Geometriemerkmalen berücksichtigt haben. Die Arbeitsgruppe der RWTH AACHEN UNIVERSITY hat hingegen bei der Bauteilherstellung von Geometriemerkmalen das flexiblere Laserstrahlschneiden und Gesenkbiegen in ihren Arbeiten berücksichtigt. Verwandte Arbeiten außerhalb des Kontexts von biV, wie bspw. SCHEDEWY ET AL.[574], haben zwar Laserstrahlschneiden in der Bauteilherstellung berücksichtigt, sich jedoch auf die Gestaltung des anschließenden RLS konzentriert. Der vorangegangene Prozess wurde nicht charakterisiert und der Einfluss auf die Prozesskette wurde ebenfalls nicht berücksichtigt. Weiterhin wurden Vorrichtungsfunktionen und deren möglicher Einfluss nicht betrachtet. Aus der Literatur ist bekannt, dass Toleranzvorgaben von gefertigten Bauteilen einen entscheidenden Einfluss auf die Kosten haben können[575] und im Kontext von Geometriemerkmalen von biV auch auf die resultierenden Haltekräfte[576] oder den Zusammenbau[577].

Als Zwischenfazit zur Bauteilherstellung lässt sich festhalten, dass zwar Geometriemerkmale für anschließende Prozesse konventionell und flexibel gefertigt wurden, jedoch wurde das Prozessergebnis nicht charakterisiert und die Interdependenzen mit

---

[574] SCHEDEWY ET AL., „LBW of high stiffness light weight structures generated …", 2008, S. 332; 338.

[575] KLEIN, „Toleranzdesign im Maschinen- und Fahrzeugbau", 2015, S. 191 – 92.

[576] SCHLATHER, „Methodische Auslegung bauteilintegrierter Spanntechnik …", 2020, S. 63.

[577] NAING, „Feature Based Design for Jigless Assembly", 2004, S. 56.

den anderen Prozessschritten hinsichtlich der Zielkriterien Qualität, Kosten und Zeit nicht betrachtet. Vielmehr sollten die durch Parameter verursachten verschiedenen Bauteilqualitäten analysiert und hinsichtlich der Interdependenzen in der flexiblen Prozesskette untersucht werden, um ein notwendiges Systemwissen zu erzeugen und die für eine effiziente flexible Prozesskette notwendige Qualität zu erreichen.

Prozessschritt „Zusammensetzen" (Zusammenbaufertigung mit biV)

Aus der Analyse der relevanten Inhalte zum Prozessschritt „Zusammensetzen" aus dem Kapitel 3 geht hervor, dass SCHLATHER und WURSTER jeweils zu unterschiedlichen Geometriemerkmalen den Einfluss von Geometrieparametern auf resultierende Füge- und Haltekräfte untersucht haben. Im Prozessschritt des „Zusammensetzens" lässt sich als Zwischenfazit festhalten, dass die Gestaltung von Geometriemerkmalen zur Erfüllung von Vorrichtungsfunktionen (bspw. „Spannen") und der produktseitigen Anforderungen (bspw. Toleranzen) bei bisherigen Untersuchungen im Fokus standen. Zwar wurde teilweise der Einfluss bestimmter Parameter von Geometriemerkmalen auf das Zusammensetzen untersucht, jedoch wurde der Einfluss vorausgegangener Prozessschritte als auch die Auswirkung auf nachfolgende Prozessschritte nicht betrachtet.

Prozessschritt „Fügen" (Zusammenbaufertigung mit biV)

In Kapitel 2 zu den Grundlagen dieser Arbeit wurden u. a. die Herausforderungen und Chancen von RLS in der Tabelle 2.1 zusammengefasst. Diese treffen größtenteils auch hinsichtlich des „Fügens" von biV zu, weshalb im Nachfolgenden der Bezug hierzu zum Stand der Forschung zu biV aus dem Kapitel 3 genommen wird.

Hinsichtlich der Fügestöße mit Anwendung von biv geht hervor, dass sowohl WURSTER als auch SCHLATHER eher flächig aneinander liegende Überlappstoße betrachtet haben. Diese sind im konventionellen Karosseriebau üblich aufgrund der für die Schalenbauweise überwiegend genutzten Fertigungsverfahren Scherschneiden und Tiefziehen. Im Gegensatz dazu haben bspw. FIEDLER ET AL. das RLS mit biV bzw. am Geometriemerkmal an Probenanordnungen mit einem T-Stoß untersucht. Diese Anordnung beruht auf den vorangegangen Prozessschritten „Laserstrahlschneiden" und „Biegen" und wird ohne Bezug zu biV auch als Lasche-Schlitz-Verbindung bezeichnet[578]. Außerhalb des Kontexts von biV wurden im Rahmen der SLR und SPR weitere dieser Verbindungen identifiziert. Eine Arbeitsgruppe um SCHEDEWY ET AL. hat bspw. das RLS hinsichtlich prozessseitiger Nachteile untersucht[579,580] und Erkenntnisse in

[578] FIEDLER ET AL., „Laser Welding Process Development for Jigless Joining of ...", 2019, S. 1 – 4.

[579] SCHEDEWY, „Laserstrahlgeschweißte Steg-Schlitz-Verbindungen - neue Design...", 2008, S. 38.

[580] SCHEDEWY ET AL., „LBW of high stiffness light weight structures generated ...", 2008, S. 332 – 34.

einem Patent angemeldet[581]. Aufbauend darauf hat JAHN die Lasche-Schlitz-Verbindung als Zentrierhilfe für den Zusammenbau eines Leichtbauprofils untersucht. Durch Einsatz dieser Verbindung konnten Flanschbreiten deutlich reduziert und die Möglichkeit einer artfremden Werkstoffverbindung mit Leichtmetallen betrachtet werden[582]. Eine T-Stoß-Verbindung wurde in den Arbeiten von PETERS ET AL. und FRICKE ET AL. hinsichtlich RLS untersucht. Der Unterschied im Vergleich zu den anderen Arbeiten liegt darin, dass keine Lasche-Schlitz Verbindung vorherrscht, sodass die Schweißverbindung durch ein geschlossenes Oberblech in die um 90° gedreht darunterliegende Lasche erzeugt wird[583,584]. Im Zuge der SPR wurden noch weitere ähnliche Blechanordnungen identifiziert, die ähnlich zu der in dieser Arbeit betrachteten Blechanordnung von BERGWEILER[585] sind. Weitere Informationen hierzu sind der Zusammenfassung der SPR in den Tabellen 11.10 – 11.14 oder bspw. den Quellen zu entnehmen[586,587,588,589].

Hinsichtlich der Herausforderung der Zinkentgasung ist aus der Literatur bekannt, dass hierzu hohe Anforderungen an einen Fügestoß gestellt werden, um eine definierte Entgasung und dadurch eine entsprechende Schweißnahtqualität und Prozessstabilität zu erreichen[590,591]. Aus den verschiedenen in der Literatur diskutierten Lösungsansätzen[592] hat insbesondere die Bauteilgestaltung einen entsprechenden Einfluss, indem bspw. Entgasungsspalte über umformtechnisch eingebrachte Sicken[593] oder eine Winkelanstellung der Fügeflansche[594] vorgesehen werden.

Aus der Literatur in Kapitel 2 ist weiterhin bekannt, dass die Spaltüberbrückbarkeit beim RLS ohne Schweißzusatzwerkstoff hohen Anforderungen unterliegt. Sofern keine geeignete Schweißvorrichtung den notwendigen Schweißspalt einstellt, fehlt beim RLS im Vergleich zum WPS ein mechanisches Aneinanderpressen der Fügepartner[595]. Somit sind je nach Konfiguration maximale Spaltmaße in einem Überlappstoß

[581] STANDFUß ET AL., „Selbstzentrierende Steg-Deckblechverbindung“, 2011, S. 1 – 2.
[582] JAHN, „Lasergeschweißte Leichtbauprofile in Integral-Mischbauweise“, 2012, S. 82 – 83.
[583] PETERS ET AL., „Laserstrahlgeschweißte T-Stoß-Verbindungen in Stahlhohlplatten“, 2015, S. 643 – 45.
[584] FRICKE ET AL., „Fatigue strength of laser-stake welded T-joints subjected to …“, 2016, S. 593 – 95.
[585] BERGWEILER, „Verfahren zum Verbinden von Blechteilen und Blechanordnung“, 2016, S. 1 – 2.
[586] BISHOP, „Verbindung für Blechteile und Verfahren zum Verbinden von …“, 1999, S. 1 – 3; 23 – 26.
[587] BISHOP ET AL., „Eine Verbindung für Bleche und Verfahren zum Verbinden …“, 2001, S. 1 – 2; 7.
[588] LINGENFELSER ET AL., „Ermüdungsbeständige Schlitz- und Laschenkomponente, …“, 2003, S. 1 – 2; 16 – 19.
[589] MEYER ET AL., „Verfahren zum Verbinden von Bauteilen durch Nieten oder …“, 2004, S. 1 – 3.
[590] SAFRONOV ET AL., „Fixture free laser beam welding for the automotive body shop“, 2021, S. 2.
[591] AKHTER ET AL., „Welding Zinc-Coated Steel with a Laser and the Properties …“, 1991, S. 10 – 13.
[592] MA ET AL., „Mitigating Zinc Vapor Induced Weld Defects in Laser …“, 2012, S. 118 – 20.
[593] BLEY ET AL., „An Alternative Approach for the Cost-efficient Laser Welding …“, 2007, S. 17 – 18.
[594] GRIMM, „Bauteilanordnung und Verfahren zum Laserstrahlschweißen“, 2016, S. 1 – 2; 8 – 9.
[595] SAFRONOV ET AL., „Fixture free laser beam welding for the automotive body shop“, 2021, S. 1 – 3.

von 0,3 mm ohne und 0,6 mm mit Oszillation des Laserstrahls möglich[596]. In weiteren Quellen werden maximale Spaltmaße je nach Blechdicke und Fügestoß von 10 % der kleinsten Blechdicke einer Fügeverbindung (im Bereich 1 – 2 mm Blechdicke) oder < 0,1 mm bei einem Stumpfstoß angegeben[597]. Weitere Informationen aus der Praxis an die Schweißnahtvorbereitung für RLS ist bspw. HAVRILLA zu entnehmen[598]. Eine produktseitige Einflussnahme ist durch eine entsprechende Schweißnahtvorbereitung nach DIN EN ISO 9692[599] möglich, wie sie bspw. auch für Fügeverbindungen ohne Bezug zu biV angewandt wird. Mit Bezug zum RLS wurde im Rahmen der SPR eine Patentschrift der Firma TRUMPF identifiziert, bei der die im Zuge der Bauteilfertigung erzeugten Nachteile hinsichtlich der Spaltüberbrückung durch eine gestaltete Bauteilgeometrie als Schweißzusatzwerkstoff fungiert. Diese Bauteilgeometrie wird beim RLS abgeschmolzen und füllt den Fügespalt auf[600].

Diesen Prozessschritt adressieren die meisten Vorarbeiten zu dieser Arbeit, die im Rahmen der Arbeitsgruppe an der RWTH AACHEN UNIVERSITY gemeinschaftlich entstanden sind. KAMPKER ET AL. beschrieben 2017, dass eine Einflussanalyse von den Fertigungsprozessen der flexiblen Prozesskette auf die Bauteilverbindung durchgeführt[601] und ein dedizierter Schweißprozess qualifiziert werden sollte[602]. Basierend auf dem von KAMPKER ET AL. in 2019 vorgestellten, vorrichtungslos gefügten LCB[603] haben FIEDLER ET AL. und SCHUH ET AL. die Entwicklung des RLS für die dort verbauten biV fokussiert. Aufgrund der in der Literatur unzureichend vorhandenen Informationen für die schweißgerechte Gestaltung von biV wurden umfangreiche Experimente mit RLS durchgeführt, um Gestaltungsregeln für Geometriemerkmale zu entwickeln[604]. Bei der Versuchsdurchführung wurde ein vollfaktorieller Versuchsplan verwendet, in dem die Laserleistung in 500 W-Schritten zwischen 2.500 – 4.000 W, der Überstand der Lasche in 0,5 mm-Schritten (0,0 – 2,5 mm) und das Spaltmaß in 0,05 mm-Schritten zwischen 0,00 – 0,25 mm variiert wurde. Diese 144 Faktorstufen wurden anschließend hinsichtlich der Schweißnahtunregelmäßigkeiten, der max. Zugkraft und des Querschliffes ausgewertet[605] und in einem Prozessfenster dargestellt. Zwar konnten daraus erste Gestaltungsregeln abgeleitet werden, jedoch wurde der Einfluss der Bauteilherstellung

[596] MÜLLER ET AL., „Laser Beam Oscillation Strategies for Fillet Welds in Lap Joints“, 2014, S. 463 – 64.
[597] KATAYAMA, „Handbook of Laser Welding Technologies“, 2013, S. 185 – 87.
[598] HAVRILLA, „Laser Welding Design and Process Fundamentals and Troubleshooting …“, 1999, S. 52 – 56.
[599] DIN EN ISO 9692-1:2013-12, „Schweißen und verwandte Prozesse - Arten der …“, 2013, S. 1 – 2; 7 – 11.
[600] HEUSEL, „Blechbauteil mit einer laserschweißgerechten dreikantigen Ecke, …“, 2013, S. 1 – 2; 6 – 7.
[601] KAMPKER ET AL., „Vorrichtungsloses Fügen von Fahrzeugrahmen“, 2018, S. 45.
[602] KAMPKER ET AL., „Produktionseffizienz in der Kleinserie (ProeK)“, 2017, S. 578 – 79.
[603] KAMPKER ET AL., „Laserstrahlgeschweißtes Batteriepackgehäuse für Elektrofahrzeuge“, 2019, S. 77 – 78.
[604] FIEDLER ET AL., „Laser Welding Process Development for Jigless Joining of …“, 2019, S. 3.
[605] FIEDLER ET AL., „Laser Welding Process Development for Jigless Joining of …“, 2019, S. 3 – 4.

und der Geometriemerkmale zum „Spannen“ nicht untersucht[606]. Weitere Details sind in den Arbeiten von FIEDLER ET AL.[607] und SCHUH ET AL.[608] zu finden.

Als Zwischenfazit zum letzten Prozessschritt „Fügen“ lässt sich festhalten, dass die in Kapitel 3 beschriebenen Arbeiten den Fügeprozess lediglich außerhalb des Geometriemerkmals betrachtet haben, was grob gesehen den Fügeaufgaben konventioneller Zusammenbaugruppen ohne biV sehr ähnelt. Vielmehr sollte aus fügetechnischer Sicht der Einfluss der Gestaltung und der Fertigung von Geometriemerkmalen auf den Fügeprozess hinsichtlich Qualität, Kosten und Zeit betrachtet werden. In dem Zusammenhang ist es von Interesse, wie sich die aus der Praxis bekannten Störgrößen (bspw. Bauteilqualität oder Prozessabweichungen) auswirken und wo die Grenzen für eine stabile Prozessführung liegen. Hierbei sollten die vorher beschriebenen Herausforderungen hinsichtlich der Zinkentgasung und Spaltüberbrückbarkeit als eine Funktionsintegration im Sinne der biV berücksichtigt werden.

Zusammenfassend lässt sich für die Implikationen auf die flexible Prozesskette festhalten, dass sich die Vorarbeiten größtenteils auf singuläre Fertigungsprozesse und auf die Untersuchung der Prinziptauglichkeit fokussierten. Fragestellungen aus einer prozessschrittübergreifenden und praxisnahen Betrachtung unter Berücksichtigung der Größen aus dem Zielkonflikt Kosten, Zeit und Qualität wurden nicht explizit untersucht. In der **Tabelle 11.15** sind die in diesem Kapitel zusammengefassten Anforderungen und Grenzen zu jedem Prozessschritt der flexiblen Prozesskette für biV zusammengefasst. Die Inhalte ohne Bezug zu biV werden im weiteren Verlauf der Arbeit berücksichtigt und für die Anwendung hinsichtlich biV weiterentwickelt.

4.1.2 Experimentelle Versuchsplanung zur Untersuchung der flexiblen Prozesskette für biV

Aufbauend auf dem im vorherigen Kapitel vorgestellten Zielkonflikt hat die experimentelle Versuchsplanung zum Ziel, eine ausreichende Qualität der Geometriemerkmale für eine robuste flexible Prozesskette zu identifizieren, um somit Fertigungskosten und -zeit gering zu halten. **Abbildung 4.1** gibt einen ersten Einblick, wie ausgehend von der flexiblen Prozesskette für biV die auftretenden Interdependenzen im Hinblick auf den Zielkonflikt in Zusammenhang stehen können. Die Darstellung verdeutlicht, dass jeweils die nachgelagerten Prozessschritte das Ergebnis des vorherigen als Eingangsgröße haben (bspw. lasergeschnittenes Geometriemerkmal ist die Eingangsgröße für das Zusammensetzen mit biV). Aufgrund der unterschiedlichen Einflussgrößen der

[606] FIEDLER ET AL., „Laser Welding Process Development for Jigless Joining of …“, 2019, S. 4 – 7.

[607] FIEDLER ET AL., „Laser Welding Process Development for Jigless Joining of …“, 2019.

[608] SCHUH ET AL., „Remote-Laserstrahlschweißen von Lasche-Schlitz-Verbindungen …“, 2020.

Prozessschritte in der flexiblen Prozesskette werden entsprechende produkt- und produktionsseitige Anforderungen von den nachgelagerten Prozessschritten an die vorherigen gestellt. Diese können dabei u. a. die Prozessführung, die Maschine, die an dem Prozess beteiligten Personen oder das zu verarbeitende Material umfassen.

Die im vorherigen Kapitel vorgestellten und in der Tabelle 11.15 zusammengefassten Informationen sind im Hinblick auf die Beantwortung der 1. UFF dieser Arbeit unzureichend. Folglich sollten zur Erzeugung eines Systemwissens die in der Abbildung 4.1 dargestellten Abhängigkeiten in der flexiblen Prozesskette tiefer gehend untersucht werden. Aufgrund der Komplexität der einzelnen Prozessschritte und deren Kombination in der flexiblen Prozesskette wird ein methodenbasierter Ansatz zur Versuchsplanung verwendet. Anhand der in der statistischen Versuchsmethodik bekannten TAGUCHI-Methodik werden Prozesse als Black-Box dargestellt und anhand von Einstell-, Stör- und Zielgrößen untersucht, um so u. a. Einstellwerte für robuste Produkte und Prozesse zu erhalten[609]. Diese systematische Herangehensweise kann es ermöglichen, ein Systemwissen trotz der komplexen Fertigungsprozesse und den auftretenden Interdependenzen in der flexiblen Prozesskette für biV zu erzeugen. Zum einen wird hierfür jeder Prozessschritt einzeln hinsichtlich der beschriebenen Größen dargestellt und zum anderen werden diese ganzheitlich in der Prozesskette orchestriert. Berücksichtigung bei der Festlegung der Größen finden die im vorherigen Kapitel beschriebenen Vorarbeiten und eigene experimentelle Vorversuche.

In Anlehnung an den in dieser Arbeit verfolgten Ansatz des DSR bildet produktseitig das praxisnahe Fallbeispiel des LCB *(vgl. Kap. 11.6)* die Anwendung zur experimentellen Untersuchung in diesem Kapitel. Die Produktarchitektur des LCB ist bereits

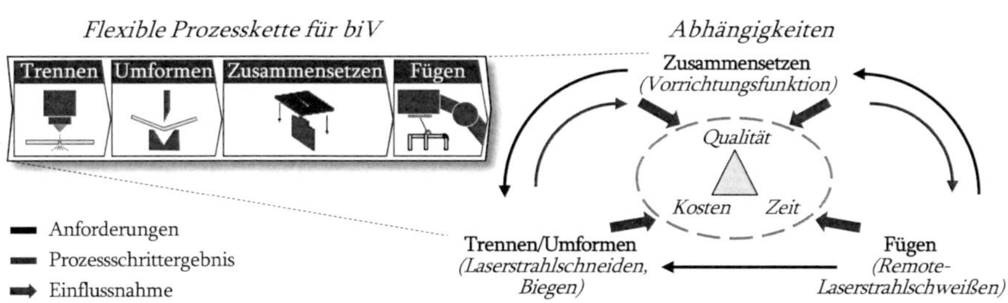

Abb. 4.1: Übersicht zu Abhängigkeiten zwischen den Prozessschritten der flexiblen Prozesskette für bauteilintegrierte Vorrichtungsfunktionen (biV) im Hinblick auf den Zielkonflikt hinsichtlich Qualität, Kosten und Zeit

[609] DREYER ET AL., „Statistische Versuchsmethodik“, 1993, S. 80 – 82.

auf die generelle Fertigung der Bauteile ohne Berücksichtigung von biV ausgelegt. Die Verbindungsstellen von den einzelnen Bauteilen der Zusammenbaugruppe untereinander, stellen als Ausschnitt aus dem LCB die Betrachtungsgrenze dar. Die dortige Bauteilanordnung entspricht einem T-Stoß mit zwei Blechbauteilen, worauf das von BERGWEILER angemeldete Patent aus Abbildung 3.1 angewandt, weiterentwickelt und als zur Untersuchung stehendes Geometriemerkmal in der flexiblen Prozesskette für biV betrachtet wird. In **Abbildung 4.2** ist dieses Geometriemerkmal, bestehend aus einem negativen (Schlitz, (a)) und einem positiven Element (Lasche, (b)), zu erkennen. Die fortlaufende Nummerierung deutet auf die Prozessschritte der flexiblen Prozesskette hin, wie bspw. dem Laserstrahlschneiden und RLS. Die Darstellung als Freischnitt ermöglicht zum einen den Einblick in die Verbindung ebendieser beiden Bauteile durch das Geometriemerkmal. Zum anderen werden Elemente sowie Einstellgrößen der Geometriemerkmale (a – d), mögliche Störgrößen (e – h) und die beschriebenen fügetechnischen Herausforderungen (i – k) plastisch dargestellt. Darüber hinaus sind anhand dieser Darstellung die in der Prozesskette auftretenden Interdependenzen erkennbar: das Prozessschrittergebnis des Laserstrahlschneidens (bspw. eingestellte Spaltmaße zwischen Lasche und Schlitz und prozessual bedingte Gratbildung) können das anschließende Zusammensetzen und das RLS (bspw. Spaltüberbrückbarkeit mit/ohne Zusatzwerkstoff) beeinflussen. Somit können höhere Spaltmaße zwischen Lasche und Schlitz größere Grate beim Zusammensetzen tolerieren, was sich wiederum herausfordernd auf die Spaltüberbrückbarkeit beim RLS auswirkt.

Die Vorarbeiten *(vgl. Kap. 4.1.1)*, die Taguchi-Methodik und das zur Untersuchung stehende Geometriemerkmal dienen als Ausgangsbasis für den in der **Abbildung 4.3** dargestellten Versuchsplan zur experimentellen Untersuchung der flexiblen Prozesskette für biV. Der Aufbau des Versuchsplans besteht aus drei miteinander

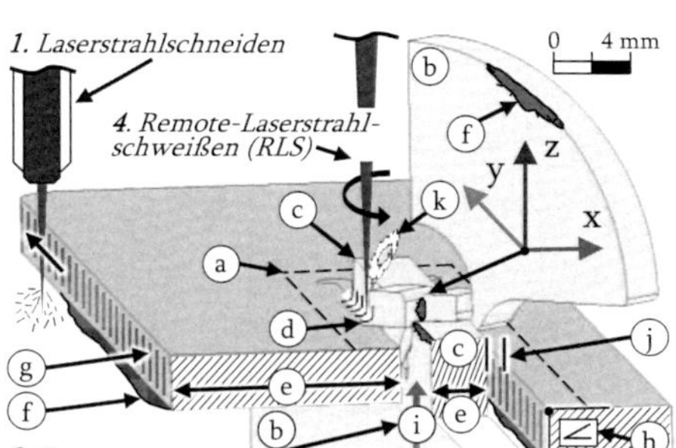

a = Geometriemerkmal einer biV (negativ)
b = Geometriemerkmal einer biV (positiv)
c = Element Vorrichtungsfunktion „Bestimmen"
d = Element Vorrichtungsfunktion „Spannen"
e = Geometrische Maßhaltigkeit
f = Gratbildung an der Schnittfugen-Unterkante
g = Gemittelte Rautiefe R_z an der Schnittfläche
h = Rechtwinkligkeit der Schnittflächen
i = Zusammensetzbarkeit und Spannkraft
j = Spaltüberbrückbarkeit beim RLS
k = Zinkentgasung beim RLS

Abb. 4.2: Schematische Darstellung des zur experimentellen Untersuchung stehenden Geometriemerkmals in der flexiblen Prozesskette und mögliche Interdependenzen

verbundenen Black-Boxen, die jeweils einen Prozessschritt der flexiblen Prozesskette darstellen. Diese werden in den Kapiteln 4.2 bis 4.4 einzeln untersucht, um ein Systemwissen zu erlangen. Anschließend werden die Interdependenzen zwischen den Prozessschritten in Kapitel 4.5 analysiert. Die Einstell- und Störgrößen werden in jedem Prozessschritt untergliedert, ob diese kontrollierbar sind und damit konstant gehalten werden, unkontrollierbar und damit geringfügig zu beeinflussen sind oder ob diese untersucht bzw. optimiert werden sollen. Die Einstellgrößen entsprechen den als relevant identifizierten produkt- (bspw. Dimensionen bestimmter Bestandteile der Geometriemerkmale) und produktionsseitigen Größen (bspw. Leistung oder Vorschubgeschwindigkeiten der Fertigungsprozesse). Durch gezielte Variation ebendieser Größen soll deren Einfluss und Wechselwirkung mit den Zielgrößen bestimmt werden.

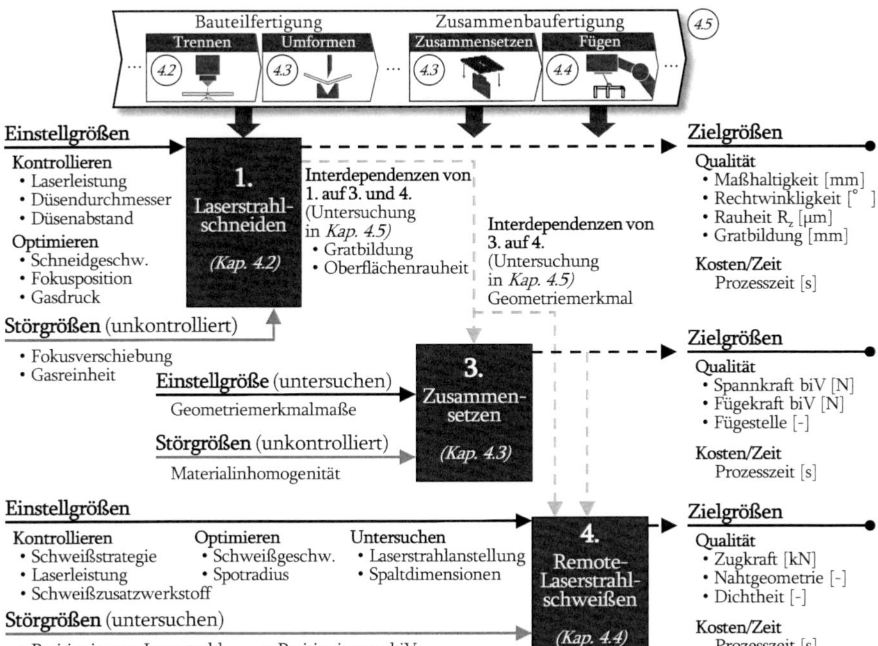

Abb. 4.3: Versuchsplan zur experimentellen Untersuchung der Interdependenzen in der flexiblen Prozesskette für bauteilintegrierte Vorrichtungsfunktionen (biV). Die Darstellung der wesentlichen Einstell-, Stör- und Zielgrößen erfolgt nach DREYER UND MALIG[610]

---

[610] DREYER ET AL., „Statistische Versuchsmethodik", 1993, S. 80 – 82.

Um aus der Versuchsdurchführung reproduzierbare und belastbare Erkenntnisse zu erzielen, wird angestrebt, die Störgrößen möglichst vollumfänglich aufzunehmen, zu kontrollieren und deren Einfluss gering zu halten. Neben den in der Abbildung 4.3 angegebenen Größen blieb der an der Versuchsdurchführung beteiligte Personenkreis nahezu gleich, die Versuchsumgebung war temperiert und bei den Materialien wurde auf eine einheitliche Charge mit Materialzeugnis nach DIN EN ISO und Walzrichtung geachtet. Letztere wurde stets in x-Richtung des Geometriemerkmals *(vgl. Abb. 4.2)* ausgerichtet. Die Zielgrößen werden für jeden Prozessschritt einzeln festgelegt und untergliedern sich in dieser Arbeit in Anlehnung an den Zielkonflikt nach Qualität und Kosten (Zeit). Die darunter jeweils aufgeführten Größen basieren auf den im Stand der Technik beschriebenen Eigenschaften der gefertigten Bauteile, der Anlagentechnik, den betrachteten Prozessen Laserstrahlschneiden und RLS *(vgl. Kap. 2.1.2 und 2.2.3)* und der eigenen Vorarbeiten *(vgl. Kap. 4.1)*.

Die Abfolge in der Versuchsplanung entspricht der Prozessfolge in der flexiblen Prozesskette und gibt die Gliederung der nachfolgenden Kapitel vor. Jeweils zu Beginn eines neuen Prozessschrittes wird anhand eines Ausschnitts aus Abbildung 4.3 die Versuchsplanung in dem jeweiligen Kapitel detailliert beschrieben und auf die angewandte Versuchsmethodik eingegangen. Aufgrund des vernachlässigbaren Einflusses des Biegens auf das in dieser Arbeit zu untersuchende Geometriemerkmal wird dieser Prozessschritt nicht explizit untersucht und lediglich punktuell an gegebener Stelle darauf eingegangen.

Zwischen den einzelnen Prozessschritten sind mit gestrichelter Linie die Interdependenzen dargestellt, die bei der prozessschrittübergreifenden Untersuchung im Fokus stehen. Da hierfür das Systemwissen von jedem einzelnen Prozessschritt notwendig ist, findet diese Untersuchung im Anschluss daran in Kapitel 4.5 statt.

Die zur Umsetzung dieses Versuchsplans notwendigen Materialien und Versuchsaufbauten werden jeweils zu Beginn der nachfolgenden Kapitel beschrieben.

4.2 Analyse des Prozessschritts Laserstrahlschneiden

Das Ziel dieses Kapitels ist es, ein Systemwissen zum Laserstrahlschneiden von Geometriemerkmalen im Kontext von biV zu erzeugen und in Gestaltungsregeln zu überführen, um damit zur Beantwortung der 1. UFF dieser Arbeit beizutragen. Das erlangte Systemwissen dient ebenfalls als Eingangsgröße für die Untersuchungen in den nachfolgenden Kapiteln bzw. den nachfolgenden Prozessschritten der flexiblen Prozesskette, um damit u. a. die Interdependenzen analysieren zu können. Die Vorgehensweise beginnt mit der Beschreibung der Proben sowie des Versuchsaufbaus und endet mit der Versuchsdurchführung in Anlehnung an die übergeordnete Versuchsplanung aus dem Kapitel 4.1.2. Anschließend erfolgt die Beschreibung der Versuchsergebnisse in Kapitel 4.2.2, die im Kontext relevanter Literatur sowie der Ziele der Versuche diskutiert werden. Abgeschlossen wird die Analyse mit einer Synthese zum Systemwissen und einer Ableitung von Gestaltungsregeln für das Laserstrahlschneiden von Geometriemerkmalen in Kapitel 4.2.3.

4.2.1 Versuchsaufbau und -durchführung zum Laserstrahlschneiden

Bei dem hier betrachteten Laserstrahlschneidprozess handelt es sich um das Laserstrahlschmelzschneiden nach DIN 8590 unter Verwendung des Schneidgases Stickstoff. Der Versuchsaufbau für die experimentelle Untersuchung des Laserstrahlschneidens bestiecht maßgeblich durch die verwendete Laseranordnung *(vgl. Kap. 2.1.2. und 2.2.3 für weitere Grundlagen)*, die in dieser Arbeit in Form der 5-Achs-Lasermaschine TRUMPF TRULASERCELL3000 zusammengefasst ist. Als Laserstrahlquelle dient der Scheibenlaser TRUDISK4001 mit einer max. Laserleistung von $P_L = 4$ kW, die über ein 100 µm Lichtleiterkabel an den Bearbeitungskopf mit Schneiddüse geführt wird. Die prozessseitigen Einstellfaktoren erfolgen über eine entsprechende Software für die Lasermaschine und Laserstrahlquelle. Weitere Informationen zur eingesetzten Anlagentechnik sind den Kapiteln 11.4.1 bis 11.4.2 zu entnehmen. In der **Abbildung 4.4** ist auf der linken Seite das Maschinenbett mit bereits teilweise ausgeschnittenen Proben aus einem verzinkten Stahlblech, der Bearbeitungskopf mit Schneiddüse und das Maschinengestell (im Hintergrund) zu erkennen.

Von der schematischen Darstellung des für die experimentelle Untersuchung in der flexiblen Prozesskette dargestellten Geometriemerkmals aus Abbildung 4.2, wurden die Proben für die experimentelle Versuchsdurchführung zum Laserstrahlschneiden in diesem Kapitel abgeleitet *(vgl. rechte Seite in der Abb. 4.4)*. Die Probengestaltung ist auf die wesentlich zur Untersuchung stehenden Zielgrößen an der Schlitzgeometrie fokussiert, ohne dabei die Übertragbarkeit der Ergebnisse auf das Geometriemerkmal zu beinträchtigen. Zur Bestimmung der im Versuchsplan gezeigten Zielgrößen im Prozessschritt „Laserstrahlschneiden" *(vgl. Abb. 4.3)* wird die DIN EN ISO 9013[611] sowie dazu passende Messtechnik verwendet, die gesondert mit der dazugehörigen messtechnischen Vorgehensweise in den Kapiteln 11.4.1 bis 11.4.2 beschrieben wird. Die Probengestaltung berücksichtigt nicht nur die für biV relevante Schlitzgeometrie, sondern ebenfalls mögliche Restriktionen aus dem Laserstrahlschneidprozess und der Möglichkeit, die Zielgrößen mit der beschriebenen Messtechnik im Anschluss zu untersuchen. Beim Laserstrahlschneiden kann sich bspw. eine zu kurze Wegstrecke auf eine heterogene Schnittqualität auswirken, da die Beschleunigungs- und Verzögerungsstrecken bei hohen Schneidgeschwindigkeiten zu kurz wären. Beim Messen wurde die Zugänglichkeit der Schnittflächen und Schlitzecken berücksichtigt, da hier die Vorrichtungsfunktionen „Bestimmen" und „Spannen" Kontakt mit den Bauteilen haben und eine mögliche Gratbildung den höchsten Einfluss hätte. Die Proben haben an einer Stelle sogenannte Micro Joints, an denen die Proben nicht komplett durchtrennt wurden und somit genügend Stabilität zur Lagesicherung bieten. Diese Stellen wurden bei der Versuchsdurchführung als Störgröße kontrolliert und teilweise als Merkmal zur Orientierung genutzt.

Die zur Untersuchung stehenden Werkstoffe sind im Karosseriebau gängige feuerverzinkte Stahllegierungen *(vgl. Kap. 2.1.1 und 3.2 für weitere Hintergründe)* und nach DIN EN 10346 spezifiziert: der höherfeste mikrolegierte Kaltumformstahl HX380LAD+Z100MB und der höchstfeste Dualphasen-Stahl HCT780X+Z100MB[612]. Weitere Details sind dem Kapitel 11.4.1 zu entnehmen.

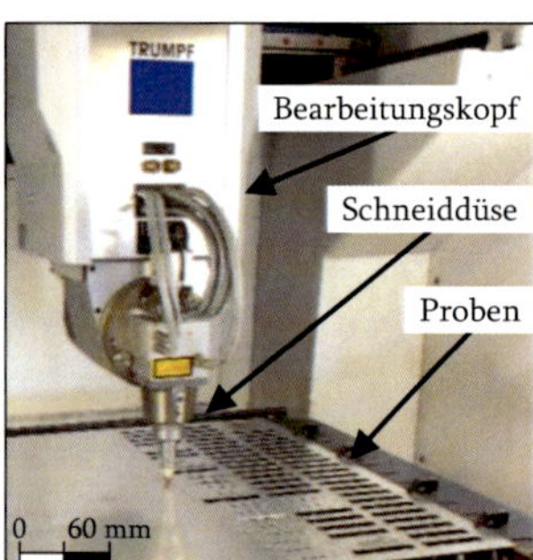

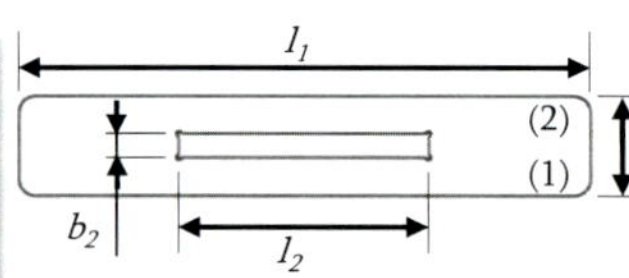

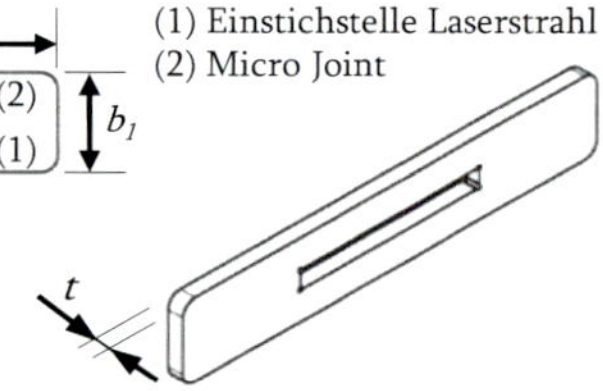

	Blechdicke *t*	
	1,0 mm	1,5; 2,0 und 2,5 mm
l_1	104,0 mm	70,0 mm
l_2	96,4 mm	30,0 + 0,2 mm x *t*
b_1	14,0 mm	12,5 mm
b_2	1,4 mm	1,2 mm x *t*

Probe abgeleitet aus dem zur Untersuchung stehenden Geometriemerkmal aus Abbildung 4.2

Abb. 4.4: Versuchsaufbau und -proben für die Versuchsdurchführung zum Laserstrahlschneiden von Geometriemerkmalen bauteilintegrierter Vorrichtungsfunktionen (biV)

[611] DIN EN ISO 9013:2017-05, „Thermisches Schneiden - Einteilung thermischer ...", 2017, S. 1; 14 – 26.

[612] DIN EN 10346:2015-10, „Kontinuierlich schmelztauchveredelte ...", 2015, S. 5 – 8; 14 – 15; 17; 21 – 24.

Die in **Abbildung 4.5** dargestellte Übersicht zur Versuchsdurchführung im Prozessschritt „Laserstrahlschneiden" besteht aus mehreren Einzeluntersuchungen und ist größtenteils so gegliedert, dass die jeweiligen Erkenntnisse in die nachfolgenden einfließen. Die Synthese aller Erkenntnisse erfolgt in Kapitel 4.2.3.

Aufbauend auf den Grundlagen aus Kapitel 2.1.2 wird die im Rahmen der SLR identifizierte Literatur zum Laserstrahlschneiden hinsichtlich der zu untersuchenden Einstellgrößen analysiert, die zu kontrollierenden Einstellgrößen eingegrenzt wie auch die zu optimierenden Einstellgrößen festgelegt. Im Anschluss erfolgt die experimentelle Untersuchung des Zielkonflikts, bei der Proben mit der höchsten Produktivität lasergeschnitten und analysiert werden. Mit dieser Erkenntnis wird anschließend der Laserstrahlschneidprozess mittels Design of Experiments (DoE) hinsichtlich der Zielgrößen optimiert. Dessen Ergebnisse dienen als Eingangsgröße für die Entwicklung sowie Evaluierung eines empirischen Beschreibungsmodells. Anschließend wird die Übertragbarkeit der Erkenntnisse analysiert, indem zum einen der Probenwerkstoff von Stahl auf Aluminium geändert wird. Zum anderen wird die Übertragbarkeit der für diesen Prozessschritt gestalteten Probengeometrie auf die des zur Untersuchung stehenden Geometriemerkmals *(vgl. Abb. 4.2)* analysiert.

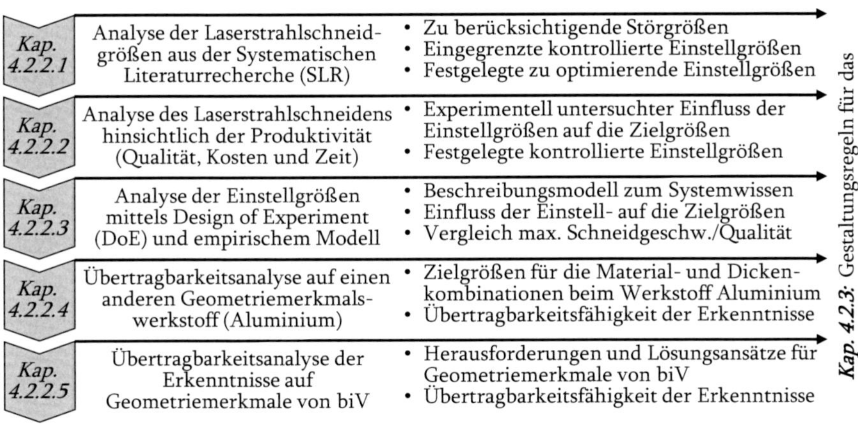

Abb. 4.5: Versuchsdurchführung zum Laserstrahlschneiden von Geometriemerkmalen bauteilintegrierter Vorrichtungsfunktionen (biV)

4.2.2 Ergebnisse und Diskussion der Laserstrahlschneidversuche

Die Versuchsergebnisse zu den in der Abbildung 4.5 vorgestellten Einzeluntersuchungen werden in den nachfolgenden Unterkapiteln vorgestellt und diskutiert.

4.2.2.1 Analyse der Laserstrahlschneidgrößen aus der Systematischen Literaturrecherche (SLR)

Die für diesen Prozessschritt relevanten Einstellgrößen wurden bereits im Versuchsplan in der Abbildung 4.3 aufgelistet und sind wie folgt begründet. Aufgrund der vielen Prozessgrößen werden die hinsichtlich biV besonders relevante Schnittqualität und die Schneidgeschwindigkeit fokussiert. WAHAB ET AL. identifizierten bei Laserschneidversuchen mittels DoE und einem Diodenlaser, dass die Gratbildung und Rauheit an der Schnittfläche maßgeblich von den Einstellgrößen Schneidgeschwindigkeit, Fokusposition, Gasdruck, Düsendurchmesser und -abstand abhängen[613]. Nach BORKMANN ET AL. ist die Rauheit insbesondere von der Fokusposition und die Schnittkante von den Größen bezogen auf den Gasdruck abhängig[614]. In den experimentellen Untersuchungen von WANDERA ET AL. wurden zum einen die Grenzen der Schneidgeschwindigkeit mit einer bestimmten Konfiguration festgelegt und zum anderen wurde der Einfluss der Laserleistung, Schneidgeschwindigkeit, Fokusposition und Gasdruck auf die Rauheit und Gratbildung an der Schnittfläche beobachtet[615]. RIVEIRO ET AL. beobachteten eine Steigerung der Schneidgeschwindigkeit bei steigendem Düsendurchmesser, der wiederum ab einem Durchmesser von 2,5 mm abnahm[616]. Weitere Arbeiten von bspw. LAMIKIZ ET AL.[617] und SHARIFI UND AKBARI[618] berichten von ähnlichen Phänomenen zu größtenteils gleichen Einflussgrößen.

Aus der einschlägigen Literatur lässt sich für die Anwendung bei biV antizipieren, dass zur Erreichung einer möglichst hohen Produktivität die Laserleistung maximiert und eine möglichst hohe Schneidgeschwindigkeit bei einer für biV hinreichenden Schnittqualität das Ziel sein sollte. Der optimale Düsendurchmesser wird auf Basis der Literatur und der Vorversuche für die max. Produktivität festgelegt. Neben der Schneidgeschwindigkeit werden noch die Fokusposition und der Gasdruck als Einstellgrößen betrachtet. Die Reinheit des Schneidgases und eine potenzielle Fokusverschiebung werden als unkontrollierte Störgrößen aufgenommen.

---

[613] WAHAB ET AL., „Optimization of Laser Cutting Quality with Design of Experiments“, 2014, S. 29 – 30.

[614] BORKMANN ET AL., „Study of correlation between edge roughness and gas …“, 2018, S. 423 – 24.

[615] WANDERA ET AL., „Inert gas cutting of thick-section stainless steel and …“, 2009, S. 157 – 60.

[616] RIVEIRO ET AL., „Parametric investigation of CO2 laser cutting of 2024-T3 …“, 2010, S. 1141 – 42.

[617] LAMIKIZ ET AL., „CO2 laser cutting of advanced high strength steels (AHSS)“, 2005, S. 365 – 67.

[618] SHARIFI ET AL., „Experimental investigation of the effect of process parameters …“, 2019, S. 463.

4.2.2.2 Analyse des Laserstrahlschneidens hinsichtlich der Produktivität

Die Analyse der Produktivität beinhaltet in dieser Arbeit die Betrachtung des Zielkonflikts Qualität, Kosten und Zeit. Hierzu soll in erster Linie die max. Schneidgeschwindigkeit bei einer für biV ausreichenden Schnittqualität am Geometriemerkmal analysiert werden, da zum einen der Versuchsumfang reduziert werden kann. Zum anderen reduziert sich tendenziell die Schnittqualität bei steigender Schneidgeschwindigkeit, weshalb dieser Grenzbereich insbesondere relevant zur Untersuchung des Zielkonflikts ist. Die Kosten hängen größtenteils mit der Prozesszeit zusammen, jedoch bietet auch der erhebliche Anteil von ca. 50 % des Stickstoff-Schneidgasverbrauchs an den Betriebskosten (ohne Personalkosten; Daten aus < 2004) Potenzial für eine Kostenreduzierung[619]. Bei einer Verdopplung des Düsendurchmessers kann sich der Gasverbrauch dadurch vervierfachen, weshalb die Wahlmöglichkeit eines kleineren Düsendurchmessers vorteilhaft für die Kosten sein kann und nachfolgend untersucht wird.

Die max. Schneidgeschwindigkeit wurde zunächst theoretisch anhand des Modells von PRUSA ET AL. als Annäherung analytisch bestimmt[620], um den anschließenden experimentellen Versuchsumfang einzugrenzen. Dieses Modell wurde unter drei weiteren für die nachfolgende Betrachtung ausgewählt, da die Verluste aufgrund der Wärmeleitfähigkeit der Bauteile ohne Angabe der Breite der Schmelzfront angenommen werden konnten. Weitere Details zur Festlegung dieses Modells und zur analytischen Bestimmung der theoretisch max. Schneidgeschwindigkeit als Anhaltswert für die experimentellen Untersuchungen in dieser Arbeit sind in Kapitel 11.4.2.

Im Anschluss wurde die max. Schneidgeschwindigkeit als Einstellgröße experimentell bestimmt, wohingegen die max. verfügbare Laserleistung auf 4 kW eingestellt, die Fokusposition auf die Oberfläche der Lasereintrittsseite festgelegt (Vorteilhaft für hohe Schneidgeschwindigkeiten[621]), der Düsenabstand auf die Hälfte des Düsendurchmessers nach einer Faustformel geregelt und die Systemvorgaben für den Gasdruck angenommen wurden. Von den zur Untersuchung stehenden Düsendurchmessern (1,4 mm; 1,7 mm; 2,0 mm und 2,3 mm) wurde beginnend mit dem kleinsten Durchmesser und der analytisch bestimmten theoretischen max. Schneidgeschwindigkeit pro Probe die Schneidgeschwindigkeit um 1 m/min erhöht, bis die Probe nicht mehr durchtrennt wurde. An dieser Stelle wurde die Schneidgeschwindigkeit um 0,5 m/min reduziert, bis drei Proben in Folge komplett durchtrennt werden konnten. Sobald dieser Punkt erreicht wurde, wurden fünf weitere Proben mit dieser Konfiguration gefertigt, um eine entsprechende statistische Absicherung für die Auswertung zu haben.

---

619 CARISTAN, „Laser cutting", 2004, S. 293 – 300.

620 PRUSA ET AL., „Estimation of heat conduction losses in laser cutting", 1999, S. 454 – 57.

621 POPRAWE, „Lasertechnik für die Fertigung", 2005, S. 332.

Anschließend wurde dieser Vorgang für die anderen Düsendurchmesser durchgeführt. In der **Abbildung 4.6** ist zu erkennen, dass sich mit steigendem Düsendurchmesser die Schnittqualität verbessert, jedoch scheint ab Φ = 2,0 mm keine signifikante Änderung im Vergleich zu den vorherigen aufzutreten. Dieses Phänomen korreliert auch mit der einschlägigen Literatur und der Faustformel, dass höhere Blechdicken höhere Düsendurchmesser bedürfen. Diesem Phänomen entgegen wurde bei EN AW-6082 T6 keine signifikante Änderung durch unterschiedliche Düsendurchmesser festgestellt, sodass hierfür der kleinste Düsendurchmesser festgelegt wurde.

Die experimentell und die analytisch annähernd bestimmte theoretische maximale Schneidgeschwindigkeit bei den in dieser Arbeit betrachteten Material-Dickenkombinationen sind in der **Abbildung 4.7** zu sehen. Bei beiden Bestimmungsansätzen ist zu erkennen, dass mit steigender Blechdicke die Schneidgeschwindigkeit bei einem ähnlichen Kurvenverlauf abnimmt. Die theoretisch bestimmte max. Schneidgeschwindigkeit ist für alle Material-Dickenkombinationen um ca. 30 % niedriger, was sich u. a. damit begründen lässt, dass der für das Ausblasen der Schmelze aus der Schnittfuge relevante Gasstrahl in der Formel nicht berücksichtigt wird. Auf der rechten Seite der Abbildung 4.7 ist die anhand von jeweils drei gleichen Proben gemessene Schnittqualität *(vgl. Vorgehensweise in Kapitel 11.4.2)* der Versuchsergebnisse und den dazu passend zugeordneten Toleranzklassen (I bis II) nach DIN EN ISO 9013 zu entnehmen[622]. Generell ist festzustellen, dass bei dünneren Blechen eine bessere Schnittqualität erreicht werden kann, was durch die erreichte Toleranzklasse I für die Rechtwinkligkeit, die geometrische Maßhaltigkeit sowie die gemittelte Rautiefe R_z und eine Gratbildung < 0,1 mm am Beispiel der 1 mm Blechdicke bestätigt wird. Die Erreichung der geometrischen Maßhaltigkeit, in diesem Fall die rechteckigen Dimensionen des Schlitzes des Geometriemerkmals, stellte keine Herausforderung dar, wohingegen die Rechtwinkligkeit der Schnittflächen nur vereinzelnd Klasse I erreichte.

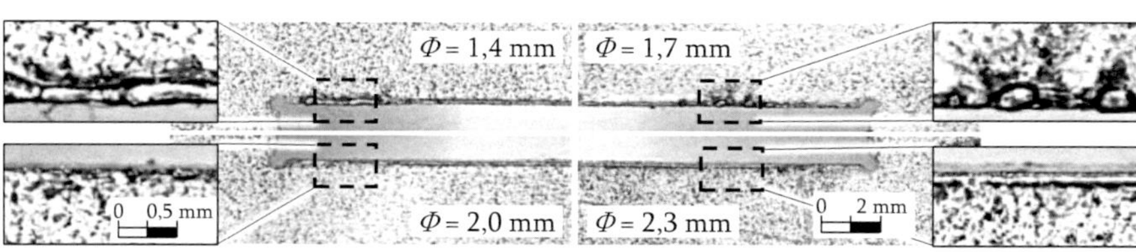

Abb. 4.6: Einfluss unterschiedlicher Düsendurchmesser Φ auf die mikroskopisch untersuchte Schnittqualität des Geometriemerkmals Schlitz (Material HCT780X+Z100MB in 2 mm)

[622] DIN EN ISO 9013:2017-05, „Thermisches Schneiden - Einteilung thermischer …“, 2017, S. 9 – 11; 14 – 28.

Weiterhin wurde messtechnisch die Höhe der Gratbildung quantifiziert, die größtenteils mit den Beobachtungen zu den Toleranzklassen der anderen drei Zielgrößen korreliert. Generell hängt mit einer steigenden Blechdicke bei konstanter Fokusposition (bspw. an der Oberfläche der Lasereintrittsseite) eine steigende Gratbildung zusammen, da die Schnittdicke zunimmt und der Laserstrahl von der Lasereintrittsseite zunehmend abgelenkt und verstreut wird, was zu einem unsauberen Schnitt führt. Im Rahmen dieser Arbeit wurde die Fokusposition entsprechend der Blechdicke ins Bauteil verlagert und dahin gehend die Schneidgeschwindigkeit reduziert. Den Versuchen ist zu entnehmen, dass der Effekt bei HCT780X+Z100MB um ca. 26 bis 80 % höher ausfällt als bei HX380LAD+Z100MB.

Eine vollständige Auflistung der Versuchsergebnisse zur experimentellen Untersuchung der max. Produktivität bei der für biV geeigneten Schnittqualität ist dem Kapitel 11.4.2 zu entnehmen. Aufgrund der bereits erreichten Toleranzklasse I der Bauteilqualität für die Blechdicke 1 mm wird hierfür keine Prozessoptimierung im nachfolgenden Kapitel durchgeführt.

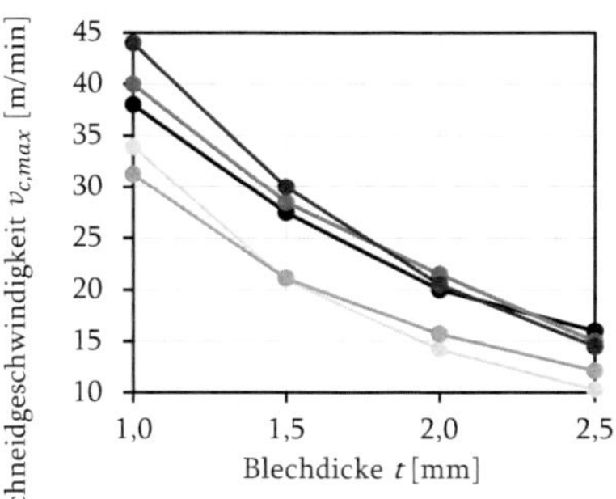

*A = Rechtwinkligkeit; B = Geometrische Maßhaltigkeit; C = Gemittelte Rauhtiefe R_z; * nach DIN EN ISO 9013*

Material-Dicken-kombinationen		Toleranzklasse* A	B	C	Höhe der Gratbildung
HX380LAD	1,0 mm	I	I	I	0,065 mm
	1,5 mm	II	I	I	0,046 mm
	2,0 mm	II	I	II	0,130 mm
	2,5 mm	II	I	II	0,163 mm
HCT780X	1,0 mm	I	I	I	0,082 mm
	1,5 mm	II	I	II	0,131 mm
	2,0 mm	II	I	II	0,167 mm
	2,5 mm	II	I	II	0,295 mm
Theo. max. Schneidgeschwindigkeit Stahl					
EN AW-6082		-	-	-	-
Theo. max. Schneidgeschwindigkeit Aluminium					

Abb. 4.7: Ergebnisse zur experimentell ermittelten max. Schneidgeschwindigkeit bei definierter Schnittqualität (Toleranzklassen nach DIN EN ISO 9013[622], Höhe der Gratbildung) anhand des Geometriemerkmals. Als vergleichende Annäherung jeweils die theoretisch bestimmte Schneidgeschwindigkeit in Anlehnung an PRUSA ET AL.[623] *(vgl. Kap. 11.4.2)*

[623] PRUSA ET AL., „Estimation of heat conduction losses in laser cutting", 1999, S. 454 – 57.

4.2.2.3 Analyse der Einstellgrößen mittels Design of Experiment (DoE)

Basierend auf den im vorherigen Kapitel festgelegten kontrollierten Einstellgrößen (Laserleistung, Düsendurchmesser und -abstand), wurde mittels DoE (oder auch statistische Versuchsplanung genannt) das Laserstrahlschneiden von Geometriemerkmalen analysiert, um somit ein Systemwissen zu erlangen. DoE bietet eine Vielzahl an möglichen Methoden und Versuchsplänen für die systematische und modellbasierte Analyse, wohingegen insbesondere sich die response surface methodology (RSM) zur Untersuchung des Systemverhaltens auf Basis von Laserexperimenten anbietet. Mit dem systematischen und schrittweisen Vorgehen der RSM kann u. a. der Einfluss unterschiedlicher Einstellgrößen auf Zielgrößen herausgestellt werden. Innerhalb der RSM wird zwischen dem „Central Composite Design" (CCD) und „Box-Behnken-Design" (BBD) unterschieden. Letzteres eignet sich nur bedingt für die Prozessanalyse aufgrund einer schlechten Vorhersagbarkeit im Grenzbereich[624,625]. Für die Untersuchung in diesem Kapitel wurde der DoE-Versuchsplan für ein quadratisches Beschreibungsmodell CCD bzw. dessen Variante des face-centered CCD aus nachfolgenden Gründen ausgewählt[626]. Weiterführende Informationen zu dieser Methode sind bspw. MYERS ET AL., SIEBERTZ ET AL. und DUBEY UND YADAVA zu entnehmen.

Im Rahmen der Vorversuche wurde festgestellt, dass die Zielgröße Gratbildung keinen linearen Zusammenhang mit den Einstellgrößen hat und somit ein dreistufiger Versuchsplan benötigt wird, um das Kurvenverhalten zu beschreiben. Ein weiterer Grund ist die Reduzierung des Versuchsaufwands, der am nachfolgenden Beispiel der Anwendung eines dreistufigen vollfaktoriellen Versuchsplans für die experimentelle Untersuchung der Interdependenzen in der flexiblen Prozesskette aus Abbildung 4.3 verdeutlicht wird. Die drei Stufen ergeben 27 (3^3) Versuchsdurchläufe einer Versuchsserie, die zusätzlich jeweils für die Material-Dickenkombinationen (bis zu sechs in dieser Arbeit) durchgeführt werden sollten. Für die Modellbildung und zur Erreichung einer entsprechenden statistischen Absicherung mit Standardabweichung sollten die Versuchsreihen mehrfach wiederholt durchgeführt werden, was wiederum die Versuchsdurchläufe multipliziert und zu einem Gesamtumfang eines mittleren bis hohen dreistelligen Bereichs in diesem Prozessschritt in dieser Arbeit führen kann.

Das Vorgehen anhand der RSM in dieser Arbeit beginnt mit der Festlegung des Untersuchungsbereichs und der Stufen der zu optimierenden Einstellgrößen Schneidgeschwindigkeit, Fokusposition sowie Gasdruck anhand eines teilfaktoriellen Versuchsplans und OFAT. Anschließend wurde dieser Untersuchungsbereich für die Ein-

---

624 DUBEY ET AL., „Laser beam machining-A review", 2008, S. 619 – 22.

625 MYERS ET AL., „Response surface methodology", 2016, S. 1 – 10; 393 – 413.

626 SIEBERTZ ET AL., „Statistische Versuchsplanung", 2010, S. 1 – 2; 6 – 7; 38 – 40.

teilung der Versuchsmatrix des CCD zur experimentellen Analyse des nicht linearen Verhaltens verwendet. Die Versuchsmatrix beinhaltete zwei Durchläufe mit je 19 Einzelversuchen, sodass in Summe 38 Versuche pro Material-Dickenkombination durchgeführt wurden. Im letzten Schritt wurden diese Versuchsergebnisse mit der Statistik Software MINITAB[627] analysiert und der Einfluss der Einstellgrößen auf die Zielgrößen anhand eines Regressionsmodells pro Material-Dickenkombination ausgewertet. Das Vorgehen ist in der **Abbildung 4.8** schematisch dargestellt und in Kapitel 11.4.2 beschrieben.

Die Versuchsergebnisse in diesem Teilabschnitt stellen die empirischen Modelle zur Gratbildung und Rauheit R_z beim Laserstrahlschneiden von Geometriemerkmalen dar. Damit lässt sich zum einen der Zusammenhang zwischen Einstellgrößen und für biV relevanten Zielgrößen beschreiben und zum anderen lassen sich bestimmte Zielgrößen unter Angabe der Einstellgrößen vorhersagen. Zur Vorstellung der Versuchsergebnisse wurde eine tabellarische Darstellung pro Material-Dickenkombination gewählt, die exemplarisch an HX380LAD+Z100MB in 2 mm *(vgl. **Tab. 4.1**)* zu sehen ist. Im Kopfbereich der Tabelle ist zunächst eine mikroskopische Aufnahme der Schnittfläche und -kanten zu sehen, die unter Verwendung der rechts daneben aufgeführten kontrollierten und mittels DoE optimierten Einstellgrößen erreicht wurde. Die Schnittfläche weist verhältnismäßig schmale Schnittrillen bei mit dem bloßen Auge nicht zu erkennender Gratbildung (bspw. 0,069 mm) auf, weshalb das Erscheinungsbild dieser Schnittqualität den Anforderungen zur Anwendung von biV erfüllt. Darunterliegend beginnen jeweils die Details der empirischen Modelle zur Gratbildung und Rauheit unter Angabe des entwickelten Polynoms. Mit Letzterem konnte bspw. die Gratbildung von 0,053 mm und eine Rauheit der Klasse II im Vergleich zu der gemessenen Gratbildung von 0,069 mm und Rauheit der Klasse II vorhergesagt werden.

Abb. 4.8: Versuchsplan für die experimentelle Untersuchung des Prozessschritts „Laserstrahlschneiden von Geometriemerkmalen“

[627] MINITAB GMBH, „Minitab Statistical Software“, 2023.

Darüber hinaus können daraus die Modellqualität und die Zusammenhänge zwischen den zu optimierenden Einstellgrößen und den Zielgrößen abgeleitet werden, worauf nachfolgend eingegangen wird. Das Modell zur Gratbildung in Tabelle 4.1 ist aufgrund des kodierten, nicht signifikanten linearen Terms „v_c" und der signifikanten Terme „$v_c{}^2$" und „$v_c x g$" ein nicht hierarchisches Modell (wird mit „*" gekennzeichnet).

Tab. 4.1: Versuchsergebnisse der Prozessoptimierung im Prozessschritt „Laserstrahlschneiden von Geometriemerkmalen" am Beispiel von HX380LAD+Z100MB in 2 mm

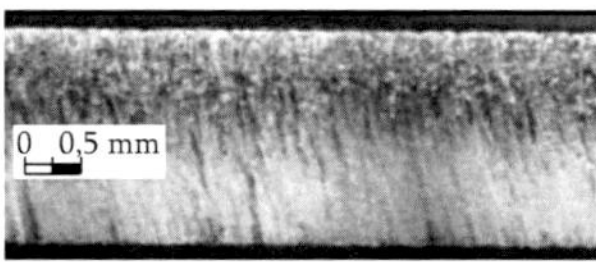

Kontrollierte Einstellgrößen	**Optimierte Einstellgrößen**
• Laserleistung $P_L = 4$ kW • Düsendurchmesser $\Phi = 1{,}7$ mm • Düsenabstand = 0,9 mm	• Fokusposition $f = -0{,}4$ mm • Schneidgeschwindigkeit $v_c = 14{,}49$ m/min • Gasdruck $g = 15$ bar

An Probe HX380LAD+Z100MB in 2,0 mm gemessene Rauheit = Klasse II**, Grat = 0,069 mm

Details zum empirischen Modell zum Laserstrahlschneiden

Gratbildung [mm]*	**Rauheit** [µm] (***nach DIN EN ISO 9013)*
$= 0{,}11809 + 0{,}0233 \cdot f - 0{,}09995 \cdot g + 0{,}03309 \cdot v_c{}^2 + 0{,}05659 \cdot g^2 - 0{,}04413 \cdot f \cdot g + 0{,}01087 \cdot v_c \cdot g$	$= 221 + 73{,}7 \cdot f - 13{,}23 \cdot v_c - 15{,}35 \cdot g + 9{,}62 \cdot f^2 + 0{,}397 \cdot v_c{}^2 + 0{,}585 \cdot g^2 - 3{,}643 \cdot f \cdot v_c - 0{,}977 \cdot f \cdot g$
Vorhergesagte Gratbildung: 0,053 mm	Vorhergesagte Rauheit: Klasse II**
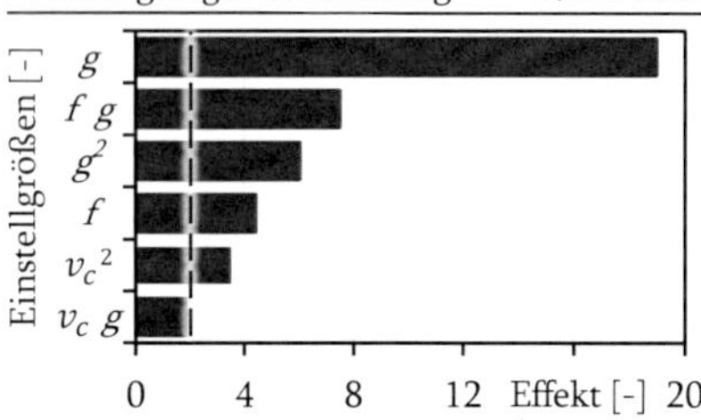	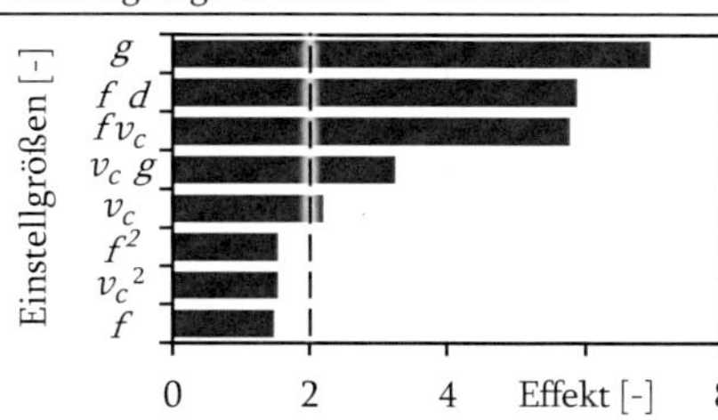
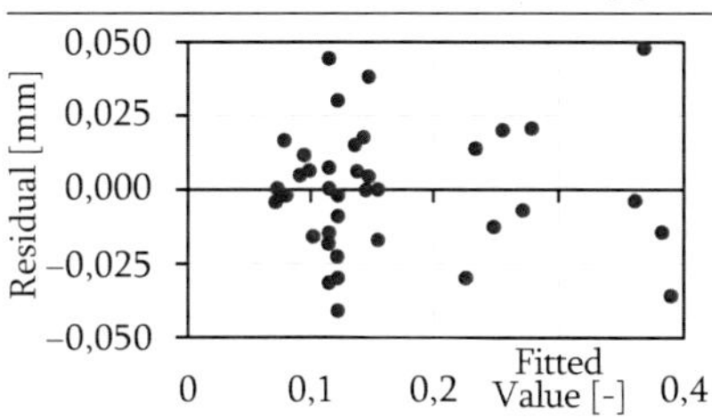	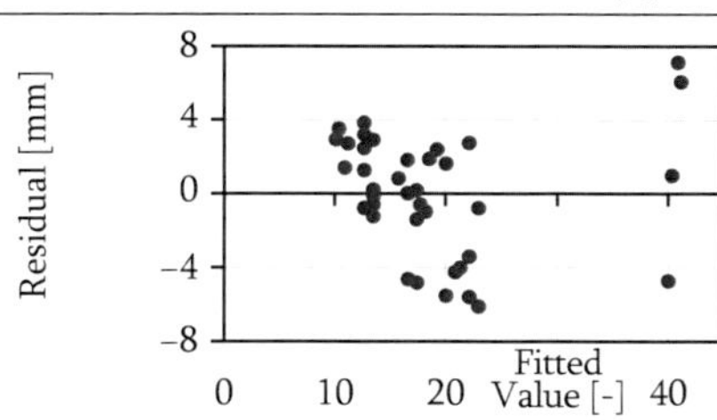
Adjusted R-square (R^2): 93,63 %	Adjusted R-square (R^2): 82,41 %
Predicted R-square (R^2): 91,53 %	Predicted R-square (R^2): 72,83 %

Zur Bestimmung der genauen Zielgröße Gratbildung und zur besseren Vergleichbarkeit untereinander werden mittels MINITAB nicht hierarchische Modelle direkt mit kodierten Termen ausgegeben.

Die Analyse der Pareto-Diagramme bestätigt die Auswahl der Methode CCD für diese Untersuchung, da in jedem Modell mindestens ein signifikanter quadratischer Term und zwei multiplizierte Terme vorhanden sind und dadurch ein nicht lineares Verhalten besteht. Beim Vergleich der Pareto-Diagramme der weiteren Material-Dickenkombinationen aus Kapitel 11.4.2 lässt sich beobachten, dass alle drei untersuchten Einstellgrößen Einfluss auf die Zielgrößen Gratbildung und Rauheit haben, was in der Form durch bspw. OFAT ungeeignet gewesen wäre. Am Beispiel des Pareto-Diagramms zur Gratbildung *(vgl. Tab. 4.1)* wird deutlich, dass zum einen der Gasdruck *(g)* und zum anderen die Wechselwirkung mit der Fokusposition *(f x g)* den signifikantesten Einfluss auf die Gratbildung hat. Ähnliche Beobachtungen finden sich in BORKMANN ET AL.[628]. Andere Stahllegierungen (bspw. HCT780X+Z100MB aus dieser Arbeit) und steigende Blechdicken wirken sich zum einen nachteilig auf die Reduzierung der Gratbildung aus. Zum anderen steigt die Signifikanz der Schneidgeschwindigkeit als Einflussgröße auf die Gratbildung, sodass am Beispiel von 2,0 bzw. 2,5 mm HCT780X+Z100MB diese den Gasdruck ablöst.

Die Analyse aller Residualplots zeigt keinen offensichtlichen Trend oder Verteilungen der Residuen und die Vorhersagefehler sind zufällig verteilt, sodass von einer guten Modellqualität ausgegangen wird. Im Vergleich zwischen den Zielgrößen sind die Modellqualität und damit die Vorhersagbarkeit des Modells der Gratbildung besser, was u. a. auch durch die höheren Prozentpunkte der adjusted und predicted R-square bestätigt wird. Dies lässt sich u. a. mit den verhältnismäßig kleineren Werten und höheren Standardabweichungen aus den Versuchen begründen, sodass man zur Erreichung einer gleichen Modellqualität wie der Gratbildung mehr Messwerte aufnehmen muss. Auf der anderen Seite ist die erzielbare Rauheit beim Laserstrahlschneiden auch eine weniger relevante Zielgröße und wird anhand der DIN EN ISO 9013 auch lediglich in Toleranzklassen (Bereich von min. 10 µm beginnend) eingeteilt[629]. Zusammenfassend lässt sich zur Modellqualität der Rauheit festhalten, dass zum einen präziser vorhersagbare Rauheiten aufgrund der prozessseitigen Limitationen beim Laserstrahlschneiden ohnehin schwer zu erreichen sind. Zum anderen ist die Notwendigkeit einer so genauen Vorhersagbarkeit zu hinterfragen, da mit der aktuellen Modellqualität eine Einteilung der Versuchsergebnisse in die Toleranzklassen nach DIN EN ISO 9013 möglich ist und in dieser keine weitere feingranulare Einteilung vorgesehen ist.

---

628 BORKMANN ET AL., „Study of correlation between edge roughness and gas …", 2018, S. 424.

629 DIN EN ISO 9013:2017-05, „Thermisches Schneiden - Einteilung thermischer …", 2017, S. 17 – 18; 28.

Mithilfe der entwickelten Modelle kann durch eine stufenlose Variation der drei Einstellgrößen ein Prozessfenster der Schnittqualität erstellt und die Gratbildung sowie Rauheit bestimmt werden. Zwar wurde bereits in den Untersuchungen eine Korrelation zwischen der Gratbildung und der Rauheit festgestellt, jedoch zeigen fast alle Material-Dickenkombinationen keine optimale Schnittmenge der jeweils optimalen Prozessfensterbereiche zur Gratbildung < 0,1 mm und Rauheit < Klasse I auf. Im Hinblick auf die Anforderungen zur Zusammensetzbarkeit der Geometriemerkmale von biV ist der Einfluss der Gratbildung als entscheidendes Merkmal gegenüber der Rauheit priorisiert worden, sodass sich die Rauheit größtenteils im Grenzbereich zwischen Klasse I und II bewegt. In der **Abbildung 4.9** kann die Diskrepanz der überlappenden vier Bereiche der Zielgrößen beispielhaft anhand des Prozessfensters der Einstellgrößen Gasdruck und Fokusposition von HX380LAD+Z100MB bei einer max. Schneidgeschwindigkeit von $v_c = 14{,}49$ m/min entnommen werden. Der für biV als optimal identifizierte Prozessfensterbereich „**k**leiner **G**rat, **k**leine **R**auheit" (kGkR) ist im Verhältnis zum gesamten Prozessfenster klein. Durch Erhöhung des Gasdrucks lässt sich die Gratbildung weiter reduzieren und die Rauheit steigt an, wohingegen bei einer weiteren Reduzierung der Fokusposition die Gratbildung und Rauheit gleichermaßen steigt. Für jede Material-Dickenkombination wurden fünf Proben im Prozessfensterbereich „kGkR" mit gleichen Einstellgrößen gefertigt und anhand des Messvorgehens aus Kapitel 11.4.2 gemessen. Der Vergleich mit den vorhergesagten Zielgrößen aus den Modellen zeigte größtenteils eine Übereinstimmung. Die beschriebenen Herausforderungen einer steigenden Gratbildung bei steigender Blechdicke und höherfesten Stahllegierung (HCT780X+Z100MB) spiegeln sich auch im Prozessbereich „kGkR" wider.

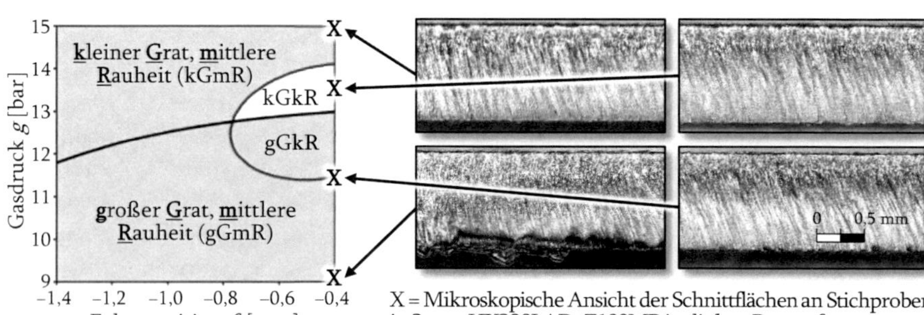

Abb. 4.9: Entwickeltes Prozessfenster der Einstellgrößen Gasdruck und Fokusposition bei einer hinsichtlich der Produktivität vorteilhaft festgelegten max. Schneidgeschwindigkeit $v_c = 14{,}49$ m/min unter qualitativer Einteilung der Zielgrößen zur Schnittqualität, Gratbildung und Rauheit für biV

Der Vergleich zwischen den Versuchsergebnissen zur max. Schneidgeschwindigkeit aus Abbildung 4.7 und der Schneidgeschwindigkeit bei einer für biV ausreichenden Schnittqualität *(vgl. Abb. 4.9)* wird anhand der **Abbildung 4.10** nachfolgend diskutiert. Generell lässt sich festhalten, dass sich bei steigender Blechdicke die zu erreichende Schneidgeschwindigkeit reduziert und sich dieses Phänomen bei einer herausfordernd zu erreichenden Schnittqualität verstärkt. Nachfolgend wird dieses Phänomen anhand der beiden betrachteten Stahllegierungen diskutiert.

Mit HX380LAD+Z100MB ist die Herausforderung einer guten Schnittqualität geringer, da sich am Beispiel von 1,5 mm die Schneidgeschwindigkeit nur gering zwischen der max. Produktivität und der max. Qualität unterscheidet und die Auswirkung auf die Gratbildung unwesentlich ist. Bei 2,0 mm wirkt sich dieses Phänomen stärker aus, sodass eine Reduzierung der Produktivität um ca. 20 % die Gratbildung wiederum um ca. 50 % reduziert. Die Grathöhe kann bei 2,5 mm um ca. die Hälfte reduziert werden, jedoch sind hier Einbußen bei der Produktivität um ca. 50 % zu erwarten.

Mit HCT780X+Z100MB ist die Herausforderung einer guten Schnittqualität höher, sodass im Vergleich zur vorherigen Stahllegierung bereits bei 1,5 mm mit Einbußen von ca. 50 % der Schneidgeschwindigkeit die Höhe der Gratbildung halbiert werden kann. Bei Blechdicken ≥ 2,0 mm steigt die Grathöhe signifikant an und selbst einer überproportionalen Reduzierung der Schneidgeschwindigkeit von ca. 80 % bei 2,5 mm sinkt die Grathöhe nicht unter 0,1 mm.

Im Vergleich kann die Produktivität bei HCT780X+Z100MB höher sein, wohingegen die Gratbildung niedriger ist. Die Blechdicke 1 mm wurde in der Auswertung nicht mit aufgenommen, da diese selbst bei der höchsten Produktivität die Qualitätsanforderungen erfüllt und damit keine Herausforderung und Notwendigkeit zur Optimierung darstellt.

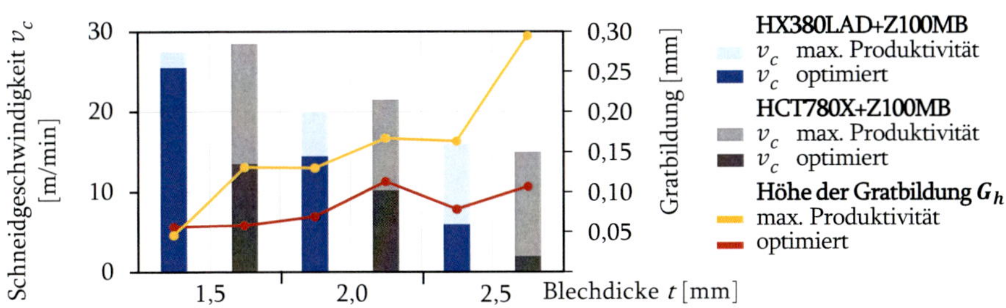

Abb. 4.10: Abhängigkeit der Einstellgröße Schneidgeschwindigkeit v_c (max. Produktivität und max. Qualität) zur jeweiligen Zielgröße Gratbildung anhand der Material-Dickenkombinationen der Stahllegierungen

4.2.2.4 Übertragbarkeitsanalyse auf andere Geometriemerkmalswerkstoffe

In den vorangegangenen Untersuchungen wurde der zur Untersuchung stehende Werkstoff auf zwei Stahllegierungen reduziert, um den Versuchsaufwand zur Erzeugung eines Systemwissens zu begrenzen. Aluminium ist neben Stahl ein weiterer wichtiger Karosseriewerkstoff, sodass die Übertragbarkeit der bisherigen Erkenntnisse auf EN AW-6082 T6 in 2,5 mm in diesem Kapitel anhand des nachfolgenden Ablaufs analysiert wurde.

1. Verwendung der in Kapitel 4.2.2.2 für Aluminium untersuchten Düsendurchmesser, -abstand und Schneidgeschwindigkeit, jedoch ergaben Vorversuche im gleichen Parameterraum keine vergleichbaren Ergebnisse einer hohen Produktivität bei geringem Grat. Nachfolgende zu den Stahllegierungen gewonnene Erkenntnisse wurden für die Versuchsreihen berücksichtigt: Größte Einflussfaktoren auf die Gratbildung sind Schneidgeschwindigkeit und Gasdruck; Abhängigkeit zwischen Gasdruck und Fokusposition. Faustregel zur für biV hinreichenden Qualität liegt bei ca. 50 bis 70 % der max. Schneidgeschwindigkeit. Schwer zu erreichende Schnittqualität kann durch Reduzierung der Fokusposition verbessert werden.
2. **Abbildung 4.11** zeigt mikroskopische Aufnahmen zur Einflussanalyse auf die Schnittqualität an den Schnittflächen der drei Versuchsgruppen. Letztere unterscheiden sich untereinander anhand der schrittweisen Reduzierung der Fokusposition um 1 mm und innerhalb der Versuchsgruppe anhand der Stufenvariation mehr (+) und weniger (-) pro Einstellgröße vom Ausgangswert.
3. **1. Versuchsgruppe** (Fokusposition: 3 mm): Der Ausgangswert beinhaltet 50 % der Schneidgeschwindigkeit. Der Gasdruck entspricht den Herstellerempfehlungen. Durch Variation (jeweils mehr und weniger) des Gasdrucks und der Schneidgeschwindigkeit konnte die hohe Gratbildung nur unwesentlich reduziert werden, weshalb auf die nachfolgende Versuchsgruppe mit einer reduzierten Fokusposition gewechselt wurde.
   2. Versuchsgruppe (Fokusposition: 2 mm): Der Ausgangswert war bis auf die Fokusposition der gleiche wie in der 1. Versuchsgruppe. Die Reduzierung des Gasdrucks zeigte eine Tendenz zur Reduzierung der Gratbildung, weshalb diese Einstellung für die Variation der Schneidgeschwindigkeit verwendet wurde. Sowohl die Steigerung als auch Reduzierung der Schneidgeschwindigkeit zeigte keine signifikante Optimierung der Gratbildung. Somit lässt sich festhalten, dass zwar die Reduzierung des herstellerseitig angegebenen Gasdrucks die Gratbildung reduziert, jedoch ist der Einfluss der Fokusposition stärker.
   3. Versuchsgruppe (Fokusposition: 1 mm): Der Ausgangswert zeigte im Vergleich zu den vorherigen Versuchsgruppen bereits eine deutliche Verbesserung der Gratbildung aufgrund der reduzierten Fokusposition um weitere 1 mm. Die anschließende Variation des Gasdrucks und Schneidgeschwindigkeit zeigte einen erheblichen positiven Effekt, sodass der Optimalwert einen reduzierten Gasdruck bei hoher Schneidgeschwindigkeit hat.
4. Durch einen weiteren Versuchsdurchlauf mit erhöhter Schneidgeschwindigkeit wurde die Grenze aufgrund einer unzureichenden Durchtrennung festgelegt.

Zusammenfassend lässt sich festhalten, dass durch die Übertragung der Erkenntnisse aus Kapitel 4.2.2.3 auf Aluminium ein vergleichbares Ergebnis in lediglich 16 Versuchsreihen erreicht und Aufwände reduziert wurden. In der III. Versuchsgruppe überzeugte die Einstellgrößenkonfiguration III_G-_S+ mit einem im Vergleich niedrigen Gasverbrauch (Kombination aus passendem Gasdüsendurchmesser, -abstand und -druck), Schneidgeschwindigkeit und einer für biV hinreichenden Schnittqualität. Die Eignung des Laserstrahlschneidens für Geometriemerkmale aus Aluminium ist in dieser Konfiguration zu den Stahllegierungen vergleichbar.

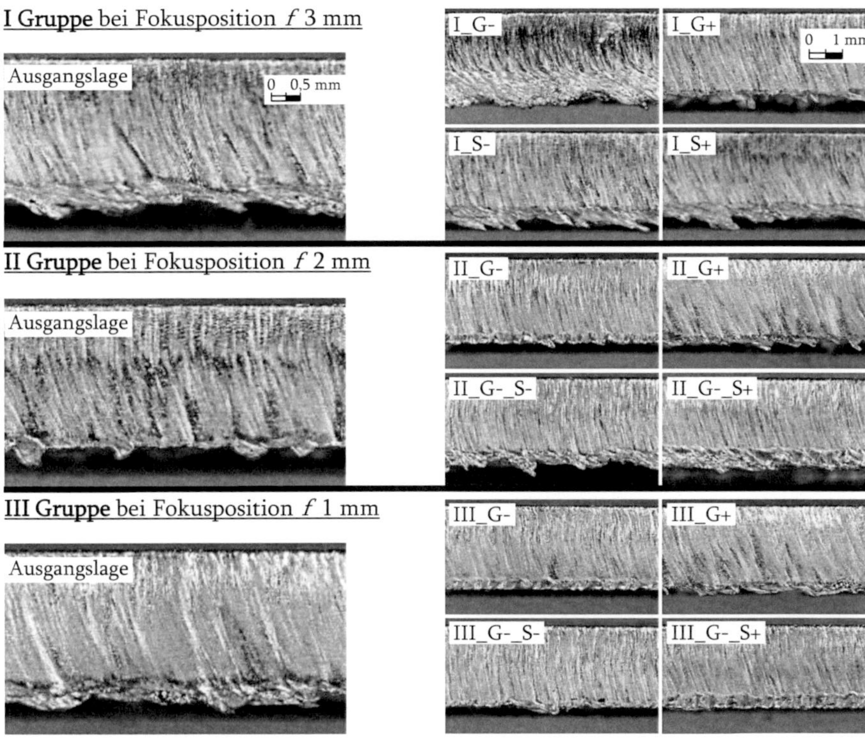

Abb. 4.11: Versuchsergebnisse zur Übertragbarkeitsanalyse der Erkenntnisse aus Stahl auf das Laserstrahlschneiden von Geometriemerkmalen aus Aluminium (EN AW-6082 T6). Analyse der Gratbildung von drei Studien (I. bis III.) mit unterschiedlichen Einstellgrößen

4.2.2.5 Übertragbarkeitsanalyse der Erkenntnisse auf Geometriemerkmale von biV

Das erzeugte Systemwissen zum Laserstrahlschneiden aus den vorherigen Kapiteln wird nachfolgend hinsichtlich der Übertragbarkeit auf das zur experimentellen Untersuchung stehende Geometriemerkmal aus Abbildung 4.2 analysiert. Herausforderung beim Geometriemerkmal sind die teilweise filigranen und über die Schnittlänge unterschiedlichen Konturen, die u. a. beidseitig vom Laserstrahl bearbeitet werden und einen inhomogenen Wärmeeintrag hervorrufen können.

Zur Analyse dieses Phänomens wurden Laserschneidversuche mit unterschiedlichen Schnittfugenbreiten (0,4 mm; 0,6 mm und 0,8 mm) an 2,0 mm HX380LAD+Z100MB durchgeführt und die in **Abbildung 4.12** dargestellte Schnittqualität analysiert. Basierend auf herstellerseitigen Einstellgrößen und den bisherigen Erkenntnissen wurde mit der systemseitig kleinsten einstellbaren Schnittfugenbreite begonnen. Generell lässt sich feststellen, dass eine gute Schnittqualität im Wurzelbereich schlechter als im Stegbereich zu erreichen ist. Dem kann entgegengewirkt werden, indem diese zwei Bereiche mit den entsprechenden Einstellgrößen optimal ausgelegt werden. Generell verbessert sich bei einer höheren Schnittfugenbreite die Schnittqualität, was u. a. mit einem inhomogenen thermischen Eintrag an Bereichen mit kleinen Geometriekonturen und mit der passenderen Laserstrahlführung in der Schnittfugenbreite entlang der Schnittlänge zusammenhängen kann. Bei EN AW-6082 T6 ist dieses Phänomen aufgrund der besseren thermischen Leitfähigkeit und dem niedrigeren Schmelzpunkt stärker ausgeprägt. Dem festgestellten Phänomen kann durch eine Optimierung des Verhältnisses von Laserstrahlspotdurchmesser zu Schnittfugenbreite entgegnet werden. Dies kann wie im Rahmen dieser Analyse anhand einer produktseitigen Gestaltung des Geometriemerkmals (Erhöhung der Schnittfugenbreite auf 0,8 mm) oder generell anhand einer produktionsseitigen Anpassung der Laserstrahlformung (Fokusposition, Laserstrahlquelle) geschehen.

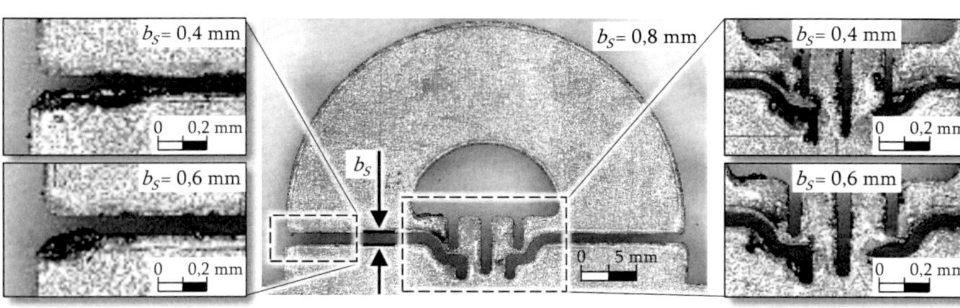

Abb. 4.12: Einflussanalyse der Schnittfugenbreiten b_s bei der produktseitigen Gestaltung von Geometriemerkmalen anhand der Schnittqualität beim Laserstrahlschneiden

4.2.3 Gestaltungsregeln: Laserstrahlschneiden von biV

Die im Rahmen des vorherigen Kapitels beschriebenen Erkenntnisse zum Laserstrahlschneiden von Geometriemerkmalen wurden hinsichtlich der praxisnahen Anwendung in der flexiblen Prozesskette in Gestaltungsregeln synthetisiert. Die **Tabelle 4.2** führt diese mit einer wesentlichen Beschreibung auf.

Tab. 4.2: Gestaltungsregeln für den Prozessschritt „Laserstrahlschneiden" von Geometriemerkmalen in der flexiblen Prozesskette von bauteilintegrierten Vorrichtungsfunktionen (biV)

#	Gestaltungsregel	Beschreibung
1	Richtigen und möglichst kleinen Düsendurchmesser	Bei höchster Schneidgeschwindigkeit sollte vom kleinsten Düsendurchmesser aus steigend ebendieser bestimmt werden. Tendenziell größere Düsendurchmesser können die Gratbildung leicht reduzieren, wohingegen kleinere Gaskosten reduzieren.
2	Düsenabstand in Anlehnung an den Düsenradius wählen	Der Düsenabstand hat den größten Einfluss auf die Gasströmung und auf das Ausblasen der Schmelze aus der Schnittfuge. Ein geringerer Abstand kann ebenfalls den Gasverbrauch reduzieren.
3	Zuerst Produktivität, dann Schnittqualität	Sofern mit den Einstellgrößen (inkl. Düsendurchmesser) der höchsten Produktivität bereits die Zielgrößen der Schnittqualität erreicht werden, können dahingehende Untersuchungen eingespart werden.
4	Fokusposition auf Lasereintrittsseite	Diese Fokusposition unterstützt die höchste Energiedichte zum Austreiben der Schmelze bei sichtbarer Gratbildung ab 1,5 mm Blechdicke.
5	Schwerpunkt auf die für biV relevanten Schnittunregelmäßigkeiten legen	Eine steigende Schnittqualität ist mit immer höheren Aufwänden verbunden (bspw. unter einer Rauheit Klasse I oder Grat < 0,1 mm nur schwer erreichbar). Die für biV notwendige Schnittqualität sollte daher als Anforderung vorab festgelegt werden.
6	Einstellgrößen: Fokusposition, Schneidgeschwindigkeit und Gasdruck	Diese Einstellgrößen beeinflussen die Gratbildung und Rauheit am meisten. Die Gratbildung als wesentlicher Treiber der Schnittqualität kann größtenteils durch herabsetzen der Fokusposition und Anpassung des Gasdrucks entgegengewirkt werden. Die Schneidgeschwindigkeit für biV ausreichende Schnittqualität liegt überwiegend zwischen ca. 50 – 70 % des Maximalwertes (abhängig von der Material-Dickenkombination).
7	Bessere Schnittqualität bei dünneren Blechen	Geringere Blechdicken erzeugen weniger Herausforderungen und Aufwände für eine entsprechende Schnittqualität (bspw. 1,0 mm).
8	Beachtung der Aufwände zur Erreichung der Schnittqualität	Die Abwägung zwischen Produktivität und Schnittqualität unterscheidet sich nach den Material-Dickenkombinationen und ist begrenzt durch die jeweiligen Limitationen.

4.3 Analyse des Prozessschritts Zusammensetzen

Die Zielsetzung beim Prozessschritt „Zusammensetzen“ besteht in der Erzeugung eines Systemwissens hinsichtlich des manuellen Zusammensetzens von Geometriemerkmalen von biV. Diese Erkenntnis soll zum einen zur Beantwortung der 1. UFF beitragen und zum anderen in den Analysen der nachfolgenden Prozessschritte Berücksichtigung finden. Zu Beginn werden die relevanten Bereiche und Einstellgrößen des zur Untersuchung stehenden Geometriemerkmals aus Abbildung 4.2 beschrieben und spezifiziert. Anschließend erfolgen in Kapitel 4.3.2 der für die experimentelle Versuchsdurchführung benötigte Versuchsaufbau und die Versuchsdurchführung. Im nachfolgenden Kapitel 4.3.3 werden die Versuchsergebnisse vorgestellt und diskutiert, bevor im letzten Kapitel die gewonnenen Erkenntnisse zum Zusammensetzen von Geometriemerkmalen von biV in Gestaltungsregeln überführt werden.

4.3.1 Definitorische Einführung zum Geometriemerkmal von biV

Im Kontext des Zusammensetzens des zur Untersuchung stehenden Geometriemerkmals aus Abbildung 4.2 erscheinen mehrere Fügebegriffe zutreffend. Der Begriff Zusammensetzen ist u. a. nach DIN 8580 in der Hauptgruppe Fügen aufgeführt[630] und ist definiert als „Fügen, bei dem der Zusammenhalt der Fügeteile durch Schwerkraft (Reibung), Formschluss, Federkraft oder eine Kombination davon bewirkt wird“[631]. Das Lösen einer zusammengesetzten Fügeverbindung ist ohne Beschädigung der Fügepartner möglich. Hierzu zählt im Allgemeinen auch das An-/Einpressen, bei dem ein Kraftschluss durch größtenteils elastisch verformte Füge- und Hilfsfügeteile erzeugt wird[632]. Im Gegensatz dazu wird bei der Untergruppe „Fügen durch Umformen“ ein Formschluss zum Halten der Fügepartner erzeugt, bei dem die Füge- oder Hilfsfügeteile (teilweise) umgeformt und nur mit Beschädigung zu lösen sind. Beim „Verlappen“ bzw. „Drehverlappen durch Drehen“ aus der vorher genannten Untergruppe wird das durch einen Bauteilschlitz geführte freie Ende einer Blechlasche umgeformt bzw. verdrillt. Diese Verformung erzeugt einen Formschluss, der wiederrum beide Fügepartner vor dem Lösen schützt[633,634]. Das zur Untersuchung stehende Geometriemerkmal aus Abbildung 4.2 lässt sich gänzlich nicht explizit einer dieser Prozesskategorien zuordnen, da es vielmehr eine Summe dieser ist. Im Hinblick auf biV und die zu übertragenden

[630] DIN 8580:2020-01, „Fertigungsverfahren - Begriffe, Einteilung …“, 2020, S. 1; 7; 11.
[631] DIN 8593-1:2003-09, „Fertigungsverfahren Fügen - Teil 1: Zusammensetzen; Einordnung, …“, 2003, S.3; 6.
[632] DIN 8593-3:2003-09, „Fertigungsverfahren Fügen - Teil 3: Anpressen, Einpressen; …“, 2003, S. 1 – 3.
[633] DIN 8593-5:2003-09, „Fertigungsverfahren Fügen - Teil 5: Fügen durch Umformen; …“, 2003, S. 1 – 3; 9.
[634] DIN 8593-0:2003-09, „Fertigungsverfahren Fügen - Teil 0: Allgemeines; Einordnung, …“, 2003, S. 4.

Vorrichtungsfunktionen ist der wesentliche Anteil der Fügeoperation das Positionieren und das „Bestimmen“ der Bauteile mittels Geometriemerkmalen zueinander, weshalb der Oberbegriff „Zusammensetzen“ als am weitestgehend zutreffend für diesen Prozessschritt festgelegt wird.

Aufbauend auf den dargestellten Einflüssen der flexiblen Prozesskette auf das zur Untersuchung stehende Geometriemerkmal aus Abbildung 4.2 sind in der **Abbildung 4.13** relevante Informationen für die Funktionsweise beim Zusammensetzen aufgeführt. Das Koordinatensystem für biV basiert auf dem aus der Fahrzeugtechnik und wurde von HANSEN für biV so spezifiziert, dass jedes Geometriemerkmal ein eigenes Koordinatensystem mit dem Ursprung im geometrischen Mittelpunkt besitzt und die positive z-Achse zu den Kontaktflächen der Fügepartner zeigt. Der Fügepartner, der im Zusammenbau Kontakt nach außen hat (bspw. über einen Schweißtisch) wird als Bauteil 1. Grades definiert. Die mittels Geometriemerkmale mit dem Bauteil 1. Grades zusammengesetzten Fügepartner hingegen werden als Bauteile 2. Grades definiert[635]. Eine weitere Bezeichnung berücksichtigt die Ausprägung des Geometriemerkmals und differenziert in diesem Fall zwischen positiv (Ausprägung einer Lasche) und negativ (Ausprägung eines Schlitzes). Nach dem Durchfädeln der Verdrilllasche durch den Schlitz wird diese um die z-Achse gedreht, bis der Verdrillwinkel biV (θ_S in [°]) erreicht, die Wurzel ausreichend umgeformt und die Verdrilllasche durch Bruch an den Sollbruchstellen der Krallen getrennt wird. Dieser Prozess benötigt eine entsprechende Fügekraft und erzeugt im gleichen Schritt die Spannkraft zwischen den Fügepartnern der Vorrichtungsfunktion „Spannen“. Der unter der Verdrilllasche liegende Steg ist aufgrund dieser Funktion entsprechend geometrisch geformt. Zusätzlich sind jeweils an den Steg-Enden Geometrien als Zusatzmaterial für das RLS vorgesehen (Hügel), welche die kreisrunden Ausschnitte an den vier Ecken des Schlitzes auffüllen sollen.

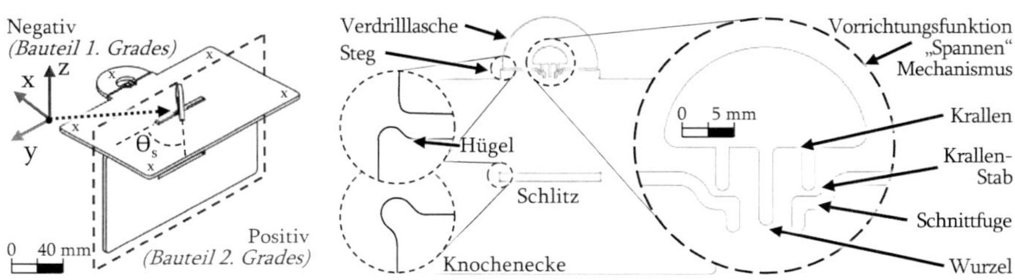

Abb. 4.13: Schematische Darstellung des zur Untersuchung stehenden Geometriemerkmals in der flexiblen Prozesskette unter Angabe des Koordinatensystems für bauteilintegrierte Vorrichtungsfunktionen (biV) und relevanter geometrischer Größen

[635] HANSEN, „Methodik zur Bauteilintegration von Vorrichtungsfunkt…“, 2020, S. 85; 110 – 111.

4.3.2 Versuchsaufbau und -durchführung zum Zusammensetzen

Der Versuchsaufbau beim Zusammensetzen aus **Abbildung 4.14** dient zur experimentellen Untersuchung der in Abbildung 4.13 beschriebenen Einstellgrößen des Geometriemerkmals und den in diesem Prozessschritt zum Einsatz kommenden Vorrichtungsfunktionen „Bestimmen" (oberer Teil) und „Spannen" (unterer Teil).

Erstere besteht aus einem 6-Achs-Kraftsensor, einer Probenaufnahme und der zweiteiligen Probe gemäß Abbildung 4.13. Die Probe mit positivem Geometriemerkmal wird hierfür senkrecht in der Probenaufnahme eingespannt, sodass horizontal darüber die negative Probe platziert wird. Der 6-Achs-Kraftsensor misst über die Probenaufnahme die benötigte Fügekraft beim manuellen Abdrehen der Verdrilllasche. Letztere besteht aus einer Zugprüfmaschine ZWICKROELL Z250, einer für diese Untersuchung entworfenen Probenaufnahme und der Probenanordnung, die bereits zur Untersuchung der Vorrichtungsfunktion „Bestimmen" verwendet wurde. Die Probenanordnung wird in z-Richtung auseinandergezogen, um die Spankraft zu messen. Weitere Details zu der Messtechnik ist Kapitel 11.4.1 zu entnehmen. Als Probenmaterial wurde aus den im vorherigen Prozessschritt untersuchten Materialien HX380LAD+Z100MB *(nähere Informationen in Kap. 11.4.1)* in 2,5 mm ausgewählt, da die Ausprägungen der Geometriemerkmalsgrößen bei dicken Blechen größer sind und die Grenzen des man. Abdrehens darstellen. Die Probenform hat sich auf die in der Abbildung 4.13 dargestellte Probenanordnung geändert.

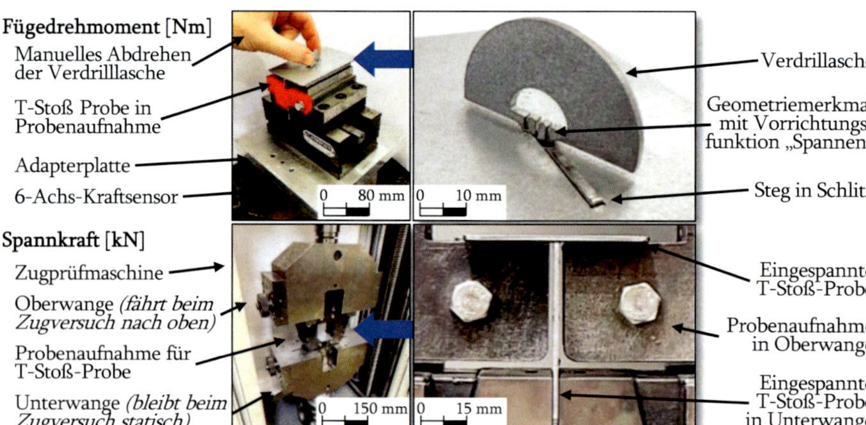

Abb. 4.14: Versuchsaufbau zur experimentellen Untersuchung des Prozessschritts Zusammensetzen von Geometriemerkmalen für bauteilintegrierte Vorrichtungsfunktionen (biV)

Die folgenden Untersuchungen sollen den Einfluss der in Abbildung 4.13 spezifizierten Bestandteile des Geometriemerkmals auf das „Zusammensetzen“ und auf die für biV relevanten Vorrichtungsfunktionen „Bestimmen“ und „Spannen“ zeigen.

Zur Untersuchung des Spannens wird in einer Geometriegrößenstudie der Einfluss der relevanten und teilweise voneinander abhängigen Größen des Geometriemerkmals aus **Tabelle 4.3** anhand von drei Ausprägungen (–, 0 und +) analysiert. Die Einstellgrößenkonfiguration 0 stellt mit 40 auf den bisherigen Erkenntnissen basierenden Proben die Referenz dar. Die Einflussanalyse erfolgt nach der statistischen Methode „**O**ne **F**actor **A**t a **T**ime“ (OFAT)[636], wobei einige der Größen aufgrund von Abhängigkeiten in den Ausprägungen beschränkt sind. Die Spaltmaße wurden nach der Faustformel zur Spaltüberbrückbarkeit beim RLS mit 10 % der Blechdicke definiert, die Steghöhe anhand der Berechnung aus dem Kapitel 11.4.4 festgelegt und der Laserstrahlschneidprozess konstant gehalten. Jede Konfiguration wurde zwei Mal getestet, indem zuerst die Fügekraft beim Abdrehen der Verdrilllasche im 6-Achs-Kraftsensor und anschließend die Spannkraft mit der Zugprüfmaschine gemessen wurde. Ergänzt wurde eine Versuchsreihe mit 1 mm Blechdicke zur Analyse der Dickenänderung.

Hinsichtlich des „Zusammensetzens“ und „Bestimmens“ wird die als Spielpassung ausgeführte Probenanordnung auf die Positionierung der Verdrilllasche im Schlitz analysiert, da hierdurch u. a. die Zusammenbautoleranzen entstehen. In der Toleranzanalyse sollen u. a. die Schlitz-Dimension, die Streuung der Blechdicke und die Gratbildung beim Laserstrahlschneiden berücksichtigt werden. Eine Herleitung der durchgeführten Berechnungen ist dem Kapitel 11.4.3 zu entnehmen. Modellbasierte Ansätze zur Toleranzanalyse von biV sind bei komplexen Fragestellungen zielführend. Eine Möglichkeit stellen die in Kapitel 3.2 beschriebenen Arbeiten von SCHLATHER dar.

Tab. 4.3: Übersicht der Geometriemerkmalsgrößen für die experimentelle Untersuchung zum Zusammensetzen von bauteilintegrierten Vorrichtungsfunktionen (biV)

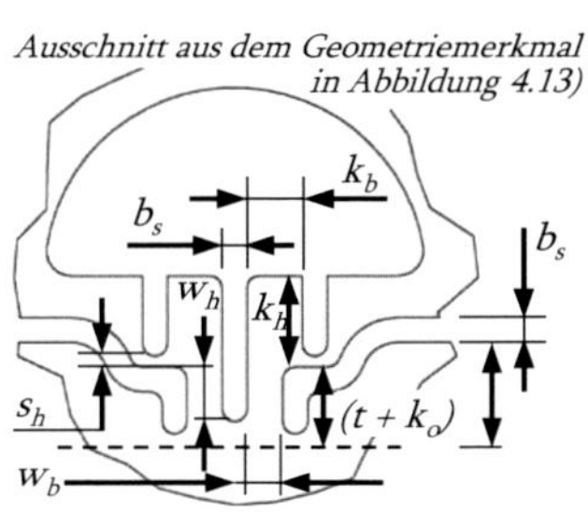

Ausprägung der Größen	–		0		+	
Probenblechdicke t [mm]	1,0	2,5	1,0	2,5	1,0	2,5
1. Krallenbreite k_b [mm]	x	x	0,90	1,85	2,70	3,20
2. Krallenhöhe k_h [mm]	x	x	2,32	3,07	4,00	4,00
3. Krallen-Offset k_o [mm]	x	0,10	0,10	0,30	0,40	0,50
4. Krallenstabhöhe s_h [mm]	x	0,10	0,15	0,37	0,30	0,50
5. Wurzelbreite w_b [mm]	x	0,50	0,50	1,25	0,60	1,50
6. Wurzelhöhe w_h [mm]	0,40	1,05	0,90	1,85	x	2,45
7. Schnittfugenbreite b_s [mm]	0,35	0,35	0,60	0,70	x	x

[636] SIEBERTZ ET AL., „Statistische Versuchsplanung“, 2010, S. 82.

4.3.3 Ergebnisse und Diskussion der Zusammensetzversuche

Die Ergebnisse der Einflussgrößenstudie zur Untersuchung der Vorrichtungsfunktion „Spannen" sind in der **Abbildung 4.15** anhand der variierten Ausprägungen der Geometriemerkmalsgrößen aus Tabelle 4.3 auf der Abszisse und darüber liegend das Fügedrehmoment (unterer Teil) und die Spannkraft (oberer Teil) dargestellt. Die gestrichelte Linie stellt mit der Einstellgrößenkonfiguration 0 die Referenzlinie und mit dem umgebenden grauen Bereich das 95 % Konfidenzintervall dar. Je höher die Abweichung eines Messergebnisses einer Einstellgrößenkonfiguration von der Referenzlinie ist, desto höher ist dessen Einfluss. Der Trend der Ausprägungen von den Ergebnissen mit 1 mm Blechdicke (schwarze Linien) korreliert größtenteils mit denen in 2,5 mm Blechdicke (blaue Linien), was im Grunde einen ähnlich wirkenden Effekt der meisten Geometriemerkmalsgrößen und damit eine Unabhängigkeit der Blechdicke vermuten lässt. Lediglich ist festzustellen, dass die Größen 1 (hinsichtlich Füge- und Spannkraft) und 4 (hinsichtlich Fügekraft) keinen gleichen Trend aufweisen und dass alle Messwerte mit 1 mm Blechdicke niedriger ausfallen als die in 2,5 mm. Die Fügekraft wird insbesondere von den Größen 1, 4 und 5 beeinflusst, wohingegen die Spannkraft von allen Größen ähnlich stark beeinflusst wird. Besonders vorteilhaft wirkt sich die Steigerung der Wurzelhöhe aus, da hierdurch die Fügekraft für den Werker:in reduziert und die Spannkraft vergrößert wird.

Eine ergänzende makroskopische Analyse der Ausbildung des Geometriemerkmals beim „Spannen" *(vgl. Kap. 11.4.3)* ergab, dass sich die Spannkraft bei der Ausbildung lediglich einer Kralle grob halbiert und dass bei zwei Krallen ein steigender Verdrillwinkel zu einer höheren Spannkraft führen kann. Das untere Limit des Verdrillwinkels wird aufgrund von unstabilen Haltekräften auf ≥ 35° festgelegt.

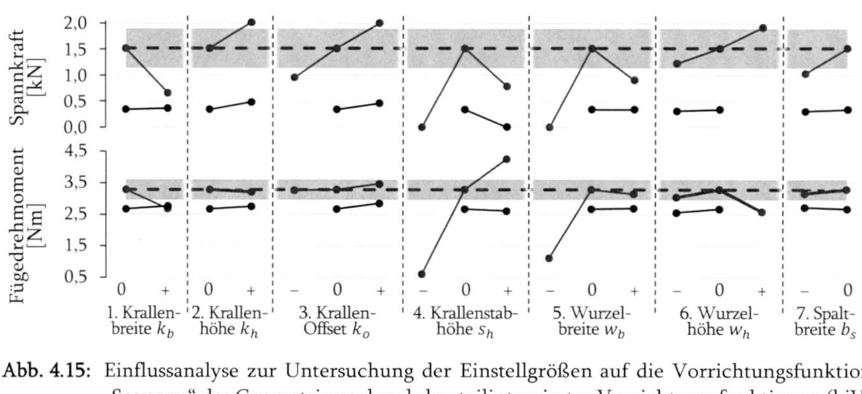

Abb. 4.15: Einflussanalyse zur Untersuchung der Einstellgrößen auf die Vorrichtungsfunktion „Spannen" des Geometriemerkmals bauteilintegrierter Vorrichtungsfunktionen (biV)

Die Ergebnisse zur Vorrichtungsfunktion „Bestimmen" beinhalten u. a. die minimale Schlitzbreite b_{sch}[1] mit Spielpassung *(analytisch nach Norm bestimmt anhand des Kap. 11.4.3)* und sind in der **Tabelle 4.4** anhand der untersuchten Material- und Dickenkombinationen zusammengefasst. Ergänzend hierzu wurde die min. Schlitzbreite anhand von realen Messwerten zu den Blechdicken und zu der Höhe der Gratbildung an den Proben bestimmt *(vgl. Tab. 11.16)*. Der Quotient aus der jeweiligen Blechdicke mit der bestimmten minimalen Schlitzbreite ist prozentual angegeben und dient als Richtwert für die Auslegung von toleranzbehafteten Geometriemerkmalen in Form von Schlitzen. In Analogie hierzu kann u. a. die Faustformel der Spaltüberbrückbarkeit von 10 % der Blechdicke beim Schweißen herangezogen werden.

Die Auswertung zur Differenz in Tabelle 4.4 zeigt, dass alle nach Norm bestimmten min. Schlitzbreiten um 2 bis 9 Prozentpunkte höher als die anhand der Messung berechneten Werte lagen, was anhand der höheren Toleranzbereiche aus den Normen begründet werden kann. Mit den höheren Spaltmaßen von 5 bis 12 % der Blechdicke ist ein problemloses Zusammensetzen und auch die Spaltüberbrückbarkeit nach der Faustformel noch gewährleistet, jedoch können die am Geometriemerkmal entstehenden Toleranzen sich bei einer Verkettung negativ auf die Gesamttoleranzen einer Zusammenbaugruppe auswirken. Durch die Verwendung von realen Blechdicken und den optimierten Laserschneidergebnissen aus Kapitel 4.2 wird am Beispiel dieser Untersuchung deutlich, dass eine min. Schlitzbreite mit 5 % anstelle 10 % der Blechdicke dennoch die Anforderungen an ein praxistaugliches Zusammensetzen und RLS erfüllt.

Tab. 4.4: Vergleich der min. Schlitzbreiten und Quotienten eines Geometriemerkmals für verschiedene Material- und Dickenkombinationen im Prozessschritt „Zusammensetzen"

Material-Dicken-kombinat.		1. Nach Norm bestimmt		2. Nach Messung bestimmt		Differenz 1. zu 2. in…	
		Min. Schlitzbreite (b_{sch}[1])	Quotient zur Blechdicke	Min. Schlitzbreite (b_{sch}[1])	Quotient zur Blechdicke	Min. Schlitzbreite (b_{sch}[1])	Quotient
HX380LAD+Z100	1,0 mm	1,1940 mm	**10 %** (b_s = 1,20 mm)	1,0786 mm	**4 %** (b_s = 1,08 mm)	0,1154 mm	**6 %**
	1,5 mm	1,7155 mm	**7 %** (b_s = 1,71 mm)	1,6214 mm	**5 %** (b_s = 1,65 mm)	0,0941 mm	**2 %**
	2,0 mm	2,2541 mm	**7 %** (b_s = 2,28 mm)	2,0979 mm	**3 %** (b_s = 2,12 mm)	0,1562 mm	**4 %**
	2,5 mm	2,7430 mm	**5 %** (b_s = 2,75 mm)	2,6416 mm	**3 %** (b_s = 2,65 mm)	0,1014 mm	**2 %**
HCT780X+Z100	1,0 mm	1,2367 mm	**12 %** (b_s = 1,24 mm)	1,0449 mm	**3 %** (b_s = 1,06 mm)	0,1918 mm	**9 %**
	1,5 mm	1,7537 mm	**9 %** (b_s = 1,77 mm)	1,6253 mm	**5 %** (b_s = 1,65 mm)	0,1284 mm	**4 %**
	2,0 mm	2,3053 mm	**8 %** (b_s = 2,32 mm)	2,1605 mm	**5 %** (b_s = 2,20 mm)	0,1448 mm	**3 %**
	2,5 mm	2,7807 mm	**6 %** (b_s = 2,80 mm)	2,6192 mm	**3 %** (b_s = 2,65 mm)	0,1615 mm	**3 %**

4.3.4 Gestaltungsregeln: Zusammensetzen von biV

Das im Rahmen der Untersuchung erzeugte Systemwissen zum Prozessschritt „Zusammensetzen" von biV mittels Geometriemerkmale wird für eine methodische Anwendung in Gestaltungsregeln überführt. In der **Tabelle 4.5** sind die Gestaltungsregeln benannt, hinsichtlich des Anwendungsbereichs charakterisiert und mit Informationen für die produkt- und produktionsseitige Auslegung beschrieben.

Tab. 4.5: Gestaltungsregeln für den Prozessschritt „Zusammensetzen" von Geometriemerkmalen in der flexiblen Prozesskette von bauteilintegrierten Vorrichtungsfunktionen (biV)

#	Gestaltungsregel	Beschreibung
1	Kleine Verdrillwinkel vermeiden	Der ideale Verdrillwinkel sollte ≥ 35° sein, um eine ausreichende Spannkraft zu erzeugen.
2	Krallenstabhöhe an Vedrillwinkel anpassen	Die Krallenstäbe sollten als Sollbruchstelle gestaltet sein und nach dem Erreichen von der Gestaltungsregel #1 brechen.
3	Krallen-Offset einhalten	Belastung + Dehnung der Geometriemerkmale vor Anwendung vermeiden.
4	Ausbildung einzelner Krallen prüfen	Prüfen, ob bei nur einer ausgebildeten Kralle die Spannkraft noch ausreicht (Versuchsergebnisse zeigen eine halbierte Spannkraft).
5	Wurzel so hoch wie möglich gestalten	Führt zur Steigerung der Ergonomie und Spannkraft. Ab einer gewissen Wurzellänge kann sich unterhalb des Bauteil 2. Grades ein Loch bilden. Dieses Loch bietet die Gefahr, dass die Schmelze der Wurzellage durchfließt und somit eine Herausforderung für das RLS darstellt.
6	Krallenhöhe sorgt für mehr Zusatzmaterial und Spannkraft	Eine Steigerung der Krallenhöhe ist unkritisch und kann zur Einstellung der Spannkraft und des Schweißzusatzwerkstoffs genutzt werden. Hierdurch wird vorteilhafterweise das Fügedrehmoment nur unwesentlich erhöht.
7	Schnittfugenbreite bei unzureichender Schnittqualität erhöhen	Sofern die Schnittqualität an lokalen Stellen ungenügend ist, kann die Schnittfugenbreite erhöht werden. Hierdurch erhöht sich vorteilhafterweise die Spannkraft.
8	Faustformel von 5 % Fügespalt beachten	Bei einer Gratbildung < 0,1 mm kann die experimentell bestimmte Faustformel ein ergonomisches Zusammensetzen unterstützen.

4.4 Analyse des Prozessschritts Remote-Laserstrahlschweißen

Das Ziel dieses Kapitels ist es, ein Systemwissen zum „RLS" von Geometriemerkmalen von biV zu erzeugen und die relevanten Erkenntnisse in Gestaltungsregeln zu synthetisieren, sodass ein Teil der 1. UFF beantwortet werden kann. Das bereits in den vorherigen Prozessschritten erlangte Systemwissen fließt in diese Betrachtung mit ein. Für die Zielerreichung wird zunächst der benötigte Versuchsaufbau unter Angabe der Maschinen, Proben und der übergeordneten Versuchsdurchführung in Kapitel 4.4.1 beschrieben. Anschließend erfolgt die Beschreibung der Einzelversuche und deren Diskussion im Kontext der flexiblen Prozesskette, der Zielsetzung aus der 1. UFF und der einschlägigen Literatur. Aus dem Systemwissen werden in Kapitel 4.4.3 Gestaltungsregeln für die produkt- und produktionsseitige Auslegung von Geometriemerkmalen bauteilintegrierter Vorrichtungsfunktionen synthetisiert.

4.4.1 Versuchsaufbau und -durchführung zum Remote-Laserstrahlschweißen

Der im Rahmen dieser Versuche betrachtete Schweißprozess ist das in den Grundlagen *(vgl. Kap. 2.2.3)* eingeführte Remote-Laserstrahlschweißen (RLS) und aufgrund der eingesetzten Laserstrahlquelle ein „Festkörper-Laserstrahlschweißen"[637]. Der Versuchsaufbau besteht im Wesentlichen aus der Laseranordnung in Form einer „Laserschweißzelle" der Firma REIS *(vgl. schematische Darstellung in Abb. 2.4)*. Diese besteht wiederum aus folgenden Bestandteilen: aus der ebenfalls bei den Laserstrahlschneidversuchen verwendeten Laserstrahlquelle TRUDISK4001 mit einer max. Laserleistung von $P_L = 4$ kW, aus der über ein 100 µm Lichtleiterkabel verbundenen programmierbaren Laser-Scanneroptik mit dreidimensionalem Bearbeitungsfeld „PFO3D-2" der Firma TRUMPF und aus einem 6-Achs-Industrieroboter „RV60-60" sowie Dreh- und Kipptischen der Firma REIS. Auf der linken Seite der **Abbildung 4.16** ist der Versuchsaufbau ausschnittsweise aus der genannten Laserschweißzelle dargestellt. Im oberen Teil ist die Laser-Scanneroptik mit maximalem Arbeitsabstand (Brennweite 450 mm) orthogonal oberhalb der darunterliegenden Probe zu erkennen. Die Proben können in einer für diese Untersuchungen konfigurierten Schweißvorrichtung in der Anordnung A *(vgl. Abb. 4.16)* oder B *(vgl. Details am Ende von Kap. 4.4.2)* mittels mechanischer Anschläge positioniert und Senkrechtspanner reproduzierbar bestimmt werden. Weitere Senkrechtspanner unterhalb der Probe dienen zur gezielten Manipulation der Probenanordnung, um deren Einfluss auf die Zielgrößen zu analysieren. Weiterführende Informationen zur eingesetzten Anlagentechnik ist Kapitel 11.4.1 zu entnehmen.

[637] DIN EN ISO 4063:2021-02, „Schweißen, Hartlöten, Weichlöten, Schneiden, Mech...", 2021, S. 6; 10 – 11.

Die in Abbildung 4.3 vorgestellten Zielgrößen des Prozessschritts RLS werden messtechnisch erfasst. Von jeder Probe wird die Deck- und Wurzellage zerstörungsfrei anhand einer Sichtprüfung/Visual Testing (VT) mit Lampe, Maßstab und Fühlerlehre gemäß der DIN EN ISO 17638 analysiert[638]. An einem Teil dieser Gesamtheit werden weitere Messverfahren angewandt, wohingegen beim Großteil die maximale Zugkraft mittels einer Zugprüfung bestimmt wurde. An ausgewählten, besonders guten und schlechten Ergebnissen wurden zudem die Schweißnähte mittels eines optischen 3D-Scans und metallographischen Längs- und Querschliffen analysiert. Weiterführende Beschreibungen finden sich in den Kapiteln 11.4.1 und 11.4.4.

Die schematische Darstellung des zur experimentellen Untersuchung stehenden Geometriemerkmals aus Abbildung 4.2 entspricht der Probe zur Untersuchung in diesem Prozessschritt *(vgl. rechte Seite der Abb. 4.16 für die Probenanordnung A)*. Die untersuchten Probenwerkstoffe entsprechen denen der vorangegangenen Prozessschritte HX380LAD+Z100MB und HCT780X+Z100MB *(vgl. weitere Details in Kap. 11.4.1)*.

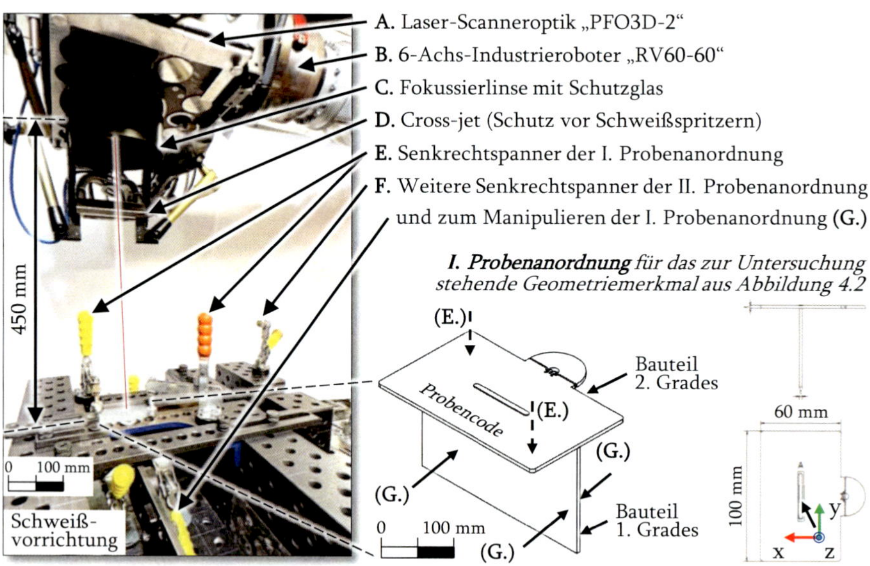

Abb. 4.16: Versuchsaufbau und -proben für die Untersuchung zum Remote-Laserstrahlschweißen von Geometriemerkmalen bauteilintegrierter Vorrichtungsfunktionen (biV)

638 DIN EN ISO 17637:2017-04, „Zerstörungsfreie Prüfung von Schweißverbin…“, 2017, S. 5 – 9.

Basierend auf der übergeordneten Versuchsplanung der flexiblen Prozesskette *(vgl. Abb. 4.3)* wurde die aus vielen Einzelversuchen verknüpfte Versuchsdurchführung für das RLS aus **Abbildung 4.17** abgeleitet. Zum einen werden zur Untersuchung zum Systemwissen die mit biV und RLS verbundenen Herausforderungen durch gezielte Variation der Einstell- und Störgrößen untersucht. Zum anderen fließen die Erkenntnisse, Fragestellungen und Auswirkungen aus den vorherigen Prozessschritten mit in diese Untersuchung ein. Somit wird zunächst in Kapitel 4.4.2.1 das Geometriemerkmal hinsichtlich der Schweißbarkeit analysiert und die zu kontrollierenden Einstellgrößen für die nachfolgenden Einzelversuche festgelegt. Im Anschluss erfolgt eine mittels DoE durchgeführte Prozessanalyse (analog zum Prozessschritt „Laserstrahlschneiden"). Zur Vervollständigung des Systemwissens werden anschließend produkt- und produktionsseitige Einfluss- und Übertragbarkeitsanalysen durchgeführt *(vgl. Kap. 4.4.2.3 – 4.4.2.7)*. Schlussendlich werden die Erkenntnisse zum Systemwissen „RLS von Geometriemerkmalen" in Kapitel 4.4.3 in Gestaltungsregeln synthetisiert.

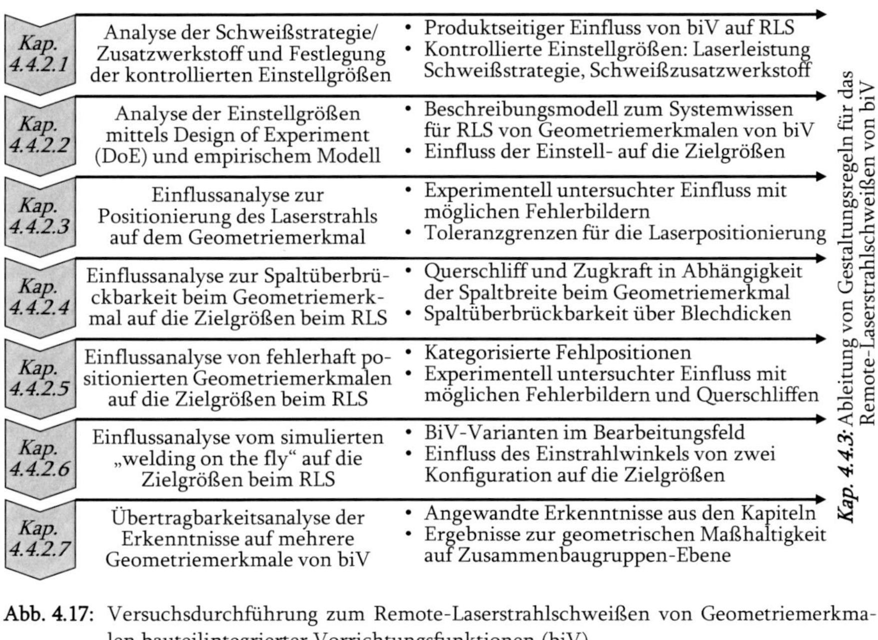

Abb. 4.17: Versuchsdurchführung zum Remote-Laserstrahlschweißen von Geometriemerkmalen bauteilintegrierter Vorrichtungsfunktionen (biV)

4.4.2 Ergebnisse und Diskussion der Remote-Laserstrahlschweißversuche

Die Ergebnisse zu den in der Abbildung 4.17 vorgestellten Einzeluntersuchungen werden in den nachfolgenden Unterkapiteln vorgestellt.

4.4.2.1 Analyse der Schweißstrategie sowie des Schweißzusatzwerkstoffes und Festlegung der kontrollierten Einstellgrößen

Aufbauend auf der übergeordneten Versuchsplanung der flexiblen Prozesskette in Abbildung 4.3, wird im Rahmen dieses Kapitels die Schweißbarkeit hinsichtlich der Schweißstrategie und des Schweißzusatzwerkstoffes analysiert und zusammen mit der Laserleistung als kontrollierte Einstellgrößen festgelegt.

Die Schweißstrategie baut auf die in Kapitel 4.1.1 beschriebenen Vorarbeiten zu der Lasche-Schlitz-Verbindung auf und gliedert sich wie in **Abbildung 4.18** zu erkennen in eine zentrische und eine konturierte Laserstrahlführung. Bei der zentrischen Schweißstrategie erfolgt die Laserstrahlführung mittig entlang des Stegs und der Spotradius ist so groß gewählt, dass sowohl der Steg als auch das umgebende Bauteil 2. Grades aufgeschmolzen wird. Die konturierte Schweißstrategie *(vgl. rechte Seite der Abb. 4.18)* ist im Vergleich zur vorherigen komplexer und erreicht aufgrund eines kleineren Spotdurchmessers an den relevanten Fügestellen eine höhere Schweißgeschwindigkeit. Die Schweißstrategie ist auf die unterschiedlichen Bereiche des Geometriemerkmals aufgeteilt (A bis C), um darauf die Einstellgrößen anzupassen und unterschiedliche Produktanforderungen zu erfüllen. So kann bspw. mit der letzten Schweißlinie 3 (A-3/B-3) die Decklage entsprechend den Oberflächenanforderungen gestaltet werden und durch die optionale Schweißnaht C kann entweder das Geometriemerkmal zum „Spannen" verschweißt (bspw. Gasdicht) oder stehen gelassen werden. Bei der Schweißstrategieentwicklung wurden die Effekte der vorherigen Schweißnähte, die Wärmeleitung in den Bauteilen und die Schweißreihenfolge berücksichtigt. Weitere Details zur Festlegung der Laserstrahlpositionierung sind in Kapitel 11.4.4.

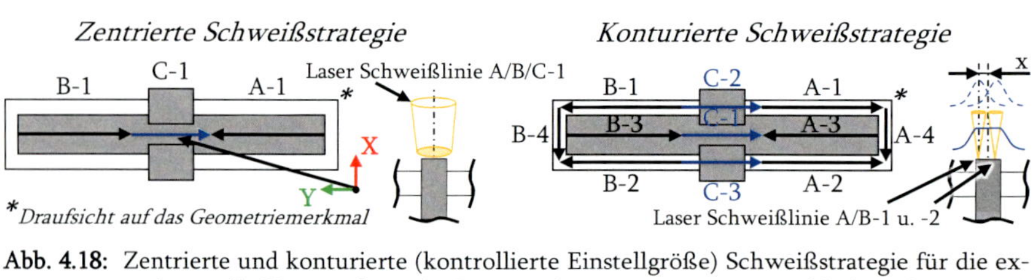

Abb. 4.18: Zentrierte und konturierte (kontrollierte Einstellgröße) Schweißstrategie für die experimentelle Untersuchung im Prozessschritt „Remote-Laserstrahlschweißen (RLS)"

Der Schweißzusatzwerkstoff ist bei diesem Geometriemerkmal insbesondere relevant, da für das manuelle Zusammensetzen der Bauteile ein Mindestspaltmaß eingehalten *(vgl. Kap. 4.3.3)* und im anschließenden Schweißprozess durch beide Fügepartner wieder aufgefüllt werden muss. Die eigens hierfür entwickelte Vorgehensweise beinhaltet eine Annäherung zur analytischen Berechnung des Schweißzusatzwerkstoffes aus dem Geometriemerkmal *(vgl. Kap. 11.4.4)* und einer iterativen Optimierung durch Experimenten an Stichproben. Die **Abbildung 4.19** zeigt auf der linken Seite eine schematische Darstellung der genannten Spalte (dunkelgrau) und der Deck- und Wurzellage (blau) der Schweißnähte, um daraus den benötigten Schweißzusatzwerkstoff als Bestandteil des Geometriemerkmals abzuleiten. Im Rahmen der Evaluierung der Stichproben zeigte sich, dass die konturierte Schweißstrategie an allen Material-Dicken-kombinationen angewandt und auf die untersuchten Anforderungen angepasst werden konnte. Die rechte Seite der Abbildung 4.19 zeigt drei Quer- und einen Längsschliff der Stichprobe HCT780X+Z100MB in 2,5 mm Blechdicke mit einer durch die Berechnung ermittelten Auffüllung des Fügespalts von 10 % der Blechdicke (0,25 mm). Die Schliffbilder zeigen eine sich der Berechnung annähernde Ausbildung der Deck- und Wurzellage und im Längsschliff eine nahezu konstante Einschweißtiefe der Fügepartner (insbesondere im mittleren Teil beim Geometriemerkmal „Spannen“). Die zentrische Schweißstrategie lässt sich lediglich bei kleinen Blechdicken (bspw. 1 mm) anwenden und weist ein kleines Prozessfenster bei hohen Positionieranforderungen auf, in welchem der Steg komplett aufgeschmolzen und die Fügepartner penetriert werden können. Folglich wird die konturierte Schweißstrategie mit dem berechneten Zusatzwerkstoff als kontrollierte Einstellgröße im weiteren Verlauf betrachtet. Der in Kapitel 4.4.1 beschriebene Versuchsaufbau für das RLS hat eine max. Laserleistung von 4 kW, die ebenfalls als kontrollierte Einstellgröße für die Versuchsdurchführungen

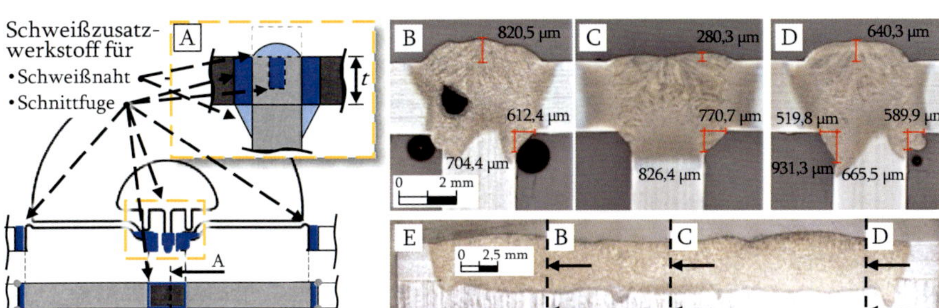

Abb. 4.19: Schematische Darstellung des zu bestimmenden Schweißzusatzwerkstoffes für die Schweißnähte am Geometriemerkmal und die Evaluierung anhand von Stichproben

festgelegt wird. Aus dem Stand der Technik ist hierzu bekannt, dass tendenziell eher höhere Laserleistungsklassen verwendet werden, um bspw. die Produktivität zu steigern. Die prozessseitige Anpassung der eingebrachten Streckenenergie erfolgt bei einer kontrollierten Laserleistung über die Schweißgeschwindigkeit.

4.4.2.2 Analyse der Einfluss- auf die Zielgrößen mittels Design of Experiment (DoE)

Die Analyse in diesem Kapitel erfolgt in Anlehnung an die methodische Vorgehensweise zum DoE aus dem Prozessschritt „Laserstrahlschneiden“ *(vgl. Kap. 4.2.2)*. Das zur Untersuchung stehende Geometriemerkmal entspricht aus schweißtechnischer Perspektive am ehesten einer Lasche-Schlitz-Verbindung und dem einseitig geschweißten Stumpfstoß nach DIN EN ISO 9692[639]. Unterschiede bestehen zum einen in den ungleichen Fügepartnerdicken, da der senkrechte Steg des Bauteils 1. Grades um ein Vielfaches „dicker“ ist als das umgebende Bauteil 2. Grades. Zum anderen wird bei dem Geometriemerkmal aufgrund der konturierten Schweißstrategie mehrfach mit unterschiedlicher Lasermodulation geschweißt und es besteht kein technischer Nullspalt, da ein Mindestspaltmaß für das Zusammensetzen eingehalten werden muss. Aus der einschlägigen Literatur zum RLS von ähnlichen in dieser Arbeit betrachteten Material-Dickenkombinationen geht hervor, dass bspw. der Einfluss der Einstellgrößen Laserleistung, Schweißgeschwindigkeit und Spotdurchmesser auf die Schweißnaht anhand der DoE-Methode BBD, den metallographischen Schliff und die Zugfestigkeit analysiert wurde[640,641]. Ergänzt um die produktseitige Einstellgröße des Spaltmaßes wurden unter Anwendung der Taguchi-Methode die Zielgrößen der Schweißnahtgeometrie hinsichtlich der Breite, Einschweißtiefe und Decklagenunterwölbungen analysiert. Die Einschweißtiefe und die Schweißnahtbreite steigen, wenn die Blechdicke und die Laserleistung gesteigert werden, wohingegen die sich reduzieren, wenn die Schweißgeschwindigkeit steigt[642].

Anhand der übergeordneten Versuchsplanung für die flexible Prozesskette für biV aus der Abbildung 4.3 und der auf Basis von Literatur und Vorversuchen getroffenen Annahme einer nicht linearen Abhängigkeit der Einstell- auf die Zielgrößen, wurde die DoE-Methode CCD gewählt *(gleiche Methode wie beim Laserstrahlschneiden aus dem Kap. 4.2.2.3)*. Im ersten Schritt der Versuchsdurchführung wurde zunächst der im CCD zu untersuchende Bereich, der von Interesse für die Einstellgrößen in **Abbildung 4.20** ist, durch Bestimmung der min. und max. Zahlenwerte eingegrenzt.

---

[639] DIN EN ISO 9692-1:2013-12, „Schweißen und verwandte Prozesse - Arten der ...“, 2013, S. 1 – 5; 7; 9.

[640] ŠVEC ET AL., „FIBRE LASER WELDING OF DUAL PHASE STEELS ...“, 2015, S. 311 – 13; 319.

[641] BANDYOPADHYAY ET AL., „Optimization of Fiber Laser Welding of DP980 Steels ...“, 2016, S. 2462; 2476.

[642] JACQUES ET AL., „Experimental Investigation of Laser Welding Process ...“, 2017, S. 70 – 71; 80 – 81; 88.

Die Zahlenwerte werden durch das Auftreten der Schweißnahtunregelmäßigkeiten Durchbrand oder Bindefehler des Qualitätslevel D *(vgl. vollständige Aufführung in Kap. 11.4.4)* nach DIN EN ISO 13919-1 und -2[643,644] im Rahmen von Vorversuchen bestimmt. Aus der Literatur sind gängige Spotdurchmesser für Anwendungen im Kraftfahrzeugbau von 0,4 bis 0,7 mm bekannt[645], sodass der min. Spotdurchmesser der Schweißlinie 1 *(vgl. Abb. 4.18)* auf 0,4 mm und der der Schweißlinie 2 durch Reduzierung der Schweißgeschwindigkeit und durch das Auftreten des Durchbrands festgelegt wurde. Die Maximalwerte werden bei kleinster Schweißgeschwindigkeit und beim Erreichen von Bindefehlern bestimmt. Die min. Schweißgeschwindigkeit wird beim Erreichen von Durchbrand und die maximale beim Erreichen von Bindefehlern bestimmt. Das Ziel der beiden Einstellgrößen ist es, eine hohe Produktivität bei ausreichender Spaltüberbrückbarkeit und Schweißnahtfestigkeit zu erreichen.

Für die Modellentwicklung beinhalten die Versuche im CCD für jede Material-Dickenkombination 19 Einstellgrößenkonfigurationen, die jeweils fünf Center Points haben und zwei Mal wiederholt werden. Pro Material-Dickenkombination werden anschließend acht Proben mittels der aus dem entwickelten Modell optimierten Einstellgrößenkonfiguration geschweißt, von denen alle mit Sichtprüfung, fünf mittels Zugprüfung und zwei mittels metallographischem Schliff analysiert werden.

Die Sichtprüfung beinhaltet die Analyse der Deck- und Wurzellage anhand einer eigens für Geometriemerkmale entwickelten Prüfmethode mit Bewertungssystem *(vgl. Kap. 11.4.4)*. Letzteres kategorisiert u. a. die Schweißnahtunregelmäßigkeiten nach DIN EN ISO 13919-1 sowie -2[643,644] in ein Punktesystem und ermöglicht durch Bildung von Mittelwerten je Einstellgrößenkonfiguration eine annähernd quantifizierbare Bewertung. Ab der höchsten Bewertungsklasse B (5 Punkte) sinkt die Punktezahl. Anhand von Zugversuchen an den Proben wurde mit den Messwerten – in Analogie zur Modellentwicklung für das Laserstrahlschneiden – ein empirisches Modell zur Vorher-

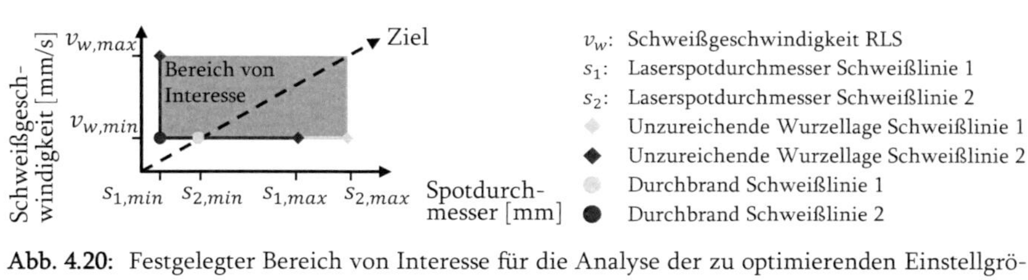

Abb. 4.20: Festgelegter Bereich von Interesse für die Analyse der zu optimierenden Einstellgrößen des Remote-Laserstrahlschweißens nach dem Central Composite Design (CCD)

[643] DIN EN ISO 13919-1:2020-03, „Elektronen- und Laserstrahl-Schweißverbindungen - …“, 2020, S. 6 – 10.

[644] DIN EN ISO 13919-2:2021-06, „Elektronen- und Laserstrahl-Schweißverbindungen …“, 2021, S. 7 – 11.

[645] SHOME ET AL., „Welding and Joining of Advanced High Strength Steels (AHSS)“, 2015, S. 96.

sage der Zugkraft entwickelt. Die maximal zu erreichende Zugkraft ist u. a. abhängig von der Geometrie der Schweißnähte (in Anlehnung an den Schlitz angenommene Schweißnahtfläche von 30 x 2 mm = 60 mm²) und wird durch das schwächste dieser beiden Schweißnähte bestimmt. Für HX380LAD+Z100MB entspricht es dem Grundwerkstoff und für HCT780X+Z100MB ist es aufgrund des höherfesten Grundwerkstoffs die durch das Modell vorhergesagte Zugkraft.

Die Modellentwicklung erfolgt für das halb- (ohne Geometriemerkmal „Spannen“) sowie vollverschweißte Geometriemerkmal von biV. Letzteres differenziert sich maßgeblich durch eine geringfügig höhere Zugkraft sowie durch die Prozesszeit, die Dichtheit der Schweißverbindung und die in der **Abbildung 4.21** ersichtliche homogene Decklage. Die homogene Decklage bildet sich durch den in der Abbildung 4.18 dargestellten Schweißbereich C sowie der Schweißlinie 3.
Die Versuchsergebnisse zur Analyse der Einfluss- auf die Zielgrößen mittels Design of Experiment (DoE) werden am Beispiel der Material-Dickenkombination HX380LAD+Z100MB (2 mm Blechdicke) in der **Tabelle 4.6** beschrieben. Die mittels des Modells vorhergesagte max. Zugkraft entspricht am Beispiel des vollverschweißten Geometriemerkmals grob der des Grundwerkstoffs und trifft annähernd den mittels Zugversuchen bestimmten Wert von 27,65 ± 1,56 kN. Zwar finden sich vereinzelnd im Residual-Diagramm auch max. Zugkräfte im Bereich von 30 kN, jedoch überschreiten diese die Grundwerkstoffeigenschaften, weshalb im Sinne einer homogenen Auslegung der Schweißverbindung und des genannten Zielkonflikts Qualität, Kosten und Zeit der Prozess auf max. 27 kN ausgelegt und hinsichtlich der anderen beiden Kriterien optimiert werden sollte. Die Sichtprüfung bestätigt größtenteils die anderen Versuchsergebnisse, wohingegen die Tiefe der nicht komplett ausgeführten Wurzellage im metallographischen Schliff A ersichtlich wird. Aufgrund des Erreichens der ohnehin geringfügig höheren Zugkraft ist es tolerierbar. Der Oberflächenscan der Decklage offenbarte über den metallographischen Schliff hinaus, dass außerhalb des Geometriemerkmals „Spannen“ noch die Decklage leicht überwölbt (ca. 0,827 mm), jedoch an der Grenze der Bewertungsklasse D liegt (in diesem Fall 0,8 mm).

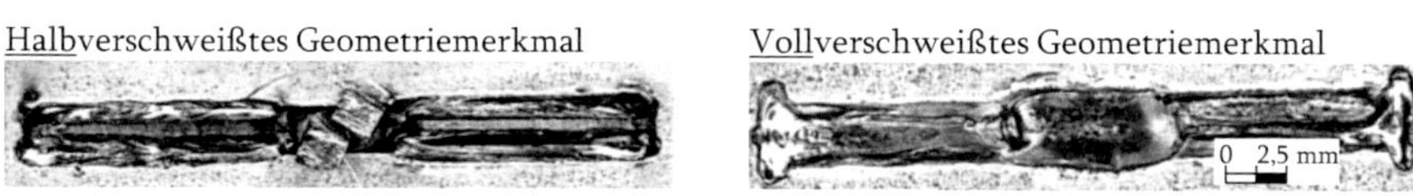

Abb. 4.21: Ansicht der Decklage bei der Sichtprüfung des halb- und vollverschweißten Geometriemerkmals von bauteilintegrierten Vorrichtungsfunktionen (biV)

Im Rahmen der vergleichenden Betrachtung der unterschiedlichen Analysebestandteile über alle Material-Dickenkombinationen ließ sich aus den Pareto-Diagrammen ableiten, dass alle drei betrachteten Einflussgrößen die Zugkraft beeinflussen und die Schweißgeschwindigkeit den größten Einfluss hat. In jedem Residual-Diagramm tritt der „fitted error" zufällig auf und kein Trend ist erkennbar. Der Großteil der Modelle ermöglicht eine angemessene Vorhersagbarkeit der max. zu erreichenden Zugkraft (Abweichungen im Bereich von ca. 1 kN).

Tab. 4.6: Versuchsergebnisse der Prozessoptimierung im Prozessschritt „Remote-Laserstrahlschweißen" von Geometriemerkmalen am Beispiel von HX380LAD+Z100MB in 2 mm

Kontrollierte Einstellgrößen	Optimierte Einstellgrößen
• Laserleistung P_L = 4 kW • Laserstrahlanstellung, Spaltmaße, Schweißstrategie, Schweißzusatzwerkstoff	• Laserspotdurchmesser s_1 = 0,45 mm • Laserspotdurchmesser s_2 = 0,65 mm • Schweißgeschwindigkeit v_W = 85,30 mm/s

Details zum empirischen Modell zum Remote-Laserstrahlschweißen

$= 8{,}23 + 19{,}79 \cdot s_1 + 22{,}59 \cdot s_2 + 0{,}068 \cdot v_W - 8{,}37 \cdot s_1^2 \quad 6{,}16 \cdot s_2^2 - 0{,}0836 \cdot s_1 \cdot v_W - 0{,}0954 \cdot s_2 \cdot v_W$	Adjusted R-square (R^2): 72,93 % Predicted R-square (R^2): 59,99 %
Vorhergesagte max. Zugkraft: 27,00 kN	Max. Zugkraft im Zugversuch: 27,84 ± 0,54 kN

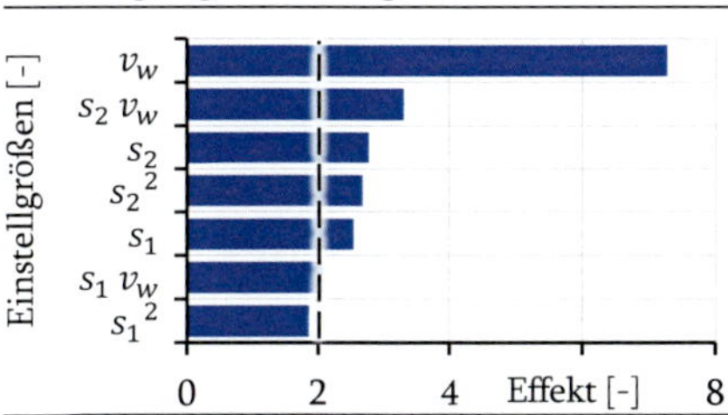

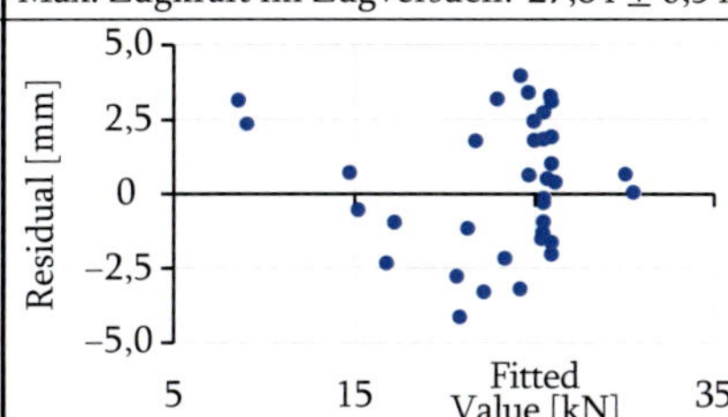

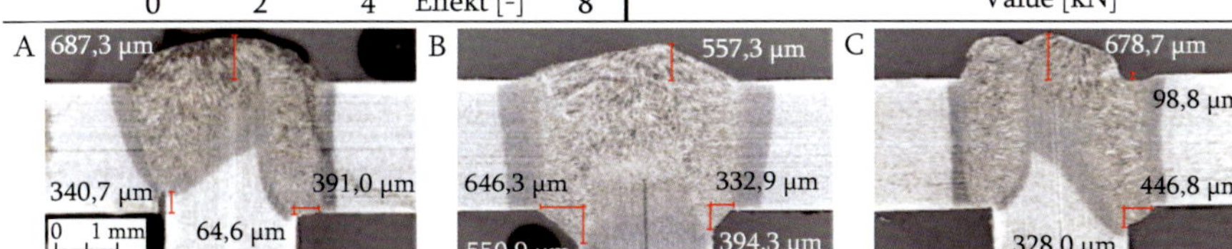

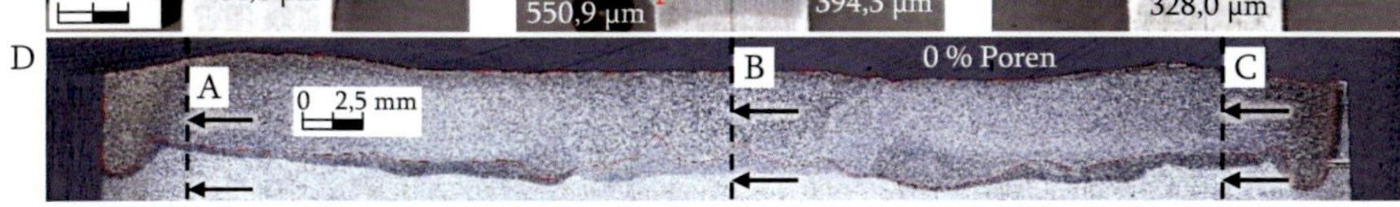

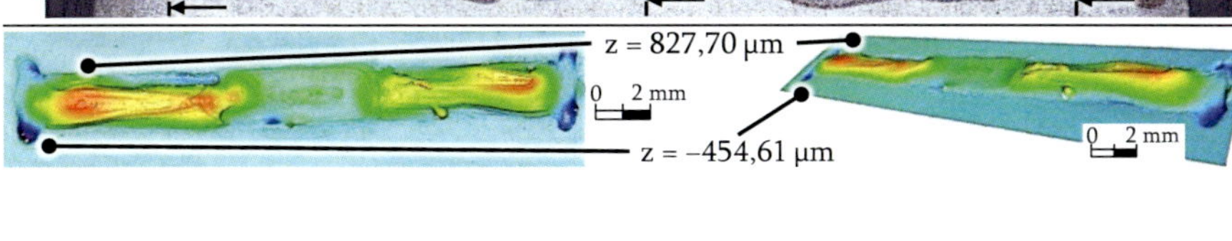

Lediglich HX380LAD+Z100MB in 1,0 mm und HCT780X+Z100MB in 1,5 mm Blechdicke haben eine Abweichung i. H. v. 3 kN, was sich ggf. durch ein engeres Prozessfenster bzw. durch die Prozessstabilität bei geringen Blechdicken begründen lässt.

Aus der **Abbildung 4.22** ist ersichtlich, dass die max. zu erreichende Zugkraft bei dem zur Untersuchung stehenden vollverschweißten Geometriemerkmal aus HCT780X+Z100MB im Bereich von 0 bis 23 % (mit steigender Blechdicke) im Vergleich zur halbverschweißten Variante zunimmt. Dieses Phänomen lässt sich mit der vergrößerten Schweißnahtfläche bei steigender Blechdicke begründen. Bei HX380LAD+Z100MB hingegen lässt sich dieses Phänomen nicht erkennen, da bereits das halbverschweißte Geometriemerkmal die Festigkeiten des Grundwerkstoffes erreicht. Dieses Phänomen lässt sich bei der Blechdicke 2,5 mm nicht erkennen, was sich zum einen damit begründen lässt, dass anhand des Werkstoffzertifikats die Zugfestigkeit der Proben am oberen Limit (und damit höherfester) als der für die Berechnung verwendete Zahlenwert aus der Norm ist. Zum anderen erhöht sich die Abweichung zwischen der Berechnung und den Versuchen bei steigender Blechdicke aufgrund der ebenfalls gestiegenen Schweißnahtquerschnittsfläche.

Die teilweise nicht geschweißte Wurzellage bei HCT780X+Z100MB in 2,5 mm lässt sich zum einen damit begründen, dass der Laserstrahl die Wurzellage aufgrund des hohen Schmelzvolumens im Bereich der Decklage weniger erreicht hat. Zum anderen hat der Werkstoff im Vergleich zu HX380LAD+Z100MB eine geringere Wärmeleitung, was sich als Phänomen der vergleichsweise schlechteren Schneidbarkeit beim Laserstrahlschneiden bereits beobachten ließ. Ebenfalls deutet ein zu geringes Spaltmaß auf eine unzureichende Erreichbarkeit der Wurzellage hin (bspw. 6 % bei 2,5 mm HCT780X+Z100MB), sodass ein Minimalspalt im Hinblick auf das Schweißen der Wurzellage bei ≥ 7 % der untersuchten Material-Dickenkombinationen ermittelt wurde.

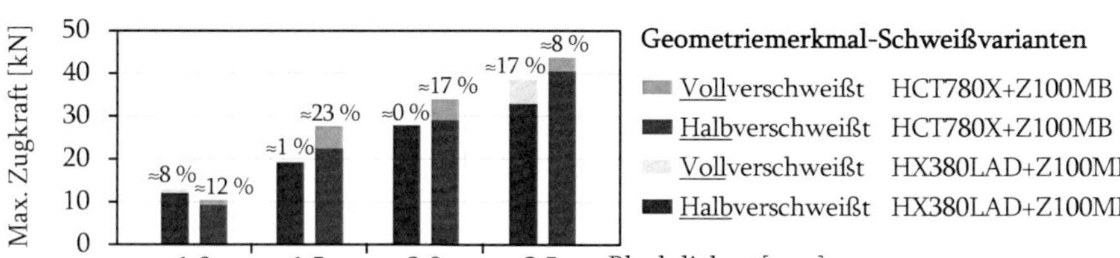

Abb. 4.22: Versuchsergebnisse zur max. Zugkraft des zur Untersuchung stehenden halb- und vollverschweißten Geometriemerkmals in den Material-Dickenkombinationen

Eine geringfügige Porenbildung ist vornehmlich an den Steg-Enden und dem Bereich des Geometriemerkmals „Spannen" identifiziert worden, was sich u. a. mit den dortigen konstruktiven Hohlräumen und der dadurch stärkeren Schmelzbaddynamik mit der Atmosphäre begründen lässt. Diese Begründung lässt sich ebenfalls den im Oberflächenscan erkennbaren geringen Schweißspritzer zuordnen, die größtenteils während der Schweißlinie C-2 und C-3 im Bereich des Geometriemerkmals „Spannen" entstehen. Entsprechend der Anforderungen könnten die zur Ausbildung einer Wurzellage dienlichen Schweißnähte C-2 und C-3 zugunsten der nahezu spritzerfreien Oberfläche weggelassen werden. Dadurch könnte sich lediglich die max. zu erreichende Zugkraft verringern, wohingegen die Dichtheit aufgrund der Schweißnaht C-1 dennoch gegeben wäre.

4.4.2.3 Einflussanalyse zur Laserstrahlpositionierung auf dem Geometriemerkmal

Diese Einflussanalyse hat zum Ziel, die in der Serienproduktion auftretenden Abweichungen bei der Laserstrahlpositionierung auf dem Geometriemerkmal zu untersuchen, in dem der x-, y- und z-off-set in der Laseroptik sukzessive verändert wurde, bis Bindefehler entstanden sind. In der **Abbildung 4.23** sind die experimentell bestimmten Grenzwerte anhand der Blechdicken und der drei Raumachsen dargestellt. Bei der Überschreitung des Grenzwerts in x-Richtung treten auf der einen Seite des Geometriemerkmals „Spannen" Bindefehler und eine nicht verschweißte Kralle auf. Die Grenze der Abweichungen in y-Richtung konnten durch Anpassung der Schweißlinie 4 hinsichtlich eines größeren Laserspotdurchmessers und eine reduzierte Schweißgeschwindigkeit von 0,3 auf 0,6 mm angehoben werden. Nach dieser Grenze war es nicht

		Grenze der tolerierbaren Abweichung in …		
		x-Achse	y-Achse	z-Achse
HX380LAD+Z100MB	1,0 mm	±0,3 mm	±0,5 mm	Geringe Abweichungen wie in x-/y-Richtung haben keinen wesentlichen Einfluss, da die Distanzen i. V. zum Einstellen der untersuchten Laserspotdurchmesser (Defokus) deutlich höher (Millimeterbereich) liegen.
	1,5 mm	±0,3 mm	±0,5 mm	
HCT780X+Z100MB	2,0 mm	±0,6 mm	±0,3 (±0,6) mm	
	2,5 mm	±0,5 mm	±0,3 (±0,6) mm	

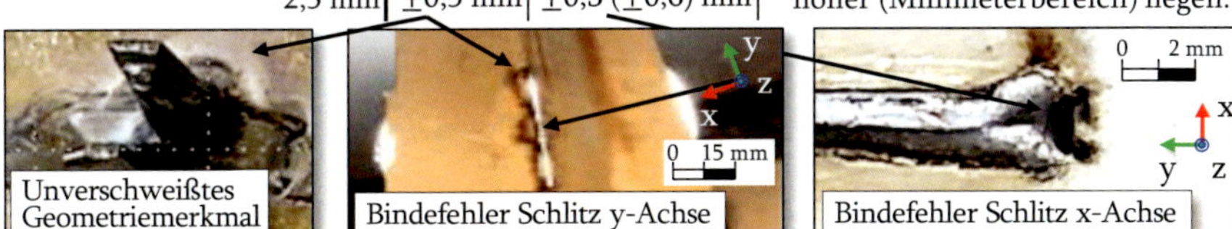

Abb. 4.23: Einflussanalyse zur Laserstrahlpositionierung auf dem Geometriemerkmal unter Angabe möglicher Fehlerbilder (rechts) und den Toleranzgrenzen für die Positionierung

mehr möglich den Schweißzusatzwerkstoff an den Steg-Enden aufzuschmelzen. In z-Achse haben produktionsrelevante Einflüsse (bis bspw. 3 mm) keinen großen Einfluss. Zusammengefasst kann dieses Geometriemerkmal Abweichungen bis ±0,3 mm unabhängig der Blechdicke oder Raumachse tolerieren. Höhere Abweichungen können tendenziell bei höheren Blechdicken und in y-/z-Achse toleriert werden.

4.4.2.4 Einflussanalyse der Spaltüberbrückbarkeit auf die Zielgrößen beim RLS

Auf Basis der in Kapitel 4.4.2.1 bestimmten Schweißstrategie mit Schweißzusatzwerkstoff und den im vorherigen Kapitel festgelegten Grenzwerten von Abweichungen der Laserstrahlpositionierung am Geometriemerkmal soll in dieser Analyse durch Variation des produktseitigen Spaltmaßes der Einfluss auf die Zielgrößen untersucht werden. Weitere Senkrechtspanner im Versuchsaufbau *(vgl. G. in Abb. 4.16)* stellen eine orthogonale Anordnung und ein möglichst gleichmäßiges Spaltmaß zwischen dem Bauteil 1. und 2. Grades sicher. Vor jeder Versuchsdurchführung wurde die Einstellung optisch mit dem Fadenkreuz der Laseroptik geprüft.

Für die Versuchsdurchführung wurden die optimierten Einstellgrößen aus Kapitel 4.4.2.2 und die ermittelten Mindestspaltmaße von 7 % (HX380LAD+Z100MB) und 9 % (HCT780X+Z100MB) verwendet. Ausgehend von diesen Mindestspaltmaßen wurde zunächst bei der Blechdicke von 1,5 mm die im linken Diagramm der **Abbildung 4.24** dargestellte Abhängigkeit der max. Zugkraft von der Spaltüberbrückbarkeit untersucht. Bei beiden Werkstoffen wurde bei einer Blechdicke von 1,5 mm eine max. Spaltüberbrückbarkeit von 30 % ermittelt, bei welcher der Spalt noch überwiegend stabil und ab 35 % nicht mehr gebrückt werden konnte. Generell sinkt die max. Zugkraft bei steigendem Spaltmaß, jedoch zeigen die Legierungen Unterschiede auf.

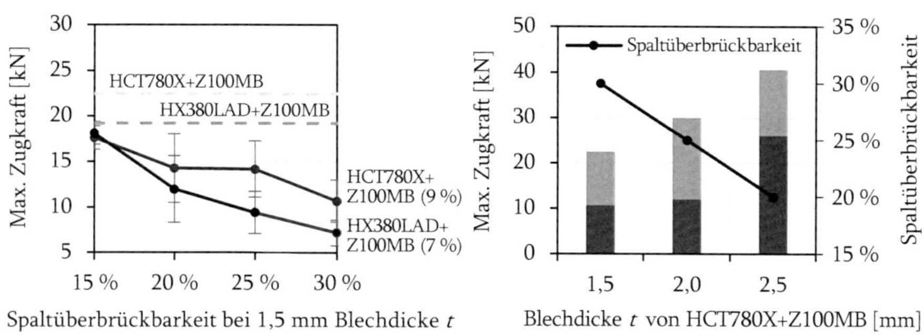

Abb. 4.24: Versuchsergebnisse zur Einflussanalyse der Spaltüberbrückbarkeit auf die Zielgröße der max. Zugkraft beim Remote-Laserstrahlschweißen von Geometriemerkmalen

HCT780X+Z100MB zeigt einen vergleichsweise höheren Abfall der max. Zugkraft bis zur 15%igen Spaltüberbrückbarkeit auf und reduziert sich im Anschluss weiter treppenförmig. Letzteres Phänomen und die höheren Standardabweichungen bei 20 und 25 % im Vergleich zu 15 und 30 % Spaltüberbrückbarkeit deuten bei beiden Legierungen auf einen unstabilen Übergangsbereich hin. Bei der max. Spaltüberbrückbarkeit von 30 % ist die Prozessgrenze erreicht, bei der entweder eine Verbindung mit geringerer Zugkraft zustande kommt oder nicht, was sich wiederum aufgrund der „klareren" zwei Zustände auf eine bessere Standardabweichung auswirkt. Zwar wird bei 30 % Spaltüberbrückbarkeit für beide Legierungen noch genügend Schweißzusatzwerkstoff *(vgl. Kap. 4.4.2.1)* für das Auffüllen der vergrößerten Spaltmaße und durch angepasste Einstellgrößen beim RLS eine Wurzellage erreicht, jedoch wird angenommen, dass sich die größer werdenden Ausmaße der Schweißverbindung negativ auf die max. zu erreichende Zugkraft auswirken. Zum einen lässt sich das mit der erhöhten Wärmeeinbringung aufgrund der angepassten Einstellgrößen (u. a. größerer Laserspotdurchmesser bei kleinerer Schweißgeschwindigkeit) zur Überbrückung des breiter werdenden Spaltes begründen. Hierdurch kann eine lokale Wärmebehandlung entstehen, die am Beispiel des hier untersuchten höchstfesten Dualphasen-Stahls HCT780X+Z100MB zu einer nachteiligen Veränderung der metallurgischen Eigenschaften in Form von Phasenumwandlungen und einer groben Kornstruktur führen kann. In der Literatur finden sich hierzu Untersuchungen, die zwar einen insignifikanten Einfluss beim RLS aufgrund des geringen Wärmeeintrags beschreiben[646,647,648], jedoch kann dieser Effekt bei den hier betrachteten Schweißverbindungen mit höherer Spaltüberbrückung nicht komplett ausgeschlossen werden. Zum anderen kann bei einem zu großen Spaltmaß die Geometrie der Deck- und Wurzellage der Schweißverbindung einen ungünstigen bzw. nicht idealen Verlauf der Kraftlinien bei Betriebsbeanspruchungen durch die verschweißte Baugruppe erzeugen.

Im rechten Diagramm der Abbildung 4.24 sind die max. zu erreichende Zugkraft und die Spaltüberbrückbarkeit von HCT780X+Z100MB über die Blechdicken zu erkennen und jeweils den ermittelten Werten aus der Prozessentwicklung *(vgl. Kap. 4.4.2.2)* mit 9 % Spaltüberbrückbarkeit (hellgrau hinterlegt) gegenübergestellt. Im Vergleich zur Daumenregel für das Spaltmaß beim RLS von 10 % der Blechdicke wurde in diesen Versuchen eine Spaltüberbrückbarkeit von u. a. 20 bis 30 % erreicht, bei der die Spaltbreite bspw. 0,5 mm betragen kann.

---

646 VIŇÁŠ ET AL., „Properties Evaluation of the Welded Joints Made by Disk Laser", 2021, S. 11 – 15.

647 HE ET AL., „Microstructure and Mechanical Properties of Laser-Welded DP Steels …", 2021, S. 12.

648 MANSUR ET AL., „Effect of laser welding on microstructure and mechanical …", 2021, S. 14 – 15.

4.4.2.5 Einflussanalyse von fehlerhaft positionierten Geometriemerkmalen auf die Zielgrößen beim RLS

Die aufgrund von Material- oder Fertigungstoleranzen (bspw. Gratbildung beim Laserstrahlschneiden oder Biegefehler beim Freibiegen) im Geometriemerkmal möglichen Maß- und Formabweichungen können aufgrund der darin verlagerten Vorrichtungsfunktionen („Bestimmen" und „Spannen") Einfluss auf den Zusammenbau haben. Zur Untersuchung dieses Einflusses sind die in der **Abbildung 4.25** dargestellten, am häufigsten anzunehmenden Grenzfälle mithilfe zusätzlicher Senkrechtspanner erzeugt *(vgl. G in Abb. 4.16)* und mit RLS verschweißt worden. Diese Grenzfälle stellen eine Herausforderung am Fügestoß durch einen heterogenen Schweißspalt und die Fügepartnerorientierung dar.

Fünf Proben HCT780X+Z100MB mit 1,5 mm Blechdicke und einem Spaltmaß von 20 % wurden je Grenzfall mittels einer Sicht- und Zugprüfung untersucht. Erstere zeigte beim Grenzfall A keine Auffälligkeiten in der Deck- und Wurzellage i. V. zu den vorherigen Untersuchungen. Beim Grenzfall B wurde teilweise die Einschnürung der Wurzellage festgestellt, was sich wiederum nicht wesentlich auf die max. Zugkraft i. V. zu den bisherigen Ergebnissen auswirkte. Der Grenzfall A hingegen wies aufgrund der nicht idealen Einspannung der schrägen Probe keine belastbaren Ergebnisse auf und wurde folglich nicht berücksichtigt. Zur Verdeutlichung des Phänomens beim Grenzfall B wurde das Spaltmaß auf 20 % vergrößert, was am Steg-Ende aufgrund des durch die verkantete Probenanordnung einseitig erhöhten Spaltmaßes von 40 % zu Bindefehlern führte. Zusammenfassend lässt sich festhalten, dass der Grenzfall B einen höheren Einfluss auf die Deck- sowie Wurzellage und damit auf die Zielgrößen beim RLS hat. Bei der Produktauslegung sollte insbesondere auf die Vermeidung dieser Anordnung geachtet und das hierdurch erzeugte Spaltmaß max. halb so groß wie die max. Spaltüberbrückbarkeit sein.

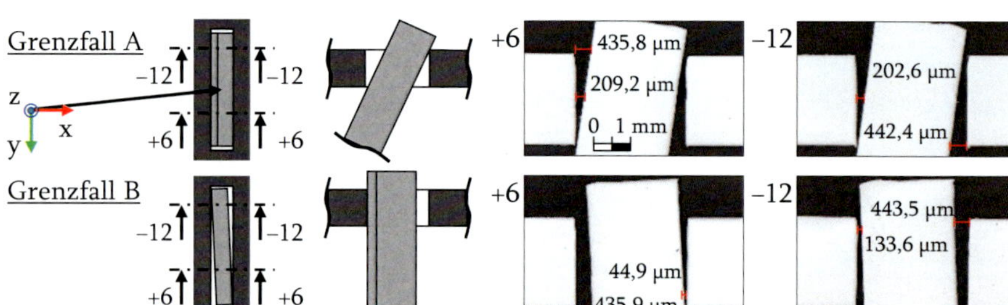

Abb. 4.25: Versuchsergebnisse zur Einflussanalyse von fehlerhaft positionierten Geometriemerkmalen auf die Zielgrößen beim Remote-Laserstrahlschweißen

4.4.2.6 Einflussanalyse von „welding on the fly" auf die Zielgrößen beim RLS

„Welding on the fly" kann durch eine Überlagerung der Roboterachsbewegungen (positioniert die Laseroptik im Raum) und der Laserstrahlbewegung mittels der Laseroptik (positioniert den Laserstrahl im Bearbeitungsfeld) den Arbeitsraum in einer Fertigungszelle und die Produktivität erhöhen. Hierdurch können sich jedoch Einstellgrößen beim RLS ändern (bspw. Laserstrahlanstellwinkel auf dem Geometriemerkmal), deren Einfluss im Rahmen dieser Analyse untersucht wurde. Hierzu wurde eine Situation aus dem „welding on the fly"-Bewegungsablauf anhand von zwei statischen Grenzpositionen simuliert *(vgl. **Abb. 4.26**)*. Die beiden Grenzpositionen sind max. lateral zur Laseroptik versetzt und unterscheiden sich anhand der Orientierung des Geometriemerkmals (fluchtend mit der x- oder y-Achse), wodurch der Laserstrahl aus unterschiedlicher Richtung und Winkel auf das Geometriemerkmal auftrifft. Im Rahmen der Versuchsdurchführung wurden jeweils die Grenzpositionen auf die eingespannten Proben ausgerichtet. Anhand der RLS-Einstellgrößen aus der Prozessentwicklung *(vgl. Kap. 4.4.2.2)* wurden sieben Proben HCT780X+Z100MB mit 1,5 mm Blechdicke je Grenzposition verschweißt, wovon alle per Sichtprüfung, fünf per Zugprüfung und zwei per metallographischem Schliff analysiert wurden.

Die Versuchsergebnisse zeigten, dass die Grenzposition X i. V. zur Grenzposition Y einen signifikant höheren Einfluss auf die Zielgrößen hat und folglich in der integrierten Produkt- und Produktionsauslegung berücksichtigt werden sollte. Die Analyse des metallographischen Schliffes offenbarte Wurzelbindefehler im Querschliff X_1 in der am weitesten von der Laseroptik entferntesten Schweißlinie 2 *(vgl. Schweißstrategie in Kap. 4.4.2.1)*. Im Längsschliff X_4 bestätigte sich dieses Phänomen auf einer Länge von ca. 4 mm in y-Richtung, was u. a. auch zu einer großen Lunkerbildung führte, die in diesem Ausmaß bei keinem RLS von Geometriemerkmalen im Rahmen dieser Arbeit identifiziert wurde. Dieses Phänomen lässt sich mit der „ungünstigen" Zugänglichkeit der Fügestelle mit dem Laserstrahl begründen, da der in z-Richtung nach oben stehende Steg teilweise die Schweißlinie 2 verdeckt. Die Schweißlinie 1

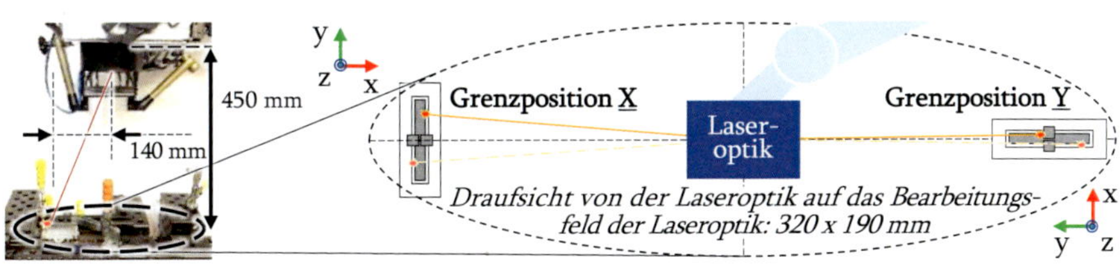

Abb. 4.26: Versuchsanordnung zur Simulation der Herausforderungen beim „welding on the fly": Einflussanalyse unterschiedlicher Laserstrahlanstellwinkel auf die Proben

hingegen zeigt eine höhere Einschweißtiefe im Vergleich zu denen aus der Prozessentwicklung und der Grenzposition Y. Im Vergleich zur Grenzposition Y geht aus **Abbildung 4.27** hervor, dass keine wesentlichen Unterschiede zu den Ergebnissen der Prozessentwicklung *(vgl. Kap. 4.4.2.2)* bestehen (Laseroptik orthogonal über Geometriemerkmal positioniert). Die max. zu erreichende Zugkraft spiegelt die Beobachtungen wider, indem die Grenzposition X i. V. zu Y um 2,45 kN (ca. 10 %) bei einer deutlich höheren Standardabweichung geringer ausfällt. Zusammenfassend lässt sich festhalten, dass auf die Grenzposition X bei der Auslegung verzichtet werden sollte.

4.4.2.7 Übertragbarkeitsanalyse der Erkenntnisse auf eine Kleinbaugruppe mit biV

Die in den vorherigen Unterkapiteln erzeugten Erkenntnisse zu potenziellen produkt- und produktionsseitigen Einflüssen werden in dieser Analyse hinsichtlich der Übertragbarkeit auf eine nächst komplexere Baugruppe untersucht. Ebendiese Baugruppe besteht u. a. aus einem mittels Freibiegen geformten Bauteil 1. Grades, das über Geometriemerkmale (zwei „Bestimmen/Spannen“ und ein „Bestimmen“) mit dem Bauteil 2. Grades fixiert wurde. Die Proben aus 1,5 mm dickem HCT780X+Z100MB wurden

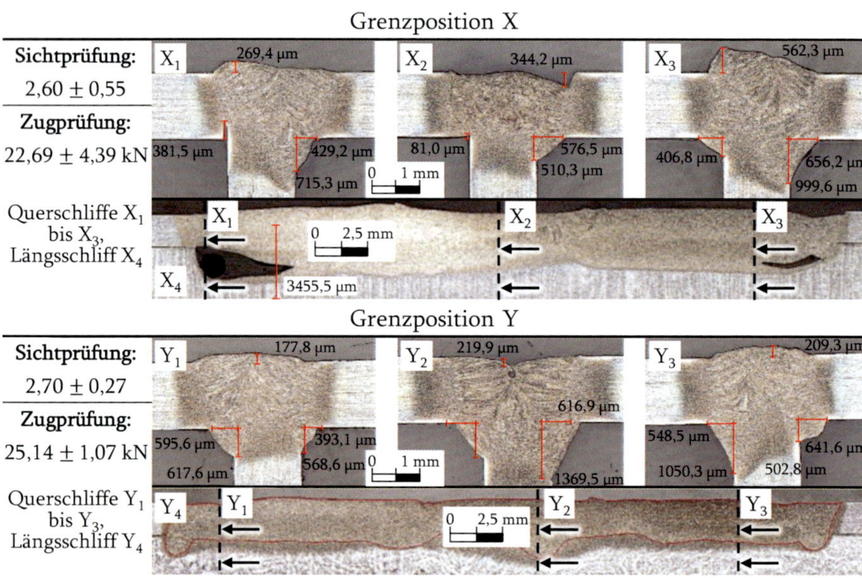

Abb. 4.27: Einflussanalyse von simuliertem „welding on the fly“ auf die Zielgrößen beim Remote-Laserstrahlschweißen anhand von Grenzpositionen zum Geometriemerkmal

anhand der in Kapitel 4 entwickelten Einstellgrößen der flexiblen Prozesskette gefertigt. Die verschweißten Baugruppen wurden im Anschluss mit einem NIKON-SCANNER (MODELMAKER H120 und MCAX S SYSTEM) optisch vermessen *(vgl. Kap. 11.4.1)*.

In der **Abbildung 4.28** ist auf der linken Seite der Versuchsaufbau und auf der rechten Seite die Versuchsergebnisse zu erkennen, denen die aus der Automobilindustrie bekannte Toleranzgrenze von ±0,5 mm für Karosseriebaugruppen unterliegt[649]. Der Abgleich des aufgenommenen Oberflächenscans mit dem Soll-Stand aus dem CAD ergab, dass die Baugruppe innerhalb des o. g. Toleranzspektrums liegt, wobei die größten Abweichungen im erwarteten Bereich der Biegung des Bauteils 1. Grades liegt. Ausgehend vom Geometriemerkmal konnte eine Zunahme der Abweichungen aufgrund der geringer werdenden Wirkung der Vorrichtungsfunktionen festgestellt werden. Durch das Hinzufügen oder Vergrößern von Geometriemerkmalen kann dem entgegengewirkt werden. Beim III. Geometriemerkmal sind bei der Decklage i. V. zu den anderen Geometriemerkmalen leichte Unterschiede bei der Anbindung zum Schlitz aufgefallen, die u. a. durch den Biegefehler und eine exzentrische Position begründet werden können.

Die Versuchsergebnisse zeigen, dass eine Kleinbaugruppe anhand von Geometriemerkmalen von biV nicht nur innerhalb der im Karosseriebau bekannten Toleranzen bleibt, sondern ebenfalls die nicht auszuschließenden Biegefehler anhand der Vorrichtungsfunktion „Bestimmen" in gewissen Maßen kompensieren können. Darüber hinaus konnten die Erkenntnisse aus den vorherigen Unterkapiteln angewandt und der Einfluss untereinander in der flexiblen Prozesskette erprobt werden, sodass im nächsten Schritt der praxisnahen Untersuchung nach DSR die Evaluierung am Praxisbeispiel in Kapitel 6 erfolgen kann.

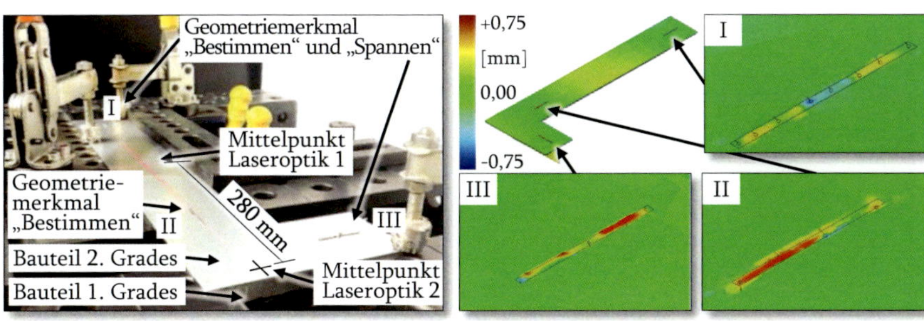

Abb. 4.28: Versuchsergebnisse zur Übertragbarkeitsanalyse der Erkenntnisse auf mehrere Geometriemerkmale von bauteilintegrierten Vorrichtungsfunktionen (biV)

[649] KLEIN, „Toleranzdesign im Maschinen- und Fahrzeugbau", 2015, S. 247 – 48.

4.4.3 Gestaltungsregeln: Remote-Laserstrahlschweißen von biV

Die Erkenntnisse aus den vorherigen Kapiteln sind im Sinne des DSR als Artefakte zu verstehen und in Form von Gestaltungsregeln für das RLS von Geometriemerkmalen in **Tabelle 4.7** zusammengefasst.

Tab. 4.7: Gestaltungsregeln für das Remote-Laserstrahlschweißen von Geometriemerkmalen in der flexiblen Prozesskette von bauteilintegrierten Vorrichtungsfunktionen (biV)

#	Gestaltungsregel	Beschreibung
1	Favorisierung der konturierten Schweißstrategie	Besticht gegenüber vergleichsweisen oszillierenden Schweißstrategien (kein Schutzgas, höhere Festigkeiten). Die zentrische Schweißstrategie ist lediglich für Nischenanwendungen zu berücksichtigen.
2	Auslegung mit Zusatzwerkstoff	Verwendung des vorgestellten Hilfsmittels zur Bestimmung des Schweißzusatzwerkstoffes bei der Geometriemerkmalsauslegung.
3	Laserstrahlpositionierung auf dem Geometriemerkmal	Positionierungsversatz um ca. 0,3 mm von außen ins Innere des Steges steigert die Effektivität und ist weniger Anfällig auf Änderungen der Spaltbreite. Die Bestimmung sollte pro Material-Dickenkombination anhand der Berechnung + Vorversuche in dieser Arbeit erfolgen.
4	Fehlerhaft positionierter Laserstrahl	Die Abweichung muss je Anwendungsfall untersucht werden, jedoch sollte die im Rahmen dieser Untersuchung festgestellte Grenze von ±0,3 mm (x-/y-Richtung Geometriemerkmal) berücksichtigt werden.
5	Berücksichtigung der Spaltmaßbreite	Das Spaltmaß ist entscheidend für die Zusammensetzbarkeit, Prozessstabilität sowie max. Zugkraft und sollte sich zwischen 7 % und der max. Spaltüberbrückung definiert werden. Tendenziell reduziert sich die max. Zugkraft und steigert den Energiebedarf bei steigendem Spalt.
6	Fehlerhaft positioniertes Geometriemerkmal	In Grenzfällen kann die fehlerhafte Positionierung des Geometriemerkmals im Spalt (bspw. bei der Hälfte der Spaltüberbrückbarkeit) zu Bindefehlern an den Stegenden führen.
7	Zugänglichkeit Laserstrahl	Durch Blockierung des direkten Weges (bspw. Steg) kann der Spalt nicht erreicht werden und es können Bindefehler/Poren entstehen.
8	Berücksichtigung Schweißspritzer	Zur Vermeidung von Schweißspritzern kann auf die Schweißlinien C-2/C-3 zu Lasten der Wurzellage/Dichtheit verzichtet werden.
9	Berücksichtigung des Zielkonflikts der Einstellgrößen	Großer Laserspotdurchmesser ermöglicht eine höhere Spaltüberbrückbarkeit und ist weniger Anfällig auf Positionsabweichungen, bedarf reduzierte Schweißgeschwindigkeit für die Einschweißtiefe, erreichen einer Wurzellage und hohe Zugkraft herausfordernder.
10	Geometriemerkmal-Anzahl	Durch die Anzahl und Auswahl („Bestimmen/Spannen") während der Geometriemerkmalsauslegung können Anforderungen erfüllt werden.
11	Vollverschweißtes Geometriemerkmal	Vornehmlich zur Oberflächengestaltung der Deck- sowie Wurzellage und Dichtheit der Schweißverbindung. Weniger max. Zugkraft.
12	Prozessentwicklung für Zugkraft	Einschweißtiefe fördert hohe Zugkräfte, wobei genaue Anforderungen durch iterative Versuche + Zugprüfung genau erfüllt werden können.

4.5 Analyse der Interdependenzen in der flexiblen Prozesskette

In diesem Kapitel wird – ergänzend zu den in den vorherigen Unterkapiteln untersuchten Prozessschritten – der Fokus auf die Interdependenzen des zur experimentellen Untersuchung stehenden Geometriemerkmals in der flexiblen Prozesskette gelegt *(vgl. schematische Abb. 4.2)*.

Auswirkungen des Prozessschritts Laserstrahlschneiden auf die Prozesskette

Im ersten Prozessschritt „Laserstrahlschneiden" wurde u. a. festgestellt, dass die Einstellgrößen maßgeblich auf die Zielgrößen Rauheit und Gratbildung Einfluss haben. Zur Untersuchung der Interdependenz mit dem Prozessschritt „Zusammensetzen" wurden anhand des entwickelten Beschreibungsmodells aus Kapitel 4.2.2 die in der **Tabelle 4.8** aufgeführten Proben in der Material-Dickenkombination HX380LAD+Z100MB in 2,5 mm Blechdicke gefertigt. Aus der Prozessanalyse ist bekannt, dass eine kleine Grathöhe bei kleiner Rauheit nicht erreicht werden kann, weshalb in dieser Analyse der Einfluss der Rauheit bei großem Grat analysiert wird. Im Hinblick auf die für das Zusammensetzen mit biV relevante Spaltbreite zwischen Steg und Schlitz wurden die Spaltbreiten mit 3 % *(kleinstes berechnetes Maß anhand Kap. 11.4.3)* und 10 % der untersuchten 2,5 mm Blechdicke betrachtet. Die Versuchsergebnisse aus dem unteren Teil der Tabelle 4.8 zeigen im Vergleich zu einer Referenzprobe (RP) aus der Prozessanalyse im Prozessschritt „Zusammensetzen" *(vgl. Abb. 4.15)*, dass überwiegend kein signifikanter Einfluss unterschiedlicher Rauheiten (klein/mittel/groß) auf die Spannkraft bzw. das Fügedrehmoment beim Zusammensetzen besteht.

Tab. 4.8: Übersicht zu den Versuchsproben und -ergebnisse zur Untersuchung der Interdependenz des Laserstrahlschneidens von Geometriemerkmalen in der flexiblen Prozesskette

Probencode	Rauheit	Grathöhe	Quotient Spaltbreite/Blechdicke
Referenzprobe (RP) aus Kapitel 4.3	Klasse II	0,07 mm	3 %
großer **G**rat, **k**leine **R**auheit (gGkR)	Klasse I	0,50 mm	10 %
großer **G**rat, **m**ittlere **R**auheit (gGmR)	Klasse II	0,50 mm	10 %
großer **G**rat, **g**roße **R**auheit (gGgR)	Klasse III	0,50 mm	10 %

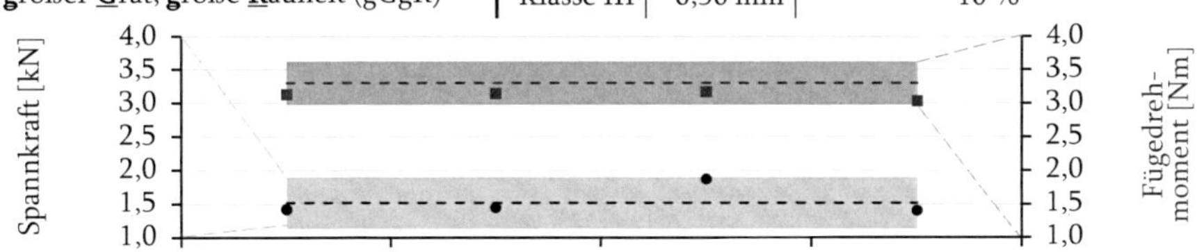

Lediglich beim Zusammensetzen ist aufgefallen, dass die Proben mit großer Gratbildung aufgrund der engeren und teilweise durch die Grathöhe vorhandene Überschneidung mit dem Schlitz generell schwerer zusammenzustecken waren.

Die Auswirkungen unterschiedlicher Laserstrahlschneidqualitäten auf das RLS von Geometriemerkmalen wurde an jeweils fünf Proben aus 1,5 mm dickem HCT780X+Z100MB mit 15 % Spaltmaß experimentell untersucht. Hierfür wurden mittels des Beschreibungsmodells zur Vorhersage der Zielgrößen beim Laserstrahlschneiden aus Kapitel 4.2.2 zwei Qualitätsstufen hergestellt (großer Grat/kleiner Grat). Die Proben hatten aufgrund des hohen Grates ein höheres Spaltmaß, was jedoch teilweise zu einer Übergangspassung führte, sodass zum Teil ein Werkzeug für das Zusammensetzen genommen werden musste. Die Auswertung mittels Sicht- und Zugprüfung ergab keinen signifikanten Einfluss einer hohen Gratbildung oder Rauheit, was u. a. mit der teilweise vorhandenen Übergangspassung aufgrund des passend ausgewählten 15 % Spaltmaßes zu tun haben könnte. Höhere Einflüsse werden daher bei höheren Blechdicken und höheren Spaltmaßen antizipiert.

Neben dem in dieser Arbeit hauptsächlich untersuchten Laserstrahlschneiden mit Scheibenlaser wurde die prinzipielle Herstellbarkeit von Geometriemerkmalen mittels CO_2-Laserstrahlschneiden und dem weniger im Karosseriebau geläufigen, aber flexibel einsetzbaren Wasserstrahlschneiden untersucht. Hierzu wurde die in Kapitel 4.2 als herausfordernd bestimmte Material-Dickenkombination HCT780X+Z100MB in 2,5 mm Blechdicke mit der jeweilig max. Schneidgeschwindigkeit pro Trennprozess untersucht und die Zielgrößen Grathöhe + Rauheit bestimmt. **Tabelle 4.9** zeigt, dass der Scheibenlaser im direkten Vergleich bei der erreichten Grathöhe und Schneidgeschwindigkeit im Mittel liegt, wohingegen beim Wasserstrahlschneiden die beste Schneidqualität jedoch bei geringster max. Schneidgeschwindigkeit erreicht wurde. Beim CO_2-Laserstrahlschneiden wurde die schlechteste Schneidqualität erreicht.

Tab. 4.9: Einflussanalyse unterschiedlicher Trennprozesse auf die Zielgrößen beim Laserstrahlschneiden von Geometriemerkmalen bauteilintegrierter Vorrichtungsfunktionen (biV)

	Wasserstrahl	Scheibenlaser	CO_2-Laser
$t = 2{,}5$ mm, HCT780X+Z100MB	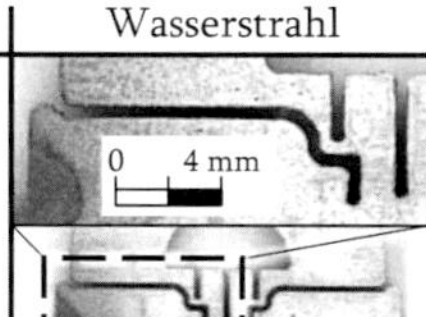	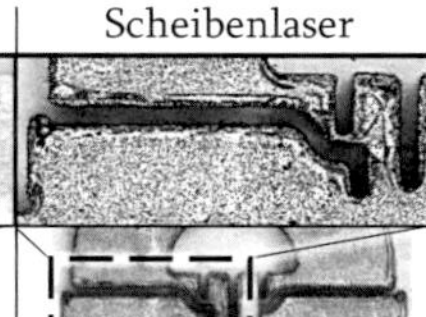	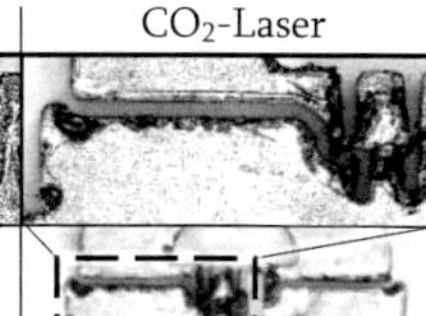
Schneidgeschwindigkeit v_c	0,46 m/min	2,00 m/min (4 kW)	6,10 m/min (6 kW)
Gemittelte Rautiefe R_z	ca. 30 µm	ca. 30 µm	ca. 30 µm
Grathöhe G_h	0,03 mm	0,10 mm	0,80 mm

Auswirkungen des Prozessschritts Zusammensetzen auf die Prozesskette

Im Prozessschritt „Zusammensetzen" der flexiblen Prozesskette für biV wird der Einfluss unterschiedlich ausgeprägter Geometriemerkmale „Spannen" untersucht. Hierzu wurden die in den Untersuchungen identifizierten unterschiedlichen Ausprägungen unterschiedlicher Material-Dickenkombinationen in vier Klassen eingeteilt *(vgl. Abb. 4.29)*. Die Klassifizierung erfolgt anhand optischer Kriterien zur Ausprägung des Geometriemerkmals „Spannen": Verdrillwinkel der Krallen, Anzahl der Krallen und Defekt in der Wurzel. Klasse A hat hinsichtlich der sichtbaren Ausprägung des Geometriemerkmals mit zwei 70 bis 90° gedrehten Krallen und den erreichten Zielgrößen am besten abgeschnitten. Unterschiedlich hohe Verdrillwinkel wirken sich geringfügig auf die Prozessführung beim RLS und auf das Auffüllen der Spalte durch den Schweißzusatzwerkstoff aus. Durch Anpassung der RLS-Einstellgrößen, wie bspw. der Reduzierung der Schweißgeschwindigkeit, konnte dem entgegengewirkt werden. Zugversuche anhand von fünf Proben mit gleichen Einstellgrößen zeigten, dass Klasse A + B annähernd gleich mit einer max. Zugkraft von ca. 27,69 kN mit den Ergebnissen aus der Prozessentwicklung in Kapitel 4.3 übereinstimmen. Die Grenze zur Klasse C wurde u. a. durch den Abfall der max. Zugkraft um ca. 17 % auf 22,97 kN festgelegt und zur Klasse D, da keine zusammengesetzte Verbindung mehr vorlag. Sofern auf ein vollverschweißtes Geometriemerkmal verzichtet werden kann, ist ein Geometriemerkmal „Spannen" der Klasse C noch tragfähig.

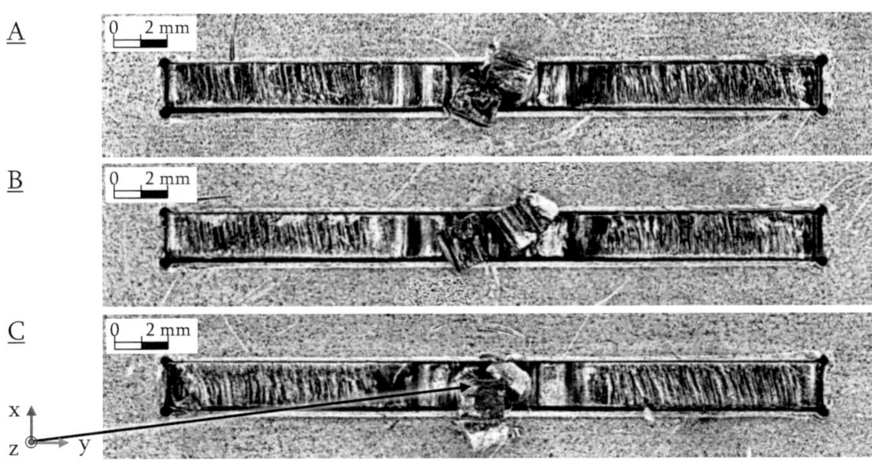

Abb. 4.29: Versuchsergebnisse zur Einflussanalyse des Geometriemerkmals „Spannen" auf das Zusammensetzen mit bauteilintegrierten Vorrichtungsfunktionen (biV)

4.6 Synthese des Systemwissens in einem Konstruktionskatalog

Produktbaukästen oder Konstruktionskataloge stellen ein praxisnahes Werkzeug in der integrierten Produkt- und Prozessentwicklung dar, anhand derer spezifisches Systemwissen übersichtlich für die Auslegung systematisiert werden kann. Folglich ist das Ziel dieses Kapitels, einen Konstruktionskatalog (KK) für biV zu entwickeln, in dem das in den Kapiteln 4.2 bis 4.5 erzeugte und in Gestaltungsregeln überführte Systemwissen synthetisiert werden kann. Anhand von Anforderungen an den KK für biV wird ein methodischer Ansatz zur Katalogerstellung ermittelt und anschließend für die Grobkonzeption in Kapitel 4.6.2 angewandt. Abschließend erfolgt die Feinkonzeption mit einer Validierung anhand einer Online-Befragung, bevor abschließend ein Fazit in Kapitel 4.6.4 gezogen wird. Im Kontext des in dieser Arbeit angewandten DSR stellt der KK für biV ein Artefakt dar, das anhand der Fügestöße des praxisnahen Fallbeispiels LCB *(vgl. Kap. 11.6)* entwickelt wird.

Eigene Vorarbeiten, wie bspw. zu der ersten Idee eines KK für biV[650], der darin zu berücksichtigenden produkt- sowie produktionsseitigen Einflüsse[651], einem Grobkonzept für die gliedernden Gesichtspunkte[652] und die Integration in eine Methodik für biV[653] sind in die Gestaltung dieses Kapitels eingeflossen.

4.6.1 Analyse und Bewertung von Ansätzen zur Katalogerstellung

Basierend auf den Grundlagen zur Anwendung von KK im Karosserieentstehungsprozess *(vgl. Kap. 2.1.1)* sind allgemeine Anforderungen an die Katalogerstellung wie bspw. eine transparente methodische Vorgehensweise relevant. Der Kataloginhalt sollte vollständig, widerspruchsfrei, zusammenhängend sowie erweiterungsfähig bei den Inhalten sein und einen schnellen sowie bequemen Zugriff ermöglichen. Weiterhin sollte die Benutzung an den Konstruktionsablauf anpassbar sein und dabei einen möglichst großen Benutzer:innenkreis adressieren.

Aus dem Stand der Forschung zu biV *(vgl. Kap. 3.3.2)* sind spezifischere Anforderungen an den KK für biV abzuleiten, wie bspw., dass die Zugriffsmerkmale auf die Karosserieentstehung spezifiziert werden. Eine praxistaugliche Anwendbarkeit des KK soll die Auswahl geeigneter und potenzialträchtiger Geometriemerkmale im PEP erleichtern. Im Hinblick auf die für biV als relevant identifizierte integrierte Produkt- und Prozessentwicklung sollen Anforderungen hierzu gleichermaßen auch für die Geometriemerkmalsauswahl berücksichtigt werden. Hinsichtlich des Anwendungszeit-

[650] KAMPKER ET AL., „Produktionseffizienz in der Kleinserie (ProeK)“, 2017, S. 578 – 79.

[651] KAMPKER ET AL., „Bauteilintegrierte Vorrichtungsfunktionen im Karosseriebau“, 2018, S. 767.

[652] KAMPKER ET AL., „Vorrichtungsloses Fügen von Fahrzeugrahmen“, 2018, S. 42.

[653] FIEDLER ET AL., „Towards a Method to Design Production Systems for …“, 2021, S. 723 – 26.

raums soll der KK bereits in der frühen Phase des PEP bzw. in der Konzeptphase Anwendung finden. Die Erfüllung ebendieser Anforderungen durch die in Kapitel 3.3.2 beschriebenen Arbeiten zu biV sind jeweils in der **Tabelle 4.10** zu entnehmen.

NAINGS Methodik zur Auswahl von Merkmalen beim Ansatz FBF ist für die Anwendung im Luft- und Raumfahrtbau konzipiert und berücksichtigt eine Merkmalssammlung. Letztere besteht im Wesentlichen aus einer Sammlung von Datenblättern zu definierten Merkmalen, die erweitert werden kann, jedoch die Anforderungen eines strukturierten und methodisch praxisnah anzuwendenden KK nicht erfüllt.

Die Idee eines Spannmerkmalskatalogs wurde in der Arbeit von SCHLATHER als Informationsspeicher für die Anwendung in einer Methodik vorgestellt, der aus einer Sammlung von karosseriespezifischen Datenblättern *(ähnlich zu NAING)* besteht. In der Arbeit wird weder das methodische Vorgehen zur Entwicklung dieser Datenblätter oder des Spannmerkmalkatalogs noch eine exemplarische Erstellung beschrieben.

In der Arbeit von HANSEN wird das Grobkonzept von jeweils einem KK für die Vorrichtungsfunktionen „Bestimmen" und „Spannen" vorgestellt, die der Zielvorstellung eines KK für biV dieser Arbeit am nächsten entspricht. Die Praxistauglichkeit ist aufgrund der mehrteiligen Kataloge und der ungenügenden Betrachtung produktionsrelevanter Aspekte nur teilweise gegeben.

Aufgrund der unzureichenden Erfüllung der Anforderungen wird nachfolgend eine Grobkonzeption für einen KK für biV durchgeführt.

Tab. 4.10: Erfüllungsgrad der Anforderungen an den Konstruktionskatalog für bauteilintegrierte Vorrichtungsfunktionen (biV) für die in Kapitel 3.3.2 identifizierten Ansätzen[654]

○ = Nicht erfüllt
◔ = Kaum erfüllt
◑ = Teilweise erfüllt
◕ = Nahezu erfüllt
● = Vollumfänglich erfüllt

	Anforderungen an den Konstruktionskatalog für bauteilintegrierte Vorrichtungsfunktionen (biV)				
	Erstellung nach methodischer Vorgehensweise	Auswahl anhand Karosseriebau üblicher Anforderungen	Sicherstellung der Praxistauglichkeit/ Anwendbarkeit	Bestimmung anwendungsfall spezifischer Geometriemerkmale	Fokus auf die Produktentwicklung
Feature Based Design for Jigless Assembly, (NAING, 2004)[555]	○[555]	◑[555]	◔[555]	◔[555]	◔[555]
Methodische Auslegung bauteilintegrierter Spanntechnik für das Fügen von Metallblechstrukturen, (SCHLATHER, 2020)[557]	◔[557]	●[557]	◔[557]	◑[557]	◑[557]
Methodik zur Bauteilintegration von Vorrichtungsfunktionen im Karosseriebau, (HANSEN, 2020)[556]	●[556]	●[556]	◑[556]	◕[556]	●[556]

[654] Die in der Abbildung angegebenen Verweise beziehen sich auf die Fußnoten 555 bis 557.

4.6.2 Grobgestaltung mit Festlegung der gliedernden Gesichtspunkte

Die aus der einschlägigen Literatur bekannten Ansätze zur Konstruktionskatalogerstellung nach EWALD, ROTH, DIEKHÖNER und VDI 2222 unterscheiden sich in den Methodenschritten und nach Detaillierungsgrad. Die Methodenschritte von DIEKHÖNER haben den höchsten Detaillierungsgrad und ermöglichen i. V. zu den anderen beiden Autoren Iterationen im Methodenablauf[655]. ROTH und EWALD hingegen sind weniger detailliert und bestehen aus allgemeineren Angaben. Beispielsweise erfolgt die Festlegung der gliedernden Gesichtspunkte eher auf Erfahrungswerten anstelle eines methodischen Vorgehens[656,657]. Die genannten Autoren waren ebenfalls u. a. bei der Entwicklung der VDI 2222 beteiligt, sodass davon auszugehen ist, dass deren Erkenntnisse in die Norm eingeflossen sind. Im Vergleich zu den Einzelwerken ist die Norm am detailreichsten und überzeugt durch ein methodisches und iteratives Vorgehen[658].

Aufgrund der in der Norm zusammengeführten Inhalte der zuvor genannten Autoren und Vorzügen erfolgt die Grobgestaltung des KK nach den Schritten II bis V der VDI 2222. Hierzu werden die aus der VDI 2222 bekannten KK hinsichtlich gliedernder Gesichtspunkte analysiert, von denen die mit der höchsten Überschneidung zu biV nachfolgend anhand des Gliederungs-, Haupt- und Zugriffsteils beschrieben werden. Die Themen des KK basieren auf den Erkenntnissen zu Geometriemerkmalen von biV *(vgl. Kap. 3 und 4)* und sollen anhand von karosseriebauspezifischen Zugriffsmerkmalen ausgewählt werden können. Der Aufbau des KK ist wie der von VDI 2222, ROTH und DIEKHÖNER empfohlene eindimensionale Gliederungsteil, der eine vollständige, schnell zugängliche und übersichtliche Darstellung ermöglicht.

4.6.2.1 Gliederungsteil des Konstruktionskatalogs für biV

Der gliedernde Gesichtspunkt **Lösbarkeit** beschreibt die im Prozessschritt „Zusammensetzen" hergestellte Verbindung des Bauteils 1. sowie 2. Grades mittels Geometriemerkmalen zu Baugruppen und ist wie folgt unterteilt. Lösbar definiert eine beliebig oft zerleg- und zusammensetzbares Geometriemerkmal, ohne plastisch verformt zu werden. Bei bedingt lösbaren Verbindungen ist min. ein Geometriemerkmal nur bedingt weiterverwendbar und muss daher für ein erneutes Zusammensetzen angepasst werden. Unlösbare Verbindungen können nur durch Zerstörung zerlegt werden.

Das **Prinzip der Kraftübertragung** beschreibt, ob die Kräfte durch das Geometriemerkmal durch den in der Mechanik bekannten Form-, Stoff-, Reib- oder Kraftschluss

---

655 DIEKHÖNER, „Erstellen und Anwenden von Konstruktionskatalogen …", 1981, S. 40 – 41; 48 – 55; 132 – 142.

656 ROTH, „Konstruieren mit Konstruktionskatalogen", 2000, S. 23 – 24; 54 – 57.

657 EWALD, „Lösungssammlungen für das methodische Konstruieren", 1975, S. 32 – 36; 67 – 68.

658 VDI 2222 BLATT 2:1982-02, „Konstruktionsmethodik; Erstellung und Anwendung …", 1982, S. 2; 4; 8 – 13.

erfolgen. Einige Geometriemerkmale können auch anhand mehrerer Schlussarten anhand von Schlussartkombinationen vorkommen.

Die **Erzeugung der Normalkraft bei Reibschluss** kann durch einen Krafterzeuger, durch Keilwirkung, durch Hebel und mech. durch elastische Verformung geschehen.

Der gliedernde Gesichtspunkt **Mittelbarkeit der Verbindung** beschreibt die Abfolge beim Prozessschritt „Zusammensetzen“: unmittelbar (direkt beim Zusammensetzen ohne Zusätze), mittelbar (u. a. weitere Arbeitsschritte zur Erfüllung der Vorrichtungsfunktion) und mittelbar mit Zusatzelement (u. a. durch Hinzunahme eines Zusatzelementes zum Geometriemerkmal).

Die **Technologie der Fügung** wird anhand der Fertigungsverfahren der DIN 8580 für den Prozessschritt „Zusammensetzen“ bestimmt. Der Fokus liegt hierbei darauf, wie die Bauteile 1. und 2. Grades durch Geometriemerkmale anhand von Vorrichtungsfunktionen verbunden werden, nicht aber ein möglicher anschließender Fügeprozess zur Herstellung einer betriebsfesten Bauteilverbindung.

4.6.2.2 Hauptteil des Konstruktionskatalogs für biV

In der **Abbildung 4.30** ist die Kataloggestaltung in Tabellenform zu erkennen, bei der die Gliederung des KK von der Art der Lösbarkeit im Gliederungsteil bis zur Darstellung einzelner Geometriemerkmale mit Prinzipskizzen im Hauptteil übergeht. Die Prinzipskizzen ermöglichen eine schnelle Auswahl und die Zuordnung einer detaillierten Beschreibung von Geometriemerkmals-Elementen im Zugriffsteil. Der Hauptteil listet fortlaufend nummeriert und eindeutig benannt alle identifizierten Geometriemerkmale einzeln aus der SLR und SPR *(vgl. Kap. 11.1 und 11.2)* auf. Ergänzend zur Prinzipskizze wird die geometrische Ausprägung des Geometriemerkmals anhand eines Beschreibungsmerkmals (u. a. zylindrisch, ringförmig, flach) unterteilt.

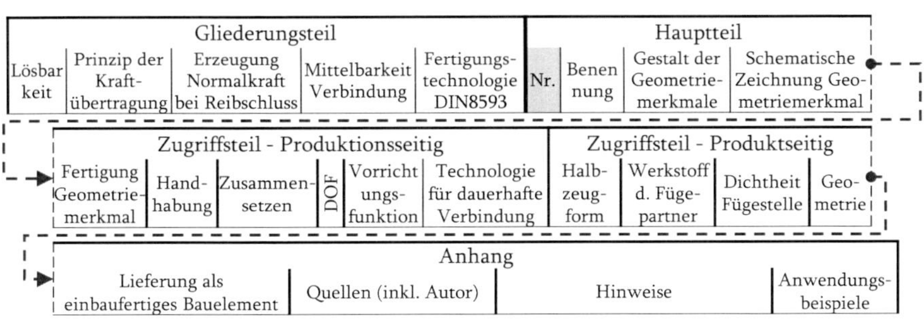

Abb. 4.30: Grobkonzept zum Aufbau des Konstruktionskatalogs (KK) für bauteilintegrierte Vorrichtungsfunktionen (biV) anhand des Gliederungs-, Haupt- und Zugriffsteils

4.6.2.3 Zugriffsteil des Konstruktionskatalogs für biV

Die Anzahl an Zugriffsmerkmalen *(vgl. Spalten in Abb. 4.30)* im Zugriffsteil sollten auf die wesentlichen für biV beschränkt sein (nach DIEKHÖNER können bspw. bereits zehn ausreichend sein[659]). Die Zugriffsmerkmale werden produkt- und produktionsseitig unterschieden und nachfolgend beschrieben:

Bei den **produktseitigen Zugriffsmerkmalen** wird u. a. anhand der Halbzeugform (Flach-, Profil- und Vollmaterial) des Bauteils 1. und 2. Grades differenziert. Der Werkstoff der Geometriemerkmale wird zwischen Kunststoffen und Metallen unterschieden, wobei eine weitergehende Detaillierung nach Legierung und Formulierung möglich ist. An die Karosserie kann u. a. die Anforderungen der Dichtheit bestehen, die folglich durch das Geometriemerkmal während des Zusammensetzens, durch einen Abdichtprozess (bspw. Nahtabdichtung) oder durch einen zusätzlichen Fügeprozess ebenfalls gewährleistet sein muss. Hinsichtlich der Geometrie wird bei den Zugriffsmerkmalen die Stoßart (nach DIN 1912) und die Verbindungsarten (Punkt-, Linien- und Flächenkontakt), wie zwei Geometriemerkmale verbunden werden, differenziert. Schlussendlich werden den Geometriemerkmalen eine oder mehrere der Vorrichtungsfunktionen „Positionieren", „Orientieren" oder „Spannen" zugewiesen, um damit eine Vorrichtungsreduzierung zu ermöglichen.

Bei den **produktionsseitigen Zugriffsmerkmalen** wird u. a. bei der Geometriemerkmalsfertigung nach für biV zutreffenden Fertigungsverfahren nach DIN 8580 und interner bzw. externer Fertigung unterschieden. Die Handhabung von Bauteilen mit biV wird in Form derer Stapelbarkeit (anhand von flachen Grundkörperbereichen ohne abstehende Geometriemerkmale) und Selbstfixierung (ausreichende Spannkraft während der Bauteilhandhabung) unterteilt. Das „Zusammensetzen" mit biV unterteilt sich anhand des Automatisierungsgrads (manuell/mechanisiert), der Anzahl der Prozessschritte, der Zusammensetzzeit und Zugänglichkeit (einseitig/mehrseitig) des Geometriemerkmals. Für den Prozessschritt „Fügen" werden technisch mögliche Fügeverfahren pro Geometriemerkmal zur Herstellung einer betriebsfesten Verbindung angegeben.

Der Kataloggestaltung des Zugriffsteils in Abbildung 4.30 ist zu entnehmen, dass zutreffende Zugriffsmerkmale pro Geometriemerkmal mit einem „X" oder der spezifischen Merkmalsausprägung markiert sind. Fehlende Informationen konnten in der Literatur nicht gefunden und könnten bspw. durch empirische Forschungsarbeit wie u. a. experimentelle Untersuchung zum Systemverhalten *(vgl. Kap. 4.2 bis 4.5)* generiert werden. Auf mögliche Quellen und Hinweise pro Geometriemerkmal wird im Anhang (rechter Rand neben dem Zugriffsteil) verwiesen.

[659] DIEKHÖNER, „Erstellen und Anwenden von Konstruktionskatalogen …", 1981, S. 52 – 53.

4.6.3 Feingestaltung des Konstruktionskatalogs

Die Feingestaltung des im vorherigen Kapitel entwickelten Grobkonzepts des KK für biV erfolgt anhand einer Online-Umfrage mit Expert:innen aus der Liste der im Rahmen der SLR als relevant identifizierten Autor:innen im Themenfeld biV *(vgl. Tab. 11.7)* und einem erweiterten Personenkreis der Arbeitsgruppe an der RWTH AACHEN UNIVERSITY. Vor dem Hintergrund fehlender theoretischer und empirischer Informationen zu KK von biV hat die Online-Umfrage zum Ziel, das Grobkonzept des KK von Expert:innen hinsichtlich der in Kapitel 4.6.1 aufgestellten Anforderungen bewerten zu lassen und Verbesserungsvorschläge einzuholen. Die hierfür notwendige empirische Untersuchungsmethode sollte folglich quantitative Merkmale zur Anforderungsbewertung und qualitative Merkmale zum Vorschlagen von Verbesserungen als selbstbezogene Auskunft von den Teilnehmenden aufnehmen können[660].

Die Befragung ist die häufigste Methode in der empirischen Forschung und wurde in Form einer Online-Umfrage als Methode zur Datenerfassung in diesem Kapitel aufgrund der unkomplizierten und ortsunabhängigen Durchführung ausgewählt[661,662]. Die Online-Umfrage besteht aus einem strukturierten Fragebogen mit größtenteils geschlossenen (Ankreuzen) und geringfügig offenen Frageformat (freie Textantwort)[663]. Die Online-Umfrage wurde vorab mit fünf Personen aus der Arbeitsgruppe der RWTH AACHEN UNIVERSITY pilotiert und entsprechend der Rückmeldung überarbeitet.

Die Methode der Datenauswertung lehnt sich an die qualitative Inhaltsanalyse nach MAYRING an und wird für die Auswertung der offenen Freitextantworten in Form einer zusammenfassenden Inhaltsanalyse durchgeführt[664,665,666]. Für die Dokumentation und die teilweise statistische Auswertung wurde MICROSOFT EXCEL als Software verwendet. Letztere wurde ebenfalls für die deskriptive und statistische Datenanalyse der geschlossenen Fragen eingesetzt.

An der Online-Umfrage haben 30 Expert:innen aus der Wirtschaft und Wissenschaft (Rückläuferquote 75 %) zum Themengebiet biV teilgenommen. Die Bewertung des Grobkonzepts bezüglich der Anforderungen aus VDI 2222 erreichte einen Durchschnitt von 4,93/6,00 über alle sieben Kriterien, was aufgrund der positiven Rückmeldungen als prinzipiell geeignetes Konzept zu werten ist. Insbesondere fallen „Widerspruchsfähigkeit“ (5,33 $\pm$ 0,86) und „Erweiterungsfähigkeit“ (5,24 $\pm$ 0,72) positiv auf,

[660] DÖRING ET AL., „Forschungsmethoden und Evaluation in den Sozial- ...“, 2016, S. 22 – 26; 184; 398 – 400.
[661] SCHNELL ET AL., „Methoden der empirischen Sozialforschung ...“, 2005, S. 320 – 22.
[662] DÖRING ET AL., „Forschungsmethoden und Evaluation in den Sozial- ...“, 2016, S. 398 – 416.
[663] RAAB-STEINER ET AL., „Der Fragebogen ...“, 2008, S. 44 – 48.
[664] MAYRING, „Qualitative Inhaltsanalyse ...“, 2010, S. 10 – 12; 57 – 58.
[665] FRÜH, „Inhaltsanalyse ...“, 2011, S. 20 – 22.
[666] GLÄSER ET AL., „Experteninterviews und qualitative Inhaltsanalyse als Instrumente ...“, 2008, S. 196 – 98.

wohingegen „leichte Handhabung“ (4,25 ± 1,21) und „Übersichtlichkeit“ (4,34 ± 1,11) am schlechtesten abgeschnitten haben. Die Bewertung zur Eignung verschiedener Medien zur Informationsbeschaffung für den KK ergab, dass ein „Add-In im CAD“ (1,33 ± 0,64) und „Digitale Tabelle“ (1,39 ± 0,50) als beste und „Katalog in Papierform“ (2,64 ± 0,64) und „PDF“ (2,00 ± 0,77) als schlechtestes Informationsmedium gesehen wird. Die Auswertung der größten Änderungswünsche ergab, dass sich 21 Personen zusätzlichen Kataloginhalt, 21 Personen eine Layoutoptimierung und 9 Personen eine präzisere Formulierung wünschten. Generell lässt die Auswertung darauf schließen, dass eher formale anstelle inhaltlicher Änderungsbedarfe bestehen. Zusammenfassend können sich 90 % der Teilnehmenden vorstellen, den aktuellen Stand des KK in der beruflichen Tätigkeit einzusetzen.

Weitere Informationen zum methodischen Vorgehen der Online-Umfrage und der Studienergebnisse sind in Kapitel 11.4.5 zu finden.

Die o. g. Bewertungen und Änderungsvorschläge wurden anhand eines methodischen Ablaufs einzeln analysiert sowie bewertet, wovon die zutreffenden durch individuelle Anpassungen das Grobkonzept in ein Feinkonzept überführen. Bei den durchführbaren Anpassungen wurde berücksichtigt, ob diese den für den KK aufgestellten Anforderungen *(vgl. Kap. 4.6.1)* entsprechen und ob nicht den positiven Anpassungen dadurch entgegengewirkt wird. Die Rückmeldungen zum Hinzufügen oder Entfernen bestimmter Gliederungsgesichtspunkte oder Zugriffsmerkmale wurden nach interner Bewertung durchgeführt. Zur Steigerung der Übersichtlichkeit wurde der Wunsch nach Formatanpassungen durch die Ergänzung einer Kopfzeile mit Angabe von Überschriften mit unterschiedlichen Strichdicken zur Differenzierung, Versionsnummer und Änderungsdatum hinzugefügt. Weiterhin wurde auf Wunsch die Legende für weitere spalten- sowie zeilenübergreifende Details in die Kopfzeile verschoben und eine Kurzanleitung zur Durchmusterung des KK hinzugefügt. Rechts neben dem Zugriffsteil wurde im Anhang eine neue Spalte zur Angabe von Anwendungsbeispielen ergänzt, die zur Steigerung der Praxisnähe einen schnellen Eindruck für die Anwendung von biV vermitteln sollen. Diese Beispiele können für den Benutzer:innenkreis und die Branchenausrichtung entsprechend ergänzt bzw. angepasst werden. Zur Steigerung der einfachen Handhabung wurde der Wunsch nach einer Filterung in den Spalten bzw. bei den Zugriffsmerkmalen geäußert, was sich insbesondere bei digitalen Formen des KK vorteilhaft umsetzen lässt.

Das anhand der in diesen Kapiteln aufgeführten Anpassungen weiterentwickelte Feinkonzept von KK ist dem Kapitel 11.4.5 zu entnehmen.

4.6.4 Fazit zum Konstruktionskatalog für biV

Der KK für biV ist ein Hilfsmittel zur methodischen Anwendung von biV-spezifischen Erkenntnissen *(bspw. durch Experimente in Gestaltungsregeln synthetisiertes Systemwissen aus der flexiblen Prozesskette, Kap. 4.2 bis 4.5)* und unterstützt in der frühen Phase des PEP die integrierte Produkt- und Prozessentwicklung. Das anhand der VDI 2222 entwickelte Grobkonzept des KK wurde durch Einbeziehung von Expert:innen mittels einer Online-Befragung zu einem Feinkonzept weiterentwickelt.

Die systematische Vorgehensweise zur Auswahl von biV in dem entwickelten KK kann das Aufzeigen innovativer Lösungen unterstützen, die durch eine erfahrungsbasierte Konstruktion ggf. nicht hätten berücksichtigt werden können.

Zwar ist der KK in seiner jetzigen Form erweiterungsfähig (was auch der Großteil der Befragten bestätigt), jedoch stößt dieser auch an die Grenzen, wenn es um die Umsetzung des Wunsches nach mehr Inhalt und Zusatzinformationen geht. Letztere können bspw. benötigtes Bauvolumen des Geometriemerkmals pro Spannkraft, Dimensionsangaben zum Geometriemerkmal oder Toleranzanforderungen an die Geometriemerkmalsfertigung umfassen. Dies kann ggf. durch ein anderes Medium (bspw. als Add-in in einem CAD-Programm integriert) die Vorteile schaffen, ohne die Erweiterungsfähigkeit einzuschränken. Konkret könnten detailliertere Informationen pro Geometriemerkmal in einem separaten, aus der Datenbank verlinkten Steckbrief für die konkrete Konstruktionsauslegung zusammengestellt sein. Damit würden die für die Auswahl relevanten Informationen in der Datenbank der KK im Zugriff sein und weitere Informationen bei Bedarf schnell erreichbar sein. Weitere Vorteile in der schnellen und flexiblen Handhabung (mit oder ohne Integration im CAD) kann die Abbildung des KK in einem dynamischen Datenbankensystem bringen. Die Erweiterungsfähigkeit könnte ebenfalls in einer solchen Datenbank erleichtert werden, in dem mittels vordefinierter Eingabemasken und einem automatischen Tool neue Einträge von Geometriemerkmalen vorgenommen werden können.

Zur Unterstützung der integrierten Produkt- und Prozessentwicklung sollte in Ergänzung zum KK ein Hilfsmittel bei der Produktionsauslegung unterstützen. In Kapitel 5.1 wird ein zum Konstruktionskatalog komplementärer Produktionskatalog für biV entwickelt, der einen möglichen Lösungsweg hierfür aufzeigt. Damit der Konstruktionskatalog für biV methodisch anwendbar ist, wird im nachfolgenden Kapitel eine Methodiksynthese mit Integration des hier entwickelten Konstruktionskatalogs für biV durchgeführt.

4.7 Synthese einer Methodik zur Konstruktionsauslegung

Zwar wurden im Rahmen der SLR Ansätze zur Konstruktionsauslegung mit biV von WURSTER, SCHLATHER und HANSEN identifiziert, jedoch unterscheiden sich diese teilweise, sodass als Forschungsbedarf eine einheitliche Methodik zur praxistauglichen Anwendung von biV u. a. in Kapitel 3.5 hergeleitet wurde. Folglich dient dieses Kapitel ergänzend zur Beantwortung der 2. UFF dieser Arbeit dazu, das generierte Systemwissen zu biV methodisch anwendbar in einer Konstruktionsmethodik zu integrieren.

Dafür werden mit einem paarweisen Vergleich die Anforderungen an die Konstruktionsmethodik bewertet, um anschließend an den o. g. bestehenden Ansätzen eine Methodiksynthese durchzuführen. In Kapitel 4.7.3 erfolgt die Gestaltung der Methodik als Artefakt im Sinne des DSR anhand eines Ablaufplans nach DIN 66001[667] und in Anlehnung an das Fallbeispiel LCB *(vgl. Kap. 11.6)*. Abgeschlossen wird die Methodikgestaltung in Kapitel 5.2.4 mit einem Fazit. An geeigneten Stellen in der Gestaltung dieses Kapitels wird auf die Vorarbeiten aus FIEDLER ET AL.[668] hingewiesen.

4.7.1 Anforderungsanalyse und -festlegung

An die Methodik zur Konstruktionsauslegung von biV haben die o. g. Autoren eigene als auch aus der einschlägigen Literatur allgemein zu erfüllende Anforderungen identifiziert. Hierzu zählt u. a. die Allgemeingültigkeit der Methodik, sodass diese möglichst unabhängig von Anwendungen ist[669]. Der methodische Ablauf sollte dabei in den einzelnen Methodenschritten ein transparentes und widerspruchsfreies Vorgehen ermöglichen[669]. Im Hinblick auf den Handlungsbedarf dieser Arbeit und auf die Anforderung von HANSEN soll die Praxistauglichkeit durch die Identifizierbarkeit von potenzialträchtigen Anwendungen von biV unterstützt werden[670]. Die Berücksichtigung von Erfahrungswissen bei der Methodikanwendung *(wie bspw. das zu biV erzeugte Systemwissen in Kap. 4.2 – 4.5)* kann ergänzend zu dem KK und PK von biV für die Weiterentwicklung oder Anwendung der Methodik dienen. Ein Beispiel hierfür ist das Wissensmanagement im Planungsvorgehen der VDI 5200[671].

Aufgrund unterschiedlicher Anforderungen an eine Methodik zur Konstruktions- und Produktionsauslegung sind in **Abbildung 4.31** die im Rahmen der SLR identifizierten Anforderungen aus dem Themenfeld biV an die Konstruktion zusammengefasst. Die Betrachtung der Vorrichtungsfunktionen „Orientieren“, „Positionieren“

[667] DIN 66001:1983-12, „Informationsverarbeitung; Sinnbilder und ihre Anwendung“, 1983, S. 1 – 2.

[668] FIEDLER ET AL., „Towards a Method to Design Production Systems for …“, 2021, S. 723 – 26.

[669] SCHLATHER, „Methodische Auslegung bauteilintegrierter Spanntechnik …“, 2020, S. 127 – 28.

[670] HANSEN, „Methodik zur Bauteilintegration von Vorrichtungsfunkt…“, 2020, S. 35 – 36.

[671] VDI 5200 BLATT 1:2011-02, „Fabrikplanung - Planungsvorgehen“, 2011, S. 22.

sowie „Spannen“ ist eine relevante Anforderung und ermöglicht die Bauteilintegration. In Zusammenhang mit den Vorrichtungsfunktionen werden die durch den Prozessschritt „Fügen“ induzierten Prozesskräfte und die resultierenden Maßhaltigkeiten auf einer mit biV gefertigten Baugruppe berücksichtigt. Anwendung soll die Methodik in der frühen Phase der Produktentwicklung finden, um somit die produktionsrelevanten biV bereits in der Konstruktion berücksichtigen zu können. Sofern der im vorherigen Kapitel vorgestellte KK kein passendes Geometriemerkmal enthalten sollte, soll die Methodik einen Methodenschritt als Novum enthalten, der die Neuentwicklung von Geometriemerkmalen ermöglicht[672,673]. Sollte der Fall eintreten, dass weder ein passendes Geometriemerkmal im KK identifiziert wurde, noch ein neues anhand des vorher beschriebenen Methodenschrittes entwickelt werden konnte, sollte in der Methodik das weitere Vorgehen für diesen Fall beschrieben sein[674].

Die Anforderungen drei, sechs, acht und neun wurden als besonders relevant anhand eines paarweisen Vergleichs identifiziert *(vgl. **Tab. 11.52**)* und werden daher im nachfolgenden Kapitel in der Methodiksynthese berücksichtigt.

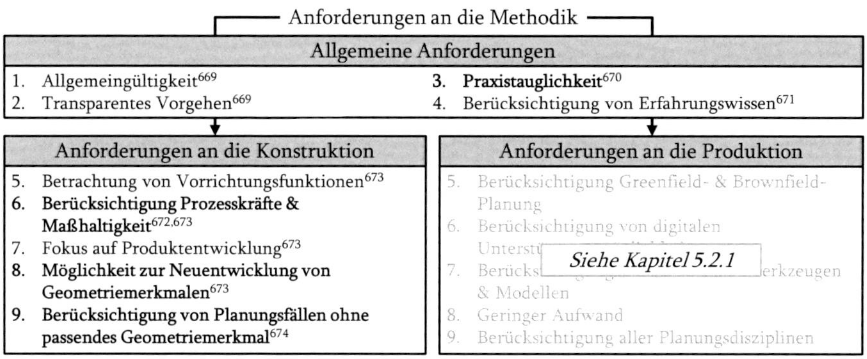

Abb. 4.31: Festlegung der relevanten Anforderungen (fett formatiert) für die Methodik zur Auslegung der Konstruktion mit bauteilintegrierten Vorrichtungsfunktionen (biV)[675]

4.7.2 Analyse bestehender Ansätze und Methodiksynthese

Um eine möglichst transparente Bewertungsgrundlage für die Methodiken zur Konstruktionsauslegung anhand der in Abbildung 4.31 als relevant identifizierten Anfor-

[672] SCHLATHER, „Methodische Auslegung bauteilintegrierter Spanntechnik ...“, 2020, S. 127 – 28.
[673] HANSEN, „Methodik zur Bauteilintegration von Vorrichtungsfunkt...“, 2020, S. 35 – 36.
[674] HANSEN, „Methodik zur Bauteilintegration von Vorrichtungsfunkt...“, 2020, S. 122 – 126.
[675] Die in der Abbildung angegebenen Verweise beziehen sich auf die Fußnoten 668 bis 673.

derungen zu schaffen, sind für die Bewertungen mittels Harvey-Balls aus der **Tabelle 4.11** die entsprechenden abgestuften Erfüllungsgrade in der **Tabelle 11.53** definiert. Die dritte Anforderung wurde durch WURSTER und SCHLATHER am geringsten erfüllt, da zu Beginn keine systematische Erfassung potenzialträchtiger BGF erfolgt. All drei Autoren haben in unterschiedlicher Weise unvollständig Wissensspeicher (bspw. Konstruktionskataloge) betrachtet. Die sechste Anforderung wird von SCHLATHER aufgrund entwickelter sowie methodisch integrierter Modelle nahezu komplett erfüllt und hat lediglich aufgrund der aufwendigen Parametrisierung Abzüge. Die anderen Autoren benennen lediglich die prinzipielle Möglichkeit oder Vergleichswerte, ohne systematische Analyseansätze zu beschreiben. Die achte Anforderung wird von WURSTER größtenteils aufgrund einer analytischen Geometriemerkmalsentwicklung erfüllt, die sich jedoch auf Schnappverbindungen beschränkt. Die anderen beiden Autoren stellen hingegen Informationen für potenzielle Neuentwicklungen bereit, ohne jedoch konkret zu sagen, wann und wie diese ablaufen könnten. Die neunte Anforderung wird lediglich von HANSEN teilweise erfüllt, indem zwar ein solcher Fall benannt, jedoch keine methodische Vorgehensweise beschrieben wird. Die anderen beiden Autoren berücksichtigen diese Möglichkeit unzureichend und weisen lediglich die Grenzen oder den Ausschluss von Geometriemerkmalen aus.

Tab. 4.11: Erfüllungsgrad von Anforderungen der Konstruktionsmethodik von bauteilintegrierte Vorrichtungsfunktionen (biV) durch die in Kapitel 3.3.1 identifizierten Ansätze[676]

○ = Nicht erfüllt
◔ = Kaum erfüllt
◑ = Teilweise erfüllt
◕ = Nahezu erfüllt
● = Vollumfänglich erfüllt

Die Beschreibung der Erfüllungsgrade (3, 6, 8 und 9) befindet sich in der Tabelle 11.53

	Anforderungen an die Methodik für die Konstruktionsauslegung mit biV			
	3	6	8	9
	Praxistauglichkeit	Berücksichtigung von Prozesskräften & Maßhaltigkeiten	Möglichkeit zur Neuentwicklung von Geometriemerkmalen	Berücksichtigung von Optionen ohne passendes Geometriemerkmal
Bauteilintegrative Fügetechnik, (WURSTER, 2019)[534,535]	○ 534, 535	◔ 534, 535	◕ 534, 535	◔ 534, 535
Methodische Auslegung bauteilintegrierter Spanntechnik für das Fügen von Metallblechstrukturen, (SCHLATHER, 2020)[538 – 544]	◔ 538 – 544	◕ 538 – 544	◔ 538 – 544	○ 538 – 544
Methodik zur Bauteilintegration von Vorrichtungsfunktionen im Karosseriebau, (HANSEN, 2020)[532,533]	◕ 532, 533	◑ 532, 533	◑ 532, 533	◑ 532, 533

[676] Die in der Abbildung angegebenen Verweise beziehen sich auf die Fußnoten 532 bis 544.

Basierend auf der Methodikanalyse *(vgl. Kap. 3.3.1)* und der Bewertung in Tabelle 4.11 wurde eine Synthese der Methodiken von HANSEN und SCHLATHER durchgeführt, da diese besonders in den Kriterien „Praxistauglichkeit" und „Berücksichtigung von Prozesskräften und Maßhaltigkeit" überzeugten. Bei einer Synthese werden einzelne Elemente eines analysierten Zusammenhanges wieder miteinander kombiniert, um somit einen neuen kohärenten Zusammenhang zu schaffen[677,678].

Bezogen auf die in diesem Kapitel zu entwickelnde Methodik zur Konstruktionsauslegung wurden jeweils die am geeignetsten Methodenschritte des jeweiligen Autors zusammen mit angepassten oder neu entwickelten Methodenschritten zu einer neuen Methodik kombiniert. In der **Abbildung 4.32** ist mittig die synthetisierte Methodik zur Konstruktionsauslegung von biV zu erkennen, auf deren aus der Literatur angepassten und neu entwickelten Methodenschritte nachfolgend eingegangen wird. Der I. Methodenschritt wurde um die in einem separaten Dokument festzuhaltenden Eingangsgrößen für die Methodik und um die Option eines Abbruches bzw. die Verwendung konventioneller Vorrichtungen erweitert. Der im vorherigen Kapitel entwickelte KK wurde in den Methodenschritt IV integriert und die Methodenabläufe wurden angepasst. Abschließend ermöglicht der neu entwickelte Methodenschritt V die gezielte Neuentwicklung eines Geometriemerkmals anhand einer SLR, SPR oder Versuchsdurchführung, wenn im KK kein passendes enthalten ist[679,680].

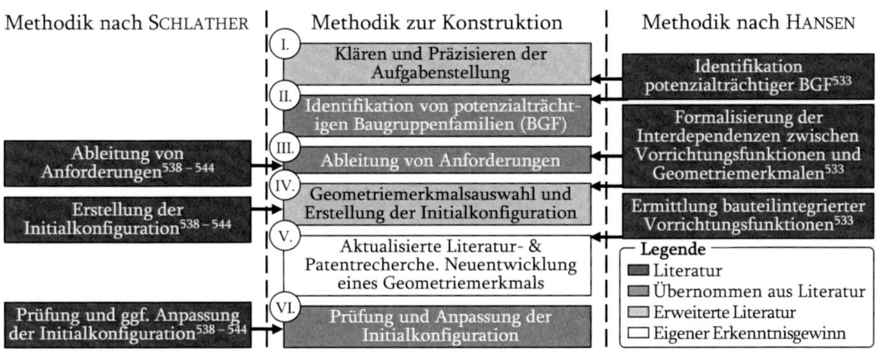

Abb. 4.32: Synthese der Methodiken nach SCHLATHER sowie HANSEN zur Methodik zur Konstruktionsauslegung (Mitte) für bauteilintegrierte Vorrichtungsfunktionen (biV)[681]

---

677 GRAMELSBERGER ET AL., „Synthesis", 2013, S. 1 – 2; 10 – 11.

678 RITCHEY, „Analysis and synthesis: On scientific method - based on …", 1991, S. 11 – 12; 17; 41 – 43.

679 SCHLATHER, „Methodische Auslegung bauteilintegrierter Spanntechnik …", 2020, S. 130 – 34.

680 HANSEN, „Methodik zur Bauteilintegration von Vorrichtungsfunkt…", 2020, S. 62 – 68.

681 Die in der Abbildung angegebenen Verweise beziehen sich auf die Fußnoten 533 bis 544.

4.7.3 Gestaltung der Methodik zur Konstruktionsauslegung

Die Methodikgestaltung erfolgt durch eine methodenschrittweise Ausdetaillierung vom Groben ins Feine anhand der schematischen Darstellung in **Abbildung 11.20**. Übergeordnet zeichnet sich die Methodik durch möglichst standardisierte Abläufe, die Erzeugung von Dokumenten mit für den weiteren Verlauf benötigten Informationen und die eigens entwickelten Hilfsmitteln aus. Die Methodik zur Konstruktionsauslegung von biV ist prinzipiell in sechs Methodenschritte gegliedert und um weitere Hilfsmittel, Dokumente und Modelle erweitert. Das in Anlehnung an ein Ablaufplan nach DIN 66001[682] dargestellte Grobkonzept in **Abbildung 4.33** steigt im Reifegrad mit jedem einzelnen Methodenschritt, welche nachfolgend erklärt werden. Anhand der Grautöne der Formen wird ersichtlich, ob der Inhalt der Literatur, einer Anpassung der Literatur oder einer Eigenleistung entspricht.

Der I. Methodenschritt trägt insbesondere zur Erfüllung der Anforderung der Praxistauglichkeit bei, da hier die relevanten Eingangsgrößen für die Methodik festgelegt werden und bei unzureichender Erfüllung auf konventionelle Vorrichtungstechnik durch einen Methodikabbruch ausgewichen wird. Hierdurch können die folgenden zeitintensiven Methodenschritte und damit Kapazitäten im PEP eingespart werden. Weiterhin werden basierend auf den Eingangsgrößen die Problemstellung der durch biV zu ersetzenden Vorrichtung präzisiert und die Ziele definiert[683], was am Beispiel biV die Reduzierung spezifischer Vorrichtungen sein kann. Die potenziell relevanten BGF für die weitere Betrachtung werden aufgenommen. Das Methodenergebnis ist eine tabellarische Auflistung aller notwendigen Eingangsdaten der Methodik.

Im II. Schritt wird das vorherige Methodenschrittergebnis verwendet und anhand des von HANSEN entwickelten Vorgehens werden potenzialträchtige BGF für biV identifiziert. Das Potenzial orientiert sich an den in der Industrie relevanten Zielgrößen (Flexibilität,) Kosten sowie Zeit und wird anhand der Kennzahlen „Flexibilitätspotenzialzahl“ sowie „Kosten- und Zeitpotenzialzahl“ berechnet. Anschließend werden beide Kennzahlen in einer Auswertung zusammengeführt, sodass anhand der jeweilig unterschiedlich hoch ausgeprägten Potenziale der BGF priorisiert und ausgewählt werden kann. Dieser Methodenschritt trägt zur Steigerung der Praxistauglichkeit bei, die wiederum durch die Verwendung eines noch zu entwickelnden IT-Tools zur automatischen Berechnung und Priorisierung der Kennzahlen gesteigert werden kann[684]. Im Grobkonzept der Methodik in Abbildung 4.33 ist die Idee eines solchen IT-Tools mit aufgenommen. Das Methodenergebnis bilden die potenzialträchtigsten BGF.

[682] DIN 66001:1983-12, „Informationsverarbeitung; Sinnbilder und ihre Anwendung“, 1983, S. 1 – 6.

[683] VDI 2221 BLATT 1:2019-11, „Entwicklung technischer Produkte und Systeme - …“, 2019, S. 32 – 38.

[684] HANSEN, „Methodik zur Bauteilintegration von Vorrichtungsfunkt…“, 2020, S. 62 – 65; 71 – 93; 170 – 171.

Der III. Methodenschritt wird ähnlich von SCHLATHER sowie HANSEN beschrieben und beinhaltet die Anforderungsdefinition der im vorherigen Schritt bestimmten potenzialträchtigen BGF. SCHLATHER betrachtet fertigungsseitig die Zugänglichkeit, Toleranzen und weitere Restriktionen[685], wohingegen HANSEN die Anforderungen holistisch in „funktionsrelevante", „nicht funktionsrelevante" und „Hinweise" gliedert[686]. Im Rahmen der Methodensynthese wurden die Gliederungsmerkmale beider Autoren berücksichtigt und für diese Arbeit in produkt- und produktionsseitige Anforderungen unterteilt. Weiterhin ist hierbei die Brownfield-Planung als Novum zu berücksichtigen, sodass bestehende Produktionsinfrastruktur und -wissen mit biV in Form von Produktionsmodulen aus dem PK berücksichtigt werden können. Das Methodenergebnis ist eine Anforderungsliste, die nach VDI 2221 als ein lebendiges Dokument im Rahmen der Methodik angepasst werden kann[687]. Die produkt- und produktionsseitige Anforderungsliste *(vgl. **Tab. 11.54**)* kann insbesondere nach dem IV oder V Methodenschritt angepasst werden, da bspw. im Rahmen der aktualisierten Recherche oder beim Durchmustern des KK oder PK Anpassungsbedarfe auftreten können.

Im IV. Methodenschritt werden die Geometriemerkmale pro BGF u. a. anhand der Anforderungsliste ausgewählt und in einem Aufnahme- und Spannplan als Initialkonfiguration zur weiteren Betrachtung festgelegt. Da SCHLATHER diesen Metthodenschritt weniger detailliert beschreibt, wird beim Vorgehen nach HANSEN zunächst die

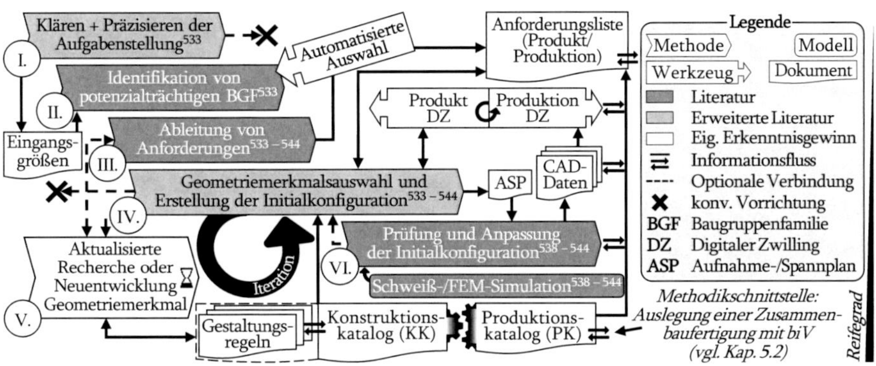

Abb. 4.33: Grobkonzept der Methodik zur Konstruktionsauslegung mit bauteilintegrierten Vorrichtungsfunktionen (biV)[688]

---

[685] SCHLATHER, „Methodische Auslegung bauteilintegrierter Spanntechnik …", 2020, S. 130 – 32.

[686] HANSEN, „Methodik zur Bauteilintegration von Vorrichtungsfunkt…", 2020, S. 130 – 31.

[687] VDI 2221 BLATT 1:2019-11, „Entwicklung technischer Produkte und Systeme - …", 2019, S. 6 – 10; 32 – 34.

[688] Die in der Abbildung angegebenen Verweise beziehen sich auf die Fußnoten 533 bis 544.

Anzahl an Vorrichtungsfunktionen pro Bauteilkontaktfläche bestimmt und auf der Baugruppe verortet. Anschließend erfolgt auf Basis der Bauteilkontaktflächen- und Vorrichtungsfunktions-Paarungen die Auswahl der dazu möglichen Geometriemerkmale aus einem Informationsspeicher. Die Festlegung dieser Initialkonfiguration in einem Aufnahme- und Spannplan stellt das Methodenergebnis dar[689,690]. Die größte Anpassung in diesem Methodenschritt beläuft sich auf die Detaillierung des Informationsspeichers durch die Beschreibung der Schnittstellen und die methodische Integration des in Kapitel 4.6 entwickelten KK. Durch die produkt- und produktionsseitigen Zugriffsmerkmale des KK *(vgl. **Tab. 11.50**)* sowie die darin enthaltene Sammlung von Geometriemerkmalen aus Literatur und Patenten wird eine schnelle Durchmusterung und Festlegung von Geometriemerkmalen unterstützt.

Der V. Methodenschritt stellt ein Novum im Vergleich zu den Methodiken von HANSEN und SCHLATHER dar, da hierdurch ein Lösungsweg zur Entwicklung neuer Geometriemerkmale aufgezeigt wird. Eine Möglichkeit besteht in der Recherche nach potenziellen neuen Geometriemerkmalen im Rahmen einer SLR und SPR *(vgl. Vorgehen wie in dieser Arbeit in Kap. 11.1 und 11.2)*, die situativ nach Bedarf oder in regelmäßigen Abständen durchgeführt werden kann. Neu identifizierte Geometriemerkmale werden anhand der Gliederungs-, Haupt- und Zugriffsmerkmale im KK aufgenommen. Sollte nach erneutem Durchlaufen des IV. Methodenschrittes kein geeignetes Geometriemerkmal ausgewählt werden können, wird eine Neuentwicklung basierend auf den gestellten Anforderungen, den Geometriemerkmalen mit der höchsten Überschneidung aus dem KK und ggf. neuen Gestaltungsregeln anvisiert. Bei der Neuentwicklung anhand bspw. einer experimentellen Studie *(vgl. Kap. 4.2 – 4.5)* sind die im PK vorhandenen Produktionsmodule zu bevorzugen, um keine neuen entwickeln zu müssen und damit Synergien durch eine bereits etablierte Produktion zu heben.

Im VI. Methodenschritt wird die Initialkonfiguration anhand der gesamten Baugruppe im CAD und mit Simulationsmodellen geprüft und ggf. angepasst. Letztere sind die in Kapitel 3.3.1 beschriebenen Modelle zur Analyse der Toleranzen und auftretenden Prozesskräfte[691,692]. Sollte die Prüfung nicht erfolgreich sein, kann die Konfiguration angepasst und erneut geprüft werden. Eine Iteration zum vorherigen Methodenschritt zur Auswahl anderer Geometriemerkmale wäre bei einer erneut nicht ausreichenden Initialkonfiguration möglich[689].

Die detaillierte Darstellung eines jeden einzelnen Methodenschritts ist den **Abbildungen 11.21 bis 11.27** zu entnehmen.

---

[689] SCHLATHER, „Methodische Auslegung bauteilintegrierter Spanntechnik …", 2020, S. 132 – 34.

[690] HANSEN, „Methodik zur Bauteilintegration von Vorrichtungsfunkt…", 2020, S. 67; 122 – 126.

[691] SCHLATHER ET AL., „Process forces during remote laser beam welding and …", 2018, S. 669.

[692] SCHLATHER ET AL., „Tolerance analysis of compliant, feature-based sheet metal …", 2018, S. 25.

4.7.4 Fazit zur Methodiksynthese

Aus der Methodiksynthese der relevanten Arbeiten aus dem Stand der Forschung zu biV *(vgl. Kap. 3.3)* ging hervor, dass insbesondere die Arbeit von HANSEN und darin explizit der Methodenschritt zur Identifikation potenzialträchtiger BGF relevant für den Erfolg und die Praxistauglichkeit der Methodik ist. Ebenfalls hat dazu die Integration des in Kapitel 4.6 entwickelten KK in die Methodik und die Anpassung des dazugehörigen Methodenschrittes beigetragen. Zwar wurden von SCHLATHER die Methodenschritte weniger ausführlich beschrieben, jedoch finden die ausgereiften Modelle zur Vorhersage der Zusammenbautoleranzen und Fügekräfte mit biV Anwendung in der Methodik. Die in Kapitel 3.3 beschriebenen Methodiken wiesen darüber hinaus ein Defizit hinsichtlich der Möglichkeit auf, neue Geometriemerkmale als die in der Informationsquelle enthaltenen zu identifizieren, um dadurch die erfolgreiche Anwendung von biV zu steigern. Die im Rahmen dieser Arbeit beschriebenen Möglichkeiten zur Neuentwicklung von Geometriemerkmalen anhand einer SLR sowie SPR und das experimentelle Vorgehen aus den Kapiteln 4.2 bis 4.5 kann einen Lösungsweg darstellen.

Aus der Darstellung und Beschreibung der Methodik in Kapitel 4.7.5 wird nicht deutlich genug, welche der Methodenschritte zu welchem Zeitpunkt begonnen werden müssen, sodass eine womöglich parallele Bearbeitbarkeit nicht eindeutig ist. Die Anpassung der Methodik dahin gehend birgt Optimierungspotenziale, da somit die Handhabung vereinfacht und Zeit im PEP eingespart werden könnte. Die Idee zur Verwendung eines digitalen Zwillings wurde zwar in die Methodik integriert und oberflächlich beschrieben, jedoch ist zur Beurteilung des Potenzials eine tiefer gehende Ausarbeitung und Erprobung mit biV notwendig. Hier sollte insbesondere die Möglichkeit betrachtet werden, den komplementären Zusammenhang vom KK zum PK ebenfalls beim digitalen Zwilling sicherzustellen, sodass anhand einer gemeinsamen Datenbasis sowohl die Baugruppe mit biV als auch die Produktion ausgelegt werden kann. Ein weiteres Optimierungspotenzial zur Steigerung der Praxistauglichkeit könnte in der Bereitstellung bzw. Ausweisung von best practices im KK liegen, sodass besonders häufig kombinierte Geometriemerkmale in einer Art Vorauswahl vorgeschlagen werden könnten.

4.8 Zusammenfassung und Zwischenfazit

In diesem Kapitel sind zunächst zur Beantwortung der 1. Unter-Forschungsfrage dieser Arbeit *(vgl. Kap. 3.5)* die flexible Prozesskette für biV hinsichtlich der im Stand der Technik zu Vorrichtungen sowie Remote-Laserstrahlschweißen im Karosseriebau und die im Stand der Forschung zu biV dargelegten Herausforderungen analysiert worden. Aus dem daraus resultierenden übergeordneten Versuchsplan sind unter dem Einsatz des Design of Experiments (DoE) an anwendungsnahen Proben des Fallbeispiels Low-Cost-Batteriepackgehäuses (LCB) experimentelle Versuche an jedem Prozessschritt der flexiblen Prozesskette durchgeführt worden *(vgl. Kap. 4.2 – 4.5)*. Das dadurch erzeugte produkt- und produktionsseitige Systemwissen zu biV ist in Gestaltungsregeln synthetisiert, die in Anlehnung an den Design Science Research (DSR) Artefakte darstellen. Dieses Systemwissen wird in Kapitel 6 auf Baugruppenebene am Fallbeispiel LCB zusammen mit den weiteren Erkenntnissen dieser Arbeit evaluiert. Aus der Anzahl der Einzeluntersuchungen beim Laserstrahlschneiden (vier), beim Zusammensetzen (drei) und beim Remote-Laserstrahlschweißen (sieben) sind respektive acht, acht und zwölf Gestaltungsregeln synthetisiert. Zusammenfassend sind in Kombination mit der prozessschrittübergreifenden Analyse *(vgl. Kap. 4.5)* aus 17 Einzeluntersuchungen 28 Gestaltungsregeln für die flexible Prozesskette für biV synthetisiert worden. Die Anwendung der Gestaltungsregeln ermöglicht es, bei der produkt- und produktionsseitigen Auslegung mit biV die Zielgrößen Zeit, Kosten und Qualität entsprechend den Anforderungen anzupassen. Folglich konnte das prozessübergreifende Systemwissen von biV erweitert werden. Zwar ist das Systemwissen von biV unter bestimmten Eingangsgrößen, wie bspw. dem Geometriemerkmal oder der Anlagentechnik, entstanden, jedoch können das eigens entwickelte Vorgehen hierfür als auch die in Gestaltungsregeln synthetisierten Erkenntnisse einen wesentlichen Beitrag zum Produkt- und Prozessverständnis und damit zur Beherrschung von biV leisten.

Mit Bezug zur zweiten Unter-Forschungsfrage dieser Arbeit *(vgl. Kap. 3.5)* ist das zur Beantwortung der ersten Unter-Forschungsfrage erzeugte Systemwissen von biV in einem neu entwickelten Konstruktionskatalog (KK) für biV synthetisiert. Zum Stand der Forschung zu biV wurde gezeigt, nach welchen Methoden ein solcher KK gestaltet und wie dieser für eine beispielhafte Anwendung an der flexiblen Prozesskette für biV ausgelegt wird. Die Methodiksynthese hat zum einen ermöglicht, die relevanten Bestandteile aus zwei bestehenden Methodiken zusammenzuführen und zum anderen konnte der in dieser Arbeit entwickelten KK methodisch darin integriert werden. Folglich sind für die methodische Anwendung die theoretischen Grundlagen geschaffen, sodass nach einer Evaluierung Optimierungspotenziale als nächste Schritte denkbar wären.

5 Auslegung einer Zusammenbaufertigung mit biV

Das Ziel des Kapitels 5 ist es, das durch Experimente erzeugte und durch Gestaltungsregeln in einen Konstruktionskatalog für biV überführte Systemwissen auf die Auslegung einer Zusammenbaufertigung mit biV zu übertragen. Die Zielerreichung füllt zum einen die identifizierte Forschungslücke zu biV aus dem Kapitel 3.4 und zum anderen bildet sie einen erstmalig veröffentlichten praxisnahen Ansatz für Produktionsplaner, eine Zusammenbaufertigung mit biV auszulegen.

Der Erkenntnisgewinn dieses Kapitels soll die 3. UFF *„Wie muss eine Methodik mit Hilfsmitteln gestaltet sein, um eine vorrichtungslose Zusammenbaufertigung mittels bauteilintegrierter Vorrichtungsfunktionen zu ermöglichen?“* dieser Arbeit wie folgt beantworten: Der im Kapitel 5.1 entwickelte Produktionskatalog (PK) für biV stellt ein Hilfsmittel im Kontext der entwickelten Methodik zur Auslegung einer Zusammenbaufertigung für biV *(vgl. Kap. 5.2)* dar. Die Erkenntnisse aus den vorher beschriebenen Unterkapiteln werden in Kapitel 5.3 zusammen mit dem KK für biV und der synthetisierten Methodik zur Konstruktionsauslegung *(vgl. Kap. 4.6)* zu einer integrierten Methodik für biV zusammengeführt. Vorarbeiten aus bspw. FIEDLER ET AL.[693] sind in dieses Kapitel eingeflossen und werden an geeigneter Stelle belegt.

5.1 Entwicklung eines Produktionskatalogs für bauteilintegrierte Vorrichtungsfunktionen

Einer Studie zu biV zur Folge kann ein Grund für die aktuell nur vereinzelte Anwendung von biV in der Praxis in der intuitiven anstelle einer systematischen Anwendung liegen[694]. Produkt- und Prozessbaukästen stellen ein etabliertes Werkzeug zur Systematisierung und Komplexitätsreduzierung in der integrierten Produkt- und Prozessentwicklung dar[695]. In der einschlägigen Literatur finden sich zwar Lösungsansätze

---

693 FIEDLER ET AL., „Towards a Method to Design Production Systems for …“, 2021, S. 723 – 26.

694 HANSEN, „Methodik zur Bauteilintegration von Vorrichtungsfunkt…“, 2020, S. 32.

695 SCHUH ET AL., „Sustainable Innovation“, 2021, S. 215 – 17.

zur Systematisierung, Baukastengestaltung oder Katalogisierung in der Produktion *(bspw. VW[696], BMW[697] und STREETSCOOTER[698]; vgl. Kap. 2.1.1)*, jedoch wurden diese noch nicht auf die Eignung für biV evaluiert und konzipiert. Der Begriff „Produktionskatalog“ wurde im Kontext von biV erstmalig 2021 von FIEDLER ET AL.[699] beschrieben und baut auf den Beschreibungen von Hilfsmitteln zur Systematisierung und Modularisierung in der Produktion aus den nachfolgenden Arbeiten auf: nach SCHUH UND DÖLLE „Prozessbaukasten“[695], nach ZÜRN ET AL. „Produktionsbaukasten“[700], nach WALTL ET AL. „Modularer Produktions-Baukasten (MPB)“[701] und nach KAMPKER ET AL. „Modular Production Architecture/Prozessbaukasten“[702,703]. All diese Ansätze verfolgen das Ziel, die Produktion ähnlich wie das Produkt zu modularisieren, um durch Skalierungseffekte und eine Flexibilitätssteigerung auf bspw. spezifische Produkt- und Produktionsstandortanforderungen (u. a. Automatisierungsgrad, Qualifikation der Mitarbeitenden oder Ausbringungsmenge) effizient reagieren zu können[704]. Am Beispiel des MPB erstreckt sich die Modulbaukastenstruktur von der Ebene der Fabrik vertikal über Unternehmensbereiche und Gewerke bis hin zum Beginn der Modularisierung bei den Fertigungsabschnitten und Anlagen *(vgl. **Abb. 11.28**)*. Diese Module stellen auf der untersten Ebene konkret abzugrenzende technische Umfänge dar, wie bspw. eine mit einem Sicherheitszaun eingezäunte Fertigungszelle mit Vorrichtungen *(vgl. Kap. 2.1.3)* und können in einem sogenannten Modulsteckbrief *(vgl. **Abb. 11.29**)* zusammengefasst werden[705].

Folglich liegt das Ziel dieses Kapitels in der Entwicklung eines PK für die Auslegung einer Zusammenbaufertigung mit biV, der komplementär zu dem Konstruktionskatalog (KK) aus Kapitel 4.5 gestaltet und methodisch anwendbar in eine Methodik für biV *(vgl. Kap. 5.2)* integriert sein soll. Das methodische Vorgehen beinhaltet zunächst eine Ableitung von Anforderungen an den PK, anhand derer bestehende Ansätze zur Baukasten- und Kataloggestaltung analysiert und bewertet werden. Im Anschluss wird der PK anhand der VDI 2222[706], eines Artefakts im Sinne des DSR und des Fallbeispiels LCB zur Sicherstellung der Relevanz und Anwendungsorientierung gestaltet.

---

[696] WALTL ET AL., „Modularisierung der Produktion in der Automobilindustrie“, 2015, S. 203 – 4.
[697] STEINPARZER ET AL., „Die neue Efficient-Dynamics-Motorenfamilie von BMW“, 2014, S. 36; 38.
[698] KAMPKER ET AL., „Die Rolle von lernenden Fabriken für Industrie 4“, 2015, S. 83 – 84.
[699] FIEDLER ET AL., „Towards a Method to Design Production Systems for …“, 2021, S. 726.
[700] ZÜRN ET AL., „Smarte Produktionsassistenten für die wandlungsfähige Produktion – …“, 2017, S. 115.
[701] WALTL ET AL., „Modularisierung der Produktion in der Automobilindustrie“, 2015, S. 199.
[702] KAMPKER ET AL., „Standardization and innovation: Dissolving the contradiction with …“, 2014, S. 2 – 3.
[703] KAMPKER ET AL., „Wirtschaftliche Industrialisierung automobiler Kleinserien am …“, 2014, S. 186 – 87.
[704] GÖPFERT ET AL., „Automobillogistik“, 2017, S. 175.
[705] WALTL ET AL., „Modularisierung der Produktion in der Automobilindustrie“, 2015, S. 216 – 22.
[706] VDI 2222 BLATT 2:1982-02, „Konstruktionsmethodik; Erstellung und Anwendung …“, 1982, S. 1 – 4.

5.1.1 Anforderungsanalyse und -festlegung

Im Kontext des DSR wird in diesem Kapitel die Umgebung des Artefakts durch die Analyse und Festlegung von Anforderungen an den PK beschrieben. In der **Tabelle 5.1** sind aus den als relevant identifizierten Quellen zu PK und biV die Anforderungen zur Gestaltung des PK im Hinblick auf die Umsetzung im Karosseriebau (1 bis 4), die Gestaltung hinsichtlich biV (5 bis 8) und bezogen auf die Integrierbarkeit in eine Methodik zur Produktionsauslegung (9 bis 13) gegliedert.

Tab. 5.1: Abgeleitete Anforderungen aus Vorarbeiten und eigenen Überlegungen an den Produktionskatalog (PK) für bauteilintegrierte Vorrichtungsfunktionen (biV)

#	Beschreibung der Anforderungen an den PK für biV	Herkunft
1	Lösungsbausteine mit relevantem Wissen für die Konstruktion+Produktionsplanung	WALTL ET AL.[707]
2	Fertigungssegmentierung des Produktionsprozesses in Prozessmodule	WALTL ET AL.[708]
3	Standardisierte Fertigungsprozessabläufe und -mittel als Produktionsstandard	KAMPKER ET AL.[709]
4	Einsetzen in früher Phase des PEP zur Abstimmung Konstruktion und Produktion	HANSEN[710]
5	Betrachtung der von biV-übernommenen Vorrichtungsfunktionen und Auswirkungen auf die benötigten Fertigungsmittel in der frühen Phase des PEP durch den PK	HANSEN[711]
6	Bauteilfertigungsbedingte Restriktionen und Anforderungen aus der Konstruktion der Geometriemerkmale an den PK (bspw. Flächenausschnitte oder Blechdicken)	SCHLATHER ET AL.[712] WURSTER[713]
7	Berücksichtigung von Gestaltungsrichtlinien für die Auslegung von biV hinsichtlich der Fügeprozesse und eingesetzter Fertigungsmittel	SCHLATHER ET AL.[714]
8	Berücksichtigung von Einflüssen durch biV auf manuelle Produktionsprozesse (bspw. Prozesskräfte beim manuellen Zusammensetzen, notwendige Zugänglichkeit)	KAMPKER ET AL.[715]
9	Bereitstellung von produktionsseitigen Anforderungen, um in Verbindung mit dem KK in der frühen Phase des PEP eine integrierte Auslegung sicherzustellen	FIEDLER ET AL.[716]
10	Bereitstellen von Lösungsbausteinen durch den PK für die Identifikation einer potenzialträchtigen Prozesskette während der Serienentwicklung	
11	Schnittstelle zum KK, um für ein ausgewähltes biV-Geometriemerkmale geeignete Produktionsprozesse identifizieren zu können	
12	Schnittstelle/Integration einer Maschinenliste in den PK, um die Anlagentechnik und deren Anforderungen an die Gebäude-, Raum- und Layoutplanung der identifizierten Produktionsprozesse bereitstellen zu können	ALLGEMEIN
13	Erweiterungsfähigkeit des PK, um neue biV und für deren Fertigung notwendige Produktionsprozesse aufnehmen sowie Optimierungen durchführen zu können	ALLGEMEIN

707 WALTL ET AL., „Modularisierung der Produktion in der Automobilindustrie", 2015, S. 218 – 20.
708 WALTL ET AL., „Modularisierung der Produktion in der Automobilindustrie", 2015, S. 220 – 21.
709 KAMPKER ET AL., „Wirtschaftliche Industrialisierung automobiler Kleinserien am …", 2014, S. 184 – 86.
710 HANSEN, „Methodik zur Bauteilintegration von Vorrichtungsfunkt…", 2020, S. 34; 61.
711 HANSEN, „Methodik zur Bauteilintegration von Vorrichtungsfunkt…", 2020, S. 96 – 99.
712 SCHLATHER, „Methodische Auslegung bauteilintegrierter Spanntechnik …", 2020, S. 58 – 59; 138 – 139.
713 WURSTER, „Bauteilintegrative Fügetechnik", 2019, S. 54 – 56.
714 SCHLATHER ET AL., „Toward a feature-based approach for fixtureless build-up of …", 2016, S. 101.
715 KAMPKER ET AL., „Vorrichtungsloses Fügen von Fahrzeugrahmen", 2018, S. 41 – 42.
716 FIEDLER ET AL., „Towards a Method to Design Production Systems for …", 2021, S. 725 – 27.

5.1.2 Analyse und Bewertung bestehender methodischer Ansätze

Insbesondere biV legen produktionsrelevante Eigenschaften bereits früh im PEP durch die Verlagerung von Vorrichtungsfunktionen in die Geometriemerkmale fest, weshalb der methodische Ansatz der integrierten Produkt- und Prozessgestaltung relevant ist. Die in diesem Zusammenhang genannten Hilfsmittel bieten für den Einsatz von biV Potenziale zur systematischen Berücksichtigung von Fertigungs-, Handhabungs- und Fügeprozessen. Zur Festlegung eines methodischen Ansatzes für die Gestaltung eines PK für biV werden die in Tabelle 5.1 festgelegten Anforderungen an den Inhalt, an Form und Integrierbarkeit in Anforderungen für eine Gestaltungsmethode überführt. Dafür wurden Gemeinsamkeiten an ein methodisches Vorgehen in den Anforderungen PK1 bis PK6 in der **Tabelle 5.2** zusammengefasst. Anschließend werden die in der SLR als relevant identifizierten methodischen Ansätze für die Entwicklung von Produkt- und Prozessbaukästen verschiedener Autor:innen hinsichtlich der Anforderungen aus Tabelle 5.2 analysiert sowie hinsichtlich der jeweiligen Erfüllung bewertet.

Den Ansatz zur komplexitätsgerechten Baukastengestaltung gliedert ARNOSCHT anhand der drei Dimensionen Struktur, Aktivität sowie Verhalten und anhand des strategischen sowie operativen Managements in sechs Handlungsfelder[717]. Dieser Ansatz konzentriert sich auf die Entwicklung eines Produktbaukastens mit dem Fokus auf interne und organisatorische Prozesse des Unternehmens. Die Analyse hinsichtlich der aufgestellten Anforderungen aus Tabelle 5.2 zeigt, dass der Baukastenerstellungsprozess zwar in der frühen Phase des PEP eingeordnet werden kann *(vgl. PK1)*, jedoch findet die Berücksichtigung der Produktionsgestaltung *(vgl. PK2)* und damit eine dahingehend aktive Beeinflussung der Konstruktion *(vgl. PK3)* unzureichend statt. Aufgrund der unzureichenden Betrachtung der vorher beschriebenen Punkte und aufgrund der fehlenden Betrachtung von Vorrichtungsfunktionen *(vgl. PK4)* eignet sich der Ansatz nicht für die Anwendung zur Gestaltung eines PK für biV.

Tab. 5.2: Aus den Anforderungen an den Produktionskatalog (PK) für bauteilintegrierte Vorrichtungsfunktionen (biV) abgeleitete Anforderungen an die Methode zur Gestaltung

#	Anforderung an die Methode zur Gestaltung des PK für biV	Abgeleitet aus Tab. 5.1
PK1	Betrachtung von produktionsseitigen Anforderungen im frühen PEP	1, 4, 5, 9
PK2	Bereitstellung von Lösungsbausteinen für die Produktionsgestaltung	2, 8, 11
PK3	Fokussierung auf die produktionsgetriebene Produktbeeinflussung	3, 7, 8, 10, 11
PK4	Betrachtung von Vorrichtungsfunktionen zur Auslegung der Produktion	5, 6
PK5	Betrachtung der durch Prozessvarianz verursachenden Fertigungsmittel	12
PK6	Sicherstellung der Erweiterungsfähigkeit des PK	13

[717] ARNOSCHT, „Beherrschung von Komplexität bei der Gestaltung von Baukasten…“, 2011, S. 108 – 11.

In der Arbeit zur integrierten Produktentwicklung von EHRLENSPIEL UND MEERKAMM wird die Baukastenentwicklung funktionsorientiert strukturiert. Das Ziel besteht in der Identifikation der am meisten benötigten Teilfunktionen des Gesamtsystems, um damit Skaleneffekte zu erzielen. Die Methode unterteilt sich in die Phasen Planung, Baukastenstruktur-, Baustein- und Baukastenproduktentwicklung[718]. Im Hinblick auf die aufgestellten Anforderungen aus Tabelle 5.2 ist diese Methode zu den reinen Produktbaukästen mit Fokus auf der Funktionsstruktur des Produktes einzuordnen. Ähnlich zum Ansatz von ARNOSCHT werden die Beeinflussung der Produktstruktur und die komplexitätsbedingten Herausforderungen durch die Produktion *(vgl. PK2 – 3)* und Vorrichtungsfunktionen *(vgl. PK4)* nicht betrachtet. Folglich eignet sich dieser Ansatz nicht für die Gestaltung eines PK für biV.

In 2013 veröffentlichte RUDOLF eine Methode zur produktionsgerechten Baukastengestaltung unter der Berücksichtigung von Wechselwirkungen mit Produktionsprozessen und -faktoren (u. a. Vorrichtungen, Werkzeuge oder Maschinen) im frühen PEP *(vgl. PK1)*[719]. Weitere Inhalte dieser Arbeit sind in Zusammenarbeit mit ARNOSCHT in die gemeinsame Arbeit von SCHUH ET AL.[720] und in einen Leitfaden zur Baukastengestaltung[721] eingeflossen. Aufgrund der Überschneidungen mit der Arbeit von RUDOLF werden die zuvor genannten Arbeiten nicht als eigenständige Methoden analysiert. Die weitere Analyse der Methode von RUDOLF anhand der aufgestellten Anforderungen aus Tabelle 5.2 zeigt, dass die wechselseitige Beeinflussung von Produkt sowie Produktion und die Fokussierung auf die Gestaltung von Produktionsprozessen unzureichend sind *(vgl. PK3)*. Weiterhin sind keine produktionsseitigen Lösungsbausteine und die Betrachtung von Vorrichtungsfunktionen erkennbar *(vgl. PK2 und 4)*. Dadurch ist diese Methode ebenfalls für die Erstellung eines PK für biV unzureichend.

In 2021 veröffentlichten SCHUH UND DÖLLE eine vierstufige Methode zur Gestaltung von Prozessbaukästen: angefangen mit der Vielfaltanalyse in der Produktion, über produkt- und prozessseitige Anforderungsaufnahme, der Umsetzung der Prozesssequenzierung, -neuordnung sowie -standardisierung bis schlussendlich zur Überführung in Modulsteckbriefe[722]. Die Methode von SCHUH UND DÖLLE weist i. V. zu den vorherigen die höchste Erfüllung der in der Tabelle 5.2 aufgestellten Anforderungen auf, da insbesondere die Produktion und die darauf ausgerichtete Baukastengestaltung betrachtet werden *(vgl. PK1 – 3)*. Vorrichtungsfunktionen werden im Rahmen der Produktion nicht und Fertigungsmittel unzureichend betrachtet *(vgl. PK4 – 5)*.

718 EHRLENSPIEL ET AL., „Integrierte Produktentwicklung“, 2013, S. 737 – 42.
719 RUDOLF, „Produktionsgerechte Baukastengestaltung“, 2013, S. 44; 58 – 59.
720 SCHUH ET AL., „Increasing Commonalities by Designing Production-Oriented Modular …“, 2014, S. 197.
721 SCHUH, „Leitfaden zur Baukastengestaltung“, 2015.
722 SCHUH ET AL., „Sustainable Innovation“, 2021, S. 215 – 18.

Zusammenfassend lässt sich festhalten, dass keine der vorgestellten Methoden die Anforderungen für die Gestaltung eines PK für biV vollständig erfüllt. Jedoch wird sich an den Prinzipien und Rahmenbedingungen der Methode für die Gestaltung von Prozessbaukästen nach SCHUH UND DÖLLE orientiert, da diese die größte Übereinstimmung aufweist. Insbesondere soll die produktionsseitige Modular- und Standardisierung, die Berücksichtigung der drei Prinzipien der Prozessmodularität und der bereits erfolgreich in der Praxis von VW eingesetzte Ansatz zur Dokumentation von Lösungsbausteinen anhand von Modulsteckbriefen mit in die Gestaltung des PK des nachfolgenden Unterkapitels mit einfließen[723,724].

In Analogie zur Erstellung der formalen Struktur des KK in Kapitel 4.5 findet die VDI 2222 als Methode zur Kataloggestaltung ebenfalls Anwendung für die formale Gestaltung des PK[725]. Hierdurch soll sichergestellt werden, dass zum einen durch eine etablierte und einheitliche Systematisierung die Vorteile eines schnellen und zielgerichteten Zugriffs auf Informationen sichergestellt sind. Zum anderen soll dadurch ermöglicht werden, dass der KK komplementär zum PK steht.

Tab. 5.3: Bewertung der Anforderungen an die Gestaltung des Produktionskatalogs (PK) für bauteilintegrierte Vorrichtungsfunktionen (biV) mit den als relevant identifizierten methodischen Ansätzen[726]

○ = Nicht erfüllt ◔ = Kaum erfüllt ◑ = Teilweise erfüllt ◕ = Nahezu erfüllt ● = Vollumfänglich erfüllt *Die Definition der Erfüllungsgrade (PK1 – PK6) befindet sich in der Tabelle 11.55*	Anforderungen an die Gestaltung des PK					
	PK1 Betrachtung von produktionsseitigen Anforderungen im frühen PEP	PK2 Bereitstellung von Lösungsbausteinen für die Produktionsgestaltung	PK3 Fokussierung auf die produktionsgetriebene Produktbeeinflussung	PK4 Betrachtung von Vorrichtungsfunktionen zur Auslegung der Produktion	PK5 Betrachtung der durch Prozessvarianz verursachenden Fertigungsmittel	PK6 Sicherstellung der Erweiterungsfähigkeit des PK
Beherrschung von Komplexität bei der Gestaltung von Baukastensystemen, (ARNOSCHT, 2011)[717]	◔	○	◔	○	○	◑
Entwickeln von Baukästen (EHRLENSPIEL UND MEERKAMM, 2013)[718]	○	○	○	○	○	◑
Produktionsgerechte Baukastengestaltung (RUDOLF, 2013)[719]	◑	○	◑	○	◑	◑
Methode für die Gestaltung von Prozessbaukästen (SCHUH UND DÖLLE, 2021)[721 – 723]	◕	●	◕	○	◑	◑

[723] SCHUH ET AL., „Sustainable Innovation“, 2021, S. 218 – 26.

[724] WALTL ET AL., „Modularisierung der Produktion in der Automobilindustrie“, 2015, S. 217 – 20.

[725] VDI 2222 BLATT 2:1982-02, „Konstruktionsmethodik; Erstellung und Anwendung …“, 1982, S. 2 – 4; 8 – 9.

[726] Die in der Tabelle angegebenen Verweise beziehen sich auf die Fußnoten 717 bis 723.

5.1.3 Gestaltung des Produktionskatalogs

Zur Eingrenzung des Betrachtungsbereichs sollen die im PK zur Verfügung gestellten Produktionsmodule (PM) primär der Organisationsform einer modularen Produktion nach KERN und sekundär einer konventionellen Linienfertigung entsprechen. Mit dem Vorrichtungsbezug von biV liegt der Fokus auf den produktiven Einheiten, die im Produktionssystem als eigenständige und entkoppelte Fertigungsstationen eingeteilt werden können[727]. Ergänzend dazu wurden die Produktionshierarchieebenen 4 „Fertigungsabschnitt" (u. a. Fertigungsprozesse und -stationen) und 5 „Anlagen" (u. a. Fertigungsmittel bspw. Vorrichtungen) als die Organisationsbereiche in der Produktion mit der höchsten Einflussnahme durch biV identifiziert *(vgl. Abb. 11.28)*. Seitens des Planungsvorgehens wird sich an dem Grundsatz „vom Groben ins Feine" und an den Planungsphasen Technologiekette, Fertigungsfolge und Einzelprozesse in Anlehnung an BURGGRÄF UND SCHUH[728] orientiert. Die Ausgestaltung des PK fokussiert sich auf biV-spezifische Inhalte. Entsprechend dem methodischen Vorgehen der VDI 2222 wird die Struktur des PK analog zur eindimensionalen Einteilung des KK *(vgl. Kap. 4.5)* in den drei Abschnitten Gliederungs-, Haupt- und Zugriffsteil nachfolgend beschrieben. Ein hiernach gestalteter erster Entwurf des PK für biV ist der **Abbildung 11.30** zu entnehmen.

5.1.3.1 Gliederungsteil des Produktionskatalogs

Für den Gliederungsteil wurden fünf gliedernde Gesichtspunkte als relevant identifiziert. Der erste Gesichtspunkt beinhaltet die Unterteilung des Produktionssystems in Teilsysteme nach GIENKE UND KÄMPF[729] und entspricht damit der Prämisse der Fertigungssegmentierung der Baukastengestaltungsmethoden. Am Fallbeispiel des LCB ist die flexible Prozesskette für biV in der **Abbildung 5.1** in die Bearbeitungs-, Materialfluss- und Informationsflussprozesse (in Bezug auf biV vernachlässigbar) unterteilt.

Abb. 5.1: Erster Gliederungsgesichtspunkt des Produktionskatalogs (PK) für bauteilintegrierte Vorrichtungsfunktionen (biV) anhand von Teilsystemen der flexiblen Prozesskette

727 KERN, „Modulare Produktion - Methodik zur Gestaltung eines modularen ...", 2021, S. 133 – 35.
728 BURGGRÄF ET AL., „Fabrikplanung", 2021, S. 175 – 76.
729 GIENKE ET AL., „Handbuch Produktion", 2007, S. 70 – 72.

Im zweiten Gesichtspunkt wird anhand der Hauptfunktionen des Bearbeitungsprozesses in Zusammenhalt schaffen, beibehalten, vermindern oder vermehren nach DIN 8550[730] und für den Materialflussprozess in handhaben, fördern oder lagern[731] nach IHME eingeteilt. Im Prozessschritt „Trennen" werden hauptsächlich die zu integrierenden Vorrichtungsfunktionen mittels Geometriemerkmale gänzlich oder teilweise (in Kombination mit einem nachfolgenden „Umformen" oder „Fügen") eingebracht, weshalb dieser Prozessschritt im Kontext der biV relevant ist. Im Sinne der Zielsetzung von biV sollte bei der Auswahl der Fertigungstechnologien der Grad hinsichtlich der verschiedenen Arten der Flexibilisierung berücksichtigt werden. Beim „Trennen" wäre das insbesondere die Art und die Führung des Werkzeuges, wie es bspw. typungebunden beim Laserstrahlschneiden wäre und damit besonders flexibel für unterschiedliche Werkstoffe und Geometrien einsetzbar ist. Im Prozessschritt „Umformen" findet eine zweiteilige Betrachtung im PK statt, die durch Ergänzung der Wirkweise differenziert wird: Zum einen ist es die generelle umformtechnische Herstellung von bspw. Schalenbauteilen aus dem Halbzeug Blech und zum anderen das im Umformprozess gänzlich oder teilweise hergestellte Geometriemerkmal. Letzteres findet bspw. in Kombination mit einem Trennprozess bei ausgewählten Geometriemerkmalen Anwendung (bspw. aus den Arbeitsgruppen der TU DRESDEN | AUDI und TU MÜNCHEN | BMW in den Abb. 3.2 und 3.3) und sollte in so einem Fall bei der Auslegung analog zum Prozessschritt „Trennen" hinsichtlich biV betrachtet werden.

In Anlehnung an die flexible Prozesskette für biV aus Abbildung 5.1 wird anschließend die „Zusammenbaufertigung" beginnend mit dem „Zusammensetzen" beschrieben. Die Betrachtung dieses Prozessschrittes sollte stets zusammen für den Bearbeitungs- und Materialflussprozess erfolgen, da durch die Bauteilintegration der Vorrichtungsfunktionen ein fließender Übergang entsteht.

Im dritten Gesichtspunkt wird nach der Wirkweise wie bspw. den in Kapitel 2.3 vorgestellten Vorrichtungsfunktionen „Bestimmen" und „Spannen" differenziert, die hinsichtlich der Reduzierung von Vorrichtungen eine besondere Rolle spielen.

Abschließend wird im vierten Gesichtspunkt der konkrete Ansatz (bspw. Fertigungsverfahren nach DIN 8580) und im fünften Gesichtspunkt die Art der Bedienung (bspw. manuell oder automatisiert) festgelegt. Letztere ist für den Prozessschritt „Zusammensetzen" relevant, da durch ein manuelles „Zusammensetzen" von Bauteilen mittels biV Potenziale durch eine Vorrichtungsreduktion und eine gesteigerte Flexibilität gehoben werden können.

[730] DIN 8580:2020-01, „Fertigungsverfahren - Begriffe, Einteilung ...", 2020, S. 6 – 7.

[731] IHME, „Logistik im Automobilbau", 2006, S. 113.

5.1.3.2 Hauptteil des Produktionskatalogs

Im Hauptteil werden die als konkrete Lösungsbausteine definierten PM für die Produktionsgestaltung mit biV fortlaufend nummeriert und gegliedert. Anschließend werden die produktionsseitigen Anforderungen mit Fokus auf Gestaltungsregeln von biV an die Produktentwicklung aufgeführt. Diese können u. a. spezifische Informationen wie aus der experimentellen Untersuchung aus dem Kapitel 4 oder aus gesetzlichen Rahmenbedingungen enthalten. Letztere sind bspw. beim tendenziell manuellen Prozessschritt „Zusammensetzen" von Bauteilen unter Nutzung der Geometriemerkmale hinsichtlich der Ergonomie und dem Arbeitsschutz zu nennen. Diese Anforderungen haben einen geringeren Gestaltungsspielraum wie die anderen Merkmale im Zugriffsteil im Rahmen der Produktauslegung und dürfen daher nicht verletzt werden. Am Beispiel des manuellen Zusammensetzens sind bei der Auslegung mit dem PK die vertikale Körperkraft mit beiden Armen in stehender Haltung von kurzzeitig max. 835 N (je nach Anordnung) nach DIN 33411-5[732] und anhand der Bundesanstalt für Arbeitsschutz und Arbeitsmedizin die Obergrenze für länger andauernde Belastungen von 15 % der Maximalkraft zu berücksichtigen[733]. Insbesondere Letztere sind aufgrund der Arbeitsbedingungen in der Produktion relevanter.

Zur Abbildung und Differenzierung von Produktionsprozessvarianten werden fertigungsmittelspezifische Eigenschaften wie bspw. Schweißmaschinen für Bearbeitungsprozesse und Fördermittel (bspw. Gabelstapler) für den Materialflussprozess aufgenommen. Damit eine schnelle Durchmusterung des PK ermöglicht werden kann, sind weitere Informationen, die insbesondere für die spätere Produktionsplanung relevant sind, in den (Produktions-)Modulsteckbriefen hinterlegt *(weitere Informationen hierzu vgl. Kap. 5.1.4).*

5.1.3.3 Zugriffsteil des Produktionskatalogs

Die Zugriffsmerkmale stellen die Schnittstelle zum KK her und haben somit den größten Einfluss auf die biV-gerechte Konstruktion im frühen PEP durch die Vorauswahl anhand von Merkmalskategorien und dazu passenden PM. In den Merkmalskategorien werden unterschiedliche Geometriemerkmale von biV gebündelt, die mit einem oder mehreren PM abgebildet und damit einen Prozess bilden können. Letzteres wird als relevantestes Zugriffsmerkmal im PK zuerst durchmustert, um mit der favorisierten Produktion fertigbare Geometriemerkmale zu identifizieren. Am Fallbeispiel des LCB kann anhand der gewonnenen Gestaltungsregeln *(u. a. im Kap. 4 durch experimentelle Versuche erzeugt)* die Herstellbarkeit der Lasche-Schlitz-Verbindung an dieser Stelle

[732] DIN 33411-5:1999-11, „Körperkräfte des Menschen - Teil 5: Maximale statische ...", 1999, S. 1 – 2; 11.
[733] STEINBERG ET AL., „Ziehen und Schieben ohne Schaden", 2008, S. 6 – 7.

evaluiert werden. Generell können durch dieses Zugriffsmerkmal bspw. die „Bauteilfertigung“, das „Zusammensetzen“, das „Fügen“ oder das Handhaben vereinheitlicht und dadurch überschaubar sowie praxistauglich gestaltet werden.

Weiterhin wird mit der Angabe zur produktionstechnischen Eignung des Stückzahlbereichs ein weiteres relevantes Merkmal aufgenommen, das durch Interdependenzen von Geometriemerkmalen von biV mit der fertigungsgerechten Gestaltung früher als üblich im PEP festgelegt werden muss. Aufgrund der Wechselwirkung dieses Merkmals mit der Flexibilität und der Produktivität sollte anstelle einer allgemeinen eine zusammenhängende Betrachtung vorgenommen werden. Hinsichtlich des Prozessschritts „Trennen“ im Kontext des Fallbeispiels LCB stellt das Laserstrahlschneiden für den niedrigen bis mittleren Stückzahlbereich die kostengünstigste Alternative dar. In Ergänzung hierzu kann noch der Mechanisierungsgrad angegeben werden, der mit dem Gliederungsmerkmal „Art der Bedienung“ korreliert.

Basierend auf den Produktionsprozessen kann untereinander qualitativ vergleichend die Produktivität für eine Vorauswahl betrachtet werden, bevor aufwendigere Modellierungen durchgeführt werden, die auch die Wechselwirkungen mit anderen Merkmalen berücksichtigen können. Weiterführende Informationen zur Bestimmung der Produktivität können ebenfalls aus Gestaltungsregeln in den PM-Steckbrief in Form von der realisierbaren Schnittgeschwindigkeit, Prozesszeit *(bspw. beides experimentell im Kap. 4 ermittelt)* und den Fertigungskosten überführt werden.

Als weiteres Schnittstellen-relevantes Merkmal zum KK ist an dieser Stelle die produktionsseitige Festlegung der Bauteilwerkstoffe anzugeben. Insbesondere die durch biV unterschiedlich ausgeprägten Geometriemerkmale sind werkstoffabhängig in ihrer Funktionserfüllung. Somit können bspw. Unterschiede in der thermischen Leitfähigkeit und des Absorptionsgrads beim Laserstrahlschneiden während der „Bauteilherstellung“ die Integration der Vorrichtungsfunktionen (bspw. „Spannen“) beeinflussen. Folglich können durch Festlegung des Werkstoffes in der frühen Phase des PEP bereits produktionsrelevante Einschränkungen hinsichtlich der Wirkweise (im Fall von biV sind es die Vorrichtungsfunktion) im Zugriffsteil festgelegt werden.

Aufgrund der elementaren Bedeutung des Bearbeitungsprozesses im PK, ist der Zugriffsteil gesondert hinsichtlich fertigungsrelevanter Merkmale segmentiert. Im Rahmen der experimentellen Untersuchung in Kapitel 4 haben sich insbesondere die in der Konstruktion zu berücksichtigenden und zu erreichenden Fertigungstoleranzen wie bspw. Lage-Formtoleranzen und die Schnittqualität von den Geometriemerkmalen als einflussreich erwiesen. Durch das erzeugte Systemwissen können anhand der Gestaltungsregeln Geometriemerkmale mit einer für die Vorrichtungsfunktion ausreichenden Qualität unter einer möglichst produktiven Prozessführung beim Laserstrahlschneiden gefertigt werden. Weiterhin sind die notwendigen Vor- und Nachbearbeitungsprozesse in Zusammenhang mit biV aufzuführen, die bezogen auf eine Fügeverbindung oder auf die Erreichung bestimmter Produkteigenschaften (bspw. Dichtheit) für die Produktionseffizienz relevant sein können. Auf notwendige Nachbearbeitungsprozesse aufgrund der Prozessführung in der Bauteilherstellung sollte durch ein erlangtes Systemwissen und den daraus abgeleiteten Gestaltungsregeln *(vgl. Kap. 4)* verzichtet werden. Abschließend wird der im Karosseriebau dominierende Fertigungsprozess Schweißen von Karosseriebauteilen *(vgl. Kap. 2.2)* anhand fügetechnischer Merkmale beschrieben. Hierbei bietet sich u. a. die Betrachtung der bereits beschriebenen Schweißbarkeit an, bei der die werkstoff-, konstruktions- und fertigungsseitige Eignung einer Fügeverbindung mittels biV betrachtet wird.

Abschließend wird noch auf ein Hilfsmittel zur Verkettung von PM *(vgl. fortlaufende Nummerierung im Hauptteil des PK)* anhand der in der Abbildung 5.1 dargestellten Bearbeitungs- und Materialflussprozesse entlang der flexiblen Prozesskette für biV mit der **Abbildung 5.2** vorgestellt. Der Fokus der Materialflussprozesse liegt innerhalb der Produktion und betrachtet keine externe Logistik, da diese im Verhältnis nicht spezifisch hinsichtlich biV auszulegen ist.

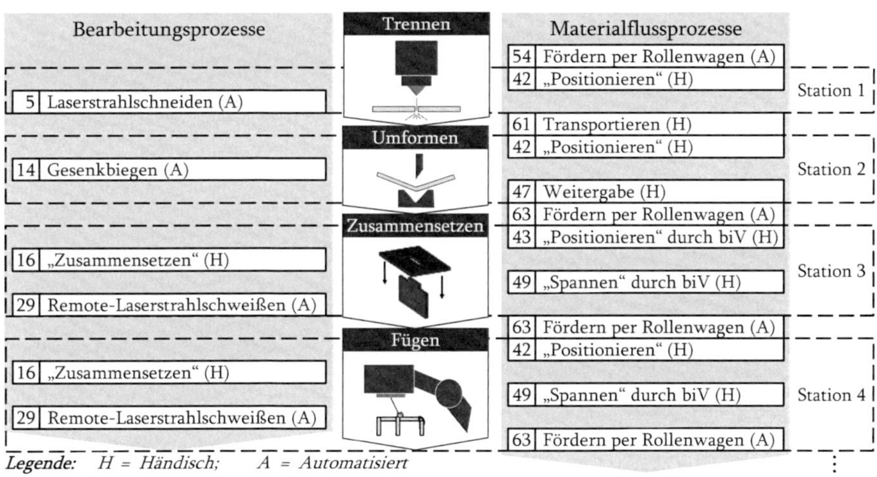

Abb. 5.2: Beispielhafte Verkettung von Produktionsmodulen (PM) aus dem Produktionskatalog (PK) für bauteilintegrierte Vorrichtungsfunktionen (biV)

Lediglich die Anlieferung von bereits mit biV zusammengesetzten Baugruppen wäre eine Möglichkeit, die wiederum im Kernthema den Bearbeitungsprozess „Zusammensetzen" betreffen und daher im Rahmen dieser Auslegung betrachtet werden würde. Die innerbetrieblichen Materialflussprozesse sind größtenteils an die Vorrichtungsfunktionen der Geometriemerkmale gekoppelt und werden daher in Abgrenzung von der restlichen innerbetrieblichen Logistik innerhalb der Produktionsstation hinsichtlich biV ausgelegt. Als Beispiel hierfür ist das Merkmal der Stapelbarkeit mit Fokus auf die Geometriemerkmale vor (als Bauteil) und nach (als zusammengesetzte Baugruppe) der Produktionsstation zu nennen. Da häufig Elemente aus den Geometriemerkmalen abstehen, ist bei der konstruktiven Auslegung die Stapelbarkeit hinsichtlich eines platzsparenden Ineinander-Stapelns und eine steife Ausführung zur Sicherstellung eines robusten manuellen Positionierprozesses zu beachten. Am Beispiel der Station 3 in der Abbildung 5.2 ist zu erkennen, dass ein manueller Positionier- und Spannprozess mittels eines Geometriemerkmals von biV dem auto. RLS-Prozess vorangehen kann. In Analogie zu den beschriebenen Anforderungen im Hauptteil *(vgl. Kap. 5.1.3.2)* gelten bei den Materialflussprozessen ebenfalls die ergonomischen und arbeitsschutzrechtlichen Anforderungen. Diese Merkmale können im Rahmen einer experimentellen Untersuchung für die jeweiligen Geometriemerkmale analysiert und in Form von Gestaltungsregeln für die Berücksichtigung im PK festgelegt werden *(vgl. Kap. 4.3)*.

Damit der PK methodisch integriert werden kann, werden im nachfolgenden Kapitel dessen Schnittstellen zum KK für eine integrierte Methodik für biV und im Hinblick auf die PM-Steckbriefe detailliert.

5.1.4 Schnittstellen und Produktionsmodul-Steckbrief des Produktionskatalogs

Zunächst werden die Schnittstellen des PK im Hinblick auf den KK und die methodische Anwendung anhand des Grobkonzepts des PK in der **Abbildung 5.3** definiert und beschrieben. Mittels der Zugriffsmerkmale im Zugriffsteil werden die für die Auslegung einer Zusammenbaufertigung mit biV relevanten Merkmale vom PK in den KK für die konstruktionsseitige Berücksichtigung in der frühen Phase des PEP übermittelt. An dieser Schnittstelle dominiert die Aussage über die Fertigbarkeit einer Geometriemerkmals-Gruppe, die anhand eines vorher erprobten und geeigneten PM fertigbar ist. Im Detail beinhaltet das die schrittweise Bewertung der in der Abbildung 5.1 dargestellten Bearbeitungs- und Materialflüsse entlang der flexiblen Prozesskette für biV. Weitere Details für die Produktionsauslegung durch Produktionsplaner werden im Verlauf des PEP in Anlehnung an SCHUH UND DÖLLE anhand von PM-Steckbriefen[734] für biV bereitgestellt, auf die über eine Spalte im Hauptteil innerhalb des PK verwiesen

[734] SCHUH ET AL., „Sustainable Innovation", 2021, S. 226.

wird. Ein PM-Steckbrief stellt im methodischen Kontext ein Hilfsmittel dar und wird im Rahmen dieser Betrachtung als eine Erweiterung des PK für biV gesehen. Aufgrund der dortigen systematischen Verortung von detaillierten Informationen zu biV bleibt der PK übersichtlich und gut zu durchmustern. Der Umfang eines PM-Steckbriefs sollte sich zwecks einfacher Durchmusterung auf eine genormte Seite *(bspw. DIN A4)* fokussieren. Die Struktur beinhaltet die im vorherigen Kapitel beschriebenen Gliederungs- und Zugriffsmerkmale des PK und beginnt mit einer eineindeutigen Bezeichnung, die einen Verweis zum entsprechenden Eintrag im PK ermöglicht. Ergänzend zu den Informationen aus dem PK bietet der PM-Steckbrief weitergehende und spezifischere Informationen, die für die Produktionsauslegung benötigt werden könnten. Neben Datenblättern zu den Produktionsprozessen werden hier ebenfalls Gestaltungsregeln für produktionsseitige Auslegung von biV hinterlegt. Die dafür notwendigen Fertigungsmittel bzw. Produktionsmaschinen werden in Anlehnung an einen sogenannten „Maschinenkatalog" *(vgl. FIEDLER ET AL.[735])* im unteren Teil des PK durch eine Maschinenliste integriert und kann bspw. Maschinenmaße, zu erzielende Genauigkeiten oder Prozesszeiten beinhalten. Anhand des Fallbeispiels LCB ist ein beispielhafter PM-Steckbrief für biV in der **Abbildung 11.31** zu sehen. Einige spezifische Angaben entstammen dem Fallbeispiel LCB und den dafür verwendeten Maschinen[736].

Auf die Schnittstelle zur methodischen Integration *(rechter Teil der Abb. 5.3)* und wie Produktionsplaner den PK für bspw. die Layoutplanung verwenden können, wird gesondert in Kapitel 5.2 im Rahmen der Methodikentwicklung für die Produktionsauslegung eingegangen.

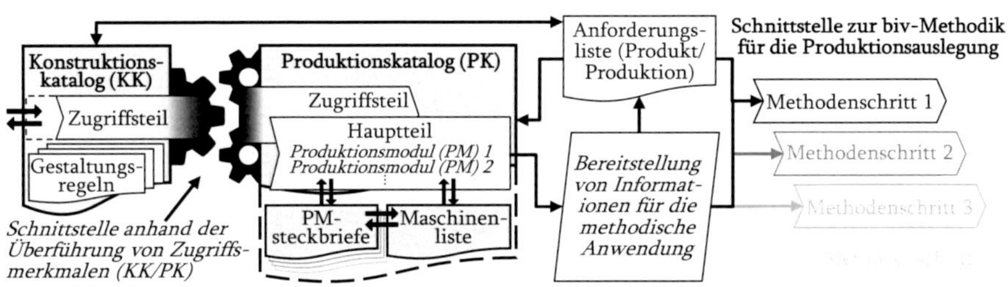

Abb. 5.3: Grobkonzept mit Schnittstellen des Produktionskatalogs (PK) für bauteilintegrierte Vorrichtungsfunktionen (biV)

[735] FIEDLER ET AL., „Towards a Method to Design Production Systems for …", 2021, S. 726.

[736] TRUMPF GMBH + CO. KG, „TruLaser: Wirtschaftlich schneiden durch dick und dünn", 2015, S. 18 – 19.

5.1.5 Fazit zum Produktionskatalog für bauteilintegrierte Vorrichtungsfunktionen

Im Kontext des DSR erfolgt der Abgleich des entwickelten PK als ein in der Vorgehensweise dieser Arbeit vorgestelltes Artefakt aus Kapitel 5.1.3. mit den aufgestellten Anforderungen aus Kapitel 5.1.1. Der dafür relevante Praxisbezug wurde durch die an das Fallbeispiel des LCB angelehnte Entwicklung unterstützt.

Formal wurde der PK in Analogie zum KK nach der VDI 2222 in Katalogform gestaltet, sodass mithilfe des Zugriffsteils ein komplementärer Übergang ermöglicht wurde. Die Übersichtlichkeit wurde ergänzend zur hierfür vorteilhaften Katalogform ermöglicht, indem sich die Inhalte des PK auf die durch oder für biV relevanten Informationen fokussierte. Durch die gewählte Betrachtungsebene im unteren Bereich der Produktionshierarchie ist es möglich, entsprechend detaillierte Informationen hinsichtlich der Vorrichtungsfunktionen, der Fertigungsprozesse oder der dafür notwendigen Maschinen zu hinterlegen. Die Notwendigkeit eines solchen Detaillierungsgrads des PK entstammt der Anforderung zur Berücksichtigung von produktionsrelevanten Merkmalen in einem möglichst frühen Zeitpunkt des PEP. Die Begrenzung des PM-Steckbriefs im Umfang hat zum Ziel, die Übersichtlichkeit zu wahren. Jedoch entfallen dadurch Möglichkeiten für weitere Angaben zum Fertigungsmittel (bspw. Anzahl oder Stand- und Einsatzort), deren Notwendigkeit noch evaluiert werden muss. Aufgrund der genannten Vorteile bei der fallbeispielbezogenen Entwicklung des PK sollte dieser Vorgang an unterschiedlichen Fallbeispielen wiederholt werden, um so die teilweise nicht eindeutig zugeordneten Zugriffsmerkmale genauer untersuchen und festlegen zu können. Dies wird u. a. durch die Erweiterungsfähigkeit, die etablierte Katalogform und deren Lösungsbausteine ermöglicht. In diesem Zusammenhang lässt sich auch annehmen, dass das volle Potenzial des PK ausgeschöpft werden kann, wenn dieser iterativ anhand der im Unternehmen etablierten Produkte gestaltet wird.

Schlussendlich lässt sich zusammenfassen, dass die Gestaltung des PK und deren Schnittstellen für einen Produktionsplaner ein geeignetes Hilfsmittel für die Auslegung einer Zusammenbaufertigung mit biV darstellen. Weiterhin ist der PK mit dem KK komplementär und ermöglicht somit die Berücksichtigung von produktionsrelevanten Merkmalen in der frühen Phase des PEP.

Nachfolgend wird auf die Entwicklung einer Methodik zur Auslegung der Zusammenbaufertigung mit biV eingegangen, in der u. a. der PK als relevantes Hilfsmittel methodisch integriert wird.

5.2 Entwicklung einer Methodik zur Auslegung der Zusammenbaufertigung

Einer der identifizierten Forschungslücke für biV *(vgl. Abb. 3.4)* im Rahmen der SLR ergab, dass es analog zur Methodik für die Konstruktionsauslegung mit biV keine komplementäre Methodik zur Produktionsauslegung gibt. Im Handlungsbedarf wurde hergeleitet, dass es zur praxistauglichen Anwendung von biV einer solchen Methodik bedarf. Folglich ist die Zielsetzung dieses Kapitels ergänzend zur Beantwortung der 3. UFF dieser Arbeit, eine Methodik zur Auslegung einer Zusammenbaufertigung mit biV zu entwickeln, die dem Produktionsplaner eine praxistaugliche Methodik zusammen mit dem entwickelten Hilfsmittel PK bietet.

Die Vorgehensweise in diesem Kapitel beginnt mit einer Analyse der Anforderungen an ebendiese zu entwickelnde Methodik und schließt mit einer Bewertung mittels eines paarweisen Vergleichs ab *(vgl. Kap. 5.2.1)*. Anhand dieser Anforderungen werden im nachfolgenden Kapitel 5.2.2 die in der SLR identifizierten bestehenden Produktions- und Fabrikplanungsvorgehen bewertet und Elemente für die weitere Betrachtung in der Methodik festgelegt. Anschließend erfolgt die Gestaltung der Methodik als Artefakt im Sinne des DSR in Kapitel 5.2.3. Zur Sicherstellung der Relevanz und der anwendungsorientierten Entwicklung wird sich an das Fallbeispiel LCB *(vgl. Kap. 11.6)* angelehnt und die Darstellung der Methodenschritte erfolgt anhand eines Ablaufplans nach DIN 66001[737]. Die Methodikentwicklung orientiert sich an etablierten Methodiken zur Produktions- und Fabrikplanung, berücksichtigt die System- sowie Modelltheorie und ist auf die Anwendung mit biV zugeschnitten. Abgeschlossen wird die Methodikentwicklung in Kapitel 5.2.4 mit einem Fazit.

5.2.1 Festlegung von Anforderungen an die Methodik

In Kapitel 4.6.1 wurde im Rahmen der Synthese einer Methodik zur Konstruktionsauslegung von biV eine Anforderungsanalyse durchgeführt, die neben den konstruktionsspezifischen Anforderungen auch allgemeine Anforderungen an eine Methodik beinhaltet. Diese gelten ebenfalls für die Methodik zur Auslegung einer Zusammenbaufertigung mit biV und beinhalten zusammenfassend die Anforderungen: die Allgemeingültigkeit der Anwendung[738], ein transparentes und widerspruchsfreies Vorgehen[738], Praxistauglichkeit durch potenzialträchtige Anwendungen[739] und die Möglichkeit zur Berücksichtigung von Erfahrungswissen *(bspw. nach VDI 5200)*[740].

---

[737] DIN 66001:1983-12, „Informationsverarbeitung; Sinnbilder und ihre Anwendung", 1983, S. 1 – 2.

[738] SCHLATHER, „Methodische Auslegung bauteilintegrierter Spanntechnik ...", 2020, S. 127 – 28.

[739] HANSEN, „Methodik zur Bauteilintegration von Vorrichtungsfunkt...", 2020, S. 36.

[740] VDI 5200 BLATT 1:2011-02, „Fabrikplanung - Planungsvorgehen", 2011, S. 22.

Aufgrund der unterschiedlichen Anforderungen der Konstruktions- und Produktionsauslegung sind in **Abbildung 5.4** die Anforderungen aus der SLR im Themenfeld etablierter Produktions- und Fabrikplanungsvorgehen und biV separat festgelegt worden. Nachfolgende Planungsfälle mit biV sind berücksichtigt: Die Neuplanung (auch Greenfield-Planung genannt), bei der wenig vorhandene Produktion einbezogen wird (bspw. Fabrikhalle oder Produktionsanlagen) und der Umgestaltungsplanung (auch Brownfield-Planung genannt), bei der ebendiese bestehende Produktion berücksichtigt werden muss[741]. Die Möglichkeit zur Verwendung von (digitalen) Unterstützungsmöglichkeiten (bspw. 2D- oder 3D-Simulationsprogramme) zur dynamischen Fabrikplanung[742] können insbesondere bei biV sinnvoll sein, da hierdurch die im frühen PEP festzulegenden Produktionsmerkmale im Vorhinein digital evaluiert werden können. Im Kontext der zustandsbasierten Fabrik sollte die Verwendung von Methoden, Modellen und Werkzeugen möglich sein[743]. Weiterhin sollen als planerische Grundanforderung zur Aufwandsreduzierung die Zeit- und Kostenvorgaben eingehalten[742] und im Sinne eines ganzheitlichen Ansatzes alle Planungsaufgaben betrachtet werden[744].

Durch einen paarweisen Vergleich ebendieser Anforderungen geht aus **Tabelle 11.56** hervor, dass die Anforderungen 3, 5, 7 und 9 besonders relevant sind und daher im nachfolgenden Kapitel berücksichtigt werden.

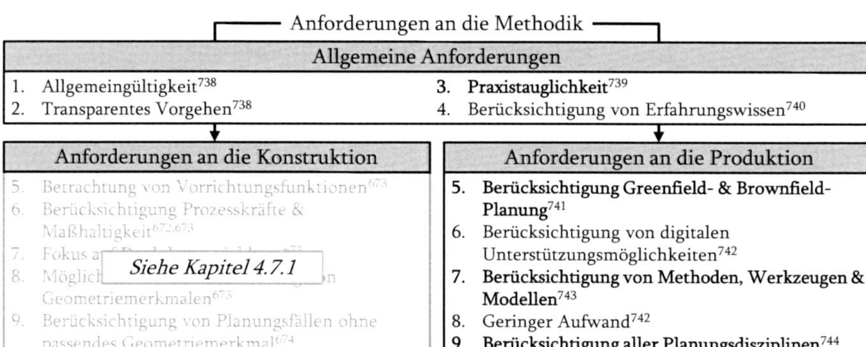

Abb. 5.4: Festlegung der relevanten Anforderungen (Fettschrift) für die Methodik zur Auslegung der Zusammenbaufertigung mit bauteilintegrierten Vorrichtungsfunktionen (biV)[745]

---

[741] GRUNDIG, „Fabrikplanung", 2009, S. 18.

[742] GRUNDIG, „Fabrikplanung", 2015, S. 44 – 45; 239.

[743] NÖCKER, „Zustandsbasierte Fabrikplanung", 2012, S. 128 – 30.

[744] BURGGRÄF ET AL., „Fabrikplanung", 2021, S. 12 – 14.

[745] Die in der Abbildung angegebenen Verweise beziehen sich auf die Fußnoten 738 bis 744.

5.2.2 Bewertung von Produktions- und Fabrikplanungsvorgehen für die Zusammenbaufertigung mit biV

Nachfolgend dienen die im vorherigen Kapitel als relevant ermittelten Anforderungen an die Methodik für die Auslegung einer Zusammenbaufertigung mit biV als Bewertungskriterium. Im Unterschied zur Synthese einer Methodik zur Konstruktionsauslegung von biV in Kapitel 4.6 existieren für die Produktionsauslegung von biV keine spezifischen Methodiken, die analysiert und bewertet werden können, weshalb nachfolgend allgemeingültige Produktions- und Fabrikplanungsvorgehen betrachtet werden. Die nachfolgenden Bewertungskriterien und deren Definition der abgestuften Erfüllungsgrade anhand von Harvey-Balls sind der **Tabelle 11.57** zu entnehmen und sollen eine möglichst transparente Bewertungsgrundlage ermöglichen.

In der **Tabelle 5.4** sind zeilenweise die in der SLR identifizierten allgemeingültigen Produktions- und Fabrikplanungsvorgehen aufgelistet, die nach NÖCKER aufgrund ihrer Eigenschaften in sieben unterschiedliche Kategorien eingeteilt sind[746]. In den Spalten sind die Bewertungsergebnisse ebendieser Planungsvorgehen anhand der in Tabelle 11.57 festgelegten Bewertungskriterien zu entnehmen. Auf das Vorgehen mit der höchsten Übereinstimmung wird nachfolgend am ausführlichsten eingegangen.

I. GRUNDIG überzeugt ggü. der VDI 5200[747] bei der Kategorie der klassischen Phasenmodelle und auch im Vergleich zu den anderen Kategorien, da bei diesem Ansatz alle Bewertungskriterien voll erfüllt werden konnten. Die Praxistauglichkeit besticht durch eine initiale Aufnahme der benötigten Eingangsinformationen als Planungsgrundlage und es besteht ein Abbruchmeilenstein zur Beendigung des Planungsprojekts, ohne großen Aufwand erzeugt zu haben. Iterationen während der Planungsaktivitäten ermöglichen kontinuierliche Optimierungen. Sowohl Green- als auch Brownfield-Planungen sind möglich und es werden alle Planungsphasen berücksichtigt. Weiterhin können in nahezu jeder Phase entsprechende Methoden, Modelle und Hilfsmittel eingesetzt werden, wobei digitale Hilfsmittel bzw. Simulationssysteme eine Dynamik der zu planenden Produktion berücksichtigen können[748].

II. Der Ansatz nach MOBLEY erfüllt mehr Bewertungskriterien als SCHUH ET AL.[749], da u. a. Modelle zur Layoutvariantenoptimierung genutzt und die Praxistauglichkeit erhöht wird. Weiterhin werden in vier von sieben Schritten Modelle sowie Werkzeuge betrachtet und die Anwendung erlaubt Green- und Brownfield-Planungen[750].

---

[746] NÖCKER, „Zustandsbasierte Fabrikplanung", 2012, S. 33 – 35.

[747] VDI 5200 BLATT 1:2011-02, „Fabrikplanung - Planungsvorgehen", 2011, S. 1 – 4; 8 – 13; 20 – 22.

[748] GRUNDIG, „Fabrikplanung", 2015, S. 42 – 47; 54 – 62; 239 – 43.

[749] SCHUH ET AL., „Fabrikplanung im Gegenstromverfahren", 2007, S. 196 – 99.

[750] MOBLEY, „Plant Engineer's Handbook", 2001, S. 67 – 84.

III. Bei den Teilaufgaben-fokussierten Ansätzen betrachten sowohl MUTHER UND HALES als auch HERAGU[751] lediglich die Layoutplanung, weshalb beide die Anforderung 9 nicht und 5 teilweise erfüllen. MUTHER UND HALES Ansatz berücksichtigt stärker die Verwendung von Methoden, Modellen und Hilfsmitteln in Form von bspw. einer Planungssoftware, sodass in jedem Planungsschritt eine Lösung aufgezeigt wird[752].

IV. Unter den konfigurierbaren Ansätzen mit Systemcharakter hat die objektorientierte Fabrikplanung nach BERGHOLZ ggü. den Ansätzen nach SCHUH ET AL.[753] und NÖCKER[754] in zwei Kriterien überzeugt. Mittels einer detaillierten Initialisierungsphase inkl. Machbarkeitsstudie und Software-Tools ist die Praxistauglichkeit erfüllt. Weiterhin werden für alle Planungsphasen geeignete Methoden, Modelle und Hilfsmittel genannt[755].

V. Der Ansatz nach LEHMANN weist lediglich Defizite in einer ungenügenden Betrachtung aller Planungsdisziplinen und in der Praxistauglichkeit auf. Vorteilhaft ist die Einbeziehung der digitalen Fabrik in die Anforderung 7[756].

VI. Das Planungsnetzwerk nach PL@NET erreicht ggü. dem Ansatz von BRACHT UND ECKERT[757] lediglich durch eine bessere Einbindung von Methoden, Modellen und Hilfsmitteln eine höhere Erfüllung. Hierbei werden jedem Planungsschritt entsprechende, meist softwareseitige Lösungen bereitgestellt wie bspw. FrontEnd zur Komplexitätsreduzierung[758].

VII. Bei der Kategorie mit Fokus auf Wandlungsfähigkeit wurden zwei Ansätze nach SCHENK ET AL. identifiziert, die in Summe über alle Bewertungskriterien gleich sind und die 5. sowie 9. Anforderung gleich hoch erfüllen. Bei der siebten Anforderung werden softwareseitige Lösungen im Bereich der Layoutplanung berücksichtigt, jedoch sind keine weiteren Anwendungen erkennbar[759,760].

Zusammenfassend lässt sich festhalten, dass insbesondere die Ansätze mit Phasencharakter und darin das Fabrikplanungsvorgehen nach GRUNDIG einen Handlungsrahmen geben können. Die darin als relevant identifizierten Ansätze von Methoden, Modellen und Hilfsmitteln werden im nachfolgenden Kapitel im Hinblick auf die Anwendung bei biV aufgegriffen und angepasst. Hierzu werden noch Neuentwicklungen von

---

751 HERAGU, „Facilities Design ...", 2016, S. 5 – 10; 12 – 19.

752 MUTHER ET AL., „Systematic Layout Planning", 2015, S. 2-1 bis 2-5; 2-12; 3-1 bis 3-3; 10-01 bis 10-15.

753 SCHUH ET AL., „Frei konfigurierbare Planungsprozesse in der Fabrikplanung ...", 2009, S. 195 – 97.

754 NÖCKER, „Zustandsbasierte Fabrikplanung", 2012, S. 62; 143 – 145; 171 – 175.

755 BERGHOLZ, „Objektorientierte Fabrikplanung", 2005, S. 152 – 154; 161 – 169.

756 LEHMANN, „Entwicklung von Methoden zur ganzheitlichen integrierten Planung ...", 2008.

757 BRACHT ET AL., „Phasenflexible Projektteams zur Fabrikplanung für KMU ...", 2004, S. 141 – 44.

758 ASLANIDIS ET AL., „Pl@Net – Integrierte Gestaltung der Produkt- und Produktionsent...", 2003, S. 279 – 81.

759 SCHENK ET AL., „Fabrikplanung und Fabrikbetrieb", 2014, S. 283 – 306; 344 – 346.

760 SCHENK ET AL., „Factory Planning Manual", 2010, S. 29 – 43.

Methodikbestandteilen für die Auslegung einer Zusammenbaufertigung mit biV ergänzt.

Tab. 5.4: Übersicht zur Bewertung der im Rahmen der systematischen Literaturrecherche (SLR) identifizierten Produktions- und Fabrikplanungsvorgehen anhand der in Kapitel 5.2.1 als relevant identifizierten Anforderungen an die Methodik zur Auslegung einer Zusammenbaufertigung mit bauteilintegrierten Vorrichtungsfunktionen (biV)[761]

○ = Nicht erfüllt
◔ = Kaum erfüllt
◑ = Teilweise erfüllt
◕ = Nahezu erfüllt
● = Vollumfänglich erfüllt

Die Definition zu den Erfüllungsgraden von den Anforderungen (3, 5, 7 und 9) befindet sich in der Tabelle 11.57.

		In Abb. 5.4 definierte Anforderungen an die Methodik zur Produktionsauslegung			
		3	5	7	9
		Praxistauglichkeit durch potenzialträchtige Anwendungen	Berücksichtigung von Greenfield- & Brownfield-Planung	Berücksichtigung von Methoden, Werkzeugen und Modellen	Berücksichtigung aller Planungsdisziplinen
I. Klassische Phasenmodelle	VDI-Richtlinie „Fabrikplanung" (VDI 5200, 2011)[747]	◔ [747]	● [747]	◔ [747]	● [747]
	Fabrikplanungsvorgehen nach GRUNDIG (GRUNDIG, 2015)[748]	● [748]	● [748]	● [748]	● [748]
II. Fokus auf dem Projektmanagement	Fabrikplanung im Gegenstromverfahren (SCHUH ET AL., 2007)[749]	◑ [749]	◑ [749]	◔ [749]	◑ [749]
	Fabrikplanungsvorgehen nach MOBLEY (MOBLEY, 2001)[750]	◕ [750]	● [750]	◑ [750]	◕ [750]
III. Teilaufgabenfokussierter Ansatz	Systematic Layout Planning nach MUTHER (MUTHER UND HALES, 2015)[752]	◕ [752]	◑ [752]	● [752]	○ [752]
	Facilities Design nach HERAGU (HERAGU, 2016)[751]	◕ [751]	◑ [751]	◕ [751]	○ [751]
IV. Konfigurierbare Ansätze mit Systemcharakter	Objektorientierte Fabrikplanung nach BERGHOLZ (BERGHOLZ, 2005)[755]	◕ [755]	◑ [755]	● [755]	◑ [755]
	Frei konfigurierbare Fabrikplanung nach SCHUH (SCHUH, 2009)[753]	◑ [753]	◑ [753]	◕ [753]	◑ [753]
	Zustandsbasierte Fabrikplanung nach NÖCKER (NÖCKER, 2012)[754]	◑ [754]	◑ [754]	◕ [754]	◑ [754]
V. Digitale Fabrik	Ganzheitliche integrierte Planung nach LEHMANN (LEHMANN 2008)[756]	◑ [756]	◑ [756]	◕ [756]	◔ [756]
VI. Mittelstandsgerechte Planungsvorgehen	Planungsnetzwerk nach PL@NET (ASLANIDIS ET AL., 2003)[758]	◕ [758]	◑ [758]	● [758]	◑ [758]
	Alternierendes mehrstufiges Projektteam (BRACHT UND ECKERT, 2004)[757]	◕ [757]	◑ [757]	◑ [757]	◑ [757]
VII. Fokus auf Wandlungsfähigkeit	Fabrikplanungsvorgehen nach SCHENK ET AL. (SCHENK ET AL., 2014)[759]	◑ [759]	● [759]	● [759]	◕ [759]
	0+5+X-Methodik nach SCHENK ET AL. (SCHENK ET AL., 2010)[760]	● [760]	● [760]	◑ [760]	◕ [760]

[761] Die in der Abbildung angegebenen Verweise beziehen sich auf die Fußnoten 747 bis 760.

5.2.3 Gestaltung der Methodik zur Auslegung der Zusammenbaufertigung mit biV

Im Rahmen der Grobgestaltung sollen zunächst die Schnittstellen ebendieser Methodik zu den bereits entwickelten und vorgestellten Artefakten definiert werden, um so ein schlüssiges Gesamtsystem zu erhalten. Dies sind zum einen die Hilfsmittel KK *(vgl. Kap. 4.5)* sowie PK *(vgl. Kap. 5.1)* und die synthetisierte Methodik zur Konstruktionsauslegung *(vgl. Kap. 4.6)*. Anschließend werden die einzelnen Methodenschritte der Methodik im Kontext der allgemeinen Modelltheorie und mit Bezug zum Fallbeispiel LCB im Sinne des DSR mit dem Ziel entwickelt, Realprobleme mithilfe der Modellbildung zu beantworten und einen Erkenntnisgewinn zu erzeugen. Das Vorgehen beinhaltet eine methodenschrittweise Ausdetaillierung vom Grob- ins Feinkonzept *(vgl. schematische Darstellung in der **Abb. 11.20**)*.

Ein Großteil der im Karosseriebau etablierten Planungsprozesse orientiert sich an einem phasenorientierten und auf den PEP abgestimmten Vorgehen, weshalb die hier zu entwickelnden Methodenschritte der Methodik in Grundzügen nach Phasen gegliedert sind. In der **Abbildung 5.5** ist das Grobkonzept der Methodik zur Auslegung einer Zusammenbaufertigung mit biV in sechs wesentlichen Methodenschritten dargestellt und bildet mit dem VII. Methodenschritt die Fortführung der Methodik aus Kapitel 4.7. Der Planungsfortschritt nimmt von oben links nach unten rechts zu *(vgl. Reifegrad im rechten Bildrand)* und wird durch Modelle, Hilfsmittel und Dokumente an entsprechenden Stellen ergänzt. Die Farbgebung der Elemente gibt Aufschluss darüber, ob der Inhalt einer Literaturquelle entstammt oder nicht.

5.2.3.1 VII.) Identifikation einer potenzialträchtigen Prozesskette

Der siebte Methodenschritt beinhaltet die Identifikation einer potenzialträchtigen Prozesskette und erfüllt damit wesentlich die als relevant identifizierte Anforderung der „Praxistauglichkeit" *(vgl. Abb. 5.4)*. Dieser Schritt orientiert sich an dem zweiten Methodenschritt der Methodik zur Konstruktionsauslegung von biV *(vgl. Kap. 4.6.3)*, in dem potenzialträchtige Baugruppenfamilien (BGF) in der Karosserie zur Anwendung von biV identifiziert werden. Als Eingangsgröße bei diesem Methodenschritt dienen hingegen produktionsseitige Anforderungen wie bspw. die anvisierte Produktionsstückzahl oder die für ausgewählte Geometriemerkmale passenden PM sowie seitens des Unternehmens favorisierte Fertigungsprozesse und -anlagen (im Falle einer Brownfield-Planung). Letztere Informationen werden anhand von PM im PK übersichtlich strukturiert. Detailliertere Informationen, die im Rahmen der Produktionsplanung in allen weiteren Methodenschritten unterstützen können, sind dem PK als erweiternde Dokumente wie bspw. in Form eines PM-Steckbriefs oder einer Maschinenliste hinzugefügt. Zuletzt genannt wären noch CAD-Daten, die mit zusätzlichen

Informationen und einem iterativen Austausch auch in Form eines digitalen Zwillings berücksichtigt werden können.

Zur Identifikation einer potenzialträchtigen Prozesskette werden die im PEP bestimmten *(Schritt VI, Abb. 4.30)* und im PK zu Geometriemerkmals-Gruppen zusammengefassten Geometriemerkmale durchmustert, um so passende potenzielle PM zu identifizieren. Bei der Durchmusterung des PK werden die zeilenweise aufgeführten passenden PM zunächst für die Bearbeitungs- und anschließend für die Materialflussprozesse zwischen den Bearbeitungsprozessen entlang der flexiblen Prozesskette analysiert. Sofern mehr als ein passendes PM im PK für die Geometriemerkmals-Gruppe identifiziert wurde, erfolgt anschließend eine Bewertung ebendieser anhand der Anforderungsliste mit dem übergeordneten Ziel, eine hohe Standardisierung zu erhalten, um damit möglichst flexibel viele zukünftige Geometriemerkmale abbilden zu können. Die produktionsspezifischen Bewertungskriterien können anhand bereits in Betrieb vorhandener PM (Brown-/Greenfield-Planung) erfolgen. Aus zweierlei Hinsicht kann das von Interesse sein und favorisiert im PM hervorgehoben werden: zum einen sind es im Unternehmen etablierte sowie robuste Fertigungstechnologien mit entsprechend aufgebauten Kompetenzen hinsichtlich der Produktion mit biV und zum anderen sind es bereits installierte Fertigungsmittel *(vgl. Maschinenliste)*. Ein weiteres Produktionsmerkmal der Bearbeitungsprozesse ist das Technologiemanagement, welches bewertet, ob man einer neuen Fertigungstechnologie offen oder nicht gegenübersteht.

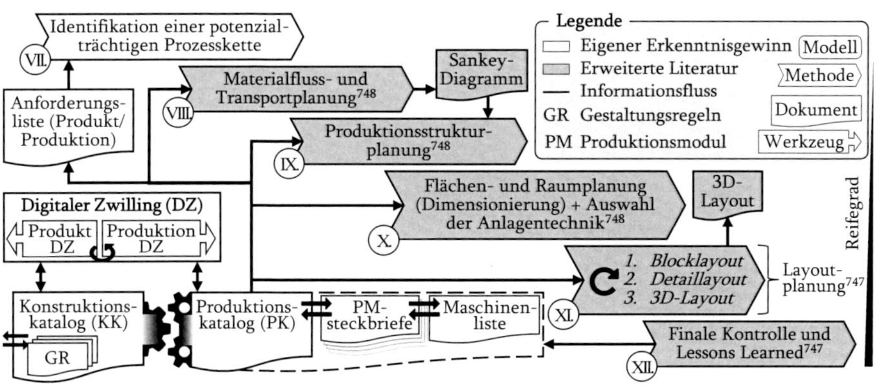

Abb. 5.5: Grobkonzept der Methodik mit Methoden, Modellen und Hilfsmitteln zur Auslegung der Zusammenbaufertigung mit bauteilintegrierten Vorrichtungsfunktionen (biV)[762]

[762] Die in der Abbildung angegebenen Verweise beziehen sich auf die Fußnoten 747 bis 748.

Weitere Bewertungskriterien, die für die Produktionsplanung relevant sind, aber weniger durch biV beeinflusst werden, sind im PK unter den allgemeinen (bspw. Stückzahl- oder Werkstoffeignung) oder den bearbeitungsprozessspezifischen Produktionsmerkmalen (bspw. Fertigungstoleranz oder Zugänglichkeit) aufgeführt.

Sofern in diesem Methodenschritt keine potenzialträchtige Prozesskette für ein betrachtetes Geometriemerkmal oder -gruppe identifiziert werden konnte, kann die Anpassung bzw. Neuentwicklung eines PM eben hierfür erfolgen. Grundlage hierfür stellen die im hergeleiteten Handlungsbedarf beschriebenen Gestaltungsregeln *(vgl. Abb. 3.5)* für biV dar, die eine integrierte Produkt- und Produktionsplanung ermöglichen. Ein konkretes Vorgehen zur Entwicklung dieser Gestaltungsregeln kann beispielhaft anhand der in den Kapiteln 4.1 bis 4.4 durchgeführten experimentellen Untersuchungen zum Systemwissen von Geometriemerkmalen und deren Interdependenzen in der flexiblen Prozesskette für biV erfolgen. Ergänzend hierzu findet zusätzlich das im letzten Methodenschritt gesammelte Erfahrungswissen aus der Produktionsplanung Anwendung. Zuletzt erfolgt das Aggregieren der PM zu einer Prozesskette für biV unter Festlegung der Fügefolge für die Zusammenbaufertigung. Ergänzend werden noch die entsprechenden Arbeitsvorgänge zu jeder Fügefolge geplant.

Eine detaillierte Darstellung dieses Methodenschrittes ist in Anlehnung an ein Ablaufdiagramm nach DIN 66001 der **Abbildung 11.32** zu entnehmen.

5.2.3.2 VIII.) Materialfluss- und Transportplanung

Im achten Methodenschritt wird die „Materialfluss- und Transportplanung“ in Anlehnung an GRUNDIG durchgeführt, die ca. 15 – 60 % der Produktionsselbstkosten einnimmt und folglich die im nächsten Methodenschritt anstehende Produktionsstrukturplanung maßgeblich beeinflusst[763]. Planerisch werden die Materialflüsse der Bauteile mit biV unter Berücksichtigung der festgelegten Materialflussprozesse aus dem PK anhand der im vorherigen Methodenschritt festgelegten Prozesskette ausgelegt. Eine schematische Darstellung der Prozesskette dient als Grundlage und wird durch das Hinzufügen von Logistikbereichen und Materialflüssen in ein Sankey-Diagramm[764] überführt *(vgl. Verortung in Abb. 5.5)*. Die Abschnitte zur Auslegung der Materialflüsse beinhalten die Anlieferung, den Transport zwischen den Fertigungsstationen sowie den Abtransport. An diesen Schnittstellen können mithilfe des PK Stationen identifiziert werden, an denen durch den Einsatz von biV potenziell Vorrichtungsaufwände reduziert werden können. Beispielsweise bietet die konventionelle Bauteilzufuhr an einer Fertigungsstation die Möglichkeit, stattdessen ein PM mit biV aus dem

[763] GRUNDIG, „Fabrikplanung“, 2015, S. 113 – 32.

[764] GRUNDIG, „Fabrikplanung“, 2015, S. 127 – 28.

PK in Form einer vorrichtungslosen Vormontage einzusetzen, sodass eine komplette Fertigungsstation eingespart werden kann. Neben der üblichen Berücksichtigung der äußeren Bauteilgeometrie bei der Auswahl und Auslegung von Transportmitteln sind im Falle von biV insbesondere die in den Bauteilen eingebrachten Geometriemerkmale aufgrund der teilweisen fragilen Ausführung und Relevanz der Vorrichtungsfunktion bei der Auslegung mit dem PK zu beachten *(vgl. Kap. 5.1.3)*.

Die detaillierte Darstellung dieses Methodenschrittes ist in Anlehnung an ein Ablaufdiagramm nach DIN 66001 der **Abbildung 11.33** zu entnehmen.

5.2.3.3 IX.) Produktionsstrukturplanung

Der neunte Methodenschritt „Produktionsstrukturplanung" baut auf dem Sankey-Diagramm auf und beinhaltet die Ausgestaltung der Produktionsbereiche, -schritte und -stationen mit der Zielsetzung eines möglichst optimierten Materialflusses und eines reduzierten Logistikaufwands. Für die hinsichtlich biV weniger spezifischen Planungsinhalte empfiehlt sich das Vorgehen zum „Funktionsschema" nach GRUNDIG, bei dem Funktionseinheiten aus Funktionen hinsichtlich der Produktion (bspw. Arbeitsplätze) und Logistik (bspw. Lagerung) gebildet werden[765]. Die Funktionseinheiten werden bei jedem Arbeitsvorgang bzw. Fügefolge hinsichtlich einer Zusammenlegung unter Berücksichtigung der Taktzeit, Anlagentechnik und Betriebsmittel geprüft. In Kombination mit dem Ergebnis zur Identifikation zur Bauteilzufuhr mit biV aus dem vorherigen Schritt werden hierbei die potenzialträchtigsten Anwendungen von biV in den Fertigungsstationen der Prozesskette identifiziert. Die planerische Einbringung der produktionsseitigen Vorteile durch den Einsatz von biV erfolgt hier durch Berücksichtigung des Zusammensetzens von Bauteilen und des Fügeprozesses der anschließenden Fügeoperation. Hierbei ist u. a. zu beachten, dass durch biV bestimmte und gespannte Baugruppen die im PK angegebene max. Belastung eines Materialflussprozesses bis zum „Fügen" nicht übersteigen, da ansonsten Abweichungen zu erhöhten Toleranzen führen können. Zur Potenzialsteigerung der Anwendung mit biV liegt ein weiterer Fokus auf der Abstimmung zwischen den biV-bezogenen Arbeitsabläufen bzw. dem vorrichtungslosen Zusammensetzen und der vor- und nachgelagerten Fertigungsstation. Dieser Betrachtungsbereich sollte in der Taktzeit und Vorrichtungsreduktion im Rahmen der Feinplanung hinsichtlich biV im Fokus stehen. Die im vorherigen Methodenschritt definierten Logistikflächen werden zwischen den mittlerweile festgelegten Fertigungsstationen hinsichtlich potenziell mittels biV bestimmten und gespannten Baugruppen erneut bewertet. Insbesondere hier gelten kurze und belastungsreduzierte

[765] GRUNDIG, „Fabrikplanung", 2015, S. 80; 113 – 115.

Materialflussprozesse und -wege, da die Spannkraft von biV geringer als die von Heftschweißpunkten ist *(vgl. Kap. 2.2 und 4.4)* und mögliche negative Implikationen vermieden werden sollten. Abschließend besteht die Möglichkeit, die Logistikflächen und Transportmittel anzupassen.

Eine detaillierte Darstellung dieses Methodenschrittes ist in Anlehnung an ein Ablaufdiagramm nach DIN 66001 der **Abbildung 11.34** zu entnehmen.

5.2.3.4 X.) Planung der Anlagentechnik, Flächen und Räume

Im zehnten Methodenschritt werden basierend auf den vorherigen Methodenschritten des PK und der dort enthaltenen Maschinenliste die Anlagentechnik sowie die Flächen und Räume für die Produktionsstruktur geplant. Die Anlagentechnik wird anhand der ausgewählten PM der flexiblen Prozesskette für biV nach qualitativen und quantitativen Kriterien aus dem PK ausgewählt. Erstere umfassen technische Merkmale wie bspw. fertigbare Geometrien, erreichbare Genauigkeiten oder eine Bearbeitungsleistung und Letztere enthalten den fertigbaren Stückzahlenbereich[766]. Im Hinblick auf die Anforderung der Praxistauglichkeit wird für die Planung mit biV die statistische anstelle der dynamischen Dimensionierung empfohlen, da hierbei eher statistisch ermittelte Durchschnittsgrößen anstelle von bspw. Materialflusssimulationen berücksichtigt werden. Die produkt- und produktionsseitige Anforderungsliste dient als Eingangsgröße zur Festlegung der Soll-Kapazitäten der Bearbeitungsprozesse. Die nach Brown- bzw. Greenfield-Planung im siebten Methodenschritt festgelegten PM werden anschließend mit den vorhandenen Fertigungsmitteln aus der Maschinenliste des PK verglichen. Je nach Deckungsgrad werden bestehende Fertigungsmittel in der Planung integriert, neue Kapazitäten auf- oder ungenutzte abgebaut. Hinsichtlich der Brownfield-Planung erfüllt der PK eine besondere Rolle, da durch die den PM zugeordneten Geometriemerkmale bestehende Anlagentechnik nicht nur durch neue Produkte weiter ausgelastet werden kann, sondern bei neuen Produkten ebenfalls die Möglichkeit besteht, durch den Einsatz von biV Vorrichtungen zu reduzieren. Beim Planungsfall „Greenfield" ist hinsichtlich biV die Betrachtung des PK entscheidend, da mit potenziellen Neuanschaffungen zwei Merkmale zu berücksichtigen sind, um die Zielsetzung eines möglichst hohen Potenzial mit der Anwendung von biV zu erreichen. Zum einen besteht die Möglichkeit, die Kapazitäten von Fertigungsmitteln etablierter PM, über die möglichst viele Geometriemerkmale abgebildet werden können, durch Neuanschaffung zu erweitern (Produktionskapazitäten für bestehende Geometriemerkmale erweitern). Zum anderen besteht die Möglichkeit, durch Neuanschaffungen ebenfalls

[766] GRUNDIG, „Fabrikplanung", 2015, S. 90 – 93.

neue PM zu erzeugen, die bspw. andere Geometriemerkmale fertigen, andere Bearbeitungsmerkmale aufweisen oder andere Produkteigenschaften erzeugen können. Hierbei ist die übergeordnete Zielsetzung des PK hinsichtlich einer produkt- und produktionsseitigen Standardisierung zu berücksichtigen, sodass möglichst viele Geometriemerkmale über ein PM abgebildet werden können. Die anschließende Personalplanung ist aufgrund des favorisierten manuellen Zusammensetzens mit biV in Zusammenhang mit der vorherigen Anlagenplanung integriert abzustimmen, um ein möglichst hohes Potenzial mit der Anwendung von biV zu erreichen. Die qualitative Personalplanung ist hinsichtlich der Anwendung von biV entscheidend, da entsprechende Anforderungsprofile passend für die PM aus dem PK definiert werden müssen und diese sich ggü. einer Produktion ohne biV unterscheiden. Die Unterschiede im Anforderungsprofil für biV beinhalten u. a. die Fähigkeiten, die anhand der Fügeoperation der flexiblen Prozesskette auftreten und am Fallbeispiel LCB nachfolgende Tätigkeiten umfassen: das Zusammensetzen von Bauteilen (bspw. zwei Bauteile mit einer Lasche-Schlitz-Verbindung), beide Bauteile über Geometriemerkmale zu bestimmen und die Vorrichtungsfunktion „Spannen“ durch ein händisch aufgebrachtes Drehmoment zu erzeugen. Diese Fähigkeit versteht sich ergänzend zu der im Karosseriebau bekannten Aufgabe des Bestückens einer Fertigungsstation mit Bauteilen über bspw. Drehtische oder Bauteilrutschen in die Anlage. Als Erweiterung des Anforderungsprofils wäre noch die Maschinenbedienung der Fertigungsstation oder -anlage zu nennen, da somit die Flexibilität weiter gesteigert und potenziell eine höhere Austaktung der Anlage möglich ist. Bei der quantitativen Personalplanung wird die Anzahl an benötigten Arbeitskräften mit Bezug zu den Arbeitsschritten für alle PM der flexiblen Prozesskette bestimmt. Basierend auf den festgelegten Fertigungsmitteln und den Maschinendaten aus dem PK erfolgt eine grobe Flächenplanung unter Berücksichtigung der Maschinengrundfläche, der Transportflächen und der mit Bezug zu biV als relevant eingestuften Arbeitsfläche für das Personal. Bei der Arbeitsplatzgestaltung sollte hinsichtlich der bereits beschriebenen Aufgabe „Bestücken“ die Option, mit biV Vormontageumfänge an der Fertigungsstation abzubilden, bewertet werden. Hierdurch kann bspw. ein Teil des Arbeitsumfangs einer Fertigungsstation, an der ohnehin Bauteile bestückt werden müssen, durch eine Erweiterung zu einer Vormontage verlagert werden.

Der weitere konkrete Planungsablauf mit biV unterscheidet sich in diesem Methodenschritt unwesentlich von einer Planung ohne biV, sodass an dieser Stelle auf eine detaillierte Beschreibung nach GRUNDIG verwiesen wird[767].

Die detaillierte Darstellung dieses Methodenschrittes ist in Anlehnung an ein Ablaufdiagramm nach DIN 66001 der **Abbildung 11.35** zu entnehmen.

[767] GRUNDIG, „Fabrikplanung“, 2015, S. 88 – 108.

5.2.3.5 XI.) Planung des Block-, Detail- und 3D-Layout

Der elfte Methodenschritt beinhaltet eine iterative Block-, Detail- und 3D-Layout-Planung nach VDI 5200 und bezieht sich auf die in den vorherigen Methodenschritten festgelegte Produktionsstruktur, Anlagentechnik, Flächen und Räume. Zunächst wird ein optimaler Materialfluss in einem Blocklayout durch Anpassungen der Produktionsflächen in Form von Blöcken und unter ggf. Berücksichtigung von Brownfield-Implikationen (bspw. bestehende Maschinen oder Fabrikhallen) entwickelt. Das aus mehreren Blocklayoutvarianten als am aussichtsreichsten ausgewählte Konzept wird anschließend in der Detailplanung um die Anzahl und Anordnung der Flächen, Maschinen und Mitarbeitenden ergänzt. Diese Detaillierung gilt für die Bearbeitungs- sowie Materialflussprozesse und beinhaltet auch die dazugehörigen Arbeitsabläufe wie bspw. Rüst- oder Handhabungsvorgänge. Abschließend wird hieraus ein 3D-Modell zur Visualisierung und Fehleranalyse abgeleitet, da hierbei insbesondere die Dimensionen und mögliche Interdependenzen der vorherigen Methodenschritte ersichtlich werden[768,769].

Hinsichtlich der Planung mit biV sind in diesem Methodenschritt insbesondere die in den vorherigen Methodenschritten identifizierten Produktionsbereiche von Relevanz, in denen Bauteile mit biV der Anlage zugeführt oder in einer Vormontage zusammengesetzt werden. Dies betrifft prinzipiell die dazugehörigen Flächen an den Maschinen, dem Arbeitsbereich und der Logistik. Im Hinblick auf die Planungsprämisse die Materialflusswege möglichst kurz zu halten, trifft das im besonderen Maße auf die Vormontage mit biV zu, da hierbei i. d. R. mehrere Bauteile angeliefert und Zusammenbaugruppen abtransportiert werden müssen (innerhalb aber auch außerhalb einer Fertigungsstation). Abschließend kann noch generell auf die Fertigungsformen in der Zusammenbaufertigung nach GRUNDIG hingewiesen werden, bei der eine Fertigungsstation nach biV aufgrund ihrer u. a. manuellen Tätigkeiten des Zusammensetzens (bspw. Punktfertigung) sich von den konventionellen Fertigungsstationen mit einem höheren Automatisierungsgrad (bspw. Fließfertigung) unterscheidet. Dies ist besonders hinsichtlich der Flexibilität der gesamten Produktionsanlage relevant.

Eine detaillierte Darstellung des an die VDI 5200 angelehnten Methodenschrittes[769] ist anhand eines Ablaufdiagramms nach DIN 66001 der **Abbildung 11.36** zu entnehmen.

[768] GRUNDIG, „Fabrikplanung“, 2015, S. 132 – 36.

[769] VDI 5200 BLATT 1:2011-02, „Fabrikplanung - Planungsvorgehen“, 2011, S. 1 – 2; 13 – 16; 23.

5.2.3.6 XII.) Finale Kontrolle und Lessons Learned

Im zwölften Methodenschritt findet in Anlehnung an die VDI 5200 eine Art Projektabschluss für die durchgeführte Planung statt[770].

In erster Linie dient dieser Methodenschritt dazu, das Ergebnis der Methodik zur Auslegung einer Zusammenbaufertigung mit biV mit den eingangs aufgestellten produkt- und produktionsseitigen Anforderungen abzugleichen. Hinsichtlich biV umfasst erstere u. a. die Geometriemerkmal-betreffenden Anforderungen wie bspw. die Belastungsfähigkeit der Fügeverbindung im Geometriemerkmal, die Einhaltung von Lage- sowie Formabweichungen zwischen Bauteilen und die Dichtheit der Fügeverbindung am Ende der Fügeoperation. Produktionsseitige Anforderungen umfassen bspw. den Umfang an reduzierten Vorrichtungen, den Grad der Automatisierung im Kontext des oftmals manuellen Zusammensetzens mit biV und den Grad an Flexibilität im Kontext, welche Geometriemerkmale mit den ausgewählten PM zukünftig abgebildet werden können. Nicht erfüllte Fest-Anforderungen sollten bzw. Wunsch-Anforderungen können durch eine Iteration des Methodenschrittes wiederholt untersucht werden, wohingegen nach Erfüllung aller Anforderungen die Abschlussdokumentation erfolgt. Aufgrund der u. a. in Kapitel 4 experimentell identifizierten hohen Interdependenzen zwischen der produktseitigen Gestaltung von Geometriemerkmalen und produktionsseitig der flexiblen Prozesskette für biV müssen beide integriert bei der Bewertung und ggf. Iteration betrachtet werden.

In zweiter Linie steht das Wissensmanagement im Vordergrund, damit das im Rahmen der Methodikanwendung gewonnene Erfahrungswissen nutzbar gemacht wird (engl. Lessons Learned). Hierbei sind hinsichtlich biV explizit die genutzten Methoden, Modelle und Hilfsmittel (bspw. der KK oder PK) gemeint, die methodisch, aber auch fachlich erweitert, optimiert oder reduziert werden können. Dies kann u. a. die im Rahmen der Konstruktionsauslegung mit biV neu entwickelten Geometriemerkmale von biV betreffen, die aufgrund der Interdependenzen mit der Prozesskette und dem komplementären Aufbau des KK mit dem PK auch zu neuen, dazu passenden PM führen können.

Die detaillierte Darstellung des an die VDI 5200 angelehnten Methodenschrittes[770] ist anhand eines Ablaufdiagramms nach DIN 66001 der **Abbildung 11.37** zu entnehmen.

Nachfolgend wird ein Fazit zur Methodik zur Auslegung einer Zusammenbaufertigung mit biV gezogen und im Kontext der Synthese zu einer integrierten Methodik zur Auslegung mit biV in Kapitel 5.3 beleuchtet.

[770] VDI 5200 BLATT 1:2011-02, „Fabrikplanung - Planungsvorgehen“, 2011, S. 1 – 2; 21 – 23.

5.2.4 Fazit zur Methodik zur Auslegung der Zusammenbaufertigung

Mit Bezug zur Vorgehensweise dieser Arbeit wurde anhand der definierten Anforderungen an die Methodik *(vgl. Kap. 5.2.1)*, dem systematisch ermittelten Planungsvorgehen *(vgl. Kap. 5.2.2)* und im Kontext des DSR mit Praxisbezug zum Fallbeispiel des LCB *(vgl. Kap. 11.6)* das Artefakt „Methodik zur Auslegung der Zusammenbaufertigung mit biV" entwickelt.

Hinsichtlich der Anwendung mit biV stellt der Methodenschritt VII zur Identifikation einer potenzialträchtigen Prozesskette für biV in Abbildung 5.5 das größte Alleinstellungsmerkmal dar. Zum einen wurde dieser Methodenschritt in der Form in keinem der untersuchten Planungsvorgehen identifiziert und zum anderen kann in diesem Schritt ein Großteil des durch biV erzielbaren Potenzials bestimmt werden. Die Ausgestaltung der im Grunde auf dem Vorgehen nach GRUNDIG basierenden Methodenschritte sowie die Integration der hierfür entwickelten Hilfsmittel (u. a. KK und PK) wurde schrittweise hinsichtlich biV spezifiziert. Insbesondere die durch das händische Zusammensetzen geprägte Vormontage und Rüsten von Fertigungsstationen stellten sich für die Bearbeitungs- und Materialflussprozesse gleichermaßen als besonders relevant für die Anwendung mit biV heraus. Auf der anderen Seite lässt sich festhalten, dass sich der überwiegende Teil der hier entwickelten Methodenschritte und Inhalte von den Abläufen zur Planung eines Karosseriebaus ohne biV unwesentlich unterscheidet. Dies lässt sich bspw. mit der Definition von biV begründen, bei der das Ziel die Reduzierung von Vorrichtungstechnik ist, was impliziert, dass nur ein gewisser Anteil reduziert und damit anders sein kann. Somit lässt sich festhalten, dass für den anderen Teil durchaus konventionelle Abläufe im Karosseriebau und damit zusammenhängende Planungsvorhaben denkbar sind. Im Hinblick auf die Definition ist aber genau das die Motivation, sodass für die Auslegung einer Produktion mit biV nur ein methodisches Vorgehen durchlaufen werden muss, in dem im Planungsvorgehen der geforderte Bedarf und das Potenzial für den Einsatz von biV ermittelt und anschließend zusammen mit dem konventionellen Planausvorgehen ausgelegt werden können.

Die in der einschlägigen Literatur beschriebene integrierte Produkt- und Prozessentwicklung deutet auf Synergien ggü. anderer Vorgehen hin, die bei einer ganzheitlichen methodischen Auslegung erzielt werden können. Folglich wird im nachfolgenden Kapitel eine Synthese der methodischen Erkenntnisgewinne dieser Arbeit durchgeführt und in eine integrierte Methodik zur Auslegung einer Zusammenbaufertigung mit biV überführt.

5.3 Synthese der Erkenntnisse zur integrierten Methodik für biV

In diesem Kapitel erfolgt die Synthese der in dieser Arbeit entwickelten Artefakte im Sinne des DSR und dem Stand der Forschung zu biV mit dem Ziel, eine integrierte Methodik für die Auslegung von biV zu entwickeln, die von der frühen Phase im PEP bis zum Start of Production (SOP) verwendet wird und dadurch Synergien gehoben werden können. Im Rahmen der SLR wurden Methodiken und Modelle für die Auslegung von biV von verschiedenen Arbeitsgruppen identifiziert sowie beschrieben *(vgl. Kap. 3)*, in eine Forschungslandschaft zu biV eingeordnet *(vgl. Abb. 3.4)* und folglich auch in der Synthese zur integrierten Methodik berücksichtigt.

In Anlehnung an HEYN[771] gibt nachfolgende **Abbildung 5.6** eine Übersicht über die hauptsächlichen Bestandteile der integrierten Methodik unter Angabe der dazugehörigen Methoden, Modelle und Hilfsmittel (auch Werkzeuge). Dabei wird zum einen unterschieden in Hilfsmittel (bspw. CAD-Daten oder Anforderungsliste), die für den Aufbau und die Modifikation von Modellen (bspw. Modell der Toleranzanalyse von gefügten biV nach SCHLATHER) eingesetzt werden. Zum anderen sind es Hilfsmittel (bspw. der KK oder PK), die bei der Anwendung von Methoden oder Methodiken (Methodik zur Auslegung einer Zusammenbaufertigung mit biV) benötigt werden. Die für beide Fälle relevanten Eingangsgrößen wie bspw. die produkt- und produktionsseitige Anforderungsliste sind zentral angeordnet. Diese Aufteilung ist erweiterungsfähig, sodass zukünftig weitere Methodikelemente hinzugefügt werden können.

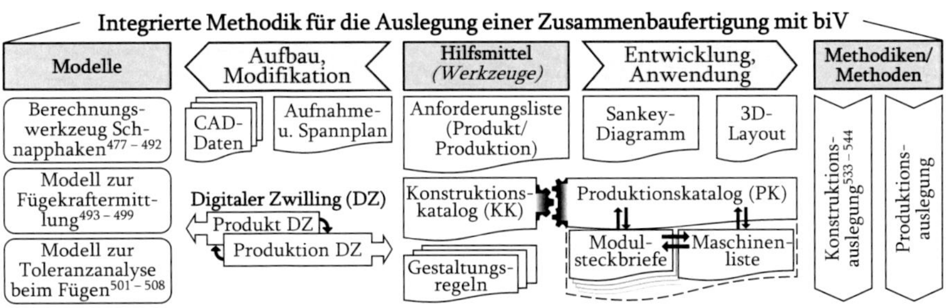

Abb. 5.6: Übersicht der Methoden, Modelle und Hilfsmittel für die integrierte Methodik zur Auslegung mit bauteilintegrierten Vorrichtungsfunktionen (biV)[772]. Darstellung in Anlehnung an HEYN[771]

[771] HEYN, „Methodik zur schnittstellenorientierten Gestaltung von Entwicklungskooperationen", 1998, S. 6.

[772] Die in der Abbildung angegebenen Verweise beziehen sich auf die Fußnoten 477 bis 544.

Damit diese Elemente auch in der integrierten Methodik angewendet werden können, wurde die synthetisierte Methodik zur Konstruktionsauslegung *(vgl. Kap. 4.6)* mit der Methodik zur Auslegung einer Zusammenbaufertigung mit biV *(vgl. Kap. 5.2)* kombiniert und um die in Abbildung 5.6 dargestellten Modelle und Hilfsmittel ergänzt. Der konkrete Inhalt ebendieser beiden Methodiken in der integrierten Methodik für biV entspricht dem der oben genannten Kapitel. Eine zusammenfassende Übersicht ist in der **Abbildung 5.7** in Anlehnung an die phasenweise Darstellung entlang des PEP der Forschungslandschaft für biV *(vgl. Abb. 3.4)* zu sehen und stellt damit die integrierte Methodik zur Auslegung von biV dar.

Beginnend von oben links erstreckt sich die Methodik zur Konstruktionsauslegung von der Ideen- bis zur Konzeptentwicklung und geht in die Methodik zur Produktionsauslegung über, die in der Phase der Serienentwicklung endet. Die Darstellung der Vorgehensweise ist an ein Flussdiagramm angelehnt und folgt hauptsächlich den teilweise parallel und iterativ zu durchlaufenden Methodenschritten der beiden entwickelten Methodiken. Beide Methodiken haben gemein, dass die ersten Methodenschritte analytisch geprägt sind und mit fortschreitenden Methodenschritten der Reifegrad nach unten zunimmt. Entsprechend der Legende in Abbildung 5.7 sind die Methodenschritte außerdem über weitere Informationsflüsse und optionale Verbindungen untereinander und an geeigneten Stellen einzeln oder mehrfach mit Modellen, Hilfsmitteln und Dokumenten verbunden. Die Farbgebung der Methodikelemente gibt Auskunft darüber, ob es sich dabei um eine in Kapitel 3 identifizierte Forschungslücke, um den daraus erarbeiteten Erkenntnisgewinn dieser Arbeit, um aus der Literatur angepasste Inhalte oder aus der Literatur verwiesene Inhalte handelt. Der Aufbau als Flussdiagramm ist erweiterungsfähig, sodass zukünftige Methoden, Modelle und Hilfsmittel diesem Ordnungsrahmen hinzugefügt werden können.

Der Großteil der integrierten Methodik für biV besteht aus den bereits beschriebenen und in sich stimmigen zwei Methodiken und Hilfsmitteln, jedoch zeichnen sich darüber hinaus noch nachfolgende Alleinstellungsmerkmale ab. Zwar kann entsprechend der Zielsetzung die Methodik den gesamten PEP entlang verwendet werden, jedoch erlaubt der strukturelle Aufbau der Methodik auch eine dynamische Nutzung einzelner Methodenschritte, ohne die gesamte Methodik durchlaufen zu müssen. Aufgrund der bisher eher auf Erfahrungswerten basierenden Anwendung von biV im Karosseriebau, wurden im Rahmen dieser Arbeit mit dem KK und PK zwei zentrale Hilfsmittel zum Wissensmanagement und zur praxisnahen methodischen Anwendung als größtes Alleinstellungsmerkmal entwickelt. Durch den komplementären Aufbau des KK sowie des PK und den damit wechselseitigen Abhängigkeiten mit den jeweiligen Methodiken wird dem methodischen Grundgedanken der integrierten Produkt- und

Prozessentwicklung Rechnung getragen. Somit können entsprechend der für dieses Kapitel festgelegten Anforderungen bereits in der frühen Phase des PEP produktionsrelevante Merkmale in der Produktentwicklung berücksichtigt werden.

Mit der Zusammenfassung der methodischen Erkenntnisgewinne dieser Arbeit in der integrierten Methodik wird im nachfolgenden Kapitel der Inhalt des Kapitels 5 zusammengefasst und ein Zwischenfazit gezogen.

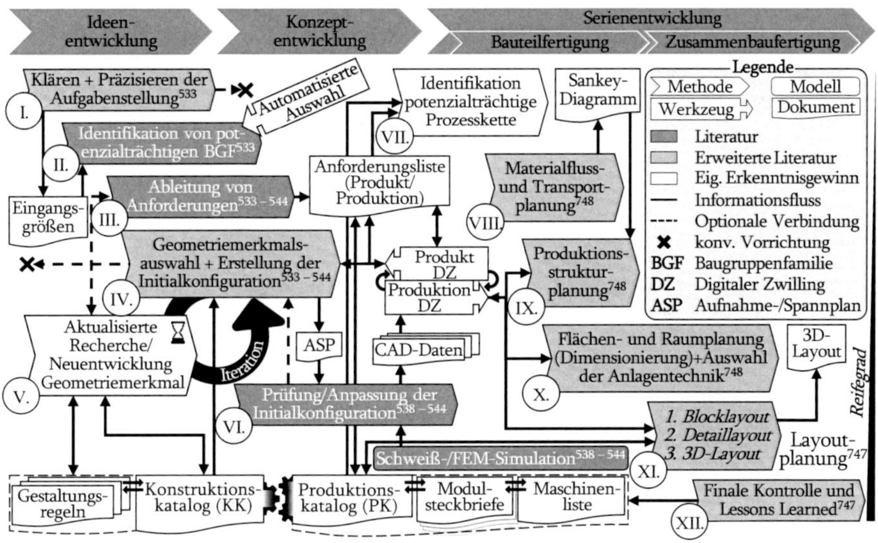

Abb. 5.7: Grobkonzept der integrierten Methodik zur Auslegung von bauteilintegrierten Vorrichtungsfunktionen (biV)[773]. In Anlehnung an FIEDLER ET AL.[774]

[773] Die in der Abbildung angegebenen Verweise beziehen sich auf die Fußnoten 533 bis 748.

[774] FIEDLER ET AL., „Towards a Method to Design Production Systems for …", 2021, S. 726.

5.4 Zusammenfassung und Zwischenfazit

Mit Bezug auf die dritte Unter-Forschungsfrage dieser Arbeit *(vgl. Kap. 3.5)* wurden die zwei Artefakte Produktionskatalog (PK) *(vgl. Kap. 5.1)* und Methodik zur Auslegung einer Zusammenbaufertigung mit biV *(vgl. Kap. 5.2)* als mögliche Antworten hierzu entwickelt. Erstere umfasste eine Anforderungsanalyse und -festlegung, anhand derer anschließend bestehende methodische Ansätze bewertet und ausgewählt wurden, die wiederum für die Gestaltung und Schnittstellenbeschreibung des PK angewandt wurden. Die Gestaltung der Methodik für die Auslegung einer Zusammenbaufertigung mit biV folgte einer ähnlichen generellen Vorgehensweise. Beide Artefakte wurden anschließend durch eine Synthese mit weiteren Artefakten aus dem Stand der Forschung zu biV *(vgl. Kap. 3)* und dem Erkenntnisgewinn aus Kapitel 4 in die integrierte Methodik zur Auslegung von biV überführt.

Die integrierte Methodik zur Auslegung von biV stellt das zusammenfassende Kernergebnis dieses Kapitels dar und bildet durch die Bereitstellung von orchestrierten Methoden, Modellen und Hilfsmitteln einen ganzheitlichen Ansatz. Nachteilig kann hierbei die singuläre Auslegung der Vorgehensweise auf lediglich phasenorientierte Planungsvorgehen genannt werden, die entgegen modernerer Ansätze bspw. hinsichtlich der Agilität weniger geeignet sind. Auf der anderen Seite bietet das vorgestellte Vorgehen ein vollständiges Rahmenwerk, das durch die im Detail beschriebenen Abläufe die Möglichkeit zur Anpassung und Erweiterung bietet *(vgl. vollständiger Ablauf in der Abb. 11.37 bis 11.38)*. Die Anpassungsfähigkeit ermöglicht bspw. eine teilweise Anwendung, sodass nicht alle Methodenschritte durchlaufen werden müssen, wenn bspw. bereits eine auf biV ausgelegte Konstruktion vorhanden ist. Genauso ist es möglich, einzelne Schritte iterativ zu wiederholen, wenn bspw. das Methodenergebnis ungenügend ist. Der PK bildet als wesentlicher Bestandteil der integrierten Methodik in diesem Kontext aus zweierlei Gründen eine Neuerung: Zum einen wurde bei vergleichbaren Auslegungsmethodiken von biV keine ähnliche Lösung identifiziert und zum anderen bietet die komplementäre Kombination mit dem Konstruktionskatalog einen praxisnahen Ansatz zur Berücksichtigung in der frühen Phase des PEP. Beide vorgestellten Kataloge wurden erstmalig im Rahmen des DSR am Fallbeispiel erprobt und iterativ entwickelt, weshalb der Reifegrad durch weitere Praxisanwendungen vermutlich noch gesteigert werden kann. Je nach Unternehmen kann die für biV notwendige enge Verzahnung zwischen Produkt und Produktion eine Herausforderung sein, was jedoch bei Erfolg auch weitere Vorteile außerhalb biV mit sich bringt.

Nachfolgend werden die in dieser Arbeit entwickelten Artefakte an zwei praxisnahen Fallbeispielen evaluiert und die Übertragbarkeit von biV auf andere Baugruppen, Fertigungsverfahren und Branchen analysiert.

6 Evaluierung von bauteilintegrierten Vorrichtungsfunktionen

In diesem Kapitel erfolgt die Evaluierung der im Rahmen des DSR entwickelten Artefakten an einer praxisnahen Problemstellung („Relevance Cycle") in Form der Fallbeispiele „Low-Cost-Batteriepackgehäuse" (LCB) und „Heckwagen-Baugruppe". Die Zielsetzung besteht in der Evaluierung des in dieser Arbeit erzeugten Erkenntnisgewinns zu biV: Die Gestaltungsregeln zu biV aus Kapitel 4.2 bis 4.5 werden im Rahmen einer Kleinserienproduktion am LCB analysiert und der Konstruktionskatalog (KK), der Produktionskatalog (PK) sowie die integrierte Methodik für biV *(vgl. Kap. 4.6 bis 4.7 und 5)* werden in beiden Fallbeispielen untersucht. Die Fallbeispiele sind an realen Praxisanwendungen orientiert und unterscheiden sich jeweils in ihren Anforderungen und Eigenschaften. Aufgrund der komplexen Heckwagen-Baugruppe mit vielen Bauteilen sowie Verbindungsstellen würde ein unverhältnismäßig hoher Versuchsaufwand resultieren, weshalb die Evaluierung am zweiten Fallbeispiel rein methodisch verläuft.

6.1 Erstes Fallbeispiel: Low-Cost-Batteriepackgehäuse

Das bereits 2019 als praxisnahes Anwendungsbeispiel zur Untersuchung von biV vorgestellte LCB[775,776] wurde bereits begleitend für den Weg des Erkenntnisgewinns in dieser Arbeit verwendet und entsprechend in Kapitel 11.6 beschrieben.

6.1.1 Ergebnisse der methodischen Auslegung der bauteilintegrierten Vorrichtungsfunktionen und der Zusammenbaufertigung

Anhand der in Kapitel 4.7 vorgestellten Methodenschritte der integrierten Methodik zur Konstruktionsauslegung wurden die Geometriemerkmale des LCB ausgelegt. Im ersten Methodenschritt wurden die Eingangsgrößen tabellarisch unter Angabe der Herkunft der Informationen zusammengefasst *(vgl. Tab. 11.58)* und die Zielsetzung

[775] KAMPKER ET AL., „Battery Pack Housing for Electric Vehicles Made by ...", 2019, S. 74 – 76.

[776] KAMPKER ET AL., „Laserstrahlgeschweißtes Batteriepackgehäuse für Elektrofahrzeuge", 2019, S. 76.

definiert, für den prototypischen Konstruktionsstand des LCB aus Abbildung 11.40 ein integriertes Produkt- und Produktionskonzept mit einer flexiblen Jahresstückzahl bis 10.000 Stk./Jahr zu entwickeln. Bestandteil sind hierbei u. a. die Variantenvielfalt (1), der Automatisierungsgrad (30 %) und die Anzahl der Vorrichtungsfunktionen („Bestimmen" und „Spannen"). Der zweite Methodenschritt ist aus der Arbeit von HANSEN übernommen und beschränkt sich bei diesem Fallbeispiel auf die Anforderungsliste, da zum einen dieser Methodenschritt nicht ein weiteres Mal evaluiert werden muss und zum anderen aufgrund der betrachteten Baugruppenvariante keine Priorisierung der BGF notwendig ist. Die produkt- und produktionsseitigen Anforderungen sind der Tabelle 11.59 zu entnehmen. Im dritten Methodenschritt wurden basierend auf dem Spann- und Fixierkonzept des vorherigen Konstruktionsstands und den Gestaltungsregeln aus Kapitel 4 vier Geometriemerkmale pro Querträger gleichmäßig verteilt. Die Vorrichtungsfunktionen der vier Geometriemerkmale sind an den Enden der Querträger-Längsseite „Bestimmen + Spannen" und jeweils in der Mitte „Bestimmen". Anschließend wurden auf Basis der im vorherigen Prozessschritt festgelegten Anforderungen und den verorteten Geometriemerkmalen am LCB die Festforderungen *(vgl. Tab. 11.60)* in Zugriffsmerkmale des KK übersetzt. Anhand der Beschreibungen in Kapitel 4.6 zum Aufbau sowie zur Anwendung des KK und der für dieses Fallbeispiel aufgestellten Zugriffsmerkmale ist in **Abbildung 6.1** das Ergebnis nach der Durchmusterung mit drei prinzipiell geeigneten Geometriemerkmalen für das LCB zu erkennen. Da die Anzahl ermittelter Geometriemerkmale nach der Durchmusterung > 0 ist, bedarf es des optionalen V. Methodenschrittes zur Recherche oder Neuentwicklung von weiteren Geometriemerkmalen nicht.

	Hauptteil				Zugriffsteil - Produktionsseitig																					
					Fertigung									Mon.		Zusammensetzen						DOF		VF			
					Trennen					Um-/Urformen																
…	Nr.	Benennung	Gestalt Geometriemerkmal	Schematische Zeichnung Geometriemerkmal	Scherschneiden	Drehen	Fräsen	Wasserstrahl	Laser	Tiefziehen	Gesenkbiegen	Metall	Kunststoff	Stapelbar	Selbstfixieren	manuell	mechanisierbar	Prozessschritte	Zusammensetzzeit	Einseitig zugän.	Mehrseitig zugän.	Rotatorisch	Translatorisch	Positionieren	Orientieren	Spannen	…
…	62	Verdrill-lasche + Verriegelung	Flach	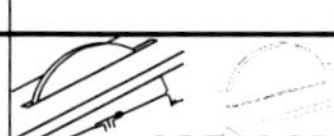				a^2, b	a^1, b^2			a, b		x	x	x^1, 3	x	2		x^4	x^4			x	x	x	…
…	73	Blindniet	Zylindrisch		a, b		a, b	a, b	a, b			a^1, b^1		x	x	x^1	x	2		x				x	x	x	…
…	89	Einspreiz-verbindung	Unter-schiedlich	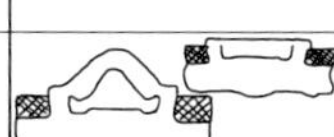	a^2, b^2		a^2, b^2	a^2, b^2	a^1, b^1			a, b		x	x	x	x	2		x^4	x^4			x	x	x	…

Abb. 6.1: Als geeignet durchmusterte Geometriemerkmale aus dem Konstruktionskatalog (KK) für bauteilintegrierte Vorrichtungsfunktionen (biV)

In der Geometriemerkmalsauswahl wurde das Geometriemerkmal 73 „Blindniet" nicht weiter betrachtet, da hierfür produktseitig der notwendige Überlappstoß hinsichtlich erhöhtem Materialbedarf sowie packaging und produktionsseitig die Notwendigkeit eines Werkzeuges (Nietzange) und die herausfordernde Automatisierbarkeit als nachteilig bewertet wurden. Die übrig gebliebenen Geometriemerkmale zeichnen sich durch den vorteilhaften T-Stoß und folglich durch einen geringeren Material- und Packagingbedarf aus. Das Geometriemerkmal 89 hat einen nachteiligen Zusammensetzprozess, da hierbei – insbesondere bei filigranen Konstruktionen mit geringen Blechdicken – die Vorrichtungsfunktion „Spannen" durch eine mit einem Werkzeug eingebrachte plastische Verformung erzeugt wird und dadurch die Maßhaltigkeit als auch das zusätzliche Werkzeug als Nachteil eingestuft werden. Das Geometriemerkmal 62 wurde ausgewählt, da es diese Nachteile hingegen nicht hat und zusätzlich durch die vorteilhafte hohe Anwendbarkeit in der flexiblen Prozesskette überzeugt.

In der **Abbildung 6.2** ist das CAD-Modell des LCB mit biV zu sehen, das auf den prototypischen Konstruktionsstand *(vgl. Abb. 11.40)* basiert und an dessen Unterseite die im III. Methodenschritt bestimmten Geometriemerkmale an die Querträger konstruiert wurden. Die von oben nach unten zu positionierenden Querträger besitzen an der Unterkante positive Geometriemerkmale in Form von halbrunden Verdrilllasche, die anhand der negativen Geometriemerkmale in Form von Schlitzen in den Bodenwannen zusammengesetzt werden. Die Überprüfung der Initialkonfiguration im VI. Methodenschritt mithilfe der in Kapitel 3 vorgestellten Modelle erfolgt hier nicht, da dies bereits in den dortigen Arbeiten validiert wurde und nicht zur Evaluierung des Erkenntnisgewinns dieser Arbeit beiträgt.

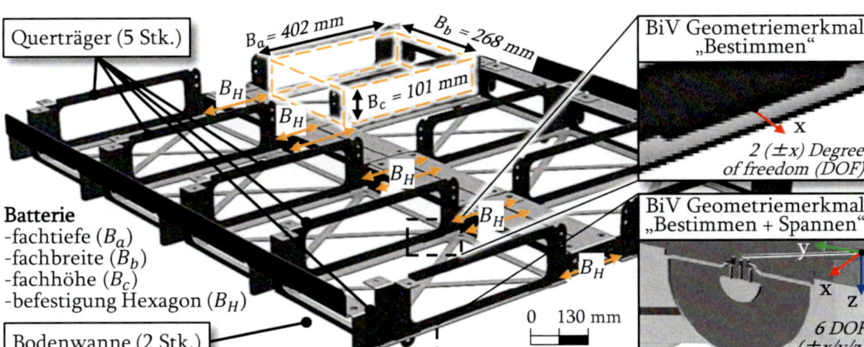

Abb. 6.2: CAD-Modell des anhand der integrierten Methodik ausgelegten Fallbeispiels Low-Cost-Batteriepackgehäuse mit bauteilintegrierten Vorrichtungsfunktionen (biV)

Anhand des auf biV ausgelegten Konstruktionsstands *(vgl. Abb. 6.2)* wurde zur Auslegung der Zusammenbaufertigung mit biV *(vgl. Methodikbeschreibung in Kap. 5)* zunächst eine potenzialträchtige Prozesskette auf Basis der aufgestellten produkt- und produktionsseitigen Anforderungen identifiziert. Basierend auf dem Geometriemerkmal 62 aus dem KK wurden passend dazu Produktionsmodule einer laserbasierten Prozesskette aus dem PK ausgewählt und eine grobe Fügefolge in einem Ablaufdiagramm festgehalten *(vgl. Abb. 11.41)*. Im Methodenschritt VIII und IX wurden die Materialflüsse und Logistikflächen für das LCB geplant und im Sankey-Diagramm in der Abbildung 11.42 festgehalten. Als Fokus-Produktionsbereich für biV stellten sich die Laserschweißzelle und die Vormontage für den Prozessschritt „Zusammensetzen" heraus. Auf Basis der festgelegten laserbasierten Prozesskette und der Produktionsbereiche wurde im nachfolgenden Methodenschritt der exakte Maschinentyp mit Anzahl aus der Maschinenliste des PK, die Flächen- sowie Personenbedarfe und die geschätzten Taktzeiten festgelegt *(vgl. Tab. 11.61)*.

Im XI. Methodenschritt wurde mithilfe der Fabrikplanungssoftware VISTABLE® ein Blocklayout und das in **Abbildung 6.3** dargestellte 3D-Detaillayout unter Anordnung der Maschinen, Betriebsmittel und Logistik-, Fertigungs-, Personal- sowie Lagerflächen erstellt. Zur Flexibilitätssteigerung kann die Erweiterungsfläche genutzt werden, indem bspw. die flexible Laserschweißzelle parallelisiert und dadurch eine Produktflexibilität (andere Varianten durch höhere Kapazität) oder Stückzahlflexibilität erreicht wird. Im letzten Methodenschritt wurden die anfangs gestellten Anforderungen abgeglichen und größtenteils erfüllt.

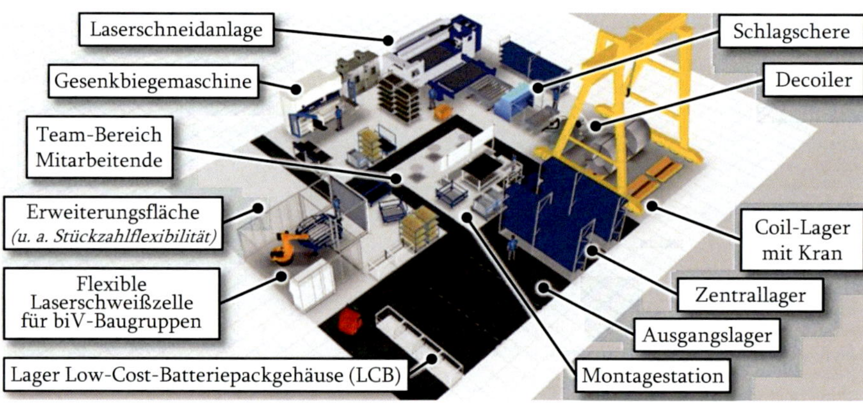

Abb. 6.3: 3D-Layout der mittels der integrierten Methodik für bauteilintegrierte Vorrichtungsfunktionen (biV) ausgelegten Produktion des Low-Cost-Batteriepackgehäuses

6.1.2 Untersuchung der Gestaltungsregeln an einer Kleinserienproduktion

Die Kleinserienproduktion erfolgte entlang der flexiblen Prozesskette für biV *(vgl. Abb. 4.3)* unter Anwendung des in Kapitel 4 erzeugten Erkenntnisgewinns und der Gestaltungsregeln. Die Kernergebnisse sind nachfolgend anhand der Prozessschritte zusammengefasst und weitere Details befinden sich in Kapitel 11.6.

Beim Laserstrahlschneiden wurde eine durchschnittliche Taktzeit von 64,0 ± 1 s (N = 25) für Querträger und 212 ± 2,4 s (N = 10) für Bodenwannen in der Kleinserie ermittelt. Analog zu Kapitel 4 war die Gratbildung bei HCT780X+Z100MB tendenziell höher und lag generell unter den Werten aus Kapitel 4.2, da die Kleinserie aufgrund der Bauteilgröße mit einem CO_2- anstelle eines Scheibenlasers gefertigt wurde. Ergänzend hierzu kam es vereinzelt zu einem unvollständigen Schnittbild am Geometriemerkmal, sodass beim Verdrillen die Verdrilllasche vorzeitig abbrach.

Das vorrichtungslose Zusammensetzen des LCB mittels biV erfolgte durch einen Werker in einer durchschnittlichen Taktzeit von 190,40 ± 18,49 s (N = 5). Im linken Teil der **Abbildung 6.4** ist der graphisch anhand von Oberflächenfotografien ermittelte Verdrillwinkel θ am Geometriemerkmal pro LCB dargestellt. Der durchschnittliche Verdrillwinkel θ von 33,53 ± 22,58 ° (N = 50) der Kleinserie unterschreitet knapp die in Kapitel 4.3 aufgestellte Gestaltungsregel zum Erreichen einer ausreichenden Spannkraft ($\theta_S \geq 35°$), was anhand des in Kapitel 4 erlangten Systemwissens eine kontinuierlich abfallende Spannkraft zur Folge haben kann. Der Großteil der Messwerte übertraf mit 58,33 % (N = 60) die Gestaltungsregel. Die Sichtprüfung an den Geometriemerkmalen ergab, dass ebenfalls der Großteil mit 70 % *(vgl. rechte Seite der Abb. 6.4)* eine akzeptable Sperrung der Freiheitsgrade in z-Achse erzeugte, was eine Korrelation mit den Verdrillwinkeln zulässt. Bei den Messergebnissen fällt u. a. die hohe Standardabweichung auf, die u. a. aufgrund der schlechteren Schneidqualität und den daraus resultierenden Herausforderungen beim Zusammensetzen auftritt.

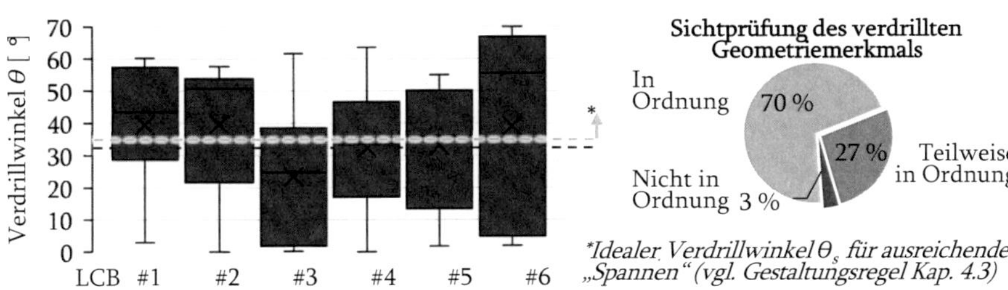

Abb. 6.4: Ermittelte Verdrillwinkel mit Sichtprüfung im Prozessschritt „Zusammensetzen" im Rahmen der Evaluierung am ersten Fallbeispiel Low-Cost-Batteriepackgehäuse (LCB)

Beim Prozessschritt „RLS“ wurden während der Sichtprüfung am Ende jedes gefertigten LCB in der Kleinserie keine großartigen Schweißnahtunregelmäßigkeiten wie bspw. Poren, unvollständige Deck- oder Wurzellagen oder Schweißnahtüberwölbungen festgestellt. Die Positioniertoleranz des Laserstrahls auf dem Geometriemerkmal wurde anhand einer Sichtprüfung der im Laserstrahlschneidprozess an der Bauteiloberfläche aufgebrachten Markierungen mit dem Kamerabild der Laseroptik abgeglichen und wies eine konstante Abweichung auf. Dieser konnte durch eine Kalibrierung entgegengewirkt werden.

In der **Abbildung 6.5** sind die Fertigungszeiten für das LCB in der teilautomatisierten Fertigungszelle zu sehen, die aus der Taktzeit des Zusammensetzens des LCB, den Rüstvorgängen an der Laserschweißzelle und dem RLS des LCB besteht. Aus dem Taktzeitdiagramm wird deutlich, dass die vorrichtungslose manuelle Vormontage (oberer Teil) durch einen Werker:in ca. 2,5-Mal so hohe Taktzeit aufweist wie die des RLS, sodass eine Entkopplung und Parallelisierung der Vormontage des RLS sinnvoll erscheint, um die Auslastung der Fertigungszelle zu erhöhen. Zwar verhelfen Lerneffekte in der Kleinserie bei der Taktzeitoptimierung in der Vormontage, jedoch stellte sich das Positionieren der Bauteile zueinander als herausfordernd dar, sodass keine Optimierung erzielt werden konnte. Das Rüsten und die Entnahme des LCB aus der Fertigungszelle erfolgte mit 70 s deutlich unterhalb der Taktzeit des RLS.

Ohne einmalige Rüstzeiten der Maschinen wurde eine Durchlaufzeit zur Fertigung des LCB von 4.073,2 $\pm$ 295,7 s (ca. 68 min.) in der Kleinserie erzielt.

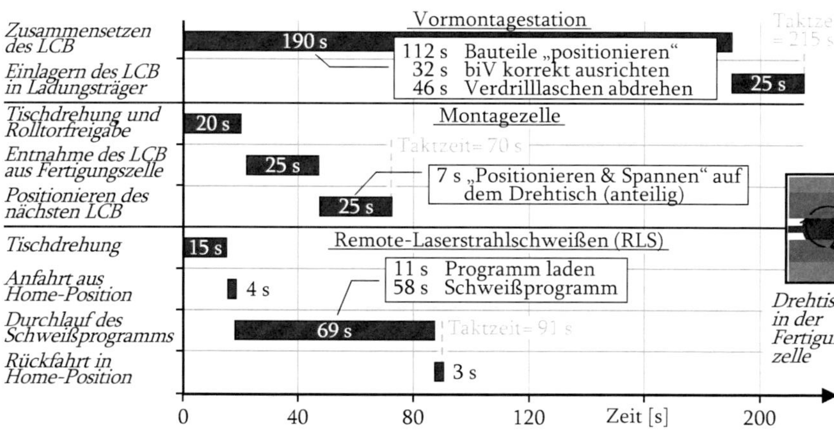

Abb. 6.5: Taktzeitdiagramm des Prozessschrittes „Zusammensetzen“ und „Remote-Laserstrahlschweißen“ in der Evaluierung am Fallbeispiel Low-Cost-Batteriepackgehäuse (LCB)

Die optische Messung der geometrischen Maßhaltigkeit erfolgte u. a. an markanten Messpunkten *(Hexagonbohrungen in Abb. 6.2)* der mittels biV zusammengesetzten Bodenwannen der LCB-Baugruppe mit dem Messsystem NIKON MCAX 35+MODELMAKER H120 und offenbarte generell eine geringe Mittelwertverschiebung und Streuung. In **Abbildung 6.6** ist die am geringsten gemessene Mittelwertverschiebung über alle acht Hexagonabständen eines LCB und der gesamten Kleinserie von sechs LCB in Höhe von 0,055 ± 0,078 mm dargestellt. Die acht gemessenen Hexagonabstände sind die Distanzen zwischen je acht Hexagonbohrungen auf sich gegenüberliegenden Bodenwannen *(vgl. Abb. 6.2)*, deren geometrische Maßhaltigkeit im Wesentlichen durch die Geometriemerkmale in der Bauteilverbindung Querträger-Bodenwanne entsteht. Aus dem rechten Teil der Abbildung 6.6 lässt sich ableiten, dass insbesondere die mittleren und weniger die äußeren Hexagonabstände bzw. Querträger-Bodenwannen-Verbindungen toleranzbehaftet sind. Der sich daraus ergebene c_p-Wert von 3,19 deutet auf eine potenziell hohe Prozessfähigkeit hin. Von den weiteren Batterie-relevanten Maßen aus Abbildung 6.2 lag die Batteriefachtiefe mit einer Mittelwertverschiebung von 1,77 ± 0,14 mm außerhalb und die Batteriefachbreite mit 0,05 ± 0,190 mm sowie die Batteriefachhöhe mit 0,139 ± 0,257 mm innerhalb der Toleranzgrenzen. Wie zuvor erwartet, liegen einige der Biegeradien der Kantbauteile außerhalb der Vorgaben. Die ermittelten Toleranzgrenzen sowie weitere Diagramme sind in Kapitel 11.6 zu finden.

Die gescannten Bauteiloberflächen des LCB lagen innerhalb der geforderten Toleranzen und es wurden lediglich kleine Abweichungen von < 0,2 mm bei den Geometriemerkmalen und größere Abweichungen von > 0,4 mm bis > 1 mm bei den Biegungen i. V. zum CAD-Modell gemessen. Letztere sind vereinzelt in Bereichen mit keinen funktionalen Anforderungen außerhalb der Geometriemerkmale aufgetreten,

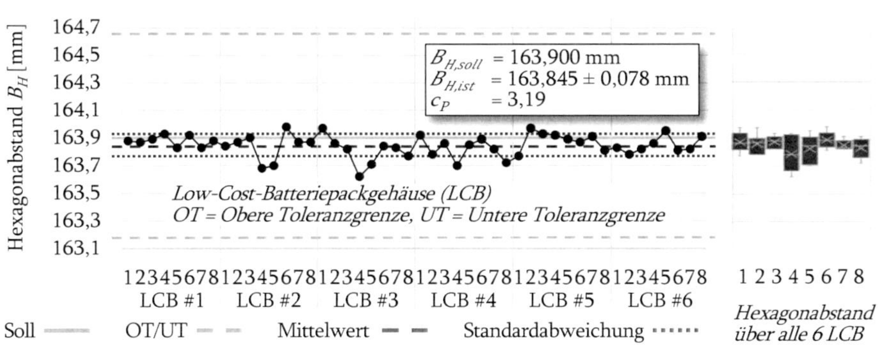

Abb. 6.6: Versuchsergebnisse der optischen Vermessung von Referenzpunkten in der Evaluierung am Fallbeispiel der Kleinserie von sechs Low-Cost-Batteriepackgehäusen (LCB)

die auf elastische Verformung oder teilweise auf ungewollte plastische Verformung im Halbzeug zurückzuführen sind. Zu diesen Abweichungen (4) zählt bspw. die im vorherigen Absatz vorgestellte Mittelwertverschiebung von $1{,}77 \pm 0{,}14$ mm der Batteriefachtiefe, deren Ursache anhand der in **Abbildung 6.7** rot eingefärbten Bereiche der Bodenwanne antizipiert wird (2). Die Lageabweichung der 20 Karosserieanbindungspunkte des LCB an das Fahrzeug lag unterhalb 0,5 mm in x- und y-Richtung (3). Aus der ISO-Ansicht oben rechts und der Draufsicht der Querträger (5) wird ersichtlich, dass tendenziell an den Geometriemerkmalen geringe sowie innerhalb der Toleranzen liegende Maße sind und diese zu den freien Enden der Bauteile weggehend größer werden. Dieses Phänomen deckt sich mit der gemessenen geometrischen Maßhaltigkeit der Kleinbaugruppe mit biV aus Abbildung 4.28, bei der bereits der erfolgreiche Einfluss der Vorrichtungsfunktionen von drei Geometriemerkmalen gemessen wurde.

Prinzipiell lässt sich anhand dieser Ergebnisse zusammenfassen, dass die Vorrichtungsfunktionen der Geometriemerkmale die geometrische Maßhaltigkeit wesentlich beeinflussen, weshalb dieser Effekt im Nachfolgenden untersucht wird.

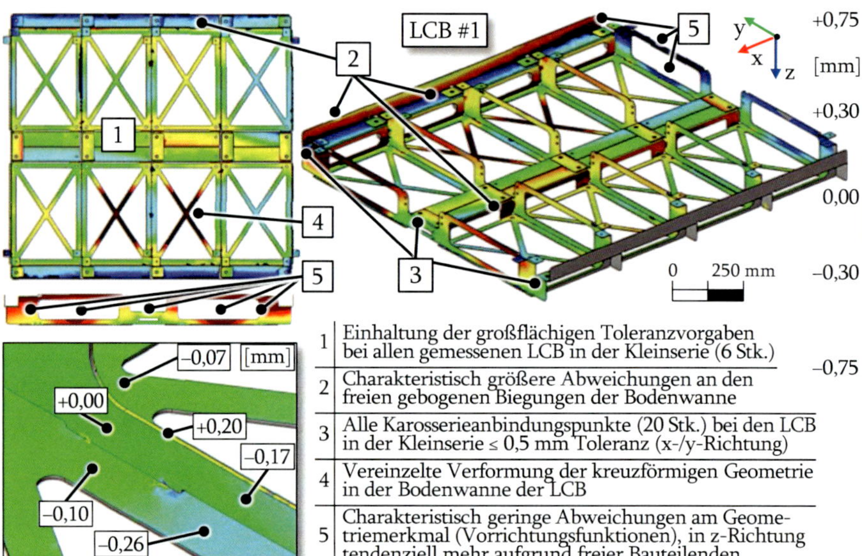

Abb. 6.7: Visualisierung der geometrischen Maßhaltigkeit zwischen dem CAD-Modell und der Kleinserie des ersten Fallbeispiels Low-Cost-Batteriepackgehäuse (LCB)

Zur Analyse der Vorrichtungsaufgabe, Bauteile u. a. bei leichten geometrischen Abweichungen in die Soll-Position zu bestimmen *(vgl. Kap. 2.3.1)*, wurde zwischen jedem Schritt der Fügeoperation mit biV ein Oberflächenscan am Geometriemerkmal und seiner nahen Umgebung durchgeführt, um die Veränderungen dazwischen festzuhalten. Aufgrund der nicht unwesentlichen Bewegungsabläufe beim Messvorgang zwischen den Schritten Bauteile anhand der Geometriemerkmale bestimmen (I.), Verdrillen der Verdrilllasche zum „Spannen" der Bauteile (II.) und „RLS" zur betriebsfesten Bauteilverbindung (III.) ist ein entsprechender Unsicherheitsfaktor zu berücksichtigen. Bei 73,80 % der Geometriemerkmale verbesserte sich die Positioniergenauigkeit durch Schritt II, wohingegen beim Rest ein geringfügiger gegenteiliger Effekt i. H. v. 0,063 ± 0,060 mm (n = 21) festgestellt wurde. Anhand des beispielhaften Geometriemerkmals 1 in **Abbildung 6.8** wird deutlich, dass der Schritt II der Fügeoperation bzw. die Kombination der Vorrichtungsfunktion „Bestimmen" und „Spannen" einen höheren Beitrag zur Steigerung der geometrischen Maßhaltigkeit (0,19 mm) als nach dem „RLS" im Schritt III aufweist (0,01 mm). In Ergänzung zu den Feststellungen aus Abbildung 6.7 zu höheren Abweichungen an freien Bauteil-Enden lässt sich dies ebenfalls an den freien Querträger-Enden in 2 (gering, 0,02 mm) und 3 (hoch, 0,62 mm) der Abbildung 6.8 feststellen.

Auswirkungen auf die geometrische Maßhaltigkeit aufgrund der zwei unterschiedlichen Stahllegierungen in den Querträgern konnten nicht festgestellt werden.

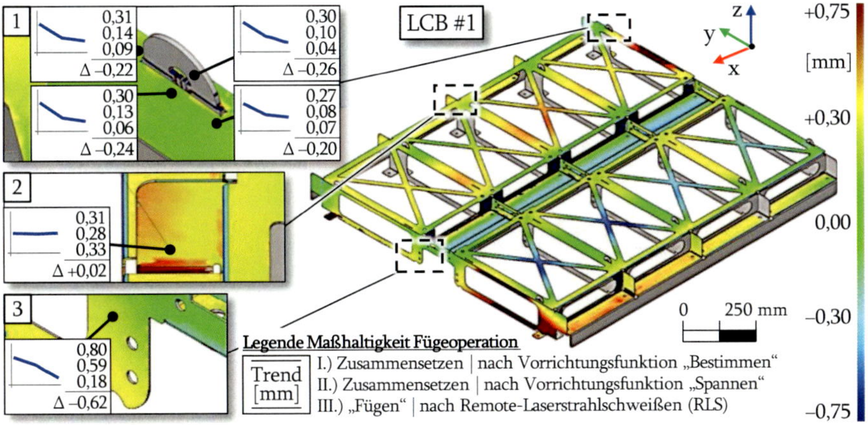

Abb. 6.8: Visualisierung der Veränderung der geometrischen Maßhaltigkeit eines Geometriemerkmals und seiner näheren Umgebung gemessen zwischen den Schritten der Fügeoperation am ersten Fallbeispiel Low-Cost-Batteriepackgehäuse (LCB)

6.2 Zweites Fallbeispiel: Heckwagen-Baugruppe

Bei dem zweiten Fallbeispiel handelt es sich um eine repräsentative Baugruppe aus dem Heckwagen einer Karosserie *(vgl. Abb. 2.1)*, der im Vergleich zum ersten Fallbeispiel aufgrund der höheren Bauteilanzahl und Fertigungsstückzahl komplexer ist. Da dieses Fallbeispiel anhand von Literatur- und Internetquellen konzipiert wurde, liegen dementsprechend keine Konstruktionsdaten der Baugruppe vor. Folglich wird sich aufgrund dieser Informationsgrundlage die Evaluierung am zweiten Fallbeispiel auf die methodische Untersuchung bei der Produktionsauslegung fokussieren, da hierfür weniger Konstruktionsdetails notwendig sind als bei einem Kleinserienversuch und bei der Anwendung der Methodik zur Konstruktionsauslegung im ersten Fallbeispiel.

Produktseitig orientiert sich der Heckwagen an Großserien-Konstruktionsständen in Schalenbauweise eines etablierten[777] und eines neuen OEM[778]. Die Baugruppenstruktur des zweiten Fallbeispiels ist in der **Abbildung 6.9** dargestellt und wird anhand der vorher genannten beiden Praxisbeispiele auf fünf Unterbaugruppen und insgesamt 60 Bauteile abgeschätzt. Produktionsseitig wird sich an einer aktuellen Serienproduktion eines Elektrofahrzeuges mit 500.000 Stück/Jahr an zwei Werksstandorte orientiert[779] und für dieses Fallbeispiel mit 250.000 Stk./Jahr/Werk angenommen.

Die Evaluierung am Fallbeispiel erfolgt vornehmlich für die Produktionsauslegung aufgrund der geringen Informationsgrundlage zum Konstruktionsstand, sodass bei der integrierten Methodik aus Kapitel 5.2 für biV im Methodenschritt VII begonnen wird. Die eigentlich im Methodenschritt I durchgeführte Aufnahme der Eingangs-

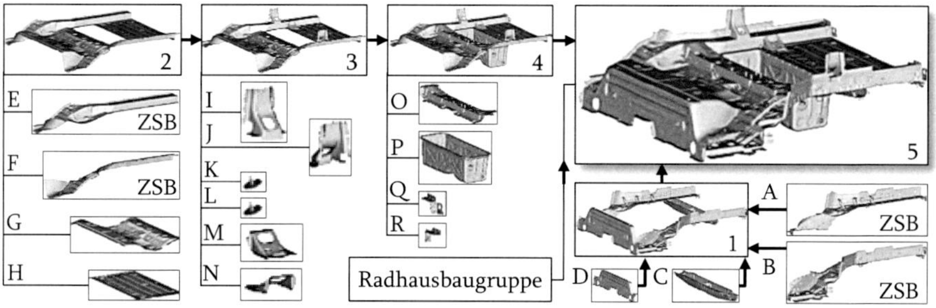

Abb. 6.9: CAD-Modell des zweiten Fallbeispiels „Heckwagen-Baugruppe" in Anlehnung an KÜPPER ET AL.[777], das anhand der Integrierten Methodik für bauteilintegrierte Vorrichtungsfunktionen (biV) für eine vorrichtungslose Fertigung ausgelegt wurde

[777] KÜPPER ET AL., „The New Opel Astra", 2015, S. 57.

[778] LAMBERT, „Tesla starts production of Model Y with massive single-piece rear casting", 2021, S. 1.

[779] SEIBT, „Elektroautos Verkaufszahlen 1. Halbjahr 2021 - Tesla ist Weltmarktführer ...", 2021, S. 1.

informationen und Festlegung der Anforderungen kann dennoch aufgrund des iterativen Charakters der Methodik erfolgen und ist der Tabelle 11.62 zu entnehmen. Als potenzialträchtige Baugruppenfamilien für BiV wurden die Bauteile bzw. Baugruppen I bis N sowie Q und R angenommen, da diese aufgrund der Bauteilgrößen insbesondere gut für ein vorrichtungsloses Zusammensetzen geeignet sind.

Auf Basis der festgelegten Eingangsinformationen wurde anders als im ersten Fallbeispiel eine Greenfield-Planung für eine Großserienfertigung betrachtet und eine potenzialträchtige Prozesskette im Methodenschritt VII anhand des PK ausgewählt. Die Fertigungsumfänge mit biV sind im Wesentlichen flexible Laserschweißzellen mit einer manuellen Bauteilzufuhr und einer vorrichtungslosen Montage von Bauteilen. Die Umfänge ohne biV erfolgen nach dem Stand der Technik *(bspw. Scherschneiden, Karosserieziehen und WPS, vgl. Kap. 2.1.2 – 2.2.2)* und werden daher nicht explizit beschrieben. Das Ergebnis dieses Methodenschrittes ist eine schematische Darstellung der Prozesskette mit Fügefolge für die Einzelteilfertigung sowie die Zusammenbaufertigung *(vgl.* ***Abb. 11.48****)*.

Im VIII. und IX. Methodenschritt wurde zunächst die ausgewählte Prozesskette um Produktions- und Logistikflächen erweitert, wobei für die biV-spezifischen Umfänge entsprechende Ladungsträger für eine vorrichtungslose Vormontage an den flexiblen Laserschweißzellen berücksichtigt wurden. Zur übersichtlichen Planung wurde der Materialfluss in einem Sankey-Diagramm *(vgl.* ***Abb. 11.49****)* festgehalten. Letzteres wurde in der nachfolgenden Produktionsstrukturplanung als Eingangsgröße verwendet, um u. a. die für die vorrichtungslose Fügeoperation ausgelegte 13-teilige Radhaus-Baugruppe zu planen. Mittels der zuvor in der Bauteilherstellung anhand der Prozesse Scherschneiden, Karosserieziehen und Lochen eingebrachten Geometriemerkmale werden die Radhäuser paarweise in der zweiten Station des „Zusammenbau Radhaus" mittels zwei Werker:innen mit den hinteren Längsträgern zusammengesetzt. Beim Fügen der Baugruppe 3 findet, neben dem Zusammenbau der Radhäuser, der Großteil an Fertigungsumfängen mit biV statt, indem sechs Einzelbauteile über zwei Werker:innen pro Baugruppe 3 händisch zusammengesetzt und gespannt werden. In einer nachfolgenden Ausfügestation werden die mit biV zusammengesetzten Bauteile mit WPS geschweißt, bevor in der nachfolgenden Station weitere Bauteile ohne biV hinzukommen und schlussendlich den fertigen Heckwagen abbilden. Die Transportmittel bestehen aus Gabelstapler, Skids, Palettenroboter oder Werker:in, wobei hinsichtlich biV zum Teil Ladungsträger zum Einsatz kommen, die im Hinblick auf entweder die mit biV zusammengesetzte Bauteilverbindung unterstützen oder das freie Bauteilende nicht berühren, sodass lediglich die Belastung der während der Transportbewegung entstehenden Trägheit wirkt.

Im X. Methodenschritt wurde anhand der Maschinenliste aus dem PK eine für die festgelegte Prozesskette geeignete Maschinen festgelegt, die der **Tabelle 11.63** in Kapitel 11.6 zu entnehmen ist. Weiterhin wurden in diesem Zusammenhang der benötigte Flächenbedarf, der Personalbedarf und eine Taktzeit pro Produktionsbereich abgeschätzt. Für die Auslegung des Grobkonzepts wurden für das Zusammensetzen mit einem Bauteil mit biV 10 s, einer Baugruppe mit biV (≥ 2 Bauteile) 20 s und für das Einlegen/Entnahme einer Baugruppe mit biV 5 s angenommen. In der Fertigung der Baugruppe A + B müssten aufgrund der Taktzeit zwei Werker:innen pro Seite die Baugruppen mit biV zusammensetzen, wohingegen der Großteil der Radhausfertigung und des Radhauszusammenbaus mit je einem Werker:in auskommen.

Analog zum ersten Fallbeispiel wurde im XI. Methodenschritt mittels der Fabrikplanungssoftware VISTABLE® zunächst ein Blocklayout im Rahmen der Layoutplanung erstellt, aus dem das in **Abbildung 6.10** dargestellte 3D-Layout entwickelt wurde. Anhand des 3D-Layouts konnten keine signifikanten Herausforderungen bei dem Grobkonzept im Hinblick auf die Fließfertigung und den personallastigen Produktionsbereichen mit biV identifiziert werden.

Im letzten XII. Methodenschritt wurde die methodenschrittweise Dokumentation des Planungsvorgehens, als Teil des Kapitel 4 – 5 sowie des hier betrachteten Fallbeispiels, durchgeführt. Nach finaler Kontrolle wurde die Erfüllung der produktionsseitigen Anforderungen festgestellt.

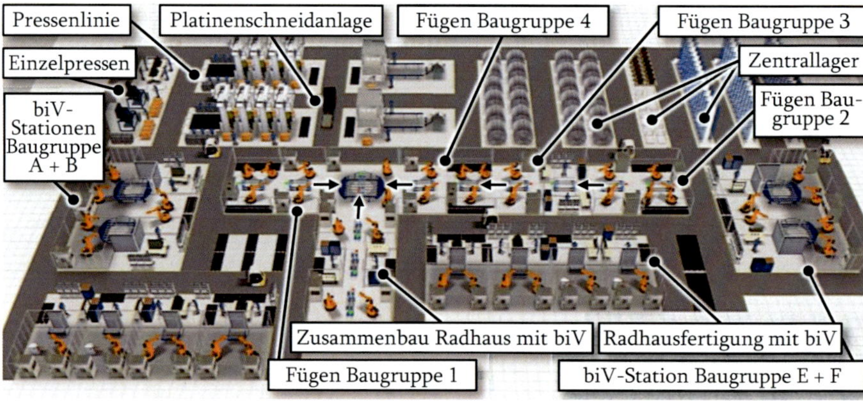

Abb. 6.10: 3D-Layout der anhand der integrierten Methodik für bauteilintegrierte Vorrichtungsfunktionen (biV) ausgelegten Produktion des zweiten Fallbeispiels „Heckwagen-Baugruppe“

6.3 Zwischenfazit

In diesem Kapitel erfolgt das Zwischenfazit zur Evaluierung des Erkenntnisgewinns dieser Arbeit zunächst für die Anwendung der Gestaltungsregeln in der Kleinserienproduktion *(vgl. Kap. 6.1.1)* und anschließend für die Anwendung der integrierten Methodik für biV *(vgl. Kap. 6.1.2 und Kap. 6.2)*.

Die Erfüllung der funktionalen Anforderungen durch biV in der Kleinserienproduktion des LCB konnte einerseits produktseitig durch Einsparungen im Bauteilvolumen und folglich durch Vorteile im Packaging aufgrund der Verwendung von höherfesten Stahllegierungen bei ungefähr gleicher LCB-Gesamtmasse erzielt werden. Hierdurch kann bspw. entweder der Bauraumbedarf des LCB im Gesamtfahrzeug reduziert oder eine höhere Batteriekapazität verbaut werden. Weiterhin ist aufgrund des ggü. Aluminium tendenziell kostengünstigeren Stahls mit reduzierten Werkstoffkosten zu rechnen. Andererseits konnte produktionsseitig die Anforderung der Montierbarkeit der Batteriemodule in die mittels biV bestimmten Batteriefächer und des LCB über die Karosserieanbindungspunkte an die Karosserie als vollständig erfüllt konstatiert werden. Hinsichtlich der Taktzeitoptimierung hat sich beim manuellen Zusammensetzen des LCB mittels biV durch einen Werker:in die Taktzeit erhöht, jedoch konnte der RLS i. V. zu den Vorarbeiten um weitere ca. 40 % aufgrund des erlangten Systemwissens von biV *(vgl. Abb. 6.5)* reduziert werden. Folglich ist eine Entkopplung der vorrichtungslosen Vormontage mit biV des RLS und der damit einhergehenden Parallelisierung auf drei Stationen zu empfehlen.

Resultierende Unsicherheiten sind u. a. beim Laserstrahlschneiden der Geometriemerkmale und der daraus in der Kleinserienproduktion geringfügig vorgekommenen Gratbildung zu nennen. Diese erschweren insbesondere die Zusammensetzbarkeit der Verdrilllasche im Schlitz. Da auf eine Nacharbeit aufgrund der Produktivität und einer Beschädigung des Korrosionsschutzes verzichtet werden sollte, werden Optimierungspotenziale in der Prozessauslegung auf Serienniveau gesehen. Dies betrifft u. a. die Nutzung einer Scheibenlaser- anstelle einer CO_2-Laserstrahlquelle zur Steigerung der Schnittqualität, der Schneidreihenfolge zur Steuerung des Wärmeeintrags und der Berücksichtigung der Zinken des Maschinenbetts zur Vermeidung von lokaler Gratbildung. Beim Zusammensetzen der Bauteile mit biV war das teilweise parallele Ineinanderführen mehrerer Verdrilllaschen in Schlitze bei gleichzeitig tendenziell labilen Bauteilen herausfordernd, sodass Optimierungspotenziale hinsichtlich der Auslegung serieller statt paralleler Einfädelungen und ggf. zusätzliche Biegungen zur Formstabilität gesehen werden. Die Verdrilllasche erwies sich darüber hinaus als anfällig für ungewollte Verformungen, sodass teilweise Nacharbeiten notwendig waren. Hinsichtlich der Auswertung der geometrischen Maßhaltigkeit konnte bei der signifikanten Mittelwertverschiebung der Batteriefachtiefe ein systematischer und kein stochastischer Fehler identifiziert werden, da mit ±0,14 mm eine geringe Standardabweichung sowie mit einem C_p-Wert von 1,79 eine ausreichende Prozesssicherheit vorhanden war und somit ein gleichbleibender Fehler über alle LCB angenommen wurde. Der systematische Fehler wurde in einer fehlerbehafteten Abwicklung der Biegebauteile und dem daraus resultierenden Verdrilllaschenversatz identifiziert, sodass über alle LCB eine gleichbleibende Mittelwertverschiebung zustande kam.

Generell sollte bei der Interpretation der Messergebnisse zur geometrischen Maßhaltigkeit beim LCB die max. Auflösung des Messsystems von 0,035 mm, die teilweise nachteiligen Reflexionen an den Bauteilkanten sowie Schweißnähten und das manuelle Wenden beim beidseitigen Vermessen des LCB beachtet werden. Im Hinblick auf die eingesetzte Anlagentechnik beim Laserstrahlschneiden im Rahmen dieser Arbeit sind nach Abschätzungen aktuellere Maschinen nach dem Stand der Technik in der Lage, u. a. die in dieser Arbeit bestimmte Prozesszeit um ca. die Hälfte und den Schneidgasverbrauch um ca. 70 % zu reduzieren. Beim RLS hingegen bietet eine entsprechende Schweißnahtregelung die Möglichkeit, den Einfluss eines fehlerhaft positionierten Laserstrahls und die Aufwände für die Positionierung der Baugruppe in der Laserschweißzelle zu reduzieren.

Hinsichtlich der **Evaluierung der integrierten Methodik für biV anhand der beiden Fallbeispiele** lässt sich generell eine erfolgreiche Konstruktions- und Produktionsauslegung mit biV zusammenfassend festhalten. Zwar wurden im Rahmen der Fallbeispiele lediglich Greenfield-Planungen betrachtet, jedoch werden keine signifikanten Herausforderungen bei einer Brownfield-Planung erwartet, da diese Möglichkeiten durch die komplementären KK und PK bereits in der frühen Phase des PEP hätten berücksichtigt werden können. Im Hinblick auf die in Kapitel 4 und 5 aufgestellten Anforderungen kann eine generelle Erfüllung der Praxistauglichkeit bestätigt werden, obgleich hierfür größtenteils vollständige Eingangsinformationen notwendig sind, die bei einer Neuentwicklung aufgrund geringer Informationslage herausfordernd sein können. Die Praxistauglichkeit wird weiterhin unterstützt, indem bereits veröffentlichte und teilweise etablierte Methodiken, Berechnungswerkzeuge oder Modelle integriert werden. Das Ineinandergreifen des KK in den PK steigert zwar die Praxistauglichkeit, da somit kurze Entscheidungswege und Abhängigkeiten erkannt werden, jedoch geht damit auch eine stetige Aktualisierung und Überprüfung der Interdependenzen zwischen beiden Hilfsmitteln einher. Sowohl zur Generierung des Systemwissens zu biV in dieser Arbeit als auch als Eingangsgröße für die Modelle für biV aus Kapitel 3.3 sind experimentelle Versuche für die betrachteten Material-Dickenkombinationen notwendig, deren nicht unerheblicher Aufwand reduziert werden könnte.

6.4 Übertragbarkeit auf andere Baugruppen, Fertigungsverfahren und Branchen

Im Rahmen dieses Kapitels wird ein Ausblick zur Übertragbarkeit des in dieser Arbeit gewonnenen Erkenntnisgewinns zu biV gegeben, um dadurch eine Aussage über die Allgemeingültigkeit treffen zu können. Nachfolgend werden dafür die Aspekte Baugruppen/Bauteilanzahl, Fertigungsverfahren und Branchen analysiert.

Die **Übertragbarkeitsanalyse von biV auf andere Baugruppen und Halbzeuge** ergab generell ein hohes Potenzial, da die maßgeblich im Karosseriebau untersuchten Baugruppen und Bleche auch in ähnlicher Form in anderen Industrien anzutreffen sind. Im Rahmen der Systematischen Patentrecherche (SPR) wurden Patente identifiziert, die nicht originär biV zuzuordnen sind, jedoch aufgrund der hohen Überschneidung potenzialträchtig für eine Übertragbarkeit sind. Auszugsweise sind das Anwendungen zur Herstellung eines aus Blechen „gebauten" Stahlprofils[780,781] und eines aus Profilen mit Geometriemerkmalen zum Stecken und Biegen bestehenden Baukastensystems[782]. Im Kontext des Kraftfahrzeugbaus ist neben der in dieser Arbeit maßgeblich untersuchten Schalenbauweise die durch einen hohen Anteil an Handarbeit und dem Halbzeug „Profil" charakterisierte Rohr- bzw. Leiterrahmenbauweise vertreten *(vgl. Kap. 2.1.1)*. Unter anderem prädestiniert die Ähnlichkeit der in dieser Arbeit untersuchten Bleche zu den planen Profilflächen und die durch Handarbeit geprägte Fertigung eine Übertragbarkeit der Erkenntnisse. Zur Bewertung der Übertragbarkeit wurde anhand einer in 2018 vorgestellten Gitterrohrrahmenkonstruktion eine Machbarkeitsanalyse durchgeführt[783,784]. Im Rahmen dieser Analyse wurden auf Basis der Erkenntnisse mit Blech fertigungsgerechte Geometriemerkmale in Form von Biegeschnapphaken für die Anwendung in quadratischen Aluminium-Strangpressprofilen (EN AW 6060, 50 und 30 x 3 mm) entwickelt. Die Geometriemerkmalsfertigung erfolgte mit derselben Anlagentechnik wie zum Laserstrahlschneiden in Kapitel 4.2, jedoch wurde das Profil in eine drehbare 5-Achse eingespannt, sodass radial und transversal 3D lasergeschnitten werden konnte. Beispielhafte Zusammensetzkräfte lagen bei 52,92 $\pm$ 12,53 N deutlich unterhalb der zuvor definierten max. zulässigen 100 N und die Haltekräfte lagen mit 216,12 $\pm$ 49,56 N ebenfalls deutlich höher als die vorher definierten min. 40 N pro Verbindung[785]. Im nachfolgenden Prozessschritt „Fügen"

[780] WÜNSCH, „Verfahren zur Herstellung eines Stahlprofils, insbesondere eines Stahl…", 2013, S. 1 – 2; 12 – 27.
[781] WÜNSCH, „Method For Producing Steel Profiles …", 2015, S. 1 – 7.
[782] CEH4 TECHNOLOGIES GMBH, „Baukastensystem von Blechteilen", 2015, S. 1 – 2; 9 – 26.
[783] KAMPKER ET AL., „Vorrichtungsloses Fügen von Fahrzeugrahmen", 2018, S. 40 – 41.
[784] KAMPKER ET AL., „Jigless Joining of Vehicle Frames", 2018, S. 40 – 41.
[785] KAMPKER ET AL., „Vorrichtungsloses Fügen von Fahrzeugrahmen", 2018, S. 42 – 44.

wurde die vorrichtungslos zusammengesetzte Baugruppe mittels manuellem WIG-Schweißprozess gefügt[786]. Weitere Details zu der Machbarkeitsanalyse sind KAMPKER ET AL zu entnehmen. Im Hinblick auf die konkrete Übertragbarkeit des in dieser Arbeit untersuchten Geometriemerkmals *(vgl. Kap. 4)* bleibt dahin gehend unbeantwortet, inwiefern dies bei Abweichung des untersuchten T-Stoßes, bei mehr als zwei sich zu verbindenden Blechen und bei einem komplexen Mischbau möglich ist.

Aus der Evaluierung der integrierten Methodik für biV kann abgeleitet werden, dass aufgrund der erfolgreichen Anwendung bei einer geringen Bauteilanzahl sowie der Kleinserie beim LCB und der großen Bauteilanzahl sowie Großserie bei der Heckwagen-Baugruppe eine Übertragbarkeit hinsichtlich anderer Baugruppen und der Bauteilanzahl potenziell möglich zu sein scheint.

Die **Übertragbarkeit von biV auf andere Fertigungsverfahren** konnte bereits im Rahmen dieser Arbeit beispielhaft durch die Prinziptauglichkeit beim Wasserstrahlschneiden von Geometriemerkmalen *(vgl. Tab. 4.9)* gezeigt werden. Darüber hinaus zeigten Zugversuche von der auf der vorherigen Seite vorgestellten Machbarkeitsanalyse keinen negativen Einfluss der Biegeschnapphaken i. V. zu einer Verbindung ohne Biegeschnapphaken[787]. Ferner findet sich in der einschlägigen Literatur zu biV, dass in der Geometriemerkmalsfertigung das Scherschneiden, Durchsetzen, Tiefziehen, Biegen sowie Einpressen und für den anschließenden Prozessschritt „Fügen" WPS erfolgreich angewandt wurde. Das von SCHLATHER entwickelte Modell zur Vorhersage der Prozesskräfte beim „Fügen" lässt sich darüber hinaus durch Anpassung der Wärmequelle auch auf andere Schweißprozesse übertragen[788]. Im Rahmen der SLR wurde eine Arbeit mit Gestaltungsregeln zur additiven Fertigung von Schnapphaken mit den Prozessen Fused Deposition Modeling und Selective Laser Melting gefunden[789]. Sofern zukünftig die additive Fertigung mehr in Fahrzeugbauteilen bzw. ferner noch in Karosseriebauteilen oder mit der Karosserie in Kontakt kommenden Bauteilen Einzug findet, ist eine Übertragbarkeit der Erkenntnisgewinne aus dieser Arbeit denkbar.

Ein aktueller Trend in der Karosseriefertigung ist das urformende „Mega-Casting", bei dem komplette Baugruppen *(wie bspw. der Heckwagen im zweiten Fallbeispiel)* in Aluminium-Druckguss gefertigt werden[790,791,792]. In Kombination mit der Space-Frame-Bauweise könnten entweder beim Gießprozess und/oder bei der ohnehin not-

[786] KAMPKER ET AL., „Vorrichtungsloses Fügen von Fahrzeugrahmen", 2018, S. 44.

[787] KAMPKER ET AL., „Vorrichtungsloses Fügen von Fahrzeugrahmen", 2018, S. 44.

[788] SCHLATHER, „Methodische Auslegung bauteilintegrierter Spanntechnik ...", 2020, S. 57 – 58; 61; 144 – 145.

[789] KLAHN ET AL., „Design Guidelines for Additive Manufactured Snap-Fit Joints", 2016, S. 264; 267 – 268.

[790] SCHUH ET AL., „Die Karosserie aus dem Aluminium-Druckguss/Opportunities and ...", 2022, S. 580 – 84.

[791] FIEDLER ET AL., „Fields of Action in Mega-Casting for the Industrializiation ...", 2022, S. 1 – 25.

[792] BURGGRÄF ET AL., „Einfluss des Mega-Castings auf die Automobilzulieferer", 2022, S. 26 – 27.

wendigen mechanischen Nachbearbeitung entsprechende Geometriemerkmale in das Druckgussbauteil eingebracht werden, mit denen bspw. Aluminium-Strangpressprofile vorrichtungslos zusammengesetzt werden könnten.

Die Übertragbarkeit anderer Fertigungsverfahren in die integrierte Methodik für biV ist generell als positiv zu bewerten, da der methodische Ablauf das prinzipiell ermöglicht und die spezifischen Informationen der jeweiligen Fertigungsverfahren aus dem Stand der Technik in festgelegten Spalten des KK und PK systematisiert sind. Aufgrund der Demonstration unterschiedlicher Fertigungsverfahren im Kontext von biV kann von keiner punktuellen Gültigkeit ausgegangen werden.

Die **Übertragbarkeit von biV auf andere Branchen** kann bereits im historischen Kontext dargelegt werden, da diese Arbeit auf Vorarbeiten zum Feature-based fixturing (FBF) aus dem Luft- und Raumfahrzeugbau aufbaut *(vgl. Systematische Literaturrecherche (SLR) in Kap. 11.1)*. Neben dem in dieser Arbeit betrachteten Kraftfahrzeugbau lassen sich Branchen mit einer ähnlichen Blech- und/oder vorrichtungslastigen Fertigung als potenzialträchtig bewerten[793]. Beispielsweise erscheinen potenzialträchtig der Schienenfahrzeugbau mit einer eher geringen Produktionslosgröße und dem Halbzeug Blech, die Elektroindustrie am Beispiel eines gebogenen USB-Steckergehäuses oder Schaltschränken, die Fertigung von blechintensiven Haushaltsgeräten oder der Schifffahrtsbau mit seinen hohen Blechdicken.

Aus der SPR ist ebenfalls bekannt, dass ein Unternehmen aus dem Maschinen- und Anlagenbau anhand von durch Laserstrahlschneiden eingebrachten Schlitzen und Laschen Maschinengestelle fertigt[794]. Aus der Elektroindustrie ist anhand eines Patents die Anwendung von in Blechen und Profilen eingebrachten Schlitzen, Laschen und Schnapphaken bekannt, mit dem eine komplette Baugruppe zusammengesetzt ist[795]. Aus diesen Informationen lässt sich ableiten, dass prinzipiell Branchen mit den für biV als potenzialträchtig identifizierten Halbzeugen, den zu erreichenden Produktanforderungen und Produktionseigenschaften wie bspw. der Varianz, der Jahresstückzahl und dem Automatisierungsgrad als geeignet erscheinen.

Aus der Evaluierung der integrierten Methodik in dieser Arbeit lässt sich ableiten, dass ebendiese nicht direkt auf andere Branchen übertragbar ist, da bspw. die aufzunehmenden Eingangsgrößen als auch der KK und PK-spezifische Eigenheiten des Karosseriebaus beinhalten. Wiederum sind diese vom Umfang her auch überschaubar, sodass entweder einzelne Methodenschritte bzw. Hilfsmittel aufgrund der Iterationsfähigkeit einzeln verwendet werden können oder die Methodik angepasst wird.

[793] SCHLATHER, „Methodische Auslegung bauteilintegrierter Spanntechnik ...", 2020, S. 144 – 45.
[794] YAMAZAKI ET AL., „Method of manufacturing column and bed of machine ...", 2006, S. 1 – 2; 7 – 23.
[795] KERR, „Sheet metal print engine chassis assembled without fasteners", 2002, S. 1 – 5.

7 Zusammenfassung und Ausblick

Bauteilintegrierte Vorrichtungsfunktionen (biV) haben das Potenzial, bauteilspezifische Vorrichtungen im automobilen Karosseriebau zu reduzieren, sodass weniger Ressourcen wie u. a. Anlaufzeit, Investitionskosten oder Taktzeit benötigt werden und die Flexibilität hinsichtlich Stückzahlen oder Bauteilen gesteigert werden kann. Technisch umgesetzt wird das durch Geometriemerkmale in Bauteilen, in welche die Vorrichtungsfunktionen wie „Bestimmen“ und „Spannen“ integriert werden und somit eine vorrichtungslos zusammensetzbare Bauteilverbindung ergeben. Die Kombination von biV mit einer flexiblen laserbasierten Prozesskette kann eine praxisnahe Umsetzbarkeit ermöglichen bzw. Potenziale heben. Anhand einer systematischen Literaturrecherche wurden zum einen die für die Arbeit relevanten Grundlagen zur betrachteten Domäne Karosseriebau zusammengefasst und zum anderen der Stand der Forschung zu biV im Rahmen einer Übersichtsarbeit eruiert. Letztere offenbarte, dass der Grundgedanke, Vorrichtungen in Bauteile zu verlagern, auf Arbeiten aus den 1990er-Jahren und dem Luft- und Raumfahrzeugbau zurückzuführen ist, die Ende der 2000er-Jahre erstmalig im Kontext des Karosseriebaus veröffentlicht wurden. Aus der Analyse der 34 als relevant identifizierten Veröffentlichungen wurde eine Forschungslandkarte unter Ausweisung des Forschungsbedarfs synthetisiert. Im Hinblick auf die Motivation dieser Arbeit wurden im abschließenden Handlungsbedarf die zu beantwortende Forschungsfrage und die daran ausgerichtete Vorgehensweise erörtert und anhand des Weg des Erkenntnisgewinns im Design-Science-Research-Ansatz visualisiert.

Der wesentliche Erkenntnisgewinn dieser Arbeit besteht in einem prozessschrittübergreifenden Systemwissen zur produkt- und prozessseitigen Auslegung von Geometriemerkmalen. Anhand möglicher Interdependenzen zwischen dem Geometriemerkmal eines Fallbeispiels und der flexiblen Prozesskette für biV wurden mittels der Taguchi-Methodik die in der Prozesskette experimentell zu untersuchenden Einstell-, Stör- und Zielgrößen definiert. Der in jedem Prozessschritt erzeugte Erkenntnisgewinn wurde am Ende in Gestaltungsregeln synthetisiert. Im Prozessschritt „Laserstrahlschneiden“ wurde die Geometriemerkmalsfertigung hinsichtlich Qualität, Kosten und Zeit analysiert und mittels Design of Experiment (DoE) wurde ein empirisches

Modell zur Vorhersagbarkeit der Zielgrößen entwickelt. Abschließend wurde die Übertragbarkeit der Erkenntnisse auf Aluminium und auf spezifische Geometriemerkmalskonturen analysiert. Im Prozessschritt „Zusammensetzen" wurden der Einfluss unterschiedlicher Geometriemerkmalsgrößen auf die Vorrichtungsfunktionen „Bestimmen" und „Spannen" analysiert und die einzuhaltenden Spaltmaße bestimmt. Im anschließenden Prozessschritt „Remote-Laserstrahlschweißen" (RLS) von Geometriemerkmalen wurde eine für biV geeignete Schweißstrategie mit einer Annäherung zur analytischen Berechnung des Schweißzusatzwerkstoffes bestimmt. Analog zum „Laserstrahlschneiden" wurde ein empirisches Modell zur Vorhersage der Zielgrößen mittels DoE entwickelt. In nachfolgenden Einflussanalysen wurden die Auswirkungen der Laserstrahlpositionierung, der Spaltüberbrückbarkeit, eines fehlerhaft positionierten Geometriemerkmals, simulierten „welding on the fly" und die Übertragbarkeit auf mehrere Geometriemerkmale analysiert.

Damit das in Gestaltungsregeln synthetisierte Systemwissen im Produktentstehungsprozess praxisnah angewandt werden kann, wurde nach VDI 2222 ein Konstruktionskatalog (KK) für biV entworfen und anhand der Rückmeldung von Expert:innen aus einer Online-Befragung feingestaltet. Zur methodischen Integration des KK und zur Anwendbarkeit des erzeugten Systemwissens wurde eine Methodiksynthese von zwei sich überschneidenden Methodiken durchgeführt. Die hieraus synthetisierte Methodik zur Konstruktionsauslegung von biV wurde darüber hinaus um einzelne Methodenschritte und Hilfsmittel ergänzt.

Die produktionstechnische Auslegung einer Zusammenbaufertigung mit biV stellt einen weiteren Erkenntnisgewinn dieser Arbeit dar, zu dem in der SLR keine Vorarbeiten gefunden wurden. Zu diesem Zweck wurde zunächst der Produktionskatalog (PK) in Anlehnung an die in der integrierten Produkt- und Prozessentwicklung etablierten Hilfsmittel (bspw. Produktbaukasten) komplementär zum KK entwickelt. Der PK beinhaltet zu den Geometriemerkmalen aus dem KK passende Produktionsmodule, mit denen entlang der Prozesskette eine Produktion mit biV geplant werden kann. Passend dazu wurde die Methodik zur Auslegung der Zusammenbaufertigung mit biV in Anlehnung an etablierte Fabrikplanungsvorgehen entwickelt, um in Kombination mit dem PK eine methodische Vorgehensweise bereitzustellen.

Im Rahmen der abschließenden Evaluierung an zwei Fallbeispielen konnte zunächst das Low-Cost-Batteriepackgehäuse anhand der entwickelten Methodiken ausgelegt und die Gestaltungsregeln im Rahmen einer Kleinserienproduktion von fünf Baugruppen erfolgreich angewandt werden. Im zweiten Fallbeispiel „Heckwagen-Baugruppe" erfolgte die erneute methodische Auslegung, jedoch mit einer größeren und komplexeren Karosseriebaugruppe.

Aus den Erkenntnisgewinnen dieser Arbeit leiten sich nachfolgende Potenziale zur weiteren wissenschaftlichen Betrachtung als Ausblick ab. Die Ergebnisse zu der experimentellen Untersuchung zum Systemwissen von biV regen an, die in dieser Arbeit intensiv analysierten Material-Dickenkombinationen am Karosseriewerkstoff Aluminium zu vertiefen. Zwar konnte die Prinziptauglichkeit zur Übertragung der Erkenntnisse auf andere Halbzeugwerkstoffe und -formen wie bspw. Aluminium-Strangpressprofile in Kapitel 6.3 gezeigt werden, jedoch sind für ein Systemwissen für andere Halbzeugformen außer Blech (Fokus dieser Arbeit) intensive Untersuchungen notwendig. Das Potenzial hierfür wird u. a. aufgrund der in klein- und mittleren Serien vertretenen Karosseriebauweise „Space Frame" gesehen. Aufgrund der Fokussierung auf Karosseriestrukturbauteile in dieser Arbeit konnte die Anwendbarkeit von biV auf Außenhaut-Karosseriebauteilen nicht beantwortet werden. Dies kann im Kontext aktueller globaler Bestrebungen zur Etablierung einer Kreislaufwirtschaft in der Automobilindustrie eine potenzialträchtige Anwendung von biV darstellen, mit welcher „upgradefähige" Karosserien denkbar und somit ein möglichst hoher Werterhalt bzw. langer Lebenszyklus erreicht werden könnte. Beispielsweise könnte eine solche kreislauffähige Karosserie im Falle eines Remanufacturing anhand der lösbaren oder bedingt lösbaren Bauteilverbindungen mit biV einfacher zerlegt und für ein „second-life" mit Anpassungen wiederverwertet werden. Mögliche Konzepte könnten – analog zur Evaluierung in dieser Arbeit – anhand der Kleinserie einer kreislauffähigen Karosseriebaugruppe gefertigt, dann im Rahmen des Remanufacturing für ein „second-life" zerlegt und mit neuen oder gebrauchten Bauteilen mit biV gefügt werden. Eine bereits lang etablierte und notwendige Anforderung betrifft die Reparaturfähigkeit, sodass im Schadensfall einzelne Karosseriebauteile getauscht werden können, was im Rahmen dieser Analyse ebenfalls mit untersucht werden könnte. In dem Zusammenhang bleibt die Fragestellung offen, welche Geometriemerkmale hierzu geeignet wären und wie diese für Außenhautbauteile im beispielhaften Blechdickenbereich von 0,5 mm bis 1,0 mm ausgelegt sein müssten. Insbesondere dieser Blechdickenbereich wurde im Rahmen dieser Arbeit nicht betrachtet und bedarf weiterer Untersuchung.

Potenzial zur weiteren Betrachtung wird außerdem bei dem KK und PK im Hinblick auf die Überführung in ein IT-Tool gesehen, da hier die Möglichkeit zur weiteren Steigerung der Praxistauglichkeit gegeben ist. Zum einen besteht hierbei die Fragestellung, welche Methodenschritte und Kataloginhalte im Sinne der Praxistauglichkeit in ein solches Tool – wie bspw. in ein CAD-Programm – integriert werden sollten. Zum anderen könnten im Rahmen dieser Auseinandersetzung die Implikationen von biV auf den in der Wissenschaftsgemeinde umfangreich diskutierten Ansatz „Computer-Aided Fixture Design" (CAFD) analysiert und das Potenzial für biV bestimmt werden.

8 Literaturverzeichnis

Abulawi, Jutta. „Ansatz zur Beherrschung der Komplexität von vernetzten 3D-CAD-Modellen." Dissertation, Helmut-Schmidt-Universität, 2012. http://opus.unibw-hamburg.de/volltexte/2012/2993/.

Adams, Jeffrey D. „Feature Based Analysis of Selective Limited Motion in Assemblies." Master-Thesis, Department of Mechanical Engineering, Massachusetts Institute of Technology, 02.1998.

Adams, Jeffrey D. und Daniel E. Whitney. „Application of Screw Theory to Constraint Analysis of Mechanical Assemblies Joined by Features." *Journal of Mechanical Design* 123, Nr. 1 (03.2001): 26–32. https://doi.org/10.1115/1.1334858.

Ahmad, Zeshan, Tipu Sultan, Muhammad Asad, Matteo Zoppi und Rezia Molfino. „Fixture layout optimization for multi point respot welding of sheet metals." *Journal of Mechanical Science and Technology* 32, Nr. 4 (2018): 1749–60. https://doi.org/10.1007/s12206-018-0331-5.

Ahmed, Essam Ahmed Ali. „Laser Welding of Advanced High Strength Steels." Dissertation, Rheinisch-Westfälische Technische Hochschule (RWTH) Aachen University, 2011.

Akhter, Rehan, W. M. Steen und K. G. Watkins. „Welding Zinc-Coated Steel with a Laser and the Properties of the Weldment." *Journal of Laser Applications* 3, Nr. 2 (1991): 9–20. https://doi.org/10.2351/1.4745277.

Albert, Florian, Alexander Müller und Pravin Sievi. „Laserstrahl-Remoteschweißen." *Laser Technik Journal* 10, Nr. 4 (2013): 28–33. https://doi.org/10.1002/latj.201300007.

Arnoscht, Jens. „Beherrschung von Komplexität bei der Gestaltung von Baukastensystemen." Dissertation, Apprimus Verlag, Rheinisch-Westfälische Technische Hochschule (RWTH) Aachen University, 2011.

Arora, Shashank, Weixiang Shen und Ajay Kapoor. „Review of mechanical design and strategic placement technique of a robust battery pack for electric vehicles." *Renewable and Sustainable Energy Reviews* 60 (2016): 1319–31. https://doi.org/10.1016/j.rser.2016.03.013.

Arzanpour, S., J. Fung, J. K. Mills und W. L. Cleghorn. „Flexible fixture design with applications to assembly of sheet metal automotive body parts." *Assembly Automation* 26, Nr. 2 (2006): 143–53. https://doi.org/10.1108/01445150610658130.

Aslanidis, Stephanie, Christina Edelmann, Rolf Dieter Schraft, Sabine Bierschenk, Timm Kuhlmann und Cornel Müller. „Pl@Net – Integrierte Gestaltung der Produkt- und Produktionsentstehung." *ZWF Zeitschrift für wirtschaftlichen Fabrikbetrieb* 98, Nr. 6 (2003): 279–82. https://doi.org/10.3139/104.100647.

Audi AG. „Der Karosseriebau – Audi erweitert den ungarischen Standort Győr zum vollständigen Automobilwerk." Zuletzt geprüft am 14.04.2022. https://www.audi-mediacenter.com/de/audi-erweitert-den-ungarischen-standort-gyor-zum-vollstaendigen-automobilwerk-2988/der-karosseriebau-3007.

Bakker, O. J., T. N. Papastathis, A. A. Popov und S. M. Ratchev. „Active fixturing: literature review and future research directions." *International Journal of Production Research* 51, Nr. 11 (2013): 3171–90. https://doi.org/10.1080/00207543.2012.695893.

Bakker, Otto J., Thomas N. Papastathis, Svetan M. Ratchev und Atanas A. Popov. „Recent Research on Flexible Fixtures for Manufacturing Processes." *Recent Patents on Mechanical Engineering* 6, Nr. 2 (2013): 107–21. https://doi.org/10.2174/2212797611306020003. http://www.eurekaselect.com/node/108837/article.

Bandyopadhyay, K., S. K. Panda und P. Saha. „Optimization of Fiber Laser Welding of DP980 Steels Using RSM to Improve Weld Properties for Formability." *Journal of Materials Engineering and Performance* 25, Nr. 6 (2016): 2462–77. https://doi.org/10.1007/s11665-016-2071-y.

Bardeleben, Wolfdietrich von. „Systematische Betriebsmittelplanung, Methodik und Hilfsmittel, gezeigt am Beispiel der Vorrichtungskonstruktion." Dissertation, Rheinisch-Westfälische Technische Hochschule (RWTH) Aachen University, 1972.

Bauernhansl, Thomas, Manuel Fechter, und Thomas Dietz, Hrsg. *Entwicklung, Aufbau und Demonstration einer wandlungsfähigen (Fahrzeug-) Forschungsproduktion.* ARENA2036. Berlin: Springer, 2020.

Bea, Martin und Michael Zürn. „Das Laser-Remoteschweissen geht in die zweite Generation." *ATZextra* 15, Nr. 10 (2010): 6–11. https://doi.org/10.1365/s35778-010-0448-3.

Bem, Martin, Miha Denisa, Timotej Gaspar, Jaka Jereb, Robert Bevec, Igor Kovac und Ales Ude. „Reconfigurable fixture evaluation for use in automotive light assembly." In *18th International Conference on Advanced Robotics (ICAR).* Hrsg. von IEEE, 61–67. Piscataway, New Jersey: IEEE, 2017.

Bergholz, Markus. „Objektorientierte Fabrikplanung." Dissertation, Werkzeugmaschinenlabor WZL, Rheinisch-Westfälische Technische Hochschule (RWTH) Aachen University, 2005.

Bergweiler, Georg. Verfahren zum Verbinden von Blechteilen und Blechanordnung. Deutschland. DE102016106028A1. Eingereicht am April 1, 2016. Ausgestellt am 05.10.2017.

Bergweiler, Georg, Johannes Triebs, Jan Ole Hansen, Kolja Lichtenthäler und Sebastian Leimbrink. „Beitrag zur Reduzierung der Vorrichtungskosten im Karosseriebau." *Zeitschrift für wirtschaftlichen Fabrikbetrieb* 114, 7-8 (2019): 460–63. https://doi.org/10.3139/104.112126.

Bi, Z. M. und W. J. Zhang. „Flexible fixture design and automation: Review, issues and future directions." *International Journal of Production Research* 39, Nr. 13 (2001): 2867–94. https://doi.org/10.1080/00207540110054579.

Bichler, Marian, Timo Böhm, Achim Kampker und Johannes Bernd Triebs. „Challenges for car body shops of electric sports cars.“ In *18. Internationales Stuttgarter Symposium; Band 1.* Hrsg. von Michael Bargende, Hans-Christian Reuss und Jochen Wiedermann, 507–22. Wiesbaden: Springer, 2018.

Birkert, Arndt Rüdiger, Stefan Haage, und Markus Straub. *Umformtechnische Herstellung komplexer Karosserieteile: Auslegung von Ziehanlagen.* Berlin, Heidelberg: Springer, 2013.

Bishop, Jeffrey Charles. Verbindung für Blechteile und Verfahren zum Verbinden von Blechteilen. Deutschland. DE000069901119T2. Eingereicht am Juli 2, 1999. Ausgestellt am 27.03.2002.

Bishop, Jeffrey Charles und Michael John Holme. Eine Verbindung für Bleche und Verfahren zum Verbinden von Blechen. Deutschland. DE000060101456T2. Eingereicht am Februar 15, 2001. Ausgestellt am 27.11.2002.

Bley, H., L. Weyand und A. Luft. „An Alternative Approach for the Cost-efficient Laser Welding of Zinc-coated Sheet Metal.“ *CIRP Annals* 56, Nr. 1 (2007): 17–20. https://doi.org/10.1016/j.cirp.2007.05.006.

Bohn, Martin. „Toleranzmanagement im Entwicklungsprozess: Reduzierung der Auswirkungen von Toleranzen auf Zusammenbauten der Automobil-Karosserien.“ Dissertation, Institut für Produktionstechnik (WBK), Universität Karlsruhe, 23.11.1998.

Bohn, Martin, und Klaus Hetsch. *Toleranzmanagement im Automobilbau.* Hanser eLibrary. München: Carl Hanser, 2013. https://doi.org/10.3139/9783446435445. http://www.hanser-elibrary.com/doi/book/10.3139/9783446435445.

Bone, Gary M. und David Capson. „Vision-guided fixtureless assembly of automotive components.“ *Robotics and Computer-Integrated Manufacturing* 19, 1-2 (2003): 79–87. https://doi.org/10.1016/S0736-5845(02)00064-9.

Bonenberger, Paul R. „A design methodology for integral attachments.“ *Plastics Engineering* 52 (1996): 27–30. https://api.semanticscholar.org/CorpusID:107974002.

Bonenberger, Paul R. *The first snap-fit handbook: Creating attachments for plastic parts*. München: Carl Hanser, 2000.

Booth, Andrew. „"Brimful of STARLITE": toward standards for reporting literature searches." *Journal of the Medical Library Association* 94, Nr. 4 (2006): 421-e205.

Borkmann, Madlen, Achim Mahrle und Eckhard Beyer. „Study of correlation between edge roughness and gas flow characteristics in laser beam fusion cutting." *Procedia CIRP* 74 (2018): 421–24. https://doi.org/10.1016/j.procir.2018.08.167.

Bracht, Uwe und Clemens Eckert. „Phasenflexible Projektteams zur Fabrikplanung für KMU." *wt Werkstattstechnik online* 94, Nr. 4 (2004): 141–45.

Brandt, R. und G. Neuer. „Electrical Resistivity and Thermal Conductivity of Pure Aluminum and Aluminum Alloys up to and above the Melting Temperature." *International Journal of Thermophysics* 28, Nr. 5 (2007): 1429–46. https://doi.org/10.1007/s10765-006-0144-0.

Briner, Rob B. und David Denyer. „Systematic Review and Evidence Synthesis as a Practice and Scholarship Tool." In *The Oxford handbook of evidence-based management*. Hrsg. von Denise M. Rousseau, 112–29. New York: Oxford University Press, 2012.

Bundesverband Deutscher Patentanwälte e. V. „60 Jahre Lego – vom bunten Steckbaustein zum Roboter." Zuletzt geprüft am 30.10.2022. https://www.bundesverband-patentanwaelte.de/patente/60-jahre-lego-vom-bunten-steckbaustein-zum-roboter/.

Burggräf, Peter, Georg Bergweiler, Jan-Philip Ganser und Falko Fiedler. „Einfluss des Mega-Castings auf die Automobilzulieferer." *maschinenbau* 2, Nr. 5 (2022): 26–29. https://doi.org/10.1007/s44029-022-0702-7.

Burggräf, Peter, und Günther Schuh. *Fabrikplanung: Handbuch Produktion und Management 4*. 2., vollst. neu bearb. und erw. Auflage. Handbuch Produktion und Management. Berlin: Springer, 2021.

Burr, Holger. „Informationsmanagement an der Schnittstelle zwischen Entwicklung und Produktionsplanung im Karosserierohbau." Dissertation, Universität des Saarlandes, 2008. http://nbn-resolving.de/urn:nbn:de:bsz:291-scidok-16821.

Cai, W., S. J. Hu und J. X. Yuan. „Deformable Sheet Metal Fixturing: Principles, Algorithms, and Simulations." *Journal of Manufacturing Science and Engineering* 118, Nr. 3 (1996): 318–24. https://doi.org/10.1115/1.2831031.

Caristan, Charles L. *Laser cutting: Guide for manufacturing.* Dearborn, Michigan: SME Society of Manufacturing Engineers, 2004.

Ceglarek, Dariusz, Marcello Colledani, József Váncza, Duck-Young Kim, Charles Marine, Markus Kogel-Hollacher, Anil Mistry und Luca Bolognese. „Rapid deployment of remote laser welding processes in automotive assembly systems." *CIRP Annals* 64, Nr. 1 (2015): 389–94. https://doi.org/10.1016/j.cirp.2015.04.119.

CeH4 technologies GmbH. Baukastensystem von Blechteilen. Deutschland. DE202015101920U1. Eingereicht am April 17, 2015. Ausgestellt am 18.06.2015.

Chang, Chao-Fan und Der-Baau Perng. „Assembly-part automatic positioning using high-level entities of mating features." *Computer Integrated Manufacturing Systems* 10, Nr. 3 (1997): 205–15. https://doi.org/10.1016/S0951-5240(97)00009-8. https://www.sciencedirect.com/science/article/pii/S0951524097000098.

Chen, Wenjie, Xiong Li, Sheng Jie Teo, Wei Lin und Kin Huat Low. „A flexible fixtureless assembly of T-joint frame structures." In *2015 IEEE/RSJ International Conference on Intelligent Robots and Systems (IROS).* Hrsg. von IEEE, 2360–65. Piscataway, New Jersey: IEEE, 2015.

Chuck, Alexander. „Streamlining Automotive Production with Additive Manufacturing." Zuletzt geprüft am 09.09.2023. https://www.qualitymag.com/articles/94762-streamlining-automotive-production-with-additive-manufacturing.

Clausen, Jens, Anna Grimm, und Matthias Pfaff. *Die erfolgreiche Transformation der Automobilbranche.* Working paper Forschungsförderung Nummer 253 (Juli

2022). Düsseldorf: Hans-Böckler-Stiftung, 2022. https://www.boeckler.de/fpdf/HBS-008369/p_fofoe_WP_253_2022.pdf.

Claussen, Carsten Martin. „Heftschweißverfahren für das Lagerfixieren von Werkstücken beim Schutzgasschweißen mit Industrierobotern." Dissertation, Universität Stuttgart, 1991.

Colgan, Mark und John Monaghan. „Deep drawing process: analysis and experiment." *Journal of Materials Processing Technology* 132, 1-3 (2003): 35–41. https://doi.org/10.1016/S0924-0136(02)00253-4.

Couteau, Olivier. „Forward searching – A complement to keyword- and class-based patentability searches." *World Patent Information* 37 (2014): 33–38. https://doi.org/10.1016/j.wpi.2014.01.007.

Degroote, Bart und Pierre Held. „Analysis of the patent documentation coverage of the CPC in comparison with the IPC with a focus on Asian documentation." *World Patent Information* 54 (2018): 78-84. https://doi.org/10.1016/j.wpi.2017.10.001.

Delebecque, Benoit, Yves Houtmann, Geoffroy Lauvaux und Claude Barlier. „Automated generation of assembly features in layered manufacturing." *Rapid Prototyping Journal* 14, Nr. 4 (2008): 234–45. https://doi.org/10.1108/13552540810896184.

Denyer, David und David Tranfield. „Producing a systematic review." In *The Sage handbook of organizational research methods*. Hrsg. von David Buchanan und Alan Bryman, 671–89. Thousand Oaks, Kalifornien: Sage Publications Ltd, 2009.

Derhake, Thomas. „Methodik für das rechnerunterstützte Erstellen und Anwenden flexibler Konstruktionskataloge." Dissertation, Technische Universität Braunschweig, 1990.

Diekhöner, Günther W. „Erstellen und Anwenden von Konstruktionskatalogen im Rahmen des methodischen Konstruierens." Dissertation, Technische Universität Braunschweig, 1981.

Dilthey, Ulrich, und Annette Brandenburg. *Schweißtechnische Fertigungsverfahren.* Berlin, Heidelberg: Springer, 2002. https://doi.org/10.1007/978-3-642-56125-2.

DIN 1910-100:2008-02. *Schweißen und verwandte Prozesse - Begriffe - Teil 100: Metallschweißprozesse mit Ergänzungen zu DIN EN 14610:2005.* Berlin: Beuth Verlag GmbH, 2008, DIN 1910-100.

DIN 33411-5:1999-11. *Körperkräfte des Menschen - Teil 5: Maximale statische Aktionskräfte, Werte.* Berlin: Beuth Verlag GmbH, 1999, DIN 33411-5.

DIN 6300:2009-04. *Vorrichtungen für die Fixierung der Lage von Werkstücken während formändernder Fertigungsverfahren - Benennungen und deren Abkürzungen.* Berlin: Beuth Verlag GmbH, 2009, DIN 6300.

DIN 66001:1983-12. *Informationsverarbeitung; Sinnbilder und ihre Anwendung.* Berlin: Beuth Verlag GmbH, 1983, DIN 66001.

DIN 8580:2020-01. *Fertigungsverfahren - Begriffe, Einteilung.* Berlin: Beuth Verlag GmbH, 2020, DIN 8580.

DIN 8584-1:2003-09. *Fertigungsverfahren Zugdruckumformen - Teil 1: Allgemeines; Einordnung, Unterteilung, Begriffe.* Berlin: Beuth Verlag GmbH, 2003, DIN 8584-1.

DIN 8585-4:2003-09. *Fertigungsverfahren Zugumformen - Teil 4: Tiefen; Einordnung, Unterteilung, Begriffe.* Berlin: Beuth Verlag GmbH, 2003, DIN 8585-4.

DIN 8586:2003-09. *Fertigungsverfahren Biegeumformen - Einordnung, Unterteilung, Begriffe.* Berlin: Beuth Verlag GmbH, 2003, DIN 8586.

DIN 8588:2013-08. *Fertigungsverfahren Zerteilen - Einordnung, Unterteilung, Begriffe.* Berlin: Beuth Verlag GmbH, 2013, DIN 8588.

DIN 8590:2003-09. *Fertigungsverfahren Abtragen - Einordnung, Unterteilung, Begriffe.* Berlin: Beuth Verlag GmbH, 2003, DIN 8590.

DIN 8593-0:2003-09. *Fertigungsverfahren Fügen - Teil 0: Allgemeines; Einordnung, Unterteilung, Begriffe.* Berlin: Beuth Verlag GmbH, 2003, DIN 8593-0.

DIN 8593-1:2003-09. *Fertigungsverfahren Fügen - Teil 1: Zusammensetzen; Einordnung, Unterteilung, Begriffe*. Berlin: Beuth Verlag GmbH, 2003, DIN 8593-1.

DIN 8593-3:2003-09. *Fertigungsverfahren Fügen - Teil 3: Anpressen, Einpressen; Einordnung, Unterteilung, Begriffe*. Berlin: Beuth Verlag GmbH, 2003, DIN 8593-3.

DIN 8593-5:2003-09. *Fertigungsverfahren Fügen - Teil 5: Fügen durch Umformen; Einordnung, Unterteilung, Begriffe*. Berlin: Beuth Verlag GmbH, 2003, DIN 8593-5.

DIN 8593-6:2003-09. *Fertigungsverfahren Fügen - Teil 6: Fügen durch Schweißen; Einordnung, Unterteilung, Begriffe*. Berlin: Beuth Verlag GmbH, 2003, DIN 8593-6.

DIN EN 10143:2006-09. *Kontinuierlich schmelztauchveredeltes Blech und Band aus Stahl - Grenzabmaße und Formtoleranzen; Deutsche Fassung EN 10143:2006*. Berlin: Beuth Verlag GmbH, 2006, DIN EN 10143.

DIN EN 10204:2005-01. *Metallische Erzeugnisse - Arten von Prüfbescheinigungen; Deutsche Fassung EN 10204:2004*. Berlin: Beuth Verlag GmbH, 2005, DIN EN 10204.

DIN EN 10346:2015-10. *Kontinuierlich schmelztauchveredelte Flacherzeugnisse aus Stahl zum Kaltumformen - Technische Lieferbedingungen; Deutsche Fassung EN 10346:2015*. Berlin: Beuth Verlag GmbH, 2015, DIN EN 10346.

DIN EN ISO 10209:2012-11. *Technische Produktdokumentation - Vokabular - Begriffe für technische Zeichnungen, Produktdefinition und verwandte Dokumentation (ISO/DIS 10209:2020): = Technical product documentation - vocabulary - terms relating to technical drawings, product definition and related documentation (ISO/DIS 10209:2020)*. Deutsche Norm. Berlin: Beuth Verlag GmbH, 2012, DIN EN ISO 10209.

DIN EN ISO 11145:2019-06. *Optik und Photonik - Laser und Laseranlagen - Begriffe und Formelzeichen (ISO 11145:2018); Deutsche Fassung EN ISO 11145:2018*. Berlin: Beuth Verlag GmbH, 2019, DIN EN ISO 11145.

DIN EN ISO 13919-1:2020-03. *Elektronen- und Laserstrahl-Schweißverbindungen - Anforderungen und Empfehlungen für Bewertungsgruppen für Unregelmäßigkeiten - Teil 1: Stahl, Nickel, Titan und deren Legierungen (ISO 13919-1:2019); Deutsche Fassung EN ISO 13919-1:2019.* Berlin: Beuth Verlag GmbH, 2020, DIN EN ISO 13919-1.

DIN EN ISO 13919-2:2021-06. *Elektronen- und Laserstrahl-Schweißverbindungen - Anforderungen und Empfehlungen für Bewertungsgruppen für Unregelmäßigkeiten - Teil 2: Aluminium, Magnesium und ihre Legierungen und reines Kupfer (ISO 13919-2:2021); Deutsche Fassung EN ISO 13919-2:2021.* Berlin: Beuth Verlag GmbH, 2021, DIN EN ISO 13919-2.

DIN EN ISO 15607:2020-02. *Anforderung und Qualifizierung von Schweißverfahren für metallische Werkstoffe - Allgemeine Regeln (ISO 15607:2019); Deutsche Fassung EN ISO 15607:2019.* Berlin: Beuth Verlag GmbH, 2020, DIN EN ISO 15607.

DIN EN ISO 17637:2017-04. *Zerstörungsfreie Prüfung von Schweißverbindungen - Sichtprüfung von Schmelzschweißverbindungen (ISO 17637:2016); Deutsche Fassung EN ISO 17637:2016.* Berlin: Beuth Verlag GmbH, 2017, DIN EN ISO 17637.

DIN EN ISO 4063:2021-02. *Schweißen, Hartlöten, Weichlöten, Schneiden, Mechanisches Fügen und Kleben - Liste der Prozesse und Ordnungsnummern (ISO/DIS 4063:2020); Deutsche und Englische Fassung prEN ISO 4063:2020.* Berlin: Beuth Verlag GmbH, 2021, DIN EN ISO 4063.

DIN EN ISO 4063:2023-07. *Schweißen, Hartlöten, Weichlöten und Schneiden - Liste der Prozesse und Ordnungsnummern (ISO 4063:2023); Deutsche Fassung EN ISO 4063:2023.* Berlin: Beuth Verlag GmbH, 2023, DIN EN ISO 4063.

DIN EN ISO 9013:2017-05. *Thermisches Schneiden - Einteilung thermischer Schnitte - Geometrische Produktspezifikation und Qualität (ISO 9013:2017); Deutsche Fassung EN ISO 9013:2017.* Berlin: Beuth Verlag GmbH, 2017, DIN EN ISO 9013.

DIN EN ISO 9692-1:2013-12. *Schweißen und verwandte Prozesse - Arten der Schweißnahtvorbereitung - Teil 1: Lichtbogenhandschweißen, Schutzgasschweißen, Gasschweißen, WIG-Schweißen und Strahlschweißen von Stählen (ISO 9692-1:2013); Deutsche Fassung EN ISO 9692-1:2013.* Berlin: Beuth Verlag GmbH, 2013, DIN EN ISO 9692-1.

DIN ISO 8855:2013-11. *Straßenfahrzeuge - Fahrzeugdynamik und Fahrverhalten - Begriffe (ISO 8855:2011).* Berlin: Beuth Verlag GmbH, 2013, DIN ISO 8855.

Döring, Nicola, und Jürgen Bortz. *Forschungsmethoden und Evaluation in den Sozial- und Humanwissenschaften.* Berlin, Heidelberg: Springer, 2016. https://doi.org/10.1007/978-3-642-41089-5.

Dreyer, Helmut, und Hans-Jürgen Malig. *Statistische Versuchsmethodik: Handbuch.* 2. Aufl. Birkenau: Q-DAS GmbH Ges. für Datenverarbeitung u. Systemtechnik, 1993.

Dubey, Avanish Kumar und Vinod Yadava. „Laser beam machining-A review." *International Journal of Machine Tools and Manufacture* 48, Nr. 6 (2008): 609–28. https://doi.org/10.1016/j.ijmachtools.2007.10.017.

DVS-EFB 3470:2017-02. *Mechanisches Fügen - Konstruktion und Auslegung - Grundlagen/Überblick.* Merkblatt DVS/EFB. Düsseldorf: DVS Media GmbH, 2017 3470, DVS 3470.

Ehrlenspiel, Klaus, Alfons Kiewert, Udo Lindemann, und Markus Mörtl. *Kostengünstig Entwickeln und Konstruieren.* Berlin, Heidelberg: Springer, 2014. https://doi.org/10.1007/978-3-642-41959-1.

Ehrlenspiel, Klaus, und Harald Meerkamm. *Integrierte Produktentwicklung: Denkabläufe, Methodeneinsatz, Zusammenarbeit.* 5., überarb. und erw. Aufl., [E-Book]. Hanser eLibrary. München: Carl Hanser, 2013. https://doi.org/10.3139/9783446436275. http://www.hanser-elibrary.com/doi/book/10.3139/9783446436275.

Elsevier. „How do I use the advanced search? Boolean operators and phrase search." Zuletzt geprüft am 25.06.2022. https://service.elsevier.com/app/answers/detail/a_id/25974/supporthub/sciencedirect/.

Engelmann, Jörg. „Methoden und Werkzeuge zur Gestaltung energieeffizienter Fabriken." Dissertation, Technische Universität Chemnitz, 2009.

Erlach, Klaus. *Wertstromdesign.* Berlin, Heidelberg: Springer, 2020. https://doi.org/10.1007/978-3-662-58907-6.

Eroğlu, Oğuzhan, Shahan Tutunjian, Thomas Forstner und Fabian Fischer. „Automatisierte flexible Verbindungstechnik für thermoplastische und duroplastische Faserverbundwerkstoffe im Materialmischbau." In *Karosseriebautage Hamburg 2018.* Hrsg. von Alexander Piskun, 3–19. Proceedings. Wiesbaden: Springer, 2019.

Europäische Kommission. *NACE Rev. 2 - Statistische Systematik der Wirtschaftszweige in der Europäischen Gemeinschaft.* Eurostat Reihe Thema. Luxemburg: Amt für Amtl. Veröff. der Europ. Gemeinschaften, 2008. http://ec.europa.eu/eurostat/documents/3859598/5902453/KS-RA-07-015-DE.PDF/680c5819-8a93-4c18-bea6-2e802379df86?version=1.0 =x H.

Eversheim, Walter. *Organisation in der Produktionstechnik.* 3., vollst. überarb. Aufl. Berlin, Heidelberg: Springer, 1998.

Eversheim, Walter, und Günther Schuh. *Integrierte Produkt- und Prozessgestaltung.* Berlin, Heidelberg: Springer, 2005. https://doi.org/10.1007/b138348.

Ewald, Otto. *Lösungssammlungen für das methodische Konstruieren.* Düsseldorf: VDI-Verlag, 1975.

Fahrenwaldt, Hans J., Volkmar Schuler, und Jürgen Twrdek. *Praxiswissen Schweißtechnik.* Wiesbaden: Springer, 2014. https://doi.org/10.1007/978-3-658-03141-1.

Feldhusen, Jörg, und Karl-Heinrich Grote, Hrsg. *Pahl/Beitz Konstruktionslehre: Methoden und Anwendung erfolgreicher Produktentwicklung.* 8., vollst. überarb. Auflage. Berlin, Heidelberg: Springer, 2013. http://gbv.eblib.com/patron/FullRecord.aspx?p=1538461.

Feldmann, Klaus, Hrsg. *Handbuch Fügen, Handhaben, Montieren.* 1. Aufl. Edition Handbuch der Fertigungstechnik. München: Carl Hanser, 2014. http://e-books.ciando.com/book/index.cfm/bok_id/1056717.

Fetzer, Florian, Christian Hagenlocher, Rudolf Weber und Thomas Graf. „Geometry and stability of the capillary during deep-penetration laser welding of AlMgSi at high feed rates.” *Optics & Laser Technology* 133 (2021): 106562. https://doi.org/10.1016/j.optlastec.2020.106562.

Fiedler, Falko, Georg Bergweiler und Peter Burggraf. „Towards a Method to Design Production Systems for Fixtureless Production with Component-integrated Fixture Features in Automotive Body Shops.” In *Proceedings of 2021 IEEE International Conference on Industrial Engineering and Engineering Management (IEEM).* Hrsg. von IEEE, 721–28. Piscataway, New Jersey: IEEE, 2021.

Fiedler, Falko, Georg Bergweiler, Peter Burggräf und Günther Schuh. „Fields of Action in Mega-Casting for the Industrializiation of Automotive Car Bodies.” Konferenz: Automotive Circle: Car Body Parts - from development to production, Bad Nauheim, 27.09.2022.

Fiedler, Falko, Georg Bergweiler und Achim Kampker. „Laser Welding Process Development for Jigless Joining of a Low-Cost Battery Pack Housing.” In *Proceedings of 72nd Annual Assembly and International Conference.* Hrsg. von IIW. Bratislava: IIW, 2019.

Fiedler, Falko, Georg Bergweiler und Günther Schuh. „Flexibler Karosseriebau mit bauteilintegrierten Vorrichtungsfunktionen.” Konferenz: Technologietag E-Mobility Laser Zentrum Hannover, Hannover, 06.11.2019.

Fiedler, Falko, Jannik Ehrenstein, Christian Höltgen, Aileen Blondrath, Lukas Schäper, Amon Göppert und Robert Schmitt. „Jigs and fixtures in production: A systematic literature review.” *Journal of Manufacturing Systems* 72 (2024): 373–405. https://doi.org/10.1016/j.jmsy.2023.10.006.

Fink, Arlene. *Conducting research literature reviews: From the internet to paper.* Fourth edition. Los Angeles, London, New Delhi, Singapore, Washington DC: SAGE, 2014.

Ford, Henry, und Samuel In collaboration with Crowther. *My life and work.* New York: Doubleday Page & Company, 1923.

Franzkowiak, Michael. „Methodik zur Strukturierung von Vorrichtungssystemen in der Lohnfertigung." Dissertation, Technische Universität München, 08.07.2014.

Fricke, W., C. Robert, R. Peters und A. Sumpf. „Fatigue strength of laser-stake welded T-joints subjected to combined axial and shear loads." *Welding in the World* 60, Nr. 3 (2016): 593–604. https://doi.org/10.1007/s40194-016-0322-z.

Friedrich, Horst E. *Leichtbau in der Fahrzeugtechnik.* Wiesbaden: Springer, 2013. https://doi.org/10.1007/978-3-8348-2110-2.

Fritzsche, Rayk, Reimund Neugebauer, Marko Pfeifer und Hubert Waltl. „Intelligenter Karosseriebau: Ressourceneffizienter Anlagenanlauf im Karosseriebau durch automatisch justierbare Vorrichtungen." *wt Werkstattstechnik online* 102, Nr. 10 (2012): 709–15.

Frodl, Bernhard. „Der neue BMW X7 als Erweiterung der BMW X-Familie im GKL Segment." Konferenz: Aachener Karosserietage 2019, Aachen, 17.09.2019.

Früh, Werner. *Inhaltsanalyse: Theorie und Praxis.* 7., überarb. Auflage, E-Book. utb-studi-e-book 2501. Konstanz: UVK-Verlag, 2011. https://elibrary.utb.de/doi/book/10.36198/9783838535951.

Fysikopoulos, Apostolos, George Pastras, John Stavridis, Panagiotis Stavropoulos und George Chryssolouris. „On the Performance Evaluation of Remote Laser Welding Process: An Automotive Case Study." *Procedia CIRP* 41 (2016): 969–74. https://doi.org/10.1016/j.procir.2016.01.005.

Gameros, A., S. Lowth, D. Axinte, A. Nagy-Sochacki, O. Craig und H. R. Siller. „State-of-the-art in fixture systems for the manufacture and assembly of rigid components: A review." *International Journal of Machine Tools and Manufacture* 123 (2017): 1–21. https://doi.org/10.1016/j.ijmachtools.2017.07.004.

Gärtner, Christian, und Christian Heinrich. *Fallstudien zur Digitalen Transformation.* Wiesbaden: Springer, 2018. https://doi.org/10.1007/978-3-658-18745-3.

Genc, S., R. W. Messler, P. R. Bonenberger und G. A. Gabriele. „Enumerating Possible Design Options for Integral Attachment Using a Hierarchical Classification

Scheme." *Journal of Mechanical Design* 119, Nr. 2 (1997): 178–84. https://doi.org/10.1115/1.2826233.

Gienke, Helmuth, und Rainer Kämpf, Hrsg. *Handbuch Produktion: Innovatives Produktionsmanagement: Organisation, Konzepte, Controlling*. München: Carl Hanser, 2007.

Gläser, Jochen, und Grit Laudel. *Experteninterviews und qualitative Inhaltsanalyse als Instrumente rekonstruierender Untersuchungen*. 3., überarb. Aufl. Lehrbuch. Wiesbaden: VS, Verl. für Sozialwiss, 2008.

Göpfert, Ingrid, David Braun, und Matthias Schulz. *Automobillogistik*. Wiesbaden: Springer, 2017. https://doi.org/10.1007/978-3-658-11103-8.

Gramelsberger, Gabriele, Peter Bexte, und Werner Kogge. *Synthesis: Zur Konjunktur eines philosophischen Begriffs in Wissenschaft und Technik* 20. Bielefeld: transcript Verlag, 2013. https://doi.org/10.14361/transcript.9783839422397.

Graser, Saskia. „3D-Druck mal anders: BMW Group Werk Landshut kann auch Weihnachten!" Pressemitteilung. 21.12.2020. Zuletzt geprüft am 09.09.2023. https://www.press.bmwgroup.com/deutschland/article/detail/T0321948DE/3d-druck-mal-anders:-bmw-group-werk-landshut-kann-auch-weihnachten?language=de.

Grasse, Jean. „Beitrag zur Gestaltung eines Qualitätsmethodenverbundes in der Karosserieentwicklung und -planung." Dissertation, Technische Universität Berlin, 2002.

Grimm, Alexander. Bauteilanordnung und Verfahren zum Laserstrahlschweißen. Deutschland. DE102016205349 (A1). Eingereicht am März 31, 2016. Ausgestellt am 05.10.2017.

Grippo, P. M., M. V. Gandhi und B. S. Thompson. „A review of flexible fixturing systems for computer integrated manufacturing." *International Journal of Computer Integrated Manufacturing* 1, Nr. 2 (1988): 124–35. https://doi.org/10.1080/09511928808944352.

Grundig, Claus-Gerold. *Fabrikplanung: Planungssystematik - Methoden - Anwendungen*. 3., neu bearb. Aufl. München: Carl Hanser, 2009.

Grundig, Claus-Gerold. *Fabrikplanung: Planungssystematik - Methoden - Anwendungen.* 5., aktual. Aufl. München: Carl Hanser, 2015.

Guba, Beate. „Systematische Literatursuche." *Wiener Medizinische Wochenschrift* 158, Nr. 1 (2008): 62–69. https://doi.org/10.1007/s10354-007-0500-0.

Haake, H., und Wolfgang Fahrenbach. *Widerstandsschweißen* 73. Berlin, Heidelberg: Springer, 1949. https://doi.org/10.1007/978-3-642-53202-3.

Haake, H., und Heinrich Mauri. *Der Vorrichtungsbau* 33. Berlin, Heidelberg: Springer, 1961. https://doi.org/10.1007/978-3-642-53180-4.

Hammer, Maik, Johann Niekerk und Thomas Herzinger. Method for connecting automotive components e.g. metal sheets with steel ball used in vehicle, involves joining and prefixing metal sheets by junction units with releasable components and connecting metal sheets by laser beam welding. Deutschland. DE102010028322 (A1). Eingereicht am April 28, 2010. Ausgestellt am 03.11.2011.

Hansen, Jan Ole. „Methodik zur Bauteilintegration von Vorrichtungsfunktionen im Karosseriebau." Dissertation, Rheinisch-Westfälische Technische Hochschule (RWTH) Aachen University, 2020.

Hansen, Jan Ole, Achim Kampker und Johannes Triebs. „Approaches for flexibility in the future automobile body shop: results of a comprehensive cross-industry study." *Procedia CIRP* 72 (2018): 995–1002. https://doi.org/10.1016/j.procir.2018.03.113.

Hasselberg, Lukas. „Neuer Opel Corsa: Die Erfolgsstory geht in den sechsten Akt." Zuletzt geprüft am 01.10.2022. https://www.media.stellantis.com/ch-de/opel/press/neuer-opel-corsa-die-erfolgsstory-geht-in-den-sechsten-akt.

Hatwig, J., G. Reinhart und M. F. Zaeh. „Automated task planning for industrial robots and laser scanners for remote laser beam welding and cutting." *Production Engineering* 4, Nr. 4 (2010): 327–32. https://doi.org/10.1007/s11740-010-0252-3.

Haunstetter, Thomas. „Methoden des Data Mining in Anwendung an die Flexibilitätsattribute des automobilen Karosseriebaus zur strategischen Investitionsplanung." Dissertation, Helmut-Schmidt-Universität, 2010. http://opus.unibw-hamburg.de/opus/volltexte/2010/2546/.

Havrilla, David. „Laser Welding Design and Process Fundamentals and Troubleshooting Guideline." 2. Auflage, Rofin-Sinar, Plymouth, 02.1999.

He, Hanbing, Farnoosh Forouzan, Joerg Volpp, Stephanie M. Robertson und Esa Vuorinen. „Microstructure and Mechanical Properties of Laser-Welded DP Steels Used in the Automotive Industry." *Materials (Basel, Switzerland)* 14, Nr. 2 (2021): 456. https://doi.org/10.3390/ma14020456.

Heil, Uwe, Ingrid Paulus und Michael Schacht. „Ganzheitliche Betrachtung – Energie- und CO2-Reduzierung in der Herstellung der Karosserie." In *Karosseriebautage Hamburg*. Hrsg. von Gerhard Tecklenburg, 3–12. Proceedings. Wiesbaden: Springer, 2014.

Hellwig, Waldemar, und Matthias Kolbe. *Spanlose Fertigung Stanzen*. Wiesbaden: Vieweg+Teubner Verlag, 2012. https://doi.org/10.1007/978-3-8348-2229-1.

Hellwig, Waldemar, und Erwin Semlinger. *Spanlose Fertigung: Stanzen*. Wiesbaden: Vieweg+Teubner Verlag, 1994. https://doi.org/10.1007/978-3-663-13938-6.

Heragu, Sunderesh S. *Facilities Design*. 2016. 4th Edition. Boca Raton: CRC Press, 2016. https://doi.org/10.1201/9781315382647.

Hesse, Stefan, Heinrich Krahn, und Dieter Eh. *Betriebsmittel Vorrichtung: Grundlagen und kommentierte Beispiele*. 2., überarb. und erw. Aufl. München: Carl Hanser, 2012. https://doi.org/10.3139/9783446431386. http://www.hanser-elibrary.com/action/showBook?doi=10.3139/9783446431386.

Heusel, Jörg. Blechbauteil mit einer laserschweißgerechten dreikantigen Ecke, zugehöriger Blechzuschnitt sowie Verfahren zum Herstellen des Blechbauteils. Deutschland. DE102013206183B3. Eingereicht am April 9, 2013. Ausgestellt am 24.04.2014.

Hevner, Alan. „A Three Cycle View of Design Science Research." *Scandinavian Journal of Information Systems* 19 (2007): 1–6.

Hevner, Alan, Salvatore T. March, Jinsoo Park und Sudha Ram. „Design Science in Information Systems Research.“ *MIS Quarterly* 28, Nr. 1 (2004): 75. https://doi.org/10.2307/25148625.

Heyn, Markus. „Methodik zur schnittstellenorientierten Gestaltung von Entwicklungskooperationen.“ Dissertation, Rheinisch-Westfälische Technische Hochschule (RWTH) Aachen University, 1998.

Hirt, Julian und Thomas Nordhausen. „One size does not fit all – systematische Literaturrecherche in Fachdatenbanken - Schritt 10: Ergänzende Recherchemöglichkeiten.“ *Klinische Pflegeforschung* 5 (2019): 39–43. https://doi.org/10.6094/KlinPfleg.5.39.

Hoffman, Edward G. *Jig and fixture design.* 3. Aufl. Albany, New York: Delmar Publishers, 1991.

Hoffmann, Hartmut. *Handbuch Umformen.* Edition Handbuch der Fertigungstechnik. München: Carl Hanser, 2012. http://www.hanser-elibrary.com/doi/book/10.3139/9783446430044.

Hu, Min, Zhongqin Lin, Xinmin Lai und Jun Ni. „Simulation and analysis of assembly processes considering compliant, non-ideal parts and tooling variations.“ *International Journal of Machine Tools and Manufacture* 41, Nr. 15 (2001): 2233–43. https://doi.org/10.1016/S0890-6955(01)00044-X.

Hügel, Helmut, und Thomas Graf. *Materialbearbeitung mit Laser.* Wiesbaden: Springer, 2022. https://doi.org/10.1007/978-3-658-37252-1.

Ihme, Joachim. *Logistik im Automobilbau: Logistikkomponenten und Logistiksysteme im Fahrzeugbau.* München, Wien: Carl Hanser, 2006. https://doi.org/10.3139/9783446408623. http://www.hanser-elibrary.com/doi/book/10.3139/9783446408623.

ISO 6361-2:2014-09. *Aluminium und Aluminium-Knetlegierungen - Bleche, Bänder und Platten - Teil 2: Mechanische Eigenschaften.* Berlin: Beuth Verlag GmbH, 2014, ISO 6361-2.

ISO 6361-4:2014-09. *Aluminium und Aluminium-Knetlegierungen - Bleche, Bänder und Platten - Teil 4: Bleche und Platten - Grenzabmaße und Formtoleranzen.* Berlin: Beuth Verlag GmbH, 2014, ISO 6361-4.

ISO/TR 581:2007-04. *Schweißbarkeit - Metallische Werkstoffe - Allgemeine Grundlagen; Deutsche Fassung ISO/TR 581:2007-04.* Berlin: Beuth Verlag GmbH, 2007, ISO/TR 581.

Jacques, Laurent und Abderrazak El Ouafi. „Experimental Investigation of Laser Welding Process in Butt-Joint Configurations." *World Journal of Engineering and Technology* 05, Nr. 01 (2017): 77–89. https://doi.org/10.4236/wjet.2017.51007.

Jahn, Axel. „Lasergeschweißte Leichtbauprofile in Integral-Mischbauweise: Fraunhofer IWS Jahresbericht 2012." Dresden, 2012.

Jorden, Walter. *Form- und Lagetoleranzen: Handbuch für Studium und Praxis.* 8., aktual. Aufl. München: Carl Hanser, 2014. https://doi.org/10.3139/9783446439856. http://www.hanser-elibrary.com/doi/book/10.3139/9783446439856.

Kaas, Hans-Werner, Detlev Mohr, Paul Gao, Nicolai Müller, Dominik Wee, Russel Hensley und Mingyu Guan et al. „Automotive revolution – perspective towards 2030." McKinsey & Company, Detroit, 01.01.2016.

Kah, Paul, Jinhong Lu, Jukka Martikainen und Raimo Suoranta. „Remote Laser Welding with High Power Fiber Lasers." *Engineering* 05, Nr. 09 (2013): 700–706. https://doi.org/10.4236/eng.2013.59083.

Kaierle, Stefan, Boris Regaard, Martin Dahmen und Wolfgang Fiedler. „Anwendung brillanter Diodenlaser beim Schweißen von Aluminium-Dünnblechen." *Laser Technik Journal* 4, Nr. 2 (2007): 35–38. https://doi.org/10.1002/latj.200790153.

Kamarthi, S., N. Bhole und A. Zeid. „Investigating the design and development of truly agile flexible fixtures based on electrorheological fluids." *International Journal of Rapid Manufacturing* 1, Nr. 1 (2009): 99. https://doi.org/10.1504/IJRapidM.2009.028934.

Kampker, A., C. Deutskens und A. Marks. „Die Rolle von lernenden Fabriken für Industrie 4.0." In *Zukunft der Arbeit in Industrie 4.0.* Hrsg. von Alfons Botthof und Ernst A. Hartmann, 77–85. Berlin, Heidelberg: Springer, 2015.

Kampker, Achim, Georg Bergweiler, Falko Fiedler und Ansgar Hollah. „Battery Pack Housing for Electric Vehicles Made by Laser Beam Welding." *ATZ worldwide* 121, Nr. 6 (2019): 72–77. https://doi.org/10.1007/s38311-019-0058-7.

Kampker, Achim, Georg Bergweiler, Falko Fiedler und Ansgar Hollah. „Laserstrahlgeschweißtes Batteriepackgehäuse für Elektrofahrzeuge." *ATZ Automobiltech Z* 121, Nr. 6 (2019): 74–79. https://doi.org/10.1007/s35148-019-0050-y.

Kampker, Achim, Georg Bergweiler, Falko Fiedler und Alexander Lawundy. „Jigless Joining of Vehicle Frames." *ATZ worldwide* 120, Nr. 5 (2018): 40–43. https://doi.org/10.1007/s38311-018-0031-x.

Kampker, Achim, Georg Bergweiler, Falko Fiedler und Alexander Lawundy. „Vorrichtungsloses Fügen von Fahrzeugrahmen." *ATZ Automobiltech Z* 120, Nr. 5 (2018): 40–45. https://doi.org/10.1007/s35148-018-0032-5.

Kampker, Achim, Georg Bergweiler, Falko Fiedler und Kolja Lichtenthäler. „Additiv gefertigte Umformwerkzeuge im Prototypenbau." *Umformtechnik*, Nr. 3 (2019).

Kampker, Achim, Georg Bergweiler, Jan Ole Hansen und William Jan Borbola. „Jigless Laser Welding in the Car Body Production." *ATZ worldwide* 119, Nr. 2 (2017): 76–79. https://doi.org/10.1007/s38311-016-0169-3.

Kampker, Achim, Georg Bergweiler, Jan Ole Hansen und William Jan Borbola. „Vorrichtungsloses Laserschweißen im Karosseriebau." *ATZ Automobiltech Z* 119, Nr. 2 (2017): 74–77. https://doi.org/10.1007/s35148-016-0172-4.

Kampker, Achim, Georg Bergweiler, Ansgar Hollah, Philipp Bickendorf und Felix Hoffmann. „Development of a framework for the flexibility assessment of automotive production concepts." *Procedia CIRP* 81 (2019): 34–39. https://doi.org/10.1016/j.procir.2019.03.007.

Kampker, Achim, Georg Bergweiler, Ansgar Hollah, Falko Fiedler und Jan Ole Hansen. „Produktionseffizienz in der Kleinserie (ProeK).“ *Zeitschrift für wirtschaftlichen Fabrikbetrieb* 112, Nr. 9 (2017): 576–79. https://doi.org/10.3139/104.111783.

Kampker, Achim, Peter Burggräf, Christoph Deutskens, Andreas Maue und Ruben Förstmann. „Integrated Product and Process Development: Modular Production Architectures based on Process Requirements.“ *Procedia CIRP* 20 (2014): 109–14. https://doi.org/10.1016/j.procir.2014.05.039.

Kampker, Achim, Peter Burggräf, und Andreas Maue, Hrsg. *ProAktiW - Produktionssysteme aktiv wandeln: [Ergebnisbericht des BMBF Verbundprojektes ProAktiW].* 1. Aufl. Forschungsbericht. Aachen: Apprimus Verlag, 2013.

Kampker, Achim, Peter Burggräf, Carsten Nee und Nemanja Sarovic. „Wirtschaftliche Industrialisierung automobiler Kleinserien am Beispiel StreetScooter.“ In *Aachener Werkzeugmaschinen-Kolloquium.* Hrsg. von Christian Brecher et al., 171–89. Aachen: Shaker, 2014. Zuletzt geprüft am 22.05.2014 – 23.05.2014. https://publications.rwth-aachen.de/record/444526.

Kampker, Achim, Ansgar Hollah, Johannes Triebs und Bernd Löffler. „Modular Body Shop with Process- and Component-integrated Jig Features.“ *ATZproduction worldwide* 6, Nr. 1 (2019): 10–15. https://doi.org/10.1007/s38312-019-0011-1.

Kampker, Achim, Ansgar Hollah, Johannes Triebs und Bernd Löffler. „Modularer Karosseriebau durch prozess- und bauteilintegrierte Vorrichtungsfunktionen.“ *ATZproduktion* 6, Nr. 1 (2019): 10–15. https://doi.org/10.1007/s35726-019-0013-3.

Kampker, Achim, Andreas Maue, Christoph Deutskens und Ruben Forstmann. „Standardization and innovation: Dissolving the contradiction with modular production architectures.“ In *2014 4th International Electric Drives Production Conference (EDPC).* Hrsg. von IEEE, 1–6. Piscataway, New Jersey: IEEE, 2014.

Kampker, Achim, Markus Schleser, Johannes Triebs, Alexander Berg, Jan Ole Hansen und Falko Fiedler. „Bauteilintegrierte Vorrichtungsfunktionen im Karosseriebau." *Zeitschrift für wirtschaftlichen Fabrikbetrieb* 113, Nr. 11 (2018): 767–70. https://doi.org/10.3139/104.112012.

Kampker, Achim, Johannes Triebs und Jan Ole Hansen. „Approach to increase flexibility in automobile body shops through component-integrated fixture functions: 9th International Conference on Engineering, Project, and Production Management (EPPM2018)." *MATEC Web of Conferences* 312 (2020): 1–10; 24.09.2018. https://doi.org/10.1051/matecconf/202031203002.

Kampker, Achim, Dirk Vallée, und Armin Schnettler. *Elektromobilität.* Berlin, Heidelberg: Springer, 2013. https://doi.org/10.1007/978-3-642-31986-0.

Kampker, Achim, Dirk Vallée, und Armin Schnettler, Hrsg. *Elektromobilität: Grundlagen einer Zukunftstechnologie.* 2018. 2. Aufl. Berlin: Springer, 2018. http://www.springer.com/.

Kannatey-Asibu, Elijah. *Principles of Laser Materials Processing.* 1., Auflage. Wiley Series on Processing of Engineering Materials 1. New York, NY: John Wiley & Sons, 2009.

Karl, F., G. Reinhart und M. F. Zaeh. „Strategic Planning of Reconfigurations on Manufacturing Resources." *Procedia CIRP* 3 (2012): 608–13. https://doi.org/10.1016/j.procir.2012.07.104.

Kästle, Christian. „Simulationsmethode zur Beurteilung der Maßhaltigkeit von rollgefalzten Karosseriebaugruppen im Zusammenbau." Dissertation, Universität Stuttgart, 23.11.2016. http://nbn-resolving.de/urn:nbn:de:bsz:93-opus-ds-91286.

Katayama, S. *Handbook of Laser Welding Technologies: Handbook of Laser Welding Technologies.* Woodhead Publishing Series in Electronic and Optical Materials Ser v.41. Cambridge: Elsevier Science & Technology, 2013. https://ebookcentral.proquest.com/lib/kxp/detail.action?docID=1574965.

Keller, Carsten. „Qualifizierung von Spannvorrichtungen zur gezielten Qualitätssteigerung im Karosseriebau am Beispiel des Shimens." Dissertation, Technische Universität Chemnitz, 01.09.2018.

Keller, Carsten und Matthias Putz. „Force-controlled Adjustment of Car Body Fixtures – Verification and Performance of the New Approach." *Procedia CIRP* 44 (2016): 359–64. https://doi.org/10.1016/j.procir.2016.02.162.

Kern, Wolfgang. „Modulare Produktion - Methodik zur Gestaltung eines modularen Montagesystems für die variantenreiche Serienmontage im Automobilbau." Dissertation, Universität Stuttgart, 2021.

Kerr, Roger S. Sheet metal print engine chassis assembled without fasteners. Vereinigte Staaten von Amerika. US2002118991 (A1). Eingereicht am April 30, 2002. Ausgestellt am 29.08.2002.

Khan, A., D. Ceglarek und J. Ni. „Sensor Location Optimization for Fault Diagnosis in Multi-Fixture Assembly Systems." *Journal of Manufacturing Science and Engineering* 120, Nr. 4 (1998): 781–92. https://doi.org/10.1115/1.2830221.

Ki, Hyungson, Jyoti Mazumder und Pravansu S. Mohanty. „Modeling of laser keyhole welding: Part I. mathematical modeling, numerical methodology, role of recoil pressure, multiple reflections, and free surface evolution." *Metallurgical and Materials Transactions A* 33, Nr. 6 (2002): 1817–30. https://doi.org/10.1007/s11661-002-0190-6.

Kiefer, Jens. „Mechatronikorientierte Planung automatisierter Fertigungszellen im Bereich Karosserierohbau." Dissertation, Universität des Saarlandes, 2007. http://scidok.sulb.uni-saarland.de/volltexte/2008/1468/.

Klahn, Christoph, Daniel Singer und Mirko Meboldt. „Design Guidelines for Additive Manufactured Snap-Fit Joints." *Procedia CIRP* 50 (2016): 264–69.

Klein, Bernd. *Toleranzdesign im Maschinen- und Fahrzeugbau.* 2014. 3. überarbeitete und aktualisierte Auflage. Berlin/München/Boston: De Gruyter, 2015. https://doi.org/10.1515/9783110367492.

Klocke, Fritz. *Fertigungsverfahren 4.* Berlin, Heidelberg: Springer, 2017. https://doi.org/10.1007/978-3-662-54714-4.

Klosse, Ernst. *Das Lichtbogenschweißen.* Berlin, Heidelberg: Springer, 1937. https://doi.org/10.1007/978-3-662-41834-5.

Klug, Florian. *Logistikmanagement in der Automobilindustrie*. Berlin, Heidelberg: Springer, 2018. https://doi.org/10.1007/978-3-662-55873-7.

Königsreuther, Peter. „Smartes Fügen und Messen ermöglichen den Leichtbau-Materialmix bei BMW." Zuletzt geprüft am 10.06.2023. https://www.maschinenmarkt.vogel.de/smartes-fuegen-und-messen-ermoeglichen-den-leichtbau-materialmix-bei-bmw-a-682559/.

Koonmen, James Patrick. „Implementing precision assembly techniques in the commercial aircraft industry." Master-Thesis, Massachusetts Institute of Technology. Dept. of Aeronautics and Astronautics, Massachusetts Institute of Technology, 1994.

Kraftfahrt-Bundesamt Pressestelle. „Neuzulassungen von Personenkraftwagen (Pkw) im Jahresverlauf 2021 nach Marken und alternativen Antrieben - korrigierte Fassung. Pressemitteilung Nr. 51/2021." Pressemitteilung. 17.12.2021. Zuletzt geprüft am 10.12.2022. https://www.kba.de/DE/Presse/Pressemitteilungen/AlternativeAntriebe/2021/pm51_2021_Antriebe_11_21_komplett.html.

Krahn, Heinrich, und Michael Storz. *Konstruktionsleitfaden Fertigungstechnik*. Wiesbaden: Springer, 2018. https://doi.org/10.1007/978-3-658-20107-4.

Krastel, Klaus, David Havrilla, und Holger Schlueter. „Remote Laser Welding in Industriel Applications." Zuletzt geprüft am 06.08.2022. https://www.photonics.com/Articles/Remote_Laser_Welding_in_Industrial_Applications/a26648.

Kropik, Markus. *Produktionsleitsysteme für die Automobilindustrie*. Berlin, Heidelberg: Springer, 2021. https://doi.org/10.1007/978-3-662-62227-8.

Kubicek, Herbert. „Heuristische Bezugsrahmen und heuristisch angelegte Forschungsdesign als Elemente einer Konstruktionsstrategie empirischer Forschung." In *Bericht über die Tagung in Aachen, März 1976: Empirische und handlungstheoretische Forschungskonzeptionen in der Betriebswirtschaftslehre*. Nr. 16. Hrsg. von Richard Köhler. 1. Aufl., 3–36. Stuttgart: Poeschel, 1977.

Kumar, Ranjeet, R. C. Tripathi und Vrijendra Singh. „Keyword Based Search and its Limitations in the Patent Document to Secure the Idea from its Infringement." *Procedia Computer Science* 78 (2016): 439–46. https://doi.org/10.1016/j.procs.2016.02.086.

Küpper, Michael, Wolfram Lieven und Uwe Salle. „The New Opel Astra." Konferenz: Automotive Circle International Conference - EuroCarBody 20 – 22. Oktober 2015, Bad Nauheim, 2015.

Kupzik, Daniel, Simon Haas und Dominik Stemler. „Development of a manufacturing cell for fixtureless joining in car body assembly." In *Tagungsband des 3. Kongresses Montage Handhabung Industrieroboter*. Hrsg. von Thorsten Schüppstuhl, Kirsten Tracht und Jörg Franke, 23–30. Berlin, Germany: Springer, 2018.

Lachmayer, Roland, und René Bastian Lippert. *Entwicklungsmethodik für die Additive Fertigung*. Berlin, Heidelberg: Springer, 2020. https://doi.org/10.1007/978-3-662-59789-7.

Lambert, Fred. „Tesla starts production of Model Y with massive single-piece rear casting." Zuletzt geprüft am 06.06.2023. https://electrek.co/2021/01/11/tesla-starts-production-model-y-massive-single-piece-rear-casting/.

Lambertz, Arne. „Technisch-wirtschaftliche Bewertung von Flexibilität in Rohbaunebenlinien." Dissertation, Technische Universität Berlin, 2010.

Lamikiz, A., L. LópezN. de Lacalle, J. A. Sánchez, D. del Pozo, J. M. Etayo und J. M. López. „CO2 laser cutting of advanced high strength steels (AHSS)." *Applied Surface Science* 242, 3-4 (2005): 362–68. https://doi.org/10.1016/j.apsusc.2004.08.039.

Laufenberg, Ludger. „Methodik zur integrierten Projektgestaltung für die situative Umsetzung des simultaneous engineering." Dissertation, Rheinisch-Westfälische Technische Hochschule (RWTH) Aachen University, 1995.

Lauwaert, Maaike. *The Place of Play: Toys and Digital Cultures*. Amsterdam: Amsterdam University Press, 2009. https://directory.doabooks.org/handle/20.500.12854/33135.

Lehmann, Jens. „Entwicklung von Methoden zur ganzheitlichen integrierten Planung wandlungsfähiger Fabriken unter Nutzung der digitalen Fabrik." Dissertation, Institut für Betriebswissenschaften und Fabriksysteme, Technische Universität Chemnitz, 2008.

Leschus, Leon, Silvia Stiller und Henning Vöpe. „Berenberg Bank HWWI: Strategie 2030 – Vermögen und Leben in der nächsten Generation – Mobilität." HWWI Hamburgisches WeltWirtschaftsInstitut, Hamburgisches WeltWirtschaftsInstitut (HWWI), Hamburg, 11.2009.

Leuschel, Roland. „Toleranzmanagement in der Produktentwicklung am Beispiel der Karosserie im Automobilbau." Dissertation, Technische Universität Bergakademie Freiberg, 28.06.2010.

Liberati, Alessandro, Douglas G. Altman, Jennifer Tetzlaff, Cynthia Mulrow, Peter C. Gøtzsche, John P. A. Ioannidis, Mike Clarke, P. J. Devereaux, Jos Kleijnen und David Moher. „The PRISMA statement for reporting systematic reviews and meta-analyses of studies that evaluate health care interventions: explanation and elaboration." *Journal of clinical epidemiology* 62, Nr. 10 (2009): e1-34. https://doi.org/10.1016/j.jclinepi.2009.06.006.

Lichtenthäler, Kolja, Christian Höltgen, Falko Fiedler und Georg Bergweiler. „Automatisierte Konstruktion von Schweißvorrichtungen im Karosseriebau/Automated Design of Welding Jigs for Body Shops." *Konstruktion* 73, Nr. 03 (2021): 63–69. https://doi.org/10.37544/0720-5953-2021-03-63.

Lindemann, Udo. *Methodische Entwicklung technischer Produkte*. Berlin, Heidelberg: Springer, 2009. https://doi.org/10.1007/978-3-642-01423-9.

Lingenfelser, Daniel J., Todd E. Moser, Jeffrey P. Nash und Timothy A. Vik. Ermüdungsbeständige Schlitz- und Laschenkomponente, Schlitz- und Laschenverschweisselement und Verfahren zu seinem Verbinden. International. DE000060311410T2. Eingereicht am Dezember 18, 2003. Ausgestellt am 24.01.2007.

Lohse, Sebastian. „Numerische Schwingfestigkeitsanalyse von Widerstandspunktschweißungen." Dissertation, Technische Universität Darmstadt, 10.01.2018.

Ma, Junjie, Fanrong Kong, Blair Carlson und Radovan Kovacevic. „Mitigating Zinc Vapor Induced Weld Defects in Laser Welding of Galvanized High-Strength Steel by Using Different Supplementary Means." In *Welding Processes.* Hrsg. von Radovan Kovacevic, 117–38. London: InTech, 2012.

Mahrle, A. und E. Beyer. „Theoretical aspects of fibre laser cutting." *Journal of Physics D: Applied Physics* 42, Nr. 17 (2009): 1–9. https://doi.org/10.1088/0022-3727/42/17/175507.

Mansur, Vinicius Machado, Raquel Alvim de Figueiredo Mansur, Sheila Medeiros de Carvalho, Rafael Humberto Mota de Siqueira und Milton Sergio Fernandes de Lima. „Effect of laser welding on microstructure and mechanical behaviour of dual phase 600 steel sheets." *Heliyon* 7, Nr. 12 (2021): e08601. https://doi.org/10.1016/j.heliyon.2021.e08601.

Mantripragada, R. und D. E. Whitney. „The Datum Flow Chain: A systematic approach to assembly design and modeling." *Research in Engineering Design* 10, Nr. 3 (1998): 150–65. https://doi.org/10.1007/BF01607157.

Mantripragada, Ramakrishna, Timothy W. Cunningham und Daniel E. Whitney. „Assembly Oriented Design: A new approach to designing assemblies." In *Product Modeling for Computer Integrated Design and Manufacture.* Hrsg. von M. J. Pratt, R. D. Sriram und M. J. Wozny, 308–24. IFIP Advances in Information and Communication Technology. Boston, MA: Springer, 1997.

Matthes, Klaus-Jürgen, Erhardt Richter, und Frank Riedel, Hrsg. *Fügetechnik: Matthes, Klaus-Jürgen; Richter, Erhardt; Riedel, Frank.* 1. Aufl. München: Carl Hanser, 2003.

Matthes, Klaus-Jürgen, und Werner Schneider, Hrsg. *Schweißtechnik: Schweißen von metallischen Konstruktionswerkstoffen.* 5., neu bearbeitete Aufl. s.l.: Carl Hanser, 2012. http://www.hanser-elibrary.com/doi/book/10.3139/9783446428324.

Matuszewski, Heinrich. *Handbuch Vorrichtungen: Konstruktion u. Einsatz.* Braunschweig, Wiesbaden: Vieweg, 1986.

Mayer, Gottfried, Carsten Pöge, Sven Spieckermann, und Sigrid Wenzel. *Ablaufsimulation in der Automobilindustrie*. Berlin, Heidelberg: Springer, 2020. https://doi.org/10.1007/978-3-662-59388-2.

Mayring, Philipp. *Qualitative Inhaltsanalyse: Grundlagen und Techniken*. 11., aktual. und überarb. Aufl. Pädagogik. Weinheim, Basel: Beltz, 2010.

McKinsey & Company. „Tomorrow's Automotive Production: White paper in Automotive & Assembly Sector." McKinsey & Company, 2006.

Mei, Lifang, Dongbing Yan, Genyu Chen, Dang Xie, Mingjun Zhang und Xiaohong Ge. „Comparative study on CO2 laser overlap welding and resistance spot welding for automotive body in white." *Materials & Design* 78 (2015): 107–17. https://doi.org/10.1016/j.matdes.2015.04.031.

Meichsner, Thomas P. „Migrationskonzept für einen modell- und variantenflexiblen Automobilkarosseriebau." Dissertation, Leibniz Universität Hannover, 2007.

Messler, Robert W., Hrsg. *Integral Mechanical Attachment*. Unter Mitarbeit von Robert W. Messler. Burlington: Butterworth-Heinemann, 2006.

Messler, Robert W., Suat Genc und Gary A. Gabriele. „Integral attachment using snap-fit features: a key to assembly automation. Part 1 - introduction to integral attachment using snap-fit features." *Assembly Automation* 17, Nr. 2 (1997): 143. https://doi.org/10.1108/01445159710171365. https://www.proquest.com/scholarly-journals/integral-attachment-using-snap-fit-features-key/docview/212637789/se-2?accountid=13629.

Meyer, Gerd, Dirk Petring, Claudia Peuker und Norbert Wolf. Verfahren zum Verbinden von Bauteilen durch Nieten oder Schrauben und Laserschweißen. Deutschland. DE102004054582 (A1). Eingereicht am November 11, 2004. Ausgestellt am 24.05.2006.

Mills, James K. und Jerry G.-L. Ing. „Dynamic modeling and control of a multi-robot system for assembly of flexible payloads with applications to automotive body assembly." *Journal of Robotic Systems* 13, Nr. 12 (1996): 817–36. https://doi.org/10.1002/(SICI)1097-4563(199612)13:12<817::AID-ROB4>3.0.CO;2-Y.

Minitab GmbH. *Minitab Statistical Software.*, 2023. Zuletzt geprüft am 11.03.2023. https://www.minitab.com.

Mobley, R. Keith. *Plant Engineer's Handbook.* Burlington: Elsevier Science & Technology, 2001. https://ebookcentral.proquest.com/lib/kxp/detail.action?docID=404945.

Moher, David, Alessandro Liberati, Jennifer Tetzlaff und Douglas G. Altman. „Preferred reporting items for systematic reviews and meta-analyses: the PRISMA statement." *BMJ (Clinical research ed.)* 339 (2009): 1-8. https://doi.org/10.1136/bmj.b2535.

Mollestad, Egil. „Think City – an innovative combination of high strength steel, extruded aluminium space frame and thermoplastic body panels." Konferenz: Aachener Karosserietage, Aachen, 21.09.2010.

Mueller, Robert. „Getting close to remote laser welding - Research reveals that the technology is a reasonable alternative to resistance spot welding." Zuletzt geprüft am 18:08:2022. https://www.thefabricator.com/thefabricator/article/laserwelding/getting-close-to-remote-laser-welding.

Müller, Alexander, Sven-F. Goecke, Pravin Sievi, Florian Albert und Michael Rethmeier. „Laser Beam Oscillation Strategies for Fillet Welds in Lap Joints." *Physics Procedia* 56 (2014): 458–66. https://doi.org/10.1016/j.phpro.2014.08.149.

Muther, Richard, und Lee Hales. *Systematic Layout Planning.* 4. Aufl. Marietta, GA: Management & Industrial Research Publications, 2015.

Myers, Raymond H., Douglas C. Montgomery, und Christine M. Anderson-Cook. *Response surface methodology: Process and product optimization using designed experiments.* 4. Aufl. Wiley Series in Probability and Statistics Ser. Hoboken, New Jersey: Wiley, 2016. https://ebookcentral.proquest.com/lib/kxp/detail.action?docID=4312599.

Naing, Soe. „Feature Based Design for Jigless Assembly." Dissertation, School of Industrial and Manufacturing Science, Cranfield University, 06.2004.

Naitoh, T., K. Yamamoto, Y. Kodama und S. Honda. „The Development of an Intelligent Body Assembly System." In *Transforming Automobile Assembly.* Hrsg.

von Koichi Shimokawa, Ulrich Jürgens und Takahiro Fujimoto, 121–32. Berlin, Heidelberg: Springer, 1997.

Nee, A. Y. C., K. Whybrew, und A. Senthil kumar. *Advanced Fixture Design for FMS.* London: Springer, 1995. https://doi.org/10.1007/978-1-4471-2117-6.

Neuhausen, Jörn. „Methodik zur Gestaltung modularer Produktionssysteme für Unternehmen der Serienproduktion." Dissertation, Rheinisch-Westfälische Technische Hochschule (RWTH) Aachen University, 2002.

Nicksch, Christoph, Armin Buckhorst, Wolfgang Meyer, Pawal Baryliszyn und Robert Schmitt. „Vorrichtungslose Montage von Karosseriebauteilen*/Fixtureless assembly of car body components - Virtual assembly of flexible joining processes in automotive prototype construction using laser radar." *wt Werkstattstechnik online* 109, Nr. 09 (2019): 628–33. https://doi.org/10.37544/1436-4980-2019-09-14.

Nöcker, Jan Christoph. „Zustandsbasierte Fabrikplanung." Dissertation, Fraunhofer-Institut für Produktionstechnologie IPT, Rheinisch-Westfälische Technische Hochschule (RWTH) Aachen University, 17.02.2012.

Nördinger, Susanne. „BMW: So erhöht automatisierte Messtechnik die Qualität." Online, 14.02.2018. https://www.produktion.de/wirtschaft/bmw-so-erhoeht-automatisierte-messtechnik-die-qualitaet-235.html.

Oefele, Florian. „Remote-Laserstrahlschweißen mit brillanten Laserstrahlquellen." Dissertation, Technische Universität München, 2012.

Offenburger, Oliver. *Patent und Patentrecherche.* Wiesbaden: Springer, 2015. https://doi.org/10.1007/978-3-658-05819-7.

Olsen, Flemming O. „Fundamental mechanisms of cutting front formation in laser cutting." In *Proc. SPIE 2207 of Laser Materials Processing: Industrial and Microelectronics Applications.* Hrsg. von Eckhard Beyer et al., 402. SPIE Proceedings. Wien: SPIE, 1994.

Otto, Andreas und Ralph Hohenstein. „Laserstrahlschweißen – Trends und aktuelle Entwicklungen." *Laser Technik Journal* 4, Nr. 4 (2007): 27–31. https://doi.org/10.1002/latj.200790173.

Pahl, Gerhard, Wolfgang Beitz, Jörg Feldhusen, und Karl-Heinrich Grote. *Pahl/Beitz Konstruktionslehre: Grundlagen erfolgreicher Produktentwicklung. Methoden und Anwendung.* 7. Aufl. 2007. Berlin, Heidelberg: Springer, 2007. http://nbn-resolving.org/urn:nbn:de:bsz:31-epflicht-1560648.

Parris, Andrew. „Precision Stretch Forming of Metal for Precision Assembly." Dissertation, Dept. of Mechanical Engineering, Massachusetts Institute of Technology, 27.06.1996.

Paul, Herbert. *Strategic Management Tools: Grundlagen und Anwendung.* Unter Mitarbeit von Volrad Wollny. 2. Aufl. Berlin/München/Boston: Walter de Gruyter GmbH, 2014. https://ebookcentral.proquest.com/lib/kxp/detail.action?docID=1634346.

Pawlowsky, Peter. *Wissensmanagement.* Wiesbaden: Gabler Verlag, 1998. https://doi.org/10.1007/978-3-322-82768-5.

Peters, Rigo, André Sumpf, Dieter Ungermann, Christopher Rüsse, Wolfgang Fricke und Christoph Robert. „Laserstrahlgeschweißte T-Stoß-Verbindungen in Stahlhohlplatten." *Stahlbau* 84, Nr. 9 (2015): 643–49. https://doi.org/10.1002/stab.201510311.

Phoomboplab, T. und D. Ceglarek. „Process Yield Improvement Through Optimum Design of Fixture Layouts in 3D Multistation Assembly Systems." *Journal of Manufacturing Science and Engineering* 130, Nr. 6 (2008): 1–17. https://doi.org/10.1115/1.2977826.

Pischinger, Stefan, und Ulrich Seiffert. *Vieweg Handbuch Kraftfahrzeugtechnik.* Wiesbaden: Springer, 2016. https://doi.org/10.1007/978-3-658-09528-4.

Popper, Karl R. „Die Logik der Sozialwissenschaften." *KZfSS Kölner Zeitschrift für Soziologie und Sozialpsychologie* 69, S1 (2017): 215–28. https://doi.org/10.1007/s11577-017-0425-6.

Poprawe, Reinhart. *Lasertechnik für die Fertigung.* 1. Aufl. Berlin/Heidelberg: Springer, 2005. https://doi.org/10.1007/b137581.

Poprawe, Reinhart. *Tailored Light 2.* Berlin, Heidelberg: Springer, 2011. https://doi.org/10.1007/978-3-642-01237-2.

Praun, Stefan von. „Toleranzanalyse nachgiebiger Baugruppen im Produktentstehungsprozess." Dissertation, Lehrstuhl für Montagesystemtechnik und Betriebswissenschaften, Technische Universität München, 01.02.2003.

Prusa, Joseph M., Girish Venkitachalam und Palaniappa A. Molian. „Estimation of heat conduction losses in laser cutting." *International Journal of Machine Tools and Manufacture* 39, Nr. 3 (1999): 431–58. https://doi.org/10.1016/S0890-6955(98)00041-8.

Pudenz, Katrin. „Inspiriert von der Natur: 20 Jahre Audi Space Frame." Zuletzt geprüft am 26.06.2022. https://www.springerprofessional.de/leichtbau/inspiriert-von-der-natur-20-jahre-audi-space-frame/6559158.

Raab-Steiner, Elisabeth, und Michael Benesch. *Der Fragebogen: Von der Forschungsidee zur SPSS-Auswertung.* 1., Aufl. UTB L (Large-Format) 8406. Wien: UTB/BRO/Facultas, 2008.

Radtke, Philipp, Eberhard Abele, und Andreas E. Zielke. *Die smarte Revolution in der Automobilindustrie: Das Auto der Zukunft, Optionen für Hersteller, Chancen für Zulieferer.* Redline-Wirtschaft bei Ueberreuter. Frankfurt am Main: Redline Wirtschaft bei Ueberreuter, 2004.

Reek, Alexandra. „Strategien zur Fokuspositionierung beim Laserstrahlschweißen." Dissertation, Technische Universität München, 2000.

Reinhart, G., S. Dürrschmidt, A. Hirschberg und C. Selke. „Reaktionsfähigkeit für Unternehmen. Eine Antwort auf turbulente Märkte: Response capability for business enterprises. An answer to turbulent markets." *ZWF Zeitschrift für wirtschaftlichen Fabrikbetrieb* 94, 1/2 (1999): 21–24. https://www.tib.eu/de/suchen/id/tema%3ATEMAM99031511628.

Richter, André Robert. „Entwicklung und Umsetzung eines Kennzahlensystems zur Leistungsmessung im Karosseriebau." Dissertation, Technische Universität Dresden, 31.03.2009.

Rippl, Peter. „RoboScan - die Kombination von Industrieroboter und Hochleistungslaser zum Remote-Schweißen." In *Stuttgarter Lasertage '05: Standortbestimmung der Lasertechnologie in der industriellen Materialbearbeitung: 28. –*

30. September 2005: Tagungsband '05. Hrsg. von Friedrich Dausinger, Thomas Graf und Lichtner Friedemann, 19–22. Weinheim: Wiley, 2005.

Ritchey, Tom. „Analysis and synthesis: On scientific method - based on a study by bernhard riemann." *Systems Research* 8, Nr. 4 (1991): 21–41. https://doi.org/10.1002/sres.3850080402.

Riveiro, A., F. Quintero, F. Lusquiños, R. Comesaña und J. Pou. „Parametric investigation of CO2 laser cutting of 2024-T3 alloy." *Journal of Materials Processing Technology* 210, Nr. 9 (2010): 1138–52. https://doi.org/10.1016/j.jmatprotec.2010.02.024.

Roth, Karlheinz. *Konstruieren mit Konstruktionskatalogen.* Berlin, Heidelberg: Springer, 2000. https://doi.org/10.1007/978-3-642-17466-7.

Rudolf, Stefan. „Produktionsgerechte Baukastengestaltung." Dissertation, Apprimus-Verlag, Rheinisch-Westfälische Technische Hochschule (RWTH) Aachen University, 2013.

Safronov, Georgij, Alexander Grimm, Florian Schlather, Markus Puschmann, Philipp Engelhardt und Lachenmaier Markus. „Fixture free laser beam welding for the automotive body shop." *Lasers in Manufacturing Conference 2021* 2021 (2021): 1–10.

Safronov, Georgij, Alexander Grimm, Florian Schlather, Sebastian Raczkowski, Philipp Engelhardt, Christian Patron und Stefan Beck. Bauteilanordnung. Deutschland. DE102019107667 (A1). Eingereicht am März 26, 2019. Ausgestellt am 01.10.2020.

Schedewy, Renald. „Laserstrahlgeschweißte Steg-Schlitz-Verbindungen - neue Designmöglichkeiten für Leichtbaukonstruktionen." Fraunhofer IWS Dresden, Dresden, 2008.

Schedewy, Renald, Dirk Dittrich, Jens Standfuß und Berndt Brenner. „LBW of high stiffness light weight structures generated by scanned fiber laser beams." *International Congress on Applications of Lasers & Electro-Optics* 2008, Nr. 1 (2008): 332–39. https://doi.org/10.2351/1.5061330.

Schenk, Michael, Siegfried Wirth, und Egon Müller. *Factory Planning Manual.* Berlin, Heidelberg: Springer, 2010. https://doi.org/10.1007/978-3-642-03635-4.

Schenk, Michael, Siegfried Wirth, und Egon Müller. *Fabrikplanung und Fabrikbetrieb.* Berlin, Heidelberg: Springer, 2014. https://doi.org/10.1007/978-3-642-05459-4.

Schlather, Florian. „Methodische Auslegung bauteilintegrierter Spanntechnik für das Fügen von Metallblechstrukturen." 23.06.20. Dissertation, Lehrstuhl für Werkzeugmaschinen und Fertigungstechnik, Technische Universität München, 2020.

Schlather, Florian, Verena Hoesl, Florian Oefele und Michael F. Zaeh. „Tolerance analysis of compliant, feature-based sheet metal structures for fixtureless assembly." *Journal of Manufacturing Systems* 49 (2018): 25–35. https://doi.org/10.1016/j.jmsy.2018.07.011. https://www.sciencedirect.com/science/article/pii/S0278612518302188.

Schlather, Florian, Florian Oefele und Michael F. Zaeh. „Forschung für eine flexiblere Automobilproduktion: Innovative Systemtechnik für den Karosseriebau der Zukunft." *Automobiltechnologie in Bayern*, Nr. 7 (2016): 48–50.

Schlather, Florian, Florian Oefele und Michael F. Zaeh. „Toward a feature-based approach for fixtureless build-up of sheet metal structures." *International Journal of Engineering and Technical Research (IJETR)* 5, Nr. 4 (2016): 97–102.

Schlather, Florian, Felix Theurer, Florian Oefele und Michael F. Zaeh. „Process forces during remote laser beam welding and resistance spot welding – a comparative study." *Procedia CIRP* 74 (2018): 669–73. https://doi.org/10.1016/j.procir.2018.08.047. https://www.sciencedirect.com/science/article/pii/S221282711830831X.

Schlather, Florian, Avelino Zapata, Florian Oefele und Michael F. Zaeh. „Determination of process forces during remote laser beam welding for the design of fastening features." *Journal of Laser Applications* 31, Nr. 4 (2019): 1–10. https://doi.org/10.2351/1.5086345.

Schnell, Rainer, Paul B. Hill, und Elke Esser. *Methoden der empirischen Sozialforschung.* 7., völlig überarb. und erw. Aufl. München, Wien: Oldenbourg, 2005.

Scholz, Ulrich, Sven Pastoors, Joachim H. Becker, Daniela Hofmann, und Rob van Dun. *Praxishandbuch Nachhaltige Produktentwicklung.* Berlin, Heidelberg: Springer, 2018. https://doi.org/10.1007/978-3-662-57320-4.

Schuh, Günther, Hrsg. *Leitfaden zur Baukastengestaltung: Ergebnisse des Forschungsprojekts Gestaltung innovativer Baukasten- und Wertschöpfungsstrukturen (GiBWert); … innerhalb des Rahmenkonzeptes "Forschung für die Produktion von morgen".* Stuttgart: VDMA Verl., 2015.

Schuh, Günther, Georg Bergweiler, Philipp Bickendorf, Falko Fiedler und Can Colag. „Sheet Metal Forming Using Additively Manufactured Polymer Tools." *Procedia CIRP* 93 (2020): 20–25. https://doi.org/10.1016/j.procir.2020.04.013.

Schuh, Günther, Georg Bergweiler, Mayur Vasant Chougule und Falko Fiedler. „Effects of Digital Twin Simulation Modelling on a Flexible and Fixtureless Production Concept in Automotive Body Shops." *Procedia CIRP* 104 (2021): 768–73. https://doi.org/10.1016/j.procir.2021.11.129.

Schuh, Günther, Georg Bergweiler, Leonhard Dworog und Falko Fiedler. „Die Karosserie aus dem Aluminium-Druckguss/Opportunities and Risks of Mega-Casting in Automotive Production – The Aluminum Die-Casted Body in White." *wt Werkstattstechnik online* 112, Nr. 09 (2022): 580–85. https://doi.org/10.37544/1436-4980-2022-09-52.

Schuh, Günther, Georg Bergweiler, Falko Fiedler und Marcel Koltermann. „Flexible Production Concept of a Low-Cost Battery Pack Housing for Electric Vehicles." *Procedia CIRP* 93 (2020): 137–42. https://doi.org/10.1016/j.procir.2020.04.038. https://www.sciencedirect.com/science/article/pii/S2212827120305990.

Schuh, Günther, Georg Bergweiler, Falko Fiedler und Lukas Krüger. „Remote-Laserstrahlschweißen von Lasche-Schlitz-Verbindungen aus Aluminiummehrschichtblech für ein kostengünstiges Batteriepackgehäuse." *Schweißen und*

Schneiden 72, Nr. 3 (2020): 127–33. https://www.schweissenundschneiden.de/artikel/remote-laserstrahlschweissen-von-lasche-schlitz-verbindungen-aus-aluminiummehrschichtblech-fuer-ein-kostenguenstiges-batteriepackgehaeuse.

Schuh, Günther, Georg Bergweiler, Falko Fiedler, Kolja Lichtenthäler und Sebastian Leimbrink. „Hybrid Welding Jigs with Additive Manufactured Functional Elements." In *Proceedings of 2019 IEEE International Conference on Industrial Engineering and Engineering Management (IEEM)*. Hrsg. von IEEE, 484–88. Piscataway, New Jersey: IEEE, 2019.

Schuh, Günther, Georg Bergweiler, Kolja Lichtenthäler, Falko Fiedler und Sergio de la Puente Rebollo. „Topology Optimisation and Metal Based Additive Manufacturing of Welding Jig Elements." *Procedia CIRP* 93 (2020): 62–67. https://doi.org/10.1016/j.procir.2020.04.066. https://www.sciencedirect.com/science/article/pii/S2212827120306442.

Schuh, Günther, und Christian Dölle. *Sustainable Innovation*. Berlin, Heidelberg: Springer, 2021. https://doi.org/10.1007/978-3-662-61910-0.

Schuh, Günther, Bastian Franzkoch, Peter Burggräf, Jan Christoph Nöcker und Cathrin Wesch-Potente. „Frei konfigurierbare Planungsprozesse in der Fabrikplanung." *wt Werkstattstechnik online* 99, Nr. 4 (2009): 193–98. https://publications.rwth-aachen.de/record/131645.

Schuh, Günther, Sebastian Friedrich Gottschalk, Felix Lösch und Cathrin Wesch-Potente. „Fabrikplanung im Gegenstromverfahren." *wt Werkstattstechnik online* 97, Nr. 4 (2007): 195–99. https://publications.rwth-aachen.de/record/158224.

Schuh, Günther, Jan Harre, Sebastian Friedrich Gottschalk und Achim Kampker. „Design for Changeability (DFC) – das richtige Maß an Wandlungsfähigkeit finden: Ergebnisse des EU-Verbundforschungsprojektes 'Modular Plant Architecture'." *wt Werkstattstechnik online* 94, Nr. 4 (2004): 100–104. https://publications.rwth-aachen.de/record/157935.

Schuh, Günther, und Michael Riesener. *Produktkomplexität managen*. München: Carl Hanser, 2017. https://doi.org/10.3139/9783446453340.

Schuh, Günther, Stefan Rudolf, Jens Arnoscht und Bastian Lüdtke. „Increasing Commonalities by Designing Production-Oriented Modular Product Platforms.” *Advanced Materials Research* 907 (2014): 197–210. https://doi.org/10.4028/www.scientific.net/AMR.907.197.

Schuh, Günther, und Carsten Schmidt. *Produktionsmanagement.* Berlin, Heidelberg: Springer, 2014. https://doi.org/10.1007/978-3-642-54288-6.

Schuh, Günther, Nils Wemhöner und Achim Kampker. „Lebenszyklusbewertung flexibler Produktionssysteme: Kennzahlen und Verfahren für langfristig optimale Entscheidungen in einer dynamischen Umwelt.” *wt Werkstattstechnik online* 94, Nr. 4 (2004): 116–21. https://publications.rwth-aachen.de/record/155307.

Schulz, W., D. Becker, J. Franke, R. Kemmerling und G. Herziger. „Heat conduction losses in laser cutting of metals.” *Journal of Physics D: Applied Physics* 26, Nr. 9 (1993): 1357–63. https://doi.org/10.1088/0022-3727/26/9/003.

Seibt, Torsten. „Elektroautos Verkaufszahlen 1. Halbjahr 2021 - Tesla ist Weltmarktführer - 1 Mio. Model 3 verkauft.” Zuletzt geprüft am 06.06.2023. https://www.auto-motor-und-sport.de/verkehr/elektroautos-verkaufszahlen-weltweit-tesla-2021/.

Seiffert, Helmut, und Alfred Schubert. *Einführung in das wissenschaftliche Arbeiten.* Wiesbaden: Vieweg+Teubner Verlag, 1976. https://doi.org/10.1007/978-3-322-85517-6.

Sharifi, Maziar und Mohammad Akbari. „Experimental investigation of the effect of process parameters on cutting region temperature and cutting edge quality in laser cutting of AL6061T6 alloy.” *Optik* 184 (2019): 457–63. https://doi.org/10.1016/j.ijleo.2019.04.105.

Shiu, B. W., Darek Ceglarek und J. Shi. „Multi-stations sheet metal assembly modeling and diagnostics.” *Transactions of the North American Manufacturing Research Conference* Vol.24 (1996): 199–204. http://wrap.warwick.ac.uk/51702/.

Shome, Mahadev, und Muralidhar Tumuluru. *Welding and Joining of Advanced High Strength Steels (AHSS).* Cambridge: Elsevier, 2015. https://doi.org/10.1016/C2013-0-16259-9.

Siddaway, Andy P., Alex M. Wood und Larry V. Hedges. „How to Do a Systematic Review: A Best Practice Guide for Conducting and Reporting Narrative Reviews, Meta-Analyses, and Meta-Syntheses." *Annual review of psychology* 70 (2019): 747–70. https://doi.org/10.1146/annurev-psych-010418-102803.

Siebertz, Karl, David van Bebber, und Thomas Hochkirchen. *Statistische Versuchsplanung*. Berlin, Heidelberg: Springer, 2010. https://doi.org/10.1007/978-3-642-05493-8.

Simon, Eugen, und Fritz Grünhagen. *Der Vorrichtungsbau*. Berlin, Heidelberg: Springer, 1930. https://doi.org/10.1007/978-3-662-37794-9.

Snyder, Hannah. „Literature review as a research methodology: An overview and guidelines." *Journal of Business Research* 104 (2019): 333–39. https://doi.org/10.1016/j.jbusres.2019.07.039.

Spieckermann, Sven, Kai Gutenschwager und Holger Heinzel. „Simulation-based Optimization in the Automotive Industry - A Case Study on Body Shop Design." *SIMULATION* 75:5 (2000): 276–86.

Standfuß, Jens und Renald Schedewy. Selbstzentrierende Steg-Deckblechverbindung. Deutschland. DE 10 2011 120 269 A1 2012.12.20. Eingereicht am November 30, 2011. Ausgestellt am 20.12.2012.

Statista. „Branchenübersicht - Alle Branchen und dazugehörigen Unterbranchen." Zuletzt geprüft am 09.10.2022. https://de.statista.com/statistik/kategorien/.

Statista. „Elektromobilität in Deutschland – Fokus Pkw." Zuletzt geprüft am 04.06.2022. https://de.statista.com/statistik/daten/studie/699301/umfrage/anteil-von-kraftstoffarten-an-neuzulassungen-von-pkw-in-deutschland/.

Statistisches Bundesamt (Destatis). „Industrieproduktion im Jahr 2020 um mehr als 10 % gesunken - Automobilhersteller und Maschinenbauer besonders betroffen." Zuletzt geprüft am 01.10.2022. https://www.destatis.de/DE/Presse/Pressemitteilungen/2021/02/PD21_076_421.html.

Steinberg, Ulf, Gustav Caffier, Falk Liebers, und Sylvia Behrendt. *Ziehen und Schieben ohne Schaden*. 4., unveränd. Aufl. Dortmund-Dorstfeld: BAuA, 2008.

Steinparzer, Fritz, Nikolai Ardey, Wolfgang Mattes und Detlef Hiemesch. „Die neue Efficient-Dynamics-Motorenfamilie von BMW." *MTZ - Motortechnische Zeitschrift* 75, Nr. 5 (2014): 36–41. https://doi.org/10.1007/s35146-014-0339-z.

Stockinger, Andreas. „Computer Aided Robust Design - Verknüpfung rechnerunterstützter Entwicklung und virtueller Fertigung als Baustein des Toleranzmanagements." Dissertation, Friedrich-Alexander-Universität Erlangen-Nürnberg (FAU), 2011.

Švec, Pavol, Alexander Schrek, Viliam Hrnčiar und Tomáš Csicsó. „FIBRE LASER WELDING OF DUAL PHASE STEELS." *Acta Metallurgica Slovaca* 21, Nr. 4 (2015): 311–20. https://doi.org/10.12776/ams.v21i4.626.

Tesch, Florian Ludwig. „Bewertung der Strukturvariabilität von Pkw-Karosseriederivaten." Dissertation, Technische Universität München, 17.12.2010.

Tikhomirov, Dmitrij, Bert Rietman, Kim Kose und Martijn Makkink. „Computing Welding Distortion: Comparison of Different Industrially Applicable Methods." In *Advanced Materials Research*. Hrsg. von Trans Tech Publications. 6-8, 195–202. Stafa-Zürich, Switzerland: Trans Tech Publications, 2005.

Todtermuschke, Marcel, Alexander Voigt, Rayk Fritzsche, Jens H. Lippmann und Jörn Zastera. „The Fully Flexible Body Shop – A Holistic Approach for the Vehicle Production of Tomorrow." In *Advances in Automotive Production Technology – Theory and Application*. Hrsg. von Philipp Weißgraeber, Frieder Heieck und Clemens Ackermann, 478–85. ARENA2036. Berlin, Heidelberg: Springer, 2021.

Tranfield, David, David Denyer und Palminder Smart. „Towards a Methodology for Developing Evidence-Informed Management Knowledge by Means of Systematic Review." *British Journal of Management* 14, Nr. 3 (2003): 207–22. https://doi.org/10.1111/1467-8551.00375.

Trummer, Achim, und Helfried Wiebach. *Vorrichtungen der Produktionstechnik: Entwicklung, Montage, Automation.* Viewegs Fachbücher der Technik. Wiesbaden, s.l.: Vieweg+Teubner Verlag, 1994. https://doi.org/10.1007/978-3-663-11792-6.

Trumpf GmbH + Co. KG. „TruLaser: Wirtschaftlich schneiden durch dick und dünn." Trumpf GmbH + Co. KG, Ditzingen, 11.2015.

Turabian, Kate L. *A manual for writers of research papers, theses, and dissertations: Chicago style for students and researchers.* 7. Aufl. Chicago guides to writing, editing, and publishing. Chicago: The University of Chicago Press, 2011.

Ullah, Inayat, Dunbing Tang und Leilei Yin. „Engineering Product and Process Design Changes: A Literature Overview." *Procedia CIRP* 56 (2016): 25–33. https://doi.org/10.1016/j.procir.2016.10.010. https://www.sciencedirect.com/science/article/pii/S2212827116310022.

UmfrageOnline. „Online Umfrage erstellen | Fragebogen erstellen." Zuletzt geprüft am 12.08.2023. https://www.umfrageonline.com/.

van Holland, Winfried und Willem F. Bronsvoort. „Assembly features in modeling and planning." *Robotics and Computer-Integrated Manufacturing* 16, Nr. 4 (2000): 277–94. https://doi.org/10.1016/S0736-5845(00)00014-4. https://www.sciencedirect.com/science/article/pii/S0736584500000144.

van Niekerk, Johann, Sonja Wolf, Robert Donharl und Klaus Peter Sigl. Karosseriebauverfahren. Deutschland. DE102009049602 (B3). Eingereicht am Oktober 16, 2009. Ausgestellt am 07.07.2011.

VDI 2221 Blatt 1:2019-11. *Entwicklung technischer Produkte und Systeme - Modell der Produktentwicklung.* Düsseldorf: Verein Deutscher Ingenieure, 2019, VDI 2221 Blatt 1.

VDI 2221 Blatt 2:2019-11. *Entwicklung technischer Produkte und Systeme - Gestaltung individueller Produktentwicklungsprozesse.* Düsseldorf: Verein Deutscher Ingenieure, 2019, VDI 2221 Blatt 2.

VDI 2222 Blatt 2:1982-02. *Konstruktionsmethodik; Erstellung und Anwendung von Konstruktionskatalogen.* Düsseldorf: Verein Deutscher Ingenieure, 1982, VDI 2222 Blatt 2.

VDI 3633 Blatt 1:2014-12. *Simulation von Logistik-, Materialfluss- und Produktionssystemen - Grundlagen.* Düsseldorf: Verein Deutscher Ingenieure, 2014, VDI 3633 Blatt 1.

VDI 5200 Blatt 1:2011-02. *Fabrikplanung - Planungsvorgehen*. Düsseldorf: Verein Deutscher Ingenieure, 2011, VDI 5200 Blatt 1.

VDI/VDE 2206:2021-11. *Entwicklung mechatronischer und cyber-physischer Systeme*. Düsseldorf: Verein Deutscher Ingenieure, 2021, VDI/VDE 2206. https://www.beuth.de/de/technische-regel/vdi-vde-2206/342674320.

Villa, Anna Maria und Manuel Wirz. „A sequential patent search approach combining semantics and artificial intelligence to identify initial State-of-the-Art documents." *World Patent Information* 68 (2022): 102096. https://doi.org/10.1016/j.wpi.2022.102096.

Viňáš, Ján, Janette Brezinová, Henrich Sailer, Jakub Brezina, Miroslav Sahul, Pavlo Maruschak und Olegas Prentkovskis. „Properties Evaluation of the Welded Joints Made by Disk Laser." *Materials (Basel, Switzerland)* 14, Nr. 8 (2021): 1–18. https://doi.org/10.3390/ma14082002.

vom Brocke, Jan, Alan Hevner und Alexander Maedche. „Introduction to Design Science Research." In *Design Science Research. Cases*. Hrsg. von Jan vom Brocke, Alan Hevner und Alexander Maedche, 1–13. Progress in IS. Cham: Springer, 2020.

vom Brocke, Jan, Alexander Simons, Bjoern Niehaves, Bjorn Niehaves, Kai Reimer, Ralf Plattfaut und Anne Cleven. „Reconstructing the Giant – On the Importance of Rigour in Documenting the Literature Search Process." In *17th European Conference on Information Systems (ECIS) Proceedings*. Bd. 161. Hrsg. von Susan Newell et al., 2206–17. AIS eLibrary, 2009.

vom Brocke, Jan, Robert Winter, Alan Hevner und Alexander Maedche. „Special Issue Editorial –Accumulation and Evolution of Design Knowledge in Design Science Research: A Journey Through Time and Space." *Journal of the Association for Information Systems* 21, Nr. 3 (2020): 520–44. https://doi.org/10.17705/1jais.00611.

Wahab, Hud, Jürgen Gröninger, Klaus Dickmann, P. Bruns, M. Voß, I. Kardosh, J. Meinschien und L. Aschke. „Optimization of Laser Cutting Quality with Design of Experiments." *Laser Technik Journal* 11, Nr. 5 (2014): 27–31. https://doi.org/10.1002/latj.201400046.

Walczyk, D. F., V. Raju und R. Miller. „Fixtureless assembly of sheet metal parts for the aircraft industry." *Proceedings of the Institution of Mechanical Engineers, Part B: Journal of Engineering Manufacture* 214, Nr. 3 (2000): 173–82. https://doi.org/10.1243/0954405001517568.

Waltl, Hubert, und Horst Wildemann. *Modularisierung der Produktion in der Automobilindustrie.* 2. Aufl. TCW 30. München: TCW Transfer-Centrum, 2015.

Wandera, Catherine, Antti Salminen und Veli Kujanpaa. „Inert gas cutting of thick-section stainless steel and medium-section aluminum using a high power fiber laser." *Journal of Laser Applications* 21, Nr. 3 (2009): 154–61. https://doi.org/10.2351/1.3184429.

Webster, Jane und Richard T. Watson. „Analyzing the Past to Prepare for the Future: Writing a Literature Review." *MIS Quarterly* 26, Nr. 2 (2002): xiii–xxiii. http://www.jstor.org/stable/4132319.

Weck, Manfred. *Werkzeugmaschinen Fertigungssysteme.* 4. Aufl. Studium und Praxis. Berlin: Springer, 1991.

Wemhöner, Nils. „Flexibilitätsoptimierung zur Auslastungssteigerung im Automobilrohbau." Dissertation, Rheinisch-Westfälische Technische Hochschule (RWTH) Aachen University, 01.05.2006. http://darwin.bth.rwth-aachen.de/opus/volltexte/2006/1496/pdf/Wemhoener_Nils.pdf.

Westkämper, Engelbert. *Einführung in die Organisation der Produktion.* Springer-Lehrbuch. Berlin, Heidelberg, New York: Springer, 2006.

Wetzig, Andreas, Patrick Herwig, Jan Hauptmann, Robert Baumann, Peter Rauscher, Michael Schlosser, Thomas Pinder und Christoph Leyens. „Fast Laser Cutting of Thin Metal." *Procedia Manufacturing* 29 (2019): 369–74. https://doi.org/10.1016/j.promfg.2019.02.150.

Whitney, D. E., R. Mantripragada, J. D. Adams und S. J. Rhee. „Toward a Theory for Design of Kinematically Constrained Mechanical Assemblies." *The International Journal of Robotics Research* 18, Nr. 12 (1999): 1235–48. https://doi.org/10.1177/02783649922067834.

Wohlin, Claes. „Guidelines for snowballing in systematic literature studies and a replication in software engineering." In *Proceedings of the 18th International Conference on Evaluation and Assessment in Software Engineering - EASE '14.* Hrsg. von Martin Shepperd, Tracy Hall und Ingunn Myrtveit, 1–10. New York, New York, USA: ACM Press, 2014.

Wünsch, Achim. Verfahren zur Herstellung eines Stahlprofils, insbesondere eines Stahlträgers. Deutschland. DE102013222899 (A1). Eingereicht am November 11, 2013. Ausgestellt am 13.05.2015.

Wünsch, Achim. Method For Producing Steel Profiles. Vereinigte Staaten von Amerika. US2016074923 (A1). Eingereicht am Oktober 22, 2015. Ausgestellt am 17.03.2016.

Wurster, Peter. Bauteilverbund. Deutschland. DE102018203727 (A1). Eingereicht am März 13, 2018. Ausgestellt am 19.09.2019.

Wurster, Peter. „Bauteilintegrative Fügetechnik." 2019. Dissertation, Technische Universität Dresden, 2019.

Wurster, Peter und Carsten Bär. Verfahren zum Verbinden von mindestens zwei Bauteilen. Deutschland. DE102016003810 (A1). Eingereicht am März 26, 2016. Ausgestellt am 28.09.2017.

Wurster, Peter, Carsten Bär, Uwe Füssel und Christian Donhauser. „Entwicklung der Bauteilintegrativen Fügetechnik." In *Gemeinsame Forschung in der mechanischen Fügetechnik 2017.* Hrsg. von FOSTA - EFB - DVS, 7–12. Hannover: EFB, 2017.

Wurster, Peter, Carsten Bär, Uwe Füssel und Christian Donhauser. „Erzeugung form- bzw. kraftschlüssiger Fügeverbindungen unter Nutzung des Springbeulens." In *12. Erlanger Workshop Warmblechumformung 2017.* Bd. 2017. Hrsg. von Marion Merklein, 95–112. Bamberg: Meisenbach, 2017. Zuletzt geprüft am 2017. https://opus4.kobv.de/opus4-hs-kempten/frontdoor/index/index/docId/425.

Wurster, Peter, Carsten Bär, Uwe Füssel und Christian Donhauser. „Use of panel forming elements in car body engineering." Konferenz: Joining in Car Body Engineering 2017, Bad Nauheim, 06.04.2017.

Wurster, Peter, Carsten Bär, Uwe Füssel und Christian Donhauser. „Funktionsintegration beim Fügen von Karosserieblechen durch den Einsatz der Bauteilintegrativen Fügetechnik." In *Weiterführende Funktionsintegration in der Prozesskette Maschinen – Werkzeuge – Systeme*. Hrsg. von Europäische Forschungsgesellschaft für Blechverarbeitung (EFB), 121–29. Tagungsband T-046 des EFB-Kolloquiums Blechverarbeitung 2018 am 17. und 18. April in Bad Boll. Hannover: EFB, 2018.

Yamazaki, Tsunehiko und Naoomi Miyakawa. Method of manufacturing column and bed of machine tool and structure thereof. Spanien. EP1854577 (A1). Eingereicht am Mai 12, 2006. Ausgestellt am 14.11.2007.

Ytrehus, T. und S. Østmo. „Kinetic theory approach to interphase processes." *International Journal of Multiphase Flow* 22, Nr. 1 (1996): 133–55. https://doi.org/10.1016/0301-9322(95)00056-9.

Zäh, Michael und Haitham Rashidy. „Automatisierte Qualitätsregelkreise im Karosseriebau - Tiefer greifende Automatisierung für die Qualitätstechnik von morgen." *wt Werkstattstechnik online* 96, Nr. 9 (2006): 597–601.

Zürn, M., M. Reichenbach, T. Reichling, J. Hodapp und U. Berger. „Smarte Produktionsassistenten für die wandlungsfähige Produktion – Neue Fertigungskonzepte im Zeitalter der digitalen Transformation." In *Automation 2017: 18. Leitkongress der Mess- und Automatisierungstechnik*. Hrsg. von VDI Wissensforum GmbH, 115–16. VDI Verlag, 2017.

9 Publikationen im Rahmen der Dissertation

(1) **F. Fiedler**, J. Ehrenstein, C. Höltgen, A. Blondrath, L. Schäper, A. Göppert, and R. Schmitt,
„Jigs and fixtures in production: A systematic literature review",
Journal of Manufacturing Systems, 72, 373 – 405, 2024
Teilweise in Kapitel 2, 3 und 11.1 verwendet

(2) **F. Fiedler**, G. Bergweiler and P. Burggräf,
„Towards a Method to Design Production Systems for Fixtureless Production with Component-integrated Fixture Features in Automotive Body Shops", IEEE International Conference on Industrial Engineering and Engineering Management (IEEM), 2021
Teilweise in Kapitel 3 bis 6 verwendet

(3) G. Schuh, G. Bergweiler, M. Chougle and **F. Fiedler**,
„Effects of Digital Twin Simulation Modelling on a Flexible and Fixtureless Production Concept in Automotive Body Shops",
54th CIRP Conference on Manufacturing Systems, 2021
Teilweise in Kapitel 3 verwendet

(4) G. Schuh, G. Bergweiler, **F. Fiedler** und M. Koltermann,
„Flexible Production Concept of a Low-Cost Battery Pack Housing for Electric Vehicles",
53rd CIRP Conference on Manufacturing Systems, 2020
Teilweise in Kapitel 3, 4, 6 und 11 verwendet

(5) G. Schuh, G. Bergweiler, **F. Fiedler** und L. Krüger,
„Remote-Laserstrahlschweißen von Lasche-Schlitz-Verbindungen aus Aluminiummehrschichtblech für ein kostengünstiges Batteriepackgehäuse",
Schweißen und Schneiden DVS Media, Jg. 72, Heft 3, S. 127 – 133, 2020
Teilweise in Kapitel 3 und 4 verwendet

(6) G. Schuh, G. Bergweiler und **F. Fiedler**,
„Flexibler Karosseriebau mit bauteilintegrierten Vorrichtungsfunktionen",
Technologietag E-Mobility, Laser Zentrum Hannover, Vortrag, 06.11.2019
Teilweise in Kapitel 3, 4, 6 und 11 verwendet

(7) **F. Fiedler**, G. Bergweiler und A. Kampker,
„Laser Welding Process Development for Jigless Joining of a Low-Cost Battery Pack Housing",

72nd IIW Annual Assembly and International Conference, 7. – 12.Juli 2019, Bratislava, Slowakei, 2019
Teilweise in Kapitel 3 und 4 verwendet

(8) A. KAMPKER, G. BERGWEILER, **F. FIEDLER** UND A. HOLLAH,
„Battery Pack Housing for Electric Vehicles Made by Laser Beam Welding",
ATZ worldwide, Jg. 121, p. 72 – 77, 2019
Teilweise in Kapitel 3, 4, 6 und 11 verwendet

(9) A. KAMPKER, G. BERGWEILER, **F. FIEDLER** UND A. HOLLAH,
„Laserstrahlgeschweißtes Batteriepackgehäuse für Elektrofahrzeuge",
ATZ (ATZ Automobiltechnische Zeitschrift), Jg. 121, S. 72 – 77, 2019
Teilweise in Kapitel 3, 4, 6 und 11 verwendet

(10) A. KAMPKER, M. SCHLESER, J. TRIEBS, A. BERG, J. O. HANSEN UND **F. FIEDLER**,
„Bauteilintegrierte Vorrichtungsfunktionen im Karosseriebau: Aktuelle Ergebnisse im Forschungsprojekt ProeK",
ZWF (ZWF Zeitschrift für wirtschaftlichen Fabrikbetrieb), Jg. 113 (Nr. 11), S. 767 – 770, 2018
Teilweise in Kapitel 3, 4 und 5 verwendet

(11) A. KAMPKER, G. BERGWEILER A. HOLLAH UND **F. FIEDLER**,
„Vorrichtungsloses Fügen durch Einsatz von Steckverbindungen am Beispiel der Aluminium-Rahmenstruktur des e.GO Kart",
Siegener Leichtbau-Kolloquium 2018, 16. – 17.10.2018, Vortrag, 2018
Teilweise in Kapitel 3, 4, 6 und 11 verwendet

(12) A. KAMPKER, G. BERGWEILER, **F. FIEDLER** UND A. LAWUNDY,
„Jigless Joining of Vehicle Frames",
ATZ worldwide, Jg. 120 (Nr. 5), p. 40 – 43, 2018
Teilweise in Kapitel 3, 4, 6 und 11 verwendet

(13) A. KAMPKER, G. BERGWEILER, **F. FIEDLER** UND A. LAWUNDY,
„Vorrichtungsloses Fügen von Fahrzeugrahmen",
ATZ (Automobiltechnische Zeitschrift), Jg. 120 (Nr. 5), S. 40 – 43, 2018
Teilweise in Kapitel 3, 4, 6 und 11 verwendet

(14) A. KAMPKER, G. BERGWEILER A. HOLLAH UND **F. FIEDLER**,
„Produktionseffizienz in der Kleinserie",
10. Int. Laser- und Fügesymposium, 27. – 28.02.2018, Poster, 2018
Teilweise in Kapitel 3 und 4 verwendet

(15) A. KAMPKER, G. BERGWEILER A. HOLLAH, **F. FIEDLER** UND J. O. HANSEN,
„Produktionseffizienz in der Kleinserie (ProeK)",
ZWF (ZWF Zeitschrift für wirtschaftlichen Fabrikbetrieb), Jg. 112 (Nr. 9), S. 576 – 579, 2017
Teilweise in Kapitel 3 und 4 verwendet

10 Betreute studentische Arbeiten im Rahmen der Dissertation

Während der Zeit als wissenschaftlicher Angestellter am Lehrstuhl für „PRODUCTION ENGINEERING OF E-MOBILITY COMPONENTS" (PEM) und am WERKZEUGMASCHINENLABOR WZL der RWTH AACHEN UNIVERSITY habe ich im Rahmen der Hochschullehre Studierende bei der Durchführung ihrer Abschlussarbeit unter wesentlicher wissenschaftlicher und inhaltlicher Anleitung betreut.

An dieser Stelle möchte ich mich bei den Studierenden für die interessante und wertvolle Zusammenarbeit bedanken. Ein Teil der betreuten Abschlussarbeiten floss auszugsweise in die Gestaltung meiner Dissertation wie folgt ein.

Name, Vorname	Studentische Abschlussarbeit
LAWUNDY, A.	Entwicklung und Umsetzung von Steckverbindungen für einen vorrichtungsarmen Fahrzeugrahmenbau am Beispiel des e.GO Karts. *2018, Bachelorarbeit, eingeflossen im Kap. 6.*
KRÜGER, L.	Prozessentwicklung für das Fügen mit bauteilintegrierten Vorrichtungsfunktionen am Beispiel eines Batteriepackgehäuses für Elektrofahrzeuge. *2019, Masterarbeit, eingeflossen im Kap. 4 und 6.*
HEIDT, A.	Produktionsgerechte Gestaltung einer Roboterzelle für den Einsatz von bauteilintegrierten Vorrichtungsfunktionen im Karosseriebau. *2019, Bachelorarbeit, eingeflossen im Kap. 6.*
KOLTERMANN, M.	Technische und wirtschaftliche Untersuchung von Produktionskonzepten für die Fertigung eines Batteriepackgehäuses im Karosseriebau. *2020, Masterarbeit, eingeflossen im Kap. 6.*
F. HÖCK	Katalogisierung von bauteilintegrierten Vorrichtungsfunktionen und Validierung am Beispiel eines Batteriepackgehäuses für Elektrofahrzeuge. *2021, Bachelorarbeit, eingeflossen im Kap. 4 und 6.*

A. REICHERT, F. ERWIG, Y. XU	Systematische Literatur- und Patentrecherche mit anschließender methodischer Systematisierung von bauteilintegrierten Vorrichtungsfunktionen. *2021, Projektarbeit, eingeflossen im Kap. 3, 4 und 11.2.*
F. SCHMITZ	Entwicklung und Validierung einer Methodik für die Konstruktion und die Auslegung eines Produktionsprozesses auf Basis bauteilintegrierter Vorrichtungsfunktionen. *2021, Masterarbeit, eingeflossen im Kap. 4 bis 6 und 11.1.*
B. WINDGASSEN	Entwicklung und Validierung eines Produktionskatalogs für die Auslegung eines Produktionsprozesses auf Basis bauteilintegrierter Vorrichtungsfunktionen im Karosseriebau. *2022, Bachelorarbeit, eingeflossen im Kap. 5 und 6.*
J. EHRENSTEIN	Systematische Übersicht zu Vorrichtungssystemen im Karosseriebau und Untersuchungen zur vorrichtungslosen Fertigung des Batteriepackgehäuses eines Elektrofahrzeugs. *2022, Bachelorarbeit, eingeflossen im Kap. 2, 6, 11.1 und 11.3.*
S. WU	Design of Component-integrated Fixture Features (CFF) for Laser Cutting and Remote Laser Welding with Evaluation on a Fixtureless Assembled Low-Cost Battery Pack Housing. *2023, Masterarbeit, eingeflossen im Kap. 4 und 6.*

11 Anhang

Der Anhang dieser Arbeit dient zur Bereitstellung weiterführender Informationen, die für ein tiefgründigeres Verständnis sinnvoll sein können, jedoch im Hauptteil den Lesefluss unterbrechen würden. Zum einen finden sich hier detailliertere Beschreibungen in Schriftform und zum anderen finden sich hier ergänzende Abbildungen, Tabellen und Dokumente für den verschriftlichen Hauptteil.

Nachfolgend befindet sich eine Inhaltsübersicht des Anhangs, die seitenweise nach den Hauptkapiteln gegliedert ist.

Inhaltsübersicht des Anhangs

Kapitel	Kapitelüberschrift	Seite
11.1	Systematische Literaturrecherche (SLR) zu bauteilintegrierten Vorrichtungsfunktionen (biV)	238
11.2	Systematische Patentrecherche (SPR) zu bauteilintegrierten Vorrichtungsfunktionen (biV)	258
11.3	Analyse und Synthese alternativer Vorrichtungskonzepte	268
11.4	Ergänzende Inhalte zum Kapitel 4 „Produkt- und prozessseitige Auslegung von Geometriemerkmalen“	273
11.5	Ergänzende Inhalte zum Kapitel 5 „Auslegung einer Zusammenbaufertigung mit biV“	328
11.6	Low-Cost-Batteriepackgehäuse (LCB) als repräsentativer Demonstrator im Rahmen des Design Science Research (DSR)	339

11.1 Systematische Literaturrecherche (SLR) zu bauteilintegrierten Vorrichtungsfunktionen (biV)

Neues Wissen entsteht häufig durch einen kumulativen Prozess, bei dem vorhandenes Wissen *(bspw. Literatur)* neu interpretiert und kombiniert wird. Literaturrecherchen werden durchgeführt, um vorhandenes, belastbares und nachvollziehbares Wissen zu finden, weshalb diese in der Wissenschaft bedeutend sind. Die Qualität der Rechercheergebnisse hängt dabei maßgeblich von der verwendeten Methodik ab[796].

Die Grundlage für die Literaturrecherche dieser Arbeit ist zum einen der auf dem Kapitel 1 basierende heuristische Bezugsrahmen als inhaltliches Rahmenwerk[797,798] und zum anderen die Methodik einer Systematischen Literaturrecherche (SLR)[799,800]. Die für die SLR angewandte Vorgehensweise ist in der **Abbildung 11.1** in Anlehnung an das V-Modell der VDI 2206[801] und anhand von – in der Literatur teilweise unterschiedlich beschriebenen Vorgehensweisen – zehn Schritten zusammengefasst.

Auf Basis der in Kapitel 1 dargelegten Motivation, wurden Forschungsfragen (SLR-FF) auf Basis der CIMO-Logik[802] und eine Themenübersicht für die SLR im Schritt I+II definiert, die mit der Recherche beantwortet werden sollen[803,804,805]. Im dritten und vierten Schritt findet die STARLITE-Methodik (**Sta**ndards for **R**eporting **Lite**rature)[806] Anwendung, bei der zunächst die einzuschließenden Literaturdatenbanken festgelegt und anschließend die Suchbegriffe aus den SLR-FF abgeleitet werden, mit denen die Recherche in den Datenbanken durchgeführt wird[799,803,804,807]. Die Recherche in den Datenbanken wird im Anschluss unter Verwendung des PRISMA Statement (**P**referred **R**eporting **I**tems for **S**ystematic Reviews and **M**eta-**A**nalyses)[808,809] und einer für die beiden genannten Ansätze entwickelten Auswertungs-Excel-Datei zunächst zusammengeführt und anschließend mittels zuvor festgelegter Ein- und Ausschlusskriterien gefiltert[799,802 - 804,812]. Im achten und neunten Schritt wird die gefilterte

---

796 VOM BROCKE ET AL., „Reconstructing the Giant – On the Importance of Rigour …“, 2009, S. 1.
797 SEIFFERT ET AL., „Einführung in das wissenschaftliche Arbeiten“, 1976, S. 6.
798 KUBICEK, „Heuristische Bezugsrahmen und heuristisch angelegte Forschungsdesign …“, 1977, S. 14 – 17.
799 GUBA, „Systematische Literatursuche“, 2008, S. 63 – 64.
800 FINK, „Conducting research literature reviews“, 2014, S. 5.
801 VDI/VDE 2206:2021-11, „Entwicklung mechatronischer und cyber-physischer …“, 2021, S. 20 – 22.
802 DENYER ET AL., „Producing a systematic review“, 2009, S. 681 – 684.
803 BRINER ET AL., „Systematic Review and Evidence Synthesis as a Practice …“, 2012, S. 117 – 21.
804 SIDDAWAY ET AL., „How to Do a Systematic Review: A Best Practice Guide for …“, 2019, S. 756; 760.
805 SNYDER, „Literature review as a research methodology: An overview and guidelines“, 2019, S. 336.
806 BOOTH, „“Brimful of STARLITE”: toward standards for reporting literature searches“, 2006, S. 424 – 26.
807 TRANFIELD ET AL., „Towards a Methodology for Developing Evidence-Informed …“, 2003, S. 215.
808 MOHER ET AL., „Preferred reporting items for systematic reviews and meta-analyses …“, 2009, S. 1 – 2; 5 – 8.
809 LIBERATI ET AL., „The PRISMA statement for reporting systematic reviews and …“, 2009, S. e1 – e5.

Literatur zunächst im Rahmen eines Reviews analysiert, bevor die Ergebnisse synthetisiert werden. Im Kontext der Analyse kann eine zusätzliche Schneeball-Methodik auf der Basis von in besonders relevanten Veröffentlichungen genannten Informationen (Autor:innen, Begriffe und Entitäten) erfolgen, um den Ergebnisraum zu erweitern[810,811,812,813]. Hierbei können auch gänzlich neue Implikationen für die SLR entstehen, sodass eine Iteration mit neuen SLR-FF bei Schritt I beginnen kann[802]. Im zehnten und letzten Schritt erfolgt eine Teilergebnisdarstellung in Form einer Forschungslandschaft unter Ausweisung der identifizierten Forschungslücken[814,815,816]. Ziele einer SLR sind eine große Zuverlässigkeit und Validität des Rechercheprozesses von Literatur[817].

Nachfolgend werden schrittweise zunächst das methodische Vorgehen in der SLR anhand der Literatur und anschließend dessen Anwendung sowie deren Ergebnisse näher beschrieben. Vorarbeiten von FIEDLER ET AL. flossen mit ein[818].

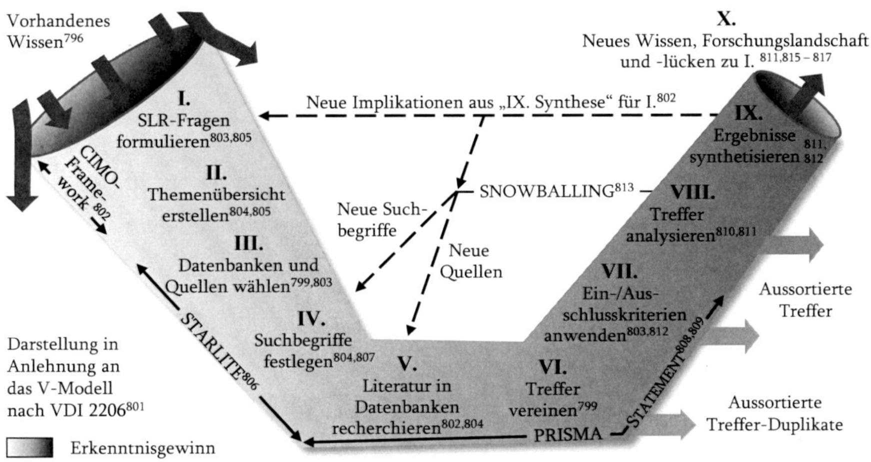

Abb. 11.1: Vorgehensweise der in dieser Arbeit durchgeführten Systematischen Literaturrecherche (SLR) unter Nennung der angewandten Rahmenwerke und Methodiken[819,818]

[810] WEBSTER ET AL., „Analyzing the Past to Prepare for the Future …“, 2002, S. xvii – xxi.
[811] BRINER ET AL., „Systematic Review and Evidence Synthesis as a Practice …“, 2012, S. 123 – 25.
[812] DENYER ET AL., „Producing a systematic review“, 2009, S. 685 – 87.
[813] WOHLIN, „Guidelines for snowballing in systematic literature studies and …“, 2014, S. 2 – 9.
[814] FINK, „Conducting research literature reviews“, 2014, S. 4 – 5; 190 – 193.
[815] GUBA, „Systematische Literatursuche“, 2008, S. 62 – 68.
[816] TRANFIELD ET AL., „Towards a Methodology for Developing Evidence-Informed …“, 2003, S. 218 – 20.
[817] VOM BROCKE ET AL., „Reconstructing the Giant – On the Importance of Rigour …“, 2009, S. 1 – 3; 9.
[818] FIEDLER ET AL., „Jigs and fixtures in production: A systematic literature review“, 2024, S. 373 – 78.
[819] Die in der Abbildung angegebenen Verweise beziehen sich auf die Fußnoten 796 bis 818.

11.1.1 Schritt 1 bis 4: SLR-Fragen (SLR-FF) und STARLITE-Methodik

Zu Beginn des ersten Schrittes der SLR wird zunächst das zu betrachtende Themenfeld konkretisiert. Der heuristische Bezugsrahmen kann in der empirischen Forschung als strukturierter Prozess beschrieben werden und beinhaltet die Sicht des Forschenden auf das zu untersuchende Problem. In diesem Rahmen sollen Annahmen, Fragen und Muster einen gezielten Erkenntnisgewinn für den Forschenden ermöglichen, um damit eine andere Sicht auf das Problem zu erlangen[820]. Konkret bedarf es zunächst für die Gestaltung eines heuristischen Bezugsrahmens eines ungenügend verstandenen Problems, das als Vorverständnis die Perspektive des Forschenden definiert. Der Bezugsrahmen besteht aus verschiedenen miteinander in Zusammenhang stehenden Kategorien oder Analyseeinheiten, die als relevante Merkmalsträger für die Problembeschreibung dienen können. Diese Merkmalsträger können verschiedene Eigenschaften aufweisen und untereinander mit Verbundenheitsannahmen verknüpft werden, um so bspw. wechselseitige Beeinflussungen darzustellen. Die Ziele sind die Steuerung des Forschungsprozesses, die Darstellung einer theoretischen Perspektive und die Unterstützung bei der Problemlösung bzw. -definition in der Praxis[821].

Aufbauend auf die thematische Eingrenzung können die SLR-FF festgelegt werden. Forschungsfragen sollen nach KUBICEK theoretisch geleitet und an die Realität adressiert sein, um mit dem daraus gewonnenen Wissen den geringen Kenntnisstand im Objektbereich der adressierten Fragen einer Forschungsarbeit zu füllen. Dieser Forschungsprozess kann anschließend wiederum neue Fragestellungen hervorrufen, als ein wissenschaftlicher Lernprozess verstanden und als „iterative Heuristik" bezeichnet werden[822]. Nach TURABIAN sollen Forschungsfragen so gestaltet sein, dass diese nicht einfach zu beantworten sind und zu interessanten Antworten führen können. Beispielsweise sollten die Fragen nicht einfach mit einer Literaturquelle zu beantworten sowie für die Beantwortung genügend Quellen vorhanden sein. Die Fragen sollten nicht trivial gestellt sein und die Antwort nicht auf der Hand liegen[823]. DENYER UND TRANFIELD entwickelten die vierteilige CIMO-Logik (Context, Interventions, Mechanisms, Outcomes) zur Gestaltung von SLR-FF. *Context* beschreibt die zu betrachtenden Individuen, Beziehungen, Systemeigenschaften und die institutionellen Rahmenbedingungen, wobei *Interventions* den Eingriff auf den zu untersuchenden *Context* beschreibt. Im Bestandteil *Mechanism* sollen der Vorgang und der Zusammenhang zwischen dem Eingriff aus Intervention auf dem nachfolgenden *Outcome* beschrieben

[820] KUBICEK, „Heuristische Bezugsrahmen und heuristisch angelegte Forschungsdesign ...", 1977, S. 15 – 16.
[821] KUBICEK, „Heuristische Bezugsrahmen und heuristisch angelegte Forschungsdesign ...", 1977, S. 17 – 18.
[822] KUBICEK, „Heuristische Bezugsrahmen und heuristisch angelegte Forschungsdesign ...", 1977, S. 14 – 15.
[823] TURABIAN, „A manual for writers of research papers, theses, and dissertation", 2011, S. 10 – 13.

werden. Outcome beinhaltet die relevanten Ergebnisse, wie sie auf die betrachteten Individuen wirken und gemessen werden[824].

Angewandt auf diese Arbeit wurde für den ersten Schritt aus Abbildung 11.1 der heuristische Bezugsrahmen auf Basis der in Kapitel 1 dargestellten Motivation abgeleitet. Dafür wurden relevante Begriffe aus der Problemstellung, der betrachteten Domäne und mögliche Lösungsbestandteile in die nachfolgenden Kategorien unterteilt, die in wechselseitiger Beeinflussung zueinanderstehen:

- Karosseriebau
- Integrierte Produkt- und Prozessentwicklung
- Laserstrahlschneiden und Remote-Laserstrahlschweißen (RLS)
- Vorrichtungen und alternative Vorrichtungskonzepte
- Bauteilintegrierte Vorrichtungsfunktionen (biV)

Auf Basis der in diesem heuristischen Bezugsrahmen genannten Begriffe wurden anschließend die nachfolgenden SLR-FF unter Anwendung der CIMO-Logik abgeleitet, die für die Recherche in der SLR berücksichtigt werden sollen:

I. Welche Fertigungsverfahren kommen in der konventionellen und flexiblen Karosserieherstellung zum Einsatz?
II. Wie ist der aktuelle Stand der Forschung zu bauteilintegrierten Vorrichtungsfunktionen (biV) und wie ist die Anwendung im Karosseriebau?
III. Welche Fabrikplanungsvorgehen existieren und wie sind diese aufgebaut?
IV. Welche Grundlagen gibt es bei Methodiken, Modellen und Hilfsmitteln?

Anschließend erfolgt die Anwendung der STARLITE-Methodik, die Richtlinien zur Dokumentation der Literaturrecherche vorgibt. Die Anfangsbuchstaben der Abkürzung ebendieser Methodik beschreiben acht Kriterien, die den Ergebnisraum der Recherche beeinflussen: Sampling Strategy, Type of Studies, Approaches, Range of years, Limits, Inclusions and Exclusions, Terms used und Electronic Sources[825].

Je nach Umfang der SLR wird bei der **Sampling Strategy** zwischen einer umfassenden, selektiven oder zweckmäßigen Recherche unterschieden. Die umfassende Recherche hat zum Ziel, alle relevanten Veröffentlichungen zu dem passenden Themenbereich zu finden, während bei den anderen beiden Ansätzen Restriktionen spezifiziert werden, welche die Suche einschränken. Durch **Type of Studies** kann der Suchraum durch die Auswahl umfassender oder partieller Studientypen weiter verkleinert werden. **Approaches** beinhaltet alle durchgeführten Recherchen im Rahmen der SLR, wie bspw. eine manuelle Suche von Hand oder eine zusätzliche Recherche mit der

[824] DENYER ET AL., „Producing a systematic review", 2009, S. 681 – 83.

[825] BOOTH, „"Brimful of STARLITE": toward standards for reporting literature searches", 2006, S. 424.

Schneeball-Methodik. Das Element **Range of Years** beinhaltet eine Einschränkung des Zeitraums der Recherche und wird in einen vollständigen oder partiellen Bericht unterschieden. Durch **Inclusion and Exclusion** können anhand zuvor definierter Begriffe (bspw. geographische Verortung oder inhaltlicher Fokus) entsprechende Treffer ein- bzw. ausgeschlossen werden, um die Rechercheergebnisse zu reduzieren. **Terms used** beinhaltet die aus den SLR-FF festgelegten Suchbegriffe, die mit Booleschen Operatoren[826] und weiteren Suchbegriffen zu Suchstrings verbunden werden können. Das Element **Electronic Sources** beschreibt die für die Recherche zu durchsuchenden Datenbanken und Suchplattformen. Darüber hinaus liefert die STARLITE-Methodik keine chronologische Reihenfolge der hier beschriebene Kriterien und keine spezifische Darstellung der Rechercheergebnisse[827].

Angewandt auf diese Arbeit wurde für den dritten und vierten Schritt aus Abbildung 11.1 mit der STARLITE-Methodik eine umfassende Recherche nach allen relevanten Veröffentlichungen vorbereitet. Aus der **Tabelle 11.1** sind die acht hierfür festgelegten Kriterien auf Basis der STARLITE-Methodik zu entnehmen. Um einen möglichst großen Ergebnisraum in der Recherche abzudecken, wurden im dritten Schritt die Literaturdatenbanken SCIENCEDIRECT, SPRINGER-LINK, WEB OF SCIENCE und UNIVERSITÄTSBIBLIOTHEK DER RWTH AACHEN UNIVERSITY definiert.

Tab. 11.1: Festlegung der acht Kriterien für die in dieser Arbeit angewandten STARLITE-Methodik (u. a. Standards for Reporting Literature) im Rahmen der Systematischen Literaturrecherche (SLR). In Anlehnung an BOOTH[828]

Kriterium	Ergebnis
Sampling Strategy	Umfassende Suche nach allen relevanten Veröffentlichungen der jeweiligen Themengebiete
Type of Studies	Keine Einschränkung, um einen möglichst großen Suchbereich zu ermöglichen
Approaches	Stichwortsuche in elektronischen Datenbanken ergänzt um die Schneeball-Methodik
Range of Years	Keine Einschränkung, um einen möglichst großen Suchbereich zu ermöglichen
Limits	Deutsche/englische Sprache
Inclusion and Exclusions	Die Suche wird nicht durch konzeptuelle Limitationen wie Einstellungen, geografische Lage oder einen spezifischen Fokus in ihrem Suchraum eingeschränkt
Terms used	Alle verwendeten Suchstrings der SLR sind in der Tabelle 11.3 zusammengefasst
Electronic Sources	SCIENCEDIRECT, SPRINGERLINK, WEB OF SCIENCE und die UNIVERSITÄTSBIBLIOTHEK DER RWTH AACHEN UNIVERSITY

826 DENYER ET AL., „Producing a systematic review", 2009, S. 684.

827 BOOTH, „"Brimful of STARLITE": toward standards for reporting literature searches", 2006, S. 424 – 26.

828 BOOTH, „"Brimful of STARLITE": toward standards for reporting literature searches", 2006, S. 424 – 26.

Im anschließenden vierten Schritt „Suchbegriffe festlegen“ wurden auf Basis der zu Beginn des Kapitels 11.1.1 festgelegten SLR-FF und einer Analyse vorab bekannter Literatur, Normen und Patenten die relevanten Suchbegriffe definiert. Bei der Festlegung wurden deutsch- als auch englischsprachige Suchbegriffe berücksichtigt und es wurde keine Einschränkung in der Veröffentlichungsart oder dem Zeitraum vorgenommen. Die **Tabelle 11.2** zeigt eine Matrix aus den identifizierten Suchbegriffen pro SLR-FF und die Festlegung der Kombination zu Suchstrings mittels des Booleschen Operators „AND“ für die SLR (mit X gekennzeichnet). Die Datenbanken geben teilweise spezifische Hinweise zur Anwendung ebendieser an, wie bspw. von ELSEVIER[829].

Im Anschluss wurden für jeden Suchbegriff eines Suchstrings passende Synonyme definiert und mit dem Booleschen Operator „OR“ in den Suchstring eingebunden, um den Ergebnisraum zu erweitern. Insgesamt wurden zehn Suchstrings in jeweils deutscher und englischer Sprache d) definiert, die im oberen Bereich der Rechercheübersicht in **Tabelle 11.3** zu entnehmen und im unteren Bereich zu den SLR-FF eingeordnet sind. Die Rechercheübersicht stellt einen Ausschnitt aus einem für die SLR entwickelten Excel-Tool dar, das u. a. auf den festgelegten Kriterien der Tabelle 11.1 beruht.

Tab. 11.2: Aus den a) SLR-Forschungsfragen werden die zu kombinierenden b) Suchbegriffe zu Suchstrings mit einem X gekennzeichnet. In Anlehnung an die STARLITE-Methodik (Standards for Reporting Literature)[830] für die Systematische Literaturrecherche (SLR)

(a)	Suchbegriffe (b)	1.	2.	3.	4.	5.	6.	7.	8.	9.	10.	11.	12.	13.	14.	15.
I.	1. Karosseriebau		X	X	X	X					X					
	2. Prozesskette															
	3. Vorrichtung				X				X	X						
	4. Flexibilität															
	5. Anlagentechnik															
II.	6. Bauteilintegrierte Vorrichtungsfunktion															
	7. Vorrichtungslose Montage															
	8. Merkmalbasierte Konstruktion									X						
	9. Montage															
III.	10. Fabrikplanung											X				
	11. Layoutplanung															
IV.	12. Systemtheorie													X	X	X
	13. Modelltheorie															X
	14. Methodenentwicklung															X
	15. Grundlagen															

829 ELSEVIER, „How do I use the advanced search?“, 2021, S. 1.

830 BOOTH, „“Brimful of STARLITE”: toward standards for reporting literature searches“, 2006, S. 424 – 26.

Tab. 11.3: Rechercheübersicht zu der Systematischen Literaturrecherche (SLR) im Rahmen dieser Arbeit. Die aus den b) Suchbegriffen mit c) Booleschen Operatoren kombinierten d) Suchstrings sind anhand der a) SLR-Forschungsfragen (FF) gegliedert unter Angabe der erzielten e) Trefferanzahl je Datenbank und nach den f) Filterungsstufen

Die b) Suchbegriffe aus Tabelle 11.2 bilden zusammen mit den c) Boolschen Operatoren die d) Suchstrings für die SLR

d) Suchstring		
1:	DE:	„Karosseriebau" OR „Produktionsprozess" AND „Prozesskette"
	EN:	"body shop" OR "production process" AND "process chain"
2:	DE:	„Karosseriebau" OR „Fahrzeugfertigung" AND „Vorrichtung*" AND „flexibel" OR „Flexibilität" OR „Wandlungsfähigkeit"
	EN:	"body shop" OR "car manufacturing" AND "fixture* / jig*" AND "flexible" OR "flexibility" OR "adaptability"
3:	DE:	„Karosseriebau" AND „Produktionsanlagen" OR „Fertigungsanlagen" OR „Anlagentechnik" OR „Roboterzelle" OR „Fertigungszelle"
	EN:	"body shop" AND "production facilities" OR "production facilities" OR "plant equipment" OR "robotic cell" OR "production cell"
4:	DE:	„bauteilinteg* Vorrichtungsfunktion*" OR „bauteilinteg* Fügetechnik" OR „bauteilinteg* Spanntechnik" OR „Vorrichtungsinteg*"
	EN:	"component- / part-integ* jig featur*" OR "component- / part-integ* joining" OR "component- / part-integ* clamp*" OR "jig /fixture integ*"
5:	DE:	„Vorrichtungslos*" OR „Vorrichtungsred*" OR „Vorrichtungsminier*"
	EN:	"jigless / fixtureless" OR "jig / fixture reduc*" OR "jig / fixture minimiz*"
6:	DE:	„merkmal* Konstruktion" OR „geometrisch* Merkmal*" AND „Montage" OR „Zusammenbau" OR „Assemblierung" AND „Vorrichtung*"
	EN:	"feature based design" OR "geometric feature*" AND "assembly" OR "assembly" OR "assembly" AND " jig* / fixture*"
7:	DE:	„Fabrikplanung" OR „Produktionsplanung" AND „Layoutplanung" OR „Anlagenplanung"
	EN:	"factory planning" OR "production planning" AND "layout planning" OR "facility planning"
8:	DE:	„Fabrikplanung" OR „Produktionsplanung" OR „Prozessplanung" AND „Karosseriebau"
	EN:	"factory planning" OR "production planning" OR "process planning" AND "body shop"
9:	DE:	„Systemtheorie" AND „Modelltheorie" AND „Grundlagen" OR „Standards"
	EN:	"system theory" AND "model theory" AND "basics" OR "standards"
10:	DE:	„Mehodenentwicklung" AND „Grundlagen" OR „Standards" AND „Systemtheorie" OR „Modelltheorie"
	EN:	"method* development" AND "basic*" OR "standard*" AND "system theory" OR "model theory"

a) SLR-FF	I.						II.						III.				IV.			
d) Suchstring	1		2		3		4		5		6		7		8		9		10	
e) Datenbanken	DE	EN	DE	EN	DE	EN	DE	EN	DE	EN	DE	EN	DE	EN	DE	EN	DE	EN	DE	EN
SCIENCEDIRECT	2	254	0	128	2	100	1	13	0	148	0	259	5	469	1	106	0	394	0	101
SPRINGERLINK	224	120	149	49	214	55	4	222	4	91	87	216	267	211	154	50	88	465	59	171
UB RWTH	4	1	0	3	2	2	1	0	8	61	0	0	26	16	0	3	0	0	0	0
WEB OF SCIENCE	0	4	0	7	0	6	0	7	0	101	0	8	0	25	0	12	0	2	0	1
Andere Quellen	0	0	5	4	3	1	2	0	0	0	0	0	3	0	0	0	3	1	2	0
In Summe	230	379	154	191	221	164	8	242	12	401	87	483	301	721	155	171	91	862	61	273
f) Filterstufen: **n**$_1$ o. Duplikate	176	368	116	186	167	161	8	241	12	348	70	468	247	682	122	167	83	806	59	261
n$_2$ Titel	23	37	23	28	11	8	8	1	3	30	1	6	15	19	5	7	6	2	4	2
n$_3$ Thema	4	5	13	15	6	4	8	1	3	21	1	4	12	16	4	5	6	2	3	2
n$_4$ Branche	17	29	20	24	10	5	8	1	3	17	1	5	11	10	2	6	5	2	3	1
n$_5$ (n_{3+4})	4	5	13	13	6	3	8	1	3	12	1	3	8	9	2	4	5	2	3	1

11.1.2 Schritt 5 bis 7: PRISMA Statement

Anschließend an die in Kapitel 11.1.1 beschriebene STARLITE-Methodik findet das PRISMA Statement Anwendung und wird daher nachfolgend beschrieben. Das PRISMA Statement ist eine Weiterentwicklung des in 1996 vorgestellten QUOROM Statement (Quality Of Reporting Of Meta-analyses) und hat zum Ziel, die Berichterstattung von SLR und Meta-Analysen zu verbessern. MOHER ET AL. entwickelten dafür eine 27-teilige Checkliste und einen vierphasigen Ablaufplan[831].

Letzterer wird nachfolgend näher beschrieben und ist in Anlehnung an MOHER ET AL. in **Abbildung 11.2** als Flussdiagramm dargestellt. In Phase 1 „Identifizierung" werden die Ergebnisse aus der Datenbankrecherche und aus anderen Quellen zusammengefasst. Die zweite Phase „Überprüfung" beinhaltet zunächst eine Entfernung von potenziell vorhandenen Duplikaten, die aufgrund der Recherche in mehreren Datenbanken enthalten sind. Ebenso werden in dieser Phase die Rechercheergebnisse nach den individuell festgelegten Kriterien, den sogenannten Ein- und Ausschlusskriterien, gefiltert. Dadurch werden Treffer ausgeschlossen, die zur Beantwortung der SLR-FF keinen thematischen Bezug aufweisen oder keinen anderweitigen Mehrwert bilden. In der dritten Phase „Eignung" werden die Treffer unter Angabe von bestimmten Begründungen aus der weiteren Betrachtung ausgeschlossen. Die vierte und letzte Phase „Einschließung" des PRISMA Statement beinhaltet die als thematisch relevant eingestuften Treffer und bildet damit das Ergebnis für eine weitere detaillierte Analyse[832].

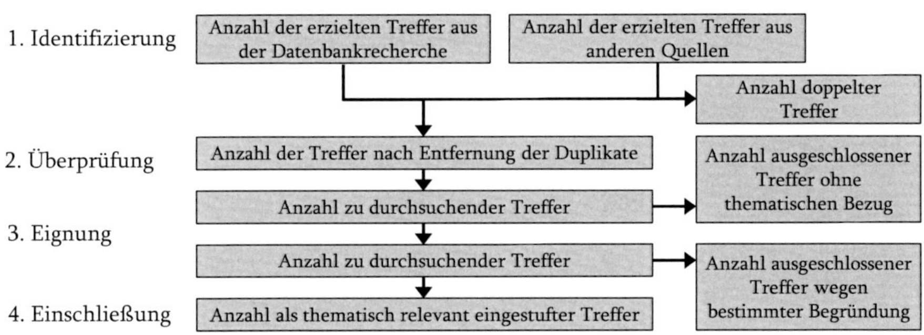

Abb. 11.2: Ablauf des in dieser Arbeit angewandten PRISMA Statement (Preferred Reporting Items for Systematic Reviews and Meta-Analyses) anhand eines Flussdiagramms. In Anlehnung an MOHER ET AL.[833]

[831] MOHER ET AL., „Preferred reporting items for systematic reviews and meta-analyses ...", 2009, S. 1 – 3.
[832] MOHER ET AL., „Preferred reporting items for systematic reviews and meta-analyses ...", 2009, S. 5 – 8.
[833] MOHER ET AL., „Preferred reporting items for systematic reviews and meta-analyses ...", 2009, S. 8.

Angewandt auf diese Arbeit wurde für den fünften bis siebten Schritt das PRISMA Statement verwendet, um die mittels der STARLITE-Methodik generierten Suchstrings aus Tabelle 11.3 anhand des Vorgehens aus Abbildung 11.2 zu filtern. Die mit der Eingabe der Suchstrings in den Datenbanken erzielten Treffer sind pro Datenbank aufgeführt und in der untersten Zeile aufsummiert *(vgl. e in der Tab. 11.3).* Je Suchstring wurden die Ein- und Ausschlusskriterien der SLR angewandt und durch die Filterstufen in f) dargestellt. Mit einer Excel Funktion wurden die Duplikate entfernt, die sich durch die zwei Sprachen und die Recherche in mehreren Datenbanken ergaben. Bei der zweiten Filterstufe wurden die Titel der Treffer hinsichtlich der inhaltlichen Übereinstimmung mit den SLR-FF gefiltert. Bei den übriggebliebenen Treffern wurden anschließend das Abstract, die Einleitung und die Zusammenfassung gelesen und nach Übereinstimmung den Filterstufen nach dem Thema (n_3), der Branche (n_4) oder beidem (n_5) zugeordnet. Die Rechercheübersicht findet in den Schritten drei bis sieben aus dem Vorgehen in Abbildung 11.1 Anwendung und dient der Planung, Durchführung und Dokumentation der STARLITE-Methodik und des PRISMA Statement.

Die inhaltliche Analyse und Synthese erfolgt bei den Treffern der Filterstufen n_4 sowie n_5 und wird folglich in den nachfolgenden beiden Schritten beschrieben.

11.1.3 Schritt 8 bis 9: Analyse, Synthese und Schneeball-Methodik

Im achten Schritt „Treffer analysieren“ werden die nach dem PRISMA Statement übrig gebliebenen Treffer inhaltlich analysiert. Der so als thematisch relevant identifizierte Ergebnisraum sollte vollumfänglich erschlossen und nicht durch bestimmte Journals, Länder oder Methoden limitiert sein[834]. In einer SLR sollte die inhaltliche Beschreibung der Literatur konzept- anstelle von autor:innenenzentriert gestaltet sein, da so eine inhaltliche Synthese über verschiedene Autor:innen hinweg erst ermöglicht wird. WEBSTER UND WATSON empfehlen für ein strukturiertes Review die Verwendung von Konzeptmatrizen/Abbildungen, die bspw. die analysierten Treffer nach gewissen Kriterien quantitativ und qualitativ bewerten und somit vergleichbar machen. Diese inhaltliche Profilierung sollte durch bspw. Kategorisierung, Diskussion von Variablen, Darstellung von Forschungslücken oder theoretische Fragen bei der Vermittlung von Zusammenhängen und der wichtigsten Erkenntnisse unterstützen[835].

Angewandt auf diese Arbeit wurde für die inhaltliche Analyse der Literatur zum Stand der Forschung zu biV die relevante Literatur aus der SLR und der Schneeball-Methodik in den **Tabellen 11.4** bis **11.6** aufgelistet. Die Tabellen gliedern die Literatur nach Autor:innen, Titel, Herkunft, Jahr, Branche, Art der Forschung/Ergebnisses, nach

[834] WEBSTER ET AL., „Analyzing the Past to Prepare for the Future ...“, 2002, S. xv – xvi.
[835] WEBSTER ET AL., „Analyzing the Past to Prepare for the Future ...“, 2002, S. xvi – xviii.

Art der Veröffentlichung, einer Kurzfassung des Inhalts und nach Arbeitsgruppen. Die Liste ist chronologisch nach dem Veröffentlichungsjahr absteigend sortiert. Auf Basis dieser Vorgehensweise erfolgte die inhaltliche Beschreibung im Hauptteil dieser Arbeit zum Objektbereich „Grundlagen des Karosseriebaus“ in den Kapiteln 2.1 bis 2.3 und zum Betrachtungsbereich „Stand der Forschung zu bauteilintegrierten Vorrichtungsfunktionen“ in den Kapiteln 3.1 bis 3.3.

Nach Durchführung der ersten inhaltlichen Analyse der Rechercheergebnisse und dem geschaffenen Überblick in den Tabellen 11.4 bis 11.6, wurde eine Schneeball-Methodik zur Erweiterung der Ergebnisräume ergänzt, da diese sich gut als Erweiterung zur SLR eignet[836]. Konkret wurden dafür die Zitationen und weitere Veröffentlichungsmerkmale aus vorab als relevant identifizierten Veröffentlichungen überprüft, um zusätzliche und thematisch passende Veröffentlichungen zu identifizieren. WOHLIN beschreibt das Vorgehen anhand eines Prozessablaufs für eine zur Untersuchung festgelegte Veröffentlichung. Dies beinhaltet u. a. ein „Backward Snowballing“ mit dem Ziel, das Literaturverzeichnis ebendieser festgelegten Veröffentlichung nach neuen Veröffentlichungen zu analysieren. Das „Forward Snowballing“ hat hingegen zum Ziel, jene Veröffentlichungen zu analysieren, welche die zur Untersuchung stehende Veröffentlichung zitiert haben. Für die anschließende Selektion werden ähnlich wie bei der SLR Ein- und Ausschlusskriterien angewandt[837].

Mit Bezug auf diese Arbeit wurden die im Rahmen der SLR ermittelten Veröffentlichungen aus der Tabelle 11.3 als Eingangsgröße für die Recherche nach der Schneeball-Methodik verwendet. Dazu wurde eine gezielte Suche nach Veröffentlichungen der ermittelten Autor:innen aus der Liste der relevanten Literatur für biV in den Tabellen 11.4 bis 11.6 durchgeführt, um ggf. noch nicht gefundene Veröffentlichungen zu identifizieren. Anschließend wurden die aus der Schneeball-Methodik identifizierten Veröffentlichungen den Tabellen 11.4 bis 11.6 hinzugefügt, sodass diese die vollständige Literatur zum Stand der Forschung zu biV widerspiegeln.

In der „Synthese“ wurden die in der SLR identifizierten Ergebnisse synthetisiert, indem die Kernergebnisse zusammengefasst und mit Bezug zu den anfangs gestellten SLR-FF Schlussfolgerungen gezogen wurden. Die Bestandteile einer Synthese können die thematische Darstellung der Rechercheergebnisse hinsichtlich der historischen Entwicklung, der publizierenden Autor:innen, Journals und die abgedeckte bzw. noch lückenhafte Forschungslandschaft umfassen. Weiterhin können hieraus theoretische Konstrukte und Rahmenwerke für eine weitere Betrachtung abgeleitet werden[838].

[836] WOHLIN, „Guidelines for snowballing in systematic literature studies and ...“, 2014, S. 9.
[837] WOHLIN, „Guidelines for snowballing in systematic literature studies and ...“, 2014, S. 1 – 4.
[838] FINK, „Conducting research literature reviews“, 2014, S. 5; 199 – 200.

Tab. 11.4: Synthese der Systematischen Literaturrecherche (SLR): <u>Teil A</u> der Rechercheübersicht der relevanten Literatur und inhaltliche Auswertung in Bezug auf den Stand der Forschung zu bauteilintegrierten Vorrichtungsfunktionen (biV)

Literaturangaben					Synthese der Literaturinhalte zu biV					
#	Autor:innen	Titelabkürzung	Land	Jahr	I.	II.	III.	IV.	Kurzfassung des Inhalts	V.
1.	KOONMEN	Implementing precis…	USA	1994	LuR	T	Me	Ma	Positionieren mit Bohrung + Steckverbindung	-
2.	BONENBERGER	A design methodol…	USA	1996	-	T	Me	Ar	Montagegerechte Kunststoffschnappverbindung	I
3.	PARRIS	Precision stretch for…	USA	1996	-	Ex	Mo	Di	Grundlagenforschung im Streckziehen	-
4.	GENC ET AL.	Enumerating Possibl…	USA	1997	-	T	Mo	Ar	Hierarchische Klassifikation Geometrieelemente	J
5.	MESSLER ET AL.	Integral Attach. Part 1	USA	1997	-	T	Mo	Ar	Begriffsdefinitionen von Geometrieelemente	J
6.	MESSLER ET AL.	Integral Attach. Part 2	USA	1997	-	T	Mo	Ar	Hierarchische Klassifikation Geometrieelemente	J
7.	MESSLER ET AL.	Integral Attach. Part 3	USA	1997	-	T	Me	Ar	Gestaltung von Schnappverbindungen	J
8.	MESSLER ET AL.	Integral Attach. Part 4	USA	1997	-	T	Me	Ar	Auswahl geeigneter Geometrieelemente+Matrix	J
9.	PERNG ET AL.	A new feature-based…	TWN	1997	-	T	Mo	Ar	3D-Konstruktionsentwicklung von Merkmalen	K
10.	PERNG ET AL.	Resolving feature int…	TWN	1997	-	T	Mo	Ar	Problemlösung Interaktion von Merkmalen	K
11.	CHANG ET AL.	Assembly-part auto…	TWN	1997	-	T	Me	Ar	Methode auto. Positionierung von Bauteilen	K
12.	MANTRIPRAGADA ET AL.	Assembly Oriented…	USA	1997	LuR	T	Me	Ar	Methode montageorientierte Konstruktion	L
13.	GENC ET AL.	Integral Attach. Part 5	USA	1998	-	T	Me	Ar	Methodik Generierung Verbindungskonzepte	J
14.	GENC ET AL.	Integral Attach. Part 6	USA	1998	-	T	Me	Ar	Methodik Analyse Verbindungskonzepte	J
15.	GENC ET AL.	Integral Attach. Part 7	USA	1998	-	Ex	Ev/Fb	Ar	Methodikvalidierung am Anwendungsbeispiel	J
16.	GENC ET AL.	A systematic approa…	USA	1998	-	T	Me	Ar	Gestaltungsmethodik von Schnappverbindungen	J
17.	MANTRIPRAGADA ET AL.	The Datum Flow Ch…	USA	1998	LuR	T	Hm	Ar	Toleranzkonzept: Datum Flow Chain	L
18.	ADAMS	Feature based analys...	USA	1998	-	T	Hm	Ma	Montageorientierte Konstruktionsmethodik	M
19.	WALCZYK ET AL.	Development of a re…	USA	1998	LuR	Ex	Gr	Ar	Rekonfig. Werkzeug durch Matrix + Bolzen	N
20.	WHITNEY ET AL.	Designing Assemblie…	USA	1999	LuR	T	Gr	Ar	Konzepte (MANTRIPAGADA & WHITNEY)	L
21.	WHITNEY ET AL.	Toward a Theory for…	USA	1999	LuR	T	Gr	Ar	Konzepte (MANTRIPAGADA & WHITNEY)	L
22.	ADAMS ET AL.	Application of screw…	USA	1999	-	T	Gr	Ar	Screw-Theory Analyse, Geometrieelemente	M
23.	GENC ET AL.	A Method for Attach…	USA	2000	-	T	Me	Ar	Zusammenfassung Methodik, Modelle	J
24.	WALCZYK ET AL.	Fixtureless assembly…	USA	2000	LuR	T	Me	Ar	Methodik vorrichtungslose Montage	N
25.	WALCZYK ET AL.	Fixturing of Complia…	USA	2000	LuR	T	Mo	Ar	Rekonfig. Werkzeug durch Matrix + Bolzen	N
26.	WALCZYK ET AL.	Simplifying the Dev…	USA	2000	LuR	T	Me	Ar	Methodik Vorrichtungskonstruktion/ -fertigung	N
27.	VAN HOLLAND	Assembly features in…	NDL	2000	-	T	Mo	Ar	Integ. Produktmodell mit Montagemerkmalen	-
28.	NAING ET AL.	Design for Tooling…	GBR	2000	LuR	T	Me	Ar	Konstruktion für vorrichtungslose Montage	O
29.	ODI ET AL.	The Role of Error…	GBR	2000	LuR	T	Hm	Ar	Auswahlprozess der Geometriemerkmale	G
30.	ADAMS ET AL.	Application of Screw...	USA	2001	-	T	Gr	Ar	Screw-Theory Analyse, Geometrieelemente	M

I. Epoche: vornehmlich Feature-based Fixturing (FBF)

Tab. 11.5: Synthese der Systematischen Literaturrecherche (SLR): Teil B der Rechercheübersicht der relevanten Literatur und inhaltliche Auswertung in Bezug auf den Stand der Forschung zu bauteilintegrierten Vorrichtungsfunktionen (biV)

Literaturangaben					Synthese der Literaturinhalte zu biV					
#	Autor:innen	Titelabkürzung	Land	Jahr	I.	II.	III.	IV.	Kurzfassung des Inhalts	V.
31.	NAING ET AL.	Design for jigless ass…	GBR	2001	LuR	Ex	Ev/Fb	Ar	Anwendung AIM-FOR-JAM Methodik an A320	O
32.	NAING	Feature based design…	GBR	2004	LuR	T	Me	Di	Methodik für Geometriemerkmalsauswahl	O
33.	DELEBECQUE ET AL.	Automated generat…	FRA	2008	-	T	Hm	Ar	Algorithmus aut. Verteilung Geometriemerkmal	-
34.	KAMPKER	Produktionssysteme…	DEU	2013	-	T/Ex	Gr	Bu	Vorrichtungslos, Merkmale, Schweißen	A
35.	BONENBERGER	The first snap-fit han…	USA	2016	-	T	Gr	Bu	„Attachement Level" / Verbindungskonzept	I
36.	KLAHN ET AL.	Design Guidelines…	CHE	2016	-	T	Gr	Ko	Gestaltungsregeln add. Fertigung Schnapphaken	-
37.	SCHLATHER ET AL.	Forschung für eine fl…	DEU	2016	KFZ	T	Gr	Ar	Rahmenwerk, flexible Vorrichtungskonzepte	B
38.	SCHLATHER ET AL.	Toward a feature-bas…	DEU	2016	KFZ	T	Me	Ar	Forschungsvorgehen biS, Haltekraft/Toleranz	B
39.	WURSTER ET AL.	Use of panel forming…	DEU	2017	KFZ	T/Ex	Ev/Fb	Vo	Benefits, Experiment Schnapphaken zu BiF	C
40.	WURSTER ET AL.	Erzeugung formschl…	DEU	2017	KFZ	T/Ex	Ev/Fb	Ar	BiF: Springbeulen beim Schottblech, Versuche	C
41.	WURSTER ET AL.	Entwicklung der Bau…	DEU	2017	KFZ	T	Gr	Vo	Definition BiF, Klassifizierung, Schnappelement	C
42.	KAMPKER ET AL.	Vorrichtungsloses La…	DEU	2017	KFZ	Ex	Ev/Fb	Ar	Vorrichtungslos RLS mit biV an Demonstrator	A
43.	KAMPKER ET AL.	Jigless Laser Welding…	DEU	2017	KFZ	Ex	Ev/Fb	Ar	Vorrichtungslos RLS mit biV an Demonstrator	A
44.	KAMPKER ET AL.	Produktionseffizienz…	DEU	2017	KFZ	T	Gr	Ar	Flexible biV-Prozesskette, Gestaltungsregeln	A
45.	SCHLATHER ET AL.	Tolerance analysis of…	DEU	2018	KFZ	T/Ex	Mo	Ar	Simulationsmodell Toleranzen von biS	B
46.	SCHLATHER ET AL.	Process forces during…	DEU	2018	KFZ	T/Ex	Mo	Ar	Simulationsmodell Prozesskräfte biS/RLS/WPS	B
47.	WURSTER	Funktionsintegration…	DEU	2018	KFZ	T/Ex	Gr	Ko	Entwicklung biF, Auslegung Schnapphaken	C
48.	HANSEN ET AL.	Approaches for flexi…	DEU	2018	KFZ	T	Me	Ar	Studie zu biV im Karosseriebau, Idee Methodik	A
49.	KAMPKER ET AL.	Bauteilintegrierte Vo…	DEU	2018	KFZ	T	Me	Ar	Methodikentwicklung zur Gestaltung von biV	A
50.	KAMPKER ET AL.	Jigless joining of veh…	DEU	2018	KFZ	Ex	Ev/Fb	Ar	3D-Laserschneiden von biV in Alu-Profilen	A
51.	KAMPKER ET AL.	Vorrichtungsloses Fü…	DEU	2018	KFZ	Ex	Ev/Fb	Ar	3D-Laserschneiden von biV in Alu-Profilen	A
52.	KAMPKER ET AL.	Elektromobilität - Gr…	DEU	2018	KFZ	T	Gr	Bu	Flexibler Karosseriebau, vorrichtungslos	A
53.	SCHLATHER ET AL.	Determination of pro…	DEU	2019	KFZ	T/Ex	Mo	Ar	Simulationsmodell Prozesskräfte biS/RLS/WPS	B
54.	WURSTER	Bauteilintegrative Fü…	DEU	2019	KFZ	T/Ex	Me	Di	BiF, Schnapphaken, Springbeulen, Methodik	C
55.	BERGWEILER ET AL.	Beitrag zur Reduzier…	DEU	2019	KFZ	T/Ex	Mo	Ar	Additiv gefertigte Vorrichtungen und biV	A
56.	KAMPKER ET AL.	Identifying and eval…	DEU	2019	KFZ	T	Me	Ar	Methodik Steigerung der Flexibilität	A
57.	KAMPKER ET AL.	Laserstrahlgeschw. B…	DEU	2019	KFZ	T	Mo	Ar	Low-Cost-Batteriepackgehäuse + biV, Vergleich	A
58.	KAMPKER ET AL.	Battery Pack Housin…	DEU	2019	KFZ	T	Mo	Ar	Low-Cost-Batteriepackgehäuse + biV, Vergleich	A
59.	FIEDLER ET AL.	Laser Welding Proc…	DEU	2019	KFZ	Ex	Mo	Ar	Schweißversuch biV, Gestaltungsregeln für RLS	A
60.	KAMPKER ET AL.	Modular Body Shop…	DEU	2019	KFZ	T	Gr	Ar	Grundidee biV + prozessintegrierte Vorrichtung	A

II. Epoche: bauteilintegrierte Vorrichtungsfunktion (biV)/(CFF) im Karosseriebau

Tab. 11.6: Synthese der Systematischen Literaturrecherche (SLR): Teil C der Rechercheübersicht der relevanten Literatur und inhaltliche Auswertung in Bezug auf den Stand der Forschung zu bauteilintegrierten Vorrichtungsfunktionen (biV)

Literaturangaben					Synthese der Literaturinhalte zu biV					
#	Autor:innen	Titelabkürzung	Land	Jahr	I.	II.	III.	IV.	Kurzfassung des Inhalts	V.
61.	KAMPKER ET AL.	Modul. Karosserieba…	DEU	2019	KFZ	T	Gr	Ar	Grundidee biV + prozessintegrierte Vorrichtung	A
62.	SCHLATHER	Methodische Ausleg…	DEU	2020	KFZ	T/Ex	Me	Di	Methodik- und Modellentwicklung biS	B
63.	KAMPKER ET AL.	Approach to increase…	DEU	2020	KFZ	T	Me	Ar	Methodik Auswahl von Geometriemerkmalen	A
64.	HANSEN	Methodik zur Bautei…	DEU	2020	KFZ	T	Me	Di	Methodik BiV, Vergleich Funktionsstruktur	A
65.	SCHUH ET AL.	Flexible Production…	DEU	2020	KFZ	T/Ex	Mo	Ar	BiV-Produktion Low-Cost-Batteriepackgehäuse	A
66.	SCHUH ET AL.	Remote-Laserstrahl…	DEU	2020	KFZ	Ex	Gr	Ar	Remote-Laserstrahlschweißversuche biV	A
67.	SCHUH ET AL.	Effects of Digital Tw…	DEU	2021	KFZ	T	Mo	Ar	Digitaler Zwilling für biV im Karosseriebau	A
68.	FIEDLER ET AL.	Towards a Method t…	DEU	2021	KFZ	T	Me	Ko	Forschungslandschaft + Methodik biV aus SLR	A
69.	SAFRONOV ET AL.	Fixture free laser be…	DEU	2021	KFZ	Ex	Ev/Fb	Ar	Produkt- und Produktionsauslegung RLS	B

Legende:
I. = Branche (nach NACE Rev. 2): LuR = Luft- und Raumfahrzeugbau, KFZ = Kraftfahrzeugbau, - = ohne Branchenbezug
II. = Art der Forschung: T = Theorie, Ex = Experiment
III. = Art des Ergebnisses: Me = Methodik, Mo = Modell, Hm = Hilfsmittel, Gr = Grundlagen, Ev = Evaluierung, Fb = Fallbeispiel
IV. = Art der Veröffentlichung: Ko = Konferenz, Ar = Artikel, Vo = Vortrag, Ma = Masterarbeit, Di = Dissertation, Bu = Buch
V. = Arbeitsgruppe: A = RWTH AACHEN UNIVERSITY (KAMPKER, BERGWEILER, FIEDLER, HANSEN, TRIEBS); B = Technische Universität München | BMW (SCHLATHER, OEFELE, ZÄH); C = TECHNISCHE UNIVERSITÄT DRESDEN | AUDI (WURSTER); I = BONENBERGER (allein); J = GENC, MESSLER, GABRIELE; K = PERNG, CHANG; L = MANTRIPRAGADA, CUNNINGHAM, WHITNEY; M = ADAMS, GERBINO, WHITNEY; N = WALCZYK, RAJU, MILLER, ET. AL.; O = NAING, BURLEY, ODI, CORBETT, ET. AL.; - = keiner Arbeitsgruppe zuzuordnen

In dieser Arbeit wurde die Synthese auf Basis der durch die SLR und die Schneeball-Methodik zusammengefassten Treffer aus den Tabellen 11.4 bis 11.6 im neunten Schritt der SLR durchgeführt. Jeder Treffer wurde zu einer der nachfolgenden industrieüblichen Branchenbezeichnungen gemäß NACE REV. 2 und STATISTA zugeteilt (I.): der Kraftfahrzeugbau (umfasst die Herstellung von Kraftwagen und Kraftwagenteilen), der Schienenfahrzeugbau, der Luft- und Raumfahrzeugbau, der Maschinen- (und Anlagen-)bau sowie Haushaltsgeräte und Medizintechnik (umfasst die Herstellung von medizinischen und zahnmedizinischen Apparaten und Materialien)[839,840]. Alle Treffer, die keiner dieser Branchen eindeutig zugeordnet werden konnten, wurden unter dem Oberbegriff „ohne konkreten Branchenbezug" zusammengefasst. Eine weitere Einteilung erfolgte in die jeweilige Ausrichtung der Forschungsarten nach theoretisch, experimentell oder eine Kombination aus beiden (II.) und ob es sich im Ergebnis um eine Methodik, ein Modell, Hilfsmittel, um Grundlagen, Evaluierung oder ein Fallbeispiel gehandelt hat (III.). Weiterhin wurde eingeteilt, um welche Art der Veröffentlichung (bspw. Review oder Dissertation) es sich handelt. Anschließend wurde der Inhalt kurz zusammengefasst. Die Analyse der in dieser Liste aufgeführten Autoren hinsichtlich zusammenhängender Arbeitsgruppen (englisch: sub-scientific communities/working group) aus der **Tabelle 11.7** ergab, dass sich weltweit maßgeblich vier Arbeitsgruppen mit dem Thema biV beschäftigt haben (V.). Weiterhin ist zu erkennen, dass die Arbeitsgruppe um Kampker sowie die RWTH AACHEN UNIVERSITY als Organisation am häufigsten zu biV publiziert und einzelne Autoren hervorgebracht haben.

Tab. 11.7: Synthese der Systematischen Literaturrecherche (SLR): Übersicht zu den relevanten Autoren, Organisationen und Arbeitsgruppen zum Stand der Forschung zu bauteilintegrierten Vorrichtungsfunktionen (biV)

Top-Autoren	n(SLR)	AG	Top-Organisation	Vö	AG	Top-Organisation	Autoren	AG
KAMPKER, A.	11	A	RWTH AACHEN UNIV.	16	A	RWTH AACHEN UNIV.	14	A
BERGWEILER, G.	10	A	TU MÜNCHEN	7	B	BMW	6	B
FIEDLER, F.	8	A	BMW	6	B	TU MÜNCHEN	5	B
SCHLATHER, F.	7	B	TU DRESDEN	4	C	TU DRESDEN	2	C
HANSEN, J. O.	6	A	HOCHSCHULE KEMPTEN	4	C	EDAG ENGINEERING	2	D
OEFELE, F.	5	B	AUDI	4	C	AUDI	1	C
ZÄH, M. F.	5	B	EDAG ENGINEERING	2	D	HOCHSCHULE KEMPTEN	1	C
TRIEBS, J.	5	A	LASER ZENTRUM NORD	2	D	LASER ZENTRUM NORD	1	D
WURSTER, P.	5	C	CONCEPT LASER	1	D	CONCEPT LASER	1	D
↓ + 31 Autoren			↓ + 1 Organisation			+ 1 Arbeitsgruppe ↓		

Hinweis: Vö = Veröffentlichung, AG = Arbeitsgruppe (working group), Stand: 27.10.2022.

[839] EUROPÄISCHE KOMMISSION, „NACE Rev. 2 - Statistische Systematik der Wirtschafts...", 2008, S. 72 – 73.

[840] STATISTA, „Branchenübersicht - Alle Branchen und dazugehörigen Unterbranchen", 2022, S. 1.

Eine weitere inhaltliche Synthese der Rechercheergebnisse bestand in der Analyse der von den relevanten Autor:innen genannten spezifischen Begrifflichkeiten im Themenfeld der biV. **Tabelle 11.8** zeigt ebendiese Ergebnisse und verdeutlicht, dass von unterschiedlichen Autor:innen verschiedene Begriffe zur Beschreibung gleicher oder ähnlicher Dinge eingesetzt werden. Ziel dieser Synthese ist es, einen Überblick über die Begriffsdiversität zu geben und eine Festlegung der für diese Arbeit besonders relevanten Begriffe zu treffen. Im Fokus stehen dabei grundlegende Benennungen wie die Bezeichnung des Lösungsansatzes (in diesem Fall biV), der Merkmale zur Herstellung der Verbindung und der Bauteile, die mit biV verbunden werden sollen. Die im weiteren Verlauf dieser Arbeit zu verwendenden Begriffe sind in der Tabelle grau markiert.

Die Kernergebnisse und Schlussfolgerungen aus der Synthese der relevanten Veröffentlichungen wurden jeweils im Zwischenfazit zu den „Grundlagen des Karosseriebaus" in Kapitel 2.4 und zu dem „Forschungsbedarf zu bauteilintegrierten Vorrichtungsfunktionen" in Kapitel 3.4 zusammengefasst. Für Letzteren wurde eine Forschungslandschaft erstellt, die den aktuellen Forschungsstand darstellt und Forschungslücken zu biV offenlegt, aus denen anschließend die Forschungsfragen dieser Arbeit hergeleitet werden konnten *(vgl. Abb. 3.4).*

In der meisten Literatur sind auch grafische Darstellungen von Geometriemerkmalen der jeweils beschriebenen biV enthalten. Diese wurden mit Bezug zu der tabellarischen Auflistung der relevanten Literatur aus den Tabellen 11.4 bis 11.6 in der nachfolgenden **Tabelle 11.9** zusammengefasst. Diese Zusammenfassung stellt eine nicht systematisierte Auflistung von gefundenen Geometriemerkmalen aus der Literatur dar, auf welche im Laufe der Arbeit an geeigneten Stellen eingegangen wird.

Tab. 11.8: Synthese der Systematischen Literaturrecherche (SLR): Übersicht zu den spezifischen Begriffen nach Literaturquelle aus den Tab. 11.4 bis 11.6 und Veröffentlichungsjahr zum Stand der Forschung zu bauteilintegrierten Vorrichtungsfunktionen (biV)

Synthese der Literaturinhalte aus der SLR zu biV: Übersicht von Begriffen für…

#	Jahr	…den Lösungsansatz der „biV"	…die Merkmale, die die Bauteilverbindung herstellen	… die biV-Fügepartner Der Erste	Der Zweite	VF	PS
1.	1994	Precision Assembly	Koordinationsbohrungen & Klemmen	-	-	-	-
8.	1997	Schnappverbindung	Geometriemerkmale, Verriegelungsmerkmale	-	-	-	-
11.	1997	Automatische Positionierung von Montagebauteilen	„Mating features"; Einteilung in männlich (Protrusion) und weiblich (Depression)	-	-	-	-
12.	1997	Montageorientierte Konstruktion	Geometriemerkmale	-	-	-	-
18.	1998	Motion Limit Analysis (MLA)	Geometriemerkmale, Verbindungselemente	-	-	-	-
24.	2000	Vorrichtungslose Montage	Ausrichtungsbohrungen & Klemmverschlüsse, Verbindungselemente	-	-	-	-
27.	2000	-	Montagemerkmale mit Unterscheidung in Handlings- und Verbindungsmerkmale	-	-	-	-
30.	2001	Screw Theory	Geometriemerkmale, Verbindungselemente	-	-	-	-
32.	2004	Vorrichtungslose Montage	Geometriemerkmal und -spaar	-	-	-	-
33.	2008	Autom. Erstellung von Montagemerkmalen	Montagemerkmale	-	-	-	-
35.	2016	Schnappverbindung	Geometriemerkmale bzw. Aussparungen und Schnapphaken	-	-	-	-
38.	2016	Bauteilintegrierte Spanntechnik	Geometriemerkmale („Features")	-	-	X	0
49.	2018	Bauteilintegrierte Vorrichtungsfunktionen (biV)	Geometriemerkmale	-	-	X	0; 1
57.	2019	Bauteilintegrierte Vorrichtungsfunktionen (biV)	Bauteilintegrierte Vorrichtungsfunktion	-	-	X	3
54.	2019	Bauteilintegrative Fügetechnik (BiF)	Geometriemerkmale, Fügeelemente	passiver Fügepartner	aktiver Fügepartner	-	-
59.	2019	Bauteilintegrierte Vorrichtungsfunktionen (biV) („Component-integrated jig features (CJF)")	Protrusion, Depression; Lasche-Schlitz-Verbindung	-	-	X	3
65.	2020	Bauteilintegrierte Vorrichtungsfunktionen (biV) („Component-integrated jig features (CJF)")	Bauteilintegrierte Vorrichtungsfunktion („Component-integrated jig feature")	-	-	X	3
62.	2020	Bauteilintegrierte Spanntechnik	Geometriemerkmale; Spannmerkmal	Negativ	Positiv	X	1; 3
64.	2020	Bauteilintegrierte Vorrichtungsfunktionen (biV)	Geometriemerkmale; Bauteilintegrierte Geometriemerkmale (BiG); Merkmalspaar	Bauteil 1. Grades	Bauteil 2. Grades	X	1
68.	2021	Bauteilintegrierte Vorrichtungsfunktionen (biV) („Component-integrated Fixture Features (CFF)")	Geometriemerkmale („CFF geometric Features")	-	-	X	0

Legende: # = Nummerische Zuordnung der Literatur zur Zeile in der SLR-Übersichtsliste in Tabelle 11.4 bis 11.6; PS = Prozesskette
VF = Vorrichtungsfunktion; 0 = ganzheitlich; 1 = Produktentwicklung; 2 = Bauteilherstellung; 3 = Zusammenbaufertigung

Tab. 11.9: Synthese der Systematischen Literaturrecherche (SLR): Auszug einer Übersicht der als relevant identifizierten Geometriemerkmale zum Stand der Forschung zu bauteilintegrierten Vorrichtungsfunktionen (biV)

1. Stift-Loch-Verbindung	2. *Nicht vorhanden*	3. Biegen von Merkmalen	4. Schnapp-verbindung	5. Schnapp-verbindung	6. Schnapp-verbindung
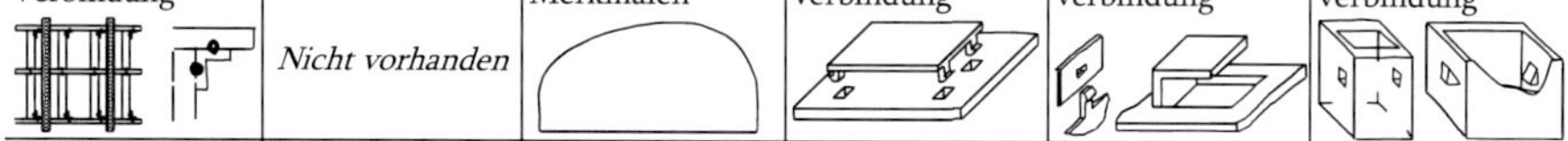					
7. Schnapp-haken	8. Haken-Kragen Verbindung	9. Formschluss Merkmal	10. Formschluss Merkmal	11. Merkmalspaar Formschluss	12. Formschluss Merkmal
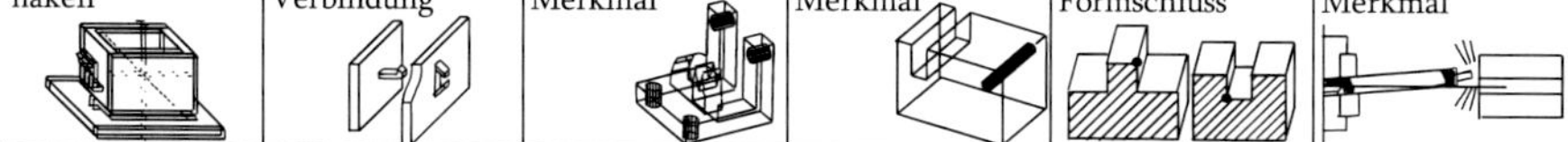					
13. Schnapp-haken	14. Schnapp-haken	15. Schnapp-haken	16. Haken-merkmal	17. Profil-Blech Steckverbindung	18. Stift-Langloch -Loch
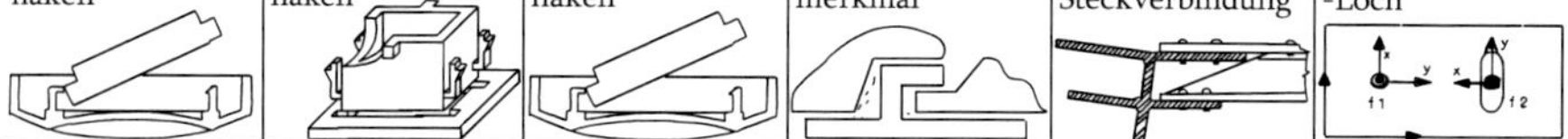					
19. Spann-merkmale	20. Toleranzen von Merkmalen	21. Toleranzen von Merkmalen	22. Stift-Loch-Verbindung	23. Schnapp-haken	24. Stift-Loch-Verbindung

25. Spann-merkmale	26. Merkmals-geometrien	27. Formschluss mit Merkmalen	28. Merkmals-geometrien	29. Merkmals-paar	30. Stift-Langloch -Loch
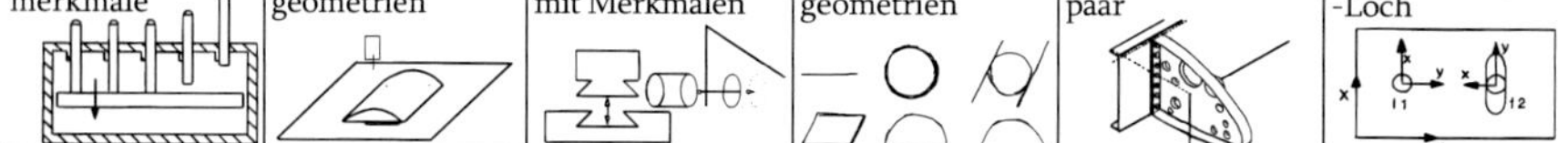					
31. *Nicht vorhanden*	32. Blech-Profil-Steckverbindung	33. Formschlüss-ige Verbindung	34. *Nicht vorhanden*	35. Profil Schnapp -verbindung	36. Blech Niet + Schweißniet
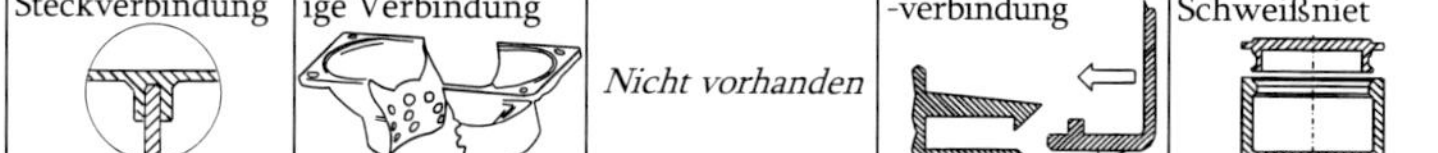					
37. *Nicht vorhanden*	38. Loch-Blech Verbindung	39. Schnapp-verbindung Blech	40. Elastische Springbeule	41. Schnapp-verbindung Blech	42. Verdrilllasche + Laserschweißen

43. Verdrilllasche + Laserschweißen	44. *Nicht vorhanden*	45. Kugel-Kragen Verbindung	46. Überlapp+ Laserschweißen	47. Schnapp-verbindung Blech	48. *Nicht vorhanden*
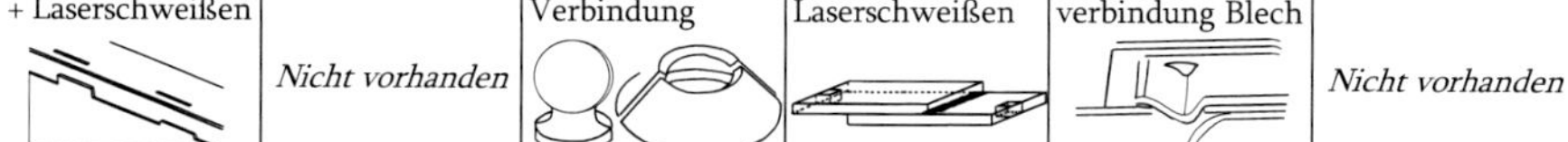					
49. Stahlprofil mit Steckverbindung	50. Profil Schnapp -steckverbindung	51. Profil Schnapp -steckverbindung	52. *Nicht vorhanden*	53. Zylinder-Loch Formschluss	54. Elastische Springbeule
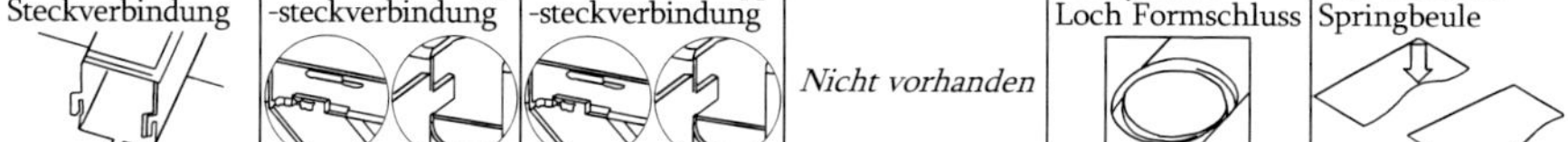					

55. Verdrilllasche + Schlitz 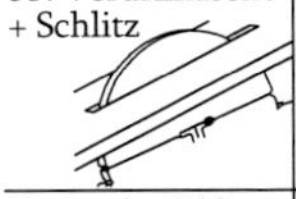	56. *Nicht vorhanden*	57. Verdrilllasche + Laserschweißen 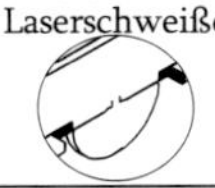	58. Verdrilllasche + Laserschweißen 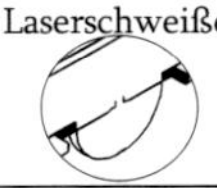	59. Lasche-Schlitz- + Laserschweißen 	60. Lasche-Schlitz-Verbindung 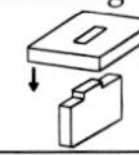
61. Lasche-Schlitz-Verbindung 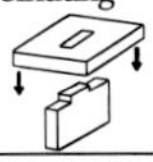	62. Kugel-Kragen Verbindung 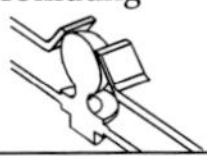	63. Kugel-Loch Verbindung 	64. Kugel-Kragen Verbindung 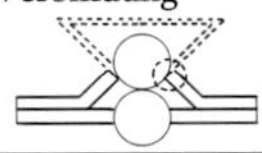	65. *Nicht vorhanden*	66. *Nicht vorhanden*
67. Verdrilllasche + Laserschweißen 	68. *Nicht vorhanden*	69. Nieten+Laser-schweißen 			

Eine weitere Synthese baut auf die Auswertung der Veröffentlichungen aus den Tabellen 11.4 bis 11.6 hinsichtlich Quantität, historische Entwicklung und Branche auf. Dem Histogramm der **Abbildung 11.3** ist zu entnehmen, dass seit 1994 in Summe 69 Veröffentlichungen hauptsächlich zwei verschiedenen Branchen und zwei korrelierenden Epochen (I. und II.) zugeordnet werden konnten. Die I. Epoche umfasste 42,02 % von den gesamten Beiträgen, die vornehmlich von den Arbeitsgruppen um MESSLER & GENC, BONENBERGER und HOLLAND ohne konkreten Branchenbezug stammen. Im Luft- und Raumfahrzeugbau sind maßgeblich die Arbeitsgruppen um WALCZYK, CHANG, NAING und KOONMEN mit einem teilweisen Bezug zur Firma BOEING INC. (KOONMEN & WALCZYK) festzustellen, was sich u. a. durch die Motivation einer kostengünstigeren und flexibleren Kleinserienfertigung in dieser Branche begründen lässt. Seit 2016 wurde wieder vermehrt zu biV veröffentlicht (50,72 %) und der Branchenfokus hat sich vom Luft- und Raumfahrzeugbau (1994 bis 2000) zum Kraftfahrzeugbau (2016 bis heute) gewandelt. Die II. Epoche lässt sich u. a. mit der Zunahme rund um die drei unterschiedlichen Arbeitsgruppen KAMPKER, SCHLATHER und WURSTER (Insgesamt 34 unterschiedliche Autor:innen) in der Branche Kraftfahrzeugbau und der daraus bekannten Motivation einer flexiblen Fertigung sowie dem Trend zu tendenziell eher kleineren variantenspezifischen Stückzahlen *(vgl. Einleitung Kap. 1)* begründen.

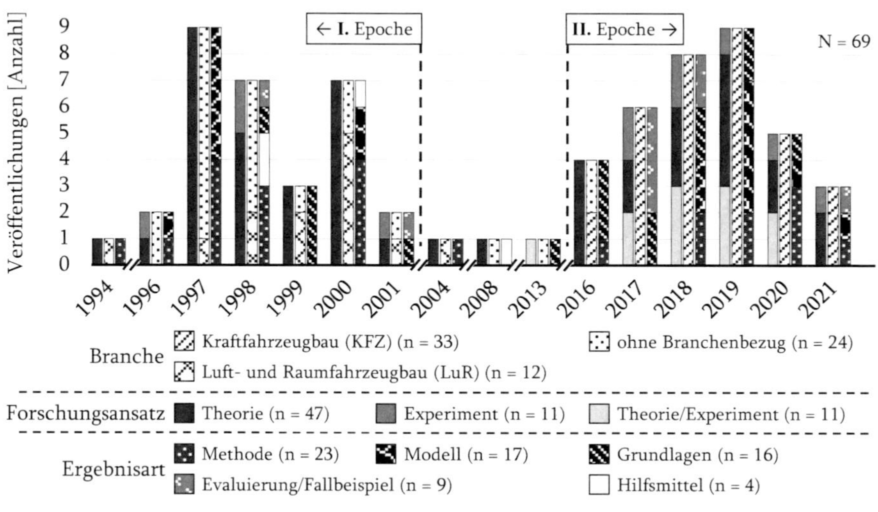

Abb. 11.3: Synthese der Systematischen Literaturrecherche (SLR): Relevante Veröffentlichungen zum Stand der Forschung zu bauteilintegrierten Vorrichtungsfunktionen (biV) hinsichtlich Quantität, historische Entwicklung, Branchen und Art der Forschung

Insbesondere stechen dabei die Dissertationen und die damit verbundenen Veröffentlichungen in Zusammenarbeit mit dem Karosseriebau der OEM von SCHLATHER (BMW), WURSTER (AUDI) und HANSEN (ohne OEM-Fokus) hervor. Der Branchenfokus, die OEM-Kooperationen und die teilweise mit Experimenten durchgeführten Forschungsarbeiten lassen u. a. auch auf die Steigerung der Praxisanwendung von biV i. V. zu den eher theoretisch geprägten Forschungsarbeiten der I. Epoche schließen. Die reduzierte Veröffentlichungsleistung zwischen den Epochen kann u. a. mit den damaligen Weltwirtschaftskrisen und der zyklischen Luft- und Raumfahrt zusammenhängen. Seit dem Höchststand in 2019 ist eine stetige Abnahme an Veröffentlichungen zu verzeichnen, was u. a. durch den Abschluss von Forschungsarbeiten und Dissertationen der oben aufgeführten Arbeitsgruppen begründet werden kann.

In der **Abbildung 11.4** ist die geografische Verteilung von Veröffentlichungen zu alternativen Vorrichtungskonzepten zu sehen. Aus der Übersichtstabelle auf der rechten Seite geht hervor, dass weltweit Deutschland und von den Kontinenten Europa am meisten zu Vorrichtungskonzepten veröffentlicht haben. Außerdem sind die Arbeitsgruppen aus den jeweiligen Ländern aufgelistet *(vgl. weiß hinterlegte Rechtecke)*, die mindestens öfter als zwei Mal zu einem Vorrichtungskonzept veröffentlicht haben. Die RWTH AACHEN UNIVERSITY hat im Vergleich die meisten Veröffentlichungen und ebenfalls die höchste Anzahl an unterschiedlich betrachteten Vorrichtungskonzepten.

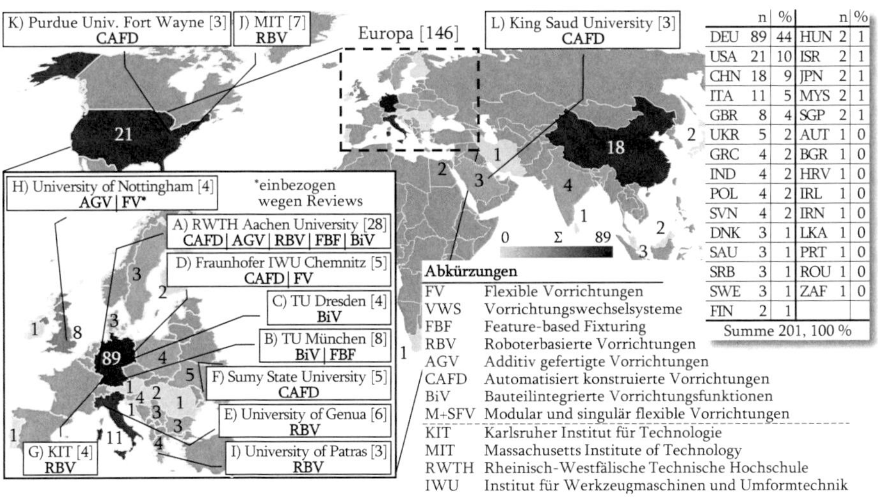

Abb. 11.4: Synthese der Systematischen Literaturrecherche (SLR): Geografische Verteilung der Treffer pro Länder und Arbeitsgruppen für alternative Vorrichtungskonzepte

11.2 Systematische Patentrecherche (SPR) zu bauteilintegrierten Vorrichtungsfunktionen (biV)

Im Rahmen einer systematischen Patentrecherche (SPR) wird der Stand der Technik zu einem Thema mit den in einer Patentanmeldung erhobenen Ansprüchen dargestellt. Die Ansprüche müssen hierfür originell und neuartig sein und müssen sich daher zum Stand der Technik abgrenzen. Neben dem Erkenntnisgewinn kann eine SPR Aufschluss darüber geben, ob eine Idee überhaupt patentierbar ist[841,842,843].

11.2.1 Methodisches Vorgehen in der SPR

Aufbauend auf der SLR zu biV in Kapitel 11.1 wurde in Anlehnung an das methodische Vorgehen eine SPR zu biV anhand der Vorgehensweise in **Abbildung 11.5** durchgeführt. Für die SPR wurden u. a. die für die SLR festgelegten Suchbegriffe aus Tabelle 11.2 für die Suchstrings und das Patent zu der Verdrilllasche-Schlitz-Verbindung als biV von BERGWEILER[844] als Eingangsgröße für die SPR festgelegt. Ebenfalls flossen implizit die Erkenntnisse aus der Analyse und Synthese der SLR aus den Tabellen 11.4 bis 11.9 durch bspw. relevante Autor:innen und inhaltliche Beschreibung in die Recherche ein. Im Rahmen der SPR wurden die nachfolgenden zwei grundsätzlichen methodischen Ansätze berücksichtigt: die Recherche über ein bereits bekanntes Patent als Ausgangspunkt (I.) und die Recherche mittels Suchbegriffe sowie Suchstrings (II.)[845].

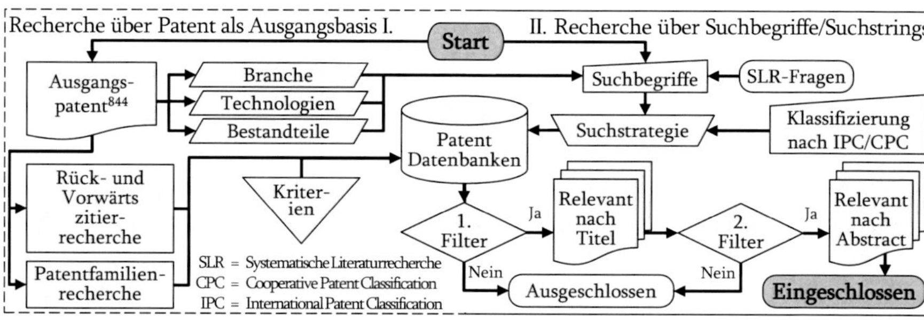

Abb. 11.5: Vorgehensweise der in dieser Arbeit durchgeführten Systematischen Patentrecherche (SPR) unter Anwendung der hierfür verwendeten Rahmenwerke und Methodiken

841 VILLA ET AL., „A sequential patent search approach combining semantics and …", 2022, S. 3 – 4.
842 KUMAR ET AL., „Keyword Based Search and its Limitations in the …", 2016, S. 440; 445.
843 DEGROOTE ET AL., „Analysis of the patent documentation coverage of the …", 2018, S. 78; 84.
844 BERGWEILER, „Verfahren zum Verbinden von Blechteilen und Blechanordnung", 2016, S. 1 – 2.
845 OFFENBURGER, „Patent und Patentrecherche", 2015, S. 100 – 112.

Die Recherche mittels Suchbegriffen ist die am meisten verbreitetste Methode, bei der unter Anwendung der Booleschen Operatoren „AND“, „OR“ und „NOT“ Suchstrings für die Recherche zusammengesetzt werden. Bei der Festlegung der Suchstrings ist darauf zu achten, dass diese präziser als bspw. bei einer SLR formuliert sind. Als Ergänzung zu den Suchstrings einer SPR und im Gegensatz zu einer SLR, können definierte Patentklassen und -unterklassen angegeben werden, um den Suchraum weiter zu fokussieren[846]. Die häufigsten Klassifizierungen sind die International Patent Classification (IPC), Cooperative Patent Classification (CPC), File Index (FI) sowie File Forming Term (F-Term) und werden vornehmlich von Expert:innen und in der Patentprüfung angewandt[847]. Die anschließende Recherche wurde in den Datenbanken GOOGLE PATENTS, der Datenbank des DEUTSCHEN PATENT- UND MARKENAMTES (DPMA), im Deutschen Patentinformationssystem (DEPATIS) und der Datenbank „ESPACENET“ des EUROPÄISCHEN PATENTAMTS (EPA) durchgeführt. In Analogie zur SLR wurden die Rechercheergebnisse aus den unterschiedlichen Datenbanken in eine Excel-Liste zusammengeführt und anschließend hinsichtlich der Relevanz durch Analyse des Titels, der Inhaber:in und des Abstracts des Patents gefiltert. Das Ergebnis dieser Vorgehensweise ist in die Liste für biV relevanter Patente eingeflossen und wird in Kapitel 11.2.2 für die Analyse und Synthese weiterverwendet.

Für die zweite Recherchemethode stellt das Patent von BERGWEILER[848] den Ausgangspunkt dar und unterteilt sich in Rück- und Vorwärtszitierrecherche (ähnlich dem Vorgehen in einer SLR[849]) sowie Patentfamilienrecherche. Ersteres erfolgt durch eine Patentanalyse, indem geprüft wird, auf welche weiteren Patente sich dieses Patent bezieht (Rückwärtszitierrecherche) und zum anderen, welche weiteren Patente sich auf dieses Patent beziehen (Vorwärtszitierrecherche)[850]. Die zuletzt genannte Patentfamilienrecherche erfolgt durch die mit dem Patent verwandten weiteren Patente, die u. a. dasselbe Erstanmeldedatum aufweisen[851].

Der an die Recherche anschließende Analyse- und Syntheseteil der SPR wird im nachfolgenden Anhang beschrieben und orientiert sich vom Aufbau und Darstellung an der SLR, um den bisherigen Ergebnisraum zu biV erweitern zu können.

---

[846] KUMAR ET AL., „Keyword Based Search and its Limitations in the ...“, 2016, S. 440 – 441; 445.
[847] DEGROOTE ET AL., „Analysis of the patent documentation coverage of the ...“, 2018, S. 578.
[848] BERGWEILER, „Verfahren zum Verbinden von Blechteilen und Blechanordnung“, 2016, S. 1 – 2.
[849] HIRT ET AL., „One size does not fit all – systematische Literaturrecherche ...“, 2019, S. 39.
[850] COUTEAU, „Forward searching – A complement to keyword- and class-based ...“, 2014, S. 33 – 34; 38.
[851] OFFENBURGER, „Patent und Patentrecherche“, 2015, S. 75; 95.

11.2.2 Analyse und Synthese der SPR

In Anlehnung an die methodische Vorgehensweise zur Analyse und Synthese der SLR aus Kapitel 11.1.3 wurden im Rahmen der SPR die erzielten Treffer hinsichtlich der Patentbezeichnung, des thematischen Fokus und der Zusammenfassung des Patents auf inhaltliche Übereinstimmung zu biV geprüft. Die hinsichtlich biV als relevant identifizierten Patente wurden in Analogie zur Liste der relevanten Literatur der SLR in den nachfolgenden **Tabellen 11.10** bis **11.12** fortlaufend anhand der Erfinder:in und der Patentbezeichnung, -nummer sowie -anmeldung aufgelistet. Die inhaltliche Analyse der Patente erfolgte durch eine patentweise Zusammenfassung bezüglich der wichtigsten Informationen anhand der Inhaber:in (meistens die mit der Erfindung zusammenhängende rechtliche Entität), die Kurzfassung des Inhalts hinsichtlich der Geometriemerkmale von biV, die Einteilung zu einer Arbeitsgruppe und der Branche. Die Brancheneinteilung entspricht den in Kapitel 11.1.3 für die SLR angewandten Branchenbezeichnungen.

Eine weitere inhaltliche Synthese bestand in der zusammenfassenden Darstellung der mit Bezug zu biV zusammenhängenden Geometriemerkmale. Diese waren größtenteils in den Patenten durch mehrere schematische Zeichnungen für die Veranschaulichung der technischen Lösungen dargestellt. In der **Tabelle 11.13** bis **11.14** findet sich eine Übersichtsliste mit je einer markanten Abbildung eines Geometriemerkmals für jedes in den Tabellen 11.10 bis 11.12 als relevant identifizierten Patenten.

Tab. 11.10: Synthese der Systematischen Patentrecherche (SPR): Teil A der Übersicht der relevanten Patente und inhaltliche Auswertung in Bezug auf den Stand der Forschung zu bauteilintegrierten Vorrichtungsfunktionen (biV)

	Patentangaben				Synthese der Patentinhalte			
#	I.	Patentnummer	Anmeldung	II.	Kurzfassung des Inhalts	III.	Inhaber	IV.
1.	VAILLANT GMBH	AT000000401899B	09.09.1991	AUT	Blechverbindung mit Lasche-Schlitz	-	VAILLANT	-
2.	ALTENBURG ET AL.	DE000004410998C2	30.03.1994	DEU	Schnellmontagefähige Profile/modulare Elemente	SFZ	WAGGONBAU	D
3.	BADER	DE000029500072U1	04.01.1995	DEU	Verbindungselement unlösbare Blechverbindung	-	-	-
4.	ALTENBURG ET AL.	DE000019538793A1	18.10.1995	DEU	Verbindung für vorgefertigte Modulelemente	SFZ	TALBOT	D
5.	CUEPPERS ET AL.	DE000019612342C1	28.03.1996	DEU	Formschluss gebogener Fahrzeug-Blechbauteile	SFZ	TALBOT	D
6.	HEIMÜLLER ET AL.	EP0923167A1	30.09.1998	DEU	Steckverbindung mit Automatischem Auswurf	SFZ	SIEMENS	-
7.	HIPP ET AL.	DE000019851268C1	06.11.1998	DEU	Lösbare Verbindung zusammensteckbarer Bauteile	MED	RICHARD WOLF	-
8.	BISHOP	DE000069901119T2	02.07.1999	GBR	Gesteckte Blechverbindung mit Verdrilllasche	LuR	ROLLS-ROYCE	E
9.	NIGGL	WO2000059341A1	29.03.2000	DEU	Blechverbindung mit Schlitz und Haken	-	SIEMENS	-
10.	BISHOP ET AL.	DE000060101456T2	15.02.2001	GBR	Blechverbindung mit Schlitz+deformierbaren Steg	LuR	ROLLS-ROYCE	E
11.	CORCORAN ET AL.	DE000060208401T2	01.10.2002	CAN	Hydrogeformte Gitterrohrrahmen, Formschluss	KFZ	MAGNA INT.	F
12.	HORTON ET AL.	DE000060221416T2	12.11.2002	CAN	Hydrogeformte Gitterrohrrahmen, Formschluss	KFZ	MAGNA INT.	F
13.	ALTENBURG ET AL.	DE000010260768A1	23.12.2002	DEU	Modulare Baugruppen mit Schnellverbindung	SFZ	SIEMENS	D
14.	LINGENFELSER ET AL.	DE000060311410T2	18.12.2003	USA	Blechverbindung mit Schlitz und Lasche	MuA	CATERPILLAR	-
15.	MEYER ET AL.	DE102004054582A1	11.11.2004	DEU	Bauteilverbindung mit Nieten+Laserschweißen	SFZ	SIEMENS	D
16.	FAVARETTO	DE602004008341T2	15.12.2004	ITA	Knoten-Verbindung mit formschlüssigen Profilen	KFZ	FERRARI	-
17.	KORSWIRD	DE102004061794A1	22.12.2004	DEU	Form-/ kraftschlüssige Blech-Profil-Verbindung	KFZ	KARMANN	-
18.	BECKER	DE102005023708A1	23.05.2005	DEU	Schnappverbindung ineinander steckbarer Rohre	-	SIEMENS	-
19.	NAUGHTON ET AL.	US020070277926A1	24.02.2006	USA	Blechverbindung mit Schnapphaken+Klebstoff	KFZ	DOW GLOBAL	
20.	-	DE202006010525U1	07.07.2006	AUT	Formschlüssige Regalprofile mit Verriegelung	MuA	UMDASCH	-
21.	CELEGHINI ET AL.	DE102007022198A1	11.05.2007	DEU	Modulare Rohr- und Knotenstruktur	SFZ	SIEMENS	-
22.	WINKLER	DE102008012566A1	04.03.2008	AUT	Profil-Rohr-Verbindung mit Klemmschrauben	-	JOWI	-
23.	HUEPPERLING	DE102008016633A1	01.04.2008	DEU	Profil-Steckverbindung+Schlitz, laserschweißen	SFZ	SIEMENS	D
24.	-	EP2037128B1	08.09.2008	MLT	Blechverbindung mit abgeknickter Verriegelung	-	FLOORING	-
25.	RUOFF	DE102009015304A1	19.03.2009	DEU	Wiederlösbare Verbindung mit Verdrilllasche	-	-	-
26.	CRNOGORAC	DE102009024446A1	10.06.2009	DEU	Schweißbare Steckverbindung mit Verdrilllasche	-	-	-
27.	NIEKERK ET AL.	DE102009049602B3	16.10.2009	DEU	Verbindung Kugel+Loch, Formschluss+schweißen	KFZ	BMW	B
28.	CICHOWICZ ET AL.	DE102009046619A1	11.11.2009	DEU	Einteiliges Knickrohr mit Eckverbindung	MuA	TRUMPF	-
29.	KAUPP	DE102009054557A1	11.12.2009	DEU	Geformte Fügehilfe, Laserschneiden/ -schweißen	MuA	TRUMPF	-
30.	HEGER ET AL.	DE102010002055A1	17.02.2010	DEU	Bauteilverbindung mit Kreuz-Schnappverbindung	KFZ	MEKRA LANG	-

Tab. 11.11: Synthese der Systematischen Patentrecherche (SPR): Teil B der Übersicht der relevanten Patente und inhaltliche Auswertung in Bezug auf den Stand der Forschung zu bauteilintegrierten Vorrichtungsfunktionen (biV)

31.	HAMMER ET AL.	DE102010028322A1	28.04.2010	DEU	Verbindung Kugel+Loch, Formschluss+schweißen	KFZ	BMW	B
32.	MANTEI ET AL.	DE102010038616A1	29.07.2010	DEU	Aufschweißen einer Kugel auf ein Blech	KFZ	BMW	B
33.	DE LUCA	DE102011014338A1	18.03.2011	USA	Blechverbindung mit Schnapphaken+Klebstoff	KFZ	GM GLO. TO	H
34.	BECK ET AL.	DE102011106400A1	02.07.2011	DEU	Profilverbindung mit Steck-/ Schnappverbindung	KFZ	DAIMLER	G
35.	BECK ET AL.	DE102011111905A1	30.08.2011	DEU	Profilverbindung mit Rast-/ Schnappverbindung	KFZ	DAIMLER	G
36.	PEDERSEN ET AL.	EP2621659B1	30.09.2011	DEU	Hybridbauteil durch Nieten und Schweißen	KFZ	BENTELER	-
37.	NIEKERK ET AL.	DE102011085225A1	26.10.2011	DEU	Verbundwerkstoff mit Verbindungselementen	KFZ	BMW	B
38.	HERZINGER ET AL.	DE102011087282A1	29.11.2011	DEU	Blechverbindung mit Verbindungselement	KFZ	BMW	B
39.	VIETZE ET AL.	DE102012203878B3	13.03.2012	DEU	Bauteilverbindung mit Loch + Kugel	KFZ	BMW	B
40.	HAMMER ET AL.	DE102012205837A1	11.04.2012	DEU	Verbindung Kugel+Loch, Formschluss+schweißen	KFZ	BMW	B
41.	ERNST ET AL.	DE102012214682B3	17.08.2012	DEU	Bauteilverbindung mit Gabelelement+Kugel	KFZ	BMW	B
42.	FINZSCH	DE102012109550A1	08.10.2012	DEU	Klemmvorrichtung mit elastischem Steg	-	SIPLAST	-
43.	KORB	DE102012109975A1	19.10.2012	CHE	Profilverbindung mit Lasche+Schlitz	-	KORB & KORB	-
44.	BÖNING ET AL.	DE102012223469A1	17.12.2012	DEU	Verbindungselement mit Kugelelement	KFZ	CONTINENTAL	-
45.	KÜTING ET AL.	DE102013000629A1	16.01.2013	DEU	Blechverbindung mit Schnapphaken+Klebstoff	KFZ	VOLKSWAGEN	
46.	BIAN ET AL.	CN103191994A	03.04.2013	CHN	Blechverbindung mit umgeformten Laschen	-	HARBIN UNI	-
47.	HEUSEL	DE102013206183B3	09.04.2013	DEU	Laserschweißgerechte Blechecke, Zusatzwerkstoff	MuA	TRUMPF	-
48.	KRÜGER ET AL.	DE102013112152A1	05.11.2013	DEU	Formschlüssig ineinandergreifende Profile	SFZ	DLR	-
49.	WÜNSCH	DE102013222899A1	11.11.2013	USA	Gebautes Stahlprofil mit Steckverbindung	-	ORIGAMI STEEL	-
50.	HAMMER ET AL.	DE102014205609B4	26.03.2014	DEU	Verbindung Kugel+Loch+Sicke mit Magnet	KFZ	BMW	B
51.	MORRIS ET AL.	DE102014104559A1	01.04.2014	USA	Elastische Kugelaufnahme mit Loch	KFZ	GM GLO. TO	H
52.	HOLZINGER ET AL.	DE102014214903A1	30.07.2014	DEU	Befestigungsvorrichtung mit Verbindungselement	KFZ	BMW	B
53.	HAMMER ET AL.	DE102014216001A1	13.08.2014	DEU	Verbindung Kugel+Loch, Formschluss+umformen	KFZ	BMW	B
54.	MORRIS ET AL.	DE102014114086B4	29.09.2014	USA	Elastisch gemittelte Ausrichtung Lasche+Schlitz	KFZ	GM GLO. TO	H
55.	HAMMER ET AL.	DE102014220137A1	06.10.2014	DEU	Formschlüssige Aufnahme mit Kugel+Zentrierung	KFZ	BMW	B
56.	HAMMER ET AL.	DE102015204945A1	19.03.2015	DEU	Verbindung Kugel+Kunststoff Clips, Formschluss	KFZ	BMW	B
57.	-	DE202015101920U1	17.04.2015	DEU	Gesteckte Profile mit Lasche+Schlitz+Haken	MuA	CEH4 TECHNO	-
58.	WIDMANN	DE102015117033A1	07.10.2015	DEU	Schweißbare Steckverbindung mit Verdrilllasche	MuA	TRUMPF	-
59.	ERNST ET AL.	DE102016200408B4	15.01.2016	DEU	Verbindung Doppel Kugel+Clipslasche, Laser	KFZ	BMW	B
60.	BÄR ET AL.	DE102016003810B4	23.03.2016	DEU	Blech-Profil-Verbindung mit Schnappelement	KFZ	AUDI	C
61.	BERGWEILER	DE102016106028A1	01.04.2016	DEU	Blechverbindung Verdrilllasche, Laserschweißen	KFZ	RWTH	A
62.	NIEKERK ET AL.	DE102016209962A1	07.06.2016	DEU	Formschlüssiges Einrasten in Aussparung	KFZ	BMW	B

Tab. 11.12: Synthese der Systematischen Patentrecherche (SPR): Teil C der Übersicht der relevanten Patente und inhaltliche Auswertung in Bezug auf den Stand der Forschung zu bauteilintegrierten Vorrichtungsfunktionen (biV)

63.	WURSTER ET AL.	DE102016007036B4	08.06.2016	DEU	Blechverbindung+Lasche+Formschlusselement	KFZ	AUDI	C
64.	WURSTER	DE102016225867B4	21.12.2016	DEU	Blechverbindung, Aufnahmeelement+Wölbung	KFZ	AUDI	C
65.	WURSTER	DE102017001527B4	15.02.2017	DEU	Fügehilfe für Fügeflansch+Klebstoff	KFZ	AUDI	C
66.	BÄR ET AL.	CN000107226137A	24.03.2017	DEU	Blech-Profil-Verbindung mit Schnappelement	KFZ	AUDI	C
67.	BÄR ET AL.	US10500795B2	24.03.2017	DEU	Blech-Profil-Verbindung mit Schnappelement	KFZ	AUDI	C
68.	WURSTER ET AL.	DE102017206981B4	26.04.2017	DEU	Knotenverbindung mit Federzungen	KFZ	AUDI	C
69.	WURSTER ET AL.	DE102017217703A1	05.10.2017	DEU	Blechfügeelement mit bistabilen Federlaschen	KFZ	AUDI	C
70.	WURSTER ET AL.	DE102017217704B3	05.10.2017	DEU	Blechfügeelement mit bistabilen Federlaschen	KFZ	AUDI	C
71.	WURSTER ET AL.	DE102017219810A1	08.11.2017	DEU	Blechverbindung+Schnapphaken+Tasche	KFZ	AUDI	C
72.	WURSTER ET AL.	DE102017220961B4	23.11.2017	DEU	Blechfügeelement mit bistabilen Federlaschen	KFZ	AUDI, HS, TU	C
73.	WURSTER	DE102018203114A1	01.03.2018	DEU	Blechverbindung Lasche+bistabiler Schlitz	KFZ	AUDI	C
74.	WURSTER	DE102018203725A1	13.03.2018	DEU	Blechfügeelement mit bistabilen Federlaschen	KFZ	AUDI	C
75.	WURSTER	DE102018203727A1	13.03.2018	DEU	Blechverbindung+Schnapphaken+Tasche	KFZ	AUDI	C
76.	WURSTER ET AL.	DE102018203728A1	13.03.2018	DEU	Erzeugung Springbeule durch Laseranwendung	KFZ	AUDI	C
77.	WURSTER	DE102018205550A1	12.04.2018	DEU	Blech-Profil-Verbindung mit Schnappelement	KFZ	AUDI	C
78.	WURSTER	WO2019/197079A1	12.04.2018	DEU	Blech-Profil-Verbindung mit Schnappelement	KFZ	AUDI	C
79.	WURSTER ET AL.	DE102018206832B3	03.05.2018	DEU	Bistabiles Fügeelement+Federlasche/Springbeule	KFZ	AUDI	C
80.	WURSTER ET AL.	DE102018210148B4	21.06.2018	DEU	Bistabiles Fügeelement+Federlasche/Springbeule	KFZ	AUDI	C
81.	WURSTER	DE102018212054A1	19.07.2018	DEU	Blechverbindung+Schnapphaken+Tasche	KFZ	AUDI	C
82.	SCHIEBEL ET AL.	DE102019113349A1	20.05.2019	DEU	Formschlüssige Steckverbindung mit Klebstoff	KFZ	BMW, RWTH	A
83.	SAKAMOTO	DE102020102705A1	04.02.2020	JPN	Lösbare Schnappverbindung mit Verrastung	MuA	FANUC	-

Legende: **I.** = Erfinder

II. = Länderkürzel nach ISO 3166 (ALPHA-3): DEU = Deutschland, USA = Vereinigte Staaten von Amerika, CHN = Volksrepublik China, GBR = Vereinigtes Königreich, ITA = Italien, AUT = Österreich, MLT = Malta, JPN = Japan, CHE = Schweiz, CAN = Kanada

III. = Branche (nach NACE REV. 2): LuR = Luft- und Raumfahrzeugbau, KFZ = Kraftfahrzeugbau, MuA = Maschinen- und Anlagenbau, SFZ = Schienenfahrzeugbau, MED = Medizintechnik;

IV. = Arbeitsgruppen: A = RWTH, B = TUM | BMW, C = TU DRESDEN | AUDI, D = ALTENBURG ET AL. | TALBOT, SIEMENS, E = BISHOP ET AL. | ROLLS ROYCE, F = ASHLEY ET AL. | MAGNA INT., G = BECK ET AL. | DAIMLER, H = LAWALL ET AL. | GM, - = keiner

Tab. 11.13: Synthese der Systematischen Patentrecherche (SPR): Auszug Teil A einer Übersicht der als relevant identifizierten Geometriemerkmale zum Stand der Forschung zu bauteilintegrierten Vorrichtungsfunktionen (biV)

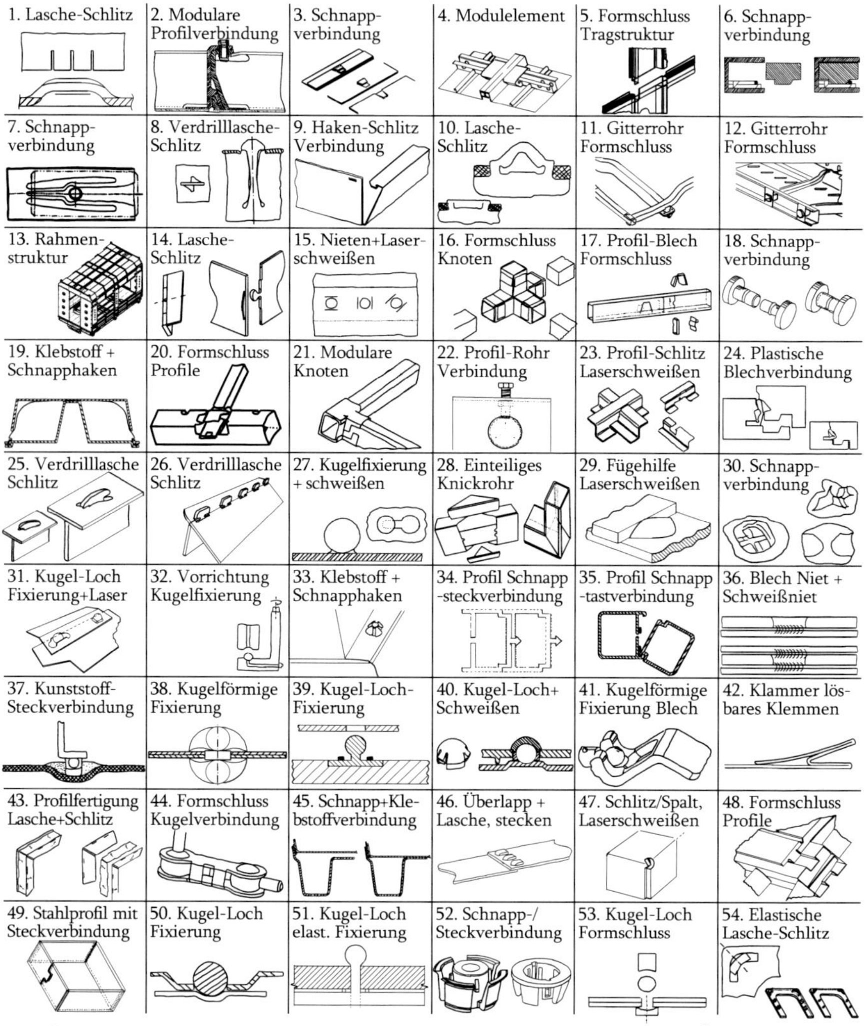

Legende: Die Nummer oben links pro Zelle gibt den Bezug zum jeweiligen Patent aus der Übersichtsliste der SPR-Synthese in Tab. 11.10 bis 11.12 an

Tab. 11.14: Synthese der Systematischen Patentrecherche (SPR): Auszug Teil B einer Übersicht der als relevant identifizierten Geometriemerkmale zum Stand der Forschung zu bauteilintegrierten Vorrichtungsfunktionen (biV)

55. Kugelförmig/ Formschluss 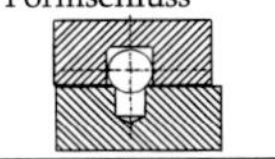	56. Kugelförmige Fixierung/Clips 	57. Profile mit Lasche+Schlitz 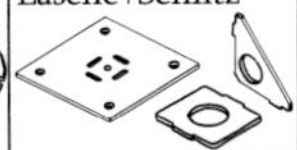	58. Verdrilllasche Schlitz im Blech 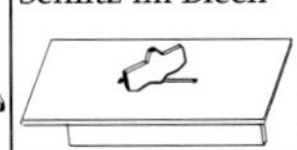	59. Kugel+Clips-Fixierung 	60. Schnapp-verbindung 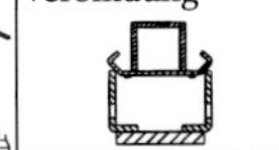
61. Verdrilllasche Schlitz 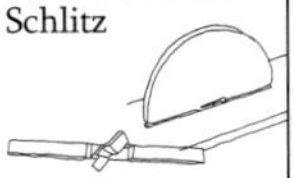	62. Halbkugelige Fixierung, Tasche 	63. Lasche-Loch-Verbindung 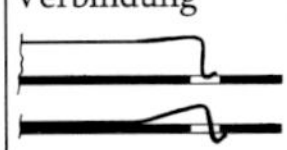	64. Schnapp-Schlitzverbindung 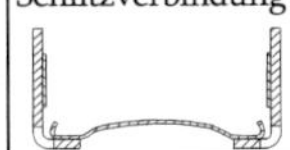	65. Fügehilfe Verbindung 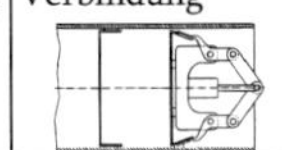	66. Schnapp-verbindung 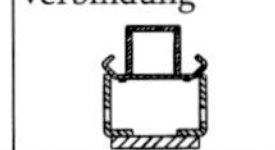
67. Schnapp-verbindung 	68. Federzunge Knotenverbindung 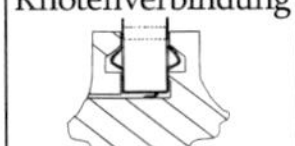	69. Schnapp-verbindung Blech 	70. Schnapp-verbindung Blech 	71. Schnapp-verbindung Blech 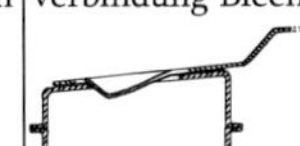	72. Schnapp-verbindung Blech 
73. Lasche-Schlitz Schnappverbindung 	74. Schnapp-verbindung Blech 	75. Schnapp-verbindung Blech 	76. Springbeule + Laseranwendung 	77. Schnapp-verbindung 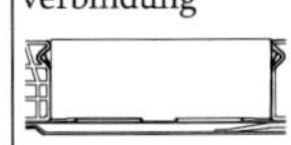	78. Schnapp-verbindung 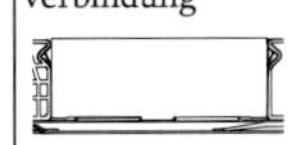
79. Bistabile Springbeule 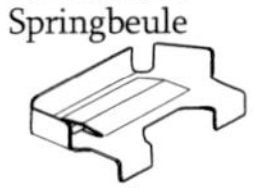	80. Bistabile Springbeule 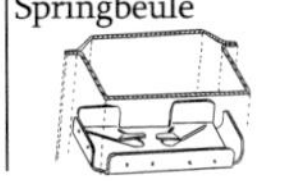	81. Schnapp-verbindung 	82. Schnapp-verbindung 	83. Schnapp-verbindung 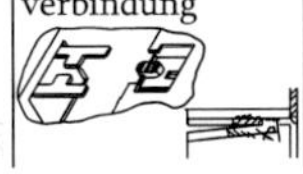	

Legende: Die Nummer oben links pro Zelle gibt den Bezug zum jeweiligen Patent aus der Übersichtsliste der SPR-Synthese in Tab. 11.10 bis 11.12 an

Ähnlich wie bei der Synthese der SLR wurden die als für biV relevant identifizierten Patente aus den Tabellen 11.10 bis 11.12 hinsichtlich der Quantität, historischen Entwicklung und Branche ausgewertet. Seit den ersten Patenten mit Bezug zu biV aus 1991 wurden insgesamt 83 identifiziert. Diese lassen sich anhand des Histogramms in der **Abbildung 11.6** vornehmlich in fünf Branchen und die Epochen von 1991 bis Ende 2001 (I.) und von 2009 bis heute (II.) einteilen.

In der I. Epoche finden sich hauptsächlich Patente aus den Arbeitsgruppen um BISHOP ET AL. sowie ALTENBURG ET AL. und weiteren Einzelpersonen, die am meisten in den Branchen Schienenfahrzeugbau, ohne Bezug und vereinzelt im Luft- und Raumfahrzeugbau zu verorten sind. Patentinhaber sind hauptsächlich Unternehmen wie WAGGONBAU, TALBOT und SIEMENS, die u. a. im Schienenfahrzeugbau tätig sind.

Die II. Epoche hat mit 59 Patenten gegenüber 10 Patenten aus der I. Epoche einen deutlich höheren Anteil, was sich durch den deutlichen Anstieg an Patenten in den Branchen Kraftfahrzeugbau sowie Maschinen- und Anlagenbau begründen lässt.

Analog hierzu finden sich eine Vielzahl an OEM (u. a. FERRARI, ROLLS-ROYCE, BMW, DAIMLER, GENERAL MOTORS, VOLKSWAGEN und AUDI) und Zulieferern (u. a. MAGNA, KARMANN, BENTELER, TRUMPF, CONTINENTAL und FANUC) als Patentinhaber aus dem Kraftfahrzeugbau wieder, der mit 51 Patenten von der I. bis II. Epoche die am häufigsten vertretene Branche ist. Ein besonderes Augenmerk liegt auf den Arbeitsgruppen um SCHLATHER sowie WURSTER in der Branche Kraftfahrzeugbau, die im Rahmen ihrer Dissertationen den – im Vergleich zu den anderen Entitäten – vielen Patentanmeldungen der OEM AUDI (n = 19) und BMW (n = 15) zuzuordnen sind. Dieses Phänomen korreliert mit der in der SLR identifizierten Entwicklung in der II. Epoche hinsichtlich der Wandlung zu einer flexiblen Fertigung und dem Trend von tendenziell eher kleineren variantenspezifischen Stückzahlen *(vgl. Einleitung Kap. 1)*. Die vermehrten Patentanmeldungen von Industrieunternehmen und insbesondere OEM lassen u. a. auf die Steigerung der Praxisanwendung und Potenzialträchtigkeit schließen.

Ähnlich wie bei der SLR ist seit dem Höchststand an veröffentlichten Patenten in 2019 eine stetige Abnahme zu verzeichnen, was sich u. a. durch den Abschluss von Forschungsarbeiten und Dissertationen um SCHLATHER und WURSTER begründen lässt.

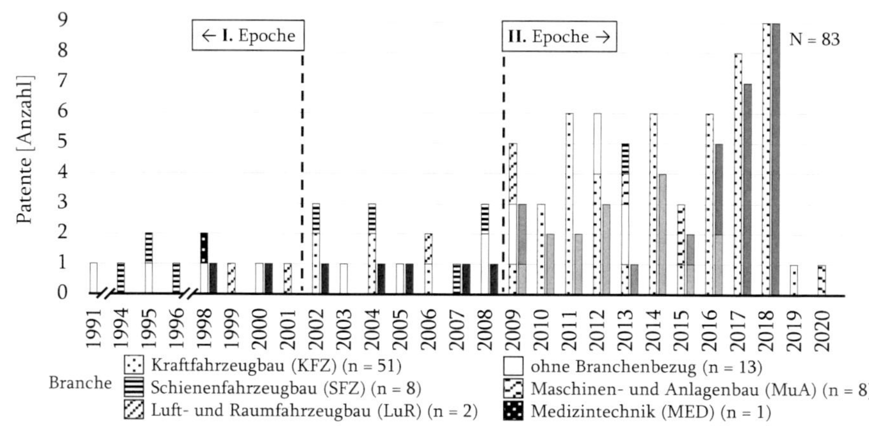

Abb. 11.6: Synthese der Systematischen Patentrecherche (SPR): Relevante Patente zum Stand der Forschung zu bauteilintegrierten Vorrichtungsfunktionen (biV) hinsichtlich Quantität, historischer Entwicklung, Branchen und Patentinhaber:in

Die geographische Analyse der als relevant identifizierten Patente offenbart, dass mit Abstand der Großteil der angemeldeten Patente aus Europa und innerhalb dieser Staatengemeinschaft ebenfalls mit Abstand aus Deutschland, gefolgt von den USA und Österreich kommen. Aus Branchensicht findet sich in Deutschland die höchste Varianz an Branchen wieder, wohingegen außerhalb Deutschlands der Kraftfahrzeugbau sowie Maschinen- und Anlagenbau und vereinzelt der Luft- und Raumfahrzeugbau vertreten ist. Dementsprechend zeigt die Auswertung der Patentinhaber:innen, dass die meisten Patente auf deutsche OEM und Zulieferer zurückzuführen sind, von denen die meisten auf AUDI, BMW und TRUMPF entfallen. Dies untermauert den in der Synthese der SLR festgestellten Schwerpunkt auf OEM und Anwendung im Karosseriebau.

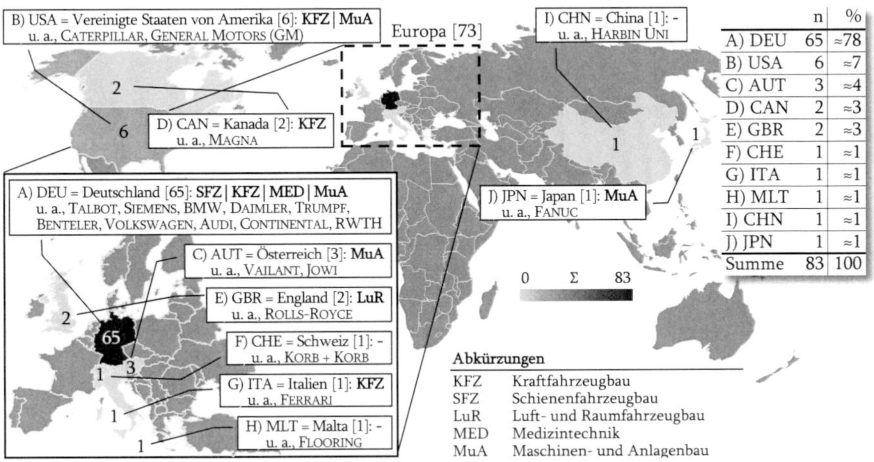

	n	%
A) DEU	65	≈78
B) USA	6	≈7
C) AUT	3	≈4
D) CAN	2	≈3
E) GBR	2	≈3
F) CHE	1	≈1
G) ITA	1	≈1
H) MLT	1	≈1
I) CHN	1	≈1
J) JPN	1	≈1
Summe	83	100

Abb. 11.7: Synthese der Systematischen Patentrecherche (SPR): Geografische Verteilung relevanter Patente zum Stand der Forschung zu bauteilintegrierten Vorrichtungsfunktionen (biV) nach Treffern pro Länder und Arbeitsgruppen

11.3 Synthese alternativer Vorrichtungskonzepte

Die im Rahmen der SLR identifizierten Vorrichtungskonzepte wurden mit Hilfe einer Konzeptmatrix gegliedert und hinsichtlich der Vielfalt und Systematisierungsansätze analysiert. Die Synthese dieser Analyse ist eine Übersicht der verschiedenen 25 Vorrichtungskonzepte (grau markierte Kästen) in **Abbildung 11.8**, die in der obersten Gliederungsebene acht Hauptgruppen umfasst. Im nachfolgenden Abschnitt werden jeweils die acht Hauptgruppen der Vorrichtungsarten beschrieben.

Vorarbeiten von FIEDLER ET AL. sind in die Gestaltung dieses Kapitels und in die Abbildung mit eingeflossen[852,853].

Klassifikation von Vorrichtungskonzepten

Die Analyse der im Rahmen der SLR identifizierten 19 Übersichtsarbeiten zu Vorrichtungskonzepten stellte dar, dass sich trotz teilweiser Überschneidung 19 unterschiedliche Klassifikationen von Vorrichtungskonzepten ergaben. Der Großteil klassifizierte

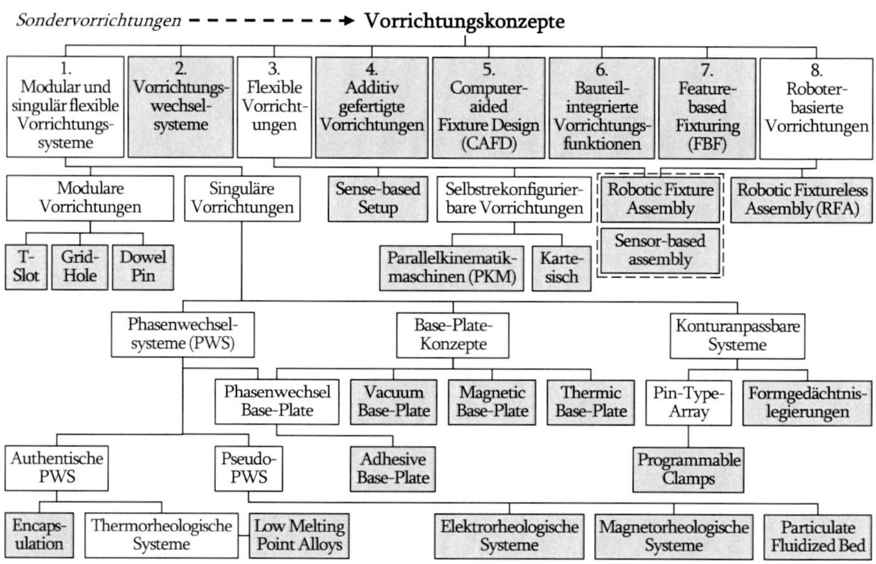

Abb. 11.8: Übersicht der in der Systematischen Literaturrecherche (SLR) identifizierten Vorrichtungskonzepte (25 Stk. grau markiert) mit Einteilung in obere acht Hauptgruppen

[852] FIEDLER ET AL., „Towards a Method to Design Production Systems for …“, 2021, S. 722.

[853] FIEDLER ET AL., „Jigs and fixtures in production: A systematic literature review“, 2024, S. 378 – 89.

anhand der Hardware bzw. physischen Architektur der Vorrichtung, wie bspw. BAKKER ET AL.[854], BI UND ZHANG ET AL.[855] oder GRIPPO ET AL.[856]. Davon abweichend klassifizierten GAMEROS ET AL. anhand der „Traditional Fixture", „Innovative Location and/or Holding", „Instrumented Fixtures" und „Hybrid Systems"[857]. Mit Fokus auf die Anpassungs- und Einsatzflexibilität von Fügevorrichtungen klassifizierte SCHLATHER anhand von „Sondervorrichtungen", „flexiblen Vorrichtungen", „roboterbasierten Vorrichtungen" und „bauteilintegrierter Spanntechnik" die Vorrichtungskonzepte[858]. FIEDLER ET AL. betrachteten hingegen, inwiefern sich konventionelle Vorrichtungen (bspw. Spezialvorrichtungen) optimieren lassen und wählten die Klassifikationen „Strukturoptimierung", „Prozessoptimierung" und „Vorrichtungsreduzierung"[859,860].

Modular und singulär flexible Vorrichtungen

Diese Vorrichtungskonzepte sind im Markt etabliert und aufgrund der teilweisen Wiederverwendbarkeit bestimmter Vorrichtungselemente anpassungsfähig auf komplizierte Geometrien. Vorrichtungskonzeptausprägungen wie bspw. Raster- und T-Nut-Systeme gehören den modularen Baukastensystemen an, wohingegen bspw. Phasenwechsel-, Grundplatten- und konturangepasste Vorrichtungen zu den singulär flexiblen Vorrichtungskonzepten gehören. Mit dem Baukastensystem, bestehend aus Grundplatte, Bestimmelementen, Spannelementen und Verbindungselementen[861,862], lassen sich Genauigkeiten von ungefähr 0,02 mm (frei positionierbar in T-Nut) bis 0,01 mm (Bohrungsraster) erreichen. Anwendungsfelder modularer Vorrichtungen sind der Prototypenbau, die Kleinserienfertigung und falls aufgrund von Wartungs- und Reparaturarbeiten kurzfristiger Ersatz notwendig ist[863,864]. Singulär flexible Vorrichtungen hingegen haben anstelle einer modularen eine monolithische Vorrichtungsstruktur, mit welcher bspw. filigrane oder komplexe Bauteilkonturen gespannt werden[865]. Die Ausprägung der Phasenwechselvorrichtung spannt Bauteile durch den Phasenwechsel des Spannelements von bspw. flüssig in fest. Grundplattensysteme besitzen eine Basis-

[854] BAKKER ET AL., „Recent Research on Flexible Fixtures for Manufacturing Processes", 2013, S. 112 – 15.
[855] BI ET AL., „Flexible fixture design and automation: Review, issues and future directions", 2001, S. 2874.
[856] GRIPPO ET AL., „A review of flexible fixturing systems for computer …", 1988, S. 127.
[857] GAMEROS ET AL., „State-of-the-art in fixture systems for the manufacture and …", 2017, S. 4.
[858] SCHLATHER, „Methodische Auslegung bauteilintegrierter Spanntechnik …", 2020, S. 35.
[859] FIEDLER ET AL., „Towards a Method to Design Production Systems for …", 2021, S. 722.
[860] FIEDLER ET AL., „Jigs and fixtures in production: A systematic literature review", 2024, S. 378 – 89.
[861] BI ET AL., „Flexible fixture design and automation: Review, issues and future directions", 2001, S. 2874.
[862] FRANZKOWIAK, „Methodik zur Strukturierung von Vorrichtungssystemen in der …", 2014, S. 28 – 29.
[863] TRUMMER ET AL., „Vorrichtungen der Produktionstechnik", 1994, S. 7 – 8.
[864] NEE ET AL., „Advanced Fixture Design for FMS", 1995, S. 87 – 89.
[865] FRANZKOWIAK, „Methodik zur Strukturierung von Vorrichtungssystemen in der …", 2014, S. 29 – 32.

platte zum direkten Bestimmen der Bauteile, wie bspw. Matrix-Stößel-Vorrichtungen[866]. Konturangepasste Vorrichtungen können sich individuell im begrenzten Maße an die spezifische Bauteilgeometrie anpassen, indem bspw. Stößel verfahren werden oder mit Formgedächtnislegierungen gearbeitet wird[867,868].

Vorrichtungswechselsysteme

Zur Flexibilisierung von Sondervorrichtungen werden Vorrichtungswechselsysteme u. a. im Karosseriebau eingesetzt, indem einzelne Vorrichtungselemente bis zu kompletten Vorrichtungen in einem übergeordneten System kinematisiert werden[869,870]. Je nach Art, Größe und Anzahl an zu flexibilisierenden Vorrichtungen kann zwischen Magazinen, Drehtischen oder Drehtrommeln und Linear-/Gantry-Systemen unterschieden werden[871,872]. Hiermit ist zwar eine begrenzte Flexibilität aufgrund zuvor für das Wechselsystem bestimmten unterschiedlichen Vorrichtungen vorhanden, jedoch ist bei Änderungen mit einem erheblichen Integrationsaufwand zu rechnen[873].

Flexible Vorrichtungen

Flexible Vorrichtungen zeichnen sich durch frei an die jeweilige Bauteilform anpassbare und positionierbare Vorrichtungselemente einer einzelnen Vorrichtung aus, die u. a. einen sensorbasierten und selbstrekonfigurierbaren Aufbau haben. Aufgrund der thematischen Überschneidung zu roboterbasierten Vorrichtungen (siehe eigener Abschnitt auf den nächsten Seiten) wird in einigen Arbeiten dieses Konzept ebenfalls zu den flexiblen Vorrichtungen gezählt[874,875]. Die Positionierung der Vorrichtungselemente einer flexiblen Vorrichtung kann u. a. durch CNC-gesteuerte Pins, durch eine seriell kartesische Kinematik oder durch eine parallele Kinematik (bspw. Hexapod) erfolgen[876,877,878]. Einer Studie nach ist der Anteil an flexiblen Vorrichtungen im Karosseriebau bei ca. 15 %, auf denen im Durchschnitt ca. 2,6 Varianten gefertigt werden[879].

---

[866] GAMEROS ET AL., „State-of-the-art in fixture systems for the manufacture and ...", 2017, S. 6 – 7; 10.
[867] BI ET AL., „Flexible fixture design and automation: Review, issues and future directions", 2001, S. 2879 – 80.
[868] KAMARTHI ET AL., „Investigating the design and development of truly agile ...", 2009, S. 106 – 7.
[869] HAUNSTETTER, „Methoden des Data Mining in Anwendung an die ...", 2010, S. 52 – 53.
[870] HANSEN, „Methodik zur Bauteilintegration von Vorrichtungsfunkt...", 2020, S. 32 – 33.
[871] RICHTER, „Entwicklung und Umsetzung eines Kennzahlensystems zur Leistungs...", 2009, S. 84 – 85.
[872] HANSEN ET AL., „Approaches for flexibility in the future automobile body ...", 2018, S. 998 – 99.
[873] HANSEN, „Methodik zur Bauteilintegration von Vorrichtungsfunkt...", 2020, S. 32 – 33.
[874] BAKKER ET AL., „Active fixturing: literature review and future research directions ...", 2013, S. 3173 – 75.
[875] FRANZKOWIAK, „Methodik zur Strukturierung von Vorrichtungssystemen in der ...", 2014, S. 31 – 34.
[876] BEM ET AL., „Reconfigurable fixture evaluation for use in automotive light ...", 2017, S. 61 – 63.
[877] GAMEROS ET AL., „State-of-the-art in fixture systems for the manufacture and ...", 2017, S. 11 – 16.
[878] BAKKER ET AL., „Recent Research on Flexible Fixtures for Manufacturing Processes", 2013, S. 15 – 16.
[879] HANSEN ET AL., „Approaches for flexibility in the future automobile body ...", 2018, S. 999.

Additiv gefertigte Vorrichtungen

Die Anwendung additiver Fertigungstechnologien wurde 2017 erstmalig in einer Übersichtsarbeit mit einem geringen Einfluss auf den Vorrichtungsbau beschrieben[880]. Im Grundlagenwerk wird die Vorteilhaftigkeit zur Fertigung komplexer Vorrichtungselemente sowie der durch die Technologie ermöglichten Funktionsintegration beschrieben[881]. In wissenschaftlichen Arbeiten wird u. a. die vorteilhafte Nutzung der Technologie in Kombination mit Standardelementen sowie konventionellen Technologien in hybriden Schweißvorrichtungen[882] diskutiert. Weitere Vorteile werden in der Möglichkeit der Topologieoptimierung von additiv gefertigten Vorrichtungselementen gesehen, sodass Fertigungszeit sowie Material eingespart und somit auch eine Gewichtsreduktion, für bspw. Roboteranwendungen mit Regulierungen in der Tragfähigkeit, erzielt werden kann[883]. Einige industrielle Anwendungen sind u. a. im Vorrichtungsbau von MAHLE[884] und zur additiven Fertigung von Robotergreifer bei BMW[885] zu finden. Weitere Anwendungen der additiven Fertigung im Kraftfahrzeugbau finden sich darüber hinaus im thematisch verwandten Werkzeugbau[886,887].

(Teil-)automatisiert konstruierte Vorrichtungen (CAFD)

CAFD beschreibt die Systematisierung, Optimierung und Automatisierung der Vorrichtungskonstruktion mit modell- und/oder softwarebasierter Ansätze[888]. Der CAFD-Prozess wird in die Problembeschreibung, Vorrichtungsanalyse, Vorrichtungssynthese und Vorrichtungsverifikation untergliedert[889]. Im Kontext von CAFD zur Anwendung an Schweißvorrichtungen im Karosseriebau wurde bspw. ein CAD-Tool entwickelt, mit dem relevante Funktionsflächen und Spannstellen festgelegt und die dafür notwendigen Vorrichtungselemente automatisiert konstruiert werden. Anhand eines Demonstrators konnte die manuelle Konstruktionszeit um ca. 88 % reduziert werden[890].

Bauteilintegrierte Vorrichtungsfunktionen (biV)

Auf dieses Vorrichtungskonzept wird detaillierter im Kapitel 3 eingegangen.

---

880 GAMEROS ET AL., „State-of-the-art in fixture systems for the manufacture and …“, 2017, S. 4 – 5; 19.
881 LACHMAYER ET AL., „Entwicklungsmethodik für die Additive Fertigung …“, 2020, S. 136 – 38.
882 SCHUH ET AL., „Hybrid Welding Jigs with Additive Manufactured Functional …“, 2019, S. 487 – 88.
883 SCHUH ET AL., „Topology Optimisation and Metal Based Additive Manufacturing of …“, 2020, S. 64 – 67.
884 CHUCK, „Streamlining Automotive Production with Additive Manufacturing“, 2018, S. 1.
885 GRASER, „3D-Druck mal anders: BMW Group Werk Landshut kann auch Weihnachten“, 2020, S. 1.
886 KAMPKER ET AL., „Additiv gefertigte Umformwerkzeuge im Prototypenbau“, 2019, S. 18 – 19.
887 SCHUH ET AL., „Sheet Metal Forming Using Additively Manufactured Polymer Tools“, 2020, S. 22 – 25.
888 GRIPPO ET AL., „A review of flexible fixturing systems for computer …“, 1988, S. 131.
889 BI ET AL., „Flexible fixture design and automation: Review, issues and future directions“, 2001, S. 2870.
890 LICHTENTHÄLER ET AL., „Automatisierte Konstruktion von Schweißvorrichtungen …“, 2021, S. 63; 67 – 68.

Feature-based-Fixturing (FBF)

FBF geht auf die Arbeit von KOONMEN aus 1994 zurück, in der eine Technik zur vorrichtungslosen Ausrichtung mittels positiver + negativer Geometriemerkmale im Luft- und Raumfahrzeugbau entwickelt wurde[891]. Weitere auf KOONMENS Arbeit aufbauende Untersuchungen betrachteten die zueinander passenden Formausprägungen dieser Geometriemerkmale sowie deren Funktionen[892,893]. WALCZYK ET AL. hat den Fertigungsprozess und die Toleranzen zum Einbringen der Geometriemerkmale in die Bauteile (Fräsen) sowie den Zusammenbau mittels Nieten betrachtet[894]. Zur Auslegung von vorrichtungslos gefügten Flugzeugstrukturen entwickelte NAING eine Methodik zur Bestimmung von dafür notwendigen Geometriemerkmalen[895]. WHITNEY ET AL. veröffentlichten die Theorie „The Datum-Flow Chain“ zur Bestimmung der Abhängigkeiten und Toleranzen von Flugzeugrumpfbauteilen, die mittels Geometriemerkmale zueinander bestimmt sind[896]. Weitere Arbeiten sind von MESSLER[897,898], GENC[899], BONENBERGER[900,901], MANTRIPRAGADA[902,903], ADAMS[904], WHITNEY[905] und DELEBECQUE[906].

Roboterbasierte Vorrichtungen

Dieses Konzept wird auch „Robotic Fixtureless Assembly“ (RFA) genannt und zeichnet sich durch den Einsatz von Industrierobotern zur teilweisen Umsetzung von Vorrichtungsfunktionen aus, wodurch Vorrichtungen reduziert werden können[907]. Größtenteils sind eine entsprechende Greifvorrichtung und Sensorik der Befähiger[908] wie bspw. ein Konzept zur vorrichtungslosen Positionierung von Karosseriebauteilen unter Anwendung laserbasierter Messtechnik für das nachfolgende Fügen darstellt[909].

---

891 KOONMEN, „Implementing precision assembly techniques in the commercial aircraft …“, 1994, S. 3; 35 – 42.
892 CHANG ET AL., „Assembly-part automatic positioning using high-level entities of …“, 1997, S. 207 – 9.
893 VAN HOLLAND ET AL., „Assembly features in modeling and planning …“, 2000, S. 278 – 286.
894 WALCZYK ET AL., „Fixtureless assembly of sheet metal parts for the aircraft industry“, 2000, S. 177 – 79.
895 NAING, „Feature Based Design for Jigless Assembly“, 2004, S. 99 – 103.
896 ADAMS ET AL., „Application of Screw Theory to Constraint Analysis of …“, 2001, S. 1238 – 43.
897 MESSLER ET AL., „Integral attachment using snap-fit features: a key to …“, 1997, S. 143 – 49.
898 MESSLER, „Integral Mechanical Attachment“, 2006.
899 GENC ET AL., „Enumerating Possible Design Options for Integral Attachment Using …“, 1997, S. 181 – 83.
900 BONENBERGER, „A design methodology for integral attachments“, 1996.
901 BONENBERGER, „The first snap-fit handbook“, 2000.
902 MANTRIPRAGADA ET AL., „The Datum Flow Chain: A systematic approach to …“, 1998, S. 154 – 64.
903 MANTRIPRAGADA ET AL., „Assembly Oriented Design: A new approach to designing …“, 1997, S. 311 – 17.
904 ADAMS, „Feature Based Analysis of Selective Limited Motion in Assemblies“, 1998, S. 55 – 68.
905 WHITNEY ET AL., „Toward a Theory for Design of Kinematically Constrained …“, 1999.
906 DELEBECQUE ET AL., „Automated generation of assembly features in layered …“, 2008, S. 237 – 44.
907 BONE ET AL., „Vision-guided fixtureless assembly of automotive components“, 2003, S. 79 – 80.
908 CHEN ET AL., „A flexible fixtureless assembly of T-joint frame structures“, 2015, S. 2360 – 65.
909 NICKSCH ET AL., „Vorrichtungslose Montage von Karosseriebauteilen*/Fixtureless ass…“, 2019, S. 629 – 32.

11.4 Ergänzende Inhalte zum Kapitel 4 „Produkt- und prozessseitige Auslegung von Geometriemerkmalen“

Dieses Kapitel enthält ergänzende einzelne Abbildungen und Tabellen zu den Inhalten aus Kapitel 4. Weiterhin finden sich hier in sich abgeschlossene Nebenbetrachtungen, die aufgrund des Umfangs nicht in den Hauptteil eingefügt werden können.

Tab. 11.15: Zusammenfassung der Anforderungen und Limitationen an die flexible Prozesskette aus dem Stand der Forschung zu bauteilintegrierten Vorrichtungsfunktionen (biV) des Kapitels 3

	Anforderungen		Limitationen
1. Laserstrahlschneiden	• **Robuste und praxisnahe Prozessführung** • **Zielgröße: Möglichst kurze Prozesszeit bei einer für biV hinreichenden Bauteilqualität** • **Industrieübliche Laserschneidqualität nach DIN EN ISO 9013** **Anforderungen von Biegen, Zusammensetzen & RLS an Laserstrahlschneiden von Geometriemerkmalen:** Die Geometriemerkmal- und Bauteilaußenkonturen sollten reproduzierbar sein, um als Vorrichtungselemente dienen zu können. Praxistaugliche Zusammensetzbarkeit unter Berücksichtigung der Gratbildung, Spaltmaße und Spaltüberbrückbarkeit.	Maschine	Der Mindestabstand zwischen zwei Laserschnittkonturen beträgt die zweifache Laserspotgröße bzw. Schnittfugenbreite.
		Personal	Das Geometriemerkmal sollte so ausgelegt werden, dass die gleichen Konditionen über die Schnittlänge vorliegen (Verzicht auf manuelle Anpassungen durch den Werker:in).
		Material	Der Einfluss auf kleine Konturen bei Materialien mit geringerem Schmelzpunkt und höherer Wärmeleitung sollte beachtet werden.
2. Biegen	Das Biegen dient der umformtechnischen Fertigung von Schalenbauteilen aus Blechen. **Anforderungen von „Zusammensetzen" & „RLS" an das Biegen von Bauteilen:** Der Biegefehler (bspw. Winkelfehler) sollte so toleriert werden, dass insbesondere beim Geometriemerkmal von biV bspw. die Spaltüberbrückbarkeit kompensiert werden kann.	Maschine	Die fertigungstechnischen Restriktionen der Maschine (Stempel und Matrize) sollten bei der Auslegung des gebogenen Winkels und der Geometriemerkmale berücksichtigt werden.
		Personal	Zusätzliche Aufwände sind zu vermeiden, lediglich sollten die Bauteile mit Geometriemerkmale richtig gehandhabt werden.
		Material	Berücksichtigung der Geometriemerkmale hinsichtlich der Werkstoffeigenschaften beim Biegen.
3. Zusammensetzen	Robustes manuelles „Zusammensetzen" durch Werker:in aufgrund der Vorrichtungsfunktionen. **Anforderungen von RLS an das Zusammensetzen mit biV:** Die Geometriemerkmale sollten die Bauteile ausreichend und reproduzierbar bestimmen (hinsichtlich der geometrischen Toleranzvorgaben) und „Spannen" (hinsichtlich der auftretenden Fügekräfte).	Maschine	Aufgrund der Flexibilitätsvorteile sollten beim manuellen „Zusammensetzen" keine weiteren Hilfsmittel/Werkzeuge verwendet werden.
		Personal	Berücksichtigung der Vorgaben zum Arbeitsschutz (bspw. Kräfte) und Ergonomie. Komplexität der Handfertigkeiten gering halten.
		Material	Das Material sollte für das „Zusammensetzen" eine entsprechende Schnittqualität ermöglichen können. Verformbarkeit für das „Spannen".
4. Remote-Laserstrahlschw.	Robuste und möglichst kurze Prozessführung zur produktiven Fertigung von einer hinreichenden Schweißverbindung. **Anforderungen von der Anwendung von biV:** Die Schweißverbindung mit biV sollte der Beanspruchung in der Nutzungsphase widerstehen können, optischen Ansprüchen genügen und bspw. funktionale Anforderungen wie Dichtheit erfüllen. Die Schweißstrategie sollte diese diversen Anforderungen abbilden können.	Maschine	Berücksichtigung der Zugänglichkeit anhand der Brennweite und die Freigänglichkeit des Laserstrahls. Sauberkeit Laserschutzglas.
		Personal	Bei einem System ohne automatische Schweißnahtpositionierung ist eine präzise Programmierung auf das Geometriemerkmal erforderlich.
		Material	Eine vorteilhafte Zinkentgasung sollte bei der Gestaltung der Schweißstrategie und des Geometriemerkmals berücksichtigt werden.

11.4.1 Weitere prozessschrittübergreifende Informationen zur experimentellen Untersuchung der flexiblen Prozesskette für biV

Auf den nachfolgenden Seiten befinden sich weitere Informationen für die prozessschrittübergreifende Analyse der flexiblen Prozesskette für biV, die für ein tieferes Verständnis in Kapitel 4 für bestimmte Lesende relevant sein können.

Materialien zur experimentellen Untersuchung

Die in dieser Arbeit verwendeten Materialien sind in der **Tabelle 11.16** anhand der Normen DIN EN 10346[910], DIN EN 10143[911] sowie ISO 6361[912,913] und Stichproben mittels manueller Messungen und Abnahmeprüfzeugnissen 3.1[914] beschrieben. Detailliertere Erklärungen und weitere Materialeigenschaften sind den Normen zu entnehmen.

Tab. 11.16: Übersicht der Material-Dickenkombinationen zur Untersuchung in der flexiblen Prozesskette unter Angabe der mechanischen Eigenschaften und Toleranzen[915]

Material- und Dickenkombinationen t	Verzinktes Stahlblech 1,0; 1,5; 2,0; 2,5 mm	Verzinktes Stahlblech 1,0; 1,5; 2,0; 2,5 mm	Aluminiumblech 1,0; 1,5; 2,0; 2,5 mm
Kurzname	HX380LAD+Z100MB	HCT780X+Z100MB	EN AW-6082 T6
Werkstoffnummer	1.0934	1.0943	3.2315
Nach Norm	DIN EN 10346[910]	DIN EN 10346[910]	ISO 6361-2[912]
Dehngrenze $R_{p0,2}$	380 – 480 MPa	440 – 550 MPa	min. 260 MPa
Zugfestigkeit R_m	440 – 560 MPa	min. 780 MPa	min. 310 MPa
Bruchdehnung	A_{80} = min. 19 %	A_{80} = min. 14 %	A_{50} = min. 6 – 10 %
Dicke Zinküberzug	5 – 12 µm	5 – 12 µm	keine

Blechdickentoleranz der betrachteten Blechdicken t

Nach Norm	DIN EN 10143[911]	DIN EN 10143[911]	ISO 6361-4[913]
1,0 mm	± 0,09 mm	± 0,11 mm	± 0,05 bis 0,15 mm
1,5 mm	± 0,14 mm	± 0,16 mm	± 0,06 bis 0,18 mm
2,0 mm	± 0,17 mm	± 0,19 mm	± 0,09 bis 0,30 mm
2,5 mm	± 0,20 mm	± 0,22 mm	± 0,10 bis 0,41 mm

910 DIN EN 10346:2015-10, „Kontinuierlich schmelztauchveredelte …“, 2015, S. 1; 5 – 9; 14 – 15; 21 – 28.
911 DIN EN 10143:2006-09, „Kontinuierlich schmelztauchveredeltes Blech und Band aus …“, 2006, S. 4; 8 – 9.
912 ISO 6361-2:2014-09, „Aluminium und Aluminium-Knetlegierungen - Bleche, Bänder …“, 2014, S. 1; 37.
913 ISO 6361-4:2014-09, „Aluminium und Aluminium-Knetlegierungen - Bleche, Bänder …“, 2014, S. 1 – 2.
914 DIN EN 10204:2005-01, „Metallische Erzeugnisse - Arten von Prüfbescheinigungen; …“, 2005, S. 4 – 5.
915 Die in der Abbildung angegebenen Verweise beziehen sich auf die Fußnoten 910 bis 914.

Anlagentechnik zur experimentellen Untersuchung

Die Maschine TruDisk 4001 der Firma Trumpf diente in dieser Arbeit als Laserstrahlquelle sowohl für die experimentelle Untersuchung des Laserstrahlschneidens *(vgl. Kap. 4.2)* als auch für das Remote-Laserstrahlschweißen von biV *(vgl. Kap. 4.4)*. In der nachfolgenden **Tabelle 11.17** sind die technischen Daten der Maschine aufgelistet.

Tab. 11.17: Spezifikation der zur Untersuchung in der flexiblen Prozesskette verwendeten Laserstrahlquelle TruDisk 4001 der Firma Trumpf (Bildquelle: Trumpf)

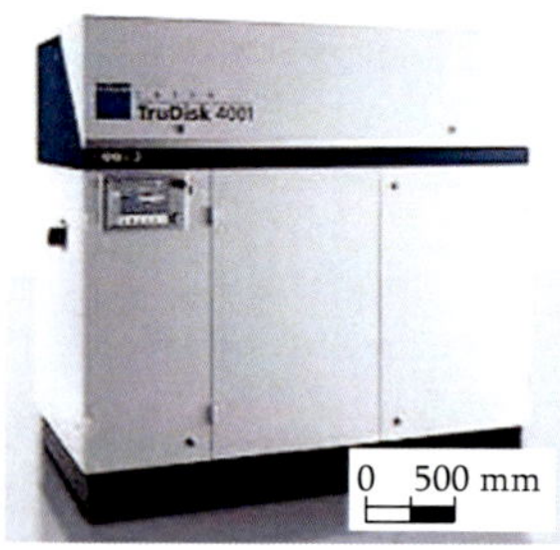

Laserstrahlquelle	
Bezeichnung	TruDisk 4001
Lasertyp	Festkörper
Wellenlänge	1030 nm
Max. Laserleistung P_L am Werkstück	4.000 W
Laserstrahlqualität	4 mm x mrad
Pulsarten	Kontinuierlich/gepulst
Durchmesser Lichtleiterkabel	100 µm

Zum Laserstrahlschneiden wurden in dieser Arbeit die Maschinen TruLaserCell 3000 in Kombination mit der bereits beschriebenen Laserstrahlquelle TruDisk 4001 und die Maschine TruLaser 5030 mit der Laserstrahlquelle TruFlow 6000 verwendet. Die **Tabelle 11.18** zeigt die technischen Daten beider Maschinen.

Tab. 11.18: Spezifikation der zur Untersuchung in der flexiblen Prozesskette verwendeten Laserstrahlschneidmaschinen TruLaserCell 3000 + TruLaser 5030 (Bildquelle Trumpf)

A
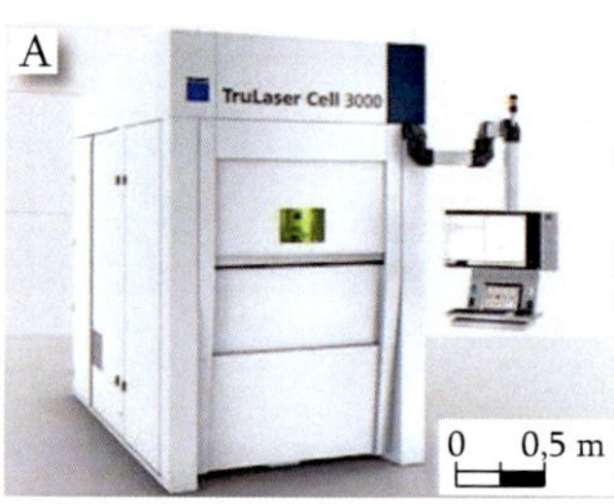

B

Laserstrahlschneidmaschinen	TruLaserCell 3000	TruLaser 5030
Lasertyp	Festkörperlaser	CO_2-Laser
Wellenlänge	1.030 nm	10.600 nm
Max. Laserleistung P_L am Werkstück	4.000 W	6.000 W
Brennweite des Schneidkopfes	150 mm	250 mm
Maximale simultane Achsgeschwindigkeit	300 m/min	85 m/min
Positioniergenauigkeiten	0,015 mm	0,100 mm
Positionierstreuung	Keine Angaben	0,03 mm

Die Maschine TRUBEND 5085 der Firma TRUMPF dient zum Gesenkbiegen der lasergeschnittenen Bauteile *(vgl. Kap. 4.3 bis 4.4)* und für die Fertigung des Fallbeispiels LCB *(vgl. Kap. 6)*. Die technischen Daten der Maschine sind in der nachfolgenden **Tabelle 11.19** aufgelistet.

Tab. 11.19: Spezifikation der zur Untersuchung in der flexiblen Prozesskette verwendeten Biegemaschine TRUBEND 5085 (Bildquelle TRUMPF)

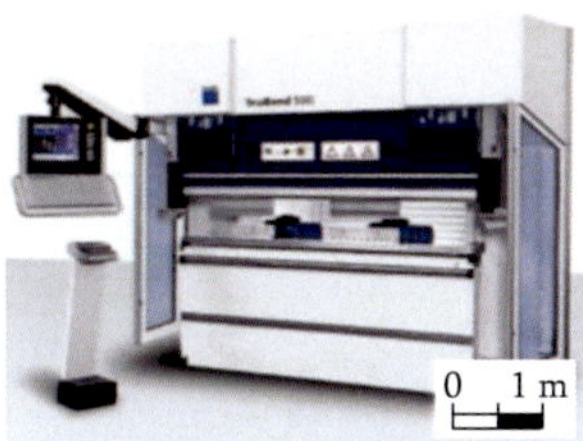

Maschine zum Gesenkbiegen	
Bezeichnung	TRUBEND 5085
Max. Presskraft	850 kN
Max. Werkstückbreite	2210 mm
Max. Werkstückhöhe	385 mm
Max. Werkstücktiefe	420 mm
Max. Verfahrgeschwindigkeit (y-Richtung)	25 mm/s

Zum Remote-Laserstrahlschweißen wurde eine aus mehreren Sub-Systemen bestehende vollautomatisierte Schweißzelle verwendete, mit der zum einen die RLS-Versuche *(vgl. Kap. 4.4)* und zum anderen die Verschweißung des Fallbeispiels LCB *(vgl. Kap. 6)* durchgeführt wurden. Die in der Tabelle 11.17 vorgestellte Laserstrahlquelle wurde ebenfalls für die in der nachfolgenden **Tabelle 11.20** spezifizierten Laserschweißzelle verwendet.

Tab. 11.20: Spezifikation der zur Untersuchung in der flexiblen Prozesskette verwendeten Laserschweißzelle

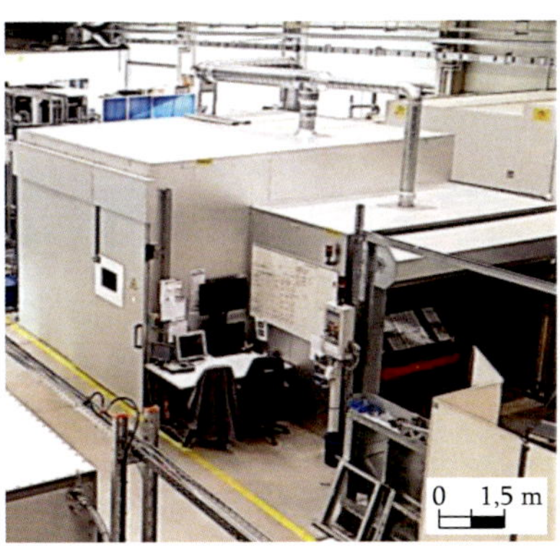

Laserschweißzelle	
Industrieroboter	Reis RV 60-60
Tragfähigkeit am Endeffektor	60 kg
Bauteilmanipulation mit Dreh-Kipp-Tisch	
Auto. Bauteilzufuhr mit 180°-Drehtisch RDT40C	
Lasersichere Schutzkabine	
Programmierbare Fokussieroptik (PFO3D-2)	
Max. Vorschubgeschwindigkeit	1.000 mm/s
Kollimation	138 mm
Arbeitsfläche beim Fokusabstand	320 x 190 mm
Fokusabstand (Brennweite)	450 mm

Messtechnik zur experimentellen Untersuchung

Zur Analyse der im Rahmen der experimentellen Untersuchung der flexiblen Prozesskette verwendeten Proben wurde nachfolgende Messtechnik vor bzw. nach den verschiedenen Prozessschritten verwendet.

Das Digitalmikroskop VHX-6000 inkl. VH-ZST der Firma KEYENCE wurde u. a. verwendet, um die Probenoberflächen nach dem Laserstrahlschneiden, dem Zusammensetzen und dem Schweißen visuell zu analysieren. In Ergänzung dazu wurde zusätzlich das optische 3D Messsystem InfiniteFocus G5Plus der Firma ALICONA verwendet. Die technischen Daten der Messtechniken sind den nachfolgenden **Tabellen 11.21** und **11.22** zu entnehmen.

Tab. 11.21: Spezifikation des zur Untersuchung in der flexiblen Prozesskette verwendeten Digitalmikroskops: KEYENCE VHX-6000 inkl. VH-ZST

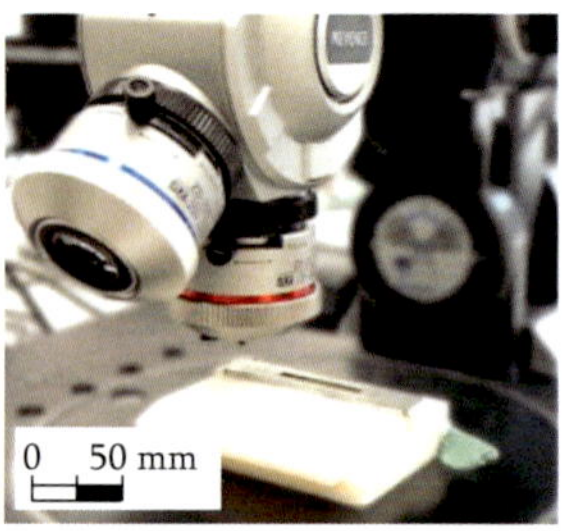

Digitalmikroskop KEYENCE VHX-6000 inkl. VH-ZST	
Auflösung Kamera [Millionen Pixel]	2-18 (4.800 x 3.600)
Auflösung Objekttisch in xy	1 µm
Verfahrweg Objekttisch in xy	±20 mm
Größe Objekttisch in xy	171 x 168 mm
Auflösung Objekttisch in z	0,1 µm
Verfahrweg Objekttisch in z	49 mm
u. a. variable Beleuchtung, Tiefenschärfe, Winkelstellung	

Tab. 11.22: Spezifikation des zur Untersuchung in der flexiblen Prozesskette verwendeten optischen 3D Messsystems: ALICONA InfiniteFocus G5Plus

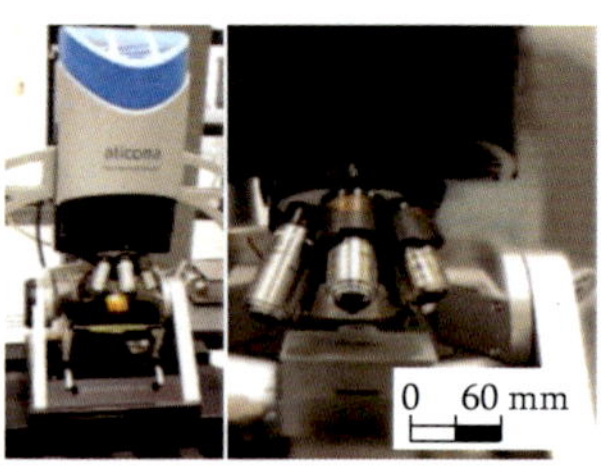

3D Messsystem ALICONA InfiniteFocus G5Plus (2,5 x)	
Auflösung in z	2.300 nm
Arbeitsabstand in z	8,8 mm
Auflösung in xy	3,25 µm
Arbeitsbereich in xy	5.716 x 4.351 µm
Min. messbare Rauheit R_a	7.000 nm
Min. messbare Rauheit S_a	3.500 nm

Die kombinierten Kontur- und Rauheitsmessgeräte MarSurf LD 260 und MarSurf XC 20 der Firma MAHR wurden verwendet, um die Rauheit, den Grat und die geometrischen Konturen der lasergeschnittenen Proben zu messen. Die technischen Daten der Messtechniken sind in der nachfolgenden **Tabelle 11.23** aufgelistet.

Tab. 11.23: Spezifikation der zur Untersuchung in der flexiblen Prozesskette verwendeten kombinierte Kontur- und Rauheitsmessgeräte: MAHR MarSurf LD 260 und MarSurf XC 20

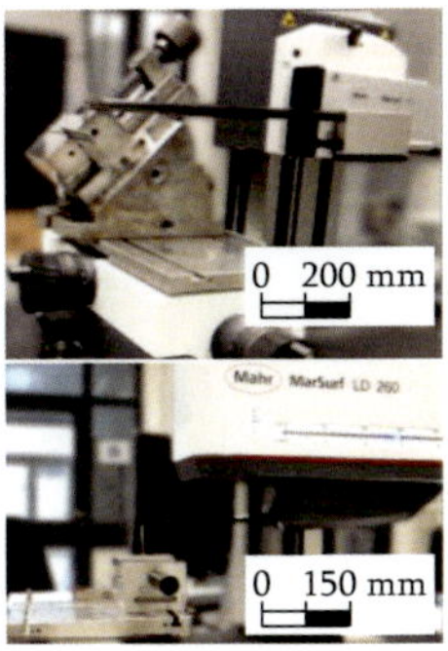

Kombinierten Kontur- und Rauheitsmessgeräte

Bezeichnung	MAHR MarSurf LD 260	MAHR MarSurf XC 20
Verwendung	Rauheit und Probenkontur	Probenkontur
Auflösung Messtaster	$z = 0{,}8$ nm	$z = 0{,}38$ µm
Auflösung Messsystem	$x = 0{,}8$ nm	$z = 0{,}04$ µm
Auflösung Objekttisch	± (0,2 + l/1000) µm; l in mm	< 1 µm (über 200 mm)
Taststrecke in x	0,1 bis 260 mm	0,2 bis 200 mm
Länge Messtaster	200 mm	350 mm
Radius Messtasterspitze	5 µm	25 µm

Der 6-Achsen Kraft-Momenten Sensor K6D80 der Firma ME-MEßSYSTEME wurde im Prozessschritt „Zusammensetzen" verwendet, um die Füge- und Spannkraft von biV zu analysieren. Die technischen Daten der Messtechnik sind der nachfolgenden **Tabelle 11.24** zu entnehmen.

Tab. 11.24: Spezifikation des zur Untersuchung in der flexiblen Prozesskette verwendeten 6-Achsen Kraft-Momenten Sensors: ME-MEßSYSTEME K6D80

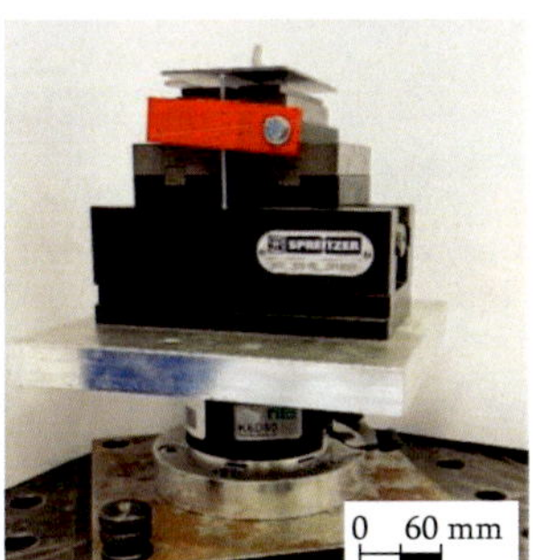

6-Achsen Kraft-Momenten Sensor K6D80 der Firma ME-MEßSYSTEME

Kraftrichtung	Zug/Druck
Nennkraft in x | y | z	2 | 2 | 5 kN
Nenndrehmoment in Mx | My | Mz	100 | 100 | 100 Nm
Krafteinleitung	6 x Innengewinde M8
Genauigkeit	0,2 %
Abmessungen	Ø 80 x 50 m

Zusätzlich: 8 Kanal Messverstärker GSV-8DS EC zur Datenaufnahme und Auswertung per Software auf dem PC. Probenaufnahme über Adapterplatte in einem Schraubstock

Die Universalprüfmaschine für statische Anwendungen AllroundLine Z250 der Firma ZWICKROELL wurde im Prozessschritt „Fügen" verwendet, um die Spannkraft von biV und die max. Zugkraft geschweißter Proben zu analysieren. Die technischen Daten der Messtechnik sind in der nachfolgenden **Tabelle 11.25** aufgelistet.

Tab. 11.25: Spezifikation der zur Untersuchung in der flexiblen Prozesskette verwendeten Universal Materialprüfmaschine: ZWICKROELL AllroundLine Z250

Universal Materialprüfmaschine ZWICKROELL AllroundLine Z250	
Kraftrichtung	Zug/Druck
Nennkraft	250 kN
Traversengeschwindigkeit	0,00005 – 600 mm/min
Prüfraumbreite	640 mm
Prüfraumhöhe	1715 mm
Positioniergenauigkeit Traverse	±2 µm
Zusätzlich: Individuelle Probenaufnahme in der Oberwange zur Aufnahme der T-Stoß förmigen biV-Proben	

Der handgeführte 3D Laser Scanner ModelMaker H120 mit MCAx 35 portablen Gelenkarm der Firma NIKON wurde verwendet, um die geometrische Oberfläche von einzelnen Proben über kleine Baugruppen bis hin zum LCB in 3D zu vermessen. Die technischen Daten der Messtechnik sind der nachfolgenden **Tabelle 11.26** zu entnehmen.

Tab. 11.26: Spezifikation des zur Untersuchung in der flexiblen Prozesskette verwendeten 3D Laser Scanners: NIKON ModelMaker H120 mit portablen Gelenkarm MCAx 35

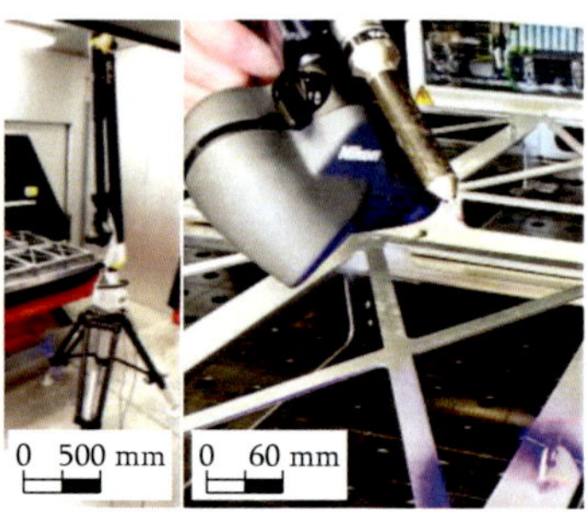

3D Laser Scaner ModelMaker H120 mit portablen Gelenkarm MCAx 35 der Firma NIKON	
Kleinste Punktauflösung	35 µm
Messbereich	120 x 100 mm
Kleinster Objektabstand	80 mm
Genauigkeit (max. 1 σ der Realwerte)	7 µm
Zusätzlich: Tragbarer 7-Achsen-Gelenk-Mess-Arm MCAx 35. Anwendung einer hohen Scanauflösung für die Best-Fit-Methode. Verwendung der Auswertesoftware GOM Inspect Pro 2022	

11.4.2 Weitere Informationen zur Analyse im Prozessschritt Laserstrahlschneiden

Auf den nachfolgenden Seiten befinden sich weitere Informationen für die Analyse des Prozessschrittes Laserstrahlschneiden, die für ein tieferes Verständnis des Kapitels 4.2 für bestimmte Lesende relevant sein können.

Messen im Prozessschritt Laserstrahlschneiden von Geometriemerkmalen

Zur Messung der Zielgrößen im Prozessschritt Laserstrahlschneiden in Kapitel 4.2, wurden in der **Tabelle 11.27** die dazugehörigen Messstellen an der Probe beschrieben und die im Kapitel 11.4.1 beschriebene Messtechnik anhand der DIN EN ISO 9013 zugeordnet[906].

Tab. 11.27: Zuordnung der passenden Messmittel und Messstellen zu den Zielgrößen im Rahmen der experimentellen Untersuchung des Prozessschritts Laserstrahlschneiden in Anlehnung an DIN EN ISO 9013[916]

I. Geometrische Maßhaltigkeit | II. Rauheit der Laserschnittflächen | III. Gratbildung am Laserschnitt | IV. Rechtwinkligkeit des Laserschnittes

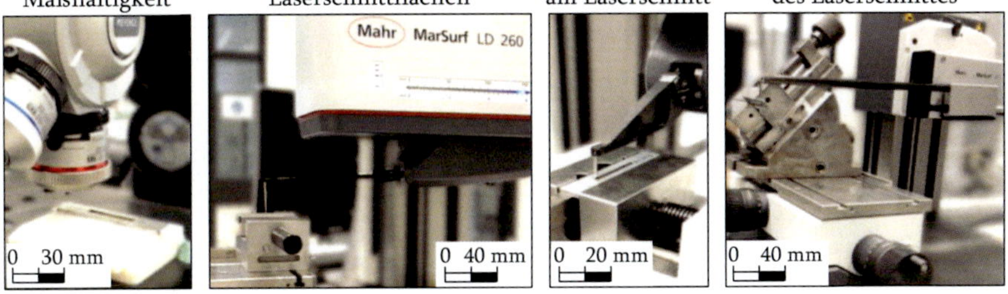

	Messstelle an der Probe	Messtechnik
I. Geometrische Maßhaltigkeit	Vorder- und Rückseite des Geometriemerkmals in z-Richtung	KEYENCE VHX-6000 + VH-ZST
II. Rauheit der Laserschnittflächen	Äußere Probenkontur/ Schnittkante bzw. -fläche	MAHR MarSurf LD 260 + LP C 45-20-5/90° (5 µm Spitze)
III. Gratbildung am Laserschnitt	Schnittkante an der Laseraustrittsseite	MAHR MarSurf LD 260 + LP R 14-10-5/90°S1.2
IV. Rechtwinkligkeit des Laserschnittes	Umlaufende Schnittfläche im Schlitz	MAHR MarSurf XC 20 + (20 µm Messspitze)

Die messtechnische Vorgehensweise für die kleinen und großen Laserschneidproben *(vgl. Abbildung 4.4)* unterscheiden sich nicht, weshalb das Vorgehen im Nachfolgenden anhand der kleinen Probe beschrieben wird. In Anlehnung an DIN EN ISO 9013 wird die Rechtwinkligkeit als Abstand zwischen zwei parallelen Geraden (Tangenten) des Schnittprofils der Winkel bestimmt. Aufgrund der geringen Probendicke von

[916] DIN EN ISO 9013:2017-05, „Thermisches Schneiden - Einteilung thermischer ...“, 2017, S. 14 – 25.

< 3 mm wird das mittlere Schnittprofil, das durch 80 % der Probendicke begrenzt ist, verwendet. Die Messpunkte sollten an den Stellen der Probe gleichmäßig über die Länge platziert werden, an denen die Maximalwerte zu erwarten sind. In der **Abbildung 11.9** sind die Laserschneidprobe und die Messstellen zur Messung der geometrischen Maßhaltigkeit, der Rauheit, der Gratbildung und der Rechtwinkligkeit markiert und beispielhafte Auszüge aus den jeweiligen Messungen hinterlegt. Anhand der Messung an mehreren Messpunkten werden die Maximalwerte bestimmt *(siehe sechs Messpunkte zur Rechtwinkligkeit in Abb. 11.9).* Die Rechtwinkligkeit wird jeweils pro Seite von Lasereintritts- zur Laseraustrittsseite gemessen, wobei der Messtaster an der Mittellinie des Querschnittes ausgerichtet wird. Die Abweichung wird anhand eines Vergleichs mit einer Referenzprobe ermittelt.

In Anlehnung an DIN EN ISO 9013 sind die Toleranzklassen zur Rechtwinkligkeit der Laserschnittfläche zur Laseraustrittsseite zu den Blechdicken der experimentellen Untersuchung des Prozessschritts Laserstrahlschneiden der **Tabelle 11.28** zu entnehmen[917].

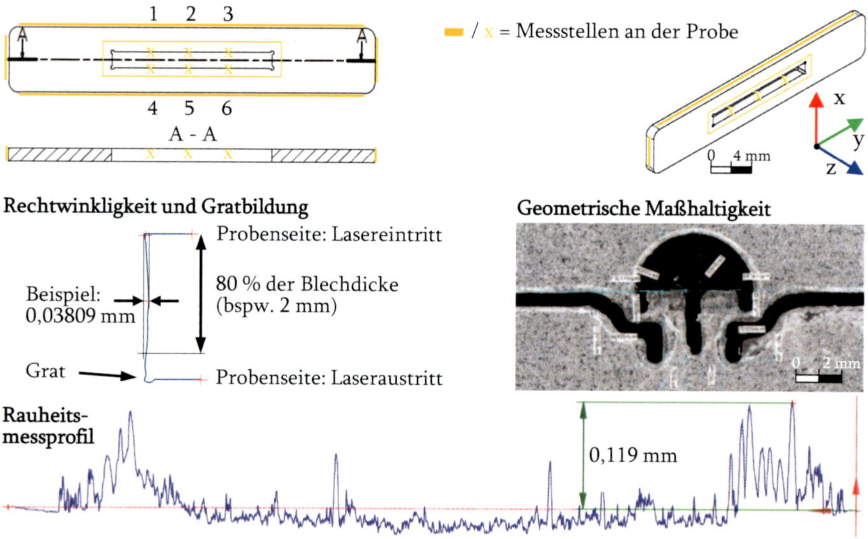

Abb. 11.9: Übersicht der Messstellen an den Proben im Rahmen der experimentellen Untersuchung des Prozessschritts Laserstrahlschneiden mit beispielhaften Messergebnissen

[917] DIN EN ISO 9013:2017-05, „Thermisches Schneiden - Einteilung thermischer …“, 2017, S. 9; 14 – 18.

Tab. 11.28: Toleranzklassen zur Rechtwinkligkeit der Laserschnittfläche zur Laseraustrittsseite im Rahmen der experimentellen Untersuchung des Prozessschritts Laserstrahlschneiden

Blechdicke	Toleranzklassen zur Rechtwinkligkeit der Laserschnittfläche zur Laseraustrittsseite Klasse I.	Klasse II.	Klasse III.
1,0 mm	0,0530 µm	0,1570 µm	0,4100 µm
1,5 mm	0,0545 µm	0,1605 µm	0,4150 µm
2,0 mm	0,0560 µm	0,1640 µm	0,4200 µm
2,5 mm	0,0575 µm	0,1675 µm	0,4250 µm

Analytische Bestimmung der theoretischen max. Schneidgeschwindigkeit

Zur analytischen Bestimmung der theoretischen maximalen Schneidgeschwindigkeit im Prozessschritt Laserstrahlschneiden des Kapitels 4.2.2 wurden neben dem bereits beschriebenen und ausgewählten Ansatz von PRUSA ET AL. modellbasierte Ansätze unter Betrachtung der Energiebilanz analysiert. MAHRLE UND BEYER haben einen simplifizierten Ansatz ohne Berücksichtigung der Wärmeverluste vorgestellt[918], wohingegen für eine genauere Bestimmung insbesondere die Berücksichtigung der Wärmeleitungsverluste in den Grundwerkstoff betrachtet werden sollte[919]. Um ebendiese zu berücksichtigen, fügte OLSEN der Formel der Energiebilanz noch den Term Schmelzleistungseffizienz hinzu, jedoch ohne die Berechnung genau zu beschreiben[920]. SCHULZ ET AL. stellten in ihrer Arbeit eine Berechnungsgrundlage zur Bestimmung der Wärmeleitungsverluste vor, bei der die Breite der Schmelzfront mit einfließt[921]. Die Bestimmung dieses Terms ist herausfordernd und im Rahmen dieser Arbeit nicht geplant, weshalb dieser Ansatz nicht weiter betrachtet wurde.

Die Formel der Energiebilanz in Anlehnung an PRUSA ET AL.[922] lautet:

$$P_{Laser} \cdot A_{Abs} + \dot{Q}_{oxi} = \dot{Q}_{Wärme} + \dot{Q}_{Leitung} \qquad \textbf{Formel 11.1}$$

$P_{Laser} = Laserleistung$; $A_{Abs} = Absorption\ durch\ das\ Material$;
$\dot{Q}_{Oxi} = Wärmeeintrag\ durch\ Oxidation$; $\dot{Q}_{Wärme} = Wärmeeintrag\ ins\ Material$;
$\dot{Q}_{Leitung} = Wärmeverlust\ durch\ Wärmeleitung$

Da Stickstoff als Schneidgas verwendet wurde, kann die Oxidation vernachlässigt werden. Außerdem wird eine geringe Verdampfung angenommen, da die Schmelze bis

[918] MAHRLE ET AL., „Theoretical aspects of fibre laser cutting“, 2009, S. 1 – 3.
[919] KANNATEY-ASIBU, „Principles of Laser Materials Processing“, 2009, S. 231 – 33.
[920] OLSEN, „Fundamental mechanisms of cutting front formation in laser ...“, 1994, S. 409 – 10.
[921] SCHULZ ET AL., „Heat conduction losses in laser cutting of metals“, 1993, S. 1360 – 62.
[922] PRUSA ET AL., „Estimation of heat conduction losses in laser cutting“, 1999, S. 432 – 33.

zum Siedepunkt erhitzt wird. Die Formel kann daher entsprechend der nachfolgenden **Formel 11.2** umgestellt werden:

$$P_{Laser} \cdot A_{Abs} = \dot{m} \cdot (c \cdot (T_b - T_a) + h_f) + \dot{Q}_{Leitung} \qquad \textbf{Formel 11.2}$$

$\dot{m} = Schmelzabtragsrate\ beim\ Laserstrahlschneiden;$
$c = Wärmekapazität\ des\ Materials;\ T_B = Siedepunkt;\ T_A = Raumtemperatur;$
$h_f = Latente\ Schmelzwärme$

Die Schmelzabtragsrate beim Laserstrahlschneiden $\dot{m}$ kann anhand der nachfolgenden **Formel 11.3** bestimmt werden:

$$\dot{m} = \rho \cdot b_s \times t \times v_c \qquad \textbf{Formel 11.3}$$

$\rho = Materialdichte;\ b_s = Schnittfugenbreite\ (Laserstrahldurchmesser);$
$t = Blechdicke;\ v_c = Schneidgeschwindigkeit$

Für eine genaue Berechnung sollte die reale Schnittfugenbreite b_s verwendet werden, jedoch kann bei geringen Blechdicken (wie in dieser Arbeit) der Laserstrahldurchmesser als Wert angenommen werden. Folglich kann die vorherige Formel in die nachfolgende **Formel 11.4** umgestellt werden:

$$P_{Laser} \cdot A_{Abs} = \rho \cdot b_s \times t \times v_c \cdot (c \cdot (T_b - T_a) + h_f) + \dot{Q}_{Leitung} \textbf{Formel 11.4}$$

Hieraus ergeben sich die Unbekannten A_{Abs} und $\dot{Q}_{Leitung}$. Die Absorption durch das Material A_{Abs} ist wesentlich vom Material und dem Einstrahlwinkel des Laserstrahls φ abhängig. Letzterer lässt sich aufgrund der geringen Blechdicke anhand eines vereinfachten Modells der Schneidfront in Abhängigkeit von der Blechdicke t bestimmen *(siehe **Abb. 11.10**)*. Die Vereinfachung beinhaltet, dass der Laserstrahl nicht durch den Schneidspalt verloren geht und dass der Laserstrahldurchmesser über die Blechdicke konstant bleibt.

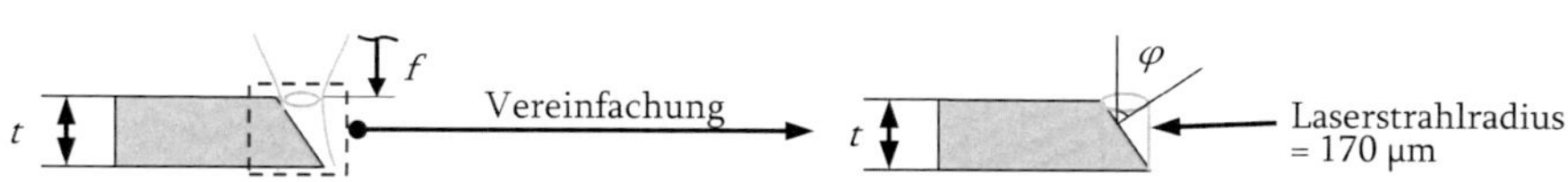

Abb. 11.10: Vereinfachung des geometrischen Modells der Schneidfront und des Laserstrahls mit Bezug zur Bestimmung der theoretischen maximalen Schneidgeschwindigkeit

Der Einstrahlwinkel des Laserstrahls φ kann anhand der Vereinfachung aus Abbildung 11.10 für die in dieser Arbeit betrachteten Material-Dickenkombinationen berechnet werden. Der **Tabelle 11.29** sind die berechneten Ergebnisse zu entnehmen.

Tab. 11.29: Auf Basis der Vereinfachung in Abb. 11.10 analytisch bestimmter Einstrahlwinkel des Laserstrahls φ und Absorption durch das Material A_{Abs} für die in dieser Arbeit betrachteten Material-Dickenkombinationen

	Stahl	Aluminium
Flüssigkeitsdichte beim Schmelzpunkt [kg/m³]	6.980	2.375
Latente Schmelzwärme [kJ/kg]	248	397
Wärmekapazität [kJ/kg·K]	0,450	0,896
Schmelzpunkt [°C]	1.538	660,32
Siedepunkt [°C]	2.862	2.470
Wärmeleitfähigkeit [W/m·K]	45	235
Thermische Diffusionsfähigkeit [m²/s]	18,8 (0,1 % C)	64
Anzahl der Valenzelektronen [-]	2	3
Atommasse [u]	55,845	26,981
Elektrischer Widerstand am Schmelzpunkt [Ω·m][924, 925]	$1{,}36 \times 10^{-6}$	$24{,}10 \times 10^{-8}$

Die analytische Bestimmung der Absorption durch das Material A_{Abs} aus der rechten Spalte der Tabelle 11.29 erfolgte anhand der Vorgehensweise von MAHRLE UND BEYER[923]. Die Absorption durch das Material A_{Abs} kann entsprechend der nachfolgenden **Formel 11.5** bestimmt werden:

$$A_{Abs} = 1 - R_{Durch} = 1 - \frac{R_p + R_s}{2} \qquad \textbf{Formel 11.5}$$

$R_{Durch} = Durchschnittlicher\ Reflexionsgrad;$
$R_p = Reflexion\ von\ p\ polarisiertem\ Licht;\ R_s = Reflexion\ von\ s\ polarisiertem\ Licht$

Die Reflexionen R_p und R_s können anhand der Fresnelschen Formeln entsprechend der **Formeln 11.6** und **11.7** bestimmt werden:

$$R_p = \frac{(n \cdot cos\varphi - 1)^2 + (k \cdot cos\varphi)^2}{(n \cdot cos\varphi + 1)^2 + (k \cdot cos\varphi)^2} \qquad \textbf{Formel 11.6}$$

$$R_s = \frac{(n - cos\varphi)^2 + k^2}{(n + cos\varphi)^2 + k^2} \qquad \textbf{Formel 11.7}$$

$n = Reflexionsindex;\ k = Extinktionskoeffizient;$
$\varphi = Einstrahlwinkel\ des\ Laserstahls$

Die Koeffizienten n und k können anhand der **Formeln 11.8** und **11.9** bestimmt werden:

[923] MAHRLE ET AL., „Theoretical aspects of fibre laser cutting“, 2009, S. 2 – 4.

$$n = \left(\frac{\left(\varepsilon_1^2+\varepsilon_2^2\right)^{0,5}+\varepsilon_1}{2}\right)^{0,5}$$ **Formel 11.8**

$$k = \left(\frac{\left(\varepsilon_1^2+\varepsilon_2^2\right)^{0,5}-\varepsilon_1}{2}\right)^{0,5}$$ **Formel 11.9**

$\varepsilon_1 = Realteil\ der\ Dielektrizitätskonstante\ \varepsilon;$
$\varepsilon_2 = Imaginärteil\ der\ Dielektrizitätskonstante\ \varepsilon$

ε_1 und ε_2 können entsprechend der nachfolgenden **Formel 11.10** und der **Formel 11.11** bestimmt werden:

$$\varepsilon_1 = 1 + \frac{\omega_p^2}{\omega_L^2+v_k^2}$$ **Formel 11.10**

$$\varepsilon_2 = \frac{v_k}{\omega_L} \cdot \frac{\omega_p^2}{\omega_L^2+v_k^2}$$ **Formel 11.11**

$\omega_L = Laserstrahlfrequenz;\ \omega_P = Plasmafrequenz;\ v_k = Kollisionsfrequenz$

Die Laserstrahlfrequenz $\omega_L$wird mit der **Formel 11.12** bestimmt:

$$\omega_L = \frac{2\pi c_0}{\lambda}$$ **Formel 11.12**

$c_0 = Lichtgeschwindigkeit\ im\ Vakuum = 3 \times 10^8\ m/s;$
$\lambda = Wellenlänge\ des\ Laserstrahls$

Die Plasmafrequenz $\omega_P$wird mit der **Formel 11.13** bestimmt:

$$\omega_P = \left(\frac{e^2 \cdot n_e(T)}{\varepsilon_0 \cdot m_e}\right)^{0,5}$$ **Formel 11.13**

$e = Elementarladung = 1{,}602 \cdot 10^{-19}\ c;\ m_e = Elektronenmasse = 9{,}109 \cdot 10^{-31}\ kg;$
$\varepsilon_0 = Dielektrizitätskonstante\ im\ Vakuum = 8{,}854 \cdot 10^{-12}\ F/m;$
$n_e(T) = Elektronendichte\ im\ Metall$

Die Elektronendichte $n_e(T)$ wird anhand der DRUDE-THEORIE der Metalle in **Formel 11.14** bestimmt:

$$n_e(T) = N_A \frac{Z \cdot \rho(T)}{A_A}$$ **Formel 11.14**

$N_A = Avogadro\ Konstante\ = 6{,}023 \cdot 10^{23};\ Z = Anzahl\ der\ Valenzelektronen;$
$A_A = Atommasse;\ \rho(T) = Dichte\ von\ flüssigem\ Metall\ in\ untersch. Temperaturen$

Die Kollisionsfrequenz v_k wird anhand **Formel 11.15** bestimmt:

$$v_k = \frac{\rho_e(T) \cdot n_e(T) \cdot e^2}{m_e}$$ **Formel 11.15**

$$\rho_e(T) = Spezifischer\ elektrischer\ Widerstand\ in\ untersch. Temperaturen$$

Um die Berechnung zu vereinfachen, werden für die Werte $\rho_e(T)$ und $n_e(T)$ die jeweiligen Schmelzpunkte der Metalle angenommen. Das lässt sich damit begründen, dass sich die passend dazu von MAHRLE UND BEYER bestimmten Koeffizienten n und k am Schmelz- und Siedepunkt von $\rho_e(T)$, $n_e(T)$ nicht stark voneinander unterscheiden[924]. Für die in dieser Arbeit betrachteten Materialien sind in der nachfolgenden **Tabelle 11.30** die notwendigen Materialeigenschaften für die weitere Berechnung aufgelistet[914,925].

Tab. 11.30: Materialeigenschaften für die Berechnung des Reflexionsindex n und für den Extinktionskoeffizienten k für die in dieser Arbeit untersuchten Materialien

	Stahl	Aluminium
Flüssigkeitsdichte beim Schmelzpunkt [kg/m³]	6.980	2.375
Latente Schmelzwärme [kJ/kg]	248	397
Wärmekapazität [kJ/kg·K]	0,450	0,896
Schmelzpunkt [°C]	1.538	660,32
Siedepunkt [°C]	2.862	2.470
Wärmeleitfähigkeit [W/m·K]	45	235
Thermische Diffusionsfähigkeit [m²/s]	18,8 (0,1 % C)	64
Anzahl der Valenzelektronen [-]	2	3
Atommasse [u]	55,845	26,981
Elektrischer Widerstand am Schmelzpunkt [Ω·m][914, 915]	$1{,}36 \times 10^{-6}$	$24{,}10 \times 10^{-8}$

Die berechneten Werte des Reflexionsindex n und des Extinktionskoeffizienten k auf Basis der Materialeigenschaften aus Tabelle 11.30 und den vorherigen Formeln sind der **Tabelle 11.31** zu entnehmen.

Tab. 11.31: Analytisch bestimmter Reflexionsindex n und Extinktionskoeffizienten k auf Basis der Materialeigenschaften aus Tabelle 11.30 für die in dieser Arbeit untersuchten Materialien und den verwendeten Scheibenlaser (1.030 nm Wellenlänge)

	Stahl	Aluminium
Reflexionsindex n [-]	5,369	11,048
Extinktionskoeffizienten k [-]	3,840	2,994

[924] MAHRLE ET AL., „Theoretical aspects of fibre laser cutting", 2009, S. 2 – 4.

[925] BRANDT ET AL., „Electrical Resistivity and Thermal Conductivity of Pure Aluminum …", 2007, S. 1440 – 41.

Anhand des berechneten Reflexionsindex n und des Extinktionskoeffizienten k kann die Absorption durch das Material A_{Abs} in Abhängigkeit vom Einstrahlwinkel des Laserstrahls φ für Stahl anhand der **Formel 11.16** und für Aluminium anhand der **Formel 11.17** bestimmt werden.

$$A_{Abs\_St} = 1 - 0{,}5 \cdot \left[\frac{(5{,}369 \cdot cos\varphi - 1)^2 + (3{,}84 \cdot cos\varphi)^2}{(5{,}369 \cdot cos\varphi + 1)^2 + (3{,}84 \cdot cos\varphi)^2} + \frac{(5{,}369 - cos\varphi)^2 + 3{,}84^2}{(5{,}369 + cos\varphi)^2 + 3{,}84^2}\right] \quad \textbf{Formel 11.16}$$

$$A_{Abs\_Al} = 1 - 0{,}5 \cdot \left[\frac{(11{,}048 \cdot cos\varphi - 1)^2 + (2{,}994 \cdot cos\varphi)^2}{(11{,}048 \cdot cos\varphi + 1)^2 + (2{,}994 \cdot cos\varphi)^2} + \frac{(11{,}048 - cos\varphi)^2 + 2{,}994^2}{(11{,}048 + cos\varphi)^2 + 2{,}994^2}\right] \quad \textbf{Formel 11.17}$$

Indem anhand der Formeln 11.16 und 11.17 der Zahl 1 der durchschnittliche Reflexionsgrad abgezogen wird, kann das Absorptionsvermögen von geschmolzenem Stahl und Aluminium als eine Funktion des Einstrahlwinkels des Laserstrahls φ geschrieben werden *(siehe **Abb. 11.11**)*.

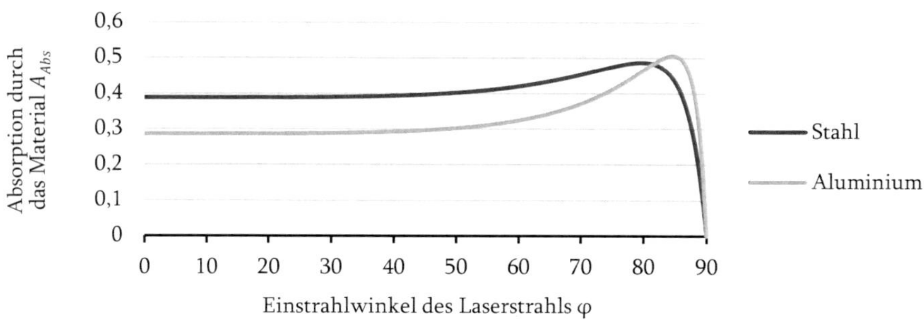

Abb. 11.11: Absorption durch das Material A_{Abs} in Abhängigkeit vom Einstrahlwinkel des Laserstrahls φ (1.030 nm Wellenlänge) für Stahl und Aluminium

Die Wärmeverluste durch Wärmeleitung $\dot{Q}_{Leitung}$ lassen sich anhand der **Formeln 11.18** sowie **11.19** und der Hinzunahme der spezifischen Péclet-Zahl Pe berechnen[926]:

$$\dot{Q}_{Leitung} = 3{,}20 \cdot Pe^{0{,}868} \cdot k \cdot t \cdot (T_b - T_a),\ wenn\ 0{,}2 \leq Pe \leq 10 \quad \textbf{Formel 11.18}$$

$$Pe = \frac{0{,}5 \cdot d \times v_0}{\alpha} \quad \textbf{Formel 11.19}$$

$$k = Wärmeleitfähigkeit;\ \alpha = Temperaturleitfähigkeit$$

[926] PRUSA ET AL., „Estimation of heat conduction losses in laser cutting", 1999, S. 433; 450.

Durch Kombination der Formel 11.4 mit den Formeln 11.18 und 11.19 lässt sich die Formel der Energiebilanz in Anlehnung an PRUSA ET AL. in Form der nachfolgenden **Formel 11.20** zusammenführen:

$$P_{Laser} \cdot A_{Abs} = \rho \cdot b_s \times t \times v_c \cdot (c \cdot (T_b - T_a) + h_f)$$

$$+3{,}20 \cdot Pe^{0{,}868} \cdot k \cdot t \cdot (T_b - T_a)$$ **Formel 11.20**

Durch Einsetzen der in der Formel 11.20 benötigten Materialeigenschaften für Stahl und Aluminium aus Tabelle 11.30 kann die theoretisch maximale Schneidgeschwindigkeit beim Laserstrahlschneiden für die in dieser Arbeit betrachteten Material-Dickenkombinationen berechnet werden *(siehe **Tab. 11.32**)*.

Tab. 11.32: Analytisch bestimmte theoretisch maximale Schneidgeschwindigkeit beim Laserstrahlschneiden für die in dieser Arbeit betrachteten Material-Dickenkombinationen anhand von PRUSA ET AL.

Material	Blechdicke *t*	Theoretisch maximale Schneidgeschwindigkeit
Stahl HX380LAD+Z100MB HCT780X+Z100MB	1,0 mm	33,96 m/min
	1,5 mm	20,97 m/min
	2,0 mm	14,21 m/min
	2,5 mm	10,30 m/min
Aluminium EN AW-6082 T6	1,0 mm	31,26 m/min
	1,5 mm	21,12 m/min
	2,0 mm	15,73 m/min
	2,5 mm	12,15 m/min

Auflistung zur experimentellen Untersuchung der max. Schneidgeschwindigkeit

Tab. 11.33: Ergebnisse zur max. Produktivität bei Variation des Düsendurchmessers bei der für biV geeigneten Schnittqualität im Rahmen der experimentellen Untersuchung des Prozessschritts Laserstrahlschneiden

Material-Dickenkomb.		Düsendurchmesser	Maximale Schneidgeschwindigkeit	Laser-Einstellgrößen mit höchster Produktivität (P_L = 4 kW)
HX380LAD+Z100MB	1,0 mm	1,4 mm	38,0 m/min	Schneidgeschwindigkeit: 38,0 m/min Fokusposition: 0 mm Düsendurchmesser: 1,4 mm Düsenabstand: 0,7 mm Gasdruck: 12 bar
		1,7 mm	38,0 m/min	
		2,0 mm	38,0 m/min	
		2,3 mm	38,0 m/min	
	1,5 mm	1,4 mm	27,5 m/min	Schneidgeschwindigkeit: 27,5 m/min Fokusposition: 0 mm Düsendurchmesser: 1,4 mm Düsenabstand: 0,7 mm Gasdruck: 13 bar
		1,7 mm	27,5 m/min	
		2,0 mm	27,5 m/min	
		2,3 mm	28,0 m/min	

Material-	Dickenkomb.	Düsendurchmesser	Maximale Schneid-geschwindigkeit	Laser-Einstellgrößen mit höchster Produktivität (P_L = 4 kW)
HX380LAD+Z100MB	2,0 mm	1,4 mm	19,0 m/min	Schneidgeschwindigkeit: 20,0 m/min Fokusposition: 0 mm Düsendurchmesser: 1,7 mm Düsenabstand: 0,9 mm Gasdruck: 13 bar
		1,7 mm	20,0 m/min	
		2,0 mm	20,5 m/min	
		2,3 mm	20,5 m/min	
	2,5 mm	1,4 mm	16,0 m/min	Schneidgeschwindigkeit: 16,0 m/min Fokusposition: 0 mm Düsendurchmesser: 2,0 mm Düsenabstand: 1,0 mm Gasdruck: 17 bar
		1,7 mm	16,0 m/min	
		2,0 mm	16,0 m/min	
		2,3 mm	16,0 m/min	
HCT780X+Z100MB	1,0 mm	1,4 mm	40,0 m/min	Schneidgeschwindigkeit: 40,0 m/min Fokusposition: 0 mm Düsendurchmesser: 1,4 mm Düsenabstand: 0,7 mm Gasdruck: 12 bar
		1,7 mm	40,0 m/min	
		2,0 mm	40,0 m/min	
		2,3 mm	40,0 m/min	
	1,5 mm	1,4 mm	28,5 m/min	Schneidgeschwindigkeit: 28,5 m/min Fokusposition: 0 mm Düsendurchmesser: 1,7 mm Düsenabstand: 0,9 mm Gasdruck: 13 bar
		1,7 mm	28,5 m/min	
		2,0 mm	29,0 m/min	
		2,3 mm	29,0 m/min	
	2,0 mm	1,4 mm	21,5 m/min	Schneidgeschwindigkeit: 21,5 m/min Fokusposition: 0 mm Düsendurchmesser: 2,0 mm Düsenabstand: 1,0 mm Gasdruck: 13 bar
		1,7 mm	21,5 m/min	
		2,0 mm	21,5 m/min	
		2,3 mm	21,5 m/min	
	2,5 mm	1,4 mm	14,0 m/min	Schneidgeschwindigkeit: 15,0 m/min Fokusposition: 0 mm Düsendurchmesser: 1,4 mm Düsenabstand: 0,7 mm Gasdruck: 17 bar
		1,7 mm	14,5 m/min	
		2,0 mm	14,5 m/min	
		2,3 mm	15,0 m/min	
EN AW-6082 T6	1,0 mm	1,4 mm	44,0 m/min	Schneidgeschwindigkeit: 44,0 m/min Fokusposition: 0 mm Düsendurchmesser: 1,4 mm Düsenabstand: 0,7 mm Gasdruck: 8 bar
		1,7 mm	44,0 m/min	
		2,0 mm	44,0 m/min	
		2,3 mm	44,0 m/min	
	1,5 mm	1,4 mm	30,0 m/min	Schneidgeschwindigkeit: 30,0 m/min Fokusposition: 0 mm Düsendurchmesser: 1,4 mm Düsenabstand: 0,7 mm Gasdruck: 10 bar
		1,7 mm	30,5 m/min	
		2,0 mm	30,5 m/min	
		2,3 mm	30,5 m/min	
	2,0 mm	1,4 mm	20,5 m/min	Schneidgeschwindigkeit: 20,5 m/min Fokusposition: 0 mm Düsendurchmesser: 1,4 mm Düsenabstand: 0,7 mm Gasdruck: 10 bar
		1,7 mm	20,5 m/min	
		2,0 mm	21,0 m/min	
		2,3 mm	20,5 m/min	
	2,5 mm	1,4 mm	14,5 m/min	Schneidgeschwindigkeit: 14,5 m/min Fokusposition: 0 mm Düsendurchmesser: 1,4 mm Düsenabstand: 0,7 mm Gasdruck: 12 bar
		1,7 mm	15,0 m/min	
		2,0 mm	15,0 m/min	
		2,3 mm	14,5 m/min	

Beschreibung zur Vorgehensweise anhand der response surface methodology (RSM) bzw. dem „Central Composite Design" (CCD) im Prozessschritt Laserstrahlschneiden

Im Rahmen des „Design of Experiments" (DoE) wurde die „response surface methodology" (RSM) gewählt, um das nicht lineare Verhalten abzubilden und um die Anzahl an Versuchsdurchläufen und damit den Versuchsaufwand zu reduzieren. Innerhalb der RSM wurde der Ansatz „Central Composite Design" (CCD) u. a. aufgrund der weiten Verbreitung in der Untersuchung von Materialbearbeitungsprozessen ausgewählt. In Ergänzung zur Beschreibung der Vorgehensweise in Kapitel 4.2.2.3 dient die nachfolgende Darstellung.

Im ersten Schritt wurde der Untersuchungsbereich der Einstellgrößen Schneidgeschwindigkeit, Fokusposition sowie Gasdruck anhand eines teilfaktoriellen Versuchsplans und OFAT festgelegt. Ausgangslage hierfür waren die vom Maschinenhersteller für ähnliche Material-Dickenkombination vorgegebenen Einstellgrößen. Die Analyse der Fokusposition anhand OFAT erfolgte auf Basis gebräuchlicher Annahmen mit der Hälfte bzw. Dreiviertel der Blechdicke je nach Material-Dickenkombination[927,928]. Zur Festlegung des Untersuchungsbereichs der Einstellgröße Gasdruck wurde bei Schneidversuchen mit einer Fokusposition mittig der Blechdicke der Gasdruck sukzessive verändert, bis eine schlechte Schnittqualität (hohe Rauheit und/oder Gratbildung) im Rahmen einer Sichtprüfung identifiziert wurden. Zur Festlegung des Untersuchungsbereichs der Fokusposition und Schneidgeschwindigkeit wurden zunächst Versuche mit einer Fokusposition mittig der Blechdicke und mit einem mittleren Gasdruck durchgeführt, da Letzterer die Schneidgeschwindigkeit limitieren kann. Durch Reduzierung der Fokusposition und Schneidgeschwindigkeit konnte die Untergrenze der Fokusposition bestimmt werden, indem keine signifikante Verbesserung der Schnittqualität im Rahmen einer Sichtprüfung festgestellt werden konnte. Im Anschluss wurde die Obergrenze der Schneidgeschwindigkeit bei Schneidversuchen bestimmt, indem für die Einstellgrößen Fokusposition und Gasdruck Werte im Bereich der Untergrenzen genommen wurden und die Schneidgeschwindigkeit solange erhöht wurde, bis kein sauberer Schnitt mehr möglich war. Die Obergrenze der Fokusposition sollte unterhalb der Bauteiloberseite (Lasereintrittsseite) sein und sich maximal bis zur Hälfte in das Bauteil verlagern. Im Rahmen dieser Vorversuche wurde die Obergrenze der Fokusposition auf –10 % der Blechdicke festgelegt. Anhand der beschriebenen Vorgehensweise konnte der Untersuchungsbereich eingegrenzt werden, indem bei reduzierten Versuchsdurchläufen sinnvolle Einstellgrößen identifiziert werden können.

---

927 POPRAWE, „Lasertechnik für die Fertigung", 2005, S. 332 – 33.

928 KANNATEY-ASIBU, „Principles of Laser Materials Processing", 2009, S. 443 – 44.

Auf Basis des eingegrenzten Untersuchungsbereichs konnte die in **Abbildung 11.12** dargestellte CCD-Versuchsmatrix befüllt werden, die insgesamt aus 19 Versuchsdurchläufen besteht. Die acht Eckpunkte der CCD-Versuchsmatrix stellen die im vorherigen Abschnitt beschriebene Eingrenzung des Untersuchungsbereichs der drei Einstellgrößen dar. Anschließend wurden Versuche an denselben fünf Zentralpunkten durchgeführt. Zwar wird in der einschlägigen Literatur zu CCD beschrieben, dass 1 – 2 Zentralpunkte ausreichend sind, jedoch soll mit den zusätzlichen drei Zentralpunkten eine bessere Aussagefähigkeit über die Prozessstabilität gemacht werden können[929]. Die fünf Zentralpunkte sind gleichmäßig über die Versuchsreihe der CCD-Versuchsmatrix verteilt (Nr. 1, 6, 11, 15, 19), damit die Prozessstabilität über die gesamte Versuchsserie betrachtet werden kann. Um der Störgröße der Fokusverschiebung entgegenzuwirken, wurden pro Punkt in der CCD-Versuchsmatrix vier Proben geschnitten, wobei lediglich die letzten beiden verwendet wurden, sodass die Laseroptik sich bei den ersten beiden Proben entsprechend aufwärmen kann und sich die Störgröße dadurch reduziert. Daraus folgt, dass die im linken Teil der Abbildung 11.12 dargestellte CCD-Versuchsmatrix zwei Mal pro Versuchsdurchführung durchlaufen wird.

Nach der messtechnischen Analyse der Proben einer Versuchsdurchführung wurde festgestellt, dass die Zielgröße Rechtwinkligkeit größtenteils in der besten Klasse I erreicht wurde und somit wenig Einfluss hat. Weiterhin trifft dies auch auf die geometrische Maßhaltigkeit zu, die maßgeblich durch die Schnittfugenbreite beeinflusst wird und durch welche die Einstellgrößen an der Maschine kompensiert werden können. Folglich bleiben die zwei Zielgrößen Gratbildung und Rauheit für die weitere Detailanalyse bestehen. Aufgrund der drei zu optimierenden Einstellgrößen beim Prozessschritt Laserstrahlschneiden wird zur Beschreibung des CCD-Regressionsmodells

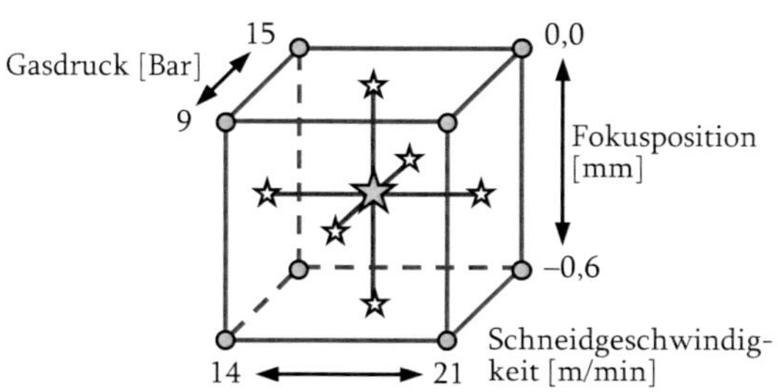

Versuchsdurchführung im CCD

8 Eckpunkte
5 Zentralpunkte
6 Sternpunkte
19 Versuche
2 x Durchführung der Punkte

38 Versuche in Summe

Abb. 11.12: Central Composite Design (CCD)-Versuchsmatrix für die experimentelle Untersuchung des Prozessschritts Laserstrahlschneiden am Beispiel der Material-Dickenkombination HX380LAD+Z100MB (2 mm)

[929] MYERS ET AL., „Response surface methodology“, 2016, S. 130 – 135; 425.

max. zehn Terme – drei lineare, drei quadratische, drei zwei Wege und ein konstanter repräsentativer Fehler-Term – verwendet. Die Signifikanz dieser Terme wird in einer „Analysis of Variance" (ANOVA)-Tabelle analysiert *(siehe **Tab. 11.34**)* und die Ergebnisse daraus werden wiederum in einem Pareto-Diagramm visualisiert werden können *(siehe Beispiel in Tab. 4.1)*.

Tab. 11.34: Beispielhafte Darstellung einer ANOVA-Tabelle für die in dieser Arbeit untersuchte Material-Dickenkombination HX380LAD+Z100MB (2 mm) im Rahmen der experimentellen Untersuchung des Prozessschritts Laserstrahlschneiden

Gratbildung					Rauheit				
Quelle	DoF	Adj SS	Adj MS	P-Wert	Quelle	DoF	Adj SS	Adj MS	P-Wert
Model	7	0,305432	0,043633	0,000	Model	9	2614,88	290,543	0,000
Blocks	1	0,000523	0,000523	0,339	Blocks	1	6,48	6,485	0,507
Linear	2	0,210658	0,105329	0,000	Linear	3	1219,50	406,500	0,000
f	1	0,010858	0,010858	0,000	f	1	494,31	494,311	0,000
g	1	0,199800	0,199800	0,000	v_c	1	690,98	690,982	0,000
					g	1	34,21	34,206	0,134
Square	2	0,061206	0,030603	0,000	Square	3	876,74	292,246	0,000
v_c^2	1	0,006910	0,006910	0,001	f^2	1	31,60	31,598	0,149
g^2	1	0,020209	0,020209	0,000	v_c^2	1	69,73	69,734	0,036
					g^2	1	151,46	151,461	0,003
2-Way Interaction	2	0,033045	0,016522	0,000	2-Way Interaction	2	512,16	256,082	0,000
f x g	1	0,031152	0,031152	0,000	f x c	1	477,77	477,767	0,000
v_c x g	1	0,001892	0,001892	0,075	f x g	1	34,40	34,397	0,133
Error	30	0,016648	0,000555		Error	28	401,55	14,341	
Lack-of-Fit	22	0,010392	0,000472	0,834	Lack-of-Fit	20	378,32	18,916	0,005
Pure Error	8	0,006256	0,000782		Pure Error	8	23,23	2,904	
Total	37	0,322080			Total	37	3016,43		

Experimentelle Versuchsergebnisse im Prozessschritt Laserstrahlschneiden zu weiteren Material-Dickenkombinationen

In Ergänzung zu der Beschreibung der Versuchsergebnisse im Prozessschritt Laserstrahlschneiden im Kapitel 4.2.2.3 bzw. der Tabelle 4.1 sind im Nachfolgenden die weiteren Versuchsergebnisse der in dieser Arbeit betrachteten Material-Dickenkombinationen zu finden.

Die **Tabelle 11.35** zeigt die Versuchsergebnisse der Material-Dickenkombinationen HX380LAD+Z100MB und HCT780X+Z100MB jeweils in 1,0 mm Blechdicke. Hierbei ist festzuhalten, dass aufgrund der geringen Blechdicke und der daraus resultierenden guten Schnittqualität keine modellbasierte Prozessoptimierung entsprechend der im vorherigen Abschnitt beschriebenen Vorgehensweise notwendig war.

Die nachfolgenden **Tabellen 11.36 bis 11.40** stellen die restlichen Versuchsergebnisse zur modellbasierten Prozessoptimierung im Prozessschritt Laserstrahlschneidender in dieser Arbeit betrachteten Material-Dickenkombinationen dar *(siehe Kap. 4.2.2.3 bzw. Tab. 4.1 für den Hauptteil dieser Analyse).*

Tab. 11.35: Versuchsergebnisse der Prozessoptimierung im Prozessschritt „Laserstrahlschneiden von Geometriemerkmalen“ für die Material-Dickenkombinationen HX380LAD+Z100MB und HCT780X+Z100MB jeweils in 1,0 mm

	Kontrollierte Einstellgrößen	**Optimierte Einstellgrößen**
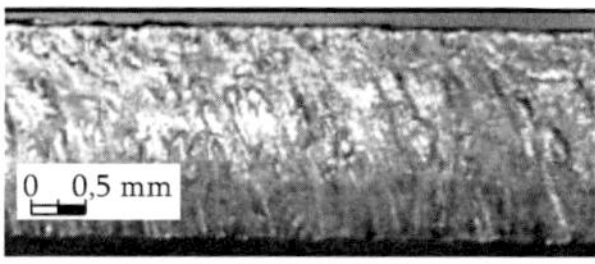 	• Laserleistung P_L = 4 kW • Düsendurchmesser Φ = 1,4 mm • Düsenabstand = 0,7 mm	• Fokusposition f = 0,0 mm • Schneidgeschwindigkeit v_c = 38,00 m/min • Gasdruck g = 12 bar
An Probe HX380LAD+Z100MB in 1,0 mm gemessene Rauheit = Klasse I, Grat = 0,0754 mm		

	Kontrollierte Einstellgrößen	**Optimierte Einstellgrößen**
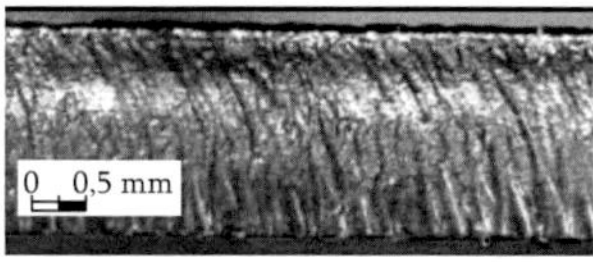 	• Laserleistung P_L = 4 kW • Düsendurchmesser Φ = 1,4 mm • Düsenabstand = 0,7 mm	• Fokusposition f = −0,1 mm • Schneidgeschwindigkeit v_c = 40,00 m/min • Gasdruck g = 12 bar
An Probe HCT780X+Z100MB in 1,0 mm gemessene Rauheit = Klasse I, Grat = 0,0718 mm		

Tab. 11.36: Versuchsergebnisse der Prozessoptimierung im Prozessschritt „Laserstrahlschneiden von Geometriemerkmalen“ am Beispiel von HX380LAD+Z100MB in 1,5 mm

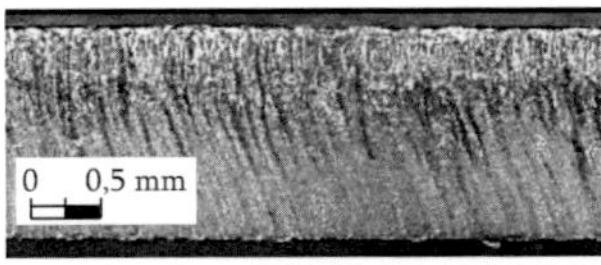

Kontrollierte Einstellgrößen
- Laserleistung P_L = 4 kW
- Düsendurchmesser Φ = 1,4 mm
- Düsenabstand = 0,7 mm

Optimierte Einstellgrößen
- Fokusposition f = −0,1 mm
- Schneidgeschwindigkeit v_c = 25,50 m/min
- Gasdruck g = 16 bar

An Probe HX380LAD+Z100MB in 1,5 mm gemessene Rauheit = Klasse II**, Grat = 0,0566 mm

Details zum empirischen Modell zum Laserstrahlschneiden

Gratbildung [mm]*	**Rauheit** [µm] (***nach DIN EN ISO 9013)*
$= 0{,}0698 + 0{,}01045 \cdot v_c - 0{,}0778 \cdot g + 0{,}02033 \cdot f^2 - 0{,}01117 \cdot v_c^2 + 0{,}07158 \cdot g^2 - 0{,}01675 \cdot f \cdot v_c - 0{,}032 \cdot f \cdot g + 0{,}007 \cdot v_c \cdot g$	$= 20{,}93 - 3{,}57 \cdot f - 3{,}2 \cdot v_c - 4{,}06 \cdot v_c^2 + 5{,}23 \cdot g^2 - 3{,}36 \cdot f \cdot g$
Vorhergesagte Gratbildung: 0,0414 mm	Vorhergesagte Rauheit: Klasse II**
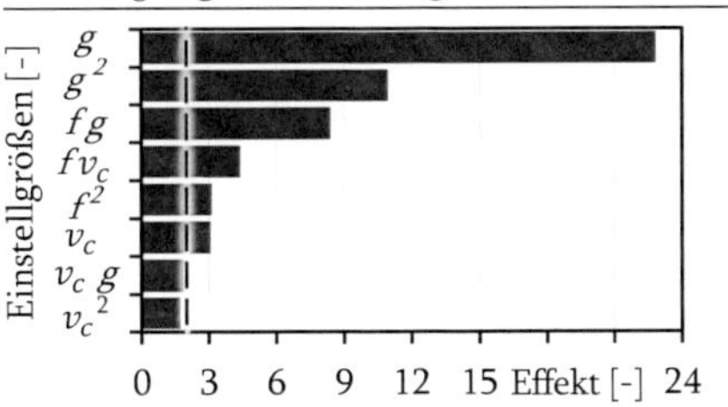	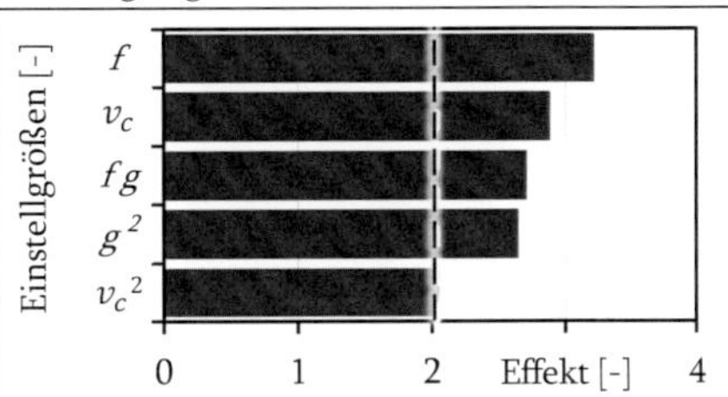
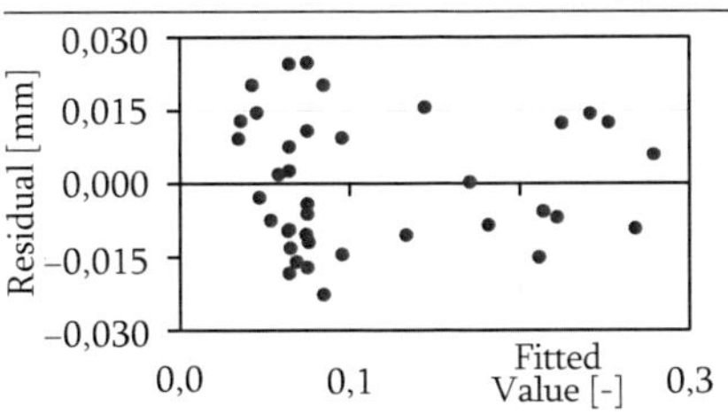	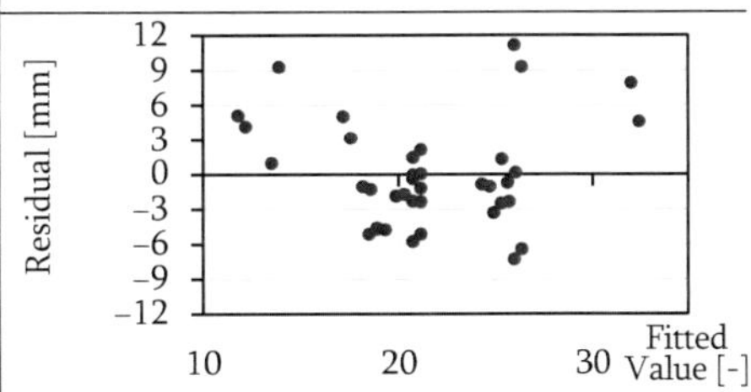
Adjusted R-square (R^2): 95,92 %	Adjusted R-square (R^2): 42,70 %
Predicted R-square (R^2): 94,37 %	Predicted R-square (R^2): 25,17 %

Tab. 11.37: Versuchsergebnisse der Prozessoptimierung im Prozessschritt „Laserstrahlschneiden von Geometriemerkmalen“ am Beispiel von HX380LAD+Z100MB in 2,5 mm

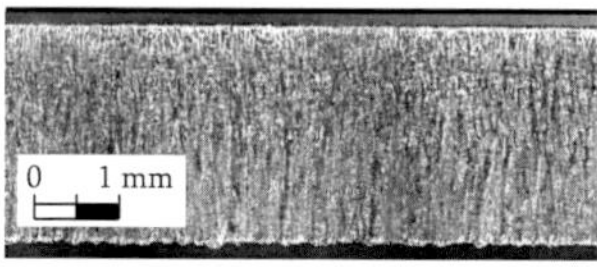

Kontrollierte Einstellgrößen	**Optimierte Einstellgrößen**
• Laserleistung P_L = 4 kW • Düsendurchmesser Φ = 2,0 mm • Düsenabstand = 1,0 mm	• Fokusposition f = –1,6 mm • Schneidgeschwindigkeit v_c = 6,00 m/min • Gasdruck g = 15,33 bar

An Probe HX380LAD+Z100MB in 2,5 mm gemessene Rauheit = Klasse II**, Grat = 0,0786 mm

Details zum empirischen Modell zum Laserstrahlschneiden

Gratbildung [mm]*	**Rauheit** [µm] (***nach DIN EN ISO 9013)*
$= 5{,}398 + 1{,}22 \cdot f - 0{,}13 \cdot v_c - 0{,}5287 \cdot g + 0{,}0873 \cdot f^2 + 0{,}00286 \cdot v_c^2 + 0{,}01375 \cdot g^2 - 0{,}02616 \cdot f \cdot v_c - 0{,}04896 \cdot f \cdot g + 0{,}00474 \cdot v_c \cdot g$	$= 18{,}278 - 4{,}389 \cdot f - 3{,}114 \cdot v_c + 2{,}251 \cdot g^2 - 2{,}963 \cdot f \cdot v_c + 1{,}071 \cdot f \cdot g - 0{,}961 \cdot v_c \cdot g$
Vorhergesagte Gratbildung: 0,074 mm	Vorhergesagte Rauheit: Klasse II**
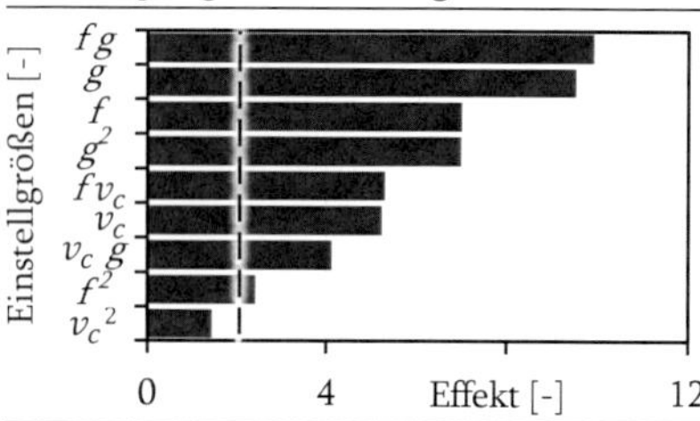	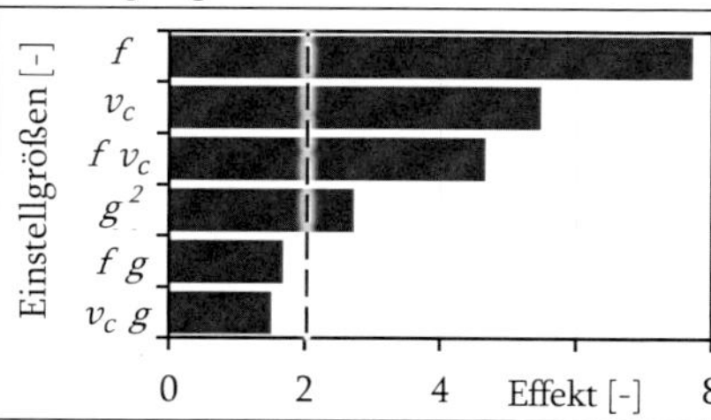
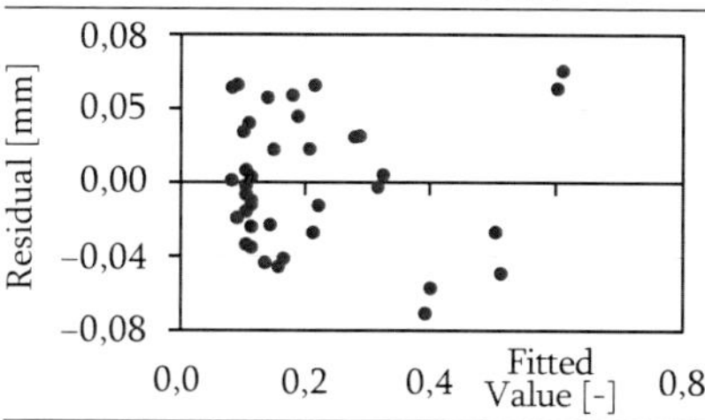	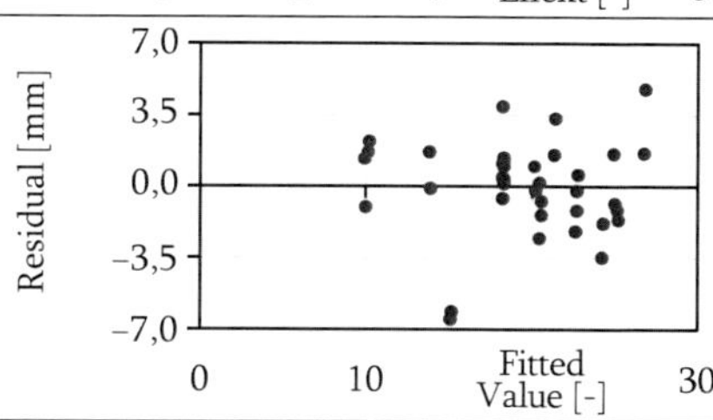
Adjusted R-square (R^2): 92,59 %	Adjusted R-square (R^2): 75,93 %
Predicted R-square (R^2): 86,13 %	Predicted R-square (R^2): 67,64 %

Tab. 11.38: Versuchsergebnisse der Prozessoptimierung im Prozessschritt „Laserstrahlschneiden von Geometriemerkmalen" am Beispiel von HCT780X+Z100MB in 1,5 mm

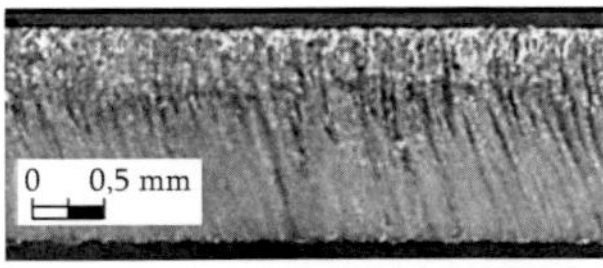

Kontrollierte Einstellgrößen
- Laserleistung P_L = 4 kW
- Düsendurchmesser Φ = 1,4 mm
- Düsenabstand = 0,7 mm

Optimierte Einstellgrößen
- Fokusposition f = –0,6 mm
- Schneidgeschwindigkeit v_c = 13,50 m/min
- Gasdruck g = 14,14 bar

An Probe HCT780X+Z100MB in 1,5 mm gemessene Rauheit = Klasse II**, Grat = 0,0916 mm

Details zum empirischen Modell zum Laserstrahlschneiden

Gratbildung [mm]*	**Rauheit** [µm] (***nach DIN EN ISO 9013)*
$= 2{,}06 + 0{,}7624 \cdot f + 0{,}00233 \cdot v_c - 0{,}2538 \cdot g + 0{,}1617 \cdot f^2 + 0{,}008154 \cdot g^2 - 0{,}00252 \cdot f \cdot v_c - 0{,}03607 \cdot f \cdot g$	$= 77{,}4 + 44{,}85 \cdot f - 4{,}73 \cdot v_c - 2{,}16 \cdot g + 7{,}82 \cdot f^2 + 0{,}8 v_c^2 - 0{,}97 \cdot f \cdot v_c - 1{,}475 \cdot f \cdot g + 0{,}1089 \cdot v_c \cdot g$
Vorhergesagte Gratbildung: 0,0583 mm	Vorhergesagte Rauheit: Klasse II**
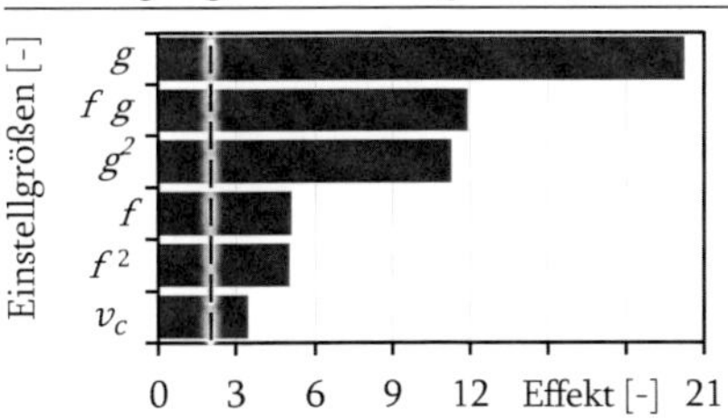	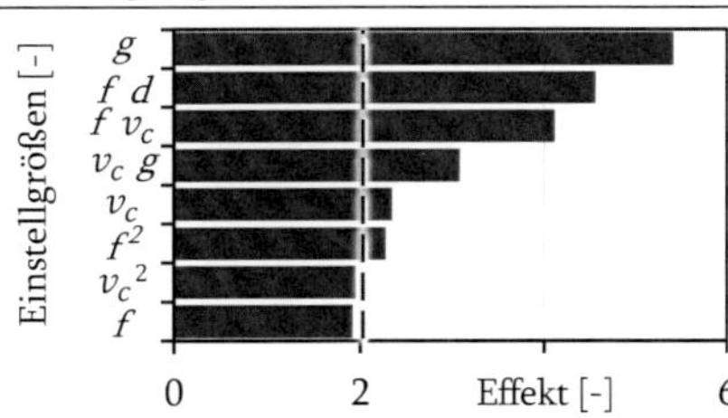
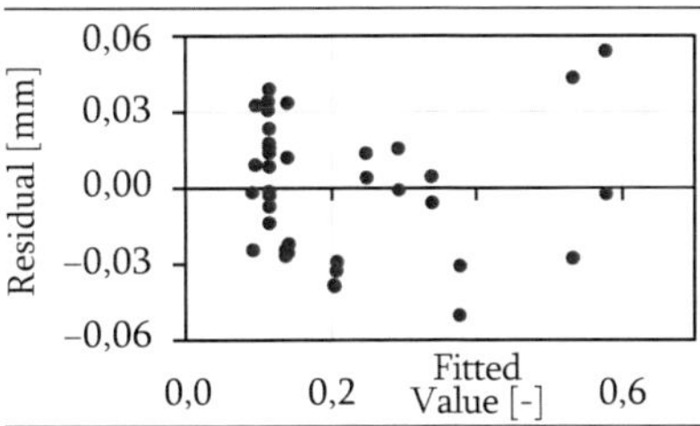	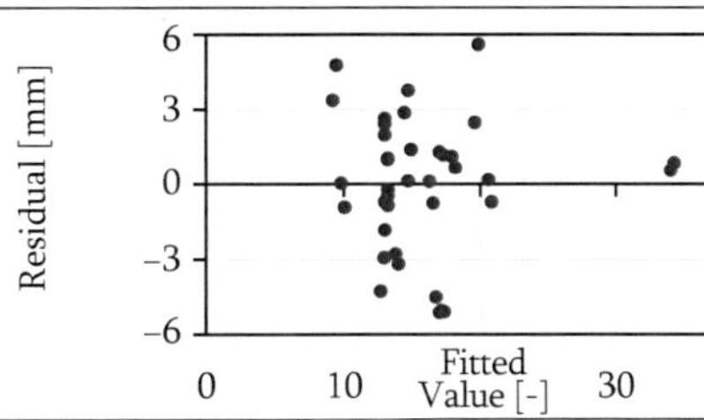
Adjusted R-square (R^2): 96,09 %	Adjusted R-square (R^2): 72,53 %
Predicted R-square (R^2): 96,47 %	Predicted R-square (R^2): 60,92 %

Tab. 11.39: Versuchsergebnisse der Prozessoptimierung im Prozessschritt „Laserstrahlschneiden von Geometriemerkmalen“ am Beispiel von HCT780X+Z100MB in 2,0 mm

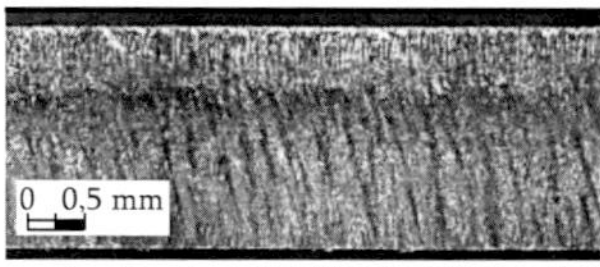

Kontrollierte Einstellgrößen	**Optimierte Einstellgrößen**
• Laserleistung P_L = 4 kW • Düsendurchmesser Φ = 2,0 mm • Düsenabstand = 1,0 mm	• Fokusposition f = –0,8 mm • Schneidgeschwindigkeit v_c = 10,24 m/min • Gasdruck g = 12 bar

An Probe HCT780X+Z100MB in 2,0 mm gemessene Rauheit = Klasse II**, Grat = 0,1132 mm

Details zum empirischen Modell zum Laserstrahlschneiden

Gratbildung [mm]*	**Rauheit** [µm] (***nach DIN EN ISO 9013)*
$= 0{,}4233 + 0{,}1913 \cdot f - 0{,}04691 \cdot v_c - 0{,}00696 \cdot g + 0{,}08 \cdot f^2 + 0{,}001758 \cdot v_c^2 - 0{,}00232 \cdot f \cdot v_c - 0{,}00369 \cdot f \cdot g + 0{,}000758 \cdot v_c \cdot g$	$= 56{,}5 + 4{,}48 \cdot f + 0{,}886 \cdot v_c - 6{,}73 \cdot g + 2{,}13 \cdot f^2 - 0{,}0869 \cdot v_c^2 + 0{,}2296 \cdot g^2 - 0{,}497 \cdot f \cdot v_c + 0{,}0567 \cdot v_c \cdot g$
Vorhergesagte Gratbildung: 0,0896 mm	Vorhergesagte Rauheit: Klasse II**
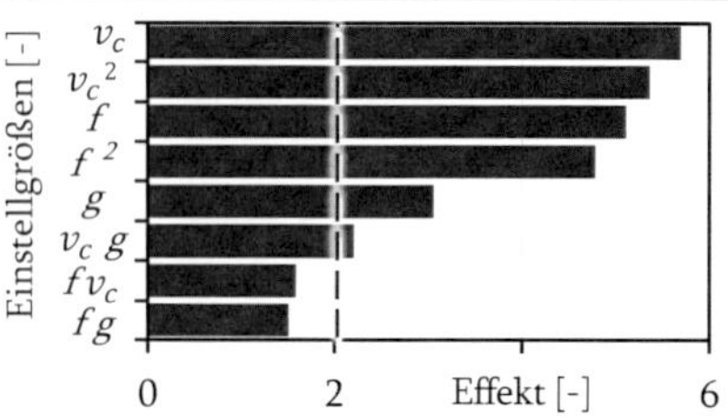	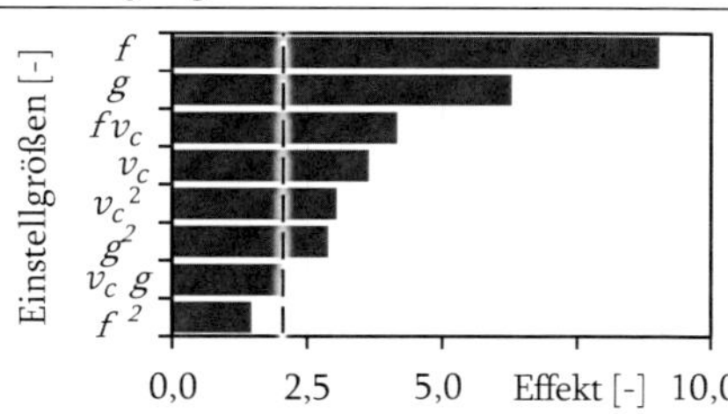
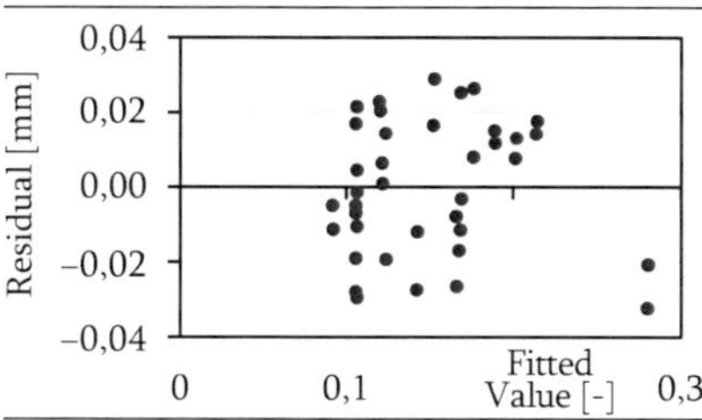	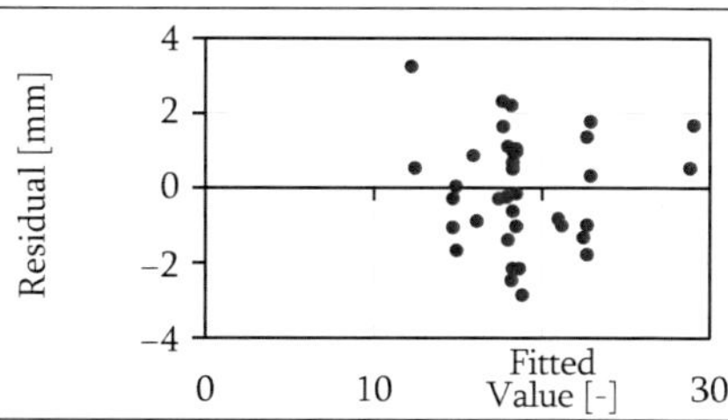
Adjusted R-square (R^2): 83,76 %	Adjusted R-square (R^2): 81,50 %
Predicted R-square (R^2): 73,46 %	Predicted R-square (R^2): 70,58 %

Tab. 11.40: Versuchsergebnisse der Prozessoptimierung im Prozessschritt „Laserstrahlschneiden von Geometriemerkmalen“ am Beispiel von HCT780X+Z100MB in 2,5 mm

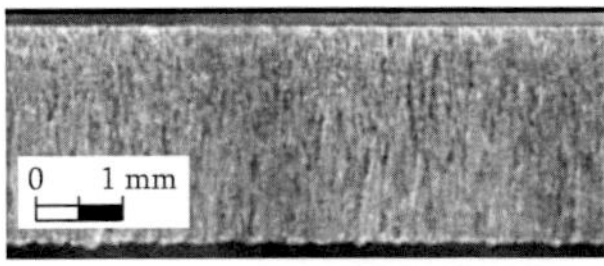

Kontrollierte Einstellgrößen	**Optimierte Einstellgrößen**
• Laserleistung P_L = 4 kW • Düsendurchmesser Φ = 2,3 mm • Düsenabstand = 1,2 mm	• Fokusposition f = –1,2 mm • Schneidgeschwindigkeit v_c = 2,00 m/min • Gasdruck g = 16 bar

An Probe HCT780X+Z100MB in 2,5 mm gemessene Rauheit = Klasse II**, Grat = 0,107 mm

Details zum empirischen Modell zum Laserstrahlschneiden

Gratbildung [mm]*	**Rauheit** [µm] (***nach DIN EN ISO 9013)*
$= 2{,}309 + 0{,}5122 \cdot f + 0{,}018 \cdot v_c - 0{,}2491 \cdot g + 0{,}0908 \cdot f^2 + 0{,}00711 \cdot g^2 - 0{,}0183 \cdot f \cdot g$	$= 111{,}2 + 47{,}67 \cdot f - 6{,}227 \cdot v_c - 7{,}05 \cdot g + 5{,}80 \cdot f^2 - 0{,}0891 \cdot v_c^2 + 0{,}135 \cdot g^2 - 2{,}243 \cdot f \cdot v_c - 1{,}9 \cdot f \cdot g + 0{,}3336 \cdot v_c \cdot g$
Vorhergesagte Gratbildung: 0,046 mm	Vorhergesagte Rauheit: Klasse II**
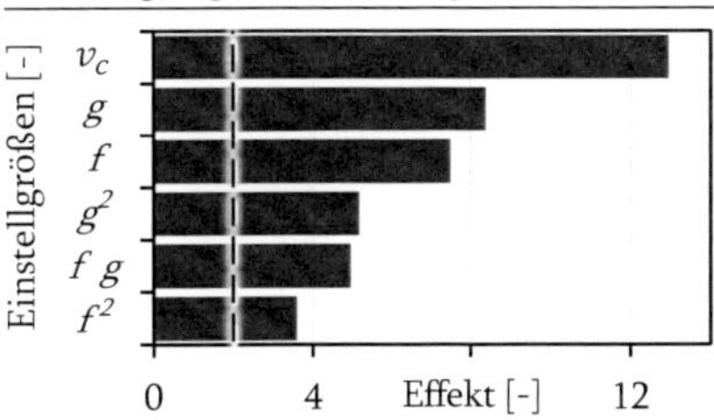	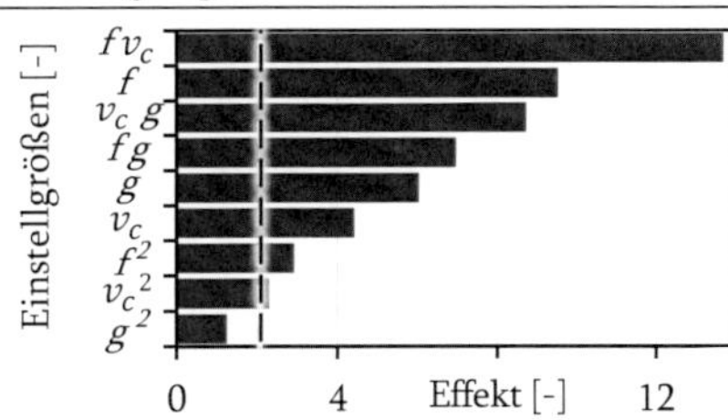
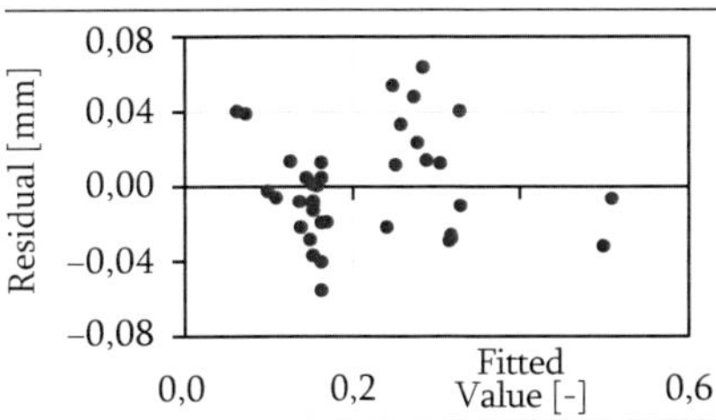	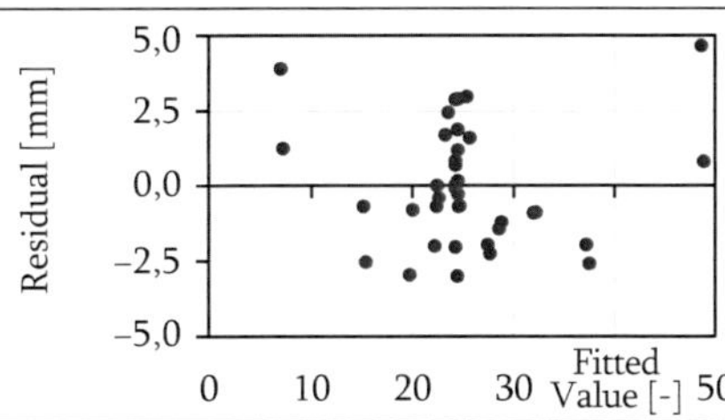
Adjusted R-square (R^2): 91,62 %	Adjusted R-square (R^2): 92,61 %
Predicted R-square (R^2): 89,05 %	Predicted R-square (R^2): 86,46 %

11.4.3 Weitere Informationen zur Analyse im Prozessschritt Zusammensetzen

Auf den nachfolgenden Seiten befinden sich weitere Informationen für die Analyse des Prozessschrittes Zusammensetzen, die für ein tieferes Verständnis des Kapitels 4.3 für bestimmte Lesende relevant sein können.

Theoretische Toleranzanalyse für den Prozessschritt Zusammensetzen

Die Spielpassung des in dieser Arbeit zur Untersuchung stehenden Geometriemerkmals sind der linken Seite und die relevanten Größen zur theoretischen Toleranzanalyse der rechten Seite der nachfolgenden **Tabelle 11.41** zu entnehmen.

Tab. 11.41: Relevante Größen für die theoretische Toleranzanalyse der Spielpassung zwischen Schlitz und Lasche des in dieser Arbeit zur Untersuchung stehenden Geometriemerkmals von bauteilintegrierten Vorrichtungsfunktionen (biV)

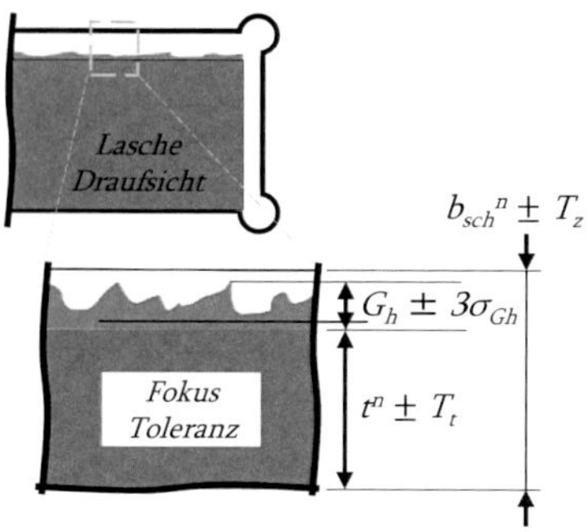

b_{Sch}	Schlitzbreite (eines Geometriemerkmals von biV)
$b_{Sch}^{\ n}$	Nominal notwendige Schlitzbreite (eines Geometriemerkmals von biV)
T_z	Toleranz beim „Zusammensetzen" von biV
$b_{Sch}^{\ 1}$	Schlitzbreite mit Spielpassung (eines Geometriemerkmals von biV)
t^n	Nominale Blechdicke
G_h	Höhe der Gratbildung
$G_h^{\ n}$	Nominale Höhe der Gratbildung
T_t	Toleranz der Blechdicke *(vgl. Kap. 11.4.1)*
σ_{Gh}	Standardabweichung der Grathöhe
$T_{b,Sch}$	Toleranz der Schlitzbreite

Zur analytischen Bestimmung der Toleranzen zwischen den Geometriemerkmalen Schlitz (Negativ) und Lasche (Positiv) wird zunächst die nachfolgende **Formel 11.21** zur Bestimmung der Schlitzbreite verwendet:

$$b_{Sch} = b_{Sch}^{\ n} \pm T_z \qquad \textbf{Formel 11.21}$$

Eine Spielpassung mit einem Toleranzintervall von 99 % kann erreicht werden, wenn die Schlitzbreite der nachfolgenden Bedingung in **Formel 11.22** entspricht:

$$b_{Sch}^{\ l} = b_{Sch}^{\ n} + T_z \qquad \textbf{Formel 11.22}$$

Die nominale Schlitzbreite unter Berücksichtigung der Dimensionen der Lasche und der daran potenziell vorhandenen Gratbildung kann mit der **Formel 11.23** bestimmt werden:

$$b_{Sch}{}^{n} = t^{n} + G_{h}$$ **Formel 11.23**

Anhand der **Formel 11.24** kann anschließend die Zusammenbautoleranz der mittels des in dieser Arbeit zur Untersuchung stehenden Geometriemerkmals bestimmt werden:

$$T_z = \sqrt{T_t^2 + (3 \cdot \sigma_{Gh})^2 + T_{b,Sch}^2}$$ **Formel 11.24**

Aufgrund des unbekannten C_{pk}-Wertes der Blechfertigung, der in dieser Arbeit untersuchten Bleche, wird für die Blechdickentoleranz (T_t) der in der Industrie übliche Bereich nach 6 Sigma (99 % Toleranzintervall) angenommen. Die Nominalwerte (G_h) und die Standardabweichung (σ_{Gh}) für die Gratbildung werden den Versuchsergebnissen zum Laserstrahlschneiden aus der Tabelle 11.35 – 11.40 entnommen. Auf der Basis der Erkenntnisse zum Laserstrahlschneiden *(vgl. Kap. 4.2)* wird für die Schlitzbreitentoleranz ($T_{b,Sch}$) die Klasse I (0,1 mm nach DIN EN ISO 9013) angenommen und aufgrund der geringen Abweichungen unter den Blechdickenvariationen mit $\pm 0{,}1$ mm für alle festgelegt[930]. Um eine genauere Aussage über das minimale Spaltmaß zu erlangen, wurde – ergänzend zu dem Blechdickentoleranzbereich nach DIN EN 10143[931] – die tatsächliche Blechdicke an den mit einem X gekennzeichneten fünf Stellen der Probe aus Abbildung 4.13 mit einer Bügelmessschraube gemessen und ein Mittelwert gebildet. In Ergänzung hierzu wurde ebenfalls die experimentell ermittelte Höhe der Gratbildung berücksichtigt. Die Ergebnisse dieser theoretischen Toleranzanalyse werden in Kapitel 4.3.3 vorgestellt.

In der **Tabelle 11.42** ist ergänzend zu den Ergebnissen aus der Abbildung 4.15 eine makroskopische Analyse des Geometriemerkmals beim „Spannen“ zu entnehmen.

930 DIN EN ISO 9013:2017-05, „Thermisches Schneiden - Einteilung thermischer ...“, 2017, S. 20 – 24.

931 DIN EN 10143:2006-09, „Kontinuierlich schmelztauchveredeltes Blech und Band aus ...“, 2006, S. 4: 8 – 9.

Tab. 11.42: Makroskopische Analyse des Geometriemerkmals beim „Spannen“ in Anlehnung an die Versuchsergebnisse der Einstellgrößenstudie aus Abbildung 4.15

Größe am Geometriemerkmal	Einfluss auf den Spannmechanismus
Krallenbreite K_b [mm] 2,5 mm (+)  1,0 mm (+) 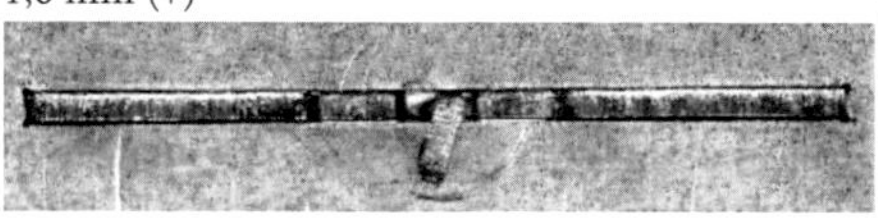	Breitere Krallen können sich untereinander und mit dem Bauteil 2. Grades verkanten. Das kann zu einem verfrühten und/oder ungleichen und/oder einseitigen Abbrechen der Krallen führen. Das Ergebnis ist eine Reduktion des Fügedrehmoments und aufgrund der unvollständig ausgebildeten Krallen eine Reduktion der Spannkraft (bei einer Kralle ca. die Hälfte der Spannkraft). Dieses Phänomen konnte bei 1 mm-Proben nicht identifiziert werden.
Krallenhöhe K_h [mm] 2,5 mm (+)  1,0 mm (+) 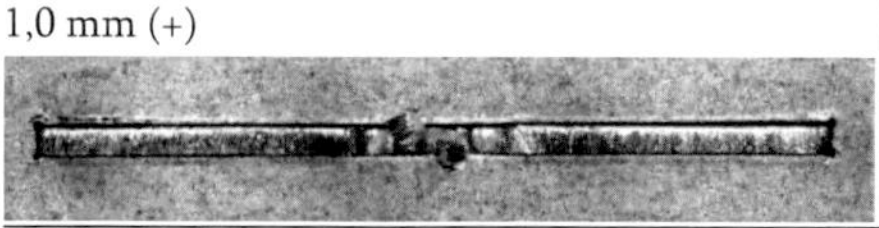	Eine Steigerung der Krallenhöhe hat keinen signifikanten Einfluss auf das Fügedrehmoment, jedoch auf die Spannkraft.
Krallen-Offset K_o [mm] 2,5 mm (–)  (+)  1,0 mm (+) 	Eine Reduzierung des Krallen-Offsets reduziert die Toleranzen beim Zusammensetzen. Daraus kann eine Vorspannung zwischen Kralle und Bauteil 2. Grades entstehen, die aufgrund der zusätzlichen Belastung die Spannkraft reduzieren kann. Eine Steigerung kann wiederum beim Abdrehen der Kralle mehr Freiraum ermöglichen, so dass der Verdrillwinkel und damit die Spannkraft steigt. Das Fügedrehmoment ändert sich nur unwesentlich, da der Bruch in den Krallenstäben stattfindet.

Krallenstabhöhe s_h [mm]

2,5 mm (–)

(+)

1,0 mm (+)

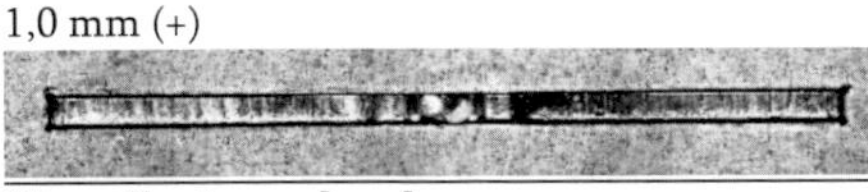

Wenn die Krallenstabhöhe geringer ist, ist das Fügedrehmoment ebenfalls gering, da die Verformung dann vornehmlich im Krallenstab anstelle in der Wurzel stattfindet. Wenn die Krallenstabhöhe zu hoch ist, wird diese ungewollt fester als die Wurzel, sodass der Bruch in die Wurzel verlagert werden kann. Hierbei muss nicht unbedingt das Fügedrehmoment steigen, da vorher die Wurzel bricht. Wenn die Krallenstabhöhe nicht optimal ist, kann es zu einer ungünstigen Krallenverformung kommen, die wiederum die Spannkraft stark reduzieren kann.

Wurzelbreite w_b [mm]

2,5 mm (+)

1,0 mm (+)

Eine zu schmale Wurzelbreite führt zu einem vorzeitigen Wurzelbruch bei geringem Fügedrehmoment. Eine steigende Wurzelbreite ist nicht ausschlaggebend für ein zu hohes Fügedrehmoment, da das durch die Krallenstäbe verursacht wird. Eine größer werdende Wurzelbreite benötigt dennoch ein höheres Fügedrehmoment, um den benötigten Verdrillwinkel zu erreichen.

Wurzelhöhe w_h [mm]

2,5 mm (-)

(+)

1,0 mm (-)

Eine Reduzierung der Wurzelhöhe hat keinen signifikanten Einfluss auf das Fügedrehmoment, jedoch kann sich die Spannkraft reduzieren. Wenn die Wurzelhöhe steigt, kann sich das Fügedrehmoment reduzieren und die Spannkraft steigern (Ziel der Gestaltung von Geometriemerkmalen) für die Vorrichtungsfunktion Spannen. Zur Steigerung der Beanspruchbarkeit gilt Ähnliches wie beim Krallen-Offset, dass die Wurzelhöher gesteigert werden sollte.

Schnittfugenbreite b_s [mm]

2,5 mm (-)

1,0 mm (-)

Eine höhere Schnittfugenbreite ist nicht nur vorteilhafter für höhere Laserstrahldurchmesser (bspw. CO_2-Laser), sondern kann ebenfalls die Spannkraft erhöhen, da sich die Krallen nach außen verformen können. Das Fügedrehmoment ist hierdurch nicht betroffen. Eine zu kleine Schnittfugenbreite kann je nach Geometriemerkmalsgröße ein ungewolltes Verdrillen der Wurzeln verursachen.

11.4.4 Weitere Informationen zur Analyse im Prozessschritt Remote-Laserstrahlschweißen

Auf den nachfolgenden Seiten befinden sich weitere Informationen für die Analyse des Prozessschrittes Remote-Laserstrahlschweißen (RLS), die für ein tieferes Verständnis des Kapitels 4.4 für bestimmte Lesende relevant sein können.

Annährung zur analytischen Berechnung der Positionierung des Laserstrahls auf dem Steg zum RLS von Geometriemerkmalen von biV

In Ergänzung zur Beschreibung der Schweißstrategie in Kapitel 4.4.2.1 ist nachfolgend die analytisch bestimmte Festlegung der Laserstrahlpositionierung auf dem Steg des Geometriemerkmals von biV für den Prozessschritt Remote-Laserstrahlschweißen dargestellt.

Als Grundlage für die Annäherung zur analytischen Berechnung der Positionierung des Laserstrahls dient eine in **Abbildung 11.13** dargestellte Momentenbetrachtung des Laserstrahls auf dem Geometriemerkmal. Für die Kalkulation wurden folgende Annahmen getroffen: Die Spaltbreite wurde mit 10 % der Blechdicke und keine Energieverluste wurden angenommen. Die Stegdicke ist die Summe aus Steghöhe und Blechdicke. Die Grenze zwischen Lasche und Schlitz wurde vernachlässigt, sodass die Blechdicke dort mit der Hälfte der Steghöhe und Blechdicke angenommen wird.

Der Energieeintrag in der Momentenbetrachtung an einen bestimmten Punkt des Geometriemerkmals kann mit der Leistungsdichte bzw. Strahlungsintensität des Laserstrahls beschrieben werden. Um einen gleichmäßigen Energieeintrag im Steg zu erreichen, werden jeweils für die beiden über den Steg geführten Laserstrahllinien 50 % der Strahlungsintensität angenommen. An der Grenze zwischen dem Bauteil 1. und 2. Grades wird die Strahlungsintensität anteilig des Steges und der Blechdicke bestimmt.

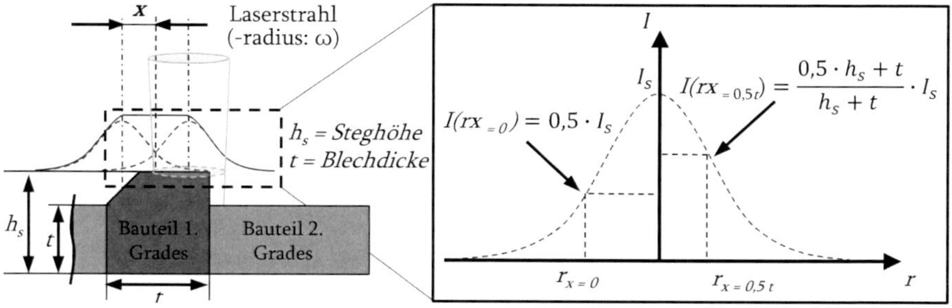

Abb. 11.13: Momentenbetrachtung des Laserstrahls auf dem Geometriemerkmal als Grundlage für die Annäherung zur analytischen Berechnung der Positionierung des Laserstrahls

Folglich lassen sich die Randbedingungen zur Betrachtung des Querschnittes in Abbildung 11.13 in den **Formeln 11.25** und **11.26** beschreiben:

$$I\ (r_{x=0}) = 0{,}5 \cdot I_s$$ **Formel 11.25**

$$I\ (r_{x=0{,}5\,t}) = \frac{0{,}5 \cdot h_s + t}{h_s + t} \cdot I_s$$ **Formel 11.26**

$I\ (r_{x=0}) = Randbedingung\ für\ die\ Stegmitte;$
$I\ (r_{x=0{,}5\,t}) = Randbedingung\ für\ dasBauteil\ 1.und\ 2.Grades;$
$I_s = Maximale\ Strahlungsintensität\ in\ der\ Fokusposition;$
$t = Blechdicke;\ h_s = Steghöhe$

Die Strahlungsintensität an jeder radialen Position eines Gaußschen Strahls kann in Anlehnung an KANNATEY mit der **Formel 11.27** bestimmt werden[932]:

$$I\ (r) = I_s \cdot e^{\left(\frac{-2 \cdot r^2}{\omega^2}\right)}$$ **Formel 11.27**

$I\ (r) = Strahlungsintensität\ an\ jeder\ radialen\ Position;$
$r = Radiale\ Position;$
$\omega = Laserradius\ in\ der\ Fokusposition;$

Im Anschluss können durch Einsetzen der beiden Randbedingungen in die beiden Radialpositionen des Laserstrahls anhand der **Formel 11.28** bestimmt werden. Der Abstand zwischen diesen beiden Positionen ist die Hälfte der Blechdicke.

$$r_{x=0{,}5\,t} + r_{x=0} = \left(\sqrt{\frac{-\ln(0{,}5)}{2}} + \sqrt{\frac{-\ln\left(I\left(r_{x=0{,}5\,t}\right)\right)}{2}}\right) \cdot \omega = 0{,}5\ \cdot t$$ **Formel 11.28**

In der **Tabelle 11.43** sind die anhand der Formel 11.28 bestimmten Laserpositionierungen und Laserradien pro Blechdicke zu entnehmen. Für die Auslegung sind die festgelegten Laserstrahlpositionierungen aufgerundet, da die Laserradien tendenziell eher kleiner sind und daher näher am Fügespalt positioniert werden müssten.

Tab. 11.43: Annähernd analytisch bestimmte Position des Laserstrahls auf dem Steg für das Remote-Laserstrahlschweißen von Geometriemerkmalen

Blechdicke *t*	Laserradius im Fokus	Laserpositionierung	Festgelegte Laserstrahlpositionierung
1,0 mm	0,544 mm	0,320 mm	0,4 mm
1,5 mm	0,826 mm	0,486 mm	0,5 mm
2,0 mm	1,108 mm	0,652 mm	0,8 mm
2,5 mm	1,389 mm	0,818 mm	0,9 mm

932 KANNATEY-ASIBU, „Principles of Laser Materials Processing“, 2009, S. 41.

Annährung zur analytischen Berechnung des Schweißzusatzwerkstoffes zum RLS aus dem Geometriemerkmal von biV

In Ergänzung zur Beschreibung der Schweißstrategie in Kapitel 4.4.2.1 ist nachfolgend eine Annäherung zur analytischen Berechnung des notwendigen Schweißzusatzwerkstoffes für den Prozessschritt Remote-Laserstrahlschweißen beschrieben. Der Schweißzusatzwerkstoff ist notwendig, um die im Geometriemerkmal vorhandenen konstruktiven Hohlräume bzw. Spalte und die Verluste bei der Materialverdampfung im Schweißprozess zu kompensieren. Dieser Schweißzusatzwerkstoff soll als zusätzliches Material in der Geometriemerkmalsgestaltung vorgesehen und konstruiert werden, wofür eine Berechnung hilfreich sein kann. Falls kein Schweißzusatz zugeführt wird, kann es zu den Schweißnahtunregelmäßigkeiten (Ordnungsnummer) Bindefehler (401), Decklagenunterwölbung (511), zu große Nahtüberhöhung (502) oder zu große Wurzelüberhöhung (504) nach DIN EN ISO 13919-1 und 13919-2 kommen. Hinsichtlich der Grenzwerte der Schweißnahtunregelmäßigkeiten ist nach den Bewertungsgruppen B, C und D der Bindefehler am kritischsten[933,934]. Aus diesen Gründen sollte der Schweißzusatzwerkstoff bestimmt und ausreichend dimensioniert werden können.

Hinsichtlich des Materialverlusts durch Materialverdampfung während des RLS wurden u. a. Studien von Ki et al. sowie Ytrehus und Østmo durchgeführt, die anhand der Hertz-Knudsen-Formel die verdampfte Masse bestimmt haben[935,936]. Eine weitere Studie von Fetzer et al. hat anhand der Hagen-Poiseuille-Formel das verdampfte Volumen bestimmt[937]. Aus den Studien kann abgeleitet werden, dass die Verdampfung mit der Schweißgeschwindigkeit zusammenhängt. Aufgrund des komplexen Zusammenhangs zwischen den Einstellgrößen beim RLS und der in dieser Arbeit untersuchten Geometriemerkmalsgestaltung wird die nachfolgende durch experimentelle Versuche gestützte Vorgehensweise beschrieben. Die generelle Vorgehensweise sieht vor, dass zunächst der notwendige Schweißzusatzwerkstoff auf Basis der Hohlräume, der Verdampfung und der maximalen Schweißnahtquerschnittsfläche analytisch bestimmt wird. Anschließend werden im Rahmen von experimentellen Versuchen Proben hierzu geschweißt, die anhand einer metallographischen Querschliffuntersuchung hinsichtlich des erreichten Schweißnahtquerschnittes mit der Berechnung verglichen werden.

---

[933] DIN EN ISO 13919-1:2020-03, „Elektronen- und Laserstrahl-Schweißverbindungen - …", 2020, S. 6; 8 – 10.

[934] DIN EN ISO 13919-2:2021-06, „Elektronen- und Laserstrahl-Schweißverbindungen …", 2021, S. 6; 9 – 12.

[935] Ki et al., „Modeling of laser keyhole welding: Part I. mathematical …", 2002, S. 1820 – 21.

[936] Ytrehus et al., „Kinetic theory approach to interphase processes", 1996, S. 145 – 46.

[937] Fetzer et al., „Geometry and stability of the capillary during deep-penetration …", 2021, S. 6 – 7.

Für die Berechnung des notwendigen Schweißzusatzwerkstoffes für die Hohlräume des Geometriemerkmals wurden die entsprechenden Bereiche in der **Abbildung 11.14** eingezeichnet. Damit die Hohlräume optimal aufgefüllt werden können, wird der dafür notwendige Schweißzusatzwerkstoff möglichst lokal in der Nähe vorgehalten. Aus der Zeichnung ist zu entnehmen, dass der nach oben überstehende Teil des Stegs als Schweißzusatzwerkstoff für den umlaufenden Spalt (zwischen Steg und Schlitz) dient. Die zusätzliche Höhe der Krallen dient zum Auffüllen der darunterliegenden Hohlräume und die jeweils am Steg außen liegenden Hügel füllen die Knochenecken auf.

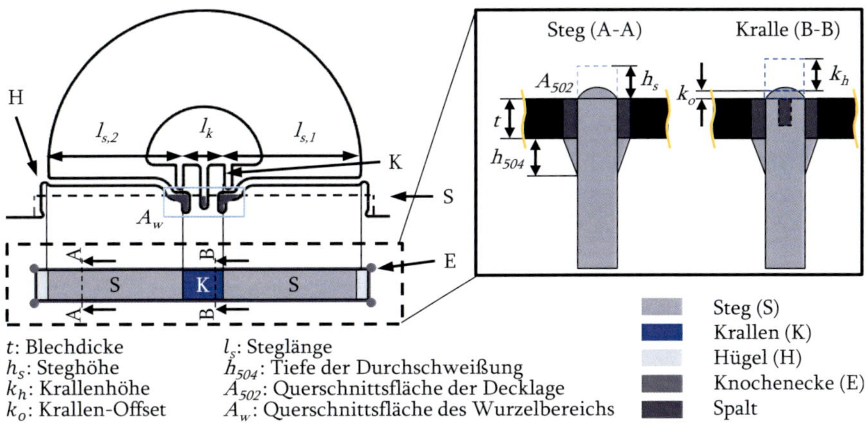

Abb. 11.14: Kennzeichnung der Bereiche der Hohlräume im Geometriemerkmal für die analytische Berechnung des notwendigen Schweißzusatzwerkstoffes

Die **Tabelle 11.44** zeigt die auf Basis der DIN EN ISO 13919 festgelegten Grenzwerte der Schweißnahtunregelmäßigkeiten der Ordnungsnummern 502 und 504 der Bewertungsgruppe D für das RLS von Geometriemerkmalen. Diese Werte stellen den maximal im Geometriemerkmal zu konstruierenden Schweißzusatzwerkstoff dar, sodass nicht ungenügend aber auch nicht zu viel Material in der Deck- und Wurzellage ist.

Tab. 11.44: Grenzwerte der Schweißnahtunregelmäßigkeiten der Ordnungsnummern 502 und 504 der Bewertungsgruppe D für das Geometriemerkmal[923,924]

Blechdicke *t*	**Stahl** (DIN EN ISO 13919-1)	**Aluminium** (DIN EN ISO 13919-2)
1,0 mm	0,50 mm	0,8 mm
1,5 mm	0,64 mm	0,1 mm
2,0 mm	0,80 mm	1,2 mm
2,5 mm	0,95 mm	1,4 mm

Auf Basis der Vorbetrachtungen und der Annahme, dass die Blechdicke der Bauteile 1. Grades und 2. Grades identisch ist, kann der um den Steg umlaufende Spalt anhand von zwei L-förmigen Körpern mit gleichförmiger Breite und Höhe abgebildet werden. Die Berechnung des umlaufenden Spaltvolumens V_S kann anhand der nachfolgenden **Formel 11.29** und **11.30** erfolgen:

$$V_S = 2 \cdot [(l_s + 2 \cdot b_s) \cdot b_s + t \cdot b_s] \cdot t$$

$$= 2 \cdot [l_s + (1 + 2 \cdot s_{\%}) \cdot t] \cdot s_{\%} \cdot t^2 \qquad \textbf{Formel 11.29}$$

$$l_s = l_{s,1} + l_{s,2} \qquad \textbf{Formel 11.30}$$

l_s = *Gesamtlänge des Stegs*; b_s = *Schnittfugenbreite*;
t = *Blechdicke*; $s_{\%}$ = *Anteil der Schnittfugenbreite an der Blechdicke*

Anschließend wird das maximale Schweißnahtvolumen auf Basis der definierten Grenzwerte der Schweißnahtunregelmäßigkeit „zu große Nahtüberhöhung" (Ordnungsnummern 502) aus Tabelle 11.44 bestimmt. Auf der rechten Seite der **Abbildung 11.15** ist hierzu schematisch die Querschnittsfläche des Stegs, der Krallen und die Spalte des Geometriemerkmals dargestellt. Auf Basis dieser Darstellung lässt sich das maximale Schweißnahtvolumen „zu große Nahtüberhöhung" $V_{s,502}$ anhand der **Formel 11.31** berechnen. Alternativ kann diese Fläche auch zeichnerisch mittels einer CAD-Software bestimmt werden.

$$V_{s,502} = A_{502} \cdot l_s \qquad \textbf{Formel 11.31}$$

A_{502} = *Gesamtquerschnittsfläche der Schweißnaht „zu große Nahtüberhöhung"*

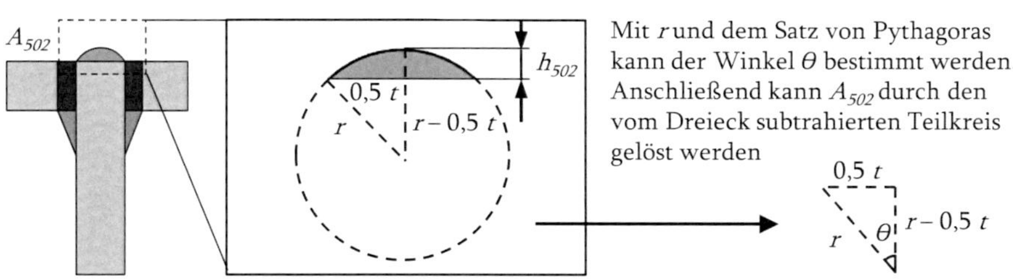

Abb. 11.15: Schematische Darstellung der Querschnittsfläche des Stegs, der Krallen und der Spalte des Geometriemerkmals für die Berechnung des maximalen Schweißnahtvolumens mit der Schweißnahtunregelmäßigkeit „zu große Nahtüberhöhung" $V_{s,502}$

Im Anschluss kann das maximale Schweißnahtvolumen der Schweißnahtunregelmäßigkeit „zu große Wurzelüberhöhung" $V_{s,504}$ anhand der **Formel 11.32** berechnet werden.

$$V_{s,504} = 2 \cdot A_{504} \cdot l_s = 2 \cdot \left(\frac{b_s \cdot h_{504}}{2}\right) \cdot l_s = s_{\%} \cdot t \cdot h_{504} \cdot l_s \qquad \textbf{Formel 11.32}$$

$A_{504} =$ *Gesamtquerschnittsfläche der Schweißnaht „zu große Wurzelüberhöhung";*
$h_{504} =$ *Grenzwerthöhe der Schweißnaht „zu große Wurzelüberhöhung"*

Nachdem der hinsichtlich der beiden zu berücksichtigenden Schweißnahtunregelmäßigkeiten maximale Schweißzusatzwerkstoff bestimmt wurde, kann die Steghöhe des Geometriemerkmals h_S anhand der **Formel 11.33** ermittelt werden:

$$h_s = \frac{V_s + V_{s,502} + V_{s,504}}{t \cdot l_s} \qquad \textbf{Formel 11.33}$$

Nachfolgend wird der Schweißzusatzwerkstoff der in Abbildung 11.14 dargestellten zwei „Hügel" des Geometriemerkmals bestimmt, dessen Aufgabe es ist, die Hohlräume der dreiviertelkreisförmigen Knochenecken des Schlitzes aufzufüllen. Der Schweißzusatz berücksichtigt keine Decklagen- oder Wurzelschweißnahtüberhöhungen, sondern soll lediglich den Hohlraum schließen (bspw. aufgrund von Dichtheitsanforderungen). Weiterhin dienen die „Hügel" als Schweißzusatzwerkstoff am Ende der Schweißlinien des Steges. Anhand der nachfolgenden **Formel 11.34** kann das Volumen der „Hügel" V_h berechnet werden:

$$V_h = 2 \cdot \frac{3}{4} \cdot v_e = 1{,}5 \cdot (r_e^2 \cdot \pi \cdot t) = 1{,}5 \cdot \left[\left(\sqrt{2} \cdot s_{\%} \cdot t\right)^2 \cdot \pi \cdot t\right] \textbf{Formel 11.34}$$

$V_e =$ *Volumen des Eckpunktes vom Schlitz des Geometriemerkmals;*
$r_e =$ *Radius des Eckpunktes vom Schlitz des Geometriemerkmals*

Zwecks Vereinfachung der Gestaltung und Berechnung sind die „Hügel" als Halbkreise ausgeführt und können mit dem Hügelradius r_h der **Formeln 11.35** und **11.36** bestimmt werden:

$$\therefore 0{,}5 \cdot {r_h}^2 \cdot \pi \cdot t = V_h = 1{,}5 \cdot \left[\left(\sqrt{2} \cdot s_{\%} \cdot t\right)^2 \cdot \pi \cdot t\right] \qquad \textbf{Formel 11.35}$$

$$\therefore r_h = \sqrt{6} \cdot s_{\%} \cdot t \qquad \textbf{Formel 11.36}$$

Die in Abbildung 11.14 dargestellten Hohlräume im Umfeld des „Wurzelbereichs" des Geometriemerkmals werden durch Schweißzusatzwerkstoff in den darüberliegenden Krallen gefüllt. Darüber hinaus soll dieser Schweißzusatzwerkstoff überdimensioniert werden, sodass damit auch eine ausreichende Deck- und Wurzellagenschweißnaht erreicht werden kann. Basierend auf der Abbildung 11.14 kann anhand der nachfolgenden **Formel 11.37** das Spaltvolumen im Wurzelbereich $V_{w,spalt}$ berechnet werden:

$$V_{w,spalt} = 2 \cdot l_w \cdot b_s \cdot t = 2 \cdot l_w \cdot s_{\%} \cdot t^2 \qquad \textbf{Formel 11.37}$$

$l_w = Länge\ des\ Wurzelbereichs\ des\ Geometriemerkmals;$

Die einfachste Möglichkeit, die Fläche im Wurzelbereich unterhalb der Krallen $A_{w,krallen}$ zu bestimmen, ist mithilfe einer CAD-Software. Mit dieser Fläche kann dann das Volumen im Wurzelbereich unterhalb der Krallen $V_{w,krallen}$ anhand der **Formel 11.38** bestimmt werden:

$$V_{w,krallen} = A_{w,krallen} \cdot t \qquad \textbf{Formel 11.38}$$

$A_{w,krallen} = Fläche\ im\ Wurzelbereich\ unterhalb\ der\ Krallen$

Das maximale Schweißnahtvolumen im Wurzelbereich hinsichtlich der Schweißnahtunregelmäßigkeiten „zu große Nahtüberhöhung" $V_{w,502}$ und „zu große Wurzelüberhöhung" $V_{w,504}$ kann in Anlehnung an die Berechnung im Bereich des Stegs anhand der **Formel 11.39** und **Formel 11.40** berechnet werden:

$$V_{w,502} = A_{502} \cdot l_w \qquad \textbf{Formel 11.39}$$

$$V_{w,504} = s_{\%} \cdot t \cdot h_{504} \cdot l_w \qquad \textbf{Formel 11.40}$$

Die Wurzeln des Geometriemerkmals stellen ebenfalls einen Schweißzusatzwerkstoff dar und können als V_w anhand der **Formel 11.41** bestimmt werden:

$$V_w = 2 \cdot k_o \cdot b_s \cdot t \qquad \textbf{Formel 11.41}$$

$k_0 = Krallen - Offset$

Auf Basis der in dieser Arbeit gewonnenen Gestaltungsregeln für Geometriemerkmale von biV erfolgt die Berechnung vom Schweißzusatzwerkstoff in Form der Wurzeln V_w mit der **Formel 11.42:**

$$V_w = 2 \cdot k_o \cdot 0{,}5 \cdot t^2 \qquad \textbf{Formel 11.42}$$

Anhand der vorherigen Gleichungen kann folglich der maximale Schweißzusatzwerkstoff berechnet werden, der konstruktiv in der Krallengestaltung des Geometriemerkmals berücksichtigt werden muss mit der **Formel 11.43:**

$$V_k = V_{w,spalt} + V_{w,krallen} + V_{w,502} + V_{w,504} - V_w \qquad \textbf{Formel 11.43}$$

Schlussendlich muss noch für die Bestimmung der Krallenhöhe k_h der berechnete Schweißzusatzwerkstoff auf die Krallen anhand der **Formel 11.44** und **Formel 11.45** verteilt werden:

$$k_h = \frac{V_k}{2 \cdot k_b \cdot t} = \frac{V_{w,spalt} + V_{w,krallen} + V_{w,502} + V_{w,504} - V_{wr}}{2 \cdot k_b \cdot t} \qquad \textbf{Formel 11.44}$$

$$k_b = 0{,}6 \cdot t + 0{,}5 \cdot b_s \qquad \textbf{Formel 11.45}$$

$$b_s = Schnittfugenbreite$$

Im Bereich der Wurzel und der Krallen wurden Vereinfachungen in der Geometrie für die Berechnungen vorgenommen, die jedoch aufgrund der jeweiligen Überlappungsbereiche keinen signifikanten Einfluss auf die Bestimmung des Schweißzusatzwerkstoffes haben. Die Summe der auf den vorherigen Seiten beschriebenen Berechnungen ergibt den notwendigen Schweißzusatzwerkstoff pro Geometriemerkmal eines biV.

Das bis hier hin entwickelte Berechnungswerkzeug für den im Geometriemerkmal zu konstruierenden Schweißzusatzwerkstoff wird anhand eines Versuchsdurchlaufs mit den Werten aus **Tabelle 11.45** an einer Probe aus HCT780X+Z100MB mit einer Blechdicke von 2,5 mm erprobt. Die Fläche im Wurzelbereich $A_{w,krallen}$ ergibt anhand der **Formel 11.46** und den aus dem CAD entnommenen Flächen den nachfolgenden Wert:

$$A_{w,krallen} = 2 \cdot 1{,}779 \text{ mm}^2 + 1{,}032 \text{ mm}^2 \qquad \textbf{Formel 11.46}$$

Der Hohlraum des umlaufenden Spaltvolumens V_S wird mittels der nachfolgenden **Formel 11.47** bestimmt:

$$V_S = 2 \cdot [(l_s + (1 + 2 \cdot g_{\%}) \cdot t] \cdot g_{\%} \cdot t^2$$

$$= 2 \cdot [24{,}2 \text{ mm} + 1{,}2 \text{ mm} \cdot 2{,}5 \text{ mm}] \cdot 0{,}1 \cdot 2{,}5^{\,2} = 34 \text{ mm}^3 \qquad \textbf{Formel 11.47}$$

Anschließend wird das maximale Schweißnahtvolumen für „zu große Nahtüberhöhung“ im Steg mit der **Formel 11.48** bestimmt:

$$V_{s,502} = A_{502} \cdot l_s = 1{,}753 \text{ mm} \cdot 24{,}2 \text{ mm} = 42{,}4226 \text{ mm}^2 \qquad \textbf{Formel 11.48}$$

Tab. 11.45: Größen eines Geometriemerkmals für den Versuchsdurchlauf zur Erprobung der Annährung zum analytischen Bestimmen des Schweißzusatzwerkstoffes

t	h_{502}	$s_{\%}$	l_w	l_s	k_o	A_{502}	A_w
2,50 mm	0,95 mm	10 %	5,80 mm	24,20 mm	0,20 mm	1,753 mm²	4,59 mm²

Das maximale Schweißnahtvolumen für „zu große Wurzelüberhöhung" $V_{s,504}$ kann anhand der **Formel 11.49** berechnet werden:

$$V_{s,504} = s_{\%} \cdot t \cdot h_{504} \cdot l_s$$

$$= 0{,}1 \cdot 2{,}5 \text{ mm} \cdot 0{,}95 \cdot 24{,}2 \text{ mm} = 5{,}7475 \text{ mm}^3 \qquad \textbf{Formel 11.49}$$

Als erstes Teilergebnis lässt sich mit der **Formel 11.50** die Steghöhe des Geometriemerkmals h_S bestimmen:

$$h_s = \frac{V_s + V_{s,502} + V_{s,504}}{t \cdot l_s}$$

$$= \frac{34 \text{ mm}^3 + 42{,}4226 \text{ mm}^3 + 5{,}7475 \text{ mm}^3}{2{,}5 \text{ mm} \cdot 24{,}2 \text{ mm}} = 1{,}358 \text{ mm} = \underline{\mathbf{1{,}36\ mm}} \qquad \textbf{Formel 11.50}$$

Der Radius des Hügels lässt sich mit der **Formel 11.51** berechnen:

$$r_h = \sqrt{6} \cdot s_{\%} \cdot t = \sqrt{6} \cdot 0{,}1 \cdot 2{,}5 \text{ mm} = \underline{\mathbf{0{,}61\ mm}} \qquad \textbf{Formel 11.51}$$

Das Spaltvolumen im Wurzelbereich $V_{w,spalt}$ kann mit der **Formel 11.52** berechnet werden:

$$V_{w,spalt} = 2 \cdot l_w \cdot s_{\%} \cdot t^2 = 2 \cdot 5{,}8 \cdot 0{,}1 \cdot 2{,}5 \text{ mm}^2 = 7{,}25 \text{ mm}^3 \textbf{Formel 11.52}$$

Das Volumen im Wurzelbereich unterhalb der Krallen $V_{w,krallen}$ kann anhand der **Formel 11.53** bestimmt werden:

$$V_{w,krallen} = A_{w,krallen} \cdot t = 4{,}59 \cdot 2{,}50 = 11{,}475 \text{ mm}^3 \qquad \textbf{Formel 11.53}$$

Das Volumen hinsichtlich der Schweißnahtunregelmäßigkeiten „zu große Nahtüberhöhung" $V_{w,502}$ und „zu große Wurzelüberhöhung" $V_{w,504}$ kann anhand der **Formel 11.54** und **Formel 11.55** berechnet werden:

$$V_{w,502} = A_{502} \cdot l_w = 1{,}753 \text{ mm} \cdot 5{,}8 \text{ mm} = 10{,}1674 \text{ mm}^3 \qquad \textbf{Formel 11.54}$$

$$V_{w,504} = s_{\%} \cdot t \cdot h_{504} \cdot l_w = 0{,}1 \cdot 2{,}5 \text{ mm} \cdot 0{,}95 \text{ mm} \cdot 5{,}8 \text{ mm}$$

$$= 1{,}3775\ mm^3 \qquad \textbf{Formel 11.55}$$

Das Volumen der Wurzeln des Geometriemerkmals V_w kann mit der **Formel 11.56** berechnet werden:

$$V_w = k_o \cdot t^2 = 0{,}2 \text{ mm} \cdot 2{,}5 \text{ mm}^2 = 1{,}25 \text{ mm}^3 \qquad \textbf{Formel 11.56}$$

Schlussendlich kann mit der nachfolgenden **Formel 11.57** die Krallenhöhe k_h als Schweißzusatzwerkstoff für das Geometriemerkmal berechnet werden:

$$k_h = \frac{V_{w,spalt} + V_{w,krallen} + V_{w,502} + V_{w,504} - V_{wr}}{2 \cdot k_b \cdot t}$$
$$= \frac{7{,}25\ \text{mm}^3 + 11{,}475\ \text{mm}^3 + 10{,}1674\ \text{mm}^3 + 1{,}3775\ \text{mm}^3 - 1{,}25\ \text{mm}^3}{2 \cdot 1{,}85\ \text{mm} \cdot 2{,}5\ \text{mm}} = 3{,}137\ \text{mm}$$
$$= \mathbf{3{,}14\ mm} \qquad \textbf{Formel 11.57}$$

Anhand der analytisch bestimmten Krallenhöhe wurde das Geometriemerkmal entsprechend angepasst und eine Probe verschweißt. Aus den Ergebnissen geht ein gute Deck- und Wurzellage hervor *(vgl. Abb. 4.19)*, sodass die Evaluierung der Berechnung als erfolgreich bestätigt werden kann. Das auf den vorherigen Seiten beschriebene Berechnungswerkzeug eignet sich folglich für die Auslegung eines Teils des Geometriemerkmals als Schweißzusatzwerkstoff.

Messen von Schweißnahtunregelmäßigkeiten im Prozessschritt Remote-Laserstrahlschweißen von Geometriemerkmalen

In Ergänzung zur Beschreibung des Versuchsaufbaus zum Prozessschritt Remote-Laserstrahlschweißen von Geometriemerkmalen in Kapitel 4.4 findet sich nachfolgend die Festlegung der für Geometriemerkmale relevanten Schweißnahtunregelmäßigkeiten. In der **Tabelle 11.46** sind die Grenzen für Schweißnahtunregelmäßigkeiten an Geometriemerkmalen aus dem Werkstoff Stahl zu entnehmen. Anhand der Norm

Tab. 11.46: Festlegung der Grenzen von Schweißnahtunregelmäßigkeiten beim Remote-Laserstrahlschweißen von Geometriemerkmalen aus Stahl anhand unterschiedlicher Qualitätsstufen aus der DIN EN ISO 13919-1

	Grenzen anhand unterschiedlicher Qualitätsstufen für Geometriemerkmale aus Stahl		
Schweißnahtunregelmäßigkeiten	Klasse D	Klasse C	Klasse B
Bindefehler (401)	$h \leq 0{,}25\ t$ mm	Nicht zulässig	Nicht zulässig
Ungenügender Wurzeleinbrand (4021)	$h \leq 0.25\ t$ mm	Nicht zulässig	Nicht zulässig
Zu große Nahtüberhöhung (502)	$0{,}2 + 0{,}2\ t < h \leq 0{,}2 + 0{,}3\ t$ mm	$0{,}2 + 0{,}15\ t < h \leq 0{,}2 + 0{,}2\ t$ mm	$h \leq 0{,}2 + 0{,}15\ t$ mm
Zu große Wurzelüberhöhung (504)	$0{,}2 + 0{,}2\ t < h \leq 0{,}2 + 0{,}3\ t$ mm	$0{,}2 + 0{,}15\ t < h \leq 0{,}2 + 0{,}2\ t$ mm	$h \leq 0{,}2 + 0{,}15\ t$ mm
Verlaufenes Schweißgut (509) Decklagenunterwölbung (511)	$h \leq 0{,}3\ t$ mm	$h \leq 0{,}2\ t$ mm	$h \leq 0{,}1\ t$ mm

DIN EN ISO 13919-1[938] sind die für biV relevanten Schweißnahtunregelmäßigkeiten in Qualitätsstufen und die dazugehörigen Grenzwerte eingeteilt. Diese Schweißnahtunregelmäßigkeiten werden mittels einer Sichtprüfung (engl. Visual Testing) unter der Hinzunahme von einer Lampe, einer Fühlerlehre und einem Lineal anhand des Vorgehens in der DIN EN ISO 17637 gemessen[939]. Die Schweißnahtunregelmäßigkeiten und Grenzwerte für Geometriemerkmale aus Aluminium sind nach DIN EN ISO 13919-2[940] beschrieben und der nachfolgenden **Tabelle 11.47** zu entnehmen.

Tab. 11.47: Festlegung der Grenzen von Schweißnahtunregelmäßigkeiten beim Remote-Laserstrahlschweißen von Geometriemerkmalen aus Aluminium anhand unterschiedlicher Qualitätsstufen aus der DIN EN ISO 13919-2

	Grenzen anhand unterschiedlicher Qualitätsstufen für Geometriemerkmale aus Aluminium		
Schweißnahtunregelmäßigkeiten	Klasse D	Klasse C	Klasse B
Risse (100)	Nicht zulässig	Nicht zulässig	Nicht zulässig
Bindefehler (401)	$h \leq 0{,}25\ t$ mm	Nicht zulässig	Nicht zulässig
Ungenügender Wurzeleinbrand (4021)	$h \leq 0{,}25\ t$ mm	Nicht zulässig	Nicht zulässig
Zu große Nahtüberhöhung (502)	$0{,}4 + 0{,}3\ t < h \leq 0{,}4 + 0{,}4\ t$ mm	$0{,}4 + 0{,}2\ t < h \leq 0{,}4 + 0{,}3\ t$ mm	$h \leq 0{,}4 + 0{,}2\ t$ mm
Zu große Wurzelüberhöhung (504)	$0{,}4 + 0{,}3\ t < h \leq 0{,}2 + 0{,}4\ t$ mm	$0{,}4 + 0{,}2\ t < h \leq 0{,}4 + 0{,}3\ t$ mm	$h \leq 0{,}4 + 0{,}2\ t$ mm
Verlaufenes Schweißgut (509) Decklagenunterwölbung (511)	$h \leq 0{,}3\ t$ mm	$h \leq 0{,}2\ t$ mm	$h \leq 0{,}1\ t$ mm

[938] DIN EN ISO 13919-1:2020-03, „Elektronen- und Laserstrahl-Schweißverbindungen - …“, 2020, S. 6; 8 – 10.

[939] DIN EN ISO 17637:2017-04, „Zerstörungsfreie Prüfung von Schweißverbin…“, 2017, S. 5 – 8; 11 – 14.

[940] DIN EN ISO 13919-2:2021-06, „Elektronen- und Laserstrahl-Schweißverbindungen …“, 2021, S. 6; 9 – 12.

Tab. 11.48: Bewertungssystem für halbverschweißte *(vgl. Abb. 4.21)* Geometriemerkmale von bauteilintegrierten Vorrichtungsfunktionen (biV) aus Stahl anhand der in Tabelle 11.46 festgelegten Bewertungsgruppen

Punkte pro Schweißnahtunregelmäßigkeit	**Akzeptable Qualitätsstufen für die jeweiligen Schweißnahtunregelmäßigkeiten**		
	Bindefehler (401)	Ungenügender Wurzeleinbrand (4021)	Zu große Wurzelüberhöhung (504)
B (5)	B oder C	B oder C	B
C (4)	B oder C	B oder C	C
D (3)	D	D	D
D (2) Bindefehler	D	D	Nicht existent
Überhitzt (1)	X	X	Schlechter als D
Totalausfall (0)	Schlechter als D	Schlechter als D	Nicht existent

Tab. 11.49: Bewertungssystem für vollverschweißte *(vgl. Abb. 4.21)* Geometriemerkmale von bauteilintegrierten Vorrichtungsfunktionen (biV) aus Stahl anhand der in Tabelle 11.46 festgelegten Bewertungsgruppen

Punkte pro Schweißnahtunregelmäßigkeit	**Akzeptable Qualitätsstufen für die jeweiligen Schweißnahtunregelmäßigkeiten**				
	Bindefehler (401)	Ungenügender Wurzeleinbrand (4021)	Zu große Wurzelüberhöhung (504)	Zu große Nahtüberhöhung (502)	Verlaufenes Schweißgut (509) Decklagenunterwölbung (511)
B (5)	B oder C	B oder C	B	B	B
C (4)	B oder C	B oder C	C	C	C
D (3)	D	D	D	D	D
D (2) Bindefehler	D	D	Nicht existent	D	D
Überhitzt (1)	X	X	Schlechter als D	Nicht existent	Schlechter als D
Totalausfall (0)	Schlechter als D	Schlechter als D	Nicht existent	Schlechter als D	Nicht existent

11.4.5 Weitere Informationen für die Synthese des Systemwissens in einem Konstruktionskatalog

Auf den nachfolgenden Seiten befinden sich weitere Informationen für die Synthese des Systemwissens in einem Konstruktionskatalog (KK), die für ein tieferes Verständnis zum Kapitel 4.6 für bestimmte Lesende relevant sein können.

Online-Umfrage als Unterstützung zur Feingestaltung des Konstruktionskatalogs: Entwicklung und Durchführung

Der eingegrenzte Themenbereich der Online-Umfrage zur Feingestaltung des KK beinhaltet die Bewertung der Praxistauglichkeit und der Vollständigkeit des Grobkonzepts des KK. Das Vorgehen lässt sich unterteilen in die Erstellung eines Fragebogenentwurfs, Pilotierung zur Optimierung des Fragebogens, die Anpassung des Fragebogens, die Durchführung der Umfrage sowie die Auswertung der Umfrageergebnisse.

Die Erstellung des Fragebogens und die Durchführung der Umfrage erfolgten mit dem Dienst der Internetseite „umfrageonline.com", der die notwendigen Gestaltungselemente der Umfrage und einen Export der Ergebnisse als pdf- und xlsx-Datei ermöglichte[941]. Die Umfrageinhalte wurden in sogenannten „Items" präzise ausformuliert und mit entsprechenden Skalen zur Bewertung versehen[942]. Der Fragebogen ist zweigeteilt und besteht im ersten Abschnitt aus Fragen zum Grobkonzept des KK und im zweiten Teil aus allgemeinen Fragen über die Teilnehmenden. Letzteres erfolgte unter Wahrung der Anonymität der Teilnehmenden, sodass keine personenbezogenen Daten erhoben wurden. Die Fragen sind offen wie auch geschlossen und bestehen aus den Instrumententypen Ratingskala (bspw.: 1: gar nicht zufrieden bis 6: sehr zufrieden), Ja/Nein-Auswahl, Einfachauswahl (inkl. Angabe von „Andere") und Freitexteingabe. Generell bestand stets die Möglichkeit, ohne Angabe von Gründen keine Aussage treffen zu müssen, um fehlerhaften Antworten vorzubeugen.

Die Pilotierung des Fragebogens erfolgte anhand von fünf Mitarbeitenden der Arbeitsgruppe zu biV der RWTH Aachen University und hatte zum Ziel, die Fragebogenqualität zu erhöhen, potenzielle Probleme beim Beantworten durch die Teilnehmenden zu reduzieren und den Prozess der Auswertung auszuprobieren. Das Ergebnis der Pilotierung war die Anpassung des Fragebogens hinsichtlich der Formulierung der Fragen und die Hinzunahme erklärender Texte. Unter anderem wurde eine Empfehlung hinzugefügt, wie lange sich die Teilnehmenden mit dem Grobkonzept des KK vertraut machen sollten und es wurde ermittelt, wie viel Zeit eine Teilnahme in Anspruch nimmt.

---

[941] UMFRAGEONLINE, „Online Umfrage erstellen | Fragebogen erstellen", 2023, S. 1.

[942] DÖRING ET AL., „Forschungsmethoden und Evaluation in den Sozial- ...", 2016, S. 398 – 416.

Die Zielgruppe für die Durchführung der Umfrage sind Expert:innen aus dem Themenfeld biV, die nach GLÄSER ET AL. Informanten im entsprechenden Themengebiet für die Umfrage darstellen[943]. Die Expert:innen sind Personen aus der Wissenschaft und Wirtschaft und haben spezielles Fachwissen zum Thema biV und Karosseriebau. Insgesamt wurden 40 Personen angeschrieben (u. a. die im Rahmen der SLR identifizierten Expert:innen im Themenfeld biV), wovon schlussendlich 30 an der Umfrage teilgenommen haben (Rückläuferquote von 75 %). Das Anschreiben erfolgte via personalisierter E-Mail mit Informationen zur Umfrage, zum KK, zu den Teilnahmevoraussetzungen und zu der Dauer. Innerhalb von 14 Tagen konnte über den beigefügten Link an der Online-Umfrage teilgenommen werden.

Die Auswertung der Online-Umfrage unterschied sich zwischen den geschlossenen und offenen Fragen. Erstere wurden in einer Datenbank (MICROSOFT EXCEL) ausgewertet, um eine deskriptive und statistische Datenanalyse durchzuführen. Die Analyse bestand u. a. in der Berechnung von Mittelwerten, Standardabweichungen, Prozentsatz, Minium- sowie Maximumwerten, Tabellen und Diagrammen. Die Freitextantworten der offenen Fragen wurden in Anlehnung an MAYRING in Form einer zusammenfassenden Inhaltsanalyse durchgeführt. Für die Synthese der relevanten Inhalte pro Freitextantwort wurde ebenfalls MICROSOFT EXCEL verwendet. Die Häufigkeit der Nennung wurde zusätzlich aufgenommen.

Online-Umfrage als Unterstützung zur Feingestaltung des Konstruktionskatalogs: Weitere Studienergebnisse

In den nachfolgenden **Abbildungen 11.16 bis 11.19** sind in Ergänzung zum Kapitel 4.6 noch weitere Studienergebnisse der Online-Umfrage zusammengefasst.

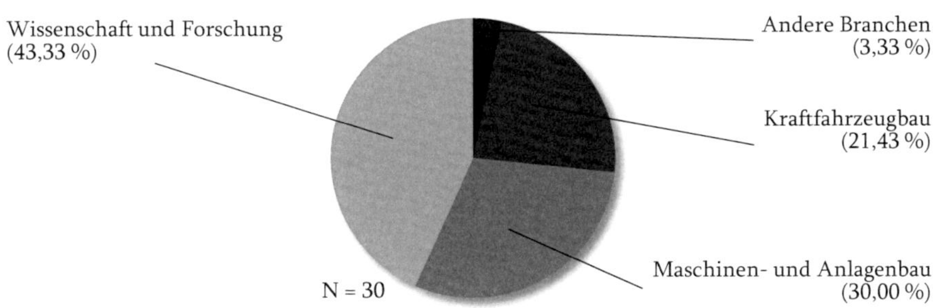

Abb. 11.16: Auswertung der Branchenzugehörigkeit der Teilnehmenden an der Online-Umfrage als Unterstützung zur Feingestaltung des Konstruktionskatalogs

[943] GLÄSER ET AL., „Experteninterviews und qualitative Inhaltsanalyse als Instrumente …“, 2008, S. 11 – 14.

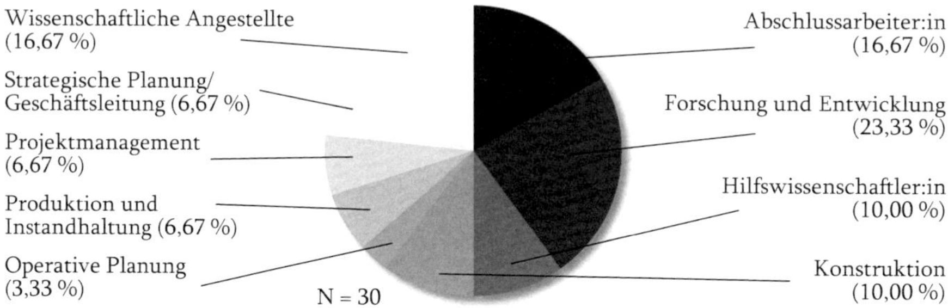

Abb. 11.17: Auswertung des Schwerpunkts der beruflichen Tätigkeit der Teilnehmenden an der Online-Umfrage als Unterstützung zur Feingestaltung des Konstruktionskatalogs

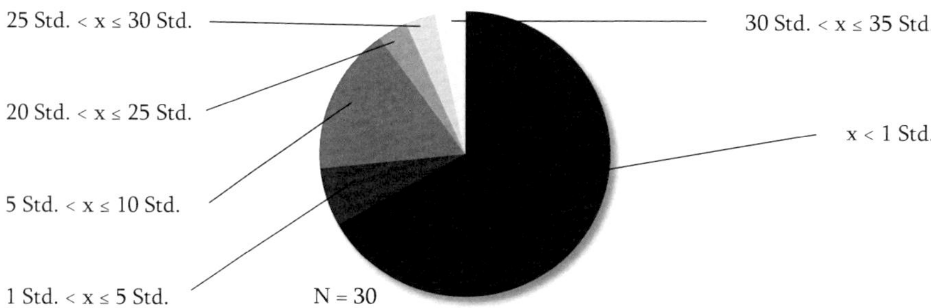

Abb. 11.18: Auswertung der wöchentlichen Stundenanzahl für die Informationsbeschaffung zu bauteilintegrierten Vorrichtungsfunktionen (biV) der Teilnehmenden an der Online-Umfrage als Unterstützung zur Feingestaltung des Konstruktionskatalogs

Wie zufrieden sind Sie bezüglich folgender Punkte mit dem Konstruktionskatalog für bauteilintegrierte Vorrichtungsfunktionen (biV)?

	Gar nicht zufrieden (1)		Un-zufrieden (2)		Eher un-zufrieden (3)		Eher zu-frieden (4)		Zu-frieden (5)		Sehr zu-frieden (6)		Nicht be-urteilbar (0)		
	Σ	%	Σ	%	Σ	%	Σ	%	Σ	%	Σ	%		Ø	σ
Vollständigkeit	-	-	-	-	-	-	4*	16,00	#*	44,00	#*	40,00	5	5,24	0,72
Übersichtlichkeit	-	-	1 *	3,45	6*	20,69	9*	31,03	8*	27,59	5*	17,24	1	4,34	1,11
leichte Handhabung	-	-	3 *	10,71	4*	14,29	8*	28,57	9*	32,14	4*	14,29	2	4,25	1,21
schneller Zugriff auf Informationen	-	-	-	-	6*	20,69	5*	17,24	9*	31,03	9*	31,03	1	4,72	1,13
Erweiterungsfähigkeit	-	-	-	-	-	-	1*	3,70	9*	33,33	#*	62,96	3	5,59	0,57
Widerspruchsfreiheit	-	-	-	-	1*	4,76	2*	9,52	7*	33,33	#*	52,38	9	5,33	0,86
Erkennbarkeit der Zusammensetzung	-	-	-	-	-	-	7*	24,14	#*	44,83	9*	31,03	1	5,07	0,75

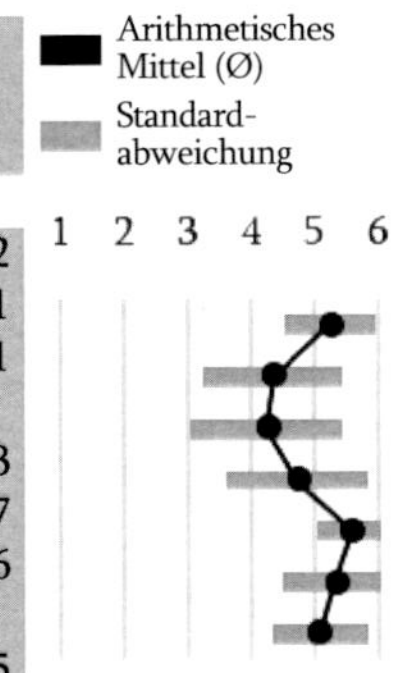

Bewerten Sie die folgenden Medien bezüglich ihrer Eignung zur gezielten Informationsbeschaffung zu bauteilintegrierte Vorrichtungsfunktionen (biV):

	Gut (1)		Mittel (2)		Schlecht (3)		Nicht Be-urteilbar (0)		
	Σ	%	Σ	%	Σ	%		Ø	σ
Katalog in Papierform	2*	8,00	5*	20,00	# *	72,00	5*	2,64	0,64
digitale Tabelle (z.B. Microsoft Excel)	# *	60,71	# *	39,29	-	-	2*	1,39	0,50
PDF-Dokument	8*	28,57	# *	42,86	8*	26,67	2*	2,00	0,77
eigenständiges Computerprogramm	# *	41,67	# *	41,67	4*	16,67	6*	1,75	0,74
Add-In für ein CAD-Programm	# *	75,00	4*	16,67	2*	8,33	6*	1,33	0,64
Wissensdatenbank	# *	50,00	# *	46,15	1*	3,85	4*	1,54	0,58
Website	# *	44,44	# *	44,44	3*	11,11	3*	1,67	0,68

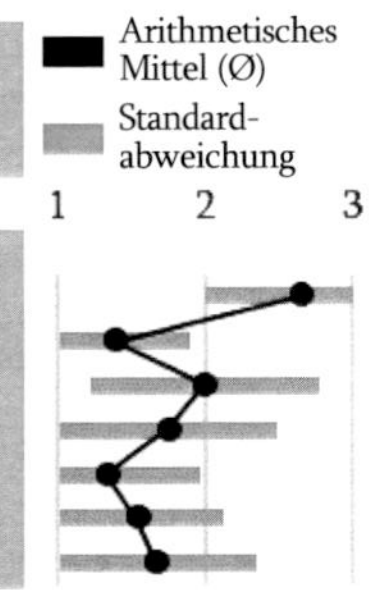

Abb. 11.19: Auswertung bezüglich der Anforderungen aus VDI 2222 und der Eignung verschiedener Medien zur Informationsbeschaffung auf Basis der Teilnehmenden an der Online-Umfrage als Unterstützung zur Feingestaltung des Konstruktionskatalogs

Überführung von Anforderungen in Zugriffsmerkmale und vollständiges Feinkonzept des Konstruktionskatalogs

Tab. 11.50: Überführung von produkt- und produktionsseitigen Anforderungen in Zugriffsmerkmalen des Konstruktionskatalogs (KK) für bauteilintegrierte Vorrichtungsfunktionen (biV)

	Anforderungen	Zugriffsmerkmale Konstruktionskatalog
Produktseitige Anforderungen	Grundmaterial für Bauteile *(Bsp.: Bleche, Vierkantprofile usw.)*	Halbzeugform der Fügepartner *(AP: Flacherzeugnis, Profil, Vollmaterial)*
	Dichtheit der Verbindung *(Bsp.: Dichtheit zur Sicherstellung der Korrosionsbeständigkeit)*	Dichtheit an Fügestelle *(AP: Dichtheit nach Zusammensetzen, Abdicht-/ Fügeprozess)*
	Werkstoff *(Bsp.: Stahl, Aluminium)*	Werkstoff der Fügepartner *(AP: Metall, Kunststoff)*
	Fügbarkeit des Werkstoffs *(Bsp.: Schweißbarkeit, Härteeignung)*	Werkstoff der Fügepartner *(AP: Metall, Kunststoff)*
	Materialfluss vor und nach Zusammensetzen mit biV *(Bsp.: Stapelbarkeit, Bauteilgröße)*	Handhabung *(AP: Bauteile gut stapelbar, selbstfixierende Bauteile)*
	Vorrichtungsfunktionen, die das GM erfüllen muss *(Bsp.: „Positionieren", „Orientieren", „Spannen")*	Vorrichtungsfunktion *(AP: „Positionieren", „Orientieren", „Spannen")*
Produktionsseitige Anforderungen	Vorhandene Anlagentechnik mit verfügbarer Kapazität *(Bsp.: Vorhandene Anlagen aus vorheriger Nutzung bei Brownfield-Planung)*	Fertigung der Geometriemerkmale *(AP: Scherscheiden, Laserschneiden, Tiefziehen usw.)* Technologie der 2. Fügung *(AP: mechanische oder thermische Fügeverfahren)*
	Einzelteilherstellung *(Bsp.: Priorisierte Fertigungsprozesse)*	Fertigung der Geometriemerkmale *(AP: Scherscheiden, Laserschneiden, Tiefziehen usw.)*
	Erwartete Stückzahl *(Bsp.: Kleinserie, Großserie)*	Zusammensetzen *(AP: manuell, mechanisierbar)*
	Unternehmensinterne Technologien *(Bsp.: Priorisierte Technologien aus dem Technologiemanagement)*	Fertigung der Geometriemerkmale *(AP: Scherscheiden, Laserschneiden, Tiefziehen usw.)* Technologie der 2. Fügung *(AP: mechanische oder thermische Fügeverfahren)*
	Fügbarkeit *(Bsp.: Zugänglichkeit mit Bearbeitungseinheit, Hüllkurve usw.)*	Zusammensetzen *(AP: einseitige o. mehrseitige Zugänglichkeit)* Technologie der 2. Fügung *(AP: mechanische oder thermische Fügeverfahren)*
	Zugänglichkeit *(Bsp.: Zugänglichkeit für die Montage)*	Zusammensetzen *(AP: einseitige o. mehrseitige Zugänglichkeit)*
	Stoßart *(Bsp.: Stoßart durch Bauteilgeometrie)*	Geometrie (Stoßart) *(AP: T-Stoß, Überlappstoß, Parallelstoß usw.)*

GM: Geometriemerkmal
AP: Ausprägungen der entsprechenden Zugriffsmerkmale im Konstruktionskatalog

Tab. 11.51: Vollständiges Feinkonzept des Konstruktionskatalogs (KK) für bauteilintegrierte Vorrichtungsfunktionen (biV)

[illegible]

11.4.6 Weitere Informationen für die Synthese einer Methodik zur Konstruktionsauslegung

Auf den nachfolgenden Seiten befinden sich weitere Informationen für die Synthese einer Methodik zur Konstruktionsauslegung, die für ein tieferes Verständnis zum Kapitel 4.7 für bestimmte Lesende relevant sein können.

Tab. 11.52: Paarweiser Vergleich der Anforderungen an eine Methodik im Allgemeinen und für die Konstruktionsauslegung mit biV. Die Anforderungen mit der höchsten Relevanz zur weiteren Betrachtung sind grau hinterlegt

Zeile ist … wichtig als Spalte 2: mehr; 1: gleich; 0: weniger	1.	2.	3.	4.	5.	6.	7.	8.	9.	Σ
1. Allgemeingültigkeit		1	0	0	2	0	2	0	0	5
2. Transparentes Vorgehen	1		0	0	2	0	2	0	0	5
3. Praxistauglichkeit	2	2		2	2	0	2	2	2	14
4. Berücksichtigung von Erfahrungswissen	2	2	0		2	0	2	0	0	8
5. Berücksichtigung von Vorrichtungsfunktionen	0	0	0	0		0	2	0	0	2
6. Berücksichtigung von Prozesskräften & Maßhaltigkeiten	2	2	2	2	2		2	2	2	16
7. Fokus auf Produktentwicklung	0	0	0	0	0	0		0	0	0
8. Möglichkeit Neuentwicklung von Geometriemerkmalen	2	2	0	2	2	0	2		2	12
9. Berücksichtigung Option ohne passendes Merkmal	2	2	0	2	2	0	2	0		10

Tab. 11.53: Beschreibung der Erfüllungsgrade von den Anforderungen an die Methodik zur Konstruktionsauslegung mit bauteilintegrierten Vorrichtungsfunktionen (biV)

Definition der Erfüllungsgrade der in Tab. 11.52 als relevant identifizierten und wie folgt aufgeführten Anforderungen

	3. Praxistauglichkeit in der Durchmusterung von einem Hilfsmittel	6. Berücksichtigung von Prozesskräften & Maßhaltigkeiten	8. Möglichkeit zur Neuentwicklung von Geometriemerkmalen	9. Berücksichtigung von Planungsfällen o. passendes Geometriemerkmal
●	• Möglichkeit zur Prüfung, ob alle benötigten Eingangsinformationen vorhanden sind. • Nutzung eines auto. Vorgangs zur Filterung potenzialträcht. BGF. • Nutzung eines KK.	Anwendung von Modellen zur Bestimmung der Größen und Anpassung auf die vorliegenden Anwendungsfälle.	Methodik zur Neuentwicklung von Geometriemerkmalen aus unterschiedlichen Wissensquellen.	• Bestandteil der Methodik. • Vorgehensweise, wenn kein passendes Geometriemerkmal gefunden wurde. • Simulationsmodell als Hilfsmittel.
◕	• Nutzung eines automatisierten Vorgangs zur Filterung von potenzialträchtigen BGF. • Nutzung eines KK.	Anwendung von parametrisier- und validierbaren Simulationsmodellen für den jeweiligen Anwendungsfall.	Methodik zur Neuentwicklung von Geometriemerkmalen mit Einschränkungen (bspw. lediglich Steckverbindungen).	• Bestandteil der Methodik ohne Vorgehensweise, wenn kein passendes Geometriemerkmal gefunden wurde. • Simulationsmodell als Hilfsmittel.
◑	• Nutzung eines manuellen Vorgangs zur Filterung von potenzialträchtigen BGF. • Nutzung eines KK.	Anwendung von Berechnungswerkzeugen zur Bestimmung der Prozesskräfte & Maßhaltigkeiten.	Befähigung einer Neuentwicklung von Geometriemerkmalen durch Zusammenhänge (bspw. Wirkprinzip und Kontaktarten) in einer Sammlung zu erkennen.	• Bestandteil der Methodik ohne Vorgehensweise, wenn kein passendes Geometriemerkmal gefunden wurde. • Hilfsmittel sind grobe Abschätzungen.
◔	Nutzung eines KK.	Berücksichtigung von Prozesskräften oder Maßhaltigkeiten.	Eine systematische Sammlung von Geometriemerkmalen kann prinzipiell eine Neuentwicklung ermöglichen.	• Kein Bestandteil der Methodik. • Beschreibung der Grenzen der Anwendung.
○	Kein Einsatz von Hilfsmitteln zur Aufwandsreduktion.	Keine Berücksichtigung von Prozesskräften und Maßhaltigkeiten.	Auswahl von vorhandenen Geometriemerkmalen aus einer Sammlung.	• Keine Beschreibung der Grenzen der Anwendung.

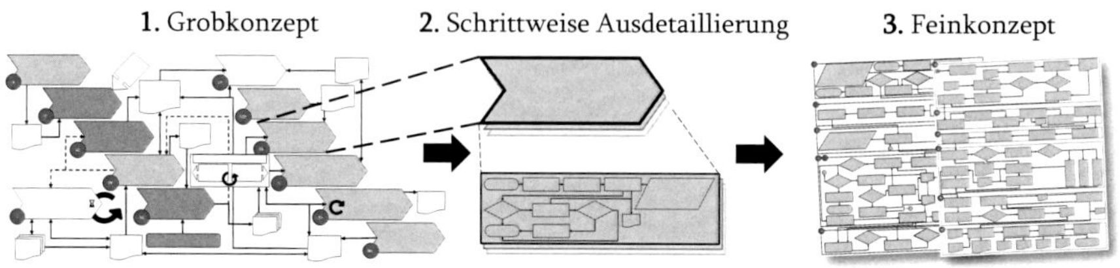

Abb. 11.20: Schematisches Vorgehen zur schrittweisen Ausdetaillierung der Methodenschritte vom Grob- zum Feinkonzept

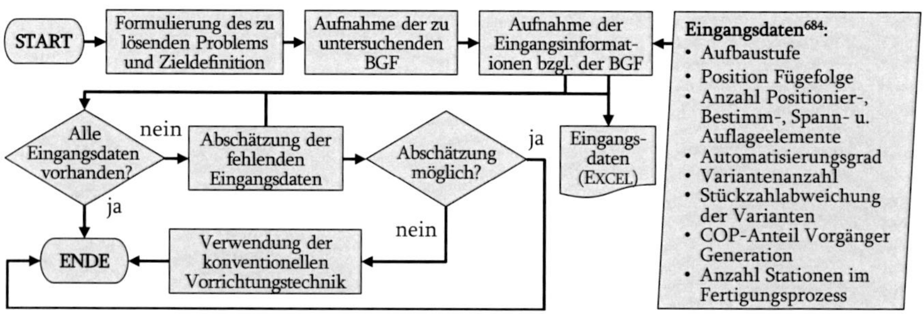

Abb. 11.21: I. Methodenschritt der Methodik zur Konstruktionsauslegung mit bauteilintegrierten Vorrichtungsfunktionen (biV): Klären und Präzisieren der Aufgabenstellung

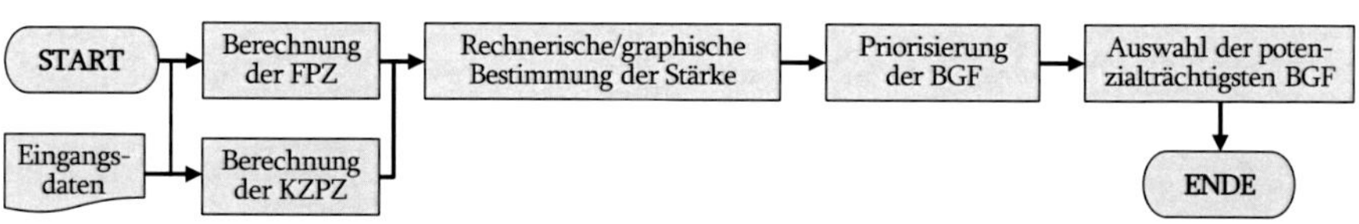

Abb. 11.22: II. Methodenschritt der Methodik zur Konstruktionsauslegung mit bauteilintegrierten Vorrichtungsfunktionen (biV): Identifikation von potenzialträchtigen Baugruppenfamilien (BGF)

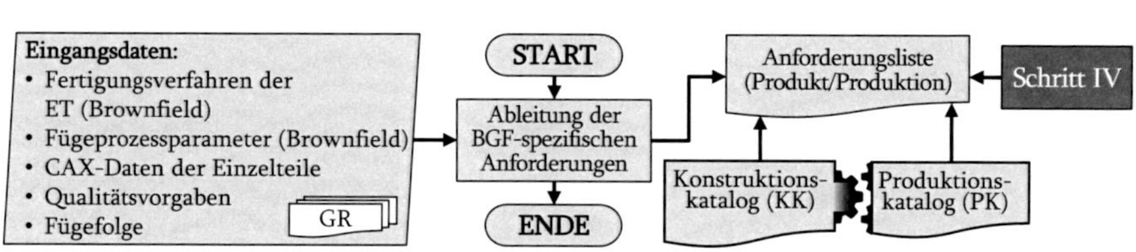

Abb. 11.23: III. Methodenschritt der Methodik zur Konstruktionsauslegung mit bauteilintegrierten Vorrichtungsfunktionen (biV): Ableitung von Anforderungen

Tab. 11.54: Beispielhafte produkt- und produktionsseitige Anforderungen für den III. Methodenschritt in der Methodik zur Konstruktionsauslegung mit bauteilintegrierten Vorrichtungsfunktionen (biV)

Produktseitige Anforderungen	Produktionsseitige Anforderungen
Package (Bsp.: Bauraum für GM u. deren Zugänglichkeit)	**Handhabbarkeit** (Bsp.: Bauteile gut stapelbar oder selbstfixierend)
Halbzeugform (Bsp.: Flacherzeugnis, Profil, Vollmaterial)	**Räumliche Restriktionen*** (Bsp.: Begrenzte Fabrikfläche, Fabrikform)
Gewicht der Baugruppe (Bsp.: Gewichtseinsparung durch Nutzung biV)	**Vorhandene Anlagentechnik*** (Bsp.: Presse mit spez. Genauigkeit vorhanden)
Maßhaltigkeit / Toleranzen (Bsp.: Maßtoleranzen, Form- und Lagetoleranzen)	**Einzelteilherstellung** (Bsp.: Trennen, Umformen, Urformen)
Dichtheit (Bsp.: durch GM, durch Abdichten, durch Fügen)	**Erwartete Stückzahl** (Bsp.: Prototypenbau, Kleinserie, Großserie)
Werkstoffe (Bsp.: Metall (Stahl, Aluminium), Kunststoff)	**Bevorzugtes Fügeverfahren** (Bsp.: RLS, WPS, Nieten, Strukturkleben)
Materialkosten (Bsp.: Kostenreduktion durch Materialeinsparung)	**Fertigungskosten** (Bsp.: Kostenreduktion durch Vorrichtungsreduktion)
Prozesskräfte* (Bsp.: Prozesskräfte beim Fügen mit RLS und WPS)	**Stoßart** (Bsp.: Parallelstoß, T-Stoß, Überlappstoß)
Konstruktive Steifigkeit (Bsp.: Vermeidung von labilen Bauteilgeometrien)	**Zugänglichkeit** (Bsp.: Hüllkurve des Fügeprozesses, Fügbarkeit)
Dauerfestigkeit (Bsp.: Anzahl ertragbarer Lastzyklen der Verbindung)	**Unternehmensinterne Technologien*** (Bsp.: Laserstrahlschneiden, Stanzen, RLS, WPS)
Crasheigenschaften (Bsp.: max. aufnehmbare Energie bei Unfall)	**Materialfluss** (Bsp.: kein Einsatz von Sonderladungsträgern)

* Nur im Zusammenhang mit einer Brownfield-Planung vorliegende Anforderungen
GM: Geometriemerkmal

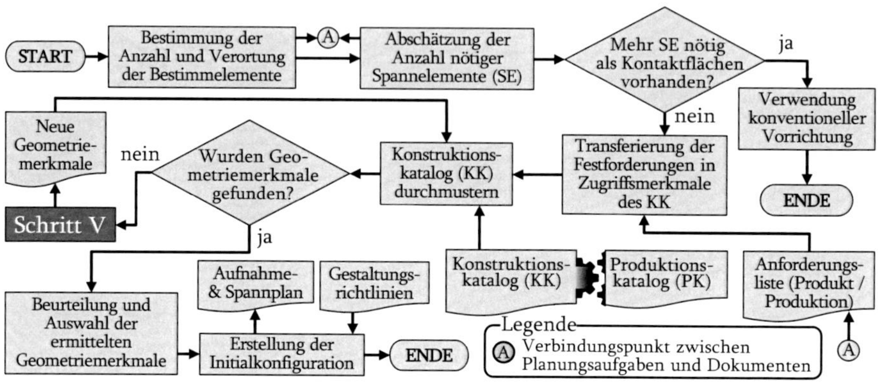

Abb. 11.24: IV. Methodenschritt der Methodik zur Konstruktionsauslegung mit bauteilintegrierten Vorrichtungsfunktionen (biV): Geometriemerkmalsauswahl und Erstellung der Initialkonfiguration

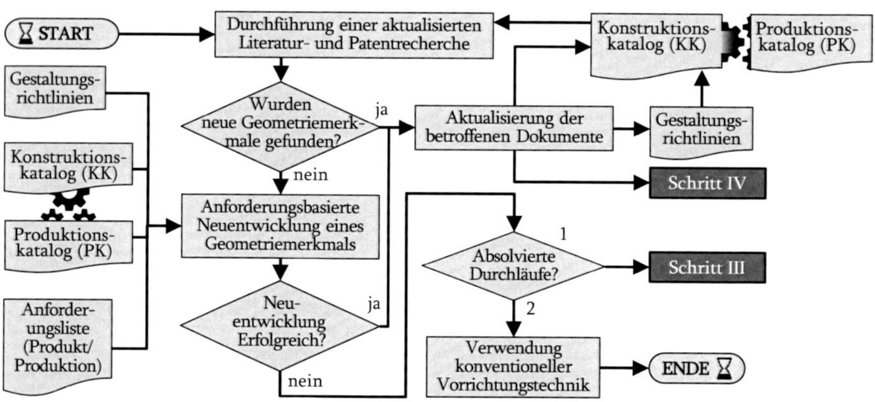

Abb. 11.25: V. Methodenschritt der Methodik zur Konstruktionsauslegung mit bauteilintegrierten Vorrichtungsfunktionen (biV): Aktualisierte Literatur- und Patentrecherche oder Neuentwicklung eines Geometriemerkmals

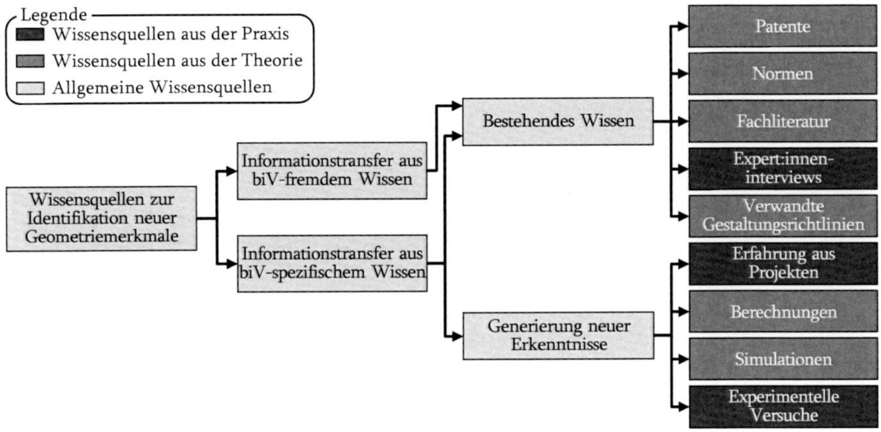

Abb. 11.26: Potenzielle Informationsquellen zur Neuentwicklung von bauteilintegrierten Vorrichtungsfunktionen (biV) im Rahmen des V. Methodenschrittes der Methodik zur Konstruktionsauslegung in Abb. 11.25

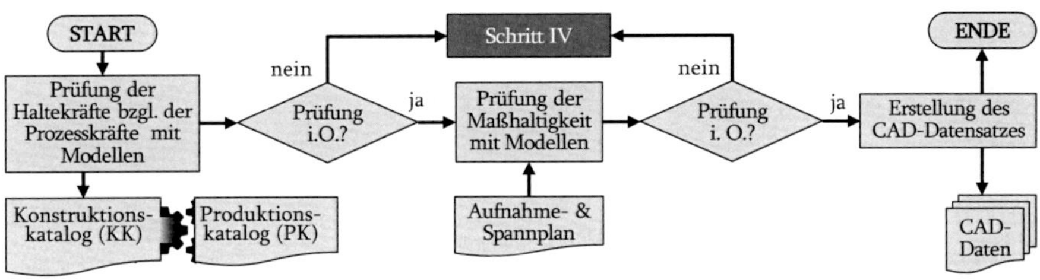

Abb. 11.27: VI. Methodenschritt der Methodik zur Konstruktionsauslegung mit bauteilintegrierten Vorrichtungsfunktionen (biV): Prüfung und Anpassung der Initialkonfiguration

11.5 Ergänzende Inhalte zum Kapitel 5 „Auslegung einer Zusammenbaufertigung mit biV“

Dieses Kapitel enthält ergänzende einzelne Abbildungen und Tabellen zu den Inhalten aus Kapitel 5. Weiterhin finden sich hier in sich abgeschlossene Nebenbetrachtungen, die aufgrund des Umfangs nicht in den Hauptteil eingefügt werden können.

11.5.1 Weitere Informationen für die Entwicklung eines Produktionskatalogs

Auf den nachfolgenden Seiten befinden sich weitere Informationen für die Entwicklung eines Produktionskatalogs für biV, die für ein tieferes Verständnis zum Kapitel 5.1 für bestimmte Lesende relevant sein können.

Tab. 11.55: Beschreibung der Erfüllungsgrade der Anforderungen an die Methode zur Gestaltung des Produktionskatalogs (PK) für bauteilintegrierte Vorrichtungsfunktionen (biV)

	PK1 **Betrachtung von produktionsseitigen Anforderungen im frühen PEP**	**PK2** **Bereitstellung von Lösungsbausteinen für die Produktionsgestaltung**	**PK3** **Fokussierung auf die produktionsgetriebene Produktbeeinflussung**	**PK4** **Betrachtung von Vorrichtungsfunktionen zur Auslegung der Produktion**	**PK5** **Betrachtung der durch Prozessvarianz verursachenden Fertigungsmittel**	**PK6** **Sicherstellung der Erweiterungsfähigkeit des PK**
●	Die produktionsseitigen Anforderungen in frühen Phasen des PEPs stehen im Vordergrund der Auslegung	Systematisierter Produktionsprozess für die Prozessgestaltung	Bei allen Schritten ist die Produktbeeinflussung durch die Produktion im Fokus	Vorrichtungsfunktionen werden als Teil des Materialflusses für die Auslegung betrachtet	Ausführliche Betrachtung der einzusetzenden Fertigungsmittel als Variantenverursacher in der Produktion	Der PK bietet die Möglichkeiten zur Erweiterung
◕	Die produktionsseitigen Anforderungen in frühen Phasen des PEPs werden bei den meisten Schritten betrachtet	-	Bei dem Großteil ist die Produktbeeinflussung durch die Produktion im Fokus	-	Zentrale Betrachtung der einzusetzenden Fertigungsmittel	-
◑	Die produktionsseitigen Anforderungen in frühen Phasen des PEPs werden nur in wenigen Schritten betrachtet	-	Bei weniger als der Hälfte der Schritte ist die Produktbeeinflussung durch die Produktion im Fokus	-	Bei weniger als der Hälfte der Schritte werden die einzusetzenden Fertigungsmittel betrachtet	Der PK kann an diversen Stellen erweitert werden, um neue Lösungen anbieten zu können
◔	Die produktionsseitigen Anforderungen in frühen Phasen des PEPs werden nur am Rande betrachtet	-	Nur am Rande der Schritte ist die Produktbeeinflussung durch die Produktion im Fokus	-	Nur am Rande werden die einzusetzenden Fertigungsmittel betrachtet	-
○	Die produktionsseitigen Anforderungen in frühen Phasen des PEPs werden nicht betrachtet	Keine Betrachtung des Produktionsprozesse als Lösungsbaustein	Keine Betrachtung der Produktbeeinflussung durch die Produktion	Vorrichtungsfunktionen werden explizit nicht betrachtet	Keine Betrachtung der einzusetzenden Fertigungsmittel	Der PK sollte erneut durchlaufen werden, da das Ergebnis nicht erweiterungsfähig ist

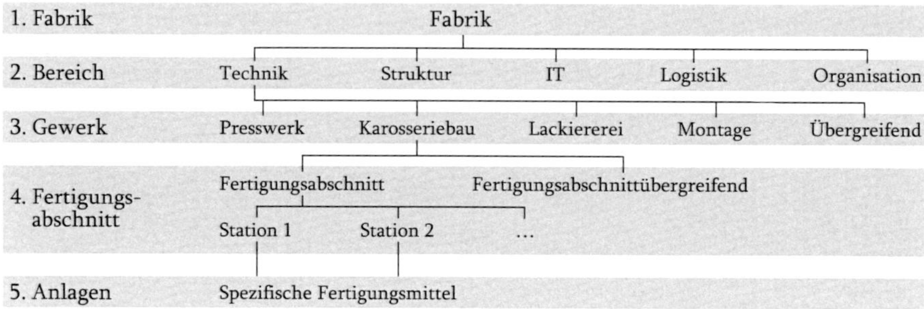

Abb. 11.28: Schematische Darstellung der Modulstruktur des Modularen Produktions-Baukastens (MPB) in Anlehnung an WALTL ET AL.[944]

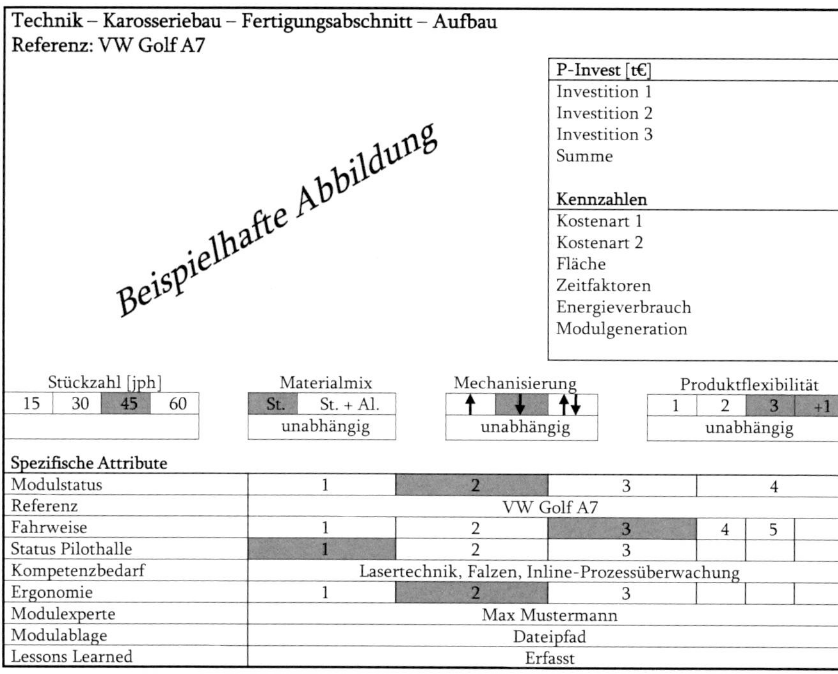

Abb. 11.29: Beispielhafte Darstellung eines Modulsteckbriefs des Modularen Produktions-Baukastens (MPB) in Anlehnung an WALTL ET AL.[945]

---

[944] WALTL ET AL., „Modularisierung der Produktion in der Automobilindustrie", 2015, S. 217.

[945] WALTL ET AL., „Modularisierung der Produktion in der Automobilindustrie", 2015, S. 219.

Gliederungsteil				Hauptteil					Zugriffsteil													Anhang
									Eignung für				Allgemeine Merkmale				Bearbeitungsprozessspezifisch					
Haupt-funktion	Wirk-weise	Spez. Techno.	Bedienung	Nr.	Benennung	Anforderungen	Fertigungs-/Fördermittel	Modulsteckbrief	KK #62	KK #73	KK #89	…	Stückzahleign.	Mechanisierung	Produktivität	Werkstoffeign.	Toleranz	Rauheit	Vor-/Nach-bearbeitung	Zugänglichkeit		
Zusammenhalt schaffen / Urformen	Urformen aus dem flüssigen Zustand	Druckgießen	automatisiert	1	Aluminiumdruckgießen		*Aludruckgussmaschine #X*						Hoch	Hoch	Hoch	Aluminium	IT8 - IT16	10-160	Gering-		
Zusammenhalt vermindern / Trennen	Zerteilen	Scherschneiden	automatisiert	2	Vollmechanisches Scherschneiden		*Werkzeugmaschine #X (Scherschneidemaschine)*			x	x		Hoch	Hoch	Hoch				Hoch		
	Spanen mit geometrisch bestimmter Schneide	Fräsen	automatisiert	3	Automatisiertes CNC-Fräsen		*Werkzeugmaschine #X (Fräsmaschine)*			x	x		Flexibel	Hoch							
	Spanen mit geometr. unbestimmter Schneide	Wasserstrahlschneiden	automatisiert	4	Automatisiertes Wasserstrahlschneiden				x	x	x		Flexibel	Hoch					Gering		
	Abtragen	Laserstrahlschneiden	automatisiert	5	Automatisiertes Laserstrahlschneiden		Trumpf TruLaser 1030		x	x	x		Flexibel	Hoch					Gering		
		Plasmaschneiden	manuell	6	Händisch geführtes Plasmaschneiden		Plasma-schneid-werkzeug						Gering	-							
			automatisiert	7	Robotergeführtes Plasmaschneiden		Robotersystem + Endeffektor						Flexibel	Hoch							
		Brennschneiden	manuell	8	Händisch geführtes Brennschneiden		Werkzeug (Brennschneider)						Gering	-							
			automatisiert	9	Robotergeführtes Brennschneiden		Robotersystem + Endeffektor						Flexibel	Hoch							
⋮	⋮	⋮	⋮	⋮	⋮	⋮	⋮	⋮	⋮	⋮	⋮	⋮	⋮	⋮	⋮	⋮	⋮	⋮	⋮	⋮	⋮	

Abb. 11.30: Entwurf des Produktionskatalogs (PK) für bauteilintegrierter Vorrichtungsfunktionen (biV)

Produktionsmodul-Steckbrief B-S-29
Bearbeitungsprozess – Prozessschritt Fügen – Remote-Laserstrahlschweißen
Art der Bedienung: Automatisiert

Prozesseignung

BiV-Merkmal (Nr. aus KK)	62	73	89	...	...	...
Aussage	X	X	X			

Stückzahleignung

Gering	Mittel	Hoch	**Flexibel**
Quantifiziert:	-		

Erzielbare Fertigungstoleranz

-	Niedrig	Mittel	**Hoch**
Quantifiziert:	-		

Mechanisierungsgrad

-	Gering	**Hoch**

Erzielbare Oberflächenrauheit

-	Niedrig	Mittel	**Hoch**
Quantifiziert:	-		

Produktivität

-	Niedrig	Mittel	**Hoch**

Notwendige Zugänglichkeit der Fügestelle

Einseitig	Beidseitig	Mehrseitig

Werkstoffeignung

Stahl	Aluminium	Kunststoff	Flexibel
Anmerkung:	-		

Vor- oder Nachbearbeitung

Keine	**Gering**	Mittel	Hoch
Anmerkung:	-		

Anforderungen (des Produktionsprozesses unter Einsatz des spezifischen Fertigungsmittel)

- Von der Konstruktion zu beachtende Gestaltungsrichtlinien für den Einsatz des Produktionsprozesses
- Vorgeben von Standards (einheitliche Aufnahmepunkte, geometrische Auslegungen von Fügestellen ...)
- Einseitige Zugänglichkeit ausreichend
- Maximales Werkstückgewicht von 900 kg
- Fügbare Stoßarten: T-Stoß und Überlappstoß
- Erforderliche vorherige Prozesse (bspw. Materialflussprozesse „Orientieren“, „Positionieren“ und „Spannen“)
- Vorgeben von Standards (vorgegebene Einbaurichtung und -position ...)
- Definieren von standardisierten Prozessabläufen
- Definieren von standardisierter Verbindungstechnik

...

Fertigungsmittel (spezifische Angaben)

Bezeichnung des Fertigungsmittels (bzw. der Fertigungsmittel): TRUMPF TRULASER 3030
Art des Fertigungsmittels: Automatisierte Laserstrahlschweißmaschine
Max. Vorschubgeschwindigkeit: 140 m/min
...

Abmessungen

Länge	9.300 mm
Breite	4.700 mm
Höhe	2.200 mm
Gewicht	12.000 kg

Genauigkeit

Positionsabweichung	0,05 mm
Mittlere Positionsstreubreite	0,03 mm

Abb. 11.31: Beispielhafter Modulsteckbrief aus dem Produktionskatalog (PK) für die Fertigung des Fallbeispiels Low-Cost-Batteriepackgehäuse (LCB) mittels bauteilintegrierter Vorrichtungsfunktionen (biV). Aufbau in Anlehnung an WALTL ET AL.[946]

[946] WALTL ET AL., „Modularisierung der Produktion in der Automobilindustrie“, 2015, S. 219.

11.5.2 Weitere Informationen für die Entwicklung einer Methodik zur Auslegung der Zusammenbaufertigung und Synthese der Erkenntnisse zu einer integrierten Methodik für biV

Auf den nachfolgenden Seiten befinden sich weitere Informationen für die Entwicklung einer Methodik zur Auslegung der Zusammenbaufertigung und zur Synthese der Erkenntnisse zu einer integrierten Methodik für biV, die für ein tieferes Verständnis zum Kapitel 5.2 und 5.3 für bestimmte Lesende relevant sein können.

Tab. 11.56: Paarweiser Vergleich der Anforderungen an eine Methodik im Allgemeinen und für die Auslegung einer Zusammenbaufertigung mit biV. Die Anforderungen mit der höchsten Relevanz zur weiteren Betrachtung sind grau hinterlegt

Zeile ist … wichtig als Spalte 2: mehr; 1: gleich; 0: weniger	1.	2.	3.	4.	5.	6.	7.	8.	9.	Σ
1. Allgemeingültigkeit		1	0	0	0	2	0	2	0	5
2. Transparentes Vorgehen	1		0	0	0	2	0	2	0	5
3. Praxistauglichkeit	2	2		2	2	2	2	2	0	14
4. Berücksichtigung von Erfahrungswissen	2	2	0		0	2	0	2	0	8
5. Berücksichtigung von Greenfield- & Brownfield-Planung	2	2	0	2		2	0	2	0	10
6. Berücksichtigung digitaler Unterstützungsmöglichkeiten	0	0	0	0	0		0	2	0	2
7. Berücksichtigung von Methoden, Werkzeugen & Modellen	2	2	0	2	2	2		2	0	12
8. Geringer Aufwand	0	0	0	0	0	0	0		0	0
9. Berücksichtigung aller Planungsdisziplinen	2	2	2	2	2	2	2	2		16

Tab. 11.57: Beschreibung der Erfüllungsgrade von den Anforderungen an die Methodik zur Auslegung einer Zusammenbaufertigung mit bauteilintegrierten Vorrichtungsfunktionen (biV)

Definition der Erfüllungsgrade der in Tab. 11.56 als relevant identifizierten und wie folgt aufgeführten Anforderungen

	3. Praxistauglichkeit durch potenzialträchtige Anwendungen	5. Berücksichtigung von Green- & Brownfield-Planung	7. Berücksichtigung von Methoden, Werkzeugen und Modellen	9. Berücksichtigung aller Planungsdisziplinen
●	Vollumfängliche Erfüllung der nachfolgenden <u>vier</u> Kriterien: • Prüfung auf Vollständigkeit der notwendigen Eingangs-informationen • Strukturiertes und anwendungs-orientiertes, Vorgehen • Ermöglichung von Iterationen • Aufwandsreduzierung durch den Einsatz von digitalen Hilfsmitteln	Entsprechend der Planungsfälle können explizit Greenfield- und Brownfield-Planungen in der Methodik mit unterschiedlichen Vorgehen berücksichtigt werden	<u>In 100 %</u> der Methodikschritte finden Methoden, Werkzeuge und Modelle Berücksichtigung	Die notwendigen Planungsdisziplinen werden detailliert beschrieben und berücksichtigt
◕	<u>Drei</u> der oben genannten Punkte werden erfüllt	-	<u>In mehr als 75 %</u> der Methodikschritte finden Methoden, Werkzeuge und Modelle Berücksichtigung	Alle Planungsdisziplinen werden berücksichtigt. Mehrere werden detailliert und wenige nur grob vorgestellt
◑	<u>Zwei</u> der oben genannten Punkte werden erfüllt	Das Vorgehen ist prinzipiell für beide Planungsfälle geeignet. Greenfield- als auch Brwonfield-Planungen werden implizit berücksichtigt	<u>In mehr als 50 %</u> der Methodikschritte finden Methoden, Werkzeuge und Modelle Berücksichtigung	Alle Planungsdisziplinen werden berücksichtigt. Eine wird detailliert und mehrere nur grob vorgestellt
◔	<u>Einer</u> der oben genannten Punkte wird erfüllt	-	<u>In mehr als 25 %</u> der Methodikschritte finden Methoden, Werkzeuge und Modelle Berücksichtigung	Mehr als eine aber nicht alle Planungsdisziplinen werden berücksichtigt
○	<u>Keine</u> der oben genannten Punkte werden erfüllt	Beim Vorgehen können lediglich Greenfield- oder Brownfield-Planung berücksichtigt werden	<u>In bis zu 25 %</u> der Methodikschritte finden Methoden, Werkzeuge und Modelle Berücksichtigung	Lediglich eine Planungs-disziplin wird berücksichtigt

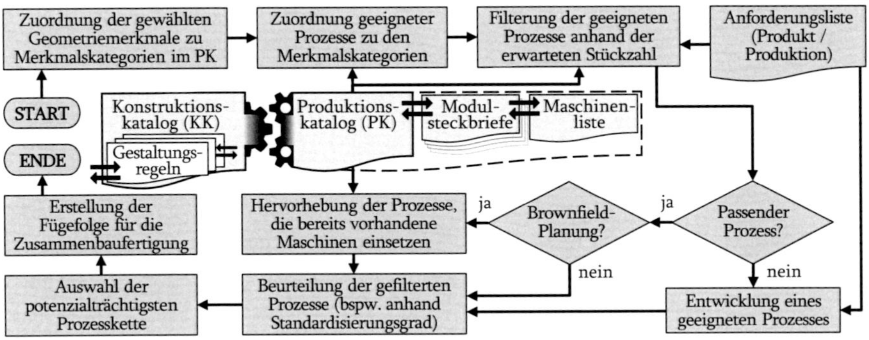

Abb. 11.32: Methodenschritt VII der Methodik zur Auslegung einer Zusammenbaufertigung mit bauteilintegrierten Vorrichtungsfunktionen (biV): Identifikation einer potenzialträchtigen Prozesskette

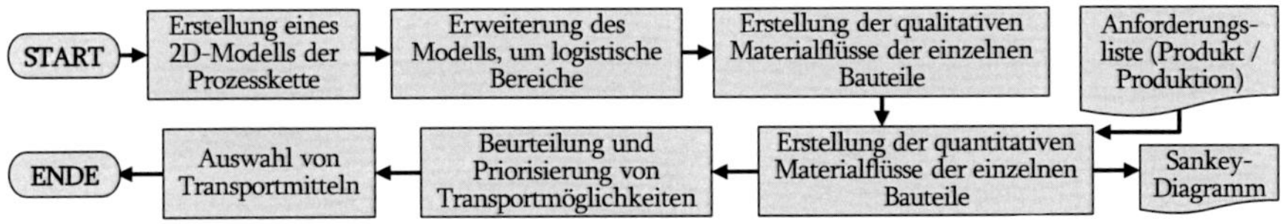

Abb. 11.33: Methodenschritt VIII der Methodik zur Auslegung einer Zusammenbaufertigung mit bauteilintegrierten Vorrichtungsfunktionen (biV): Materialfluss- und Transportplanung

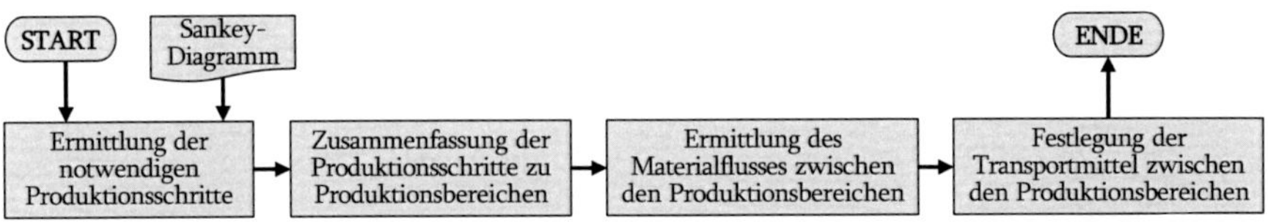

Abb. 11.34: Methodenschritt IX der Methodik zur Auslegung einer Zusammenbaufertigung mit bauteilintegrierten Vorrichtungsfunktionen (biV): Produktionsstrukturplanung

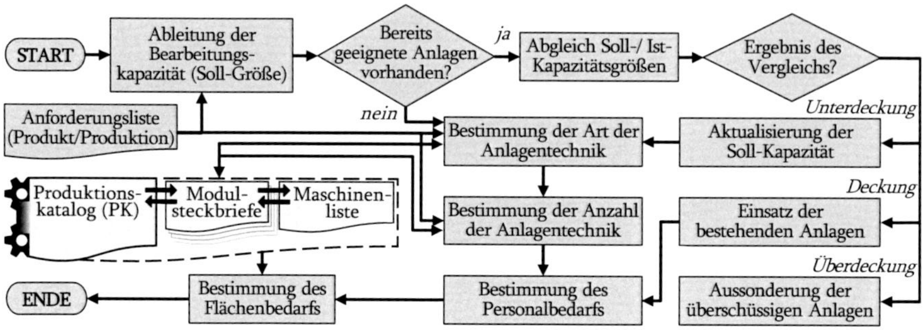

Abb. 11.35: Methodenschritt X der Methodik zur Auslegung einer Zusammenbaufertigung mit bauteilintegrierten Vorrichtungsfunktionen (biV): Planung der Anlagentechnik, Flächen und Räume

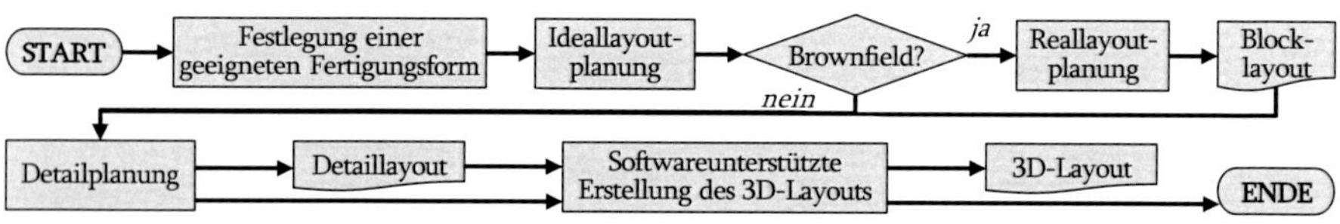

Abb. 11.36: Methodenschritt XI der Methodik zur Auslegung einer Zusammenbaufertigung mit bauteilintegrierten Vorrichtungsfunktionen (biV): Planung des Block-, Detail- und 3D-Layout

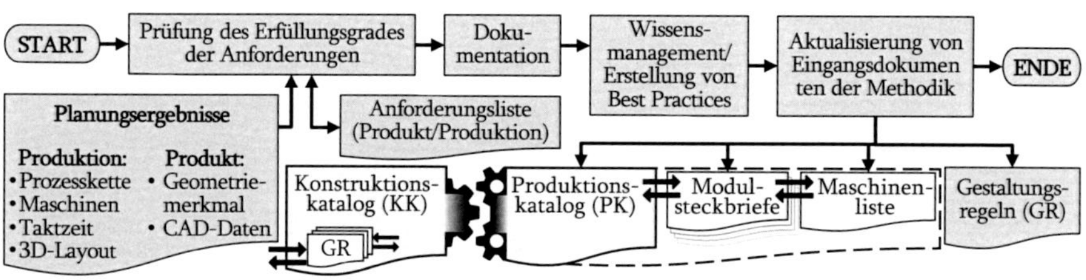

Abb. 11.37: Methodenschritt XII der Methodik zur Auslegung einer Zusammenbaufertigung mit bauteilintegrierten Vorrichtungsfunktionen (biV): Finale Kontrolle und Lessons Learned

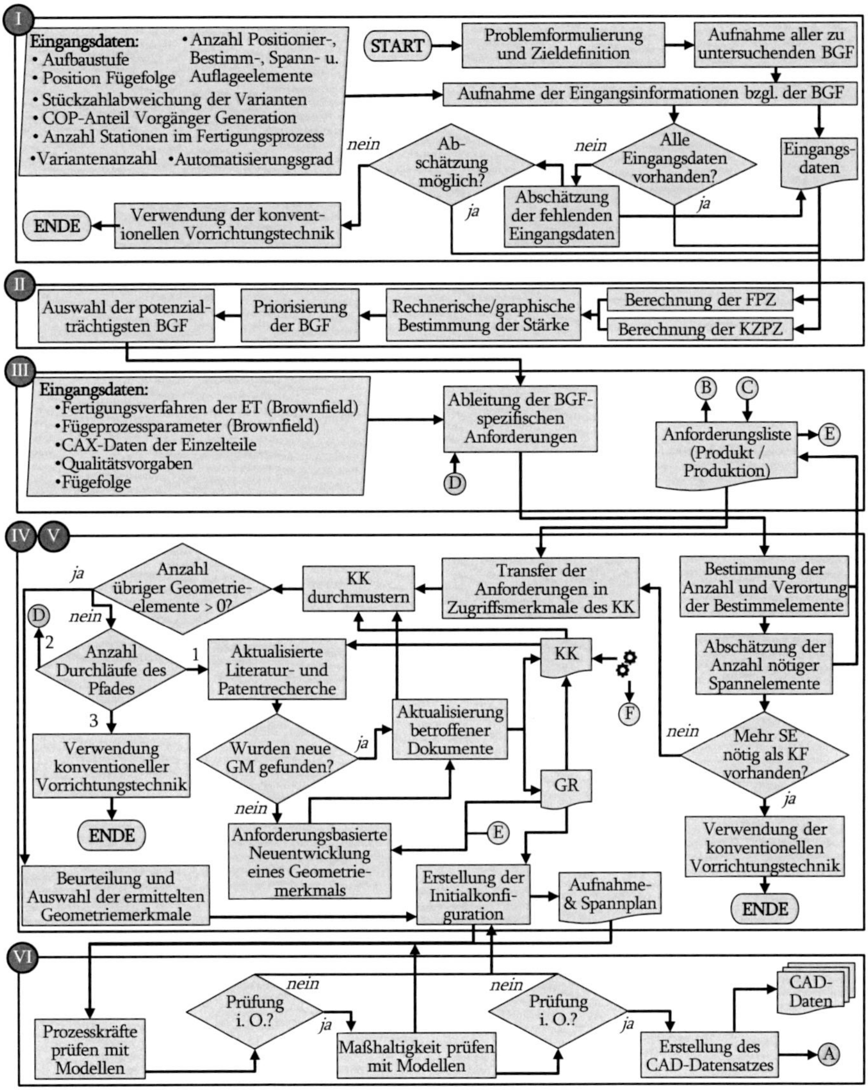

Abb. 11.38: Gesamtablaufplan der integrierten Methodik für bauteilintegrierte Vorrichtungsfunktionen (biV): Schritt I bis VI

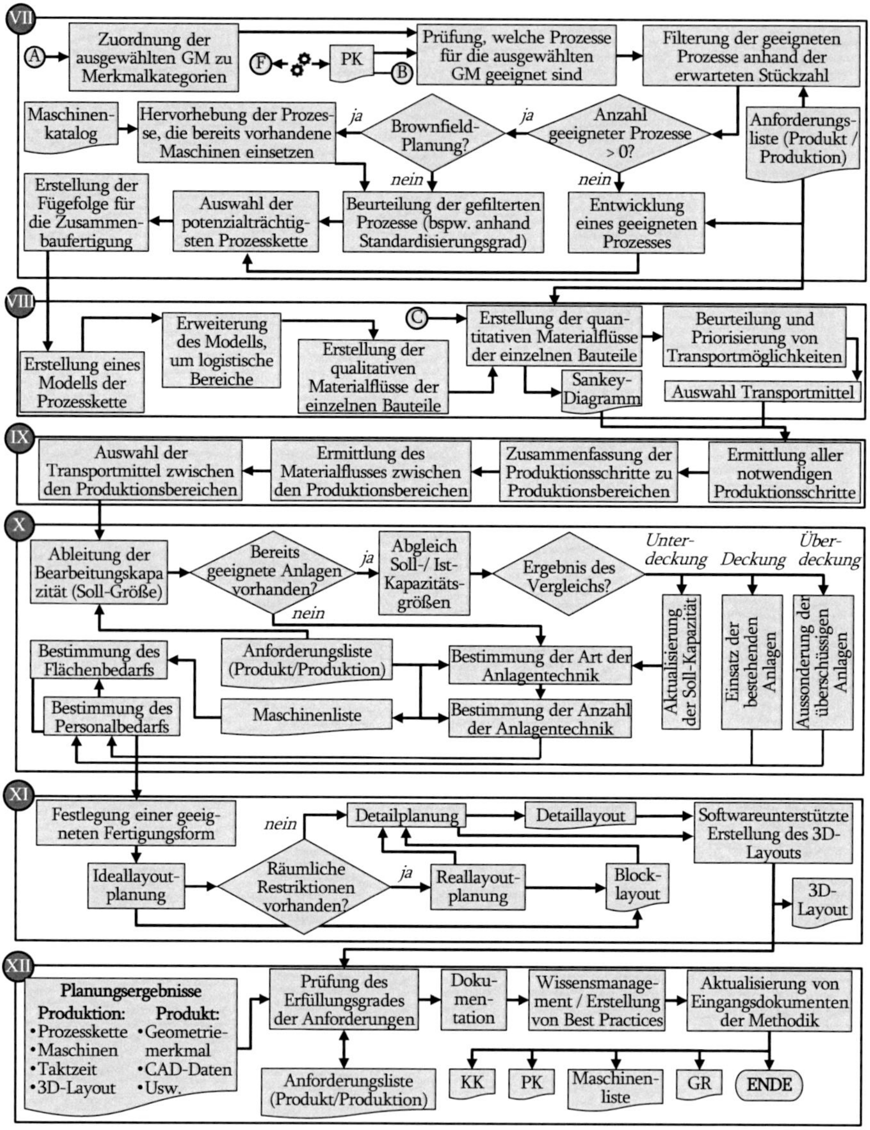

Abb. 11.39: Gesamtablaufplan der integrierten Methodik für bauteilintegrierte Vorrichtungsfunktionen (biV): Schritt VII bis XII

11.6 Ergänzende Inhalte zum Kapitel 6 „Evaluierung von bauteilintegrierten Vorrichtungsfunktionen“

Auf den nachfolgenden Seiten befinden sich weitere Informationen zu der Evaluierung von biV an den zwei Fallbeispielen Low-Cost-Batteriepackgehäuse (LCB) und Heckwagen-Baugruppe, die für ein tieferes Verständnis zum Kapitel 6 für bestimmte Lesende relevant sein können. Im Kontext von biV wurden in der einschlägigen Literatur bereits Fallbeispiele von WURSTER in Form einer mit BiF sowie WPS gefügten Karosseriestruktur des Heckwagens eines AUDI A4[947] und von KAMPKER ET AL. in Form eines lasergeschweißten Unterbodens eines Elektrofahrzeugs verwendet[948].

Weitere Vorarbeiten von SCHUH ET AL.[949,950] und FIEDLER ET AL.[951,952] flossen in dieses Kapitel mit ein.

KAMPKER ET AL. stellten in 2019 das prototypische Konzept eines Low-Cost-Batteriepackgehäuses (engl. low-cost battery pack housing[953]) vor, bei dem die Anforderungen an ein Batteriesystem klar auf seine Einzelkomponenten verteilt wird. Das dafür entwickelte Batteriepackgehäusekonzept hat keine redundante Anforderungserfüllung mit anderen Komponenten, wodurch es optimal auf die produktseitigen und vor allem auf die produktionsseitigen Anforderungen ausgelegt werden kann[954].

Die ursprünglich für den Prototypenbau ausgelegte Konstruktion des Low-Cost-Batteriepackgehäuses mit Blindnieten wurde für eine flexible Stückzahlskalierung auf Serienproduktionsniveau mit biV umkonstruiert. Durch das vorrichtungslose Laserschweißkonzept konnten produkt- und produktionsseitige Potenziale gehoben werden. Ersteres umfasste eine Bauteilreduzierung von 26 auf 15 Bauteile (–42 %) und eine Massenreduzierung von 12,4 auf 8,2 kg (–34 %). Produktionsseitig wurde das Konzept in ersten Versuchen an einer Laserschweißzelle mit Drehtisch und manuellem Zusammensetzen der Bauteile mit biv untersucht. Dadurch ergab sich eine Prozesszeitreduzierung von 38 min. mit der Prototypenvariante auf 6 min. mit biV (–91 %)[955]. Besonders beim Produktionskonzept sind weiterführende Untersuchungen notwendig, um den Vergleich zu konventionellen Ansätzen zu ermöglichen[956].

947 WURSTER, „Bauteilintegrative Fügetechnik“, 2019, S. 72 – 74.
948 KAMPKER ET AL., „Vorrichtungsloses Laserschweißen im Karosseriebau“, 2017, S. 77.
949 SCHUH ET AL., „Remote-Laserstrahlschweißen von Lasche-Schlitz-Verbindungen …“, 2020, S. 127 – 28.
950 SCHUH ET AL., „Flexible Production Concept of a Low-Cost Battery Pack …“, 2020, S. 139 – 41.
951 FIEDLER ET AL., „Flexibler Karosseriebau mit bauteilintegrierten Vorrichtungsfunktionen“, 2019, S. 8 – 10.
952 FIEDLER ET AL., „Laser Welding Process Development for Jigless Joining of …“, 2019, S. 2.
953 KAMPKER ET AL., „Battery Pack Housing for Electric Vehicles Made by …“, 2019.
954 KAMPKER ET AL., „Laserstrahlgeschweißtes Batteriepackgehäuse für Elektrofahrzeuge“, 2019, S. 76.
955 KAMPKER ET AL., „Laserstrahlgeschweißtes Batteriepackgehäuse für Elektrofahrzeuge“, 2019, S. 77 – 78.
956 KAMPKER ET AL., „Laserstrahlgeschweißtes Batteriepackgehäuse für Elektrofahrzeuge“, 2019, S. 78.

In der **Abbildung 11.40** ist der im Vorherigen beschriebene prototypische Konstruktionsstand des LCB zu erkennen unter Ausweisung der wesentlichen Bauteile, der Bauteilanzahl und der Produktionsmerkmale. Insbesondere bei den grün dargestellten Querträgern ist zu erkennen, dass die mittleren drei davon aus jeweils zwei mittels Nieten verbundenen Kantbauteilen bestehen, die nach unten voneinanderabstehende Laschen besitzen. Eine Änderung der Konstruktion und der damit verbundenen Fertigungsweise würde voraussichtlich diese Ausprägung ändern.

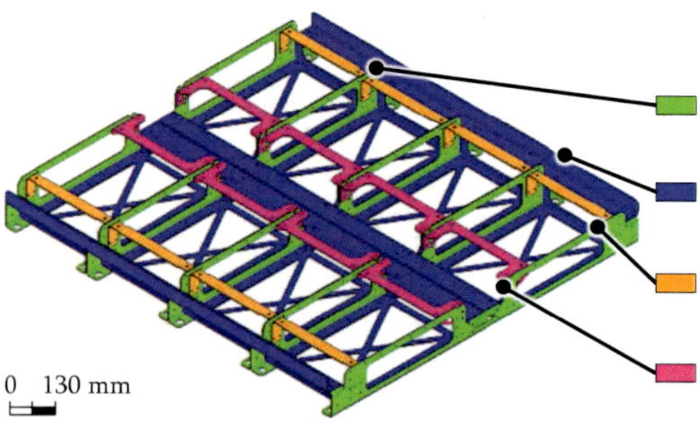

Bauteile		Produktionsmerkmale
Querträger	8 Stk.	Paarweise mit je 32 Nieten verbunden
Bodenwanne	2 Stk.	Mit 192 Nieten an Querträgern verbunden
Längsträger (außen)	8 Stk.	Mit 20 Nieten an Querträgern verbunden
Längsträger (innen)	8 Stk.	Verschraubung nach dem Einlegen der Module

Abb. 11.40: Prototypischer Konstruktionsstand des Fallbeispiels Low-Cost-Batteriepackgehäuse (LCB) ausgelegt für das Laserstrahlschneiden, Gesenkbiegen und manuelles Nieten

Tab. 11.58: Ausgefüllte Eingangsgrößen für das erste Fallbeispiel Low-Cost-Batteriepackgehäuse (LCB)

<table>
<tr><th></th><th>Ursache-Parameter</th><th>Eingangsdaten</th></tr>
<tr><td rowspan="5">Flexibilitäts-potenzial</td><td>Aufbaustufe im Karosseriebau (AS)</td><td>Zusammenbaustufe [b]</td></tr>
<tr><td>Automatisierungsgrad der Fertigungseinrichtung (AG)</td><td>30 % [c]</td></tr>
<tr><td>Anzahl der Varianten der BGF (AV)</td><td>1 [a]</td></tr>
<tr><td>Stückzahlabweichung der Varianten (SV)</td><td>-</td></tr>
<tr><td>COP-Anteil bzgl. der Vorgänger-Generation (CA)</td><td>31 % [a]</td></tr>
<tr><td rowspan="5">Kosten- und Zeitpotenzial</td><td>Anzahl der Stationen im Fertigungsprozess (SF)</td><td>1 [b]</td></tr>
<tr><td>Anzahl Spanneinheiten (SE)</td><td>24 [c]</td></tr>
<tr><td>Anzahl der Positioniereinheiten (PE)</td><td>24 [c]</td></tr>
<tr><td>Anzahl der Bestimmeinheiten (BE)</td><td>32 [c]</td></tr>
<tr><td>Anzahl der Auflageeinheiten (AE)</td><td>4 [c]</td></tr>
</table>

[a] Aus Quellen entnommen; [b] Aus Quellen abgeleitet; [c] Annahme getroffen

Tab. 11.59: Produkt- und produktionsseitige Anforderungen für das erste Fallbeispiel Low-Cost-Batteriepackgehäuse (LCB)

	Nr.	Art	Fall	Bezeichnung	Beschreibung der Anforderung	Quelle	Wert	Toleranz	Einheit	Datum	Person	Notiz
Produktseitige Anforderungen					Geometrie							
	Ge1	F	G	Bauraum	Bauraum darf nicht durch biV beeinflusst werden	FH	-	-	-	24.10.22	FS	-
	Ge2	F	G	Blechdicke	-	FH	2,5	-	mm	24.10.22	Fdl	-
	Ge3	F	G	Maßhaltigkeit	Min. Toleranzvorgabe des alten Vorrichtungskonzepts	FH	-	-	-	24.10.22	FS	-
	Ge4	W	G	Gewicht	Gewichtsreduzierung i. V. zur WPS-Konstruktion	2	12,4	-	kg	24.10.22	FS	-
	Ge5	W	G	Anzahl Bauteile	Bauteilanzahlabnahme i. V. zur WPS-Konstruktion	2	26	-	Stk.	24.10.22	Fdl	-
	Ge6	F	G	Recycling	Entnahme der Batteriemodule nach end of life	-	-	-	-	24.10.22	FS	-
					Energie							
	En1	F	G	Dichtheit	Abdichtung gegen Feuchtigkeit und Fremdköper	2	-	-	-	24.10.22	FS	-
					Stoff							
	Ma1	F	G	Werkstoffe	Aluminiumblech	FH	-	-	-	24.10.22	Fdl	-
	Ma2	W	G	Materialfluss	Sonderladungsträger unerwünscht	FH	-	-	-	24.10.22	Fdl	-
	Ma3	F	G	Materialfluss	Bauteile müssen stapelbar sein	FH	-	-	-	24.10.22	Fdl	-
					Kräfte							
	Gb1	F	G	Spannkraft	Verhindern + Lösen und Verwerfen durch Handhabung	FH	-	-	-	24.10.22	FS	-
	Gb2	F	G	Konstr. Steifigkeit	Labile Bauteilgeometrien müssen vermieden werden	FH	-	-	-	24.10.22	FS	-
	Gb3	F	G	Vorrichtungsfunktion	Vorrichtungsfunktion Spannen im Geoemtriemerkmal	IV	-	-	-	24.10.22	FS	-
					Kosten							
	Kt1	W	G	Materialkosten	Sollten im Vergleich zur WPS-Konstruktion abnehmen	-	-	-	-	24.10.22	Fdl	-
	Kt2	W	G	Fertigungskosten	Sollten im Vergleich zur WPS-Konstruktion abnehmen	-	-	-	-	24.10.22	FS	-
Produktionsseitige Anforderungen					Fertigung							
	Fe1	W	B	Vorhan. Anlagen	Industrieroboter, WPS-Schweißzangen	FH	-	-	-	24.10.22	FS	-
	Fe2	F	G	Einzelteilherstellung	Laserschneiden, Gesenkbiegen	FH	-	-	-	24.10.22	FS	-
	Fe3	W	G	Verschnitt	Minimierung des Verschnitts in der Bauteilherstellung	FH	-	-	-	24.10.22	Fdl	-
	Fe4	F	G	Erwartete Stückzahl	-	1	10.000	-	Stk.	24.10.22	Fdl	-
	Fe5	W	B	Interne Technologien	WPS-Schweißen	1	-	-	-	24.10.22	FS	-
	Fe6	F	G	Fav. Fügeverfahren	Laserstrahlschweißen	FH	-	-	-	24.10.22	Fdl	-
	Fe7	F	G	Anzahl Varianten	-	1	1	-	Stk.	24.10.22	FS	-
					Montage							
	Mo1	W	G	Zugänglichkeit	Mehrseitige Zugänglichkeit gewährleistet	-	-	-	-	24.10.22	Fdl	-
	Mo2	F	G	Stoßart	Überlapp- oder T-Stoß der Bauteile	FH	-	-	-	24.10.22	FS	-

Legende: (Art: W: Wunschforderung; F: Festforderung; Min: Mindestforderung) (Planungsfall: G: Greenfield-Planung; B: Brownfield-Planung)

Tab. 11.60: Übertragung der Festforderungen in Zugriffsmerkmale des Konstruktionskatalogs (KK) für das erste Fallbeispiel Low-Cost-Batteriepackgehäuse (LCB)

		Festforderungen	Zugriffsmerkmal
Produktseitig	Ge1*	Package darf nicht beeinflusst werden	Zuordnung nicht möglich
	Ge2*	Blechdicke: 2,5 mm	Materialform: Flacherzeugnis
	Ge3*	Toleranzen müssen mindestens die Werte des alten Vorrichtungskonzeptes erreichen	Zuordnung nicht möglich
	Ge6*	Batteriemodule müssen wiederverwendbar sein	Zuordnung nicht möglich
	En1*	Abdichtung gegen Feuchtigkeit und Fremdkörper	Zuordnung nicht möglich
	Ma1*	Verwendung von Aluminiumblech	Werkstoff der Fügepartner: Metall
	Ma3*	Bauteile müssen stapelbar sein	Handhabung: Bauteile gut stapelbar
	Gb1*	Spannkraft muss das Lösen und Verwerfen der Bauteile verhindern	Handhabung: Bauteile selbstfixierend
	Gb2*	Labile Bauteilgeometrien müssen vermieden werden	Zuordnung nicht möglich
	Gb3*	Geometriemerkmale müssen die Vorrichtungsfunktion „Spannen" erfüllen können	Vorrichtungsfunktion: „Spannen"
Produktionsseitig	Fe2*	Einzelteilherstellung mittels Laserschneiden und Gesenkbiegen	Fertigungsverfahren: Trennen: Laser oder Umformern: Gesenkbiegen
	Fe4*	Erwartete Stückzahl: 10.000 Stk.	Zusammensetzen: Manuell
	Fe6*	Bevorzugter Fügeprozess: Laserstrahlschweißen	Fügeprozess: Laser
	Fe7*	Anzahl Varianten: 1	Zuordnung nicht möglich
	Mo2*	Stoßart: Überlapp- oder T-Stoß der Bauteile	Stoß: Überlapp- oder T-Stoß

* Nummer der Anforderung aus der Anforderungsliste

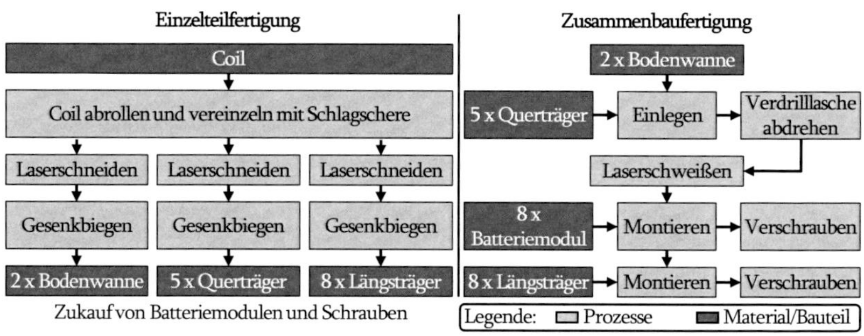

Abb. 11.41: Ausgelegte Prozesskette und Fügefolge für das erste Fallbeispiel Low-Cost-Batteriepackgehäuse (LCB) im Rahmen der Evaluierung der Produktionsauslegung

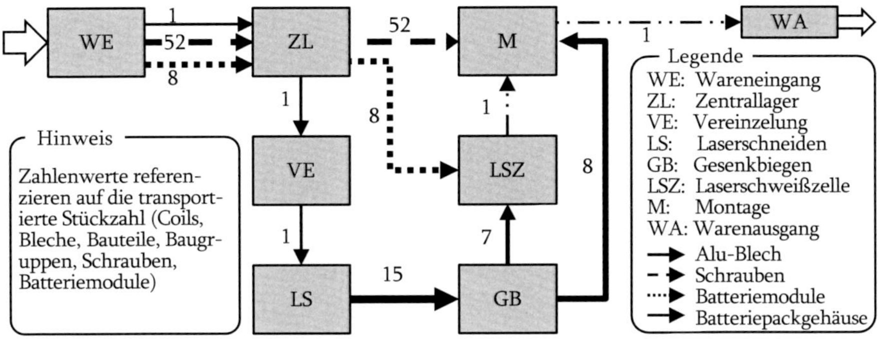

Abb. 11.42: Darstellung der Produktionsbereiche und des Materialflusses in der Produktion für das erste Fallbeispiel Low-Cost-Batteriepackgehäuse (LCB) im Rahmen der Evaluierung der Produktionsauslegung

Tab. 11.61: Übersicht der ausgewählten Maschinen, Flächen- sowie Personenbedarfe und abgeschätzte Taktzeit für das erste Fallbeispiel Low-Cost-Batteriepackgehäuse (LCB) im Rahmen der Evaluierung der Produktionsauslegung

Produktionsbereich	Art der Maschine	Anzahl der Maschinen [Stk.]	Flächenbedarf [m x m]	Anzahl Personal [Stk.]	Abgeschätzte Taktzeit [min]
Zentrallager	-	-	15 x 6	1	-
Vereinzelung	Motorhaspel GWH-ASM-5; Schlagschere HM JBS 2000/3,0	2	7 x 7	1	2,00
Laserstrahlschneiden	Trumpf TruLaser 1030	1	9,5 x 8	1	8,40
Gesenkbiegen	Trumpf TrumaBend V1300	1	8,5 x 8	1	8,00
Laserstrahlschweißzelle	IR: Kuka KR 100; Laser: Trumpf TruLaser 3030	2	9 x 6	1	7,38
Montage	-	-	8 x 4	1	8,33
Ausgangslager	-	-	9 x 9	-	-
Gesamt	-	6	24 x 23	6	8,40

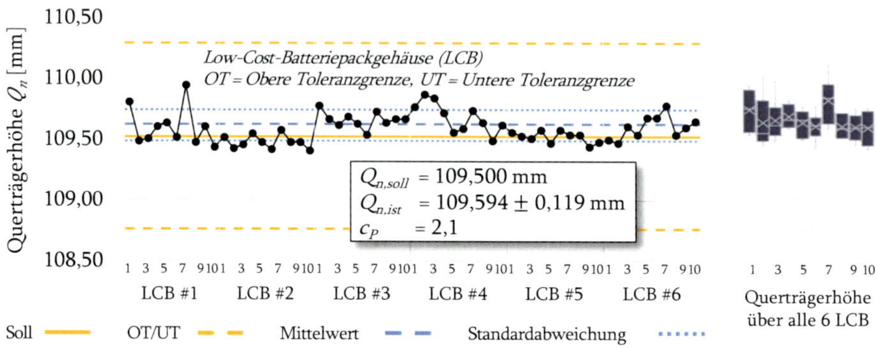

Abb. 11.43: Versuchsergebnisse der optischen Vermessung der Querträgerhöhe im Rahmen der Evaluierung am Fallbeispiel der Kleinserie von sechs Low-Cost-Batteriepackgehäusen (LCB)

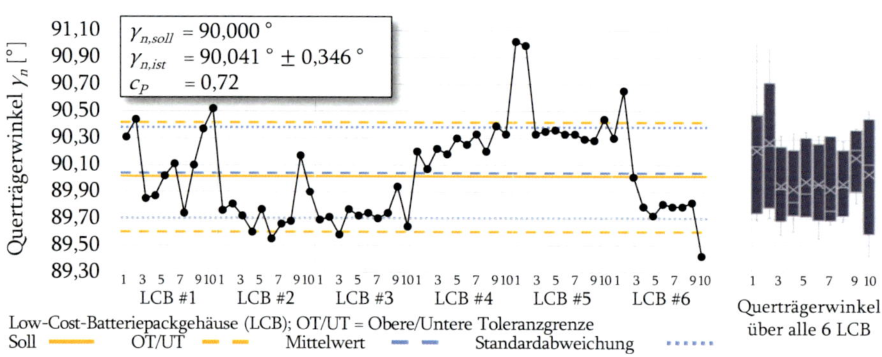

Abb. 11.44: Versuchsergebnisse der optischen Vermessung der Querträgerwinkel im Rahmen der Evaluierung am Fallbeispiel der Kleinserie von sechs Low-Cost-Batteriepackgehäusen (LCB)

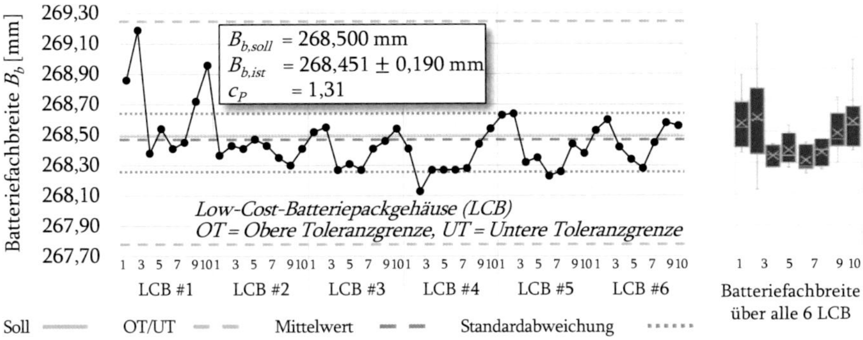

Abb. 11.45: Versuchsergebnisse der optischen Vermessung der <u>Batteriefachbreite</u> im Rahmen der Evaluierung am Fallbeispiel der Kleinserie von sechs Low-Cost-Batteriepackgehäusen (LCB)

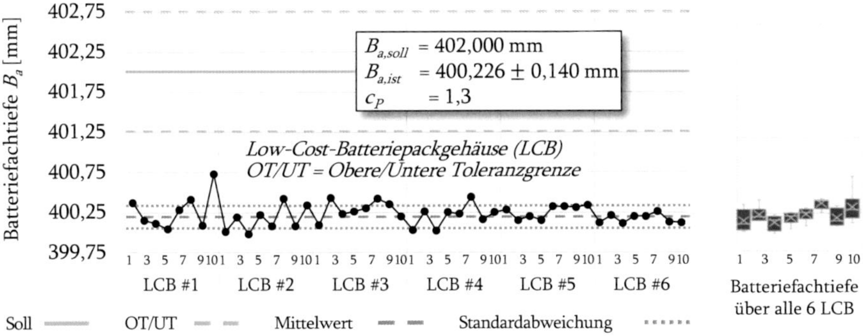

Abb. 11.46: Versuchsergebnisse der optischen Vermessung der <u>Batteriefachtiefe</u> im Rahmen der Evaluierung am Fallbeispiel der Kleinserie von sechs Low-Cost-Batteriepackgehäusen (LCB)

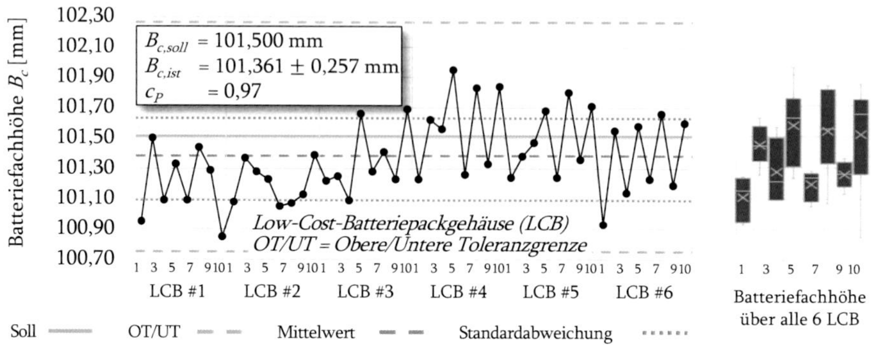

Abb. 11.47: Versuchsergebnisse der optischen Vermessung der Batteriefachhöhe im Rahmen der Evaluierung am Fallbeispiel der Kleinserie von sechs Low-Cost-Batteriepackgehäusen (LCB)

Tab. 11.62: Produkt- und produktionsseitige Anforderungen für das zweite Fallbeispiel Heckwagen

	Nr.	Art	Fall	Bezeichnung	Beschreibung der Anforderung	Quelle	Wert	Toleranz	Einheit	Datum	Person	Notiz
Produktseitige Anforderungen					Geometrie							
	Ge1	F	G	Bauraum	Bauraum darf nicht durch biV beeinflusst werden	-	-	-	-	26.10.22	FS	-
	Ge2	F	G	Blechdicke	Dicke der verwendeten Blechteile	Intern	1	+/- 0,4	mm	26.10.22	Fdl	-
	Ge3	F	G	Maßhaltigkeit	Min. Toleranzvorgabe altes Vorrichtungskonzept	2	+/- 0,5	-	mm	26.10.22	FS	-
	Ge4	W	G	Gewicht	Gewicht der Baugruppe sollte abnehmen, um die Effizienz des Fahrzeugs zu erhöhen	-	-	-	-	26.10.22	FS	-
	Ge5	W	G	Anzahl Bauteile	Anzahl der Bauteile sollte nicht weiter zunehmen	Ref.	60	-	Stk.	26.10.22	FS	-
					Energie							
	En1	F	G	Dichtheit	Abdichtung gegen Feuchtigkeit und Fremdköper	2	-	-	-	24.10.22	FS	-
					Stoff							
	Ma1	F	G	Werkstoffe	Aluminiumblech	FH	-	-	-	24.10.22	Fdl	-
	Ma2	F	G	Materialfluss	Bauteile müssen stapelbar sein	FH	-	-	-	24.10.22	Fdl	-
					Kräfte							
	Gb1	F	G	Spannkraft	Verhindern + Lösen und Verwerfen durch Handhabung	FH	-	-	-	24.10.22	FS	-
	Gb2	F	G	Konstr. Steifigkeit	Labile Bauteilgeometrien müssen vermieden werden	FH	-	-	-	24.10.22	FS	-
	Gb3	F	G	Vorrichtungsfunktion	Vorrichtungsfunktion Spannen im Geoemtriemerkmal	IV	-	-	-	24.10.22	FS	-
					Kosten							
	Kt1	W	G	Materialkosten	Sollten nicht zunehmen	-	-	-	-	24.10.22	Fdl	-
	Kt2	W	G	Fertigungskosten	Sollten nicht zunehmen	-	-	-	-	24.10.22	FS	-
Produktionsseitige Anforderungen					Fertigung							
	Fe1	W	B	Vorhan. Anlagen	-	-	-	-	-	24.10.22	FS	-
	Fe2	W	G	Verschnitt	Minimierung des Verschnitts in der Bauteilherstellung	-	-	-	-	24.10.22	Fdl	-
	Fe3	F	G	Erwartete Stückzahl	-	1	500.000	-	Stk.	24.10.22	Fdl	-
	Fe4	W	B	Interne Technologien	Tiefziehen, Stanzen, Abkanten, WPS, RLS, Durchsetzfügen	-	-	-	-	24.10.22	FS	-
	Fe5	F	G	Anzahl Varianten	-	1	1	-	Stk.	24.10.22	FS	-
					Montage							
	Mo1	F	G	Zugänglichkeit	Teilweise nur einseitige Zugänglichkeit gewährleistet	-	-	-	-	24.10.22	Fdl	-

Legende: (Art: W: Wunschforderung; F: Festforderung; Min: Mindestforderung) (Planungsfall: G: Greenfield-Planung; B: Brownfield-Planung)

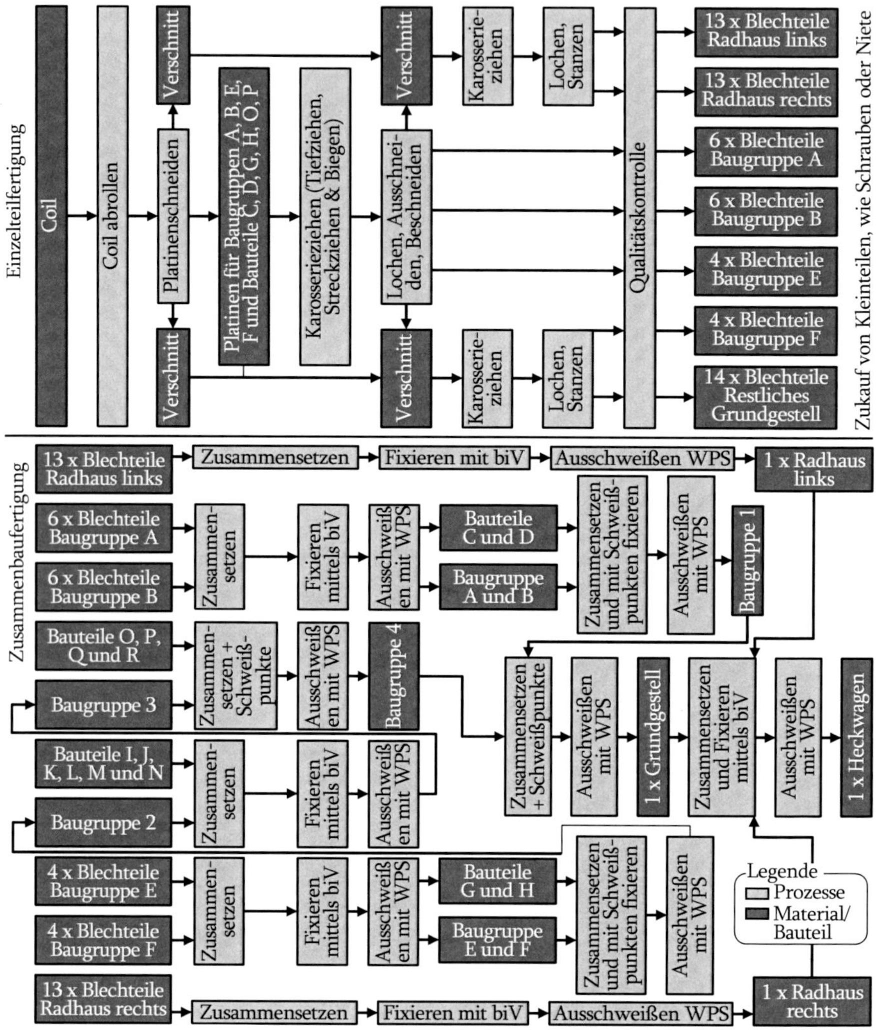

Abb. 11.48: Ausgelegte Prozesskette und Fügefolge für das zweite Fallbeispiel Heckwagen-Baugruppe im Rahmen der Evaluierung der Produktionsauslegung

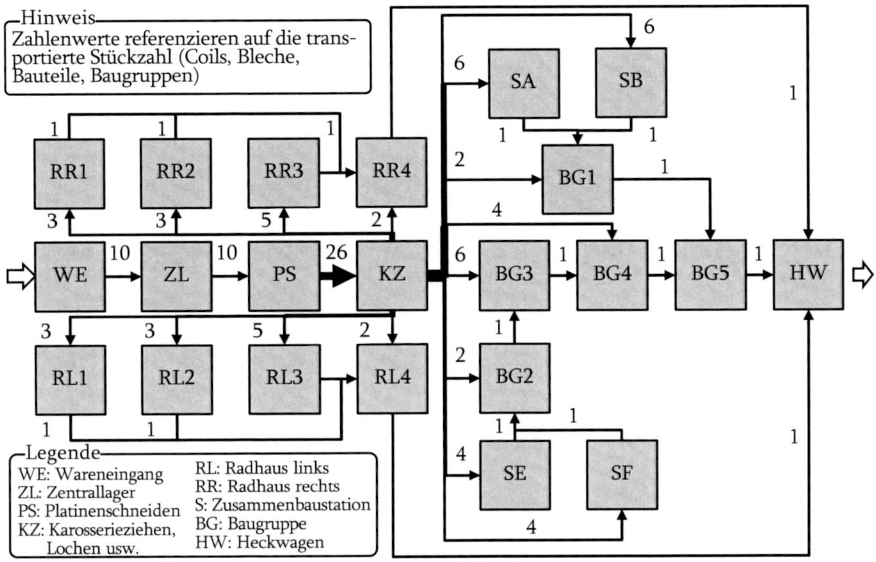

Abb. 11.49: Darstellung der Produktionsbereiche und des Materialflusses in der Produktion für das zweite Fallbeispiel Heckwagen-Baugruppe im Rahmen der Evaluierung der Produktionsauslegung

Tab. 11.63: Übersicht der ausgewählten Maschinen, Flächen- sowie Personenbedarfe und abgeschätzte Taktzeit für das zweite Fallbeispiel Heckwagen-Baugruppe im Rahmen der Evaluierung der Produktionsauslegung

	Art der Maschine	Maschinen [Stk.]	Flächenbedarf [m x m]	Anzahl IR [Stk.]	Personal [Stk.]	Taktzeit [s]
Zentrallager	-	-	17 x 36	0	10	-
Abrollen u. Schneiden	Motorhaspel GWH-ASM-5; Platinenschneidanlage	4	17 x 13	0	4	34
Karosserieziehen	Pressenlinie; Einzelpresse	4	17 x 23	0	26	50
biV Radhaus links S1	Stat. Punktschweißmaschine PBP 136	1	10 x 5	1	1	53
biV Radhaus links S2	Stat. Punktschweißmaschine PBP 136	1	10 x 5	1	1	53
biV Radhaus links S3	-	0	10 x 6	2	2	51
biV Radhaus links S4	-	0	10 x 6	2	2	51
biV Radhaus rechts S1	Stat. Punktschweißmaschine PBP 136	1	10 x 5	1	1	53
biV Radhaus rechts S2	Stat. Punktschweißmaschine PBP 136	1	10 x 5	1	1	53
biV Radhaus rechts S3	-	0	10 x 6	2	2	51
biV Radhaus rechts S4	-	0	10 x 6	2	2	51
biV-Station Baugruppe A	-	0	8 x 12	3	2	52
biV-Station Baugruppe B	-	0	8 x 12	3	2	52
biV-Station Baugruppe E	-	0	8 x 12	3	1	50
biV-Station Baugruppe F	-	0	8 x 12	3	1	50
Station Baugruppe 1	-	0	8 x 10	5	0	52
Station Baugruppe 2	-	0	8 x 10	5	0	52
biV-Station Baugruppe 3	-	0	8 x 10	2	2	38
Station Baugruppe 4	-	0	8 x 10	5	0	52
Station Baugruppe 5	-	0	13 x 8	4	0	50
biV-Station Heckwagen	-	0	10 x 8	2	2	50
Gesamt	-	12	52 x 84	47	62	53

IR: Industrieroboter

In der Reihe **Ergebnisse aus der Produktionstechnik** zuletzt erschienen:

Fiedler, Falko:
Produkt- und prozessseitige Auslegung von bauteilintegrierten Vorrichtungsfunktionen
ISBN: 978-3-98555-206-1
Erscheinungsdatum: 02.04.2024

Theling, Julian:
Auslegung von Planetengetrieben im elastischen Verzahnungsumfeld unter Berücksichtigung der Wechselwirkungen des Mehrfacheingriffes
ISBN: 978-3-98555-205-4
Erscheinungsdatum: 26.03.2024

Hohenstein, Steffen:
Multidirektionaler Aufbau in der additiven Fertigung von Kunststoffen
ISBN: 978-3-98555-203-0
Erscheinungsdatum: 05.03.2024

Schukat, Esben:
Kapazitätsorientierte Auftragsfreigabe in matrixstrukturierten Montagesystemen
ISBN: 978-3-98555-189-9
Erscheinungsdatum: 20.02.2024

Ochel, Janis:
Datengetriebene Strukturierung von NC-Zerspanprozessen
ISBN: 978-3-98555-204-7
Erscheinungsdatum: 14.02.2024

Metzmacher, Amelie Isabel:
Beschäftigungsfähigkeit im produzierenden Sektor – Entwicklung des Predictive Model of Industrial Employability
ISBN: 978-3-98555-201-6
Erscheinungsdatum: 13.02.2024

Schulz, Malena:
Digital Twin Methodology for the Automated Fiber Placement with In-situ Consolidation of Thermoplastic Tape
ISBN: 978-3-98555-195-8
Erscheinungsdatum: 30.01.2024

Olivier, Marcel:
Abtragmechanismen beim drahtfunkenerosiven Bearbeiten elektrisch leitfähiger Keramiken im kohlenwasserstoffbasierten Dielektrikum
ISBN: 978-3-98555-200-9
Erscheinungsdatum: 30.01.2024

Schweins, Julian:
Datengestützte Gestaltung des nachhaltigen Werkzeuglebenszyklus
ISBN: 978-3-98555-197-2
Erscheinungsdatum: 22.01.2024

Landwehr, Markus:
Modellierung und Vorhersage des eigenspannungsbedingten Bauteilverzugs bei der Fräsbearbeitung
ISBN: 978-3-98555-194-1
Erscheinungsdatum: 09.01.2024

Ecker, Christian:
Flexible Inbetriebnahme roboterbasierter Montagesysteme durch Prozessdemonstration
ISBN: 978-3-98555-189-7
Erscheinungsdatum: 11.12.2023

Goergen, Fabian:
Analogieversuch zur Erzeugung von Zahnflankenbrüchen an Stirnrädern
ISBN: 978-3-98555-191-0
Erscheinungsdatum: 11.12.2023

Padberg, Melanie:
Ansätze der inhärent sicheren Konstruktion modifizierbarer, cyberphysischer Produktionssysteme
ISBN: 978-3-98555-184-2
Erscheinungsdatum: 07.12.2023

Studerus, Bastian:
Gestaltung von Kooperationen zwischen Technologiekonzernen und Start-ups
ISBN: 978-3-98555-186-6
Erscheinungsdatum: 04.12.2023

Wlecke, Shari:
Industrialisierung hochiterativ entwickelter Produkte
ISBN: 978-3-98555-171-2
Erscheinungsdatum: 13.11.2023

Riedel, Jörn:
Scannendes Verfahren zur flexiblen Messung asphärischer Optiken
ISBN: 978-3-98555-177-4
Erscheinungsdatum: 31.10.2023

Müller, Clemens:
Elektrische Widerstandserwärmung von Blechwerkstoffen zur Steigerung der Umformbarkeit
ISBN: 978-3-98555-175-0
Erscheinungsdatum: 16.10.2023

Buckhorst, Armin Friedrich:
Planung und Steuerung von Abläufen in linienlosen mobilen Montagesystemen
ISBN: 978-3-98555-174-3
Erscheinungsdatum: 26.09.2023

Scheuer, Thomas:
Fähigkeitsbündel zur Steigerung der Arbeitsproduktivität für intelligente produzierende Unternehmen
ISBN: 978-3-98555-173-6
Erscheinungsdatum: 25.09.2023

Schwarberg, Annika:
Identifizierung von Innovationspotenzialen durch die Analyse von Produktnutzungsinformationen
ISBN: 978-3-98555-169-9
Erscheinungsdatum: 17.08.2023

Heutmann, Timo:
Proactive Production Control for a Synchronized Tool Production
ISBN: 978-3-98555-164-4
Erscheinungsdatum: 03.08.2023

Müller, Ulrich:
Material Removal and Grinding Wheel Wear Mechanisms during Grinding of Polycrystalline Cubic Boron Nitride
ISBN: 978-3-98555-163-7
Erscheinungsdatum: 01.08.2023

Edition Wissenschaft
Apprimus

FSC
www.fsc.org
MIX
Papier | Fördert gute Waldnutzung
FSC® C083411

Zeitfracht Medien GmbH
Ferdinand-Jühlke-Straße 7
99095 Erfurt, Deutschland
produktsicherheit@kolibri360.de